无机及分析化学

（第二版）

周为群　朱琴玉　主编

苏州大学出版社

图书在版编目(CIP)数据

无机及分析化学/周为群,朱琴玉主编. —2版. —苏州:苏州大学出版社,2016.8(2022.8重印)
ISBN 978-7-5672-1821-5

Ⅰ.①无… Ⅱ.①周… ②朱… Ⅲ.①无机化学—高等学校—教材②分析化学—高等学校—教材 Ⅳ.①O61②O65

中国版本图书馆CIP数据核字(2016)第202858号

无机及分析化学(第二版)
周为群 朱琴玉 主编
责任编辑 陈孝康 徐 来

苏州大学出版社出版发行
(地址:苏州市十梓街1号 邮编:215006)
广东虎彩云印刷有限公司印装
(地址:东莞市虎门镇黄村社区厚虎路20号C幢一楼 邮编:523898)

开本 787mm×1 092mm 1/16 印张 27.75(插页 1) 字数 675 千
2016年8月第2版 2022年8月第7次印刷
ISBN 978-7-5672-1821-5 定价:59.80元

苏州大学版图书若有印装错误,本社负责调换
苏州大学出版社营销部 电话:0512-67481020
苏州大学出版社网址 http://www.sudapress.com

前　言

近年来，国内许多高校相继对非化学专业的化学基础课教学内容和课程体系进行了改革。将无机化学课程和分析化学课程合并为无机及分析化学课程，是近年来国内外化学教学改革的一种有效的尝试。通过多年来的改革与实践，无机及分析化学课程已得到了大家的认同，各类适用于理、工、农、医等专业的化学基础课教材相继问世。

为了紧跟 21 世纪我国高等教育教学改革的步伐和一体化教学理念，编写一套适用于不同专业的通用一体化基础化学课教材很有必要。

《无机及分析化学》一书，自 2007 年由苏州大学出版社出版至今，得到了我校广大师生以及全国各高校有识之士的热情关心和大力支持。

经过多年的教学实践，结合开设的无机及分析实验课程进程，需要对《无机及分析化学》进行修改再版。修订后的《无机及分析化学(第二版)》，编排上做了一些调整，文字上做了一些修改校正，内容上做了一些补充。具体为：

1. 把第一版中的“分析化学概论”与“物质结构”两章前后互换，以确保学生在进行分析实验前，对数据处理、误差等基础理论有必要的理解。

2. 在第十章“氧化还原反应与氧化还原滴定”一章中增加了电解池的内容，以供工科相关专业的教学使用。

3. 删减第十二章“现代仪器分析”的电势分析中与氧化还原章节重复的内容。

修订后的《无机及分析化学(第二版)》的实用性更强，知识更全面，希望在教学实践中能受到广大师生的欢迎。

《无机及分析化学(第二版)》是基础化学系列教材之一。本书是在苏州大学材化部历届领导的指导和支持下，由公共化学与教育系组织教学经验丰富的教师编写而成的。为了满足培养 21 世纪高素质人才的需要，本书的编写力求具有较高的思想性、科学性、先进性和实践性。基本理论以必需、够用为度，并以应用为目的，以掌握概念、强化应用为重点，突出在实践中广泛应用的基础理论、基础知识和基本技能，以利于学生综合素质的提高。考虑到各专业对无机及分析化学的需要，我们在选材上适当放宽范围，以便不同专业教学时选用。本教材的主要目的是使非化学专业的学生在学习完本课程以后，能掌握最基本的化学原理和定量化学分析的方法，并能应用这些原理和方法来处理一些实际问题，为后续的相关专业学习打好基础。

本书在内容编排上力求做到循序渐进：首先从宏观上介绍化学的基本原理(溶液与胶体、化学热力学基础、化学平衡和反应速率)，进而从微观上介绍物质结构的基本原理；在介绍定量分析的基础知识的基础上，讨论了四大化学平衡以及相关滴定分析的应用；讨论了吸光光度分析的原理、测定条件、仪器设备使用和测定方法；并对一些近代常用分析方法进行了简单介绍；最后介绍了一些重要元素和化合物的组成、结构、性质及其变化规律。与现有的无机化学和分析化学教材相比，本教材有效地组合了原来无机化学和分析化学中的无机及分析部分，减少了不必要的重复。通过多年的教学实践，我们认为，基础知识和应用的有机结合有利于学生对基础化学理论知识的掌握。本书增加了仪器分析的内容以适应当前分析化学的发展。为了突出基础知识和基本理论，本教材将"原子结构"和"分子结构"合并成"物质结构"一章，减少了篇幅，以适合用一个学期完成教学的学时要求。教师可以根据各专业对化学要求的不同，对教材内容进行适当的取舍。

为了适应高等教育与国际接轨的发展趋势，本书每章后安排3～5个英文习题，希望这种编写方式能为本课程的双语教学提供方便。本书每一章的部分小字体、"*"号标记内容，可供学生进一步拓宽知识面之用。"阅读材料"为相关科学家的生平介绍和知识拓展，以增加教材的可读性，学生可根据需要选读。习题序号上的"*"号用来表示题目难度。两个"*"号题目较难，学生可根据自己的情况选做。相关章节还介绍了近年来苏州大学材化部教师有代表性的科研成果，以使本书的特色更加突出。

本书编写人员有朱利明、朱琴玉、刘玮、李红喜、李敏、杨文、周为群、施玲、张振江、曹洋、储海虹、薛明强等。全书由季成龙审阅，周为群、朱琴玉担任主编。

苏州大学化学化工学院纪顺俊教授、郎建平教授和彭运开教授对本书的编写给予了热情的关心和指导，在此表示衷心的感谢！本书在编写过程中，参阅了本校及兄弟院校已出版的教材和专著，借鉴了许多有益内容，在此深表谢意！

由于编写者水平有限，书中难免存在错误之处，祈望专家、读者批评指正，以使本书不断得到补充和完善。

编　者

2016年8月于苏州

Contents

目 录

第二章　化学热力学与化学平衡

第三章　化学反应速率

第四章 物质结构

第五章 电解质溶液

第六章 分析化学概论

第七章　酸碱滴定法

第八章　沉淀-溶解平衡及沉淀滴定

第九章　配位化合物和配位滴定

第十章　氧化还原反应与氧化还原滴定

第十一章 紫外-可见吸光光度法

第十二章 现代仪器分析

第十三章 重要元素及化合物

附 录

绪 论

0-1 概 述

化学是在原子、离子、分子水平上研究物质的组成、结构和性能及其变化规律和变化过程中的能量关系的科学。简单地说，化学是研究物质变化的科学。化学不但研究自然界的本质，而且创造出具有特殊性质的新化合物。化学与分子生物学、材料科学、环境科学、生物化学等学科有着很深的渊源，在推进其他学科发展的同时自身也得到了进一步发展。

0-1-1 化学的历史和发展

化学来源于生产，它的产生与发展一开始就是由生产决定的。自从有了人类，化学便与人类结下了不解之缘。钻木取火，用火烧煮食物，烧制陶器，冶炼青铜器和铁器，都是化学技术的应用。正是这些应用，极大地促进了当时社会生产力的发展，成为人类进步的标志。今天，化学作为一门基础学科，在科学技术和社会生活的方方面面正起着越来越大的作用。从古至今，伴随着人类社会的进步，化学历史的发展经历了哪些时期呢？

一、17世纪中叶以前的古代和中古时期是化学作为一门科学尚未诞生时期

这一时期可包括三个阶段：

(1) 远古的工艺化学时期。这时人类的制陶、冶金、酿酒、染色等工艺，主要是在实践经验的直接启发下经过多年摸索而来的，化学知识还没有形成。这是化学的萌芽时期。

(2) 炼丹术和医药化学时期。从公元前1500年到公元1650年，炼丹术士和炼金术士们，在皇宫、在教堂、在自己的家里、在深山老林的烟熏火燎中，为求得可长生不老的仙丹和可享荣华富贵的黄金，开始了最早的化学实验。记载、总结炼丹术的书籍，在中国、阿拉伯、埃及、希腊都有不少。这一时期积累了许多物质间的化学变化知识，为化学的进一步发展准备了丰富的素材。这是化学史上令我们惊叹的一幕。后来，炼丹术、炼金术几经盛衰，使人们更多地看到了它荒唐的一面。化学方法转而在医药和冶金方面得到了发挥。在欧洲文艺复兴时期，出版了一些有关化学的书籍，第一次有了"化学"这个名词。英语的chemistry起源于alchemy，即炼金术。chemist至今还保留着两个相关的含义：化学家和药剂师。这些可以说是化学脱胎于炼金术和制药业的"文化遗迹"了。

(3) 燃素化学时期。从1650年到1775年，随着冶金工业的发展和实践经验的积累，人们总结感性知识，认为可燃物能够燃烧是因为它含有燃素，燃烧的过程是可燃物中燃素放出的过程，可燃物放出燃素后成为灰烬。

二、17世纪后半叶到19世纪末是近代化学时期

1774年拉瓦锡(A. L. Lavoisier)结束燃素论提出元素概念不久，道尔顿(J. Dalton)于1803年提出原子学说，使化学进入了这个持续至今以原子论为主线的新时期——近代化

学时期。1775 年前后，拉瓦锡用定量化学实验阐述了燃烧的氧化学说，开创了定量化学时期。随着工业的大发展，无机、有机、分析和物理化学等四大基础学科相继建立。化学实现了由经验到理论的重大飞跃，成为一门独立的科学，促进了化学工业的发展，提供了日益丰富的研究对象和物质技术条件，开辟了日益广阔的研究领域。

三、19 世纪末至今是现代化学时期

1860 年康尼查罗（S. Cannizzaro）根据阿伏伽德罗（A. Avogadro）假说理顺了当量和原子量的关系，改正了几乎全部化学式和分子式，确立了原子-分子理论。量子论的发展使化学和物理学有了共同的语言，解决了化学上许多悬而未决的问题；另一方面，化学又向生物学和地质学等学科渗透，使蛋白质、酶的结构问题得到逐步解决。目前，按研究对象或研究目的不同，现代化学又可分为五大分支学科（即化学的二级学科）：

无机化学 是研究无机物的组成、结构、性质和无机化学反应与过程的学科。

有机化学 是研究碳氢化合物及其衍生物的学科。

分析化学 是测量和表征物质的组成和结构的学科。

物理化学 是研究所有物质系统的化学行为的原理、规律和方法的学科。

高分子化学 是研究高分子化合物的结构、性能与反应、合成方法、加工成型及应用的学科。

四、21 世纪化学发展展望

化学向其他学科的渗透趋势在 21 世纪将会更加明显。更多的化学工作者会投身到生命研究、材料研究的队伍中去，并在化学与生物学、化学与材料学的交叉领域大有作为。化学必将为解决基因组工程、蛋白质组工程中的问题以及理解大脑的功能和记忆的本质等重大科学问题做出巨大的贡献。化学家还不断地汲取数学、物理学和其他学科中发展的新理论和新方法，非线性理论和混沌理论等将对多元复杂体系的研究产生影响。化学研究的深入，还将带动我国仪器仪表工业发展。我们将看到自己研制、生产的分析及测试仪器，如微型气相色谱仪、新型毛细管电泳仪、电化学传感器，还可能研制出多功能组合仪器、智能型色谱等。我国的仪器仪表工业将进入一个蓬勃发展的时期。21 世纪，化学将在控制人口数量、克服疾病和提高人的生存质量等人口与健康诸方面进一步发挥重大作用。化学工作者必将在环境污染、新能源的开发以及核能的安全利用等领域做出应有的贡献。在材料方面，首先，化学家将不断提高基础材料和通用有机高分子材料及复合材料的质量与性能；其次，化学工作者将研制各类新材料，如电子信息材料、生物医用材料、新型能源材料、生态环境材料和航天航空材料等，化学工作者将利用各种先进技术，在原子、分子及分子链尺度上对材料组织结构进行设计、控制及制造。晶体材料的设计理论和方法研究，是我国化学发展的一个重要且富有成效的领域，21 世纪它将会有更大的发展。一些有价值的具有新功能的晶体和大尺寸的新型非线性光学晶体、重要激光晶体、闪烁晶体及铁电陶瓷晶体研究将达到实用和开发水平。

0-1-2 化学的地位和作用

各类不同学科的深入发展、交叉、融合，各科技领域发生的共鸣、共振，必将爆发出更为惊人的综合效果。目前，四大基础学科产生了许多新的分支，还与其他学科相互交叉，形成了许多边缘学科。化学被公认为一门中心学科，在当今社会的发展中有着不可动摇的地位和作用。

一、化学是人类解决食品问题的重要学科之一

化学可以提供一系列农用材料，改善作物生长的自然环境和条件，改善水土保持状态和光合作用，改变农作物生长周期，改良农作物的品种，达到增产丰收的目的。化学还可以提供一系列制剂及材料改进食物生产和保存的方法。

二、化学对能源的开发利用有着不可忽视的作用

能源工业在很大程度上依赖于化学过程，能源消费的90%以上依靠化学技术。怎样控制低品位燃料燃烧时尾气中污染物的排放及燃料成本是化学面临的一大难题。矿物能源的转化及综合利用至关重要。可再生新能源的开发离不开以化学为核心的技术发展。

三、信息技术的高速发展离不开化学的大力支持

器件的小型化莫过于在分子水平上生产电子器件。开发和研制"分子元件"和"生物芯片"成为当今分子电子学领域里的重大课题。分子铁磁体的研究是通过扫描探针显微镜等新技术研究单个原子和分子的性质和行为，并在分子水平上研制电子器件，组装分子器件，这些都有赖于化学的支持。

四、化学是提高人类生存质量的有效保障

人的出生、成长、繁衍、老化、生病和死亡等所有生命过程都是化学变化的表现。化学靠合理制备药物对生理学、医药学做出贡献；靠化学合成的医用材料提供代用品。

资源与环境是维持国民经济和社会发展的重要基础保障。基于化学的产业，人们从天然资源中制取大量化肥、农药、农膜以及钢铁、塑料和水泥等原材料，同时生产的大量合成纤维和橡胶等又可弥补农林业的不足。化学能为环境检测提供分析方法，提出新的产品和流程。

五、化学是材料科学发展的基础

化学在原子、分子链段以及分子尺度上对材料组织结构的设计、控制及制造技术进行研究，并合成新的物质以代替传统或稀缺的物质；依据化学本身对物质结构和成键复杂性的深刻理解，在寻找和开发新的功能性材料方面，可以大有作为。

原美国化学会会长西博格(G. T. Seaborg)在美国化学会成立一百周年纪念会上发表演讲指出，化学必将是指数地而不是线性地增长。化学将在对人类生活的影响方面发挥日益重大的作用。今天，化学与物理一起成为当代自然科学的核心。化学已成为高科技发展的强大支柱。化学与我们人类的生存息息相关，现代化的科学文明和美好生活都不能缺少化学这块"基石"。

0-2 无机及分析化学课程的基本内容和任务

无机及分析化学课程是高等学校化工、轻工、应用化学、生物工程、食品等门类中有关专业及农林、医药等院校非化学专业必修的第一门化学基础课程。它是培养上述各类专业技术人才的整体知识结构及能力结构的重要组成部分，同时也是学习后继化学课程的基础。

无机及分析化学课程是对原来无机化学和分析化学课程的基本理论、基本知识进行

优化组合、有机结合而成的一门课程。

无机及分析化学课程的基本内容为：

(1) 近代物质结构理论　研究原子结构、分子结构和晶体结构，了解物质的性质、变化与物质结构之间的关系。

(2) 化学平衡理论　研究化学平衡原理以及平衡移动的一般规律，具体讨论酸碱平衡、沉淀溶解平衡、氧化还原平衡和配位平衡。

(3) 元素化学　在元素周期律的基础上，研究重要元素及其化合物的结构、组成、性质的变化规律，了解常见元素及其化合物在各有关领域中的应用。

(4) 物质组成的化学分析法及有关理论　应用平衡原理和物质的化学性质，确定物质的化学成分、测定各组分的含量，即通常所说的定性分析和定量分析。掌握一些基本的分析方法。

因此，无机及分析化学课程的基本内容可用“结构”、“平衡”、“性质”、“应用”八个字来表达。学习无机及分析化学课程就是要理解并掌握物质结构的基础理论、化学反应的基本原理及其具体应用、元素化学的基本知识，培养运用无机及分析化学的理论去解决一般无机及分析化学问题的能力。

人类的社会实践，不仅仅限于是生产活动一种形式。对化学发展来说，科学实验有着特殊重要的意义。化学是一门以实验为基础的科学，化学实验始终是化学工作者认识物质、改变物质的重要手段。因此无机及分析化学实验十分重要，在学习化学基本知识、基本理论的同时，必须重视实验，进行严格的、科学的实验操作训练，掌握实验基本技能，培养自己良好的科学素养。

强调实验的重要性并不意味着可以忽视理论的指导作用。理论能指导实践，理论能指导学习。由现象的认识提高到理论的高度，就是由感性认识到理性认识的飞跃。但是这种理性认识还必须回到实践中去，这就是检验理论和发展理论的过程，是另一个更为重要的飞跃。无机及分析化学课程涉及的面十分广泛，在化学学科本身的发展上以及与化学有关的各学科领域中，其重要性是不言自明的。几乎任何科学研究，只要涉及化学现象与化学变化，无机及分析化学课程的基本理论、基本知识以及基本实验技能都是必需的。

0-3　无机及分析化学课程的学习方法

学习无机及分析化学课程必须采用科学的方法和科学思维。科学的方法即在仔细观察实验现象、搜集事实、获得感性知识的基础上，再经过分析、比较、判断，并加以由此及彼、由表及里的推理、归纳而得到概念、定律、原理和学说等不同层次的理性知识，再将这些理性知识应用到实际生产中，在实践的基础上进一步丰富理性知识。因此学习无机及分析化学课程与学习其他自然科学一样，必须经历从实践到理论再到实践的过程，整个过程中人脑所起的作用就是科学思维。

感性知识有的是通过自身的实践直接获得的，而大多数的理性知识是间接获得的，是前人实验的总结。因此在学习一个新的概念或理论时，首先要注意问题是如何提出的，实验或理论根据是什么，本身的含义和应用条件是什么，有什么实际意义，还存在什么问题，然后再去研究推导过程等具体细致的内容。

学习中必须注意掌握重点，突破难点。凡属重点一定要学懂，融会贯通；对难点要作具体分析，有的难点亦是重点，有的难点并非重点。由于无机及分析化学课程内容多、学时紧，因此一定要在预习的基础上，听好每一节课，根据各章的教学要求，抓住重点和主线进行学习，并学会运用这些理论去分析解决实际问题。

在学习过程中注意让“点的记忆”汇成“线的记忆”。记忆的“诀窍”是反复理解与应用。记忆力的培养有四个指标：记忆的正确性、敏捷性、持久性和备用性。无机及分析化学课程提供的大量知识信息，应该在理解中进行记忆，把“一”记住了，真正理解了，“一”可以变成“三”。通过归纳，寻找联系，可以由“点的记忆”汇成“线的记忆”。

着重培养自学能力，充分利用图书馆、资料室，通过参阅各种参考资料，帮助自己更深刻地理解与掌握无机及分析化学课程的基本理论和基本知识。

重视无机及分析化学实验，结合实验，巩固、深入、扩大理论知识，掌握实验基本操作技能，培养重事实、贵精确、求真相、尚创新的科学精神，实事求是的科学态度以及分析问题、解决问题的能力。

学点化学史。化学在其形成、发展过程中，有无数前辈为此付出了辛勤的劳动，做出了巨大的贡献。他们的成功经验与失败教训值得我们借鉴，而他们那种不怕困难、百折不挠、脚踏实地、勤奋工作、严谨治学、实事求是的精神更是值得我们学习的。

第一章 溶液与胶体
(Solution and Colloid)

学习要求

1. 掌握：溶液组成标度的表示法及其计算和渗透压力的概念；胶团的结构式。
2. 熟悉：稀溶液的蒸气压下降、沸点升高和凝固点降低等依数性；稀溶液定律和渗透压力的意义；溶胶的性质。
3. 了解：晶体渗透压力和胶体渗透压力及大分子溶液。

1-1 分 散 系
(Dispersion System)

由一种或几种物质以细小的颗粒分散在另一种物质中所形成的系统称为**分散系统**，简称**分散系**。被分散的物质称为**分散相**（或称分散质），容纳分散相的物质称为**分散介质**（或称分散剂）。例如氯化钠溶液、泥浆、糖水这几种分散系中的氯化钠、泥沙、糖是分散相，水是分散介质。

根据物态，分散系有固态、液态与气态之分。本章只讨论分散介质为液态的液体分散系。液体分散系按其分散相粒子的大小不同可分为真溶液、胶体分散系和粗分散系三类（表 1-1）。

表 1-1　分散系的分类

分散相粒子大小	分散系统类型		分散相粒子的组成	一般性质	实　例
<1nm	真溶液		低分子或离子	均相；热力学稳定系统；分散相粒子扩散快，能透过滤纸和半透膜；形成真溶液	氯化钠、氢氧化钠、葡萄糖等水溶液
1～100nm	胶体分散系	溶胶	胶粒（分子、离子、原子的聚集体）	非均相；热力学不稳定系统；分散相粒子扩散慢，能透过滤纸，不能透过半透膜	氢氧化铁、硫化砷、碘化银及金、银、硫等单质溶胶
		高分子溶液	高分子	均相；热力学稳定系统；分散相粒子扩散慢，能透过滤纸，不能透过半透膜；形成溶液	蛋白质、核酸等水溶液，橡胶的苯溶液
>100nm	粗粒分散系（乳状液、悬浮液）		粗粒子	非均相；热力学不稳定系统；分散相粒子不能透过滤纸和半透膜	乳汁、泥浆等

我们把系统中物理性质和化学性质完全相同的一部分称为**相**。相与相之间有明确

的界面分隔开来。只有一个相的系统称为单相系统(或均相系统),有两个或两个以上相的系统称多相系统(或非均相系统)。因此,真溶液、高分子溶液只有一个相,为均相分散系;溶胶和粗分散系的分散相和分散介质为不同的相,为非均相分散系。

1-2　溶液组成标度的表示方法
(The Expression of the Concentration of Solution)

分子分散系又称溶液,因此溶液是指分散质以分子或者比分子更小的质点(如原子或离子)均匀地分散在分散介质中所得的分散系。在形成溶液时,物态不改变的组分称为溶剂。如果溶液由几种相同物态的组分组成,往往把其中数量最多的一种组分称为溶剂。溶液可分为固体溶液(如合金)、气体溶液(如空气)和液体溶液。最常见的是液体溶液,其中,最重要的溶剂是水,通常不指明溶剂的溶液即是水溶液。

溶液的浓或稀,常用其组成标度来表示。所谓溶液组成标度,就是用来表示在一定量溶液或溶剂中所含溶质量多少的一些物理量。它们的表示方法很多,可分为两大类:一类是用一定体积溶液中所含溶质的量表示;另一类是用溶质与溶液(或溶剂)的相对量(比值)表示。这里所指的量可以是质量(m)、物质的量(n)或体积(V)。

1-2-1　物质的量浓度(Molarity)

物质的量浓度用符号 c_B 表示,定义为溶质 B 的物质的量 n_B 除以溶液的体积 V。即

$$c_B=\frac{n_B}{V} \tag{1-1}$$

物质的量浓度的 SI 单位为摩尔每立方米($mol\cdot m^{-3}$),常用的单位为摩尔每升($mol\cdot L^{-1}$)、毫摩尔每升($mmol\cdot L^{-1}$)和微摩尔每升($\mu mol\cdot L^{-1}$)等。

物质的量浓度可简称为浓度,常用 c_B 表示物质 B 的总浓度。

在使用物质的量浓度时,必须指明物质 B 的基本单元。基本单元可以是原子、分子、离子以及其他粒子或这些粒子的特定组合,可以是实际存在的,也可以是根据需要而指定的。例如:

$c(NaOH)=0.1\ mol\cdot L^{-1}$,表示每升溶液中含 0.1 mol(NaOH);

$c(NaOH)=0.2\ mol\cdot L^{-1}$,表示每升溶液中含 0.2 mol(NaOH);

$c(2NaOH)=0.1mol\cdot L^{-1}$,表示每升溶液中含 0.1mol(2NaOH)。

由于浓度两字只是物质的量浓度的简称,其他溶液组成标度的表示法中,若使用浓度两字时,前面应用特定的定语,如质量浓度、质量摩尔浓度等。

1-2-2　质量浓度(Mass Concentration)

物质 B 的质量浓度用符号 ρ_B 表示,定义为溶质 B 的质量 m_B 除以溶液的体积 V,即

$$\rho_B=\frac{m_B}{V} \tag{1-2}$$

质量浓度的 SI 单位为千克每立方米($kg\cdot m^{-3}$),常用的单位为克每升($g\cdot L^{-1}$)、毫克每升($mg\cdot L^{-1}$)和微克每升($\mu g\cdot L^{-1}$)。

1-2-3 质量摩尔浓度(Molality)

物质B的质量摩尔浓度用符号 b_B 表示,定义为溶质B的物质的量 n_B 除以溶剂A的质量 m_A(单位为kg),即

$$b_B=\frac{n_B}{m_A} \tag{1-3}$$

质量摩尔浓度的SI单位是摩尔每千克($mol \cdot kg^{-1}$),使用时应注明基本单元。

1-2-4 质量分数、摩尔分数和体积分数

一、质量分数(Mass Fraction)

物质B的质量分数用符号 w_B 表示,定义为物质B的质量 m_B 除以混合物的质量 $\sum m_i$,即

$$w_B=m_B/\sum m_i \tag{1-4}$$

对于溶液而言,溶质B和溶剂A的质量分数分别为

$$w_B=\frac{m_B}{m_A+m_B},\quad w_A=\frac{m_A}{m_A+m_B}$$

式中 m_A 为溶剂A的质量,m_B 为溶质B的质量。显然,$w_A+w_B=1$。

二、摩尔分数(Mole Fraction)

摩尔分数又称为物质的量分数,用符号 x_B 表示,定义为物质B的物质的量 n_B 除以混合物的物质的量 $\sum n_i$,即

$$x_B=n_B/\sum n_i \tag{1-5}$$

若溶液由溶质B和溶剂A组成,则溶质B和溶剂A的摩尔分数分别为

$$x_B=\frac{n_B}{n_A+n_B},\quad x_A=\frac{n_A}{n_A+n_B}$$

式中 n_B 为溶质B的物质的量,n_A 为溶剂A的物质的量。显然 $x_A+x_B=1$。

三、体积分数(Volume Fraction)

物质B的体积分数用符号 φ_B 表示,定义为物质B的体积 V_B 除以混合物的体积 $\sum V_i$,即

$$\varphi_B=V_B/\sum V_i \tag{1-6}$$

例 1-1 7.00g结晶草酸($H_2C_2O_4 \cdot 2H_2O$)溶于93.0g水中,求草酸的质量摩尔浓度 $b(H_2C_2O_4)$ 和摩尔分数 $x(H_2C_2O_4)$。

解 $M(H_2C_2O_4 \cdot 2H_2O)=126g \cdot mol^{-1}$,$M(H_2C_2O_4)=90.0g \cdot mol^{-1}$

在7.00g$H_2C_2O_4 \cdot 2H_2O$中$H_2C_2O_4$的质量为

$$m(H_2C_2O_4)=\frac{7.00\times 90.0}{126}=5.00(g)$$

溶液中水的质量为

$$m(H_2O)=93.0+(7.00-5.00)=95.0(g)$$

草酸的质量摩尔浓度和摩尔分数分别为

$$b(H_2C_2O_4)=\frac{5.00/90.0}{95.0/1000}=0.585\ (mol \cdot kg^{-1})$$

$$x(H_2C_2O_4)=\frac{5.00/90.0}{(5.00/90.0)+(95.0/18.0)}=0.0104$$

例 1-2　在 25℃时，质量分数为 0.0947 的稀硫酸溶液的密度为 $1.06\times10^3\,kg\cdot m^{-3}$，在该温度下纯水的密度为 $997\,kg\cdot m^{-3}$。计算 H_2SO_4 的物质的量分数、物质的量浓度和质量摩尔浓度。

解　在 1L 该稀硫酸溶液中

$$n(H_2SO_4)=\frac{1.06\times10^3\times0.0947}{98.0}=1.02\ (mol)$$

$$n(H_2O)=\frac{1.06\times10^3\times(1-0.0947)}{18.0}=53.3\ (mol)$$

$$x(H_2SO_4)=\frac{n(H_2SO_4)}{n(H_2SO_4)+n(H_2O)}=\frac{1.02}{53.3+1.02}=0.0188$$

$$c(H_2SO_4)=\frac{n(H_2SO_4)}{V}=\frac{1.02}{1.00}=1.02\ (mol\cdot L^{-1})$$

$$b(H_2SO_4)=\frac{n(H_2SO_4)}{m(H_2O)}=\frac{1.02}{1.06\times10^3\times(1-0.0947)\times10^{-3}}=1.06\ (mol\cdot kg^{-1})$$

1-3　稀溶液的依数性
(The Colligative Properties of Dilute Solution)

不同的溶质分别溶于某种溶剂中，所得的溶液其性质往往各不相同。但是当溶液的浓度较稀时，有一类性质只与溶液的浓度有关，而与溶质的本性无关。这类性质包括蒸气压、沸点、凝固点和渗透压等，我们称之为稀溶液的依数性(依赖于溶质粒子数的性质)。下面分别讨论。

1-3-1　溶液的蒸气压下降(Vapor Pressure Lowering of Solution)

在一定温度下，将某纯溶剂如水置于一密闭容器中，水面上一部分动能较高的水分子将克服液体分子间的引力自液面逸出，扩散到容器的空间中成为蒸气分子，这一过程称为**蒸发**(Evaporation)。在水分子不断蒸发的同时，气相中的水蒸气分子也会接触到液面并被吸引到液相中，这一过程称为**凝聚**(Condensation)。开始时蒸发速率大，但随着水蒸气浓度的增大，凝聚的速率也随之增大，最终必然达到蒸发速率与凝聚速率相等的平衡状态。平衡时，水面上的蒸气浓度不再改变，这时水面上的蒸气压力称为该温度下的饱和蒸气压，简称**蒸气压**(Vapor Pressure)，用符号 p 表示，单位是帕(Pa)或千帕(kPa)。

在温度一定时，蒸气压的大小与液体的本性有关。同一液体的蒸气压随温度的升高而增大。固体和液体相似，在一定温度下也有一定的蒸气压。一般情况下，固体的蒸气压都很小，它也随温度的升高而增大。表 1-2 列出了不同温度下冰和水的蒸气压。

在一定温度下，纯溶剂的蒸气压(p^0)为一定值。当难挥发的溶质(B)溶入溶剂(A)后，单位体积内溶剂分子的数目必然会降低，单位时间内逸出液面的溶剂分子数减少，当在一定温度下达到平衡时，溶液的蒸气压(p)必然低于纯溶剂的蒸气压(p^0)，这称为**溶液的蒸气压下降**(Δp)。这里所指的溶液的蒸气压，实际上是指溶剂的蒸气压。因为难挥发的溶质的蒸气压很小，可忽略。

表 1-2　不同温度下冰和水的蒸气压

温度 T/K	蒸气压 p/kPa		温度 T/K	蒸气压 p/kPa
	冰	水		水
263	0.26	0.29	283	1.23
268	0.40	0.42	293	2.34
269	0.44	0.45	298	3.17
270	0.48	0.49	303	4.24
271	0.52	0.53	323	12.33
272	0.56	0.57	353	47.34
273	0.61	0.61	373	101.32

1887 年法国化学家拉乌尔（F. M. Raoult）根据大量实验结果，得出了一定温度下，难挥发性非电解质稀溶液的蒸气压下降值（Δp）与溶液浓度关系的著名的拉乌尔定律。该定律可用下式表达

$$\Delta p = Kb_B \tag{1-7}$$

式中，Δp 为难挥发性非电解质稀溶液的蒸气压下降值，b_B 为溶液的质量摩尔浓度，K 为比例常数。

式（1-7）是常用的拉乌尔定律的数学表达式。它表明：在一定温度下，难挥发性非电解质稀溶液的蒸气压下降与溶液的质量摩尔浓度成正比。说明蒸气压下降只与一定量溶剂中所含溶质的微粒数有关，而与溶质的本性无关。

1-3-2　溶液的沸点升高与凝固点降低

一、溶液的沸点升高（Boiling Point Elevation of Solution）

液体的沸点（Boiling Point）是液体的蒸气压等于外压时的温度。可见液体的沸点是随外界压力而改变的，液体的正常沸点是指外压为标准大气压即 101.3kPa 时的沸点。例如水的正常沸点为 373K。通常情况下，没有注明压力条件的沸点都是指正常沸点。

实验证明，溶液的沸点高于纯溶剂的沸点，这一现象称为**溶液的沸点升高**。溶液沸点升高的原因是溶液的蒸气压低于纯溶剂的蒸气压。稀溶液的沸点升高和凝固点下降示意图见图 1-1，aa'表示纯溶剂水的蒸气压曲线，bb'表示稀溶液的蒸气压曲线。

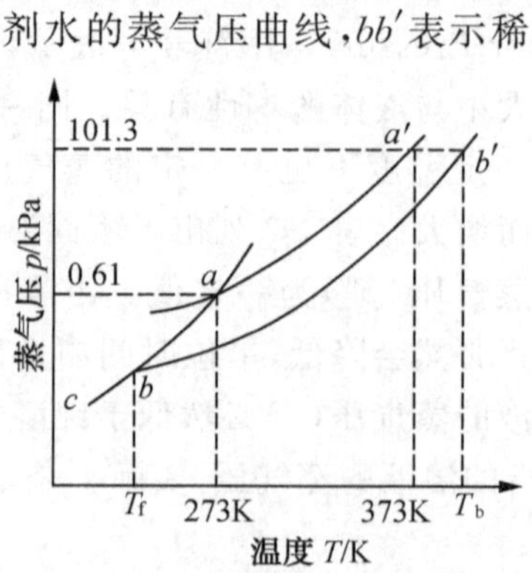

图 1-1　水、冰和溶液的蒸气压与温度的关系

在纯水的沸点 373K(T_b^0)处，溶液的蒸气压小于外界的大气压，当温度升高至 T_b 时(b'点)，溶液的蒸气压才与外界大气压相等，溶液沸腾，溶液的沸点上升值 $\Delta T_b = T_b - T_b^0$。溶液越浓，其蒸气压下降越多，沸点升高越多。根据拉乌尔定律，稀溶液的沸点升高值与蒸气压下降值成正比，即

$$\Delta T_b = K'\Delta p$$

而

$$\Delta p = Kb_B$$

所以

$$\Delta T_b = K'Kb_B = K_b b_B \tag{1-8}$$

式中 K_b 称为溶剂的质量摩尔沸点升高常数，它只与溶剂的本性有关。表 1-3 列出了常见溶剂的沸点及 K_b 值。

表 1-3　常见溶剂的沸点(T_b^0)及质量摩尔沸点升高常数(K_b)

溶　剂	T_b^0/K	K_b/(K·kg·mol^{-1})
乙酸	391	2.93
水	373	0.512
苯	353	2.53
乙醇	351.4	1.22
四氯化碳	349.7	5.03
氯仿	334.2	3.63
乙醚	307.7	2.02

从式(1-8)可以看出，在一定条件下，难挥发性非电解质稀溶液的沸点升高值与溶液的质量摩尔浓度成正比，而与溶质的本性无关。

例 1-3　已知苯的沸点是 353.2K，将 2.67g 某难挥发性物质溶于 100g 苯中，测得该溶液的沸点升高了 0.531K，求该物质的摩尔质量。

解　设所求物质的摩尔质量为 M_B。

查得苯的质量摩尔沸点升高常数 $K_b = 2.53\ \text{K} \cdot \text{kg} \cdot \text{mol}^{-1}$。

根据 $\Delta T_b = K_b b_B$

$$0.531 = 2.53 \times \frac{\dfrac{2.67}{M_B}}{\dfrac{100}{1000}}$$

得

$$M_B = \frac{2.53 \times 2.67}{0.531 \times 0.1} = 127(\text{g} \cdot \text{mol}^{-1})$$

因此可利用测定溶液沸点升高值的方法确定溶质的摩尔质量。

二、溶液的凝固点降低(Freezing point Depression of Solution)

物质的凝固点是指在一定外压下(一般是 101.3kPa)物质的液相与固相具有相同蒸气压而平衡共存时的温度。水的凝固点又称冰点。图 1-1 中 ac 为冰的蒸气压曲线，在外压为 101.3kPa，温度为 273K 时，冰和水的蒸气压均为 0.61kPa (aa' 和 ac 曲线的交点 a 点)，此时冰和水可以平衡共存，故水的凝固点为 273K(T_f^0)。而对于难挥发的非电解质溶液，其蒸气压小于冰的蒸气压，冰将不断融化，只有当温度降低至 T_f 时(b 点)，溶液的

蒸气压才与冰的蒸气压相等，水和冰重新处于平衡状态。图 1-1 中的 T_f 便是该溶液的凝固点。溶剂的凝固点与溶液的凝固点之差（$T_f^0-T_f$）就是该溶液的凝固点降低值 ΔT_f。

对于稀溶液而言，溶液的凝固点降低值 ΔT_f 与溶液的蒸气压下降值 Δp 成正比

$$\Delta T_f = K''\Delta p$$

而

$$\Delta p = Kb_B$$

所以

$$\Delta T_f = K''Kb_B = K_f b_B \tag{1-9}$$

式中 K_f 称为溶剂的质量摩尔凝固点降低常数，它只与溶剂的本性有关。表 1-4 列出了一些溶剂的凝固点及 K_f 值。

表 1-4　常见溶剂的凝固点（T_f^0）及质量摩尔凝固点降低常数（K_f）

溶　剂	T_f^0/K	K_f/(K·kg·mol^{-1})
萘	353	6.90
乙酸	290	3.90
苯	278.5	5.12
水	273	1.86
四氯化碳	250.1	32.0
乙醚	156.8	1.80

从式(1-9)可以看出，难挥发性非电解质稀溶液的凝固点降低值与溶液的质量摩尔浓度成正比，而与溶质的本性无关。

通过测定溶液的沸点升高值和凝固点降低值都可以推算溶质的摩尔质量（或分子量）。但在实际工作中，多采用凝固点降低法。因为大多数溶剂的 K_f 值大于 K_b 值，因此同一溶液的凝固点降低值比沸点升高值大，因而使用凝固点降低法估算溶质的摩尔质量灵敏度高且相对误差小。而且溶液的凝固点测定是在低温下进行的，不会引起生物样品的变性或使其遭到破坏，溶液浓度也不会变化，因此，在医学和生物科学实验中凝固点降低法的应用更为广泛。

例 1-4　苯的凝固点为 5.53℃，将 5.50g 某纯净试样溶于 250g 苯中，测得该溶液的凝固点为 4.51℃，求该试样的相对分子质量。

解　设该试样的摩尔质量为 M。

查得苯的质量摩尔凝固点降低常数 $K_f=5.12\text{K}\cdot\text{kg}\cdot\text{mol}^{-1}$。

$$\Delta T_f = K_f\cdot b = 5.12\times\frac{\frac{5.50\times10^{-3}}{M}}{0.250} = 5.53-4.51$$

$$M=\frac{5.12\times5.50\times10^{-3}}{(5.53-4.51)\times0.25}=0.110(\text{kg}\cdot\text{mol}^{-1})$$

所以该试样的相对分子质量为 110。

例 1-5　实验测得 4.94g $K_3[Fe(CN)_6]$溶解在 100g 水中所得溶液的凝固点为 -1.1℃，$M(K_3[Fe(CN)_6])=329\text{g}\cdot\text{mol}^{-1}$，写出 $K_3[Fe(CN)_6]$在水中的解离方程式。

解　$b(K_3[Fe(CN)_6])=\dfrac{4.94/329}{0.100}=0.150\ (\text{mol}\cdot\text{kg}^{-1})$

由凝固点降低值计算得到溶液中各种溶质(包括分子和离子)的总质量摩尔浓度为：

$$b_{总}=\frac{\Delta T_f}{K_f}=\frac{1.1}{1.86}=0.591(mol \cdot kg^{-1})$$

$b(K_3[Fe(CN)_6])$不等于 $b_{总}$ 的原因是 $K_3[Fe(CN)_6]$在水中解离成离子。设 1 个 $K_3Fe(CN)_6$ 解离成 x 个离子，则：

$$b_{总}=xb(K_3[Fe(CN)_6])$$

$$x=\frac{b_{总}}{b(K_3[Fe(CN)_6])}=\frac{0.591}{0.150}\approx 4$$

由此可知，$K_3[Fe(CN)_6]$在水中的解离按下式进行：

$$K_3[Fe(CN)_6] \rightleftharpoons 3K^+ + [Fe(CN)_6]^{3-}$$

在生产和科学实验中，溶液的凝固点下降这一性质得到了广泛应用。例如，冰和盐的混合物常用作制冷剂。冰的表面总附有少量水，当撒上盐后，盐溶解在水中成为溶液，此时溶液的蒸气压下降，当它低于冰的蒸气压时，冰就要融化。冰在融化时要吸收大量的热，于是冰盐混合物的温度就降低。采用 NaCl 和冰，温度可降到－22℃，用 $CaCl_2 \cdot 2H_2O$ 和冰，温度可降到－55℃。

1-3-3　溶液的渗透压力 (Osmotic Pressure of Solution)

一、渗透现象与渗透压力 (The Phenomena of Osmosis and Osmotic Pressure of Solution)

若在浓的蔗糖溶液的液面上小心地加一层清水，在避免任何机械振动的情况下静置一段时间，则蔗糖分子将由溶液层向水层扩散，同时，水分子也将从水层向溶液层扩散，直至浓度均匀为止。这种物质从高浓度区域向低浓度区域的自动迁移过程叫扩散。

半透膜(Semi-permeable Membrane)是一种只允许溶剂(如水)分子透过而溶质分子不能透过的薄膜，如动物的肠衣、动植物的细胞膜、毛细血管壁、人工制备的羊皮纸、火棉胶等。如果用半透膜将蔗糖溶液和纯水隔开，使膜一侧溶液的液面和膜另一侧的水面相平，如图 1-2(a)所示，不久便可见因纯水透过半透膜进入溶液而使溶液的液面上升，见图 1-2(b)。这种由溶剂分子透过半透膜自动扩散的过程称为**渗透**(Osmosis)。若将溶质相同而浓度不同的两种溶液用半透膜隔开，由于渗透，水从稀溶液一侧透入浓溶液一侧，我们会看到浓溶液的液面上升。

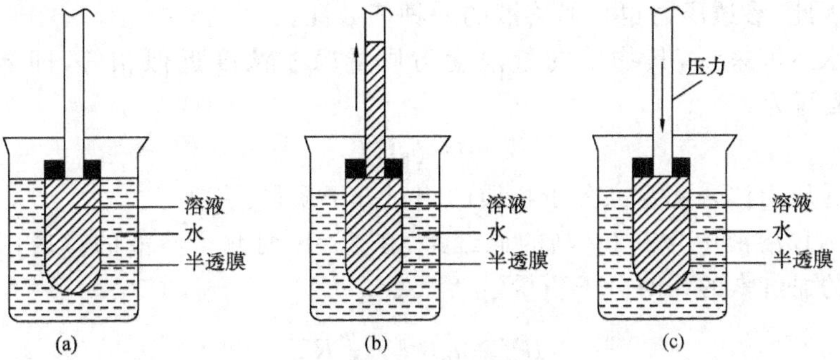

图 1-2　渗透现象与渗透压力

渗透的产生是由于膜两侧单位体积内溶剂分子数不相等。当纯水和蔗糖溶液被半透膜隔开时，由于半透膜只允许水分子自由透过，而单位体积内纯水比蔗糖溶液中的水分子数目多，因此单位时间内由纯溶剂进入溶液中的溶剂分子数要比由溶液进入纯溶剂的溶剂分子数多，其结果是溶液一侧的液面升高。溶液液面升高后，静水压增大，驱使溶液中的溶剂分子加速通过半透膜。当静水压增大至一定值后，单位时间内从膜两侧透过的溶剂分子数相等，渗透作用达到平衡，称为**渗透平衡**。

由此可见，产生渗透现象必须具备两个条件：一是要有半透膜存在；二是要膜两侧单位体积内溶剂分子数不相等，即存在浓度差。因此，渗透现象不仅在溶液和纯溶剂之间可以发生，在浓度不同的两种溶液之间也可以发生。渗透的方向总是溶剂分子从纯溶剂向溶液，或是从稀溶液向浓溶液进行渗透。

如图 1-2(c)所示，为了阻止渗透的进行，必须在溶液液面上施加一超额的压力。国家标准规定：为维持只允许溶剂分子通过的膜所隔开的溶液与溶剂之间的渗透平衡而需要的超额压力称为**渗透压力**。渗透压力用符号 Π 表示，单位为 Pa 或 kPa。如果被半透膜隔开的是两种不同浓度的溶液，为阻止渗透现象发生，应在浓溶液液面上施加一超额压力。实验证明，此压力既不是浓溶液的渗透压力，也不是稀溶液的渗透压力，而是浓溶液与稀溶液的渗透压力之差。

如果外加在溶液上的压力超过渗透压，则反而会使溶液中的水向纯水的方向渗透，使水的体积增加，这个过程叫作**反渗透(Reverse Osmosis)**。反渗透广泛应用于海水淡化、工业废水和溶液的浓缩等方面。

二、溶液的渗透压力与浓度及温度的关系（The Relationship Between Osmotic Pressure of Solution and Concentration as well as Temperature)

1886 年，荷兰物理学家范霍夫(J. H. Van't Hoff)根据渗透实验结果提出，难挥发性非电解质稀溶液的渗透压力 Π 与温度、浓度的关系为

$$\Pi V = n_B RT \tag{1-10}$$

$$\Pi = c_B RT \tag{1-11}$$

式中 Π 为溶液的渗透压力(kPa)；n_B 为溶液中溶质的物质的量(mol)；V 是溶液的体积(L)；c_B 为溶液的物质的量浓度($mol \cdot L^{-1}$)；T 为绝对温度(K)；R 为摩尔气体常数($8.314 J \cdot K^{-1} \cdot mol^{-1}$)。

式(1-10)和(1-11)称为范霍夫定律。它表明在一定温度下，稀溶液渗透压力的大小与溶液的浓度成正比，也就是说，与单位体积溶液中溶质微粒数的多少有关，而与溶质的本性无关。因此，渗透压力也是稀溶液的一种依数性。

对于稀水溶液来说，其物质的量浓度与质量摩尔浓度近似相等，即 $c_B \approx b_B$，因此，式(2-11)可改写为

$$\Pi \approx b_B RT \tag{1-12}$$

常用渗透压力法来测定高分子物质的相对分子质量。

例 1-6 1L 溶液中含 5.0g 马的血红素，在 298K 时测得溶液的渗透压力为 1.80×10^2 Pa，求马的血红素的相对分子质量。

解
$$\Pi V = n_B RT = \frac{m}{M} RT$$

$$M = \frac{mRT}{\Pi V} = \frac{5.0 \times 8.31 \times 298}{180 \times 1 \times 10^{-3}} = 6.9 \times 10^4 (g \cdot mol^{-1})$$

则 $M_r = 6.9\times10^4$

尽管从理论上讲，利用凝固点降低法和测定溶液渗透压力法均可推算溶质的相对分子质量，但在实际中，由于溶液的渗透压力愈高，对半透膜耐压的要求就愈高，就愈难直接测定，故确定低分子溶质的相对分子质量多用凝固点降低法；而对高分子溶质的稀溶液，溶质的质点数很少，其凝固点降低值很小，使用一般仪器无法测定，但其渗透压力足以达到可以进行观测的程度，故确定高分子溶质的相对分子质量多用渗透压力法。

1-3-4 渗透压力的意义（The Significance of Osmotic Pressure）

一、渗透浓度（Osmotic Concentration）

稀溶液的渗透压力具有依数性，它仅与溶液中溶质粒子的浓度有关，而与溶质的本性无关。我们把溶液中能产生渗透效应的溶质粒子（分子、离子等）统称为渗透活性物质。渗透活性物质的物质的量除以溶液的体积称为溶液的**渗透浓度**（Osmolarity），用符号 c_{os} 表示，单位为 $mol\cdot L^{-1}$ 或 $mmol\cdot L^{-1}$。根据范霍夫定律，在一定温度下，对于任一稀溶液，其渗透压力与溶液的渗透浓度成正比。因此，医学上常用渗透浓度来比较溶液渗透压力的大小。

例 1-7 计算 $50.0g\cdot L^{-1}$ 葡萄糖溶液和 $9g\cdot L^{-1}$ 生理盐水的渗透浓度（用 $mmol\cdot L^{-1}$ 表示）。

解 葡萄糖（$C_6H_{12}O_6$）的摩尔质量为 $180g\cdot mol^{-1}$，$50.0g\cdot L^{-1}$ 葡萄糖溶液的渗透浓度为

$$c_{os}=\frac{50.0\times1000}{180}=278\ (mmol\cdot L^{-1})$$

NaCl 的摩尔质量为 $58.5\ g\cdot mol^{-1}$，生理盐水的渗透浓度为

$$c_{os}=2\times\frac{9.0\times1000}{58.5}=308\ (mmol\cdot L^{-1})$$

二、等渗、低渗和高渗溶液

渗透压力在生物学中具有重要意义。动植物细胞膜大多具有半透膜的性质，因此水分、养料在动植物体内的吸收都是通过渗透而实现的。植物细胞汁的渗透压力可达 2×10^3 kPa，所以水由植物的根部可输送到高达数十米的顶端。

渗透压力相等的溶液称为**等渗溶液**（Isotonic Solution）。渗透压力不相等的溶液，相对而言，渗透压力高的称为**高渗溶液**（Hypertonic Solution），渗透压力低的则称为**低渗溶液**（Hypotonic Solution）。

在医学上，溶液的等渗、低渗和高渗是以血浆的渗透压力为标准来衡量的。正常人血浆的总渗透浓度约为 $303.7mmol\cdot L^{-1}$。临床上规定，凡渗透浓度在 $280\sim320\ mmol\cdot L^{-1}$ 范围内的溶液称为等渗溶液，如生理盐水、$12.5g\cdot L^{-1}$ 的 $NaHCO_3$ 溶液等；渗透浓度低于 $280\ mmol\cdot L^{-1}$ 的溶液称为低渗溶液；渗透浓度高于 $320\ mmol\cdot L^{-1}$ 的溶液称为高渗溶液，如急需提高血糖时用的质量分数为 0.50 的葡萄糖溶液，治疗脑水肿用的甘露醇等。临床实际应用时，略低于（或超过）$280\sim320\ mmol\cdot L^{-1}$ 的溶液也可看作等渗溶液，如 $278\ mmol\cdot L^{-1}$ 的葡萄糖溶液。细胞膜属于半透膜，通常给病人大量补液时，须使用与血浆等渗的溶液，否则会造成严重后果。这可通过从显微镜下观察红细胞在不同渗透

浓度的氯化钠溶液中的形态变化来说明：

若将红细胞置于渗透浓度小于280 mmol·L^{-1}的低渗 NaCl 溶液（如5.0 g·L^{-1}）或纯水中，可以看到红细胞逐渐膨胀，最后破裂（图 1-3(a)），释放出红细胞内的血红蛋白，将溶液染成红色，这种现象医学上称之为溶血。这是由于红细胞内溶液的渗透压力高于稀 NaCl 溶液，水从膜外向膜内渗透，致使细胞胀大甚至破裂。

若将红细胞置于渗透浓度大于320 mmol·L^{-1}的高渗 NaCl 溶液（如15 g·L^{-1}）中，可见红细胞逐渐皱缩（图 1-3(b)），这种现象称为胞浆分离。皱缩的红细胞互相聚结成团，若此现象发生于血管中，将产生"栓塞"。这是由于红细胞内液的渗透压力低于浓 NaCl 溶液，红细胞内液的水分子向浓 NaCl 溶液渗透，致使红细胞皱缩。

若将红细胞置于渗透浓度为280～320 mmol·L^{-1}的等渗 NaCl 溶液（9.0 g·L^{-1}的生理盐水）中，可见红细胞既不会膨胀，也不会皱缩，维持原来的形态不变（图 1-3(c)），这是由于生理盐水和红细胞内液的渗透压力相等，细胞内、外液处于渗透平衡状态。

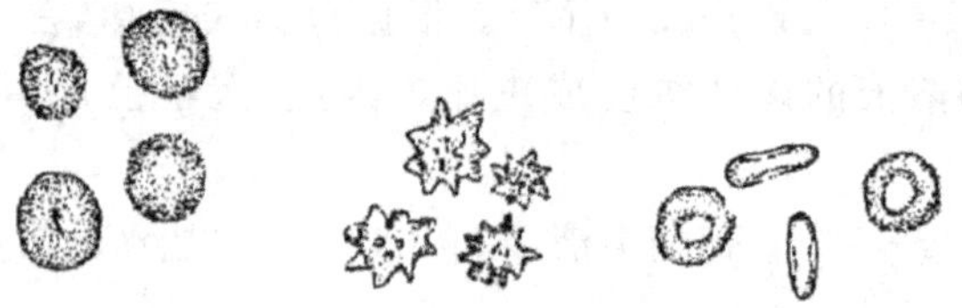

图 1-3　红细胞在渗透压力不同的 NaCl 溶液中的形态图

因此，为防止血液中红细胞变形或破坏，临床上给病人大量补液时，常用生理盐水和50g·L^{-1}葡萄糖溶液等。但在治疗疾病时，也常根据病情用一些高渗溶液，如给低血糖病人注射500g·L^{-1}葡萄糖溶液等。使用高渗溶液时，用量不能太多，注射速度不能过快。少量高渗溶液进入血液后，随着血液循环被稀释，并逐渐被组织细胞利用而使浓度降低，故不会出现胞浆分离的现象。

三、晶体渗透压力和胶体渗透压力

血浆中既含有低分子物质，如氯化钠、碳酸氢钠、葡萄糖、尿素等，也含有高分子物质，如蛋白质、核酸等。低分子物质产生的渗透压力称为**晶体渗透压力**；高分子物质产生的渗透压力称为**胶体渗透压力**。血浆中低分子物质的含量（约为7.5g·L^{-1}）虽低于高分子物质的含量（约为70g·L^{-1}），但是低分子物质的摩尔质量小，其中的电解质又以离子形式存在，因此，它们在单位体积血浆中的质点数很多，由此产生的晶体渗透压就很高。如310K时，血浆的总渗透压力约为770kPa，其中晶体渗透压约占99.5%，胶体渗透压约占0.5%。

由于人体内各种半透膜的通透性不同，在维持体内水、盐平衡上，晶体渗透压力和胶体渗透压力具有不同的生理作用。

晶体渗透压力对维持细胞内、外的水、盐平衡起主要作用。细胞膜是一种半透膜，它将细胞内液和细胞外液隔开，并且只让水分子自由通过，而 K^+、Na^+ 等离子和高分子均不易通过。因此，当人体内缺水时，细胞外液中盐的浓度将相对升高，晶体渗透压力增大，于是细胞内液的水分子透过细胞膜向细胞外液渗透，造成细胞内失水。若大量饮水或输入葡萄糖溶液，则使细胞外液中盐的浓度降低，晶体渗透压力减小，细胞外液中的水分子就向细胞内液中渗透使细胞膨胀，严重时可产生水中毒。高温作业者之所以饮用盐汽水，就是为了维持细胞外液晶体渗透压力的恒定。

胶体渗透压力虽然很小，却对维持毛细血管内外的水、盐平衡起主要作用。毛细血管壁也是一种半透膜，它将血浆和组织液隔开，但与细胞膜不同，它可以允许水分子和各种小离子自由透过，而不允许蛋白质等高分子物质透过。因此，血浆与组织液的水和电解质平衡取决于胶体渗透压。当血浆中蛋白质减少时，血浆的胶体渗透压力降低，血浆中的水和盐等小分子物质就会透过毛细血管壁进入组织液，致使血容量（人体血液总量）降低而组织液增多，从而引起水肿。因此，临床上对大面积烧伤或失血的病人，除补给电解质溶液外，还要输给血浆或右旋糖酐等代血浆，以恢复血浆的胶体渗透压力。

1-4　胶体溶液
(Colloidal Solution)

胶体是分散系的一种，其分散相粒子的直径在 1～100nm 范围内，即粒径为 1～100nm 的一种或几种物质分散于另一种物质中所构成的分散系统称为胶体分散系（Colloidal Dispersed System）。

与人体密切相关的许多物质如蛋白质、多糖、核酸的溶液均属于胶体分散系统，甚至整个人体也可以看成一个含水的胶体。所以人体的许多生理、病理现象，如血液的凝固、血球的沉降、水肿的发生、结石的形成，均与胶体性质有关。多相系统所具有的很多表面现象，如吸附、乳化等，也与医学专业关系密切。所以熟悉本节内容将对学习生理学、病理学、药理学和生物化学等课程有所帮助。

胶体分散系按分散相和分散介质聚集态不同可分成多种类型，其中以固体分散在水中的溶胶最为重要。

溶胶（Sol）的胶粒是由大量分子（或原子、离子）构成的聚集体。直径为 1～100nm 的胶粒分散在分散介质中形成多相系统，具有很大的界面和界面能，因而是热力学不稳定体系。多相性、高度分散性和聚结不稳定性是溶胶的基本特性，其光学性质、动力学性质和电学性质都是由这些基本特性引起的。

1-4-1　溶胶的制备

要制得稳定的溶胶，需满足两个条件：一是分散相粒子大小在合适的范围内；二是胶粒在液体介质中保持分散而不聚结，为此必须加入稳定剂。溶胶通常是用分散法或凝聚法制备的。

1. 分散法

这种方法是用适当的手段将大块或粗粒物质在有稳定剂存在下分散成溶胶粒子般大小。常用的方法有：① 研磨法，用特殊的胶体磨，将粗颗粒研细；② 超声波法，用超声波所产生的能量来进行分散；③ 电弧法，此法可制取金属溶胶，它实际上包括了分散和凝聚两个过程，即在放电时金属原子因高温而蒸发，随即又被溶液冷却而凝聚；④ 胶溶法，它并不是粗粒分散成溶胶，而只是使暂时凝聚起来的分散相又重新分散。

2. 凝聚法

它又可分为物理凝聚法和化学凝聚法两种。物理凝聚法是利用适当的物理过程使某些物质凝聚成胶粒般大小的粒子。例如，将汞蒸气通入冷水中就可得到汞溶胶。化学凝聚法是使能生成难溶物质的反应在适当的条件下进行。反应条件必须选择恰当，使凝聚过程达到一定的阶段即停止，所得到的产物恰好处于胶体状态。例如，将 H_2S 通入稀的亚砷酸溶液，通过复分解反应，可得到硫化砷溶胶：

$$2H_3AsO_3 + 3H_2S = As_2S_3(\text{溶胶}) + 6H_2O$$

1-4-2 溶胶的性质

一、溶胶的光学性质——丁铎尔效应

用一束聚焦的白光照射置于暗处的溶胶，在与光束垂直的方向观察，可见一束光锥通过溶胶，这一现象称为丁铎尔效应(图 1-4)。

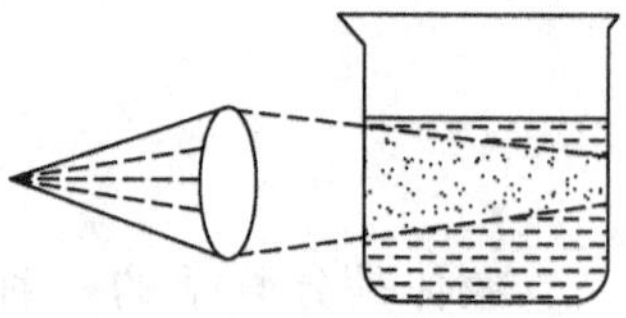

图 1-4 丁铎尔效应

丁铎尔效应的产生与分散相粒子的大小和入射光的波长有关。当光线射入分散体系时，可能发生三种情况：① 当分散相粒子的直径大于入射光的波长时，光发生反射；② 当分散相粒子的直径远远小于入射光的波长时，光发生透射；③ 当分散相粒子的直径略小于入射光的波长时，光发生散射。例如可见光(波长 400～760nm)照射溶胶(胶粒直径 1～100nm)时，由于发生光的散射，胶粒本身好像一个发光体，因此，我们在丁铎尔效应中观察到的不是胶体粒子本身，而只是看到了被散射的光，也称乳光。

真溶液中分散相粒子是分子或离子，它们的直径很小，对光的散射非常微弱，因此用肉眼无法观察到乳光；粗分散系中的粒子直径大于光的波长，发生光的反射而呈混浊状；对于高分子溶液而言，它属于均相体系，分散相与分散介质的折射率相差不大，所以散射光很弱。因此，可以利用丁铎尔效应区分溶胶与其他分散系。

二、溶胶的动力学性质

植物学家布朗(R. Brown)在显微镜下观察悬浮在水中的花粉时，发现花粉微粒在不停地做无规则运动。后来人们在研究溶胶时，也发现了类似的现象，因此，把胶粒在介质中不停地做无规则运动的现象称为布朗运动。它是由于在某一瞬间胶粒受到来自周围各个方向介质分子碰撞的合力未被完全抵消而引起的。实验证明，胶粒质量愈小，温度愈高，介质黏度愈小，布朗运动就愈剧烈。由于布朗运动使胶体粒子不易下沉，所以溶胶具有动力学稳定性。

当溶胶中的粒子存在浓度差时，由于布朗运动使胶体粒子自发地由浓度大的区域向浓度小的区域移动，这种现象称为胶粒的扩散。在生物体内，扩散是物质的输送或物质的分子、离子透过细胞膜的一种动力。

扩散使粒子浓度趋于均匀，但胶粒在重力作用下会发生下沉的现象——沉降。胶粒的直径、密度越大，沉降速率越大；分散介质密度、黏度越大，沉降速率越小。由于沉降作用，势必造成容器底部胶粒浓度大于容器上部的浓度，即产生浓度差，因而使胶粒由下向上扩散。当这两种相反的作用力相等时就称为达到了沉降平衡。沉降平衡时，溶胶粒子的浓度随容器的高度分布呈一定的梯度——底部浓上部稀。

因为胶粒沉降速率与胶粒的体积、密度有关，所以可以通过测定胶粒达到沉降平衡所需的平均时间，确定胶粒的平均胶团质量或大分子化合物的平均相对分子质量。由于胶粒直径较小，在重力场作用下达到沉降平衡所需时间太长，因此必须采用超速离心来缩短其达到沉降平衡的时间。

溶胶中胶粒沉降困难也是它相对稳定的原因之一。

三、溶胶的电学性质

1. 电泳与电渗

如图 1-5 所示，U 形管中加入红棕色 $Fe(OH)_3$ 溶胶，上部注入无色 NaCl 溶液。在溶胶中插入两个电极，通入直流电一段时间后，可以观察到负极一侧红棕色 $Fe(OH)_3$ 溶胶界面上升，而正极一侧溶胶界面下降，这表明 $Fe(OH)_3$ 溶胶胶粒带正电。用黄色的 As_2S_3 溶胶进行相同实验，发现正极一侧黄色界面上升，而负极一侧黄色界面下降，说明 As_2S_3 溶胶中胶粒带负电。

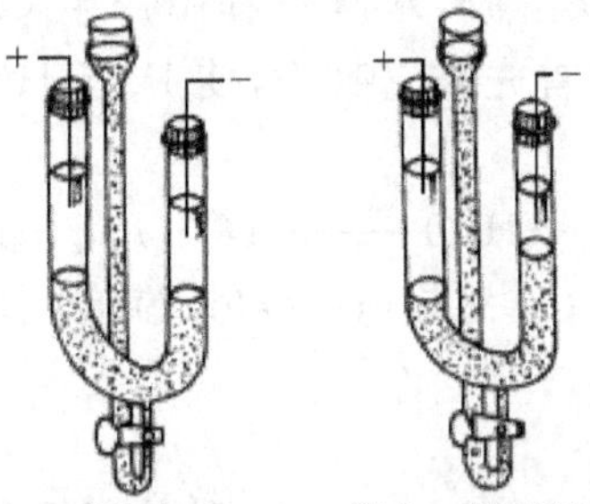

未通电　　通电一段时间后

图 1-5　$Fe(OH)_3$ 溶胶的电泳

这种在电场作用下胶粒发生定向移动的现象称为电泳。电泳现象说明溶胶中胶粒带电，所带电荷种类可由胶粒移动方向确定。胶粒带正电荷的溶胶称为正溶胶，胶粒带负电荷的溶胶称为负溶胶。

电泳实验表明，多数金属氢氧化物溶胶为正溶胶，多数金属硫化物、硅酸、硫、重金属、黏土等溶胶为负溶胶。也有一些溶胶的胶粒在不同条件下带不同种类的电荷，如 AgI 溶胶。

表 1-5 列出了一些溶胶胶粒的带电情况。

表 1-5　一些溶胶胶粒的带电情况

正溶胶	负溶胶
氢氧化铁溶胶	金、银、铂等金属溶胶
氢氧化铝溶胶	硫、硒、碳等非金属溶胶
氧化钍、氧化锆溶胶	氧化锡、氧化钒溶胶
氢氧化铬溶胶	硫化砷、硫化锑、硫化铜溶胶
次甲基蓝溶胶	刚果红等酸性染料溶胶

由于整个胶体系统呈电中性，所以若胶体粒子带某种电荷，则分散介质必定带相反电荷。在直流电作用下分散介质发生定向移动的现象称为电渗。图 1-6 是观察电渗的仪器示意图。它是一个 U 形管，中间有一个多孔隔膜（如活性炭、素烧瓷片等），U 形管右上

方附有一个带刻度的毛细管，将溶胶加入U形管中，在多孔隔膜两侧放两个不同电性的直流电极。通电后，分散介质则通过隔膜定向移动。电渗方向可由右侧毛细管中液体弯月面的升降来判断。电泳与电渗合称为电动现象。

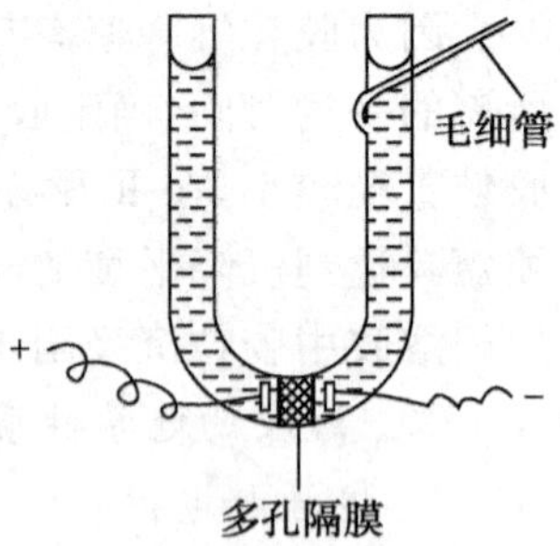

图 1-6 电渗仪示意图

在临床生化检验中常利用电泳法分离血清蛋白。

2. 胶粒带电的原因

产生电动现象的根本原因是胶粒带有一定种类的电荷，胶粒带电的原因主要有下面两种。

(1) 吸附。吸附是胶粒带电的主要原因。因为溶胶是高度分散的多相体系，分散相粒子必然会自发地吸附分散介质中的其他物质(如离子)以降低其表面能。研究表明，胶粒中的胶核总是优先选择性地吸附分散介质中与其组成相似的离子，若吸附正离子则带正电荷，若吸附负离子则带负电荷。

例如，水解法制备氢氧化铁溶胶，水解过程中产生 Cl^- 与 FeO^+(单铁氧根离子)。FeO^+ 组成与 $Fe(OH)_3$ 类似，故首先被它吸附，使 $Fe(OH)_3$ 胶粒带正电荷，而溶胶中电性相反的 Cl^- 则留在介质中。

$$FeCl_3 + H_2O \longrightarrow Fe(OH)Cl_2 + HCl$$

$$Fe(OH)Cl_2 + H_2O \longrightarrow Fe(OH)_2Cl + HCl$$

$$\Updownarrow$$

$$FeO^+ + H_2O + Cl^-$$

$$Fe(OH)_2Cl + H_2O \rightleftharpoons Fe(OH)_3 + HCl$$

又如，As_2S_3 溶胶的制备反应为

$$As_2O_3 + 3H_2S \longrightarrow As_2S_3 + 3H_2O$$

H_2S 的解离反应为

$$H_2S \rightleftharpoons H^+ + HS^-$$

胶核 $(As_2S_3)_m$ 表面选择吸附与其组成相似的 HS^- 而带负电荷。

(2) 解离。胶粒表面分子解离是胶粒带电的另一原因。例如硅酸溶胶的胶粒是由若干 SiO_2 分子聚集而成的。表面上的 SiO_2 分子与水分子作用，在表面形成 H_2SiO_3，它解离产生 H^+ 和 $HSiO_3^-$。H^+ 扩散至水中，而 $HSiO_3^-$ 留在胶粒表面，所以 H_2SiO_3 胶粒带负电荷，H_2SiO_3 溶胶为负溶胶。

$$SiO_2 + H_2O \rightleftharpoons H_2SiO_3$$

$$H_2SiO_3 \rightleftharpoons H^+ + HSiO_3^-$$

1-4-3 胶团的结构

胶团是由胶粒和扩散层构成的，其中胶粒又是由胶核和吸附层组成的。

胶核是溶胶中分散相分子、原子或离子的聚集体，是胶粒或胶团的核心。胶核能选择吸附介质中的某种离子或表面分子解离而形成的带电离子(吸附的离子称为电势离子)。由于静电引力作用，电势离子又会吸引介质中部分与胶粒所带电性相反的离子(称为反离子)。电势离子与部分反离子紧密结合在一起构成了吸附层，另一部分反离子因

扩散作用分布在吸附层外围，形成了与吸附层电性相反的扩散层。这种由吸附层和扩散层构成的电量相等、电性相反的双层结构称为扩散双电层(Diffused Electric Double Layer)。

扩散层以外的均匀溶液为胶团间液，它是电中性的。溶胶是由胶团和胶团间液构成的分散系。图 1-7 是制备 AgI 溶胶时，KI 过量所得的 AgI 负溶胶的胶团结构式和结构示意图，其中$(AgI)_m$ 为胶核，I^- 为电势离子，K^+ 为反离子(其中一部分被电势离子牢固吸引，另一部分组成扩散层)。

$$\underbrace{\underbrace{[\underbrace{(AgI)_m}_{\text{胶核}} \cdot \underbrace{nI^- \cdot (n-x)K^+}_{\text{吸附层}}]^{x-}}_{\text{胶粒}} \cdot \underbrace{xK^+}_{\text{扩散层}}}_{\text{胶团}}$$

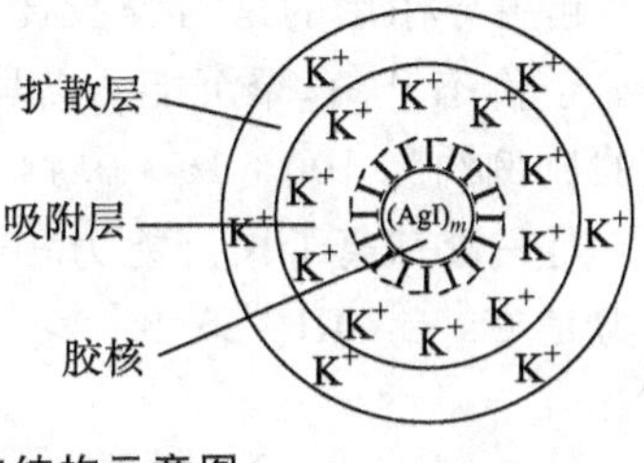

图 1-7　AgI 负溶胶胶团结构式和结构示意图

如果制备 AgI 溶胶时，$AgNO_3$ 过量，则生成 AgI 正溶胶。胶团的结构式如下：

$$[(AgI)_m \cdot nAg^+ \cdot (n-x)NO_3^-]^{x+} \cdot xNO_3^-$$

这里要说明的是，溶胶中胶核吸附的离子(电势离子和反离子)和扩散层中的反离子都是溶剂化的，所以扩散双电层也是溶剂化的。直流电场作用下发生电动现象时，胶团在吸附层和扩散层之间发生分离，具有溶剂化吸附层的胶粒向与其电性相反的电极移动，而溶剂化的扩散层则向另一电极移动。

1-4-4　溶胶的稳定性

溶胶是热力学不稳定系统，具有自发聚结的趋势，理论上很容易聚结而沉降。但事实上很多溶胶相当稳定，如法拉第制备的金溶胶几十年后才沉淀。溶胶相对稳定的原因有如下几方面：

一、布朗运动

一方面，由于溶胶分散度很高，胶粒体积小，会做剧烈的布朗运动，可以克服重力作用，所以不易沉降；另一方面，胶粒剧烈的布朗运动又使碰撞次数增加，从而使胶粒易于聚结。所以除动力学因素外，必然有其他原因使溶胶保持相对稳定。

二、溶剂化作用

溶胶胶团结构中的吸附层和扩散层中的离子都是溶剂化的，在此溶剂化层保护下，胶粒就很难因碰撞而聚结。溶剂化层的厚度主要决定于扩散层的厚度，扩散层越厚，溶胶越稳定；扩散层越薄，溶胶越不稳定。

三、胶粒的带电

同种溶胶中的胶粒带有相同电荷，当两胶粒接近时，静电斥力的作用使它们分开，不易聚结成大颗粒，保持了溶胶的稳定。

溶胶的稳定性是相对的，如果失去了稳定因素，胶粒就会相互聚结而沉降，这种现象称为聚沉。引起溶胶聚沉的因素很多，例如加入电解质、加热、溶胶的浓度过高以及加入带有异种电荷的溶胶等。其中最主要的是加入电解质所引起的聚沉。

1. 电解质的聚沉作用

在溶胶中加入电解质可以引起聚沉。一般认为这是由于电解质的反离子与扩散层中的反离子同性相斥，将反离子排斥入吸附层，使水化层变薄，因而易聚结沉降。

电解质对溶胶聚沉能力的大小可以用聚沉值来表示。聚沉值指使一定量的溶胶在一定时间内开始聚沉所需要电解质的最低浓度，单位为 $mmol \cdot L^{-1}$。聚沉值越大，说明该电解质对这种溶胶聚沉能力越小。

电解质对溶胶的聚沉作用有如下规律：

(1) 起主导作用的是与胶粒具有相反电性的离子。同一价态反离子聚沉能力相近，随着反离子价态升高，聚沉能力急剧增加。一般来说，异种电荷离子价态为 1、2、3 时，其聚沉值的比例约为 100∶16∶0.14。

(2) 同一价态离子聚沉能力相近，但也略有不同。如对负溶胶来说，一价金属离子的聚沉能力是 $Cs^{+} > Rb^{+} > K^{+} > Na^{+} > Li^{+}$；对正溶胶来说，聚沉能力是 $Cl^{-} > Br^{-} > I^{-} > CNS^{-}$。

2. 加热聚沉

加热增加了胶粒之间的碰撞机会，同时削弱了胶粒的溶剂化作用，使溶胶聚沉。例如将 As_2S_3 溶胶加热煮沸时，As_2S_3 呈黄色沉淀析出。

3. 溶胶的相互聚沉

正、负溶胶有相互聚沉能力。将带相反电荷的溶胶按适当比例混合，可使胶粒所带电荷恰被完全中和，溶胶完全聚沉。若两者比例不适当，则聚沉不完全，甚至不发生聚沉。

明矾净水作用就是溶胶相互聚沉的典型例子。因天然水中胶态的悬浮物大多带负电，而明矾在水中水解产生的 $Al(OH)_3$ 溶胶是带正电的，因此它们相互聚沉而使水净化。

1-4-5　大分子化合物溶液

一、大分子化合物溶液

由许多原子组成的相对分子质量大于 10^4 的一类化合物称为大分子（也称高分子）化合物。它包括天然型和合成型两大类。前者如蛋白质、多糖、核酸等，是构成生物体的基础；后者如聚乙烯、聚苯乙烯等。这类物质可以是电解质，如蛋白质、核酸等，也可以是非电解质，如多糖、聚乙烯等。大分子的分子大小与胶粒大小相近，因此它的溶液表现出某些溶胶的性质，如扩散速度慢、分散质点不能通过半透膜等。因此研究大分子化合物的某些方法，也和研究溶胶的方法有相似之处。

大分子化合物都是由一种或几种小单位连接而成的，所以也称为高聚物。例如聚乙烯的基本单位是—CH_2—。这些基本单位重复地结合形成长链，故聚乙烯的分子式可以写成 $-[CH_2]_n-$。每一个单位称为一个链节，链节的数目 n 称为聚合度，聚乙烯的聚合度为 500～2000。由于聚合度只是一个范围，所以大分子化合物没有确定的相对分子质量，只能用平均相对分子质量 M 表示。聚乙烯的 M 为 40000 左右。

大分子化合物与适当的溶剂接触时，吸收溶剂，本身体积胀大，最后溶解在溶剂中，形成均相体系，即为大分子化合物溶液，简称为大分子溶液（Macromolecular Solution）。

虽然大分子溶液分散相粒子的大小与胶粒大小相似，某些性质与溶胶类似，如扩散速率慢、不能透过半透膜等，但其本质是真溶液，是均相的热力学稳定体系，因此与溶胶的性质又有不同。大分子溶液也有电解质溶液和非电解质溶液之分。蛋白质、核酸的水溶液是大分子电解质溶液，而多糖的水溶液是大分子非电解质溶液。

二、大分子溶液的稳定性

1. 大分子溶液稳定的因素

大分子溶液比溶胶更稳定，这是它的一个重要特征。大分子电解质溶液稳定是由于大分子离子带有相同的电荷和大离子高度溶剂化形成溶剂膜的缘故。

大分子非电解质溶液主要由于长链上的基团高度溶剂化形成溶剂化膜，从而增大了其稳定性。

2. 大分子溶液的盐析

大分子溶液虽然稳定性很高，但在其中加入某些有机溶剂，如甲醇、乙醇、丙酮，以及某些无机盐，如 Na_2SO_4，$(NH_4)_2SO_4$，$MgSO_4$ 等，仍能引起大分子溶液的沉淀。这些有机溶剂或无机盐具有高度的亲水性，能“争夺”水分子而破坏大分子化合物的水化层，从而降低了其稳定性，使其沉淀。

加入无机盐使大分子溶液发生沉淀的作用称为盐析(Salting Out)。例如在胎盘浸出液中，加入一定量$(NH_4)_2SO_4$，使丙种球蛋白沉淀就是利用盐析作用的原理。盐析大分子溶液所需无机盐的最低浓度称为盐析浓度，单位为 $mol \cdot L^{-1}$。盐析浓度越大说明无机盐的盐析能力越低。

大分子溶液的盐析与溶胶的聚沉有以下几点区别：

(1) 对电解质的敏感性不同，盐析所需电解质的浓度大而溶胶聚沉所需浓度小。

(2) 盐析作用的大小与大分子溶液的 pH 以及大分子化合物带电情况有关。

(3) 可逆性不同，盐析具有可逆性，例如盐析得到的蛋白质沉淀，可以重新溶解于水形成大分子溶液，而聚沉通常是不可逆的。

(4) 在溶胶聚沉中反离子起主导作用，而在大分子溶液盐析中正、负离子都起作用，负离子尤为突出。

(5) 电解质对溶胶的聚沉能力与反离子价数具有明显的关系，而大分子溶液的盐析能力虽与价数有关，但规律性并不明显。

三、大分子溶液对溶胶的保护作用

将一定浓度的大分子溶液加入到溶胶中可以增加溶胶的稳定性，这种作用称为大分子溶液对溶胶的保护作用。例如在红色金溶胶中加入某种电解质会引起金溶胶的聚沉；若先加入一定量的动物胶，然后再加同样量的电解质，金溶胶就不会发生聚沉。这种现象就是大分子化合物对溶胶的保护作用。

大分子溶液保护作用的原因，一般认为是由于大分子与溶胶的胶粒之间的相互作用使大分子在胶粒表面上发生吸附，增加了溶胶的稳定性。研究表明，不同的大分子溶液适用于保护不同的溶胶，而且大分子溶液要达到一定的浓度才能起到保护作用，如果大分子溶液的浓度不够，非但起不到保护作用，反而加速溶胶的聚沉。这种作用称为敏化。

大分子物质的保护作用在生理过程中有着重要意义。微溶性的碳酸钙和磷酸钙等无机盐均以溶胶形式存在于血液中，血液中的蛋白质对它们起了保护作用，使其能稳定存在而不聚沉。当血液中的蛋白质减少，这些微溶性盐类便沉淀出来，在肾脏、胆囊等器官中形成结石。

1-4-6 凝胶与胶凝

大分子溶液（明胶、琼脂等）或某些溶胶（H_2SiO_3 溶胶、$Fe(OH)_3$ 溶胶）在适当条件下形成外观均匀并具有一定形状的弹性半固体。这种半固体称为凝胶。凝胶是一种特殊的分散体系。它的形成是由于胶体粒子或线形大分子之间相互连接，形成立体网状结构，大量的溶剂分子被分隔在网状结构的空隙中而失去流动性。从外表看，它是处于固体和液体之间的一种中间状态，其性质介于固体和液体之间。其内部结构的强度往往很有限，容易被破坏。

形成凝胶的过程称为胶凝。胶凝过程就是网状结构形成和加固的过程。例如，硅酸溶胶在一定 pH 值下可胶凝成硅酸凝胶，在热水中制备质量分数为 2% ～ 3%的动物胶溶液，冷却后也成为凝胶。凝胶存在是极其普遍的，如日常生活中遇到的豆腐、果酱、粉皮、肉冻以及人体的肝脏、肾脏、肌肉、皮肤无一不是凝胶。血液与蛋清的凝固、豆浆形成豆腐的过程都是胶凝。

习　题

1. 市售浓硫酸的密度为 $1.84\ kg \cdot L^{-1}$，质量分数为 96%，试求该溶液的 $c(H_2SO_4)$ 和 $x(H_2SO_4)$。

2. 什么是稀溶液的依数性？稀溶液的依数性包括哪些性质？

3. 乙醚的正常沸点为 34.5℃，在 40℃时往 100g 乙醚中至少加入多少摩尔不挥发溶质才能防止乙醚沸腾？

4. 苯的凝固点为 5.50℃，$K_f = 5.12\ K \cdot kg \cdot mol^{-1}$。现测得 1.00g 单质砷溶于 86.0g 苯所得溶液的凝固点为 5.30℃，通过计算推算砷在苯中的分子式。

5. 取谷氨酸 0.749 g 溶于 50.0g 水中，测得凝固点为－0.188℃，试求谷氨酸的摩尔质量。

6. 当 10.4 g $NaHCO_3$ 溶解在 200 g 水中时，溶液的凝固点为－2.30℃。通过计算说明，在溶液中每个 $NaHCO_3$ 解离成几个离子，并写出解离方程式。

7. 医学临床上用的葡萄糖等渗液的冰点为－0.543℃，试求此葡萄糖溶液的质量分数和血浆的渗透压（血浆的温度为 37℃）。

8. 排出下列稀溶液在 310 K 时，渗透压由大到小的顺序，并说明原因。

(1) $c(C_6H_{12}O_6) = 0.10\ mol \cdot L^{-1}$；

(2) $c(NaCl) = 0.10\ mol \cdot L^{-1}$；

(3) $c(Na_2CO_3) = 0.10\ mol \cdot L^{-1}$。

9. 将 1.01g 胰岛素溶于适量水中配制成 100mL 溶液，测得 298K 时该溶液的渗透压力为 4.34kPa，试问该胰岛素的分子量为多少？

10. 什么是分散系统？根据分散相粒子的大小，液体分散系统可分为哪几种类型？

11. 写出下列两种情况下形成的胶体的胶团的结构式。若聚沉以下两种胶体，试分

别将 $MgSO_4$，$K_3[Fe(CN)_6]$和 $AlCl_3$ 三种电解质按聚沉能力由大到小排列：

(1) 100mL 0.005 mol·L^{-1} KI 溶液和 100mL 0.01 mol·L^{-1} $AgNO_3$ 溶液混合制成的 AgI 溶胶；

(2) 100mL 0.005 mol·L^{-1} $AgNO_3$ 溶液和 100mL 0.01 mol·L^{-1}KI 溶液混合制成的 AgI 溶胶。

12. 溶胶有哪些性质？这些性质与胶体的结构有何关系？

13. Urea (N_2H_4CO) is a product of metabolism of proteins. An aqueous solution is 32.0% urea by mass and has a density of 1.087g·L^{-1}. Calculate the molality of urea in the solution.

14. Calculate the freezing and boiling points of a solution that contains 30.0g of urea in 250g of water. Urea is a nonvolatile nonelectrolyte.

15. Four beakers contain 0.01mol·L^{-1} aqueous solutions of C_2H_5OH, NaCl, $CaCl_2$ and CH_3COOH, respectively. Which of these solutions has the lowest freezing points? Explain.

第二章 化学热力学与化学平衡 (Chemical Thermodynamics and Chemical Equilibrium)

学习要求

1. 了解热力学能、焓、熵和吉布斯自由能等状态函数的概念。
2. 理解热力学第一定律、第二定律和第三定律的基本内容。
3. 掌握化学反应的标准摩尔焓变的各种计算方法。
4. 掌握化学反应的标准摩尔熵变和标准摩尔吉布斯自由能变的计算方法。
5. 会用 ΔG 来判断化学反应的方向，并了解温度对 ΔG 的影响。
6. 了解经验平衡常数和标准平衡常数以及标准平衡常数与标准吉布斯自由能变的关系。
7. 掌握不同反应类型的标准平衡常数表达式，并能从该表达式来理解化学平衡的移动。
8. 掌握有关化学平衡的计算，包括运用多重平衡规则进行的计算。

物质的任何变化，总伴随有能量的转变和传递。热力学就是研究体系状态变化时能量相互转换规律的科学。它主要包括**热力学第一定律**(**The First Law of Thermodynamics**)和**热力学第二定律**(**The Second Law of Thermodynamics**)。这两个定律是人们长期经验的总结，有着牢固的实验基础。它不能用理论方法来证明，但它的正确性和可靠性已被无数实验所证实。

将热力学的基本原理用于研究化学现象及与化学有关的物理现象的学科，称为**化学热力学**(**Chemical Thermodynamics**)。它的主要内容是应用热力学第一定律来研究和解决化学变化和相变化中的热效应问题，即**热化学**(**Thermochemistry**)；应用热力学第二定律来解决化学和物理变化的方向和限度问题，以及化学平衡和相平衡中的有关问题。

化学热力学在生产实践和科学研究中都具有重大的指导作用。在化工生产中的能量衡算与能量的合理利用方面，在设计新的反应路线或研制新的化学产品方面及研究有关反应变化的方向和限度等方面，化学热力学的应用都是十分重要的。例如在19世纪末，人们试图用石墨制造金刚石，但无数次的实验均以失败而告终。通过热力学的计算人们才知道只有当压力超过大气压力15000倍时，石墨才有可能转变成金刚石。人造金刚石的制造成功，充分显示了热力学在解决实际问题中的重要作用。

热力学的研究方法和特点是从能量的角度出发，讨论由大量质点组成的集合体的宏观性质，而不涉及物质的微观结构、过程机理和反应速率。热力学只需知道变化过程的起始状态和最终状态及条件，就可预示过程进行的可能性和限度。

本章将介绍化学热力学的基础知识，以便用化学热力学的理论、方法解释一些化学和物理现象。

2-1　基本概念和术语
(Basic Concepts and Terms)

为了便于应用热力学的基本原理研究化学反应的能量转化规律，首先需要了解热力学中的几个常用术语。

2-1-1　体系与环境(System and Surrounding)

在热力学研究中，根据需要把研究的对象与周围其他部分区分开，把研究的对象称为**体系**(**System**)，把体系之外而与体系有关的部分称为**环境**(**Surrounding**)。

根据体系与环境之间的关系，可将体系分为三类：

敞开体系：在体系与环境之间既有物质交换，又有能量交换。

封闭体系：在体系与环境之间没有物质交换，只有能量交换。

孤立体系：在体系与环境之间既没有物质交换也没有能量交换。

例如，研究在一个烧杯中进行的溶液反应时，可以把烧杯中的溶液作为体系，而把液面以上的水蒸气、空气等作为环境。体系与环境之间既有物质交换，又有能量交换，是一个敞开体系。若在烧杯上加一个盖子，将烧杯内的溶液作为体系，则体系与烧杯外面的环境之间不再有物质交换，但还有能量交换，是一个封闭体系。若再用绝热层将烧杯包住，烧杯内的溶液就成了一个孤立体系。

为了研究方便，在某些条件下可近似地把一个系统视为孤立体系。

2-1-2　状态和状态函数(State and State Function)

体系的状态(State)是体系所有宏观性质如压力(p)、温度(T)、质量(m)、体积(V)、物质的量(n)及本章要介绍的热力学能(U)、焓(H)、熵(S)、吉布斯自由能(G)等宏观物理量的综合表现。当所有这些宏观物理量都不随时间改变时，我们称体系处于一定的状态。反之，当体系处于一定状态时，这些宏观物理量也都具有确定值。我们把这些确定体系存在状态的宏观物理量称为体系的**状态函数**(**State Function**)。体系的某个状态函数或若干个状态函数发生变化时，体系的状态也随之发生变化。状态函数之间是相互联系、相互制约的，具有一定的内在联系。因此确定了体系的几个状态函数后，体系其他的状态函数也随之而定。例如，理想气体的状态就是 p、V、n、T 这些状态函数的综合表现，它们的内在联系就是理想气体状态方程 $pV=nRT$。

状态函数的最重要特点是它的数值仅仅取决于体系的状态，当体系状态发生变化时，状态函数的数值也随之改变。但状态函数的变化值只取决于体系的始态与终态，而与体系变化的途径无关。

2-1-3　过程与途径(Process and Path)

一、过程

体系状态发生变化时，变化的经过称为**过程**(**Process**)。例如，气体的液化、固体的溶解、化学反应等。经历这些过程后，体系的状态都发生了变化。热力学中常见的过程有：

（1）**等温过程（Isothermal Process）**：体系始态和终态温度相等且等于环境温度的过程。即 $T_1=T_2=T_e$，下标 1、2 和 e 分别表示始态、终态和环境。

（2）**等压过程（Isobaric Process）**：体系始态和终态压力相等且等于环境压力的过程。$p_1=p_2=p_e$。

（3）**等容过程（Isochoric Process）**：体系的体积始终保持不变的过程。

（4）**绝热过程（Adiabatic Process）**：体系与环境之间没有热交换的过程，即 $Q=0$。

（5）**循环过程（Cyclic Process）**：体系经一系列变化后又恢复到起始状态的过程。

此外，还有许多其他的热力学过程。

二、途径

体系由始态到终态完成一个变化过程的具体步骤称为**途径（Path）**。

一个过程往往可以经多种不同的途径来完成，例如欲将一杯 303K 的水加热到 373K，可以逐步升温完成这个变化，也可以每次升温 10K 完成这个变化，还可以先降温再升温……无论经由哪种途径，体系的温度变化都是从 303K 到 373K，状态函数 T 的变化 ΔT 都是 70K。

2-2 热力学第一定律
（The First Law of Thermodynamics）

2-2-1 热和功

热和功是体系状态发生变化时，体系与环境之间的两种能量交换的形式，单位均为焦耳或千焦，符号为 J 或 kJ。

体系与环境之间因存在温度差异而发生的能量交换形式称为**热（Heat）**（或热量），符号为 Q。热力学中规定：

体系从环境吸热，Q 取正值（体系能量升高，$Q>0$）；

体系向环境放热，Q 取负值（体系能量下降，$Q<0$）。

体系与环境之间除热以外的其他各种能量交换形式统称为**功（Work）**，符号为 W。热力学中规定：

体系对环境做功，功取负值（体系能量下降，$W<0$）；

环境对体系做功，功取正值（体系能量升高，$W>0$）。

功有多种形式，通常分为**体积功**和**非体积功**两大类。体系由于体积变化反抗外力所做的功称为体积功，其他功如电功、表面功等都称为非体积功。在一般情况下，化学反应中体系只做体积功。等压过程的体积功计算公式为：$W=-p\Delta V=p(V_1-V_2)$。**注意**：本章下面的讨论都局限于体系只做体积功的情况。

必须指出，**热和功都不是体系的状态函数**，除了与体系的始态、终态有关以外还与体系状态变化的具体途径有关。它们只有在体系发生变化时才体现出来，不能说体系在某种状态下含有多少热或多少功。

2-2-2 热力学能

热力学能也称为**内能**，它是体系内部各种形式能量的总和，符号为 U，具有能量单位

(J 或 kJ)。它包括分子运动的动能、分子间的位能以及分子和原子内部所蕴藏的能量等。热力学能是体系内部能量的总和，是体系自身的一种性质，在一定的状态下应有一定的数值。因此**热力学能是状态函数**。

至今我们还无法知道体系热力学能的绝对值。但当体系状态发生改变时，体系和环境之间有能量的交换，即有功和热的传递，据此可确定体系热力学能的变化值。

2-2-3　热力学第一定律

“自然界的一切物质都具有能量，能量有各种不同的形式，能够从一种形式转化为另一种形式。在转化的过程中，能量的总值不变。”这就是**能量守恒和转化定律**。能量守恒和转化定律是人类长期实践的总结，把它应用于热力学体系，就是**热力学第一定律**。

根据热力学第一定律，体系热力学能的改变值 ΔU 等于体系与环境之间的能量传递，即

$$\Delta U = Q + W \tag{2-1}$$

式(2-1)表明：体系热力学能的增量应等于环境以热的形式供给体系的能量减去体系对环境以做功的形式耗去的能量。

例 2-1　某体系从环境吸收热量并膨胀做功，已知从环境吸收热量 200kJ，对环境做功 120kJ，求该过程中体系的热力学能变和环境的热力学能变。

解　由热力学第一定律知：

$$\begin{aligned}\Delta U(\text{体系}) &= Q + W = 200 + (-120)\\ &= 80(\text{kJ})\\ \Delta U(\text{环境}) &= Q + W\\ &= -200 + 120\\ &= -80(\text{kJ})\end{aligned}$$

即完成这一过程后，体系净增了 80kJ 的热力学能，而环境减少了 80kJ 的热力学能，体系与环境保持能量守恒。即

$$\Delta U(\text{体系}) + \Delta U(\text{环境}) = 0$$

2-3　热　化　学
(Thermochemistry)

化学反应总伴随有各种形式的能量变化，通常表现为热量的放出和吸收。在等温、不做非体积功的条件下，化学反应吸收或放出的热量就称为化学反应热效应，简称**反应热**(**Heat of Reaction**)。应用热力学第一定律研究化学反应热效应的科学称为**热化学**(**Thermochemistry**)。热化学提供的反应热数据在化学理论研究和化工生产中有非常重大的意义。

2-3-1　等容反应热和等压反应热

根据化学反应是在等容还是等压条件下进行，反应热又可分为等容反应热和等压反应热。

一、等容反应热

若体系在变化过程中，体积始终保持不变（$\Delta V=0$），则体系不做体积功，即 $W=0$。根据热力学第一定律可得

$$Q_V=\Delta U-W=\Delta U \tag{2-2}$$

上式表明，等容反应热等于体系内能的变化。

二、等压反应热

若体系在变化过程中，压力始终保持不变，根据热力学第一定律，其反应热 Q_p 为

$$\begin{aligned}Q_p&=\Delta U-W=\Delta U+p\Delta V=U_2-U_1+p(V_2-V_1)\\&=(U_2+pV_2)-(U_1+pV_1)\end{aligned} \tag{2-3}$$

即在等压过程中，体系吸收的热量 Q_p 等于终态和始态的($U+pV$)值之差。U、p、V 都是状态函数，它们的组合($U+pV$)当然也是状态函数。为了方便起见，我们把这个新的状态函数叫作**焓(Enthalpy)**，用符号 H 表示

$$H=U+pV \tag{2-4}$$

这样，式(2-3)就可简化为

$$Q_p=H_2-H_1=\Delta H \tag{2-5}$$

这就是说，在等压过程中，体系吸收的热量全部用来增加体系的焓。所以等压反应热就是体系的焓变，常用 ΔH 来表示。

由式(2-4)和(2-5)可知，在等压变化中，体系的焓变(ΔH)和热力学能的变化(ΔU)之间的关系式为

$$\Delta H=\Delta U+p\Delta V \tag{2-6}$$

由式(2-5)和(2-6)可知，等压反应热等于反应的焓变，即等于体系的热力学能变加上体系所做的体积功。若 ΔH 为正值，体系的焓值增加，则反应为吸热反应；若 ΔH 为负值，体系的焓值减小，则反应为放热反应。

因 $Q_V=\Delta U$，$Q_p=\Delta H$，故 Q_V 与 Q_p 有如下关系：

$$Q_p=Q_V+p\Delta V \tag{2-7}$$

当反应物和生成物都是固态或液态时，反应的 ΔV 值很小，$p\Delta V$ 可忽略，故 $\Delta H\approx\Delta U$。对有气体参加的反应，ΔV 值往往较大。应用理想气体状态方程式可得

$$p\Delta V=p(V_2-V_1)=(n_2-n_1)RT=RT\Delta n$$

式中 Δn 为气体生成物的物质的量减去气体反应物的物质的量。将此关系式代入式(2-6)，可得

$$\Delta H=\Delta U+RT\Delta n \tag{2-8}$$

$$Q_p=Q_V+RT\Delta n \tag{2-9}$$

化学反应通常是在等压条件下进行的，因此反应的焓变(等压反应热)的应用更为广泛。如不加以说明，均指等压反应热。

例 2-2 实验测得 1.200g 尿素在 298K 时在弹式量热计中完全燃烧，放热 12.658kJ，求 298K 时尿素燃烧反应的等容反应热 Q_V 和等压反应热 Q_p。

解 $CO(NH_2)_2(s)+\frac{3}{2}O_2(g)$ ══ $CO_2(g)+N_2(g)+2H_2O(l)$

尿素的摩尔质量为 60.04。

$Q_V=-12.658\text{kJ}$

$Q_p=Q_V+RT\Delta n$

$=-12.658+8.314\times298\times10^{-3}\times\left(2-\frac{3}{2}\right)\times\frac{1.200}{60.04}$

$=-12.633(\text{kJ})$

尿素燃烧是放热反应，故 Q_V 和 Q_p 都是负数。

2-3-2　热化学方程式

一、反应进度

反应进度 ξ 用以表示化学反应进行的程度。对任一化学反应

$$a\text{A}+d\text{D}=\!=\!=g\text{G}+h\text{H}$$

可表示为 $(g\text{G}+h\text{H})-(a\text{A}+d\text{D})=0$，即 $0=\sum_{\text{B}}\nu_{\text{B}}\text{B}$。

式中 B 为化学反应方程式中任一反应物或生成物的化学式，ν_{B} 是物质 B 的计量系数。上式中 $\nu_{\text{A}}=-a$，$\nu_{\text{D}}=-d$，$\nu_{\text{G}}=g$，$\nu_{\text{H}}=h$。对于反应物 ν_{B} 取负值，对于产物 ν_{B} 取正值。

在反应开始时，反应体系中物质 B 的物质的量为 $n_{\text{B}}(0)$。到反应时刻 t，反应物的量减少，产物的量增加，物质 B 的物质的量为 $n_{\text{B}}(t)$。反应进度 ξ 的定义为

$$\xi=\frac{n_{\text{B}}(t)-n_{\text{B}}(0)}{\nu_{\text{B}}}=\frac{\Delta n_{\text{B}}}{\nu_{\text{B}}}\qquad(2\text{-}10)$$

ξ 的量纲是 mol。从式(2-10)可以看出，$\xi=1$mol 的物理意义是 $a$mol 的反应物 A 和 $d$mol 反应物 D 完全反应，转化为 $g$mol 的产物 G 和 $h$mol 的 H。

例如合成氨反应

$$3H_2+N_2=\!=\!=2NH_3$$

反应进度 $\xi=1$mol，表示 3mol H_2 与 1mol N_2 完全反应，生成 2mol 的 NH_3。反应进度 ξ 与该反应在一定条件下达到平衡的转化率没有关系，它以计量方程式为单元表示反应进行的程度，而且用反应体系中任一种物质的物质的量的变化来表示时，所得的值均相同。若将合成氨的反应计量方程式写为

$$\frac{3}{2}H_2+\frac{1}{2}N_2=\!=\!=NH_3$$

反应进度 $\xi=1$mol，则表示 $\frac{3}{2}$mol 的 H_2 与 $\frac{1}{2}$mol 的 N_2 完全反应，生成了 1mol 的 NH_3，所以反应进度与反应计量方程式的写法有关。

二、热化学方程式

热化学方程式用以表示化学反应与反应热的关系。例如：

$$O_2(g)+2H_2(g)=\!=\!=2H_2O(l)；\Delta_r H^{\ominus}_{m,298}=-571.6\text{kJ}\cdot\text{mol}^{-1}$$

因为 H 为状态函数，ΔH 的值与体系的始态、终态有关，所以在书写热化学方程式时应标明反应体系的状态，即

(1) **标明物质的物态**：通常用 s、l、g、aq 分别表示固态、液态、气态和水溶液。对于有几种晶型的固体物质还需标明晶型，如 C(石墨)、C(金刚石)。

(2) **标明反应时的温度和压力**：若温度和压力分别是 298K 和标准压力 $p^{\ominus}$(在 SI 单

位制中，标准压力应为 101.3kPa，但这个数字使用不太方便，国际纯粹与应用化学联合会（IUPAC）建议以 1×10^5 Pa 作为标准压力）则可以不注明。

（3）反应多在定压下完成，因此可用 ΔH 表示反应热，负数表示反应放热，正数表示反应吸热。

（4）$\Delta_r H_m^\ominus$ 的意义是“在标准压力下，反应进度 ξ=1mol 时的焓变”。下标 r 代表反应（Reaction），下标 m 代表反应进度 ξ=1mol，上标“$\ominus$”表示标准态。“标准态”是指物质（理想气体、纯固体、纯液体）处于标准压力 $p^\ominus$ 下的状态。“标准态”是为了处理问题方便所做的一种人为规定。

若压力不为 $p^\ominus$，反应焓变的符号为 $\Delta_r H_m$。

（5）$\Delta_r H_m^\ominus$ 和 $\Delta_r H_m$ 的单位是 $kJ \cdot mol^{-1}$。ΔH 代表一个过程的焓变，单位是 J 或 kJ。二者的意义不同，单位也不一样，使用中一定要注意区分。二者之间的关系为

$$\Delta H=\xi \cdot \Delta_r H_m,\ \Delta H^\ominus=\xi \cdot \Delta_r H_m^\ominus \tag{2-11}$$

例 2-3 在 298K，标准状态下，1mol H_2 完全燃烧生成水，放热 285.84kJ。此反应可分别表示为：

（A） $$H_2(g)+\frac{1}{2}O_2(g)=\!=\!=H_2O(l)$$

（B） $$2H_2(g)+O_2(g)=\!=\!=2H_2O(l)$$

若过程 A，B 中都有 1mol H_2 燃烧，分别求两过程的 $\Delta H^\ominus$。

解 按计量方程（A） $\Delta_r H_m^\ominus(A)=-285.84kJ \cdot mol^{-1}$

按计量方程（B） $\Delta_r H_m^\ominus(B)=-571.68kJ \cdot mol^{-1}$

对于过程 A，反应进度 $\xi(A)$=1mol。根据式（2-11），$\Delta H^\ominus(A)=-285.84kJ$。对于过程 B，反应进度 $\xi(B)$=0.5mol，$\Delta H^\ominus(B)=-285.84kJ$。

此例说明反应热 $\Delta_r H_m^\ominus$ 或 $\Delta_r H_m$ 的数值与计量方程有关，而某一具体过程的焓变 $\Delta H^\ominus$ 或 ΔH 的数值与计量方程无关。

2-3-3 盖斯定律（Hess's Law）

俄国化学家盖斯（G. H. Hess）根据大量实验结果，总结出一条规律：一个反应，在定压或定容条件下，不论是一步完成还是分几步完成，其反应热是相同的。这就是盖斯定律，是热化学的一条基本规律。盖斯定律适用于任何状态函数。

盖斯定律是在热力学第一定律建立之前提出来的经验定律。在热力学第一定律建立之后，盖斯定律在理论上得到了圆满的解释。当反应体系不做非体积功时，$Q_V=\Delta U$，$Q_p=\Delta H$。由于 H 和 U 都是状态函数，当反应的始态（反应物）和终态（生成物）一定时，H 和 U 的改变值 ΔH 和 ΔU 与途径无关。所以无论是一步完成的反应还是多步完成的反应，反应热都一样。

根据盖斯定律，可以利用已知的反应热数据计算某些反应中不易测定的反应热。例如，C 与 O_2 生成 CO 的反应，因很难把反应控制在只生成 CO 的阶段，故其反应热难以用实验方法精确测定。但 C 与 O_2 生成 CO_2 以及 CO 与 O_2 生成 CO_2 的反应热都能准确测定，利用盖斯定律便可求得 C 与 O_2 生成 CO 时的反应热。

$$C(石墨,s)+O_2(g)=\!=\!=CO_2(g)$$

$$CO(g)+\frac{1}{2}O_2(g) = CO_2(g)$$

以上反应的关系可用热化学循环图(图 2-1)表示。以 C(石墨,s)$+O_2(g)$为初始状态,$CO_2(g)$为终了状态,设想完成初态到终态的过程可经历两条不同途径。

根据状态函数的特征,即有

$$\Delta_r H^{\ominus}_{m,\text{I}} = \Delta_r H^{\ominus}_{m,\text{II}(1)} + \Delta_r H^{\ominus}_{m,\text{II}(2)}$$

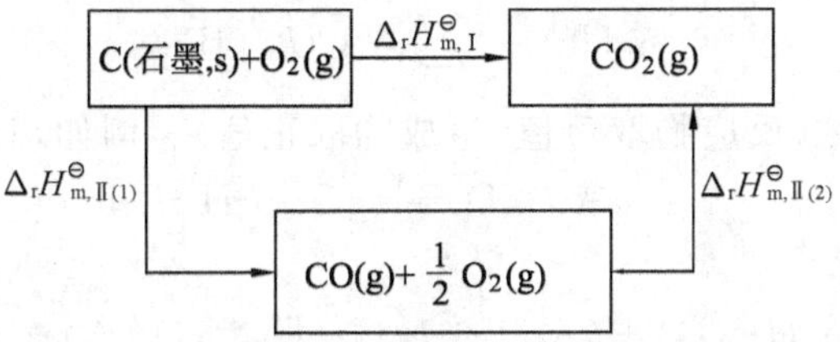

图 2-1　C(石墨,s)转化为 $CO_2(g)$的两种途径

由于 $\Delta_r H^{\ominus}_{m,\text{I}}$ 和 $\Delta_r H^{\ominus}_{m,\text{II}(2)}$ 可由实验测定,其值分别为 $-393.51\text{kJ}\cdot\text{mol}^{-1}$ 和 $-282.97\text{kJ}\cdot\text{mol}^{-1}$,所以

$$\begin{aligned}\Delta_r H^{\ominus}_{m,\text{II}(1)} &= \Delta_r H^{\ominus}_{m,\text{I}} - \Delta_r H^{\ominus}_{m,\text{II}(2)}\\ &=(-393.51)-(-282.97)\\ &=-110.54(\text{kJ}\cdot\text{mol}^{-1})\end{aligned}$$

例 2-4　已知 298K 时下列反应的标准摩尔焓变:

(1) $CH_3COOH(l)+2O_2(g) = 2CO_2(g)+2H_2O(l)$; $\Delta_r H^{\ominus}_{m,1}=-871.5\text{kJ}\cdot\text{mol}^{-1}$

(2) C(石墨,s)$+O_2(g) = CO_2(g)$; $\Delta_r H^{\ominus}_{m,2}=-393.51\text{kJ}\cdot\text{mol}^{-1}$

(3) $H_2(g)+\frac{1}{2}O_2(g) = H_2O(l)$; $\Delta_r H^{\ominus}_{m,3}=-285.85\text{kJ}\cdot\text{mol}^{-1}$

计算生成乙酸 $CH_3COOH(l)$反应的标准摩尔焓变。

解　设计生成乙酸的反应

$$2\text{C(石墨,s)}+2H_2(g)+O_2(g) = CH_3COOH(l)$$

根据盖斯定律,(3)×2－(1)可得

(4)　$$2H_2(g)+2CO_2(g) = CH_3COOH(l)+O_2(g)$$

$$\Delta_r H^{\ominus}_{m,4}=2\Delta_r H^{\ominus}_{m,3}-\Delta_r H^{\ominus}_{m,1}$$

(2)×2＋(4)可得

(5)　$$2\text{C(石墨,s)}+2H_2(g)+O_2(g) = CH_3COOH(l)$$

$$\Delta_r H^{\ominus}_{m,5}=2\Delta_r H^{\ominus}_{m,2}+\Delta_r H^{\ominus}_{m,4}$$

(5) 是乙酸的生成反应,$\Delta_r H^{\ominus}_{m,5}$即为生成乙酸 $CH_3COOH(l)$反应的标准摩尔焓变。

故
$$\begin{aligned}\Delta_r H^{\ominus}_{m,5}&=2\times(-393.51)+2\times(-285.85)-(-871.5)\\ &=-487.22(\text{kJ}\cdot\text{mol})\end{aligned}$$

2-3-4　生成焓和燃烧焓

一、生成焓

由元素的稳定单质生成 1mol 某物质时的热效应叫作该物质的**生成焓**。如果生成反应在标准态和指定温度(通常为 298K)下进行,这时的生成焓称为该温度下的**标准生成**

焓，用 $\Delta_f H_m^\ominus$ 表示，下标 f 表示“生成”（Formation）。例如，石墨与氧气在 $p^\ominus$ 和 298K 下反应，生成 1mol CO_2，放热 393.5kJ，则 CO_2 的 $\Delta_f H_{m,298}^\ominus$ 为 $-393.5kJ \cdot mol^{-1}$。

按照定义，**稳定单质的 $\Delta_f H_m^\ominus$ 为零**，因为由稳定单质仍旧生成该稳定单质，这意味着未发生反应。

一些物质在 298.15K 时的 $\Delta_f H_m^\ominus$ 值列于附录二。这个表是很有用的，因为任何反应的标准摩尔焓变都可用下式求得：

$$\Delta_r H_m^\ominus = \sum_B \nu_B \Delta_f H_m^\ominus(B) \tag{2-12}$$

式中 ν_B 为化学计量系数（反应物取负值，生成物取正值）。例如，对于一般化学反应

$$aA + dD = gG + hH$$

式(2-12)的展开式即为

$$\Delta_r H_m^\ominus = [g\Delta_f H_m^\ominus(G) + h\Delta_f H_m^\ominus(H)] - [a\Delta_f H_m^\ominus(A) + d\Delta_f H_m^\ominus(D)]$$

例 2-5 试求下述反应的标准摩尔焓变 $\Delta_r H_m^\ominus$

$$4NH_3(g) + 5O_2(g) = 4NO(g) + 6H_2O(g)$$

解 查表得各物质的 $\Delta_f H_m^\ominus$ 为

	$NH_3(g)$	$O_2(g)$	$NO(g)$	$H_2O(g)$
$\Delta_f H_m^\ominus/(kJ \cdot mol^{-1})$	−46.19	0	90.37	−241.8

$$\Delta_r H_m^\ominus = 4\times 90.37 + 6\times(-241.8) - [4\times(-46.17) + 5\times 0]$$
$$= -904.56(kJ \cdot mol^{-1})$$

二、燃烧焓

有机化合物分子的结构复杂，很难由单质直接合成。因此，它们的标准生成焓多数无法测定。大多数有机化合物都能燃烧，而且燃烧反应的热效应也易测定。所以有机反应的热效应多由燃烧焓计算。

在标准状态下，1mol 物质完全燃烧所产生的热量称为该物质的**标准燃烧焓**，以 $\Delta_c H_m^\ominus$ 表示，下标 c 表示“燃烧”（Combustion）。所谓完全燃烧是指化合物分子中 C 变为 $CO_2(g)$，H 变为 $H_2O(l)$，S 变为 $SO_2(g)$，N 变为 $N_2(g)$，上述燃烧产物及 $O_2(g)$ 的摩尔燃烧焓均为零。

利用 $\Delta_c H_m^\ominus$ 计算有关反应的 $\Delta_r H_m^\ominus$，其方法与利用 $\Delta_f H_m^\ominus$ 计算 $\Delta_r H_m^\ominus$ 的方法相类似：

$$\Delta_r H_m^\ominus = -\sum_B \nu_B \Delta_c H_m^\ominus(B) \tag{2-13}$$

对于一般化学反应：$aA + dD = gG + hH$，式(2-13)的展开式即为：

$$\Delta_r H_m^\ominus = [a\Delta_c H_m^\ominus(A) + d\Delta_c H_m^\ominus(D)] - [g\Delta_c H_m^\ominus(G) + h\Delta_c H_m^\ominus(H)]$$

下表中列出了一些有机化合物在标准状态下的燃烧焓数据。

表 2-1 某些有机化合物的燃烧焓(298K)

化合物	$\Delta_c H_m^\ominus/(kJ \cdot mol^{-1})$	化合物	$\Delta_c H_m^\ominus/(kJ \cdot mol^{-1})$
$CH_4(g)$	−890	$CH_3OH(l)$	−726
$C_2H_2(g)$	−1300	$CH_3CHO(g)$	−1193
$C_2H_4(g)$	−1411	$CH_3CH_2OH(l)$	−1368
$C_2H_6(g)$	−1560	$CH_3COOH(l)$	−874
$C_3H_6(g)$	−2091	$CH_3COOC_2H_5(l)$	−2231
$C_3H_8(g)$	−2220	$C_6H_5OH(s)$	−3054

续表

化合物	$\Delta_c H_m^\ominus/(kJ\cdot mol^{-1})$	化合物	$\Delta_c H_m^\ominus/(kJ\cdot mol^{-1})$
$C_4H_{10}(g)$	−2877	$C_6H_5NH_2(l)$	−3393
$C_5H_{12}(g)$	−3536	$C_6H_5COOH(g)$	−3227
$C_6H_{12}(g)$	−3920	$(NH_2)_2CO(s)$	−632
$C_6H_{14}(l)$	−4163	$NH_2CH_2COOH(s)$	−964
$C_6H_6(l)$	−3268	$CH_3CH(OH)COOH(s)$	−1344
$C_7H_{16}(l)$	−4854	α-$C_6H_{12}O_6(s)$	−2802
$C_8H_{18}(l)$	−5471	β-$C_6H_{12}O_6(s)$	−2808
$C_{10}H_8(s)$	−5157	$C_{12}H_{22}O_{11}(s)$	−5645

例 2-6　在 298.15K 及 $p^\ominus$ 下，设环丙烷、石墨及氢的燃烧焓分别为 $-2092kJ\cdot mol^{-1}$、$-393.8kJ\cdot mol^{-1}$ 及 $-285.84kJ\cdot mol^{-1}$。若已知丙烯(气)的 $\Delta_f H_m^\ominus=20.5kJ\cdot mol^{-1}$，试求：

(1) 环丙烷的 $\Delta_f H_m^\ominus$。

(2) 环丙烷异构化变成丙烯的 $\Delta_r H_m$。

解　(1) 环丙烷的生成反应为

$$3C(石墨)+3H_2(g)=\!=\!=C_3H_6(g)$$

环丙烷的标准生成焓即上述生成反应的反应热：$\Delta_r H_m^\ominus=\!=\!=\Delta_f H_m^\ominus(C_3H_6)$。

$$\begin{aligned}\Delta_f H_m^\ominus(C_3H_6)&=3\Delta_c H_m^\ominus(石墨)+3\Delta_c H_m^\ominus(H_2,g)-\Delta_c H_m^\ominus(C_3H_6,g)\\&=3\times(-393.8)+3\times(-285.84)-(-2092)\\&=53.08(kJ\cdot mol^{-1})\end{aligned}$$

(2) 环丙烷异构化变成丙烯的反应热：

$$\begin{aligned}\Delta_r H_m&=\Delta_f H_m^\ominus(丙烯)-\Delta_f H_m^\ominus(环丙烷)\\&=20.5-53.08\\&=-32.58(kJ\cdot mol^{-1})\end{aligned}$$

2-4　热力学第二定律
(The Second Law of Thermodynamics)

自然界一切变化都不违背热力学第一定律。但大量事实证明，不违背第一定律的过程不一定都能自发进行。例如，一杯热水可以自动地向周围环境散发热量，但决不能自动从温度比它低的环境吸收热量而沸腾，即使环境放出的热量与水吸收的热量相等，也决不会自动进行。可见，热力学第一定律不能回答过程自发进行的方向，也不能回答进行到何种程度为止。这些问题的解决有赖于热力学第二定律。

2-4-1　化学反应的自发性

自发过程(Spontaneous Process)是在一定条件下，不借助任何外力就可以自动进行的过程。例如水可以自动地从高处向低处流动，热可以自动地从高温物体传给低温物体。这种可以自动发生变化的例子很多，这些变化都是自发过程。

上述自发过程尽管分属于不同范畴，但有一些共同特点：

1. 自发过程具有方向性

在一定条件下，自发过程只能自动地单向进行，其逆过程不能自发进行。若要使逆过程能进行，必须要消耗能量，对体系做功。如要消耗机械能才能把低处的水提升到高处；冰箱要耗电才能制冷，即实现热从低温物体传给高温物体。这些逆过程的进行，都要消耗环境的能量，或者说在环境中留下了“痕迹”。

2. 自发过程有一定的限度

自发过程不会无休止地进行，总是进行到一定程度就自动停止。高处的水向低处流，到两处水位相等时就停止流动；热传导也是在温度相等时就停止进行了。化学反应进行到一定程度达到化学平衡，从宏观上看化学反应也停止了。体系的平衡状态就是自发过程进行的限度。

3. 进行自发过程的体系具有做有用功（非体积功）的能力

高处流下的水可以推动水轮机做机械功，热机利用热传导做功，某些化学反应可以设计成电池做电功。但体系做有用功的能力随着自发过程的进行逐渐降低，当体系达到平衡后，就不再具有做有用功的能力了。

在对自发过程的研究中，人们发现许多体系能量降低的过程是自发的。例如水从高势能处自动流向低势能处；正电荷自动从高电势处流向低电势处；化学反应中的很多放热反应可以自发进行。但研究也发现很多能量升高的过程也可能自发进行。例如，298K时，冰自动融化成水，同时吸热；NH_4NO_3 等固体物质在水中溶解也是吸热的过程，却可以自发进行。

显然，决定一个过程能否自发进行，除了能量因素之外，还有其他因素。研究表明，体系混乱度增大的过程往往可以自发进行。

2-4-2 熵(Entropy)

体系的混乱度在热力学中用物理量熵来表征，混乱度越大，熵值越大。和热力学能、焓一样，熵也是状态函数，用符号 S 表示，单位为 $J \cdot K^{-1}$ 或 $kJ \cdot K^{-1}$。

当体系的状态发生变化时，熵值也随之改变。体系的熵变用符号 ΔS 表示，它等于终态的熵 S_2 与始态的熵 S_1 之差，即

$$\Delta S = S_2 - S_1$$

等温过程的熵变可由下式计算：

$$\Delta S = \frac{Q_r}{T} \qquad (2\text{-}14)$$

Q_r（下标 r 代表“可逆”，Reversible）是可逆过程的热效应，T 为体系的热力学温度。

2-4-3 热力学第二定律(The Second Law of Thermodynamics)

熵增加原理是指“孤立体系的熵永不减少”，是热力学第二定律的一种表述。即

$$\Delta S(\text{孤立}) > 0 \qquad (2\text{-}15)$$

孤立体系是指与环境不发生物质和能量交换的体系。真正的孤立体系是不存在的，因为能量交换不能完全避免。但是若将与体系有物质或能量交换的那一部分环境也包

括进去而组成一个新的体系，这个新体系就可算作孤立体系。因此式(2-15)可表示为

$$\Delta S(\text{体系})+\Delta S(\text{环境})>0 \tag{2-16}$$

如果某一变化过程中，体系的熵变 ΔS(体系)和环境的熵变 ΔS (环境)都已知，则可用式(2-16)来判断该过程是否是自发过程。即

$\Delta S(\text{体系})+\Delta S(\text{环境})>0$　　自发过程

$\Delta S(\text{体系})+\Delta S(\text{环境})<0$　　不可能自动发生的过程

热力学第二定律是热力学最基本的定律之一，是人类经验的总结，它的正确性和普适性是不容置疑的。

2-4-4 标准摩尔熵(Standard Molar Entropy)

熵是表示体系混乱度的热力学函数。对纯净物质的完美晶体，在热力学温度 0K 时，分子排列整齐，且分子任何热运动也停止了，这时体系完全有序化了。因此**热力学第三定律指出**：在热力学温度 0K 时，任何纯物质的完美晶体的熵值等于零。

有了热力学第三定律，我们就能测量任何纯物质在温度 T 时熵的绝对值。因为

$$S_T-S_0=\Delta S \tag{2-17}$$

S_T 表示温度为 T 时的熵值，S_0 表示 0K 时的熵值，由于 $S_0=0$，所以

$$S_T=\Delta S$$

这样只需求得物质从温度 0K 到 T 的熵变 ΔS，就可得该物质在 T 时熵的绝对值。在标准态下，1mol 物质的熵值称为该物质的**标准摩尔熵**(简称标准熵)，用符号 $S_m^\ominus$ 表示。附录二列出了一些物质在 298.15K 时的标准摩尔熵，单位是 $J \cdot K^{-1} \cdot mol^{-1}$。需要指出，水合离子的标准摩尔熵不是绝对值，而是在规定标准态下水合 H^+ 的熵值为零的基础上求得的相对值。

根据熵的含义，不难看出物质标准熵的大小应有如下的规律：

(1) 同一物质所处的聚集态不同时，熵值大小次序是：气态>液态>固态。如：

$H_2O(g)$[188.7]　$H_2O(l)$[69.91]　$H_2O(s)$[39.33]

方括号内的数值是 298K 时物质的标准摩尔熵，单位为 $J \cdot K^{-1} \cdot mol^{-1}$。下同。

(2) 聚集态相同时，复杂分子比简单分子的熵值大。如：

$O(g)$[160.95]　$O_2(g)$[205.0]　$O_3(g)$[238.8]

(3)结构相似的物质，相对分子质量大的熵值大。如：

$F_2(g)$[202.7]　$Cl_2(g)$[223]　$Br_2(g)$[245.3]　$I_2(g)$[260.58]

(4)相对分子质量相同，分子构型复杂的物质熵值大。如：

$C_2H_5OH(g)$[282]　$CH_3—O—CH_3(g)$[266.3]

这是由于二甲醚分子对称性大于乙醇。

熵是状态函数，有了 $S_m^\ominus$ 的数值，运用下式就可计算反应的标准摩尔熵变 $\Delta_r S_m^\ominus$：

$$\Delta_r S_m^\ominus=\sum_B \nu_B S_m^\ominus(B) \tag{2-18}$$

2-5 吉布斯自由能及其应用
(Gibbs's Free Energy and Its Application)

决定自发过程能否发生，既有能量因素，又有混乱度因素，因此要涉及 ΔH 和 ΔS 这

两个状态函数改变量。1876 年美国物理化学家吉布斯(J. W. Gibbs)提出用自由能来判断等温等压条件下过程的自发性。

2-5-1 吉布斯自由能(Gibbs's Free Energy)

吉布斯自由能 G 的定义是：

$$G=H-TS \tag{2-19}$$

H、T 和 S 都是状态函数，它们的线性组合 G 也是状态函数。G 具有能量的量纲，单位是 J 或 kJ。体系的自由能与热力学能、焓一样，不可能知道其绝对值，但体系经历某一过程后，自由能的改变量 ΔG 是可以求得的：

$$\Delta G=G_2-G_1$$

式中 G_2 和 G_1 分别为终态和始态的自由能，若是化学反应体系，则分别是生成物和反应物的自由能，即

$$\Delta G=G_2-G_1=(H_2-TS_2)-(H_1-TS_1)=(H_2-H_1)-T(S_2-S_1)$$

$$\Delta G=\Delta H-T\Delta S \tag{2-20}$$

这个关系式称为**吉布斯-赫姆霍兹**(Gibbs-Helmholtz)方程式，是一个非常重要的公式。

体系的自由能是体系在等温等压条件下对外做有用功的能力。若经某一过程后，体系的 $\Delta G<0$，即 $G_2<G_1$，说明这是自由能降低的过程。在此过程中自由能释放出来做有用功，而自发过程也是可以对外做有用功的。当体系达到平衡时，便不能再做有用功，此时 $G_2=G_1$。

综上所述，体系在等温、等压不做有用功的条件下发生变化，可以用自由能的改变量来判断过程的自发性：

$\Delta G<0$	自发过程
$\Delta G=0$	平衡状态
$\Delta G>0$	非自发过程，其逆过程可自发进行

这就是判断过程自发性的自由能判据。

阅读材料

吉　布　斯

美国物理化学家吉布斯(J. W. Gibbs，1839—1903)，1839 年 2 月 11 日生于康涅狄格州的纽黑文。父亲是耶鲁学院教授。1854～1858 年在耶鲁学院学习。学习期间，因拉丁语和数学成绩优异曾数度获奖。1863 年获耶鲁学院哲学博士学位，留校任助教。1866～1868 年在法、德两国听了不少著名学者的演讲。1869 年回国后继续任教。1870 年后任耶鲁学院的数学物理教授。曾获得伦敦皇家学会的科普勒奖章。1903 年 4 月 28 日在纽黑文逝世。吉布斯在 1873～1878 年发表的三篇论文中，以严密的数学形式和严谨的逻辑

推理，导出了数百个公式，特别是引进热力学势处理热力学问题，在此基础上建立了关于物相变化的相律，为化学热力学的发展作出了卓越的贡献。1902 年，他把玻尔兹曼和麦克斯韦所创立的统计理论推广和发展成为系统理论，从而创立了近代物理学的统计理论及其研究方法。主要著作有：《图解方法在流体热力学中的应用》、《论多相物质的平衡》、《统计力学的基本原理》等。吉布斯从不炫耀自己的工作。他的心灵宁静而恬淡，从不烦躁和恼怒，是笃志于事业而不乞求同时代人承认的罕见伟人。他毫无疑问可以获得诺贝尔奖，但他在世时从未被提名，直到他逝世 47 年后，才被选入纽约大学的美国名人馆，并立半身像。

2-5-2　标准生成吉布斯自由能

因吉布斯自由能是状态函数，在化学反应中如果我们能够知道反应物和生成物的吉布斯自由能的数值，则反应的吉布斯自由能变 ΔG 就可由简单的加减法求得。但是从吉布斯自由能的定义可知，它与热力学能、焓一样，是无法求得绝对值的。为了求算反应的 ΔG，我们可仿照求标准生成焓的处理方法：首先规定一个相对的标准——在指定的反应温度（一般为 298.15K）和标准态下，令稳定单质的吉布斯自由能为零，并且把在指定温度和标准态下，由稳定单质生成 1mol 某物质的吉布斯自由能变称为该物质的**标准生成吉布斯自由能**（$\Delta_f G_m^\ominus$）。一些物质在 298.15K 时的标准生成吉布斯自由能列于附录二。有了 $\Delta_f G_m^\ominus$ 的数据，就可方便地由下式计算任何反应的标准摩尔吉布斯自由能变（$\Delta_r G_m^\ominus$）：

$$\Delta_r G_m^\ominus = \sum_B \nu_B \Delta_f G_m^\ominus(B) \tag{2-21}$$

例 2-7　求 298K、标准状态下，反应 $Cl_2(g) + 2HBr(g) = Br_2(l) + 2HCl(g)$ 的 $\Delta_r G_m^\ominus$，并判断反应的自发性。

解　查表得：$\Delta_f G_m^\ominus(HBr) = -53.43 kJ \cdot mol^{-1}$，

$\Delta_f G_m^\ominus(HCl) = -95.30 kJ \cdot mol^{-1}$，故

$$\begin{aligned}\Delta_r G_m^\ominus &= 2\Delta_f G_m^\ominus(HCl) + \Delta_f G_m^\ominus(Br_2) - 2\Delta_f G_m^\ominus(HBr) - \Delta_f G_m^\ominus(Cl_2)\\ &= 2\times(-95.30) + 0 - 2\times(-53.43) - 0\\ &= -83.74(kJ \cdot mol^{-1})\end{aligned}$$

$\Delta_r G_m^\ominus < 0$，反应可以自发进行。

2-5-3　ΔG 与温度的关系

由标准生成吉布斯自由能数据算得的 $\Delta_r G_m^\ominus$，可用来判断反应在标准态下能否自发进行。但是能查到的标准生成吉布斯自由能一般都是 298K 时的数据。那么在其他温度，如在人的体温 37℃时，某一生化反应能否自发进行？为此我们需要了解温度对 ΔG 的影响。

一般来说温度变化时，ΔH、ΔS 变化不大，而 ΔG 却变化很大。因此，当温度变化不太大时，可近似地把 ΔH、ΔS 看作不随温度而变的常数。这样，只要求得 298K 时的 $\Delta H_{298}^\ominus$ 和 $\Delta S_{298}^\ominus$，利用如下近似公式就可求算温度 T 时的 $\Delta G_T^\ominus$。

$$\Delta G_T^\ominus = \Delta H_{298}^\ominus - T\Delta S_{298}^\ominus \tag{2-22}$$

由上式可知，吉布斯自由能变化既考虑了过程的焓变又考虑了温度和熵变。ΔG 的符号（正负性）决定于 ΔH 和 ΔS 的相对大小，且温度 T 对 ΔG 的符号也会有影响。下表

归纳了 ΔH、ΔS 和 T 对 ΔG 符号影响的几种情况：

表 2-2　恒压下温度对 ΔG 符号的影响

ΔH 的符号	ΔS 的符号	ΔG 的符号	反应情况
－	＋	－	任何温度下均为自发过程
＋	－	＋	任何温度下均为非自发过程
＋	＋	低温（＋）	低温为非自发过程
		高温（－）	温度升高时转化为自发过程
－	－	低温（－）	低温时为自发过程
		高温（＋）	高温时为非自发过程

例 2-8　求 298K 和 1000K 时下列反应的 $\Delta_r G_m^\ominus$，判断在此两温度下反应的自发性，估算反应可以自发进行的最低温度。

$$CaCO_3(s) = CaO(s) + CO_2(g)$$

解　首先利用标准摩尔生成焓和标准摩尔熵的数据求 $\Delta_r H_{m,298}^\ominus$ 和 $\Delta_r S_{m,298}^\ominus$

$$\Delta_r H_{m,298}^\ominus = \Delta_f H_m^\ominus(CaO) + \Delta_f H_m^\ominus(CO_2) - \Delta_f H_m^\ominus(CaCO_3)$$
$$= (-635.09) + (-393.51) - (-1206.92)$$
$$= 178.32(kJ \cdot mol^{-1})$$

$$\Delta_r S_{m,298}^\ominus = S_m^\ominus(CaO) + S_m^\ominus(CO_2) - S_m^\ominus(CaCO_3)$$
$$= 39.75 + 213.64 - 92.88$$
$$= 160.51(J \cdot K^{-1} \cdot mol^{-1})$$

$$\Delta_r G_{m,298}^\ominus = \Delta_r H_{m,298}^\ominus - T\Delta_r S_{m,298}^\ominus$$
$$= 178.32 - 298 \times 160.51 \times 10^{-3}$$
$$= 130.49(kJ \cdot mol^{-1})$$

$\Delta_r G_{m,298}^\ominus = 130.49 kJ \cdot mol^{-1} > 0$，故在 298K、$p^\ominus$ 下该反应不能自发进行。

$$\Delta_r G_{m,1000}^\ominus \approx \Delta_r H_{m,298}^\ominus - T \times \Delta_r S_{m,298}^\ominus$$
$$= 178.32 - 1000 \times 160.51 \times 10^{-3}$$
$$= 17.81(kJ \cdot mol^{-1})$$

$\Delta_r G_{m,1000}^\ominus = 17.81 kJ \cdot mol^{-1} > 0$，故在 1000K、$p^\ominus$ 下该反应仍不能自发进行。

设在温度 T 时反应可自发进行，则

$$\Delta_r G_{m,T}^\ominus \approx \Delta_r H_{m,298}^\ominus - T \times \Delta_r S_{m,298}^\ominus < 0$$
$$178.32 - T \times 160.51 \times 10^{-3} < 0$$
$$即\ T > 1112K$$

所以，温度高于 1112K 时反应才能自发进行。

2-6　化　学　平　衡
(Chemical Equilibrium)

当确定了一个反应能自发进行后，不仅要考虑其反应的速率，而且还须研究反应进行的程度，即研究化学平衡及影响平衡的因素。

化学平衡是本课程基本理论的重要部分，也是后面有关章节所要讨论的水溶液中离子四大平衡（酸碱平衡、沉淀溶解平衡、配位平衡、氧化还原平衡）的理论基础。研究化学平衡，在理论和实践上都有重要意义。

本节通过对化学平衡共同特点和规律的探讨，并通过对热力学基本原理的应用，讨论化学平衡建立的条件以及化学平衡移动的方向与化学反应限度等重要问题。

2-6-1　可逆反应与化学平衡

一、可逆反应

在一定的反应条件下，一个化学反应既能使反应物变成生成物，在相同条件下也能使生成物变为反应物，即在同一条件下能同时向正、逆两个方向进行的化学反应称为**可逆反应**(Reversible Reaction)。习惯上，把从左向右进行的反应称为**正反应**，把从右向左进行的反应称为**逆反应**。

原则上所有的化学反应都具有可逆性，只是不同的反应其可逆程度不同而已。反应的可逆性和不彻底性是一般化学反应的普遍特征。由于正、逆反应同处一个系统中，所以在密闭容器中可逆反应不能进行到底，即反应物不能全部转化为生成物。

在化学反应式中用双向半箭头号强调反应的可逆性。如 $H_2(g)$与 $I_2(g)$的可逆反应可写成：

$$H_2(g)+I_2(g) \rightleftharpoons 2HI(g)$$

二、化学平衡

在恒温恒压且非体积功为零时，可用化学反应的吉布斯自由能变 $\Delta_r G_m$ 来判断化学反应进行的方向。随着反应的进行，体系吉布斯自由能在不断变化，直至最终体系的吉布斯自由能 G 值不再改变，此时反应的 $\Delta_r G_m=0$。这时化学反应达到了热力学平衡态，简称**化学平衡(Chemical Equilibrium)**。只要体系的温度和压力保持不变，同时没有物质加入到体系中或从体系中移走，这种平衡就能持续下去。

例如在四个密闭容器中分别加入不同数量的 $H_2(g)$，$I_2(g)$和 HI(g)，发生如下反应：

$$H_2(g)+I_2(g) \rightleftharpoons 2HI(g)$$

在恒温 427℃下，不断测定 $H_2(g)$，$I_2(g)$和 HI(g)的分压，经一定时间后，$H_2(g)$，$I_2(g)$和 HI(g)三种气体的分压均不再变化，说明体系达到了平衡，见表 2-3。

上述气体的分压是指该组分单独存在于混合气体的温度为 T 及总体积为 V 的条件下所具有的压力。某一气体在气体混合物中产生的分压等于在相同温度下它单独占有整个容器时所产生的压力；而气体混合物的总压强等于其中各气体分压之和。此即为**道尔顿分压定律。**

表 2-3　$H_2(g)+I_2(g) \rightleftharpoons 2HI(g)$ 平衡体系各组分分压

编号	起始分压/kPa			平衡分压/kPa			$\frac{p^2(HI)}{p(H_2)p(I_2)}$
	$p(H_2)$	$p(I_2)$	$p(HI)$	$p(H_2)$	$p(I_2)$	$p(HI)$	
1	66.00	43.70	0	26.57	4.293	78.82	54.47
2	62.14	62.63	0	13.11	13.60	98.10	53.98
3	0	0	26.12	2.792	2.792	20.55	54.17
4	0	0	27.04	2.878	2.878	21.27	54.62

显然，不管起始正向反应从反应物开始，还是逆向反应从生成物开始，最后四个容器中的反应物和生成物的分压虽各不相同，但都不再变化，此时体系达到了平衡，有

$$H_2(g)+I_2(g)\rightleftharpoons 2HI(g)$$

$$\Delta_r G_m=0$$

化学平衡有以下特征：

1. 化学平衡是一个动态平衡(Dynamic Equilibrium)

表 2-3 所示的反应体系达到平衡时，表面上反应已经停止，实际上 $H_2(g)$和 $I_2(g)$的化合以及 HI(g)的分解仍以相同的速率进行。

2. 化学平衡是相对的，同时也是有条件的

一旦维持平衡的条件发生了变化(例如温度、压力的变化)，体系的宏观性质和物质的组成都将发生变化。原有的平衡将被破坏，代之以新的平衡。

3. 在同一温度下，同一反应的平衡常数相同

在一定温度下化学平衡一旦建立，以化学反应方程式中化学计量系数为幂指数的反应方程式中各物质的浓度(或分压)的乘积为一常数，叫平衡常数。在同一温度下，同一反应的平衡常数相同。

三、平衡常数

1. 标准平衡常数

$\Delta_r G_m^\ominus$ 只能用来判断化学反应在标准态下能否自发进行，但是通常遇到的反应体系都是非标准态，处于标准态的反应体系是极罕见的。对于非标准态，应该用 $\Delta_r G$ 来判断反应的方向。那么，$\Delta_r G$ 如何求算呢？范霍夫(Van't Hoff)化学反应等温方程式给出了 $\Delta_r G$ 的计算式。

对任一化学反应

$$aA+dD\rightleftharpoons gG+hH$$

化学反应等温方程式为

$$\Delta_r G=\Delta_r G^\ominus+RT\ln\frac{a_G^g\cdot a_H^h}{a_A^a\cdot a_D^d} \tag{2-23}$$

式中 a_A、a_D、a_G、a_H 分别是体系中物质 A、D、G、H 的活度(介绍见后)。式(2-23)是一个很有用的公式。

如果反应处于平衡状态，$\Delta_r G=0$，由式(2-23)可得

$$\Delta_r G^\ominus+RT\ln\frac{a_G^g\cdot a_H^h}{a_A^a\cdot a_D^d}=0 \tag{2-24}$$

式中 a_A、a_D、a_G、a_H 均是平衡状态下的活度。令

$$\frac{a_G^g\cdot a_H^h}{a_A^a\cdot a_D^d}=K^\ominus \tag{2-25}$$

则

$$\Delta_r G^\ominus=-RT\ln K^\ominus \tag{2-26}$$

在一定温度下，指定反应的 $\Delta_r G^\ominus$ 为一固定值。由式(2-26)不难看出，$K^\ominus$ 也必是一不变的数值。式(2-26)表明：在一定温度下，反应处于平衡状态时，生成物的活度以方程式中化学计量数为乘幂的乘积，除以反应物的活度以方程式中化学计量数的绝对值为乘幂的乘积等于一常数，并称之为**标准平衡常数**。

关于活度的意义，这里可粗略地把它看作"有效浓度"，它的量纲为一。它是将物质所处的状态与标准态相比后所得的数值，故标准态本身为单位活度，即 $a=1$。由于物质所处的状态不同，标准态定义不同，故活度的表达式不同。所以对不同类型的反应，$K^{\ominus}$ 的表达式也有所不同。

（1）气体反应。理想气体（或低压下的真实气体）的活度为气体的分压与标准压强的比值

$$a=\frac{p}{p^{\ominus}}$$

代入式(2-25)得

$$K^{\ominus}=\frac{(p_{G}/p^{\ominus})^{g}\times(p_{H}/p^{\ominus})^{h}}{(p_{A}/p^{\ominus})^{a}\times(p_{D}/p^{\ominus})^{d}}=\frac{p_{G}^{g}\times p_{H}^{h}}{p_{A}^{a}\times p_{D}^{d}}\times\left(\frac{1}{p^{\ominus}}\right)^{\Sigma\nu} \quad (2\text{-}27)$$

式中 $\sum\nu=(g+h)-(a+d)$。这就是气体反应标准平衡常数的表达式。

（2）溶液反应。理想溶液（或浓度稀的真实溶液）的活度是溶液浓度（单位 $mol\cdot L^{-1}$）与标准浓度 $c^{\ominus}$（即 $1\ mol\cdot L^{-1}$）的比值

$$a=\frac{c}{c^{\ominus}}$$

代入式(2-25)得

$$K^{\ominus}=\frac{(c_{G}/c^{\ominus})^{g}\times(c_{H}/c^{\ominus})^{h}}{(c_{A}/c^{\ominus})^{a}\times(c_{D}/c^{\ominus})^{d}}=\frac{c_{G}^{g}\times c_{H}^{h}}{c_{A}^{a}\times c_{D}^{d}}\times\left(\frac{1}{c^{\ominus}}\right)^{\Sigma\nu} \quad (2\text{-}28)$$

这就是溶液反应标准平衡常数的表达式。

（3）复相反应。复相反应是指反应体系中存在两个以上相的反应。如反应

$$CaCO_3(s)+2H^+(aq)=\!=\!=Ca^{2+}(aq)+CO_2(g)+H_2O(l)$$

就是复相反应。由于固相和纯液相的标准态是它本身的纯物质，故固相和纯液相均为单位活度，即 $a=1$，所以在标准平衡常数表达式中可不必列入。则上述反应的标准平衡常数表达式为

$$K^{\ominus}=\frac{[c(Ca^{2+})/c^{\ominus}][p(CO_2)/p^{\ominus}]}{[c(H^+)/c^{\ominus}]^2}$$

2. 多重平衡规则

一个给定化学反应计量方程式的平衡常数，不取决于反应过程中经历的步骤，无论反应分几步完成，其平衡常数表达式完全相同，这就是**多重平衡规则**。也就是说，当某总反应为若干个分步反应之和（或之差）时，总反应的平衡常数为这若干个分步反应平衡常数的乘积（或商）。例如，将 $CO_2(g)$ 通入 $NH_3(aq)$ 中，发生如下反应：

$$CO_2(g)+2NH_3(aq)+H_2O(l)=\!=\!=2NH_4^+(aq)+CO_3^{2-}(aq) \quad (1)$$

$$K_1^{\ominus}=\frac{[c(NH_4^+)/c^{\ominus}]^2[c(CO_3^{2-})/c^{\ominus}]}{[p(CO_2)/p^{\ominus}][c(NH_3)/c^{\ominus}]^2}$$

反应(1)是 $CO_2(g)$ 与 $NH_3(aq)$ 的总反应，实际上溶液中存在下述(a)，(b)，(c)，(d)四种平衡关系。也就是说，总反应(1)可表示为(a)，(b)，(c)，(d)四步反应的总和，其中 OH^- 既参与平衡(a)又参与平衡(d)的反应，H_2CO_3 参与平衡(b)和(c)的反应。在同一平衡体系中，一个物种的平衡浓度只能有一个数值。所以，OH^- 和 H_2CO_3 的浓度项可消去。因而有

$$2NH_3(aq)+2H_2O(l)\rightleftharpoons 2NH_4^+(aq)+2OH^-(aq) \quad (a)$$

$$CO_2(g)+H_2O(l)\rightleftharpoons H_2CO_3(aq) \quad (b)$$

$$H_2CO_3(aq)\rightleftharpoons CO_3^{2-}(aq)+2H^+ \quad (c)$$

$$+)\quad 2H^+(aq)+2OH^-(aq)\rightleftharpoons 2H_2O(l) \quad (d)$$

$$CO_2(g)+2NH_3(aq)+H_2O(l)\rightleftharpoons 2NH_4^+(aq)+CO_3^{2-}(aq) \quad (1)$$

$$K_1^\ominus=\frac{[c(NH_4^+)/c^\ominus]^2[c(CO_3^{2-})/c^\ominus]}{[p(CO_2)/p^\ominus][c(NH_3)/c^\ominus]^2}=K_a^\ominus K_b^\ominus K_c^\ominus K_d^\ominus$$

多重平衡规则说明 $K^\ominus$ 值与体系达到平衡的途径无关，仅取决于体系的状态——反应物（始态）和生成物（终态）。

例 2-9 已知在 298K 时：

(1) $H_2(g)+S(g)\rightleftharpoons H_2S(g)$；$K_1^\ominus=1.0\times10^{-3}$

(2) $S(g)+O_2(g)\rightleftharpoons SO_2(g)$；$K_2^\ominus=5.0\times10^{6}$

求反应 $H_2(g)+SO_2(g)\rightleftharpoons H_2S(g)+O_2(g)$ 在该温度时的 $K^\ominus$。

解 (1)－(2)：$H_2(g)+SO_2(g)\rightleftharpoons H_2S(g)+O_2(g)$

$$K^\ominus=\frac{K_1^\ominus}{K_2^\ominus}=\frac{1.0\times10^{-3}}{5.0\times10^{6}}=2.0\times10^{-10}$$

3. 有关平衡常数的几点说明

(1) 实验（经验）平衡常数。实验事实表明，在一定的反应条件下，任何一个可逆反应经过一定时间后，都会达到化学平衡。此时反应体系中以反应方程式中的化学计量系数（ν_B）为幂指数的各物种的浓度（或分压）的乘积为常数，如表 2-3 中最后一列。由于这个常数由实验测得，故称为实验平衡常数（或经验平衡常数），简称平衡常数（equilibrium constant），用 K_c 或 K_p 表示。

对于任一可逆反应

$$aA+dD\rightleftharpoons gG+hH$$

在一定温度下，达到平衡时，各组分浓度之间的关系为

$$K_c=\frac{c_G^g\,c_H^h}{c_A^a\,c_D^d} \quad (2\text{-}29)$$

K_c 称为浓度平衡常数，c 为物质的平衡浓度。

对于气相反应，在恒温下，气体的分压与浓度成正比（$p=cRT$）。因此，在平衡常数表达式中，可以用平衡时的气体分压来代替浓度，用 K_p 表示压力平衡常数，其表达式为

$$K_p=\frac{p_G^g\,p_H^h}{p_A^a\,p_D^d} \quad (2\text{-}30)$$

式中 p 为物质的平衡分压。

对于同一反应，平衡常数可用 K_c 表示，也可用 K_p 表示，但通常情况下二者并不相等。由于平衡常数表达式中各组分的浓度（或分压）都有单位，所以实验平衡常数是有单位的，实验平衡常数的单位取决于化学计量方程式中生成物与反应物的单位及相应的化学计量系数。

例如，反应

$$2NO_2(g)\rightleftharpoons N_2O_4(g)$$

$$K_p=\frac{p(N_2O_4)}{p^2(NO_2)}$$

单位为 Pa^{-1} 或 kPa^{-1}。

(2) 实验(经验)平衡常数与标准平衡常数的关系。虽然标准平衡常数和实验平衡常数都反映了在达到平衡时反应进行的程度,但两者有所区别：第一,标准平衡常数的量纲为一,而实验平衡常数只有在 $\sum\nu=0$ 时,量纲才为一;第二,两者数值一般不等,气体反应的标准平衡常数 $K^{\ominus}$ 与实验平衡常数 K_p 的数值不等($\sum\nu=0$ 除外);溶液反应的标准平衡常数 $K^{\ominus}$ 与经验平衡常数 K_c 的数值相同。出于标准平衡常数可从热力学函数计算得到,所以在化学平衡的计算中,多采用标准平衡常数。但在滴定分析中,依照分析化学的习惯,本书仍采用实验平衡常数——解离常数 K_a、K_b。

(3) 平衡常数表达式和数值与反应式的书写有关。如合成氨反应

$$N_2+3H_2 \rightleftharpoons 2NH_3$$

$$K_1^{\ominus}=\frac{(p_{NH_3}/p^{\ominus})^2}{(p_{H_2}/p^{\ominus})^3(p_{N_2}/p^{\ominus})}$$

$$\frac{1}{2}N_2+\frac{3}{2}H_2 = NH_3$$

$$K_2^{\ominus}=\frac{(p_{NH_3}/p^{\ominus})}{(p_{H_2}/p^{\ominus})^{\frac{3}{2}}(p_{N_2}/p^{\ominus})^{\frac{1}{2}}}$$

显然 $K_1^{\ominus}\neq K_2^{\ominus}$,$K_1^{\ominus}=(K_2^{\ominus})^2$。因此使用和查阅平衡常数时,必须注意它们所对应的化学反应方程式。

阅读材料

范 霍 夫

荷兰化学家范霍夫(J. H. Van't Hoff, 1852～1911)1852 年 8 月 30 日生于鹿特丹,1911 年 3 月 1 日卒于柏林。1874 年于荷兰乌德勒支大学获博士学位。1878～1896 年,任阿姆斯特丹大学化学教授,随后去柏林大学任教授,并任普鲁士科学院教授。1874 年范霍夫在研究有机化合物的三维空间结构(立体化学)时,与勒贝尔各自提出了一个碳原子具有四面体结构,碳原子的四个价键指向四面体的四个顶端。在此基础上开辟了立体化学的新篇章,这在整个化学领域内起着极为重要的作用。他解开了某些有机化合物具有光学活性的奥秘,提出了分子内部存在不对称因素,从而解释了这类化合物能使平面偏振光旋转的原理。范霍夫还研究了渗透压现象。他发现溶解在溶液中的物质的渗透压与理想气体的压力相似,遵守同样的定律。1884 年他发表了论文《化学动力学研究》,其中包含化学热力学的原理。他推导出反应速率的公式,从而可以测定反应的级数。他还将热力学应用于化学平衡,并提出了近代化学中亲和力的概念。1886 年他发表了稀溶液理论,说明在稀溶液中分子的行为与气体的相似性。范霍夫因发现化学动力学和渗透压的某些定律而于

1901 年获得了第一个诺贝尔化学奖。1887 年他和奥斯特瓦尔德共同创办了有影响的杂志《物理化学》，促进了这门新学科的发展。

2-6-2 化学反应进行的程度

化学反应达到平衡时，体系中物质 B 的浓度不再随时间而改变，此时反应物已最大限度地转变为生成物。平衡常数具体反映出平衡时各物质相对浓度、相对分压之间的关系，通过平衡常数可以计算化学反应进行的最大程度，即化学平衡组成。在化工生产中常用转化率(α)来衡量化学反应进行的程度。某反应物的转化率是指该反应物已转化为生成物的百分数。即

$$\alpha=\frac{\text{某反应物已转化的量}}{\text{某反应物的总量}}\times 100\% \tag{2-31}$$

化学反应达平衡时的转化率称平衡转化率。显然，平衡转化率是理论上该反应的最大转化率。而在实际生产中，反应达到平衡需要一定的时间，流动的生产过程中，体系往往还没有达到平衡，反应物就离开了反应容器，所以实际的转化率要低于平衡转化率。实际转化率与反应进行的时间有关。工业生产中所说的转化率一般指实际转化率，而一般教材中所说的转化率是指平衡转化率。

例 2-10 在容积为 10.00L 的容器中装有等物质的量的 $PCl_3(g)$ 和 $Cl_2(g)$。已知在 523K 发生以下反应：

$$PCl_3(g)+Cl_2(g)\rightleftharpoons PCl_5(g)$$

达平衡时，$p(PCl_5)=100\text{kPa}$，$K^{\ominus}=0.57$。求：

(1) 开始装入的 $PCl_3(g)$ 和 $Cl_2(g)$ 的物质的量；

(2) $Cl_2(g)$ 的平衡转化率。

解 (1) 设 $PCl_3(g)$ 和 $Cl_2(g)$ 的起始分压为 x。

$$PCl_3(g)+Cl_2(g)\rightleftharpoons PCl_5(g)$$

	$PCl_3(g)$	$Cl_2(g)$	$PCl_5(g)$
起始分压/kPa	x	x	0
平衡分压/kPa	$x-100$	$x-100$	100

$$K^{\ominus}=\frac{[p(PCl_5)/p^{\ominus}]}{[p(PCl_3)/p^{\ominus}][p(Cl_2)/p^{\ominus}]}$$

$$0.57=\frac{100/100}{\left(\frac{x-100}{100}\right)^2}$$

$$x=232(\text{kPa})$$

起始 $n(PCl_3)=n(Cl_2)$

$$=\frac{p(PCl_3)V(PCl_3)}{RT}$$

$$=\frac{232\times 10^3\times 10.00\times 10^{-3}}{8.314\times 523}=0.534(\text{mol})$$

(2) $\alpha(Cl_2)=\frac{n_{\text{转化}}(Cl_2)}{n_{\text{起始}}(Cl_2)}\times 100\%=\frac{p_{\text{转化}}(Cl_2)}{p_{\text{起始}}(Cl_2)}\times 100\%$

$$=\frac{100}{232}\times 100\%=43.1\%$$

例 2-11 将 1.0mol H_2 和 1.0mol I_2 放入 10L 容器中，使其在 793K 下达到平衡。经分析，平衡体系中含 HI 0.12mol，求反应

$$H_2(g)+I_2(g)\rightleftharpoons 2HI(g)$$

在 793K 时的 $K^{\ominus}$。

解 从反应式可知，每生成 2mol HI 要消耗 1mol H_2 和 1mol I_2。根据这个关系，可求出平衡时各物质的物质的量。

	$H_2(g)$	$+\ I_2(g)\rightleftharpoons$	$2HI(g)$
起始时的物质的量/mol	1.0	1.0	0
平衡时的物质的量/mol	$1.0-\frac{0.12}{2}$	$1.0-\frac{0.12}{2}$	0.12

利用公式 $pV=nRT$，求得平衡时各物质的分压，代入标准平衡常数表达式：

$$\begin{aligned}K^{\ominus} &= \frac{[n(HI)RT/V]^2}{[n(H_2)RT/V][n(I_2)RT/V]}\left(\frac{1}{p^{\ominus}}\right)^{\Sigma\nu} \\ &= \frac{n^2(HI)}{n(H_2)\times n(I_2)} = \frac{(0.12)^2}{(0.94)^2} = 0.016\end{aligned}$$

2-7 化学平衡的移动
(The Transform of Chemical Equilibrium)

化学平衡是相对的、有条件的，一旦维持平衡的条件发生了变化(例如浓度、压力、温度的变化)，系统的宏观性质和物质的组成都将发生变化。原有的平衡将被破坏，代之以新的平衡。**这种因外界条件的改变而使化学反应从一种平衡状态向另一种平衡状态转变的过程称为化学平衡的移动。**

影响化学平衡的因素有浓度、压力和温度。这些因素对化学平衡的影响，可以用 1887 年法国化学家勒夏特列(H. L. Le Chatelier)提出的平衡移动原理来确定：**假如改变平衡体系的条件之一，如温度、压力或浓度，平衡就向减弱这个改变的方向移动。**如增加反应物的浓度或反应气体的分压，平衡向生成物方向移动，以减弱反应物浓度或反应气体分压增加的影响；如果增加平衡体系的总压(不包括充入不参与反应的气体)，平衡向气体分子数减少的方向移动，以减小总压增加的影响；如果升高温度，平衡向吸热反应方向移动，减弱温度升高对体系的影响。例如，在下面的平衡体系中

$$3H_2(g)+N_2(g)\rightleftharpoons 2NH_3(g);\ \Delta_r H_m^{\ominus}=-92.2\text{kJ}\cdot\text{mol}^{-1}$$

增加 H_2 的浓度或分压	平衡向右移动
减小 NH_3 的浓度或分压	平衡向右移动
增加体系总压力	平衡向右移动
升高体系温度	平衡向左移动

勒夏特列原理只能做出定性的判断，如果已知平衡常数就可进一步作定量的计算。

例 2-12 已知反应

$$N_2O_4(g)\rightleftharpoons 2NO_2(g)$$

在总压为 101.3kPa 和温度为 325K 时达平衡，$N_2O_4(g)$的转化率为 50.2%，求：

(1) 该反应的 $K^\ominus$；

(2) 相同温度下压力为 5×101.3kPa 时，$N_2O_4(g)$的平衡转化率。

解 (1) 设反应起始时，$n(N_2O_4)=1mol$，$N_2O_4(g)$的平衡转化率为 α。

$$N_2O_4(g) \rightleftharpoons 2NO_2(g)$$

起始时物质的量 n_B/mol	1	0
平衡时物质的量 n_B/mol	$1-\alpha$	2α
平衡总物质的量 $n_{总}$/mol	$1-\alpha+2\alpha=1+\alpha$	
平衡分压 p_B/kPa	$\frac{1-\alpha}{1+\alpha}\times 101.3$	$\frac{2\alpha}{1+\alpha}\times 101.3$

标准平衡常数 $K^\ominus=\frac{[p(NO_2)/p^\ominus]^2}{[p(N_2O_4)/p^\ominus]^1}$

$$=\left(\frac{2\alpha}{1+\alpha}\times\frac{101.3}{100}\right)^2\times\left(\frac{1-\alpha}{1+\alpha}\times\frac{101.3}{100}\right)^{-1}$$

$$=\frac{4\times 0.502^2}{1-0.502^2}\times\frac{101.3}{100}=1.37$$

(2) 温度不变，$K^\ominus$不变：

$$K^\ominus=\frac{4\alpha^2}{1-\alpha^2}\times\frac{5\times 101.3}{100}=1.37$$

$$\alpha=0.251=25.1\%$$

计算结果表明增加总压，平衡向气体化学计量系数减小的方向移动。

温度对化学平衡的影响与浓度、压力的影响有本质上的区别。浓度、压力改变时，平衡常数不变。而温度改变使标准平衡常数的数值发生变化。因此要定量地讨论温度的影响，必须先了解温度与平衡常数的关系。因为

$$\Delta_r G_m^\ominus=-RT\ln K^\ominus$$

$$\Delta_r G_m^\ominus=\Delta_r H_m^\ominus-T\Delta_r S_m^\ominus$$

合并两式得
$$\ln K^\ominus=-\frac{\Delta_r H_m^\ominus}{RT}+\frac{\Delta_r S_m^\ominus}{R}$$

设在温度 T_1 和 T_2 时的平衡常数为 $K_1^\ominus$ 和 $K_2^\ominus$，并设 $\Delta_r H_m^\ominus$ 和 $\Delta_r S_m^\ominus$ 不随温度而变，则

$$\ln\frac{K_2^\ominus}{K_1^\ominus}=\frac{\Delta_r H_m^\ominus}{R}\left(\frac{1}{T_1}-\frac{1}{T_2}\right) \tag{2-32}$$

式(2-32)是表述 $K^\ominus$与 T 关系的重要方程式。当已知化学反应的 $\Delta_r H_m^\ominus$ 时，只要知道某温度下的 $K_1^\ominus$，即可利用式(2-26)求另一温度 T_2 下的 $K_2^\ominus$。此外也可以从已知两温度下的平衡常数求反应的 $\Delta_r H_m^\ominus$。

例 2-13 试计算反应

$$CO_2(g)+4H_2(g) \rightleftharpoons CH_4(g)+2H_2O(g)$$

在 800K 时的 $K^\ominus$。

解 欲利用式(2-32)计算 800K 时的 $K^\ominus$，必须先知道另一温度时的 $K^\ominus$。为此，可先查表求得 298K 时的 $K_{298}^\ominus$和 $\Delta_r H_m^\ominus$。查表得

	$CO_2(g)$	$H_2(g)$	$CH_4(g)$	$H_2O(g)$
$\Delta_f H_m^\ominus/(kJ\cdot mol^{-1})$	−393.5	0	−74.8	−241.8
$\Delta_f G_m^\ominus/(kJ\cdot mol^{-1})$	−394.4	0	−50.8	−228.6

$$\Delta_r H_m^\ominus = -74.8 + 2\times(-241.8) - (-393.5) = -164.9(kJ\cdot mol^{-1})$$

$$\Delta_r G_m^\ominus = -50.8 + 2\times(-228.6) - (-394.4) = -113.6(kJ\cdot mol^{-1})$$

$$\ln K_{298}^\ominus = \frac{-\Delta_r G_m^\ominus}{RT} = \frac{-(-113.6\times10^3)}{8.314\times298} = 45.85$$

将上述数据代入式(2-32)得

$$\ln K_{800}^\ominus - 45.85 = \frac{-164.9\times10^3 J\cdot mol^{-1}}{8.314 J\cdot K^{-1}\cdot mol^{-1}}\left(\frac{800K-298K}{298K\times800K}\right) = -41.74$$

$$\ln K_{800}^\ominus = 45.85 - 41.74 = 4.11$$

$$K_{800}^\ominus = 60.95$$

阅读材料

热力学研究前沿——自组织化学反应

一个开放、远离平衡的化学体系，在一定条件下可以自发地组织成时间或空间的有序结构，呈现出类似于生命特征的自组织现象。这一发现及其耗散结构理论的建立具有重要的科学意义。

化学家自19世纪以来陆续发现，有一些化学反应中的某些组分或中间产物的浓度能够随时间发生有序的周期性变化，即所谓的化学振荡现象。依照过去对热力学第二定律的理解，一个开放体系就意味着存在一个不断破坏平衡的不可逆过程，应该朝着无序度增大方向不断发展，不可能出现时空有序结构。因此，在化学振荡反应发现的初期，人们感到难以理解。他们认为，这种魔术一般的“古怪行为”是在跟热力学第二定律开玩笑，是由于实验条件的错误安排或某种干扰所致，从而认为所谓的发现是绝不可能的。

1968年，比利时化学家普里戈金(I. Prigogine)在历经了近20年的探索以后，提出了耗散结构理论。他指出：一个开放体系在达到远离平衡态的非线性区域时，一旦体系的某一个参量达到一定阈值，通过涨落就可以使体系发生突变，从无序走向有序，产生化学振荡一类的自组织现象。

耗散结构理论使热力学第二定律和生物学的规律得到了统一。过去认为：热力学第二定律和生物学达尔文的进化论在反映自然规律方面是相互矛盾的。前者认为一个孤立的物理体系总是趋于熵增加的方向，即从有序趋向无序，从高级趋向低级，不断退化；后者认为生物体居于主导地位的方向总是从无序趋向有序，从低级趋向高级，不断进化。现在耗散结构理论告诉我们，二者并不矛盾。达尔文进化论也符合热力学第二定律。因为生物体系之所以能从无序趋向有序，根本原因在于它是一个开放体系，环境能够不断地向体系输入有效的物质和能量即负熵量，从而抵消了体系内无效能即正熵量的增加，直至实现有序。这不仅没有违背热力学第二定律的熵增加原理，相反，却是以负熵增加的观点，补充、丰富、证明和扩大了它的应用范围，即从隔离体系扩大到了开放体系，从平衡态扩大到了非平衡态，从正熵增加扩大到了负熵增加，从而能够用热力学第二定律的熵增加原理统一揭示物理体系退化和生物体系进化过程的机制与条件，解决了两个规律之间长期以来存在的矛盾。此外，从环境向体系输入负熵，实际也是消耗环境负熵而增大正熵的过程。同时还由于输入和摄取负熵过程中出现的不可避免的热散失，而进一步增大了环境的正熵，使环境更加混乱或无序。这就是说，体系内熵的减少，是以环境熵的更大增加为代价的。因此，尽管体系内的变化是趋于熵的减少，从无序趋向有序，而就环境和体系的总体变化来说，则仍然趋向于熵增加的方向即从有序趋向无序，仍然符合热力学第二定律。这样，人们对于热力学理论就可以有一个更广泛和全面的理解，并大体上说明了为什么在一个熵递增的环境里，像人类这样具有高度有序结构的生物能够从混乱中出现，从而打破了百年来人们关于热力学第二定律只能破坏有序的传统观念，或只能是朝着无序状态单调地退化的不全面认识。这是普里戈金的耗散结构理论做出的重大贡献。为此，他获得了1977年的诺贝尔化学奖。

习　题

1. 一隔板将一刚性绝热容器分为左右两侧，左室气体压力大于右室气体的压力。现将隔板抽去，左、右气体的压力达到平衡。若以全部气体为体系，则 ΔU、Q、W 是为正还是为负？或为零？

2. 计算下列体系的热力学能变化：

(1) 体系吸收了100J的热量，并且体系对环境做了540J的功。

(2) 体系放出100J热量，并且环境对体系做了635J的功。

3. 298K时，水的蒸发热为43.93kJ·mol^{-1}。计算蒸发1 mol水时的 Q_p、W 和 ΔU。

4. 298K时6.5g液体苯在弹式量热计中完全燃烧，放热272.3kJ。求该反应的 $\Delta_r U_m^\ominus$ 和 $\Delta_r H_m^\ominus$。

5. 已知298K，标准状态下

(1) $Cu_2O(s)+\frac{1}{2}O_2(g)$ ══ $2CuO(s)$；$\Delta_r H_m^\ominus=-146.02kJ\cdot mol^{-1}$

(2) $CuO(s)+Cu(s)$ ══ $Cu_2O(s)$；$\Delta_r H_m^\ominus=-11.30kJ\cdot mol^{-1}$

求(3) $CuO(s)$ ══ $Cu(s)+\frac{1}{2}O_2(g)$ 的 $\Delta_r H_m^\ominus$。

6. 已知298K，标准状态下

(1) $Fe_2O_3(s)+3CO(g)$ ══ $2Fe(s)+3CO_2(g)$；$\Delta_r H_m^\ominus(1)=-24.77kJ\cdot mol^{-1}$

(2) $3Fe_2O_3(s)+CO(g)$ ══ $2Fe_3O_4(s)+CO_2(g)$；$\Delta_r H_m^\ominus(2)=-52.19kJ\cdot mol^{-1}$

(3) $Fe_3O_4(s)+CO(g)$ ══ $3FeO(s)+CO_2(g)$；$\Delta_r H_m^\ominus(3)=39.01kJ\cdot mol^{-1}$

求(4) $Fe(s)+CO_2(g)$ ══ $FeO(s)+CO(g)$ 的 $\Delta_r H_m^\ominus$。

7. 由 $\Delta_f H_m^\ominus$ 的数据计算下列反应在298K、标准状态下的反应热 $\Delta_r H_m^\ominus$。

(1) $4NH_3(g)+5O_2(g)=\!=\!=4NO(g)+6H_2O(l)$

(2) $8Al(s)+3Fe_3O_4(s)=\!=\!=4Al_2O_3(s)+9Fe(s)$

(3) $CO(g)+H_2O(g)=\!=\!=CO_2(g)+H_2(g)$

8. 由葡萄糖的燃烧焓和水及二氧化碳的生成焓数据，求 298K 标准状态下葡萄糖的 $\Delta_f H_m^\ominus$。

9. 由 $\Delta_f G_m^\ominus$ 和 $S_m^\ominus$ 的数据，计算下列反应在 298K 时的 $\Delta_r G_m^\ominus$、$\Delta_r S_m^\ominus$ 和 $\Delta_r H_m^\ominus$。

(1) $Ca(OH)_2(s)+CO_2(g)=\!=\!=CaCO_3(s)+H_2O(l)$

(2) $N_2(g)+3H_2(g)=\!=\!=2NH_3(g)$

(3) $2H_2S(g)+3O_2(g)=\!=\!=2SO_2(g)+2H_2O(l)$

*10. 已知 298K 时，反应

	$BaCO_3(s)$	$=\!=\!=BaO(s)$	$+CO_2(s)$
$\Delta_f H_m^\ominus/(kJ\cdot mol^{-1})$	-1216.29	-548.10	-393.51
$S_m^\ominus/(J\cdot K^{-1}\cdot mol^{-1})$	112.13	72.09	213.64

求 298K 时，该反应的 $\Delta_r H_m^\ominus$、$\Delta_r S_m^\ominus$ 和 $\Delta_r G_m^\ominus$，以及该反应可自发进行的最低温度。

*11. 估计下列各变化过程是熵增还是熵减。

(1) NH_4NO_3 爆炸　$2NH_4NO_3(s)\longrightarrow 2N_2(g)+4H_2O(g)+O_2(g)$

(2) 臭氧生成　$3O_2(g)\longrightarrow 2O_3(g)$

*12. CO 是汽车尾气的主要污染源，有人设想以加热分解的方法来消除之：

$$CO(g)=\!=\!=C(s)+\frac{1}{2}O_2(g)$$

试从热力学角度判断，该想法能否实现？

*13. 预言下列过程中，体系熵变 ΔS 的符号

(1) 水变成水蒸气；

(2) 苯与甲苯相溶；

(3) 盐从过饱和水溶液中结晶出来；

(4) 渗透；

(5) 固体表面吸附气体。

*14. 1mol 水在其沸点 100℃下汽化，恒压汽化热为 $2.26kJ\cdot g^{-1}$，求 W、Q、ΔU、ΔH 和 ΔG。

15. 判断反应

$$C_2H_5OH(g)=\!=\!=C_2H_4(g)+H_2O(g)$$

(1) 在 25℃下能否自发进行？

(2) 在 360℃下能否自发进行？

(3) 求该反应能自发进行的最低温度。

*16. 对下列四个反应

(1) $2N_2(g)+O_2(g)=\!=\!=2N_2O(g)$；$\Delta_r H_m^\ominus=163kJ\cdot mol^{-1}$

(2) $NO(g)+NO_2(g)=\!=\!=N_2O_3(g)$；$\Delta_r H_m^\ominus=-42kJ\cdot mol^{-1}$

(3) $2HgO(s)=\!=\!=2Hg(s)+O_2(g)$；$\Delta_r H_m^\ominus=180.4kJ\cdot mol^{-1}$

(4) $2C(s)+O_2(g)=\!=\!=2CO(g)$；$\Delta_r H_m^\ominus=-221kJ\cdot mol^{-1}$

问在标准态下哪些反应在所有温度下都能自发进行？哪些只在高温或只在低温下自发进行？哪些反应在所有温度下都不能自发进行？

*17. 石墨是碳的标准态，石墨的 $S_m^\ominus$ 是 5.694J·K^{-1}·mol^{-1}。对于金刚石，$\Delta_f H_m^\ominus$ 是 1.895kJ·mol^{-1}，其 $\Delta_f G_m^\ominus$ 是 2.866kJ·mol^{-1}，求金刚石的绝对熵 $S_m^\ominus$。这两种碳的同素异形体哪个更有序？

*18. 不查表，预测下列反应的熵值是增大还是减小？

(1) $2CO(g)+O_2(g)=\!=\!=2CO_2(g)$

(2) $2O_3(g)=\!=\!=3O_2(g)$

(3) $2NH_3(g)=\!=\!=N_2(g)+3H_2(g)$

(4) $2Na(s)+Cl_2(g)=\!=\!=2NaCl(s)$

(5) $H_2(g)+I_2(g)=\!=\!=2HI(g)$

(6) $N_2(g)+O_2(g)=\!=\!=2NO(g)$

**19. 由锡石(SnO_2)炼制金属锡(Sn，白锡)可以用以下三种方法：

(1) $SnO_2(s)\longrightarrow Sn(s)+O_2(g)$

(2) $SnO_2(s)+C(s)\longrightarrow Sn(s)+CO_2(g)$

(3) $SnO_2(s)+2H_2(g)\longrightarrow Sn(s)+2H_2O(g)$

试根据热力学原理推荐合适的方法。

*20. 已知 $\Delta_f G_m^\ominus(MgO,s)=-569kJ\cdot mol^{-1}$，$\Delta_f G_m^\ominus(SiO_2,s)=-805kJ\cdot mol^{-1}$，试比较 MgO(s)和 SiO_2(s)的稳定性。

21. 写出下列反应的标准平衡常数表达式。

(1) $N_2(g)+3H_2(g)=\!=\!=2NH_3(g)$

(2) $CH_4(g)+2O_2(g)=\!=\!=CO_2(g)+2H_2O(l)$

(3) $CaCO_3(s)=\!=\!=CaO(s)+CO_2(g)$

22. 已知在某温度时

(1) $2CO_2(g)=\!=\!=2CO(g)+O_2(g)$；$K_1^\ominus=A$

(2) $SnO_2(s)+2CO(g)=\!=\!=Sn(s)+2CO_2(g)$；$K_2^\ominus=B$

则在同一温度下的反应 (3) $SnO_2(s)=\!=\!=Sn(s)+O_2(g)$ 的 $K_3^\ominus$ 应为多少？(AB)

23. 在 585K 和总压力为 100kPa 时，有 56.4% NOCl 按下式分解：

$$2NOCl(g)=\!=\!=2NO(g)+Cl_2(g)$$

若未分解时 NOCl 的量为 1mol，计算

(1) 平衡时各组分的物质的量；

(2) 各组分的平衡分压；

(3) 该温度时的 $K^\ominus$。

24. 反应

$$H_2(g)+I_2(g)=\!=\!=2HI(g)$$

在 713K 时 $K^\ominus=49$，若 698K 时的 $K^\ominus=54.3$，则

(1) 上述反应的 $\Delta_r H_m^\ominus$ 为多少(698～713K 温度范围内)？上述反应是吸热反应，还是放热反应？

(2) 计算 713K 时的 $\Delta_r G_m^\ominus$。

(3) 当 H_2、I_2、HI 的分压分别为 100kPa、100kPa 和 50kPa 时计算 713K 时反应的 $\Delta_r G_m$。

25. 某反应 25℃时 $K^{\ominus}=32$，37℃时 $K^{\ominus}=50$。求 37℃时该反应 $\Delta_r G_m^{\ominus}$、$\Delta_r H_m^{\ominus}$、$\Delta_r S_m^{\ominus}$（设此温度范围内 $\Delta_r H_m^{\ominus}$ 为常数）。

26. 已知气相反应

$$N_2O_4(g) \rightleftharpoons 2NO_2(g)$$

在 318K 时，向 0.5L 的真空容器中加入 3×10^{-3} mol 的 N_2O_4，当达到平衡时总压力为 25.8kPa，试计算：

(1) 318K 时 N_2O_4 的分解百分率；

(2) 318K 时的标准平衡常数和 $\Delta_r G_m^{\ominus}$；

(3) 已知反应在 298K 时的 $\Delta_r H_m^{\ominus}=72.8\text{kJ}\cdot\text{mol}^{-1}$，计算 318K 时反应的 $\Delta_r S_m^{\ominus}$。

27. 在 497℃、101.3kPa 下，在某一容器中

$$2NO_2(g) \rightleftharpoons 2NO(g)+O_2(g)$$

建立平衡。有 56% 的 NO_2 转化为 NO 和 O_2，求 $K^{\ominus}$。若要使 NO_2 的转化率增加到 80%，则平衡时压力是多少？

28. 将 1.50mol NO、1.00mol Cl_2 和 2.50mol NOCl 放在容积为 15.0L 的容器中混合，230℃时，反应

$$2NO(g)+Cl_2(g) \rightleftharpoons 2NOCl(g)$$

达到平衡，测得有 3.06mol 的 NOCl 存在。计算平衡时 NO 的物质的量和该反应的标准平衡常数。

29. 反应

$$PCl_5(g) \rightleftharpoons PCl_3(g)+Cl_2(g)$$

在 760K 时的标准平衡常数 $K^{\ominus}$ 为 33.3。若将 50.0g 的 PCl_5 注入容积为 3.00L 的密闭容器中，求 760K 下反应达平衡时 PCl_5 的分解率和此时容器中的压力。

**30. The latent heat of vaporization of water is 40.0kJ · mol^{-1} at 373K and 101.325kPa. For the vaporization of 1 mol of water under these conditions, calculate the external work done and the changes in internal energy (U), enthalpy (H), Gibbs's free energy (G), entropy (S).

**31. The heats of formation of CO and CO_2 at constant pressure and 298K are $-110.5\text{kJ}\cdot\text{mol}^{-1}$ and $-393.5\text{kJ}\cdot\text{mol}^{-1}$, respectively. Calculate the corresponding heats of formation at constant volume.

**32. The equilibrium constant K_p for the dissociation of dinitrogen tetroxide into nitrogen dioxide is 1.34 atm at 60℃ and 6.64 atm at 100℃. Determine the free energy change of this reaction at each temperature and the mean heat content (enthalpy) change over the temperature range.

第三章 化学反应速率
(Rate of Chemical Reaction)

学习要求

1. 了解化学反应速率、反应速率理论的概念。
2. 理解基元反应、复杂反应、反应级数、反应分子数的概念。
3. 掌握质量作用定律和零级、一级、二级反应的特征。
4. 掌握浓度、温度及催化剂对反应速率的影响。
5. 掌握温度与反应速率关系的阿累尼乌斯经验公式,并能用活化分子、活化能等概念解释浓度、温度、催化剂等外界因素对反应速率的影响。

研究化学反应,必须研究以下三个问题:① 该反应能否自发进行?即反应的方向性问题;② 在给定条件下,有多少反应物可以最大限度地转化为生成物?即化学平衡问题;③ 实现这种转化需要多少时间?即反应速率问题。前一章已讨论过问题①和②,这一章我们讨论问题③。

必须指出,化学反应速率和化学平衡是两类不同性质的问题。前者属于化学动力学范畴,后者属于化学热力学范畴,因此研究方法有所不同。

3-1 化学反应速率的表示法
(The Way to Describe Chemical Reaction Rate)

化学反应进行的快慢是用化学反应速率来表示的,那么化学反应速率如何定义呢?

化学反应速率(Rate of Reaction)是指化学反应过程进行的快慢,即化学反应方程式中物质B的数量(通常用物质的量表示)随时间的变化率。对于恒容反应,通常用单位时间内反应物浓度的减少或生成物浓度的增加来表示。大部分化学反应都不是等速进行的,反应过程中化学反应的速率均随时间而改变。

对于任一化学反应:$a\text{A}+b\text{B}\longrightarrow g\text{G}+h\text{H}$,若参与反应的物质A的浓度为$c_\text{A}$,则

平均速率的定义为:
$$\bar{r}=\frac{-\Delta c_\text{A}}{\Delta t} \tag{3-1}$$

式中的负号表示反应物质A浓度减小。

要确切表示化学反应在某一瞬间的真实速率,应采用瞬时速率r。

$$r=\lim_{\Delta t\to 0}\frac{-\Delta c_\text{A}}{\Delta t}=-\frac{\text{d}c_\text{A}}{\text{d}t} \tag{3-2}$$

用$-\frac{\text{d}c_\text{A}}{\text{d}t}$、$-\frac{\text{d}c_\text{B}}{\text{d}t}$、$\frac{\text{d}c_\text{G}}{\text{d}t}$、$\frac{\text{d}c_\text{H}}{\text{d}t}$中任一种均可表示反应速率。在等容条件下,浓度之比就等于物质的量之比:

$$(-\mathrm{d}c_A):(-\mathrm{d}c_B):\mathrm{d}c_G:\mathrm{d}c_H=(-\mathrm{d}n_A):(-\mathrm{d}n_B):\mathrm{d}n_G:\mathrm{d}n_H$$
$$=a:b:g:h$$

$$r=-\frac{1}{a}\frac{\mathrm{d}c_A}{\mathrm{d}t}=-\frac{1}{b}\frac{\mathrm{d}c_B}{\mathrm{d}t}=\frac{1}{g}\frac{\mathrm{d}c_G}{\mathrm{d}t}=\frac{1}{h}\frac{\mathrm{d}c_H}{\mathrm{d}t}$$

由此可见，反应速率与计量系数有关，使用时必须指明物质。反应速率是通过实验测定的。实验中，用化学或物理方法测定不同时刻反应物（或生成物）的浓度，然后通过作图法，即可求得不同时刻的反应速率。

3-2　反应速率理论简介
（Brief Description of Reaction Rate Theories）

有关化学反应速率理论，一是 20 世纪初由路易斯（G. N. Lewis）运用气体分子运动论的成果，提出的反应速率的碰撞理论，二是 20 世纪 30 年代艾林（H. Eyring）在量子力学和统计力学的基础上提出的化学反应速率的过渡状态理论。下面分别简单介绍这两种理论。

3-2-1　碰撞理论（Collision Theory）

碰撞理论是在气体分子运动论的基础上建立的，主要适用于气相双分子反应。其主要论点是：

（1）反应物分子必须相互碰撞才能发生反应，反应速率与碰撞频率 $Z(\mathrm{AB})$ 成正比。

分子发生碰撞是指两个分子以很高的速度相互接近，彼此进入到分子力场的范围之内，并使各自的分子力场发生变化。分子碰撞造成旧的化学键断裂，新的化学键生成，同时完成化学反应。

（2）不是每一次碰撞都能发生反应，只有分子间相对平动能超过某一临界值 E_c 时，分子碰撞才能发生反应，这种碰撞称为有效碰撞。

能够发生有效碰撞的分子称为活化分子，通常它们只是分子总数中的一小部分。活化分子具有的最低能量与反应物分子的平均能量之差称为活化能（Activation Energy），用符号 E_a 表示。温度一定时，活化能越低的反应其活化分子所占比例越大；相反，活化能越高，则活化分子所占比例越小，即在其他条件相同时，活化能越低的反应其反应速率越快，而活化能越高的反应，反应速率越慢。可见，活化能就是化学反应的阻力，亦称能垒。不同的化学反应具有不同的活化能，因而活化分子所占比例也不同，这就是化学反应有快有慢的根本原因。

根据气体分子运动论，在常温常压下气体分子之间的碰撞频率极高，数量级达 $10^{29}\,\mathrm{cm^{-3}\cdot s^{-1}}$。如反应

$$2HI = H_2 + I_2$$

在 556K，HI 浓度为 $1.01\times10^{-3}\,\mathrm{mol\cdot L^{-1}}$ 条件下，若每次碰撞都能发生反应，则从理论上计算得反应速率为 $1.2\times10^{-5}\,\mathrm{mol\cdot L^{-1}\cdot s^{-1}}$，但实验测得反应速率为 $3.5\times10^{-13}\,\mathrm{mol\cdot L^{-1}\cdot s^{-1}}$，说明有效碰撞的频率很低。

（3）气体分子运动论中把分子看成刚性小球，但实际上分子有一定的几何形状和特

有的空间结构。分子能发生化学反应，除了必须具有足够高的相对平动能之外，还必须具有合适的空间方位。

例如，反应

$$CO + NO_2 \longrightarrow CO_2 + NO$$

只有在特定方向上发生碰撞时才能形成两个新的键而完成化学反应（图 3-1）。

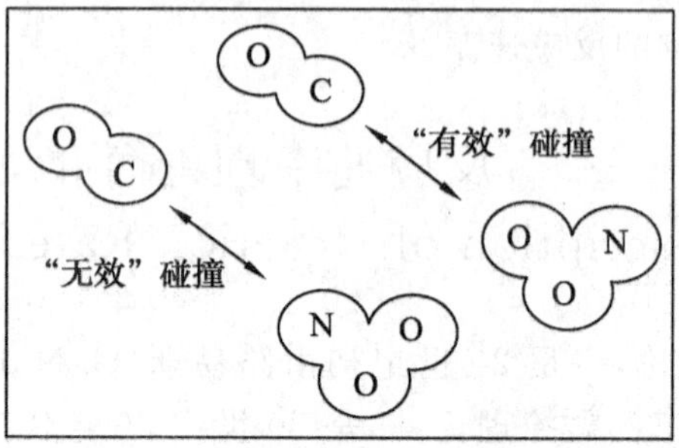

图 3-1　有效碰撞的方向性示意图

分子在碰撞时，能量必须足够高，方位又合适，才能有效地发生反应。碰撞理论为我们描述了一幅虽然粗糙但十分明确的反应图像，在反应速率理论的发展中起了很大作用。它解释了一部分实验事实，理论所计算的速率系数 k 值与较简单的反应的实验值相符。但碰撞理论也有一些缺陷，如它的模型过于简单，对复杂分子的反应误差较大等。

一个突出的问题就是临界能 E_c 的数值在理论上无法计算。尽管可以证明 $E_a = E_c + \frac{1}{2}RT$，但 E_a 值仍是借助于阿累尼乌斯公式，通过实验测定得到的。另外，方位因子 P 的大小也无法计算，要通过实验结果对理论计算进行校正才能得出。

3-2-2　过渡态理论（Transition State Theory）

过渡态理论是在量子力学和统计力学的基础上提出来的。该理论认为在反应过程中，反应物必须经过一个高能量的过渡状态，再转化为生成物。在反应过程中，化学键重新排布，能量重新分配。

$$A + BC \longrightarrow AB + C$$

其实际过程是：

$$A + BC \xrightleftharpoons{快} [A\cdots B\cdots C] \xrightarrow{慢} AB + C$$

A 与 BC 反应时，A 与 B 接近并产生一定的作用力，同时 B 与 C 之间的键减弱，生成不稳定的[A…B…C]，称为过渡态或活化配合物（图 3-2）。

图 3-2 表明反应物 A 和 BC、生成物 AB 和 C 均处于能量低的稳定状态，过渡态处于能量高的不稳定状态。在反应物和生成物之间有一道能量很高的势垒，过渡态处于反应历程中的能量最高点处。

反应物吸收能量成为过渡态，反应的活化能就是翻越势垒所需的能量。正反应的活化能与逆反应的活化能之差即为反应的热效应 ΔH。过渡态极不稳定，很容易分解为原来的反应物（快反应），也可能分解得到产物（慢反应）。

从原则上讲，只要得到过渡态的结构，就可以运用光谱数据及量子力学和统计力学的方法，计算化学反应的动力学参数，如速率常数 k 等。过渡态理论考虑了分子结构的特点和化学键的特征，较好地揭示了活化能的本质。这是该理论的成功之处。然而对于复杂的反应体系，过渡态的结构难以确定，而且量子力学对多质点体系的计算也是至今尚未彻底解决的难题。这些因素使得过渡态理论在实际反应体系中的应用仍有困难。

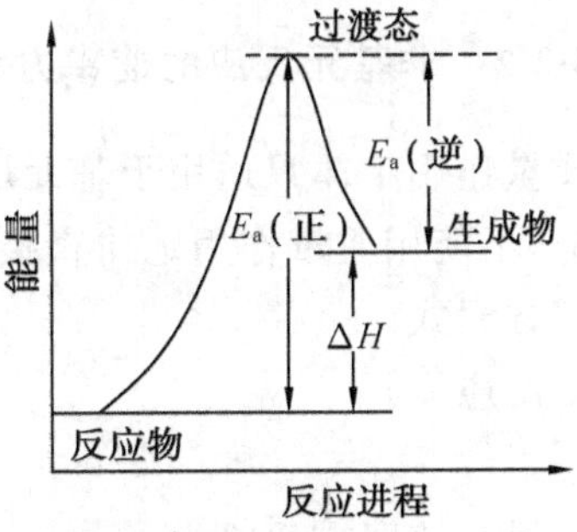

图 3-2　反应物、生成物和过渡态的能量关系

3-3　浓度对化学反应速率的影响
(Influence on Chemical Reaction Rate of Reactants' Concentration)

3-3-1　基元反应速率与浓度的关系——质量作用定律

大量实验表明，在一定温度下，增加反应物的浓度可以增大反应速率。这个结论可以用反应速率理论来解释。因为在一定温度下，反应物中的活化分子百分数是一定的，增加反应物浓度，单位体积内活化分子总数增加，有效碰撞的机会增多，因而反应速率加快。

一、基元反应(Elementary Reaction)

实验证明，有些反应从反应物转化为生成物是一步完成的，这样的反应称为基元反应。而大多数反应是多步完成的，这些反应称为非基元反应或复杂反应。

二、基元反应的化学反应速率方程式

对于基元反应，在一定温度下反应速率与反应物浓度幂的乘积成正比，浓度的幂次就是基元反应中反应物前面的系数。这一规律称为质量作用定律。

基元反应

$$aA + dD = gG + hH$$

反应速率

$$v = kc_A^a c_D^d \tag{3-3}$$

式(3-3)就是质量作用定律的数学表达式，也称为基元反应的速率方程。

式(3-3)中的 k 为速率常数(Rate Constant)，在数值上等于反应物浓度均为 $1mol \cdot L^{-1}$ 时的反应速率。k 的大小由反应物的本性决定，与反应物的浓度无关。改变反应物的浓度，可以改变反应的速率，但不会改变 k 的大小。改变温度或使用催化剂，会使 k 的数值发生改变。速率常数 k 一般是由实验测定的。在相同条件下，k 的大小反映了反应速率的快慢程度，k 值越大表示反应速率越快，k 值越小表示反应速率越慢。k 的单位则取决于反应速率的单位和各反应物浓度幂的指数。

3-3-2 非基元反应的速率方程式

质量作用定律只适用于基元反应及复杂反应中的基元反应，但绝大多数的反应是复杂反应，不能用质量作用定律直接写出它们的速率方程式，必须通过实验数据来确定反应速率方程式。

如反应

$$2N_2O_5 \longrightarrow 4NO_2 + O_2$$

实验测得其速率方程式为

$$v = kc_{N_2O_5}$$

说明此反应的速率仅与 N_2O_5 浓度的一次方成正比，而不是与其二次方成正比。原因是这个反应实际上是分三步进行的：

$$N_2O_5 \xrightarrow{\text{慢}} N_2O_3 + O_2 \quad (1)$$

$$N_2O_3 \xrightarrow{\text{快}} NO_2 + NO \quad (2)$$

$$N_2O_5 + NO \xrightarrow{\text{快}} 3NO_2 \quad (3)$$

由于第一步反应是定速步骤，又是基元反应，可以用质量作用定律写出速率方程式，所得的反应速率即可代表总反应的速率。

无论是基元反应速率方程式还是非基元反应速率方程式，在应用时都应注意以下几点：

(1) 如果反应物是气体，在反应速率方程式中可用气体分压来代替浓度，例如：

$$2NO_2 \longrightarrow 2NO + O_2$$

用浓度表示的反应速率方程式为

$$v = k_c c_{NO_2}^2$$

用分压表示则为

$$v = k_p p_{NO_2}^2$$

式中 k_p 和 k_c 都是速率常数，但两者的数值是不相等的。

(2) 如果反应物中有纯固体或纯液体参加，则把它们的浓度视为常数，不写进速率方程式中。例如，碳的燃烧反应为

$$C(s) + O_2(g) \longrightarrow CO_2(g)$$

当碳的表面积一定时，反应速率仅与 O_2 的浓度或分压成正比，故

$$v = k_c c_{O_2} \text{ 或 } v = k_p p_{O_2}$$

(3) 对有溶剂参加的反应，如反应过程中溶剂的相对量变化不大时，则可以把溶剂的浓度也近似看作常数而合并到速率常数项内。如蔗糖的水解反应

$$\underset{(\text{蔗糖})}{C_{12}H_{22}O_{11}} + \underset{(\text{溶剂})}{H_2O} \longrightarrow \underset{(\text{果糖})}{C_6H_{12}O_6} + \underset{(\text{葡萄糖})}{C_6H_{12}O_6}$$

$$v = k' c_{C_{12}H_{22}O_{11}} c_{H_2O}$$

设

$$k = k' c_{H_2O}$$

则

$$v = kc_{C_{12}H_{22}O_{11}}$$

3-3-3　反应级数和反应分子数

一、反应级数(Reaction Order)

多数化学反应的速率方程都可表示为反应物浓度幂的乘积，$v=kc_A^a c_D^d\cdots$式中某反应物浓度的幂是该反应物的反应级数，如反应物A的级数是a，反应物D的级数是d。所有反应物级数的加和$a+d+\cdots$就是该反应的级数。

一般而言，基元反应中反应物的级数与其计量系数一致，非基元反应中则可能不同。反应级数都是由实验测定的，而且可能因实验条件的改变而发生变化。例如蔗糖水解是二级反应，但当反应体系中水的量很大时，反应前后体系中水的量可认为基本未改变，此反应表现为一级反应。

反应级数可以是整数，也可以是分数或为零。但对一般化学反应来说，大多数为一级或二级反应，其中尤以一级反应更为常见。反应级数的大小，反映了浓度对反应速率影响程度的大小。级数越大反应速率受浓度的影响就越明显。

二、反应分子数

基元反应中实际参加反应的分子、原子、离子或自由基的数目称为反应分子数。由一个分子参加而完成的反应称为单分子反应；由两个分子参加而完成的反应称为双分子反应；由三个分子参加而完成的反应称为三分子反应。三分子以上的反应目前还未发现。

必须明确，反应级数和反应分子数的概念是不同的。前者是根据实验求得反应速率方程式而提出的概念，多用于总反应，而后者是从反应机理提出的概念，是指基元反应中实际参加反应的微粒数目，它只能是正整数，没有分数或小数。对于同一反应来说，两者的数值往往是不同的，只有基元反应和少数非基元反应的反应级数才和反应分子数相同。

3-3-4　一级、二级和零级反应

一、一级反应

凡是反应速率与反应物浓度的一次方成正比的反应称为一级反应，若反应物在瞬时的浓度为c，则其速率方程式为

$$v=-\frac{\mathrm{d}c}{\mathrm{d}t}=kc$$

设反应时间由0到t，反应物浓度由c_0到c，将上式分离变量移项积分得

$$-\int_{c_0}^{c}\frac{\mathrm{d}c}{c}=\int_0^t k\mathrm{d}t$$

$$\ln\frac{c_0}{c}=kt$$

$$\ln c=\ln c_0-kt \tag{3-4}$$

$$k=\frac{1}{t}\ln\frac{c_0}{c}$$

或

$$\lg\frac{c_0}{c}=\frac{kt}{2.303}$$

$$\lg c=\lg c_0-\frac{k}{2.303}t \tag{3-5}$$

$$k=\frac{2.303}{t}\lg\frac{c_0}{c} \tag{3-6}$$

当反应物消耗一半，即 $c=\frac{1}{2}c_0$ 时，所用的反应时间称为反应的半衰期，用符号 $t_{1/2}$ 表示。则

$$t_{1/2}=\frac{2.303}{k}\lg\frac{c_0}{\frac{1}{2}c_0}=\frac{0.693}{k} \tag{3-7}$$

根据上述各式可以概括出一级反应的特征：

(1) 由式(3-4)或式(3-5)可知，以 $\ln c$ 或 $\lg c$ 对 t 作图可得一直线，如图 3-3 所示，其截距为 $\ln c_0$ 或 $\lg c_0$，斜率为 $-k$ 或 $-\frac{k}{2.303}$。

(2) 据式(3-6)可以看出，一级反应的速率常数 k 的单位是时间的倒数，如 s^{-1}、min^{-1} 等，与浓度的单位无关。

(3) 据式(3-7)可知，一级反应的半衰期与速率常数成反比，而与起始浓度无关。当温度一定时，一级反应的半衰期是一个常数，这个特征可作为判断一级反应的依据。

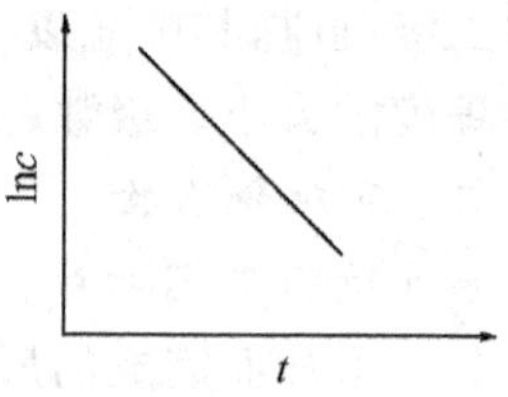

图 3-3　一级反应的 $\ln c$-t 图

常见的一级反应有放射性同位素的蜕变反应、一些物质的分解反应、分子内重排反应以及许多药物在体内的吸收、代谢与排除等。

例 3-1　已知某药物的分解反应是一级反应，它的起始浓度为 $94IU\cdot mL^{-1}$，在 25℃时它的速率常数为 $2.09\times10^{-5}h^{-1}$。从实验中知道当药物的浓度下降至 $45IU\cdot mL^{-1}$ 以下时，疗效已显不足，不能继续使用，问该药物的有效期应当定为多长？

解　$t=\frac{2.303}{k}\lg\frac{c_0}{c}=\frac{2.303}{2.09\times10^{-5}}\lg\frac{94}{45}=3.53\times10^4(h)\approx4(年)$

^{14}C 是大气中的氮原子和宇宙射线中产生的中子发生核反应的产物，可以认为几千万年来，^{14}C 的生成速率保持不变，并等于其衰变速率，因此大气中 ^{14}C 的量处于稳态。生命体由于新陈代谢，其体内 $^{14}C/^{12}C$ 是一恒定值，但生命体死亡后的样品中 $^{14}C/^{12}C$ 不再是常数，会因 ^{14}C 的不断衰变而减小。这一事实可用于考古学中的年代判定。

二、二级反应

凡是反应速率与反应物的浓度的平方（或两种物质浓度的乘积）成正比的反应称为二级反应。二级反应较普遍，大部分有机反应，如酯化、硝化等反应都是二级反应。例如：

$$(1)\ 2A\longrightarrow P$$

$$(2)\ A+B\longrightarrow P$$

在此仅讨论反应物 A 和 B 两种物质在反应中浓度相等的情况，即 $c_A=c_B=c$。

$$v=-\frac{dc}{dt}=kc^2$$

设反应时间由 0 到 t，反应物浓度由 c_0 到 c，将上式分离变量积分得

$$-\int_{c_0}^{c}\frac{dc}{c^2}=\int_0^t k dt$$

$$\frac{1}{c}-\frac{1}{c_0}=kt$$

$$k=\frac{1}{t}\left(\frac{1}{c}-\frac{1}{c_0}\right) \tag{3-8}$$

$$\frac{1}{c}=\frac{1}{c_0}+kt \tag{3-9}$$

当 $c=\frac{c_0}{2}$ 时，$t=t_{1/2}$，则

$$t_{1/2}=\frac{1}{k}\left(\frac{1}{\frac{c_0}{2}}-\frac{1}{c_0}\right)=\frac{1}{kc_0} \tag{3-10}$$

根据上述各式可得二级反应的特征为：

(1) 由式(3-9)可知，以 $\frac{1}{c}$ 对 t 作图可得一直线，其斜率为 k。

(2) 据式(3-10)可知，k 的单位为浓度$^{-1}$·时间$^{-1}$。

(3) 二级反应的半衰期不仅与速率常数 k 成反比，而且也与起始浓度成反比，即起始浓度越大，反应完成一半所需的时间就越短，这和一级反应不同。

例 3-2　NO_2 的分解反应为 $NO_2 = NO+\frac{1}{2}O_2$。将 0.105g 的 NO_2 气体装入一体积为 1L 的密闭容器中，温度为 330℃。分解反应的初速率为 $0.0196 mol \cdot L^{-1} \cdot h^{-1}$，当浓度下降到 $0.00162 mol \cdot L^{-1}$ 时，反应速率只有初速率的一半。求：

(1) 反应级数；

(2) 30min 后 NO_2 的浓度。

解　(1) 由于　$c_0=2.28\times10^{-3} mol \cdot L^{-1}$，$v_0=0.0196 mol \cdot L^{-1} \cdot h^{-1}$

$$c=0.00162 mol \cdot L^{-1},\ v=\left(\frac{1}{2}\right)v_0$$

而
$$v=kc^n,\ v_0=kc_0^n,\ v=\left(\frac{1}{2}\right)v_0=kc^n$$

所以
$$n=2,\ k=3770.4 L \cdot mol^{-1} \cdot h^{-1}$$

(2) 由
$$\frac{1}{c}-\frac{1}{c_0}=kt$$

30min 后
$$c=4.32\times10^{-4} mol \cdot L^{-1}$$

三、零级反应

反应速率方程中，反应物浓度项不出现，即反应速率与反应物浓度无关，这种反应称为零级反应。常见的零级反应有表面催化反应和酶催化反应，这时反应物总是过量的，反应速率决定于固体催化剂的有效表面活性位或酶的浓度。零级反应的速率方程式为：

$$v=-\frac{dc}{dt}=kc^0=k$$

设反应时间由 0 到 t，反应物浓度由 c_0 到 c，将上式分离变量积分得：

$$\int_{c_0}^{c} \mathrm{d}c = -\int_0^t k\mathrm{d}t$$

$$c_0 - c = kt, \quad k = \frac{1}{t}(c_0 - c) \tag{3-11}$$

$$t_{1/2} = \frac{c_0}{2k} \tag{3-12}$$

根据上述各式可得零级反应的特征为：

(1) 速率常数 k 的单位为浓度·时间$^{-1}$。

(2) 半衰期与反应物起始浓度成正比。即反应物的起始浓度越大，半衰期也就越长。

(3) 以 c 对 t 作图可得一直线，其斜率为$-k$。

上面讨论的是一级、二级和零级反应的特点。它们彼此间的主要区别在于：① 反应物浓度与反应时间的关系不同；② 半衰期与反应物的起始浓度的关系不同；③ k 的单位不同。现小结在表 3-1 中。

表 3-1　简单级数反应的特征

反应级数	速率方程	积分式	k 的单位	半衰期	线性关系
一级	$v=kc$	$\ln\frac{c_0}{c}=kt$	时间$^{-1}$	$t_{1/2}=\frac{0.693}{k}$	$\ln c$-t
二级	$v=kc^2$	$\frac{1}{c}-\frac{1}{c_0}=kt$	浓度$^{-1}$·时间$^{-1}$	$t_{1/2}=\frac{1}{kc_0}$	$\frac{1}{c}$-t
零级	$v=k$	$c_0-c=kt$	浓度·时间$^{-1}$	$t_{1/2}=\frac{c_0}{2k}$	c-t

3-4　温度对反应速率的影响
(Influence on Chemical Reaction Rate of Tempreture)

温度对反应速率有显著的影响，且其影响比较复杂。多数化学反应随温度升高而反应速率增大。一般说，温度每升高 10K，反应速率大约增加 2～4 倍。这是一个很近似的规律。1889 年阿累尼乌斯(S. A. Arrhenius)在总结大量实验结果的基础上，提出了反应速率常数与温度的定量关系式

$$k = A\mathrm{e}^{-\frac{E_a}{RT}} \tag{3-13}$$

或

$$\ln k = -\frac{E_a}{RT} + \ln A \tag{3-14}$$

式中 E_a 为反应的活化能，R 为摩尔气体常数，A 称为指前因子（对指定反应来说为一常数），e 为自然对数的底(e=2.718)。由式(3-13)可见，k 与温度 T 成指数的关系，因此，温度的微小变化将导致 k 值较大地变化。

如果由实验测得某反应在一系列不同温度时的 k 值，并以 $\ln k$ 对 $\frac{1}{T}$ 作图，由式(3-14)可知，应得一直线，直线的斜率为 $-\frac{E_a}{R}$，截距为 $\ln A$，即可求得该反应的活化能 E_a。

反应活化能也可用阿累尼乌斯公式直接计算得到。设某反应在温度 T_1 和 T_2 时的

速率常数分别为 k_1 和 k_2，则

$$\ln\frac{k_2}{k_1}=\frac{E_a}{R}\left(\frac{1}{T_1}-\frac{1}{T_2}\right)=\frac{E_a}{R}\left(\frac{T_2-T_1}{T_1T_2}\right) \tag{3-15}$$

阅读材料

阿累尼乌斯

阿累尼乌斯(S. A. Arrhenius，1859—1927)瑞典化学家，1859 年 2 月 19 日生于乌普萨拉，1927 年 10 月 2 日卒于斯德哥尔摩。17 岁时进入乌普萨拉大学，主修化学，1878 年毕业后留校。后去斯德哥尔摩瑞典皇家科学院学习测量溶液电导，准备博士论文。当时只有化学家奥斯特瓦尔德支持他的观点，他因此才能任讲师。1885 年他在奥斯特瓦尔德实验室工作约一年，1886～1887 年在维尔茨堡继续进行溶液电导实验。1891 年任瑞典皇家工业学院讲师，1895 年任院长。1905 年任斯德哥尔摩诺贝尔物理化学研究所所长。1901 年当选为瑞典皇家科学院院士。1911 年当选为英国皇家学会外国会员。阿累尼乌斯的最大贡献是 1887 年提出电离学说：电解质是溶于水中能形成导电溶液的物质，这些物质在水溶液中时，一部分分子离解成离子，溶液越稀，离解度就越大。这一学说是物理化学发展初期的重大发现，对溶液性质的解释起过重要的作用。它是物理和化学之间的一座桥梁。阿累尼乌斯的研究领域广泛。1889 年提出活化分子和活化能概念，导出化学反应速率公式(阿累尼乌斯方程)。他还研究过太阳系的成因、彗星的本质、北极光、天体的温度、冰川的成因等，并最先对血清疗法的机理做出化学上的解释。阿累尼乌斯因创立电离学说而获 1903 年诺贝尔化学奖。1902 年还曾获英国皇家学会戴维奖章。著作有《宇宙物理学教程》、《免疫化学》、《溶液理论》和《生物化学中的定量定律》等。

例 3-3 已知反应

$$2N_2O_5(g) \longrightarrow 4NO_2(g)+O_2(g)$$

在 318K 和 338K 时的反应速率常数分别为 $k_1=4.98\times10^{-4}\,s^{-1}$ 和 $k_2=4.87\times10^{-3}\,s^{-1}$，求该反应的活化能 E_a 和 298K 时的速率常数 k_3。

解 由

$$\ln\frac{k_2}{k_1}=\frac{E_a}{R}\left(\frac{1}{T_1}-\frac{1}{T_2}\right)$$

得

$$\ln\frac{4.87\times10^{-3}}{4.98\times10^{-4}}=\frac{E_a}{8.314}\left(\frac{1}{318}-\frac{1}{338}\right)$$

$$E_a=1.02\times10^5=102(\text{kJ}\cdot\text{mol}^{-1})$$

设 298K 时的速率常数为 k_3。

$$\ln\frac{k_3}{4.98\times10^{-4}}=\frac{1.02\times10^5}{8.314}\left(\frac{1}{318}-\frac{1}{298}\right)$$

$$k_3=3.74\times10^{-5}\,s^{-1}$$

3-5 催化剂对反应速率的影响
(Influence on Chemical Reaction Rate of Catalyst)

3-5-1 催化剂与催化作用

催化剂(Catalyst)是一种只要少量存在就能显著改变反应速率，但不改变化学反应的平衡位置，而且在反应结束时，其自身的质量、组成和化学性质基本不变的物质。通常，能加快反应速率的催化剂称为正催化剂，简称为催化剂。而把减慢反应速率的催化剂称为负催化剂(Negative Catalyst)或阻化剂、抑制剂。催化剂对化学反应的作用称为催化作用(Catalysis)。例如，合成氨生产中使用的铁，硫酸生产中使用的 V_2O_5，以及促进生物体化学反应的各种菌(如淀粉菌、蛋白酶、脂肪酶等)均为正催化剂；减慢金属腐蚀速率的缓蚀剂，防止橡胶、塑料老化的防老剂等均为负催化剂。人们通常所说的催化剂一般指正催化剂。

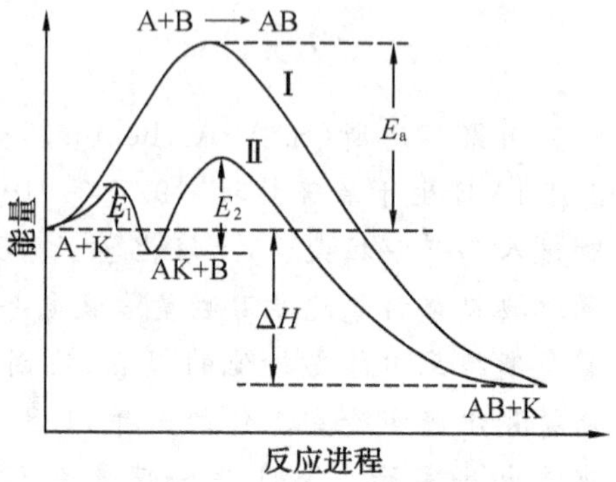

图 3-4 催化剂对反应速率的影响

对可逆反应，催化剂既能加快正反应速率也能加快逆反应速率，因此催化剂能缩短反应达到平衡的时间。但在一定温度下，催化剂并不能改变平衡混合物的浓度，即催化剂不能改变平衡状态，反应的平衡常数不受影响，因为催化剂不能改变反应的标准摩尔吉布斯自由能变 $\Delta_r G_m^\ominus$。催化剂也不能启动热力学证明不能进行的反应(即 $\Delta_r G_m > 0$ 的反应)。

催化剂能显著地加快化学反应速率，是由于在反应过程中催化剂与反应物之间形成了一种能量较低的活化络合物，改变了反应的途径。与无催化剂存在条件下反应的途径相比较，所需的活化能显著地降低，如图 3-4 所示，从而使活化分子百分数和有效碰撞次数增多，促使反应速率加快。如化学反应：

$$A + B \longrightarrow AB$$

无催化剂存在时是按照途径Ⅰ进行的，它的活化能为 E_a；当有催化剂 K 存在时，其反应机理发生了变化，反应按照途径Ⅱ分两步进行。

$$A + K \longrightarrow AK \qquad 活化能为 E_1$$
$$AK + B \longrightarrow AB + K \qquad 活化能为 E_2$$

由于 E_1、E_2 均小于 E_a，所以反应速率加快了。

例如在 503K 时，反应

$$2HI(g) \rightleftharpoons H_2(g) + I_2(g)$$

在无催化剂时，反应的活化能为 $184.1 kJ \cdot mol^{-1}$；当用 Au 作催化剂时反应的活化能为 $104.6 kJ \cdot mol^{-1}$，活化能降低了 $80 kJ \cdot mol^{-1}$，可使反应速率增大 1 亿多倍。

3-5-2 均相催化与多相催化

催化剂与反应物同处于一个相中的催化作用称为均相催化。例如 I^- 催化 H_2O_2 分解的催化反应，I^- 叫均相催化剂，相应的催化作用叫均相催化。此外还有一类催化反应叫多相催化反应，催化剂与反应物处于不同相中，相应的催化剂叫多相催化剂（Heterogeneous Catalyst）。例如合成氨反应中的铁催化剂。固体催化剂在化工生产中用得较多（气相反应和液-固相反应等）。多相催化反应发生在催化剂表面（或相界面）。催化剂表面积愈大，催化效率愈高，反应速率愈快。在化工生产中，为了增大反应物与催化剂之间的接触表面，往往将催化剂的活性组分附着在一些多孔性的物质（载体）上，如硅藻土、高岭土、活性炭、硅胶等，这类催化剂叫负载型催化剂，它们往往比普通催化剂有更高的催化活性和选择性。

3-5-3　酶及其催化作用

催化剂加快反应速率是一种相当普遍的现象，它不仅出现在化工生产中，而且在有生命的动植物体内（包括人体）也广泛存在。生物体内几乎所有的化学反应都是由酶（Enzyme）催化的。酶是一类结构和功能特殊的蛋白质，它在生物体内所起的催化作用称为酶催化（Enzyme Catalysis）。生物体内各种各样的生物化学变化几乎都要在各种不同的酶催化下才能进行。例如，食物中的蛋白质的水解（即消化），在体外需在强酸（或强碱）条件下煮沸相当长的时间才能进行，而在人体内正常体温下，在胃蛋白酶的作用下短时间内即可完成（图 3-5）。

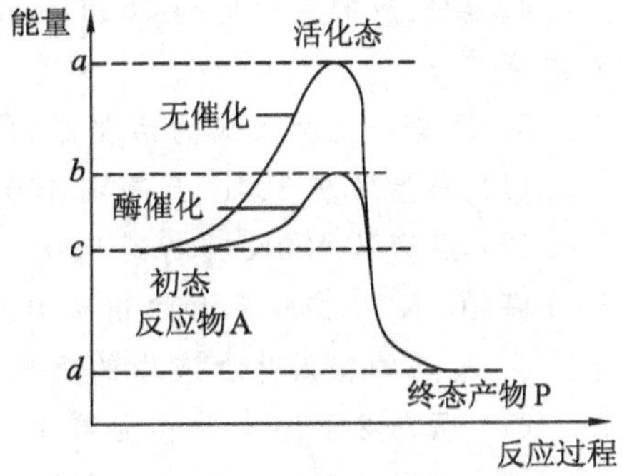

图 3-5

酶催化作用有下列特点：

1. 高效性

酶的催化效率比普通无机或有机催化剂高 $10^6 \sim 10^{10}$ 倍。如 H^+ 可催化蔗糖水解，而用蔗糖转化酶催化，在 37℃时其速率常数 k 约为同温度下 H^+ 催化反应的 10^{10} 倍。

2. 高度的专一性

催化剂一般都具有专一性。作为生物催化剂的酶其专一性更强，一种酶往往只对一种特定的反应才有效。如淀粉酶只能水解淀粉，磷酸酶只能水解磷酸酯，而尿酶只能将尿素转化为 NH_3 和 CO_2。

3. 所需的条件苛刻

人体内的酶催化反应一般是在体温 37℃和血液 pH 约为 7.35～7.45 的条件下进行的。若遇到高温、强酸、强碱、重金属离子或紫外线照射等情况，酶都会失去活性。

综上所述，催化剂有如下特点：

（1）与反应物生成活化络合物中间体，改变反应历程，降低活化能，加快反应速率。

（2）只缩短反应到达平衡的时间，不改变平衡位置，同时加快正逆向反应速率。

（3）反应前后催化剂的化学性质不变。

（4）催化剂有选择性。

总之，催化剂及催化作用的研究，已得到化学家、工程技术专家、生物学家和医学家愈来愈多的关注，它是现代化学和现代生物学、医学的重要研究课题之一。

习　题

1\. 反应 $2NO(g)+2H_2(g)=\!=\!=N_2(g)+2H_2O(g)$ 的速率方程式中，NO(g)浓度的指数为 2，$H_2(g)$浓度的指数为 1。

(1) 写出 $N_2(g)$生成速率方程式。

(2) 如果浓度单位为 $mol \cdot L^{-1}$，该反应速率常数 k 的单位是什么？

(3) 如果浓度用气体分压（大气压为单位）表示，k 的单位又是什么？

(4) 写出 NO(g)消耗的速率方程式，在这个方程式中，k 在数值上是否与问题(1)中方程式的 k 值相同？

2\. 求 700K 时反应 $C_2H_5Br \longrightarrow C_2H_4+HBr$ 的速率常数。已知该反应活化能为 $225kJ \cdot mol^{-1}$，650K 时 $k=2.0\times10^{-3}s^{-1}$。

3\. 反应 $C_2H_4+H_2 \longrightarrow C_2H_6$ 在 300K 时 $k_1=1.3\times10^{-3}\ mol \cdot L^{-1} \cdot s^{-1}$，400K 时 $k_2=4.5\times10^{-3}\ mol \cdot L^{-1} \cdot s^{-1}$，求该反应的活化能 E_a。

4\. 某反应的活化能为 $180kJ \cdot mol^{-1}$，800K 时反应速率常数为 k_1，求 $k_2=2k_1$ 时的反应温度。

5\. 设某一化学反应的活化能为 $100kJ \cdot mol^{-1}$。

(1) 当温度从 300K 升高到 400K 时速率加快了多少倍？

(2) 温度从 400K 升高到 500K 时速率加快了多少倍？说明在不同温度区域，温度同样升高 100K，反应速率加快倍数有什么不同？

6\. 某药物在人体血液中的反应过程为一级反应，已知半衰期为 50h。

(1) 服药 24h 后药物在血液中浓度降低到原来的百分之几？

(2) 在服药 1 片后 12h 测得血药浓度为 $3ng \cdot cm^{-3}$，已知血药浓度须不低于 $2.54ng \cdot cm^{-3}$才能保持药效（$1ng=10^{-9}g$），问服药后隔多少时间必须再次服药？

*7. 二甲醚热分解反应 $CH_3OCH_3(g)=\!=\!=CH_4(g)+H_2(g)+CO(g)$ 为一级反应，在 504℃下，如起始醚的压力为 42kPa，经 2000s 后系统压力为 80kPa。求：

(1) 此反应在 504℃下的速率常数 k；

(2) 如测出此反应在 600℃下的半衰期为 140s，求反应的活化能。假设活化能不随温度而变。

*8. 295K 时，反应 $2NO+Cl_2 \longrightarrow 2NOCl$，其反应物浓度与反应速率关系的数据如下：

$c_{NO}/(mol \cdot L^{-1})$	$c_{Cl_2}/(mol \cdot L^{-1})$	$v_{Cl_2}/(mol \cdot L^{-1} \cdot s^{-1})$
0.100	0.100	8.0×10^{-3}
0.500	0.100	2.0×10^{-1}
0.100	0.500	4.0×10^{-2}

(1) 对不同反应物反应级数各为多少？

(2) 写出反应的速率方程。

(3) 反应的速率常数为多少?

9. 高温时 NO_2 分解为 NO 和 O_2,其反应速率方程式为:

$$v=kc_{NO_2}^2$$

在 592K,速率常数是 $4.98\times10^{-1}L\cdot mol^{-1}\cdot s^{-1}$;在 656K,速率常数为 $4.74L\cdot mol^{-1}\cdot s^{-1}$,计算该反应的活化能。

10. $CO(CH_2COOH)_2$ 在水溶液中分解成丙酮和二氧化碳,283K 时分解反应的速率常数为 $1.08\times10^{-4}mol\cdot L^{-1}\cdot s^{-1}$,333K 时为 $5.48\times10^{-2}mol\cdot L^{-1}\cdot s^{-1}$,试计算在 303K 时,分解反应的速率常数。

*11. 反应 $2NO(g)+2H_2(g)\longrightarrow N_2(g)+2H_2O(g)$ 的反应速率表达式为 $v=kc_{NO}^2c_{H_2}$,试讨论下列各种条件变化对初速率的影响。

(1) NO 的浓度增加一倍。

(2) 有催化剂参加。

(3) 降低温度。

(4) 将反应容器的容积增大一倍。

(5) 向反应体系中加入一定量的 N_2。

*12. 已知反应 $C_2H_4+H_2\longrightarrow C_2H_6$ 的活化能 $E_a=180kJ\cdot mol^{-1}$,在 700K 时的速率常数 $k_1=1.3\times10^{-8}L\cdot mol^{-1}\cdot s^{-1}$。求 730K 时的速率常数 k_2 和反应速率增加的倍数。

**13. The first-order rate constant for the decomposition of a certain insecticide in water at 12℃ is 1.45 $year^{-1}$. A quantity of this insecticide is washed into a lake on June 1, leading to a concentration of $5.0\times10^{-7}g\cdot cm^{-3}$ of water. Assume that the effective temperature of the lake is 12℃.

(1) What is the concentration of the insecticide on June 1 of the following year?

(2) How long will it take for the concentration of the insecticide to drop to $3.0\times10^{-7}g\cdot cm^{-3}$?

**14. The following table shows the rate constants for the rearrangement of methyl isonitrile H_3C-NC at various temperatures (these are the data that are graphed in right figure).

Temperature/℃	k/s^{-1}
189.7	2.52×10^{-5}
198.9	5.25×10^{-5}
230.3	6.30×10^{-4}
251.2	3.16×10^{-3}

(1) From these data calculate the activation energy for the reaction.

(2) What is the value of the rate constant at 430.0K?

第四章 物质结构
(Structure of Matter)

学习要求

1. 了解核外电子运动的特殊性——波粒二象性。
2. 理解波函数角度分布图、电子云角度分布图、电子云径向分布图和电子云图。
3. 掌握四个量子数的量子化条件及其物理意义；掌握电子层、电子亚层、能级和轨道等的含义。
4. 能运用不相容原理、能量最低原理和洪特规则写出一般元素的原子核外电子的排布式和价电子构型。
5. 理解原子结构和元素周期表的关系，元素若干性质（原子半径、电离能、电子亲和能和电负性）与原子结构的关系。
6. 掌握离子键理论的基本要点，理解决定离子化合物性质的因素及离子化合物的特征。
7. 掌握价键理论及共价键的特征。
8. 能用轨道杂化理论来解释一般分子的构型。
9. 掌握分子轨道理论的基本要点，并能用来处理第一、第二周期同核双原子分子。
10. 了解分子极性和分子间力的概念，了解金属键和氢键的形成和特征。
11. 了解各类晶体的内部结构和特征，了解离子极化。

物质结构的主要研究内容是物质（原子、分子、晶体等）的组成、结构和性能。这里所说的结构，既包括物质的“几何结构”（如分子中原子、晶体中粒子的结合及排布方式等），也包括物质的电子结构（如原子的电子层结构，分子、晶体中的化学键以及分子间作用力等）。组成、结构决定物质的性能，碳的三种同素异形体：石墨、金刚石和 C_{60}，就是结构决定性能的实例。

物质结构知识的理论基础是量子力学（研究微观粒子运动规律的科学）。实验基础是合成化学和结构化学等，它们提供了大量实验事实，需要理论解释，从而推动了理论化学的发展。物质结构知识是化学的三大重要理论之一。

4-1 原子核外电子运动特征
(The Movement Character of Electrons Out of the Atomic Nucleus)

参与化学反应的最小微粒为原子。在化学反应中原子核并未发生变化，只是发生原子核外电子的得与失。因此，为了更好地理解物质的微观结构与元素性质的关系，我们首先讨论原子核外电子的运动状态、核外电子的排布情况及其与元素基本性质的周期性变化规律的关系。

4-1-1　原子结构发展简史

一、道尔顿原子论

19世纪初，英国科学家道尔顿(J. Dalton)总结各种元素化合时的质量比例关系，提出了原子论。他认为物质由原子组成，原子既不能创造，也不能毁灭，并且在化学变化中不可分割，它们在化学反应中保持本性不变。同一种元素原子的质量、形状和性质完全相同，不同元素原子的质量、形状和性质则不同。随着科学技术的发展，许多新的实验现象被发现，尤其是电子、X射线衍射和放射性现象的发现，人们修正了原子不可分割的观念，进而探讨原子的组成及其内部结构。

二、卢瑟福原子模型

1895年，汤姆逊(J. J. Thomson)从原子中发现带负电荷的电子，根据原子为中性的特征，提出原子是由带正电荷的连续体和带负电荷的电子组成的。

1911年，英国物理学家卢瑟福(E. Rutherford)根据α粒子散射实验证明，原子中带正电荷的部分集中在一起，并将这部分称为原子核。原子核体积很小，但集中了原子的绝大部分质量。带负电荷的电子在原子核外的广大空间做着高速运动。该理论被称为卢瑟福行星式原子模型。

卢瑟福的原子模型理论是人类认识微观世界的一个重要里程碑。但是这个理论却与当时的原子光谱实验发生了很大的矛盾。为了解决矛盾，在卢瑟福原子模型理论基础上，丹麦年轻的物理学家玻尔(N. H. D. Bohr)在1913年提出了原子结构的新模型。

4-1-2　玻尔原子模型

一、氢原子光谱(Hydrogen Spectrum)

将一只装有氢气的放电管，通过高压电流，氢原子被激发后的光通过分光镜，在屏幕上可见光区内就能得到不连续的红、青、蓝、靛、紫五条明显的特征谱线(图4-1)。

这种谱线是线状的，所以称为线状光谱，它又是不连续的，所以也称不连续光谱。线状光谱是原子受激后从原子内部辐射出来的，因而又称为原子光谱。

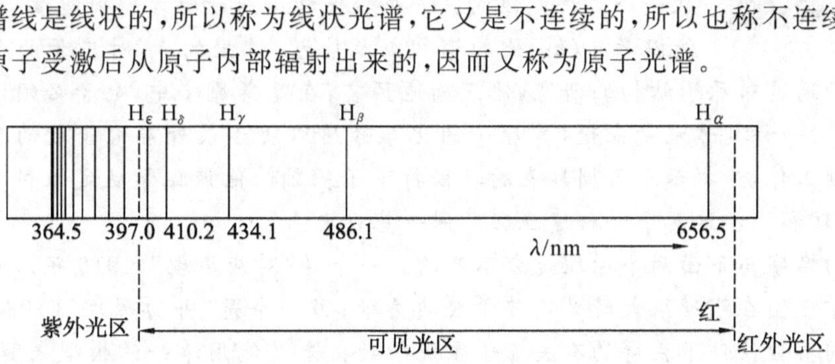

图4-1　氢原子光谱

二、玻尔理论(Bohr's Hypothesis)

1913年，丹麦物理学家玻尔在卢瑟福原子模型的基础上，结合普朗克(M. Plank)的量子论和爱因斯坦(A. Einstein)的光电学说，在原子模型理论中引入两个假设，成功地解释了氢原子光谱的产生。

(1) 核外电子在定态轨道上运动，在此定态轨道上运动的电子既不吸收能量，也不放出能量。

（2）在定态轨道上运动的电子具有一定的能量，此能量值由量子化条件决定。

$$E_n = -\frac{13.6}{n^2}\text{eV} = -\frac{2.179\times10^{-18}}{n^2}\text{J} \quad n=1,2,3\cdots\text{正整数} \qquad (4\text{-}1)$$

（3）当激发到高能级的电子跳回到较低能级时，则会释放出能量，产生原子光谱。如当电子由 $n=3$ 的原子轨道跃迁回到 $n=2$ 的原子轨道时，产生的原子光谱的波长为 $\lambda_{3\to2}$。

结果表明，运用玻尔理论所算出的氢原子光谱的理论值与实验值有着惊人的吻合。

三、玻尔理论的局限性

玻尔理论冲破了经典物理中能量连续变化理论的束缚，引入了量子化条件，成功地解释了经典物理无法解释的氢原子结构和氢原子光谱的关系。但将其用于解释多电子原子光谱时却产生了较大的误差。主要因为玻尔理论只是人为地加入一些量子化条件，并未完全摆脱经典力学的束缚，不能够完全揭示微观粒子运动的特征和规律。

阅读材料

玻　尔

玻尔（N. H. D. Bohr，1885—1962）因对于原子结构和原子辐射的研究，获得了1922年的诺贝尔物理学奖。玻尔运用光谱分析来探索原子内部结构的第一次合理而又富有成效的尝试是在1913年进行的。为了解释原子吸收和发射，他力图把卢瑟福的有核原子模型和普朗克的量子论结合起来，提出了著名的“玻尔理论”——原子的定态假设和频率法则，成功地解释了氢原子的光谱规律。他认为，最简单的氢原子具有确定的、量子化的能级。他假设，电子只有从一个允许能级向另一个较低能级跃迁时才辐射能量，而原子也只能以量子（$h\nu$）化的形式吸收能量，这里的 $h\nu$ 对应于两个允许能级的能量差。通过对原子结构的研究，他正确地预言，在复杂原子中，电子必须以“壳层”形式出现，而对一种具体元素来说，其原子的化学性质取决于最外层电子数的多少。他的这一开创性工作，为揭示元素周期表的奥秘打下了基础。他使化学从定性科学变为定量科学，使物理和化学这两个学科建立在了同一基础之上。

玻尔的名字与下面两个原理是分不开的。一个是“对应原理”（1916年），它是说原子的量子力学模型在线度很大时必定趋于经典力学；另一个是“并协原理”（1927年），它指的是在不同实验条件下获得的有关原子系统的数据未必能用单一的模型来解释，电子的波动模型就是对电子的粒子模型的补充。

爱因斯坦曾经讲过，玻尔作为科学上的一位思想家之所以具有如此惊人的吸收力，是因为他对隐秘事物的直觉的理解力，同时又兼有如此强有力的批判能力。作为量子物理学的最有资格的代表，玻尔对物理学和人类的整个思维领域做出了多次根本性的重大贡献，留下了难以估价的精神遗产。

4-1-3　核外电子运动特征

一、微观粒子运动具有波粒二象性(The Wave-particle Duality of Microscopic Particles)

光具有波粒二象性(The Duality of Light)。光的波动性主要表现于光存在干涉、衍射等性质，而光的粒子性可以由光电效应等现象来证明。

在光的波粒二象性的启发下，法国物理学家德布罗意大胆地提出了电子等微观粒子也具有波粒二象性的假设。他认为既然光不仅是一种波，而且具有粒子性，那么微观粒子在一定条件下，也可能呈现波的性质。他预言，与质量为 m 运动速度为 v 的粒子相应的波长为：

$$\lambda=\frac{h}{p}=\frac{h}{mv} \tag{4-2}$$

1927年，美国科学家戴维逊和革末通过电子衍射实验(图4-2)证明了这一结论。但是，微观粒子的波动性和粒子性与经典物理学中的波动性、粒子性，既有相同之处，也有不同的地方。

(1) 电子的波动性："电子波"是"概率波"，即波的强度与电子出现的概率成正比。

(2) 电子的粒子性：电子没有固定的运动轨迹，只有概率分布的规律。

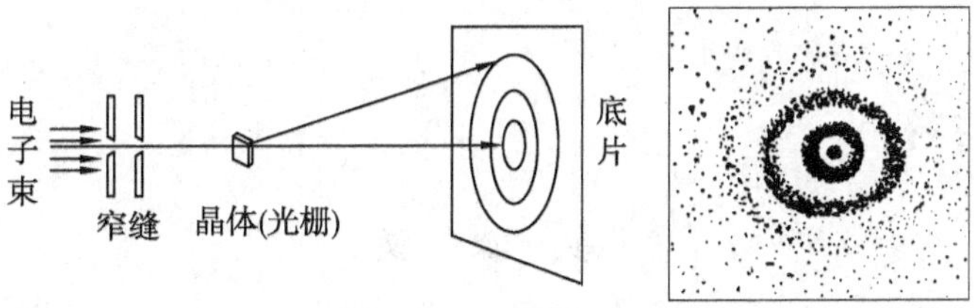

图4-2　电子衍射示意图

阅读材料

德布罗意

德布罗意(L. V. de Broglie，1892—1960)因发现电子的波动性，获得了1929年度的诺贝尔物理学奖。从1922年起，德布罗意在法国科学院《波动力学》杂志上连续发表了数篇有关波动和粒子统一的论文。1923年夏天，他提出了一个新的设想——把光的波粒二象性推广到物质粒子特别是电子上。他根据这一想法写的两篇短文分别发表于《通报》杂志和《自然》杂志的评注栏内。1924年，他在巴黎大学的博士论文《关于量子理论的研究》中，详细地阐述了这一想法，提出了微观粒子波动性的物质波理论。1925年，他把这篇100余页的论文发表在《物理年鉴》上。德布罗意设想，每个粒子(比如电子)都伴随着波，其波长(λ)与该粒子的质量(m)和速度(v)有关。它们之间的关系可以借助于普朗克常数

(h)用一个简单的公式来表示：$\lambda = h/mv$。对于一个大的物体来说，如扔出去的具有大动量的棒球，计算所得的德布罗意波长小到惊人的程度，以至于人们无法测量。但是，对于一个以 $1\text{m} \cdot \text{s}^{-1}$ 的速度运动的电子来说，波长可以大到约为 0.07cm。于是人们想到，利用晶格长度约为原子线度的晶体，通过干涉实验来检测微观粒子的德布罗意波。在德布罗意的论文发表三年以后，美国的戴维逊和革末、英国的汤姆逊和乔治等都先后通过电子衍射实验证实了电子具有波动性。德布罗意提出的物质波理论成了许多科学家专攻的课题，奥地利物理学家薛定谔正是在这一理论的基础上建立了波动力学。

二、测不准原理(The Heisenberg Uncertainty Principle)

对宏观物体我们可同时测出它的运动速度和位置。对具有波粒二象性的微观粒子，是否也可以精确地测出它们的速度和位置呢？1927 年海森堡推出如下的**测不准关系**：

$$\Delta x \cdot \Delta P_x \approx h \tag{4-3}$$

具有波动性的微观粒子和宏观物体有着完全不同的运动特点，它不能同时有确定的位置和动量。它的坐标确定得越精确，则相应的动量就越不精确，反之亦然。测不准原理表明，不能错误地认为微观粒子的运动规律具有不可知性。实际上，测不准原理反映微观粒子有波动性，只是表明它不服从由宏观物体运动规律所总结出来的经典力学，这不等于没有规律。相反，它说明微观粒子的运动是遵循着更深刻的一种规律——**量子力学(Quantum Mechanics)**。

阅读材料

海　森　堡

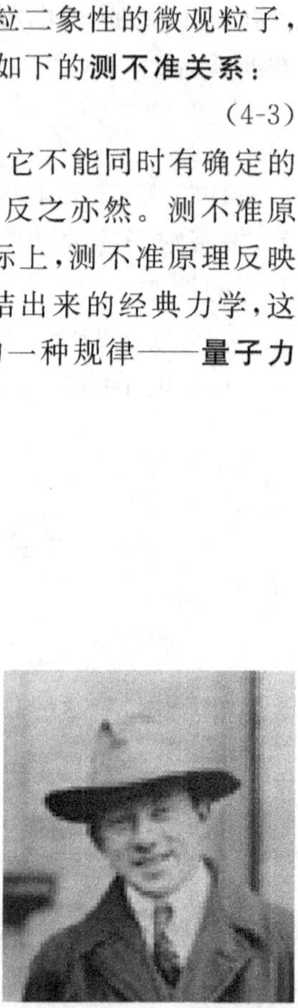

海森堡(W. K. Heisenberg，1901—1976)是德国理论物理学家，矩阵力学的创建者。1901 年 12 月 5 日生于维尔茨堡的一个中学教师家庭。1920 年进入慕尼黑大学，在名师索末菲指导下学习理论物理学，1923 年以《关于流体流动的稳定性和湍流》一文取得博士学位，后来到哥廷根大学，当上了玻恩的助手。海森堡主要从事原子物理的研究，对量子力学的建立做出了重大贡献。1925 年，他鉴于玻尔原子模型所存在的问题，抛弃了所有的原子模型，而着眼于观察发射光谱线的频率、强度和极化，利用矩阵数学，将这三者从数学上联系起来，从而提出微观粒子的不可观察的力学量，如位置、动量应由其所发光谱的可观察的频率、强度经过一定运算(矩阵法则)来表示。随后他与玻恩、约当合作，建立了矩阵力学。1927 年，他阐述了著名的测不准原理，即亚原子粒子的位置和动量不可能同时准确测量。测不准原理成为量子力学的一个基本原理。1927 年，海森堡被莱比锡大学聘为理论物理学教授，研究量子力学如何应用于具体问题，如用它解释许多原子和分子光谱、铁磁现象等。他总是站在物理学的前沿。由于在科学上的重大贡献——建立量子力学，海森堡获得 1932 年诺贝尔物理学奖，并获得马克斯·普朗克奖章。海森堡的主要著作有：《量子论的物理学原理》、《自然科学基础的变化》、《原子核物理》、《物理学与哲学》等。1976 年 2 月 1 日海森堡逝世于慕尼黑，终年 75 岁。

4-2 氢原子核外电子运动状态
(The Movement Condition of the Electron Out of the Hydrogen Nucleu)

4-2-1 波函数

由于电子运动具有波动性，量子力学用**波函数(Wave Function)** ψ 来描述原子中电子的运动。

一、ψ 的由来

量子力学的基本方程是**薛定谔方程(The Schrödinger Equation)**，它是奥地利物理学家薛定谔1926年提出的一个二阶偏微分方程：

$$\frac{\partial^2 \psi}{\partial x^2}+\frac{\partial^2 \psi}{\partial y^2}+\frac{\partial^2 \psi}{\partial z^2}+\frac{8\pi^2 m}{h^2}(E-V)\psi=0 \tag{4-4}$$

其中，m 是电子的质量，x、y、z 是电子的坐标，V 是势能，E 是总能量，h 是普朗克常数，而 $\psi(x,y,z)$ 是波函数。

阅读材料

薛　定　谔

薛定谔(E. Schrödinger，1887—1961)是奥地利理论物理学家，波动力学的创始人。1887年8月12日生于维也纳。1910年，薛定谔获得了哲学博士学位。毕业后在维也纳大学第二物理研究所工作。后来转到了德国斯图加特工学院和布雷斯劳大学教书。从1921年起，他在瑞士苏黎士大学任数学物理学教授。在那里，他创立了波动力学，提出了薛定谔方程，确定了一波函数的变化规律。这是量子力学中描述微观粒子运动状态的基本定律，在粒子速度远小于光速的条件下适用。这一定律在量子力学中的地位，可与牛顿运动定律在经典力学中的地位相比拟。1926年，薛定谔证明自己的波动力学与海森堡、玻恩、约当所建立的矩阵力学在数学上是等价的。这一证明成了推动整个物理学进一步发展的里程碑。1927年，薛定谔接替普朗克到柏林大学担任理论物理学教授，并成为普鲁士科学院院士，与普朗克和爱因斯坦建立了友谊。同年在莱比锡出版了他的《波动力学论文集》。1933年，薛定谔对于纳粹政权迫害杰出科学家的倒行逆施深为愤慨，弃职移居英国牛津，在马格达伦学院任访问教授。就在这一年他与狄拉克共同获得诺贝尔物理学奖。1961年1月4日病逝于阿尔卑包赫山村，墓碑上刻着以他名字命名的薛定谔方程。

原则上讲，根据薛定谔方程，任何体系的电子运动状态都可求解。把该体系的势能项 V 的表达式找出，代入薛定谔方程中，求解方程即可得到相应的波函数 ψ 和对应的能量。但遗憾的是薛定谔方程是很难求解的，至今只能精确求解单电子体系的薛定谔方程，稍复杂一些的体系只能求得近似解。即使对单电子体系，解薛定谔方程也很复杂，需要较深的数学知识，这不是本课程的任务。我们只需要了解量子力学处理原子结构问题的大概思路，以及解薛定谔方程所得到的主要结论。

二、ψ 的物理意义

从薛定谔方程解得的波函数是包括空间坐标 x、y、z 的函数式，常记作 $\psi(x,y,z)$。如果把空间上某一点的坐标值代入 ψ 中，可求得某一数值，但该数值到底代表空间上这一点的什么性质，其意义是不明确的，因此 ψ 本身并没有明确的物理意义。只能说 ψ 是描述核外电子运动状态的数学表达式，电子运动的规律是由它来表述的。但是，波函数绝对值的平方 $|\psi|^2$ 却有明确的意义，它代表空间某一点附近单位体积内电子出现的**概率**（**Probability**）。$|\psi|^2$ 即为电子在该点上出现的概率密度。

如果要知道电子在核外运动的状态，只要把核外空间每一点的坐标值代入 ψ 函数中，即可求得各点的 ψ 值，这样就可以掌握电子运动的状态了。

三、电子云图

为了形象地表示核外电子运动的概率分布情况，化学上习惯用小黑点分布的疏密表示电子出现概率密度的相对大小。小黑点较密的地方表示概率密度较大，单位体积内电子出现的机会较多。这种以黑点的疏密表示电子概率密度分布的图形称为电子云图，也就是 $|\psi|^2$ 的图像。一般把电子出现概率在 95%以上的空间区域的等密度面称为电子云界面。在此界面之外电子出现的概率很小，通常可忽略不计。基态氢原子电子云呈球形，如图 4-3 所示。应当注意，对于氢原子来说，只有一个电子，图中黑点的疏密只代表电子在某一瞬间出现的可能性。

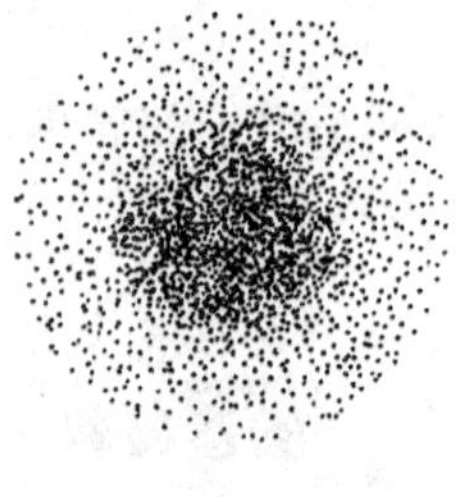

图 4-3　氢原子电子云图

四、氢原子的波函数

氢原子是单电子体系，其薛定谔方程有精确解，求解思路如下：

（1）坐标变换。为了便于描述波函数的形状和大小，在解薛定谔方程过程中首先需要进行坐标变换，把直角坐标 $\psi(x,y,z)$ 变换成球坐标 $\psi(r,\theta,\varphi)$（图 4-4）。

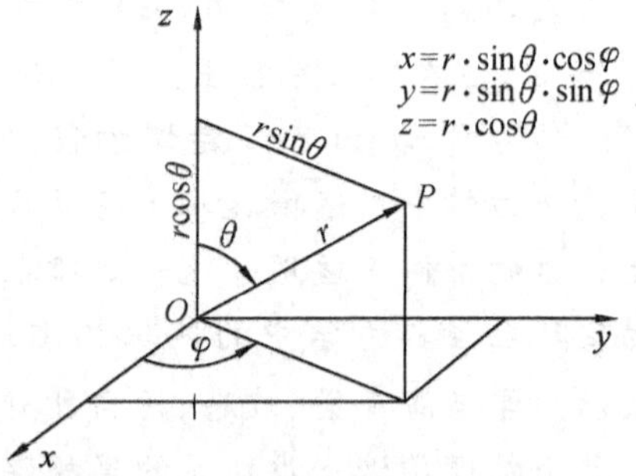

图 4-4　直角坐标与球坐标的关系

（2）分离变量。坐标变换后，氢原子的波函数可以变量分离为波函数的径向部分 $R(r)$ 和波函数的角度部分 $Y(\theta,\varphi)$ 的乘积：

$$\psi(r,\theta,\varphi)=R(r)\cdot Y(\theta,\varphi)$$

$R(r)$ 表示该函数只随距离 r 而变，$Y(\theta,\varphi)$ 表示该函数只随角度 θ、φ 而变化。

（3）引入参数。在解薛定谔方程中，为了得到有合理物理意义的解，波函数中必须引入只能取某些整数值的 n、l、m 三个参数。n、l、m 分别称为主量子数、角量子数和磁量子数，它们的取值有如下限制：

$n=1,2,3\cdots\infty$

$l=0,1,2\cdots n-1$

$m=0,\pm 1,\pm 2\cdots \pm l$

每一组 n、l、m 的合理组合，即可得到一个相应的波函数 ψ_{nlm}，即表示原子核外电子的一种可能的轨道运动状态，又称**原子轨道(Atomic Orbital)**（注意：这里的轨道已不是宏观质点运动的轨道概念了，它指的是在空间中电子的一种运动状态）。从表 4-1 可以看出，三个量子数可以确定一个原子轨道，即一个空间运动状态。

表 4-1　量子数与原子轨道的关系

主量子数 n	角量子数 l	磁量子数 m	原子轨道波函数	轨道数
1	0	0	ψ_{1s}	1
2	0	0	ψ_{2s}	1
	1	$0,\pm 1$	$\psi_{2p_x},\psi_{2p_y},\psi_{2p_x}$	3
3	0	0	ψ_{3s}	1
	1	$0,\pm 1$	$\psi_{3p_x},\psi_{3p_y},\psi_{3p_z}$	3
	2	$0,\pm 1,\pm 2$	$\psi_{3dxy},\psi_{3dxz},\psi_{3dyz},\psi_{3dx^2-y^2},\psi_{3dz^2}$	5

当 $n=1$ 时：

$l=0$（光谱上记为 s），$m=0$，即只有一种合理组合 $\psi_{100}(\psi_{1s})$，可以代表核外电子的一种可能的状态，称为 ψ_{1s}（或简写为 $1s$）态，也称 $1s$ 轨道。即 $n=1$ 时，只有一个轨道。

当 $n=2$ 时：

$l=0$，$m=0$ 是合理组合，$\psi_{200}(\psi_{2s})$ 又是核外电子一种可能的状态，即 $2s$ 轨道；$l=1$（光谱上记以 p），$m=0$，± 1，可以得到 3 个 p 轨道，分别记以 $\psi_{2p_x},\psi_{2p_y},\psi_{2p_z}$。即当 $n=2$ 时，电子有四个可能的运动轨道（$2s,2p_x,2p_y,2p_z$）。

当 $n=3$ 时：

$l=0$，$m=0$，可以得到 1 个 $\psi_{3s}(3s)$ 轨道；$l=1$，$m=0$，± 1，可以得到 3 个 $\psi_{3p}(3p)$ 轨道；$l=2$（光谱上记以 d），$m=0$，± 1，± 2，可以得到 5 个 $\psi_{3d}(3d)$ 轨道。即 $n=3$ 时，可有 9 个轨道（1 个 $3s$，3 个 $3p$，5 个 $3d$ 轨道）。

故 n 对应 n^2 个原子轨道。表 4-2 给出了一部分氢原子波函数的具体形式。

解薛定谔方程还可以得到电子在各轨道中运动的能量公式

$$E=-\frac{(2.179\times 10^{-18})z^2}{n^2}\text{J} \tag{4-5}$$

式中 z 为核电荷数。氢原子 $z=1$，所以，对氢原子而言，各轨道能量的关系是：

$$E_{1s}<E_{2s}=E_{2p}<E_{3s}=E_{3p}=E_{3d}\cdots$$

表 4-2　氢原子波函数

轨道	波函数 $\psi(r,\theta,\varphi)$	$R(r)$	$Y(\theta,\varphi)$
$1s$	$\sqrt{\frac{1}{\pi a_0^3}}\mathrm{e}^{-\frac{r}{a_0}}$	$2\sqrt{\frac{1}{a_0^3}}\mathrm{e}^{-\frac{r}{a_0}}$	$\sqrt{\frac{1}{4\pi}}$
$2s$	$\frac{1}{4}\sqrt{\frac{1}{2\pi a_0^3}}\left(2-\frac{r}{a_0}\right)\mathrm{e}^{-\frac{r}{2a_0}}$	$\sqrt{\frac{1}{8a_0^3}}\left(2-\frac{r}{a_0}\right)\mathrm{e}^{-\frac{r}{2a_0}}$	$\sqrt{\frac{1}{4\pi}}$
$2p_z$	$\frac{1}{4}\sqrt{\frac{1}{2\pi a_0^3}}\left(\frac{r}{a_0}\right)\mathrm{e}^{-\frac{r}{2a_0}}\cos\theta$	$\sqrt{\frac{1}{24a_0^3}}\left(\frac{r}{a_0}\right)\mathrm{e}^{-\frac{r}{2a_0}}$	$\sqrt{\frac{3}{4\pi}}\cos\theta$

续表

轨道	波函数 $\psi(r,\theta,\varphi)$	$R(r)$	$Y(\theta,\varphi)$
$2p_x$	$\frac{1}{4}\sqrt{\frac{1}{2\pi a_0^3}}\left(\frac{r}{a_0}\right)e^{-\frac{r}{2a_0}}\sin\theta\cos\varphi$	$\sqrt{\frac{1}{24a_0^3}}\left(\frac{r}{a_0}\right)e^{-\frac{r}{2a_0}}$	$\sqrt{\frac{3}{4\pi}}\sin\theta\cos\varphi$
$2p_y$	$\frac{1}{4}\sqrt{\frac{1}{2\pi a_0^3}}\left(\frac{r}{a_0}\right)e^{-\frac{r}{2a_0}}\sin\theta\sin\varphi$	$\sqrt{\frac{1}{24a_0^3}}\frac{r}{a_0}e^{-\frac{r}{2a_0}}$	$\sqrt{\frac{3}{4\pi}}\sin\theta\sin\varphi$

注：a_0 为玻尔半径 52.9pm

4-2-2　波函数和电子云图形

在处理化学问题时，用一个复杂的函数来表示原子轨道是很不方便的，因此希望把它的图形画出来，由图形直观地解决化学问题。波函数图形即 ψ 随 r,θ,φ 变化的图形，电子云图形即 $|\psi|^2$ 随 r,θ,φ 变化的图形。由于图形共有四个变量 (r,θ,φ,ψ)，因此很难在平面上用适当的图形将 ψ 或 $|\psi|^2$ 随 r,θ,φ 的变化情况表示清楚。另外，又由于氢原子的波函数可以分离为波函数的径向部分 $R(r)$ 和波函数的角度部分 $Y(\theta,\varphi)$ 的乘积：

$$\psi(r,\theta,\varphi)=R(r)\cdot Y(\theta,\varphi)$$

$R(r)$ 表示该函数只随距离 r 而变，$Y(\theta,\varphi)$ 表示该函数只随角度 θ,φ 而变化。因此可采用分离的方法，分别画出 $R(r)$ 随 r 变化和 $Y(\theta,\varphi)$ 随 θ,φ 变化的图形。这些图形不仅比较简单，而且能满足讨论原子不同化学行为的需要。若干氢原子的波函数以及径向部分和角度部分的函数见表 4-2。

有关波函数和电子云的图形大致有以下几种：

一、波函数角度分布图

波函数角度分布图又称为**原子轨道角度分布图（The Angular Distribution Pattern of Atomic Orbital）**。

波函数的角度分布图是从坐标原点出发，引出方向为 θ,φ 的直线，长度取 Y 的绝对值大小，再将所有这些直线的端点连起来，在空间形成一个曲面，这样的图形就叫波函数的角度分布图。

图 4-5 为 s,p,d 原子轨道的角度分布图（截面图）。这些图直观地反映了 Y 随 θ,φ 的变化情况，它也可以反映同一球面不同方向上的 ψ 的变化情况。图 4-5 中的“＋”、“－”号表示在指定方向上 Y 值的符号。从坐标原点到球壳的距离（即线段的长度）等于该方向上 $|Y|$ 的大小。由图可知，Y_{p_z} 在 z 方向上绝对值最大，而 Y_{p_x} 是在 x 方向绝对值最大。

二、电子云角度分布图

图 4-6 给出了几种类型的**电子云角度分布图（The Angular Distribution Pattern of Electron Cloud）**。它是由 $Y^2(\theta,\varphi)$ 对 θ,φ 作图所得。此图与波函数角度分布图形状类似，但也有区别：一是波函数角度分布图有正、负之分，而电子云角度分布图都是正值（习惯上不标出），这是因为 Y^2 皆是正值；二是电子云角度分布图比波函数角度分布图“瘦”些，这是因为 $|Y|$ 值总小于 1，故 Y^2 值更小。电子云角度分布图反映了同一球面不同方向上概率密度的变化情况。由图可知，s 轨道中的电子在核周围同一球面不同方向上出现的概率密度相同；而 p_x 轨道中的电子，在核周围同一球面不同方向上出现的概率密度不同，以 x 方

向最大。

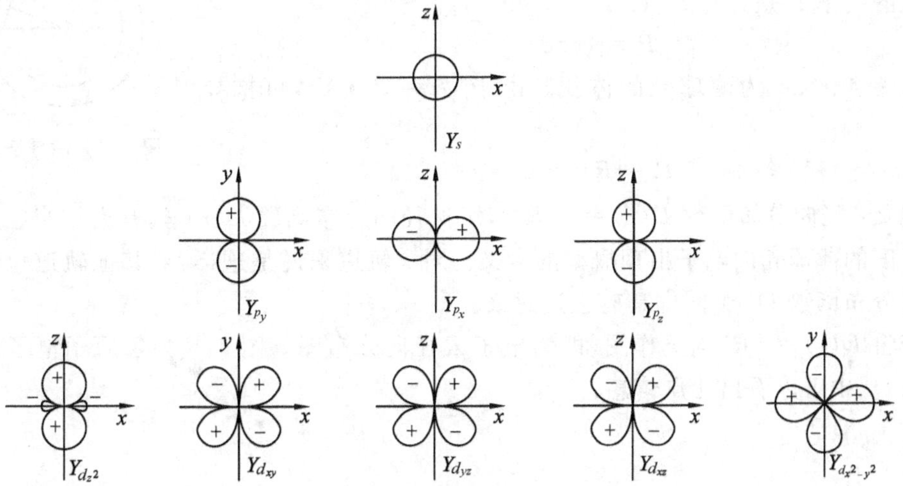

图 4-5　波函数角度分布

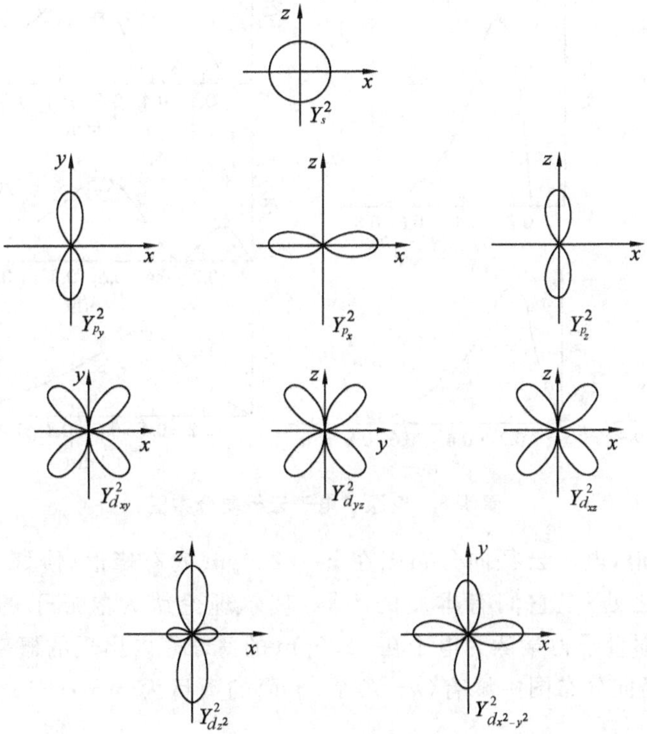

图 4-6　电子云角度分布

三、电子云径向分布图(The Radial Distribution of Electron Cloud)

波函数径向部分 R 本身没有明确的物理意义,但 $D(r)=r^2R^2$ 有明确的物理意义。它表示电子在离核半径为 r 单位厚度的薄球壳内出现的概率。现以最简单的 s 轨道为例予以说明(其中 s 轨道 $Y=\sqrt{\frac{1}{4\pi}}$):

在原子中，离核半径为 r，厚度为 dr 的薄球壳内（图 4-7），电子出现的概率 P 是：

$$P=|\psi|^2 d\tau$$

式中 $d\tau=4\pi r^2 dr$，为薄球壳的体积。由于 $\psi^2=R^2\cdot Y^2$，可推导得到：

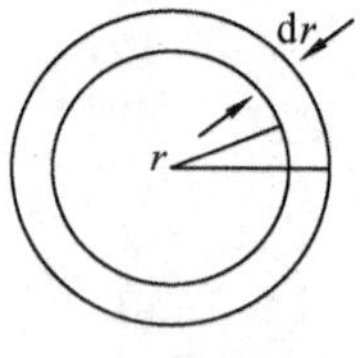

图 4-7　薄球壳剖面

概率　$$P=|R|^2 r^2 dr$$

定义：径向分布函数 $D(r)=r^2|R|^2$，可见径向分布函数 $D(r)$ 具有离核半径为 r 的单位厚度的薄球壳内电子出现概率的含义。对 s 轨道来说是这样，对其他轨道也不难证明径向分布函数 $D(r)$ 同样具有上述意义。

若将 $D(r)=r^2R^2$ 对 r 作图，即为电子云径向分布图。图 4-8 为氢原子电子云径向分布图，从中可以看出几点信息：

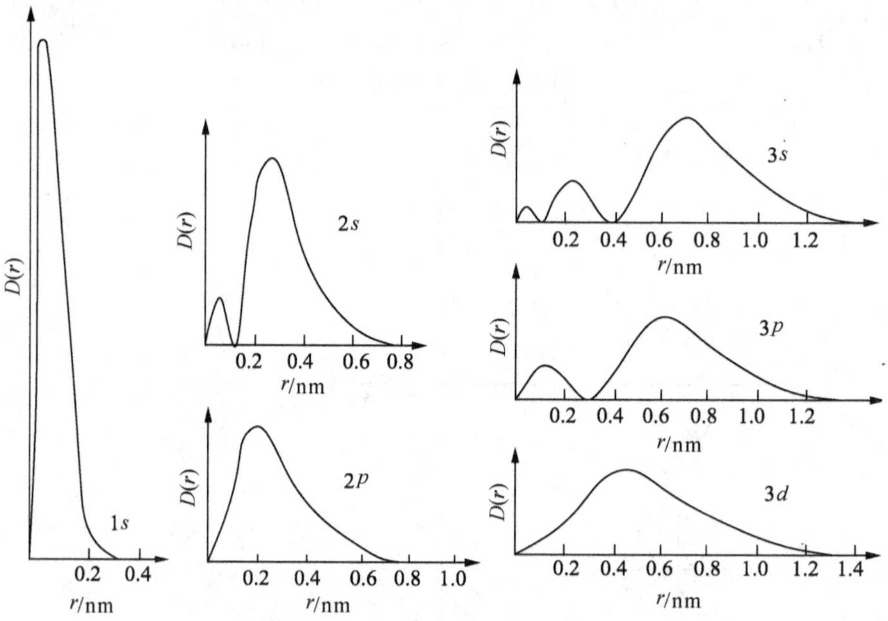

图 4-8　氢原子电子云径向分布图

（1）对 1s 轨道，电子云径向分布图在 $r=52.9$pm 处有峰值，恰好与玻尔半径相等。两理论虽有相似之处，但它们有本质的不同：玻尔理论认为氢原子的电子只能在 $r=52.9$pm 处运动，而量子力学认为电子在 52.9pm 的薄球壳内出现的概率最大而已。

（2）电子云径向分布图中峰有 $(n-l)$ 个，节面的数目为 $(n-l-1)$ 个（节面上的电子云密度为零）。

（3）n 越大，电子离核平均距离越远，n 相同，电子离核平均距离相近。因此从径向分布来看，核外电子是按 n 值大小分层分布的。n 值决定了电子层的层数。

4-2-3　四个量子数（The Four Quantum Numbers）

一、主量子数 (n)（Principle Quantum Number）

n 决定能量，n 越大，电子的能量越高；n 也代表电子离核的平均距离，n 越大，电子离核越远。n 相同时，称电子处于同一电子层。主量子数 $n=1,2,3,4,5,6,7\cdots$ 电子层符号为 $K,L,M,N,O,P,Q\cdots\cdots$

二、角量子数(l)(Angular Quantum Number)

角量子数 l 又称为副量子数，它与主量子数 n 共同决定原子轨道的能量，确定原子轨道或电子云的形状。它对应于每一电子层上的电子亚层。

l 的取值受 n 的影响，l 可以取从 0 到 $n-1$ 的正整数，即 $l=0, 1, 2, 3\cdots n-1$。在原子光谱学上，分别用 s, p, d, f 等符号来表示。

角量子数 l　0　1　2　3　…

光谱符号　　s　p　d　f　…

三、磁量子数(m)(Magnetic Quantum Number)

磁量子数 m 决定原子轨道在磁场中的分裂情况，对应于原子轨道在空间的伸展方向。

m 的取值受 l 的限制，可取从 $-l$ 到 $+l$ 之间包含零的 $2l+1$ 个值，即 $m=-l, -l+1\cdots 0, 1\cdots +l$。

每一个 m 值代表一个具有某种空间取向的原子轨道。每一亚层中，m 有几个取值，该亚层就有几个不同伸展方向的同类原子轨道。

如 $l=0$ 时 $m=0$，表示 s 亚层只有一个原子轨道，其伸展方向为球形对称。

$l=1$ 时 $m=-1, 0, +1$，表示 p 亚层有三个互相垂直的"哑铃形"p 原子轨道，即 p_x，p_y，p_z 原子轨道。

$l=2$ 时 $m=-2, -1, 0, 1, 2$，表示 d 亚层有五个不同伸展方向的"花瓣形" d 原子轨道，即 d_{xy}，d_{xz}，d_{yz}，d_{z^2}，$d_{x^2-y^2}$。

磁量子数 m 与原子轨道的能量无关。n,l 相同，m 不同的原子轨道(即形状相同，空间取向不同)，其能量是相同的。这些能量相同的原子轨道称为简并轨道或等价轨道。例如，np_x, np_y, np_z 为简并轨道，nd_{xy}，nd_{xz}，nd_{yz}，nd_{z^2}，$nd_{x^2-y^2}$ 为简并轨道。

四、自旋量子数(m_s)(Spin Quantum Number)

自旋量子数 m_s 只有 $+1/2$ 和 $-1/2$ 两个数值，其中每一个数值表示电子的一种自旋状态(顺时针自旋或逆时针自旋)。

在讨论了单电子原子(离子)的结构以后，就可以讨论多电子原子的结构了。

4-3　多电子原子核外电子的运动状态
(The Movement Condition of the Electrons Out of the Multiple Electron Atomic Nucleus)

4-3-1　屏蔽效应和穿透效应

一、屏蔽效应

除氢以外，其他原子的原子核外至少有两个电子，统称多电子原子。多电子原子的薛定谔方程无法求得精确解。有一种称为中心力场模型的近似处理方法，它把多电子原子中其余电子对指定的某电子的作用近似地看作被抵消的一部分核电荷对该电子的引力。

即核电荷由原来的 z 变成$(z-\sigma)$,σ 称为屏蔽常数,$(z-\sigma)$称为有效核电荷,用 z^* 表示。

$$z^* = z - \sigma \tag{4-6}$$

这种由核外其余电子抵消部分核电荷对指定电子吸引的作用称为**屏蔽效应(Shielding Effects)**。在此基础上,解薛定谔方程所得的结果就可用于多电子原子体系,只要把相应的z改成z^*即可。例如多电子原子能量公式为:

$$E = -\frac{(2.179\times10^{-18})(z-\sigma)^2}{n^2}\ \text{J} \tag{4-7}$$

σ 由 Slater 规则计算:

(1) 分组$(1s)$,$(2s2p)$,$(3s3p)$,$(3d)$,$(4s4p)$,$(4d)$,$(4f)$,$(5s5p)$…

(2) 右边各组对左边各组无屏蔽作用,$\sigma=0$。

(3) 同一组的 $\sigma=0.35$ ($1s$ 中,$\sigma=0.30$)。

(4) $(n-1)$ 电子对 ns,np 电子的 $\sigma=0.85$,$(n-2)$ 及更小的各电子对 ns,np 电子的 $\sigma=1.00$。

(5) 左边各组电子对 nd,nf 电子的 $\sigma=1.00$。

σ 值除与主量子数有关外,也与角量子数有关。为什么 σ 与 l 有关?这可用穿透效应来解释。

二、穿透效应

从电子云径向分布图(图 4-8)可见,n 值较大的电子在离核较远的地方出现的概率大,但在离核较近的地方也有出现的概率。这种外层电子向内层穿透的效应称为**穿透效应(Penetrating Effects)**。

穿透效应主要表现在穿入内层的小峰上,峰的数目$(n-l)$越多,穿透效应越大。如果穿透效应大,电子云深入内层,内层对它的屏蔽效应就变小,即 σ 值变小,z^* 变大,能量降低。对多电子原子而言,穿透效应大小顺序为:$ns>np>nd>nf$,所以 n 值相同、l 值不同的电子亚层,其能量高低的次序为:

$$E_{ns}<E_{np}<E_{nd}<E_{nf}\quad(\text{能级分裂})$$

当 n 值和 l 值都不同时,会出现所谓的"能级交错"现象(如 K 原子中 $E_{4s}<E_{3d}$),利用屏蔽效应和穿透效应可以来解释。

4-3-2 原子核外电子排布

利用精密光谱仪观察到某些原子(如 Na 原子)的谱线是由两条靠得很近的谱线组成的。这种光谱精细结构的双线特征不能仅用前面引入的 n,l,m 三个量子数来解释。

1925 年荷兰物理学家乌伦贝克(G. E. Uhlenbeck)和高德斯密(S. A. Goudsmit)提出了自旋量子数(Spin Quantum Number) m_s 的概念,认为电子除了轨道运动外,还存在自旋运动 (顺时针自旋或逆时针自旋)。通常用小圆圈(或短横线)来表示电子排布图中的原子轨道,用箭头↑和↓分别表示自旋不同的电子。

因此,原子中的电子的运动状态需由 n,l,m,m_s 四个量子数来描述。根据量子数的取值规则,每个 n 值对应的 n^2 个原子轨道中最多可容纳电子总数为 $2n^2$。

原子核外电子排布(表 4-3)是根据光谱实验数据确定的。人们从中总结出电子排布基本上遵循以下三个原则:

一、泡利不相容原理(Pauli's Exclusion Principle)

泡利不相容原理有几种表述方式：

(1) 在同一原子中，不可能存在所处状态完全相同的电子。

(2) 在同一原子中，不可能存在四个量子数完全相同的电子。

(3) 每一轨道只能容纳自旋方向相反的两个电子。

这几种说法都是等效的，从一种说法可推出其他的说法。

阅读材料

泡　　利

泡利(W·Pauli, 1900—1958)因发现不相容原理(又称泡利原理)，获得了1945年度诺贝尔物理学奖。1924年，他从反常塞曼效应的研究中发现了现代物理学的基本规律：不相容原理。他假设“在电子的量子论性质”中有一种“经典上无法描述的二值性”。对应当时的玻尔-索末菲理论中的每一个量子态，事实上应有两个不同的量子态，需要用一个新的量子数来表征这种“二值性”，这样就应该总共用四个量子数来表征一个电子的运动状态。在此前提下，泡利叙述了他的不相容原理：在每一个原子中，绝不能存在两个或多个等价的电子，即不存在四个量子数都相同的电子。运用这一原理，人们解决了光谱规律中的许多难题，理解了原子中电子壳层的形成以及当元素按原子序数递增排列时所观察到的元素化学性质上的周期律。

1925年，乌伦贝克和高德斯密提出了电子“自旋”的假设，给泡利的第四个量子数提供了物理图像。泡利引用有名的二分量波函数和保里矩阵，把自旋概念纳入非相对论量子力学的表述之中。这一工作后来促使狄拉克提出了他的电子理论并在其他方面取得了重要进展。荷兰学者范德瓦尔登曾经指出：“从一分量到二分量是跨一大步，从二分量到四分量是进一小步。”

泡利以他的才智和对事物尖锐的批评而闻名。当一种理论被提出来以后，人们总是希望听到泡利对它的看法。如果泡利不赞成，人们就会对那种理论感到有点不放心；相反地，如果泡利点了头，人们就会感到很欣慰。他逐渐成了一切新思想的公认的“裁判”。埃伦菲斯特称他为“上帝的鞭子”，玻尔称他为“科学的良知”。

二、能量最低原理(Principle of Lowest Energy)

在不违背泡利不相容原理的前提下，电子在各轨道上的排布方式应使整个原子处于能量最低状态，这就是能量最低原理。原子能量的高低除取决于轨道能量外，还与电子之间相互作用能有关。综合考虑这些因素，美国化学家鲍林提出了多电子原子轨道的近似“能级高低顺序”：$1s$；$2s$，$2p$；$3s$，$3p$；$4s$，$3d$，$4p$；$5s$，$4d$，$5p$；$6s$，$4f$，$5d$，$6p$；$7s$，$5f$，$6d$，$7p$…我国化学家徐光宪提出用$(n+0.7l)$的数值来判断原子能量的高低。

图4-9(a)，4-9(b)分别是鲍林提出的**多电子原子轨道的近似能级图(Pauling's Diagram of Energy Levels of Atomic Orbital)**和电子填充顺序图。随着原子序数的增加，电

子也是按照该图中能量从低到高的顺序填充的。

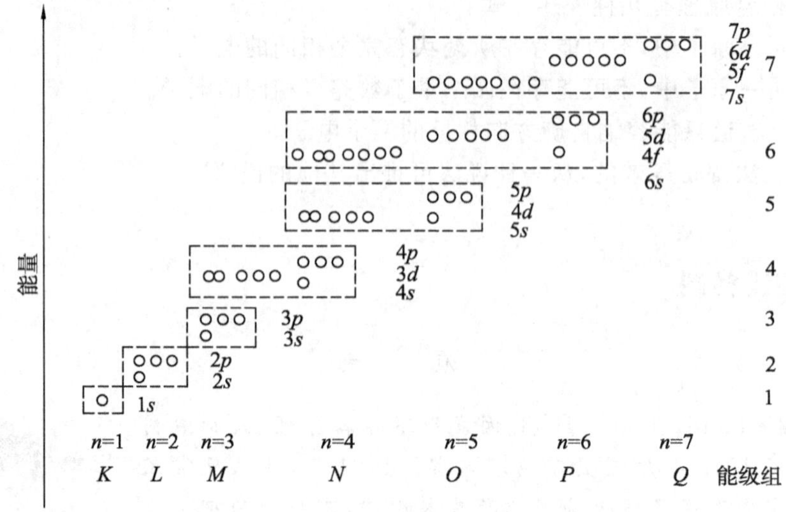

图 4-9(a)　多电子原子轨道的近似能级图

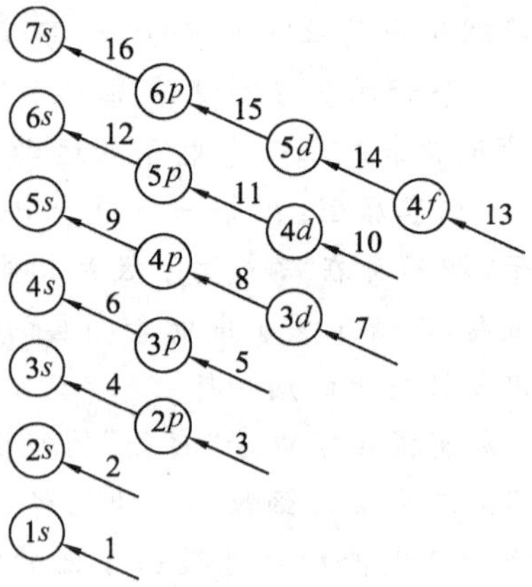

图 4-9(b)　电子填充顺序图

阅读材料

鲍　　林

鲍林(L. Pauling,1901—1994)是著名的量子化学家,他在化学的多个领域都做出过重大贡献。曾两次荣获诺贝尔奖(1954 年化学奖,1962 年和平奖),有很高的国际声誉。1901 年 2 月 18 日,鲍林出生在美国俄勒冈州波特兰市。幼年聪明好学,11 岁认识了心理学教授捷夫列斯。捷夫列斯有一所私人实验室,他曾给幼小的鲍林做过许多有意思的化学演示实验,这使鲍林从小萌生了对化学的热爱,这种热爱使他走上了化学研究的道路。鲍林在读中学时的各科成绩都很好,尤其是化学成绩一直名列全班第一。他经常埋头在实验室里做化学实验,

立志当一名化学家。1917 年，鲍林以优异的成绩考入俄勒冈州农学院化学工程系，他希望通过大学的化学学习最终实现自己的理想。1954 年，鲍林荣获诺贝尔化学奖。1955，鲍林和世界知名的大科学家爱因斯坦、罗素、居里、玻恩等签署了一个宣言，呼吁科学家应共同反对发展毁灭性武器，反对战争，保卫和平。1957 年 5 月，鲍林起草了《科学家反对核试验宣言》。两周内就有 2000 多名美国科学家在该宣言上签名，在短短几个月内，就有 49 个国家的 11000 余名科学家签名。1958 年，鲍林把反核试验宣言交给了联合国秘书长哈马舍尔德，向联合国请愿。同年，他写了《不要再有战争》一书，书中以丰富的资料，说明了核武器对人类的重大威胁。1959 年，鲍林和罗素等人在美国创办了《一人少数》月刊，反对战争，宣传和平。同年 8 月，他参加了在日本广岛举行的禁止原子弹、氢弹大会。由于鲍林对和平事业的贡献，他在 1962 年荣获了诺贝尔和平奖。

阅读材料

徐　光　宪

徐光宪（1920—2015），浙江绍兴人，1944 年毕业于上海交通大学化学系，1951 年获美国哥伦比亚大学博士学位，回国后在北大任教，现任北大化学系教授、稀土化学研究所中心主任、博士生导师、国家自然科学基金委员会化学科学部主任、中国化学会理事长、中国稀土学会副理事长等职。他与合作者在量子化学领域提出了原子价的新概念 nxcπ 结构规则和分子的周期律、同系线性规律的量子化学基础和稀土化合物的电子结构特征，被授予国家自然科学二等奖。其“串级萃取理论”，把我国稀土萃取分离工艺提高到国际先进水平，并使其取得了巨大的经济和社会效益。其《物质结构》一书在长达四分之一世纪的时期内是该课程在全国唯一的统编教材，被授予国家优秀教材特等奖。

三、洪特规则（Hund's Rule）

能量相同的轨道，称为简并轨道。洪特规则指出：电子在简并轨道上排布时，总是尽量先占据不同轨道，且自旋平行。例如：N 原子（$1s^2 2s^2 2p^3$）的轨道表示式为：

N: ↑↓　↑↓　↑　↑　↑
　　1s　　2s　　2p

作为洪特规则的特例，在等价轨道中，电子处于全充满（p^6，d^{10}，f^{14}）、半充满（p^3，d^5，f^7）或全空（p^0，d^0，f^0）时，原子的能量较低，体系较稳定。40 号元素 Zr 的电子排布为 $1s^2 2s^2 2p^6 3s^2 3p^6 3d^{10} 4s^2 4p^6 4d^2 5s^2$；24 号元素 Cr 的电子排布为 $1s^2 2s^2 2p^6 3s^2 3p^6 3d^5 4s^1$（具有半充满结构）；29 号元素 Cu 的电子排布为 $1s^2 2s^2 2p^6 3s^2 3p^6 3d^{10} 4s^1$（具有全充满结构）。周期表中电子处于半充满的元素有 Cr，Mo，但 W 特殊；电子处于全充满的元素有 Cu，Ag 和 Au。

应用鲍林近似电子填充顺序，再根据泡利不相容原理、能量最低原理和洪特规则，就可以写出元素周期表中绝大多数元素的核外电子排布式。例如：

$_{21}Sc$：$1s^2 2s^2 2p^6 3s^2 3p^6 3d^1 4s^2$

$_{29}Cu$：$1s^2 2s^2 2p^6 3s^2 3p^6 3d^{10} 4s^1$

$_{80}Hg$：$1s^2 2s^2 2p^6 3s^2 3p^6 3d^{10} 4s^2 4p^6 4d^{10} 4f^{14} 5s^2 5p^6 5d^{10} 6s^2$

相关说明：

(1) 有些元素核外电子排布比较特殊，如元素 Ru，Nb，Rh，W，Pt 等。这说明用三个原则来描述核外电子的排布还是不充分的，除此之外，还由其他因素影响电子排布。

(2) 为了简便，常常只写出原子的价电子排布。所谓价电子排布(外层电子构型)，主族是指最外层电子，而一般副族是指最外层电子加次外层的 d 电子，镧系和锕系则还要加上次次外层的 f 电子，一般是指可能参与反应的电子。

(3) 离子的电子排布取决于电子从何轨道中失去。实验和理论都证明，原子轨道失电子时最先失去的是外层电子。如以 21 号元素 Sc 为例，其外层电子构型为 $3d^1 4s^2$，如果 Sc 原子失去一个电子，那么失去的是 $3d$ 电子还是 $4s$ 电子呢？实验结果表明，最先失去的是 $4s$ 电子。因此在书写多电子原子电子排布式时，最后应按主量子数大小排列，就像上面给出的那样。

4-4 原子结构和元素周期律
(Atomic Structure and Periodic System of the Elements)

4-4-1 核外电子排布和周期表的关系

元素周期律(Periodic System of the Elements)是指元素的性质随着核电荷的递增而呈现周期性变化的规律。周期律的产生是由于随核电荷的递增，原子最外层电子排布呈现周期性的变化，即最外层电子构型重复着从 ns^1 开始到 $ns^2 np^6$ 结束这一周期性变化。**周期表(Periodic Chart)**是周期律的表现形式。下面从几个方面讨论周期表与电子排布的关系。

一、各周期(Period)元素的数目

周期表中有一个特短周期，两个短周期，两个长周期，一个特长周期以及一个不完全周期。各周期元素数目等于从 ns^1 开始到 $ns^2 np^6$ 结束各轨道所能容纳的电子总数。由于能级交错的存在，所以产生以上长、短周期的分布。

表 4-3 元素基态原子电子构型

原子序数	元素	电子构型	原子序数	元素	电子构型
1	H	$1s^1$	7	N	[He]$2s^2 2p^3$
2	He	$1s^2$	8	O	[He]$2s^2 2p^4$
3	Li	[He]$2s^1$	9	F	[He]$2s^2 2p^5$
4	Be	[He]$2s^2$	10	Ne	[He]$2s^2 2p^6$
5	B	[He]$2s^2 2p^1$	11	Na	[Ne]$3s^1$
6	C	[He]$2s^2 2p^2$	12	Mg	[Ne]$3s^2$

续表

原子序数	元素	电子构型	原子序数	元素	电子构型
13	Al	[Ne]$3s^2 3p^1$	44	Ru	[Kr]$4d^7 5s^1$
14	Si	[Ne]$3s^2 3p^2$	45	Rh	[Kr]$4d^8 5s^1$
15	P	[Ne]$3s^2 3p^3$	46	Pd	[Kr]$4d^{10}$
16	S	[Ne]$3s^2 3p^4$	47	Ag	[Kr]$4d^{10} 5s^1$
17	Cl	[Ne]$3s^2 3p^5$	48	Cd	[Kr]$4d^{10} 5s^2$
18	Ar	[Ne]$3s^2 3p^6$	49	In	[Kr]$4d^{10} 5s^2 5p^1$
19	K	[Ar] $4s^1$	50	Sn	[Kr]$4d^{10} 5s^2 5p^2$
20	Ca	[Ar] $4s^2$	51	Sb	[Kr]$4d^{10} 5s^2 5p^3$
21	Sc	[Ar]$3d^1 4s^2$	52	Te	[Kr]$4d^{10} 5s^2 5p^4$
22	Ti	[Ar]$3d^2 4s^2$	53	I	[Kr]$4d^{10} 5s^2 5p^5$
23	V	[Ar]$3d^3 4s^2$	54	Xe	[Kr]$4d^{10} 5s^2 5p^6$
24	Cr	[Ar]$3d^5 4s^1$	55	Cs	[Xe]$6s^1$
25	Mn	[Ar]$3d^5 4s^2$	56	Ba	[Xe]$6s^2$
26	Fe	[Ar]$3d^6 4s^2$	57	La	[Xe] $5d^1 6s^2$
27	Co	[Ar]$3d^7 4s^2$	58	Ce	[Xe]$4f^1 5d^1 6s^2$
28	Ni	[Ar]$3d^8 4s^2$	59	Pr	[Xe]$4f^3 6s^2$
29	Cu	[Ar]$3d^{10} 4s^1$	60	Nd	[Xe] $4f^4 6s^2$
30	Zn	[Ar]$3d^{10} 4s^2$	61	Pm	[Xe] $4f^5 6s^2$
31	Ga	[Ar]$3d^{10} 4s^2 4p^1$	62	Sm	[Xe] $4f^6 6s^2$
32	Ge	[Ar]$3d^{10} 4s^2 4p^2$	63	Eu	[Xe]$4f^7 6s^2$
33	As	[Ar]$3d^{10} 4s^2 4p^3$	64	Gd	[Xe]$4f^7 5d^1 6s^2$
34	Se	[Ar]$3d^{10} 4s^2 4p^4$	65	Tb	[Xe]$4f^9 6s^2$
35	Br	[Ar]$3d^{10} 4s^2 4p^5$	66	Dy	[Xe]$4f^{10} 6s^2$
36	Kr	[Ar]$3d^{10} 4s^2 4p^6$	67	Ho	[Xe]$4f^{11} 6s^2$
37	Rb	[Kr] $5s^1$	68	Er	[Xe]$4f^{12} 6s^2$
38	Sr	[Kr] $5s^2$	69	Tm	[Xe]$4f^{13} 6s^2$
39	Y	[Kr]$4d^1 5s^2$	70	Yb	[Xe]$4f^{14} 6s^2$
40	Zr	[Kr]$4d^2 5s^2$	71	Lu	[Xe]$4f^{14} 5d^1 6s^2$
41	Nb	[Kr]$4d^4 5s^1$	72	Hf	[Xe]$4f^{14} 5d^2 6s^2$
42	Mo	[Kr]$4d^5 5s^1$	73	Ta	[Xe]$4f^{14} 5d^3 6s^2$
43	Tc	[Kr]$4d^5 5s^2$	74	W	[Xe]$4f^{14} 5d^4 6s^2$

续表

原子序数	元素	电子构型	原子序数	元素	电子构型
75	Re	$[Xe]4f^{14}5d^{5}6s^{2}$	93	Np	$[Rn]5f^{4}6d^{1}7s^{2}$
76	Os	$[Xe]4f^{14}5d^{6}6s^{2}$	94	Pu	$[Rn]5f^{6}7s^{2}$
77	Ir	$[Xe]4f^{14}5d^{7}6s^{2}$	95	Am	$[Rn]5f^{7}7s^{2}$
78	Pt	$[Xe]4f^{14}5d^{9}6s^{1}$	96	Cm	$[Rn]5f^{7}d^{1}7s^{2}$
79	Au	$[Xe]4f^{14}5d^{10}6s^{1}$	97	Bk	$[Rn]5f^{9}7s^{2}$
80	Hg	$[Xe]4f^{14}5d^{10}6s^{2}$	98	Cf	$[Rn]5f^{10}7s^{2}$
81	Tl	$[Xe]4f^{14}5d^{10}6s^{2}6p^{1}$	99	Es	$[Rn]5f^{11}7s^{2}$
82	Pb	$[Xe]4f^{14}5d^{10}6s^{2}6p^{2}$	100	Fm	$[Rn]5f^{12}7s^{2}$
83	Bi	$[Xe]4f^{14}5d^{10}6s^{2}6p^{3}$	101	Md	$[Rn]5f^{13}7s^{2}$
84	Po	$[Xe]4f^{14}5d^{10}6s^{2}6p^{4}$	102	No	$[Rn]5f^{14}7s^{2}$
85	At	$[Xe]4f^{14}5d^{10}6s^{2}6p^{5}$	103	Lr	$[Rn]5f^{14}6d^{1}7s^{2}$
86	Rn	$[Xe]4f^{14}5d^{10}6s^{2}6p^{6}$	104	Rf	$[Rn]5f^{14}6d^{2}7s^{2}$
87	Fr	$[Rn]\ 7s^{1}$	105	Ha	$[Rn]5f^{14}6d^{3}7s^{2}$
88	Ra	$[Rn]\ 7s^{2}$	106	Unh	$[Rn]5f^{14}6d^{4}7s^{2}$
89	Ac	$[Rn]\ 6d^{1}7s^{2}$	107	Uns	$[Rn]5f^{14}6d^{5}7s^{2}$
90	Th	$[Rn]\ 6d^{2}7s^{2}$	108	Uno	$[Rn]5f^{14}6d^{6}7s^{2}$
91	Pa	$[Rn]5f^{2}6d^{1}7s^{2}$	109	Une	$[Rn]5f^{14}6d^{7}7s^{2}$
92	U	$[Rn]5f^{3}6d^{1}7s^{2}$			

二、周期(Periods)和族(Families)

元素在周期表中所处位置与原子结构的关系为：

周期数＝电子层数

这是因为每增加一个电子层，就开始一个新的周期。

主族元素的族数＝最外层电子层的电子数

副族元素的族数＝最外层电子层的电子数＋次外层 d 电子数(除ⅠB，ⅡB 和ⅢB 外)

对于同一族元素的原子，虽然它们的电子层数不同，但有相同的价电子构型，因此有相似的化学性质。

三、元素分区(Block Divisions of the Elements)

根据元素原子的价电子构型，可把周期表中元素分成五个区：s 区、p 区、d 区、ds 区和 f 区。表 4-4 反映了原子价电子构型与周期表分区的关系。五个区中，s 区和 p 区元素只有最外一层未填满电子或完全填满电子，为主族元素，而其他则为副族元素。周期表的结构和原子的电子层结构有关，而且元素的性质也和原子的电子层结构有关。

元素周期表很好地反映了元素性质随原子结构变化的情况。

表 4-4 原子外层电子构型与周期系分区

族 周期	ⅠA					0
1		ⅡA			ⅢA～ⅦA	
2 3 4 5 6	s 区 $ns^1 \sim ns^2$		ⅢB～ⅦB Ⅷ d 区 $(n-1)d^1ns^2 \sim (n-1)d^8ns^2$ (有例外)	ⅠB ⅡB ds 区 $(n-1)d^{10}ns^1$ $\sim (n-1)d^{10}ns^2$	p 区 $ns^2np^1 \sim ns^2np^6$	

镧系元素	f 区 $(n-2)f^1ns^2 \sim (n-2)f^{14}ns^2$(有例外)
锕系元素	

4-4-2 元素性质的周期性

一、原子半径(Atomic Radius)

由于电子的运动没有固定的运动轨迹,因此孤立原子大小的概念是比较模糊的,但可以用物理量原子半径来近似描述。任何原子半径的测定都是基于下面的假设,即原子呈球形,在固体中原子间相互接触,以球面相切。这样测出的单质在固态下相邻原子间距离的一半就是原子半径,如图 4-10 所示。例如,由于金属晶体可以看成是由等径球状的金属原子堆积而成的,所以在金属晶体中,测得的两相邻原子的核间距的一半,即为该金属原子的半径,称为**金属半径**。如果某一元素的两个原子以共价单键结合,它们核间距离的一半,称为该原子的**共价半径**。对于同一个元素来说,这两种半径一般比较接近。原子半径除了金属半径和共价半径以外,还有范德华半径。在稀有气体形成的单原子分子晶体中,分子间以范德华力相互联系,这样两个同种原子核间距离的一半就称为**范德华半径**。周期表中各元素的原子半径见附录六。

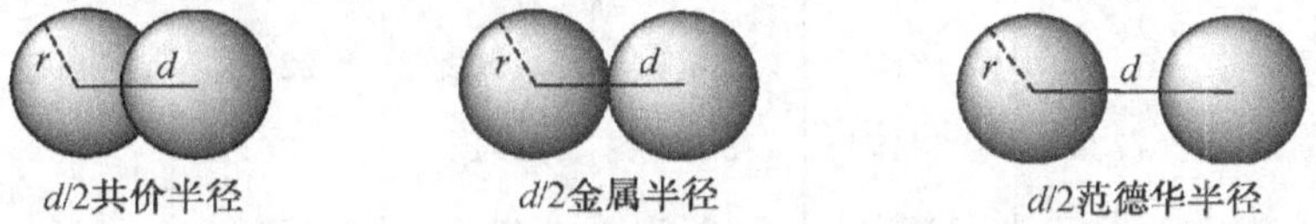

d/2共价半径　　d/2金属半径　　d/2范德华半径

图 4-10 三种原子半径示意图

原子半径的大小主要取决于有效核电荷数和核外电子的层数。其规律如下:

(1) 在周期表的同一短周期中,从左到右原子半径逐渐减小。这是由于有效核电荷逐渐增加,而电子层数保持不变,增加的电子都在同一外层,此时相互屏蔽作用较小,因此随原子序数增加,核电荷对电子的吸引力逐渐增大,原子半径依次减小。

在长周期中,从左到右原子半径也是逐渐减小的,但略有起伏。从第三个元素(副族元素)开始,原子半径减小比较缓慢,而在后半部的元素(如第四周期从 Cu 元素开始),原子半径反而略有增大,但随即又逐渐减小。这是由于电子是逐一填入$(n-1)d$ 层的,d 电子处于次外层,对核的屏蔽作用较大,有效核电荷增加不多,核对外层电子的吸引力也增加较少，因此原子半径减小缓慢；而到了长周期的后半部，即从ⅠB族开始，由于次外层已充满18个电子，新增加的电子要加在最外层，因此半径又略有增大。当电子继续填入最外层时，由于有效核电荷的增加，原子半径又逐渐减小。

镧系、锕系元素中，从左到右原子半径也是逐渐减小的，只是减小的幅度更小（约为主族元素的1/10）。这是由于新增加的电子填入倒数第三层$(n-2)f$亚层上，f电子对外层电子的屏蔽效应更大，外层电子所受到增加的有效核电荷作用力更小，因此原子半径减小缓慢。镧系元素从镧(La)到镥(Lu)原子半径缩小更缓慢的积累现象叫"镧系收缩"。由于镧系收缩，镧系以后的铪(Hf)、钽(Ta)、钨(W)等原子半径与上一周期（第五周期）相应元素锆(Zr)、铌(Nb)、钼(Mo)等的原子半径非常接近。因此，锆和铪、铌和钽、钼和钨的性质非常相似，它们在自然界共生，并且难以分离。

(2) 同一主族中，从上到下原子半径逐渐增大。外层电子构型相同，有效核电荷相差不大，因此电子层增加的因素占主导地位，原子半径逐渐增大。副族元素的原子半径，从第四周期过渡到第五周期是增大的，但第五周期和第六周期同一族中的过渡元素的原子半径很相近。

二、电离能(Ionization Energy)

使元素基态的气态原子失去一个电子所需的最低能量称为第一电离能I_1。从一价气态正离子再失去一个电子成为二价正离子所需要的最低能量称为第二电离能I_2。依次类推，还可以有第三电离能I_3、第四电离能I_4等。

第一电离能是重要的原子参数。I_1小的元素容易给出电子，易被氧化，金属性强，成碱性强。从第一电离能的大小，还可以看出元素通常的化合价。如表4-5所示，Na的$I_1 \ll I_2$，Mg的$I_2 \ll I_3$，Al的$I_3 \ll I_4$等，因此Na通常是+1价，Mg为+2价，Al为+3价等。对于任何元素来说，第三电离能以后的各级电离能的数值都是比较大的，所以在一般情况下，高于+3价的独立离子是很少存在的。

表4-5　第三周期元素的电离能($kJ \cdot mol^{-1}$)

	Na	Mg	Al	Si	P	S	Cl	Ar
I_1	496	738	578	787	1012	1000	1251	1521
I_2	4562	1450	1817	1557	1903	2251	2297	2669
I_3		7733	2745	3232	2912	3361	3822	3931
I_4			11578	4356	4957	4564	5158	5771
I_5				10091	6274	7031	6540	7283
I_6					21296	8496	9392	8781
I_7						27106	11018	11995

元素原子的电离能呈周期变化。在同一周期中，从左到右，金属元素的电离能较小，非金属元素的电离能较大，稀有气体的电离能最大。同一主族，自上而下一般电离能减小。但对于副族和第Ⅷ族元素来说，这种规律性不存在。

图4-11给出了周期表前两个短周期元素的第一电离能。由图可以看出，从Li到Ne和从Na到Ar电离能变化总的趋势是逐渐增加的。但图中有几个不规则之处：Be和Mg

的电离能较高，这是因为全充满的 s 能级有较高的稳定性（Be，Mg 的外层电子的构型是 $2s^2$，$3s^2$）；N 和 P 也有较高的第一电离能，这是因为半充满的 p 能级也比较稳定（N，P 的外层电子构型是 $2s^22p^3$，$3s^23p^3$）；而 B 和 Al 的电离能较低，是因为失去一个电子以后剩下的是一个全充满稳定的 s 电子层；同样，对于 O 和 S 来说，失去一个电子后剩下的是一个半充满稳定的 p 电子层。

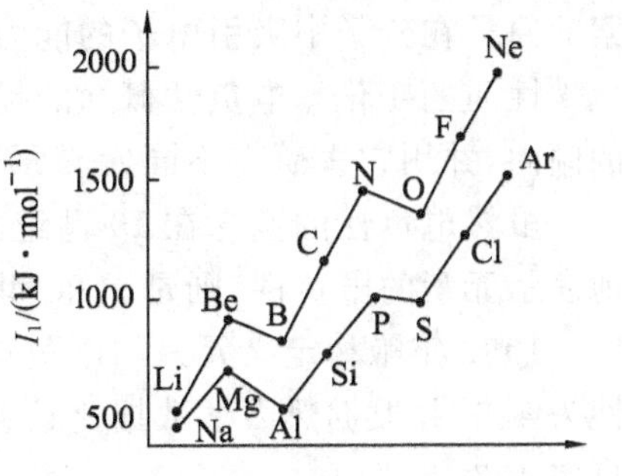

图 4-11　元素的第一电离能

三、电子亲和能（Electron Affinities）

元素的气态原子在基态时得到一个电子生成一价气态负离子所放出或吸收的能量称为电子亲和能。电子亲和能也有第一、第二等之分，如果不加说明都是指第一电子亲和能。当负一价离子获得电子时，要克服电荷之间的排斥力，因此需要吸收能量。例如：

$$O(g) + e \longrightarrow O^-(g) \qquad E_{A_1} = -141.8\text{kJ}\cdot\text{mol}^{-1}$$

$$O^-(g) + e \longrightarrow O^{2-}(g) \qquad E_{A_2} = +780\text{kJ}\cdot\text{mol}^{-1}$$

非金属原子的第一电子亲和能总是负值，而金属原子的第一电子亲和能一般是较小的负值或正值。

原子得到的电子必然处于能量最低的空轨道上。电子亲和能的大小既与原子核对该电子的吸引力有关，又与该电子受到的排斥作用有关。原子半径小时，一方面核外电子易被吸引，另一方面核外电子分布拥挤，电子间排斥作用也大了。所以同一周期或同一族中元素的电子亲和能没有单调变化规律（表 4-6）。第二周期 O 与 F 比第三周期 S 与 Cl 电子亲和能小得多，就是因为原子半径小而引起的电子间排斥作用成为矛盾的主要方面的结果。由于电子亲和能的变化规律性较差，实验测定也比较困难（通常是用间接方法计算），数值的准确度也要比电离能差，因此其重要性不如电离能。

表 4-6　一些元素的第一电子亲和能（kJ·mol^{-1}）

H −72.8				He (+21)
Li −59.6	Be (+240)	O −141.0	F −328	Ne (+29)
Na −52.9	Mg (+230)	S −200.4	Cl −348.6	Ar (+35)
K −48.4	Ca (+156)	Se −195	Br −324.5	Kr (+39)
Rb −46.9	Sr (+168)	Te −190.2	I −295	Xe (+40)
Cs −45.5	Ba (+52)	Po (−183)	At (−270)	Rn (+40)

四、电负性 χ（Electronegativity）

电离能和电子亲和能都是用来表征孤立气态原子得失电子的能力的，没有考虑原子间的成键作用等情况。在化学键中，同核键只占极少数，大量的是异核键。由于不同元素的原子在分子中吸引电子的能力不同，因此会引起化学键的键型过渡以及一系列物理化学性质的变化。电负性概念的提出，就是为了表示分子中不同元素原子吸引电子能力的倾向，并用它去研究不同元素原子形成化学键的一些特性。

虽然电负性的概念在 19 世纪已经被提出，但是给每一个元素赋予一定的数值，定量地表示元素的电负性，则是在 20 世纪 30 年代开始的。

1932 年鲍林定义元素的电负性是原子在分子中吸引电子的能力。他指定氟的电负性为 4.0，并根据热力学数据比较各元素原子吸引电子的能力，得出其他元素的电负性，见表 4-7。

由电负性的数据可以看出：

(1) 金属元素的电负性较小，非金属的较大。电负性是判断元素金属性的重要参数。$\chi=2$ 是近似地标志金属和非金属的分界点。

(2) 同一周期的元素从左到右，电负性逐渐增大；同一主族的元素从上到下，电负性基本上呈减小趋势。同一周期从碱金属到卤素，原子的有效核电荷逐渐增大，原子半径逐渐减小，原子吸引电子的能力基本呈增加趋势，所以元素的电负性相应逐渐增大。同一主族中，从上到下电子层结构相同，有效核电荷数相差不大，原子半径增加的影响占主导地位，因此元素的电负性基本上呈减小趋势。

(3) 电负性差别大的元素之间主要以离子键结合，电负性相同或相近的非金属元素相互以共价键结合，电负性相等或相近的金属元素以金属键结合。离子键、共价键和金属键是三种极限键型。由于键型变异，在化合物中可出现一系列过渡性的化学键。电负性数据是研究键型变异的重要参数。

表 4-7　电 负 性 表

ⅠA																	ⅧA
H 2.1	ⅡA											ⅢA	ⅣA	ⅤA	ⅥA	ⅦA	He
Li 1.0	Be 1.5											B 2.0	C 2.5	N 3.0	O 3.5	F 4.0	Ne
Na 0.9	Mg 1.2	ⅢB	ⅣB	ⅤB	ⅥB	ⅦB	Ⅷ			ⅠB	ⅡB	Al 1.5	Si 1.8	P 2.1	S 2.5	Cl 3.0	Ar
K 0.8	Ca 1.0	Sc 1.3	Ti 1.5	V 1.6	Cr 1.6	Mn 1.5	Fe 1.8	Co 1.9	Ni 1.9	Cu 1.9	Zn 1.6	Ga 1.6	Ge 1.8	As 2.0	Se 2.4	Br 2.8	Kr
Rb 0.8	Sr 1.0	Y 1.2	Zr 1.4	Nb 1.6	Mo 1.8	Tc 1.9	Ru 2.2	Rh 2.2	Pd 2.2	Ag 1.9	Cd 1.7	In 1.7	Sn 1.8	Sb 1.9	Te 2.1	I 2.5	Xe
Cs 0.7	Ba 0.9	La～Lu 1.0～1.2	Hf 1.3	Ta 1.5	W 1.7	Re 1.9	Os 2.2	Ir 2.2	Pt 2.2	Au 2.4	Hg 1.9	Tl 1.8	Pb 1.9	Bi 1.9	Po 2.0	At 2.2	Rn
Fr 0.7	Ra 0.9	Ac～Lr 1.1～1.4															

4-5 离 子 键
(Electrovalent Bond)

物质一般都不是以单个原子或离子状态存在,而是以分子或晶体等聚集态存在。而分子或晶体等聚集态的性质除与它们的组成有关外,还与它们的结构密切相关,因此了解分子和晶体等的结构是非常有用的。通常把分子(或晶体)内相邻原子之间的强烈的相互作用称为化学键。化学键一般可分为离子键、共价键和金属键。本章除介绍化学键外,也讨论分子间力、离子极化和晶体结构等问题。

4-5-1 离子键理论

离子键理论(Hypothesis on the Electrovalent Bond)认为:当活泼金属原子和活泼非金属原子在一定反应条件下互相接近时,活泼金属原子可失去最外层电子,形成具有稳定电子结构的带正电的离子,而活泼非金属原子可得到电子,形成具有稳定电子结构的带负电的离子。正、负离子之间由于静电引力而相互吸引,当它们充分接近时,离子的外电子层又产生排斥力,当吸引和排斥相平衡时,体系能量最低,正、负离子形成稳定的结合体。这种靠正、负离子的静电引力而形成的化学键叫作**离子键(Electrovalent Bond)**。具有离子键的物质叫作**离子化合物**。

氯化钠(NaCl)是最典型的离子化合物,它是食盐的主要成分。Na 是周期表第一主族的元素,具有很强的金属性,易失去电子。Cl 是周期表第七主族的元素,具有很强的非金属性,易获得电子。当 Na 原子和 Cl 原子接近时,Na 原子失去一个电子生成正一价的离子,而 Cl 原子获得一个电子成为负一价的离子。

$$Na(1s^2 2s^2 2p^6 3s^1) \xrightarrow{-e} Na^+(1s^2 2s^2 2p^6)$$

$$Cl(1s^2 2s^2 2p^6 3s^2 3p^5) \xrightarrow{+e} Cl^-(1s^2 2s^2 2p^6 3s^2 3p^6)$$

Na^+ 和 Cl^- 借静电作用力相结合,这种强烈的静电作用力称为离子键。

正负离子间的静电作用力是很强的,因此室温下离子化合物呈固态,熔点都较高(NaCl 的熔点是 801℃,CaF_2 的熔点是 1360℃)。熔融状态的离子化合物可以导电。

离子键的特点是没有方向性和饱和性。这是因为正负离子在空间的各个方向上吸引异号离子的能力相同,只要周围空间许可,正负离子总是尽可能多地吸引各个方向上的异号离子。但是,因为正负离子都有一定的大小,因此限制了异号离子的数目。与每个离子邻接的异号离子数称为该离子的配位数。Cs^+ 的半径比 Na^+ 的大,在 NaCl 晶体中 Na^+ 的配位数是 6,在 CsCl 晶体中 Cs^+ 的配位数是 8,可见配位数主要取决于正负离子的相对大小。另外,NaCl 晶体中每个 Na^+ 不仅受到靠它最近的六个 Cl^- 的吸引,而且受到稍远一些的 Na^+ 的排斥以及更远一些的 Cl^- 的吸引,这也说明离子键是没有饱和性的。

在通常条件下,由正负离子通过离子键交替连接构成离子晶体。在 NaCl 晶体中我们无法单独划出一个 NaCl 分子,因此只能把整个晶体看作一个巨大的分子。符号 NaCl 只表示 NaCl 晶体中 Na^+ 和 Cl^- 物质的量的简单整数比,仅表示氯化钠的化学式。

4-5-2 离子的性质

离子化合物是由离子构成的，因此离子的性质必定在很大程度上决定离子化合物的性质。

一、离子半径

与原子半径一样，单个离子的离子半径也不存在明确的界面。**离子半径（Ionic Radius）**是根据晶体中相邻正、负离子的核间距测出的，并假设 $d=r_{+}+r_{-}$，r_{+} 和 r_{-} 分别代表正、负离子半径。推算各种离子半径是一项比较复杂的工作，它必须解决如何划分正、负两个离子半径的问题。一般常用鲍林离子半径数据（见附录十一）。

从原子结构的观点不难得出离子半径的变化规律：

（1）同族元素离子半径从上而下递增。

（2）同一周期的正离子半径随离子电荷增加而减小，而负离子半径随电荷增加而增大。

（3）同一元素负离子半径大于原子半径，正离子半径小于原子半径，且正电荷越高，半径越小。

离子半径是决定离子化合物中正、负离子间引力的重要因素。一般来讲，离子半径越小，离子间引力越大，相应化合物的熔点也越高。

二、离子的电荷

离子的电荷是影响离子化合物性质的重要因素。离子电荷越高，离子间的静电引力越强，因而化合物的熔点也越高。如 CaO 的熔点（2590℃）比 KF 的（856℃）高。

三、离子的电子构型

简单负离子的外电子层都是稳定的稀有气体结构，因最外层有 8 个电子，故称为 8 电子构型。但正离子的情况比较复杂，其电子构型有如下几种：

（1）2 电子构型——如 Li^{+}，Be^{2+} 等；

（2）8 电子构型——如 Na^{+}，Al^{3+} 等；

（3）18 电子构型——如 Ag^{+}，Hg^{2+} 等；

（4）18＋2 电子构型——如 Sn^{2+}，Pb^{2+} 等（次外层为 18 个电子，最外层为 2 个电子）；

（5）9～17 电子构型——如 Fe^{2+}，Mn^{2+} 等，又称为不饱和电子构型。

离子的电子构型对化合物性质有一定的影响。例如，Na^{+} 和 Cu^{+} 的电荷相同，离子半径也几乎相等（分别为 95pm 和 96pm），但 NaCl 易溶于水，CuCl 不溶于水。显然，这是由于 Na^{+} 和 Cu^{+} 具有不同的电子构型所造成的。

4-6 共 价 键
(Covalent Bond)

离子键理论能很好地说明离子化合物的形成和特性，但不能说明相同原子如何形成单质分子，也不能说明电负性相近的元素原子如何形成化合物分子，为了描述这类分子形成的本质特性，提出了另一化学键理论——**共价键理论（Covalent Bond Theory）**。目前广泛采用的共价键理论有两种：**价键理论（Valence Bond Theory）**和**分子轨道理论（Mo-**

lecular Orbital Theory)。

4-6-1　价键理论

价键理论简称 VB 理论，又称电子配对法，是海特勒(W. Heitler)和伦敦(F. London)运用量子力学原理研究 H_2 分子结构的推广。

1927 年德国化学家海特勒和伦敦近似求解 H_2 的薛定谔方程，成功地得到了 H_2 的波函数 ψ_S 和 ψ_A、相应的能量 E_S 和 E_A 以及能量与核间距 R 的关系(图 4-12)。

电子自旋方向相反的氢原子 A 和 B 相互靠近时，由于电子的波动性，两个原子轨道相互重叠，形成分子波函数 ψ_S，处于 ψ_S 中的电子配对。这时电子既受 A 核的吸引又受 B 核的吸引，因此形成 H_2 以后体系能量降低。在核间距为 R_0 时体系能量最低。两核继续靠近时，因核间库仑斥力增大，体系能量上升。如将两个氢原子无穷远处的能量定为零，则 $R=R_0$ 时的能量 E_S 为一负值，说明处于 ψ_S 状态的氢分子是稳定存在的。这种状态称为基态，亦称吸引态。

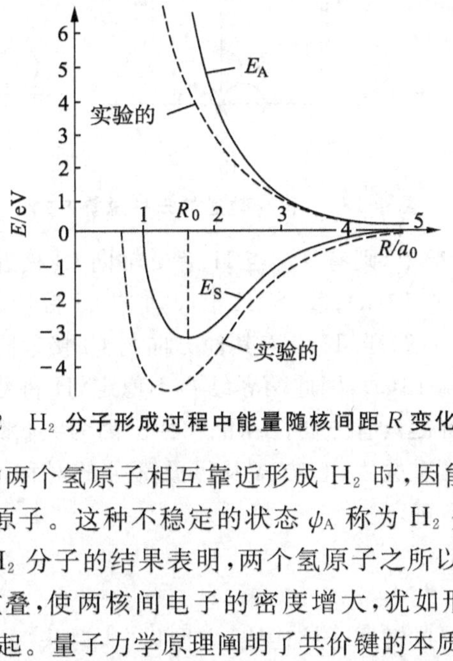

图 4-12　H_2 分子形成过程中能量随核间距 R 变化示意图

电子自旋方向相同的两个氢原子相互靠近形成 H_2 时，因能量始终高于原子状态而不稳定，会自动分解成氢原子。这种不稳定的状态 ψ_A 称为 H_2 分子的排斥态。海特勒和伦敦运用量子力学研究 H_2 分子的结果表明，两个氢原子之所以能形成稳定的氢分子，是因为两个原子轨道互相重叠，使两核间电子的密度增大，犹如形成的一个电子桥把两个氢原子核牢牢地结合在一起。量子力学原理阐明了共价键的本质，这是一个极大的成就。

在化学研究中，为了描述共价键的性质，人们引入一些称为键参数的物理量来表征，如键能、键长和键角。在 $p^{\ominus}$ 和 298K 条件下，将 1mol 气态 AB 分子的共价键断开，生成气态 A、B 原子所需要的能量，称为**键能**(单位为 $kJ \cdot mol^{-1}$)。键能的数据通常是由热化学方法得到，只是一种近似值。一般来说，键能越大，键越牢固，分子也越稳定。分子内构成共价键的两原子之间的核间距称为**键长**(单位为 pm)。键长可以通过量子化学理论计算，也可以由实验测定。一般来说键长越短，键越强，键越牢固。多原子分子中键与键之间的夹角称为**键角**(单位为°)。键长和键角是反映分子空间结构的重要参数。如果已知一个分子的所有键长和键角，其几何形状也就确定了。

一、价键理论

把对 H_2 的研究结果推广到多原子分子，便形成了价键理论。

（1）含有不同自旋未成对电子的原子相互接近时，可形成稳定的化学键。

如当两个氢原子互相接近时，它们各有一个未成对的电子，如自旋方向不同，即可配对成键形成 H_2(H—H)分子。氮原子有三个未成对电子，因此可以同另一个氮原子的三个未成对电子配对形成 N_2(N≡N)分子。

（2）在形成共价键时，一个电子和另一个电子配对后，就不再和第三个电子配对，这就是共价键的饱和性。

（3）原子在形成分子时，原子轨道重叠得越多，则形成的化学键越稳定。因此，原子轨道重叠时，在核间距一定的情况下，总是沿着重叠最多的方向进行，因此共价键有方向性。

以 HCl 分子的成键过程为例：氢原子只有一个 1*s* 电子，其原子轨道角度分布图是球形的，而氯是 17 号元素，电子构型为 $1s^2 2s^2 2p^6 3s^2 3p^5$，3*p* 轨道有一个未成对电子（假设处于 $3p_x$ 轨道），则成键的电子应是氢原子的 1*s* 电子与氯原子的 $3p_x$ 电子，其原子轨道的重叠方式有如图 4-13 所示的几种方式。

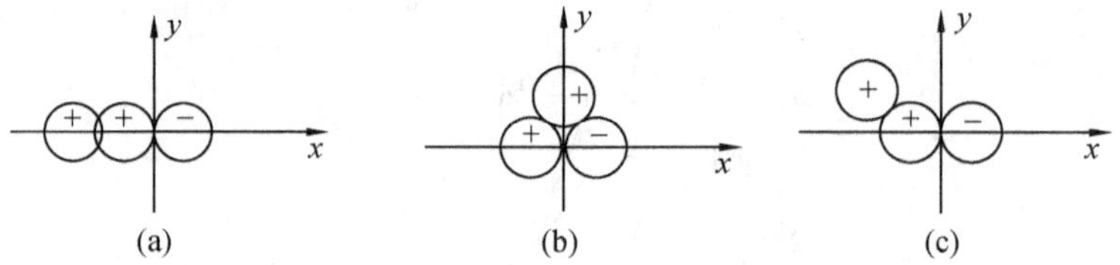

图 4-13　*s* 和 *p* 轨道的三种重叠方式

在两核距离一定的情况下，则有：① 当 H 沿 *x* 轴向 Cl 接近时，原子轨道可达最大重叠，生成稳定的分子，见图 4-13(a)；② 当 H 沿 *y* 轴向 Cl 接近时，原子轨道重叠最少，因此不能成键，见图 4-13(b)；③ 当 H 沿着其他方向与 Cl 接近时，也达不到像沿 *x* 方向接近时重叠的那么多，见图 4-13(c)，因此两者结合不稳定，H 将移向 *x* 方向。

由上述讨论可知，共价键具有方向性和饱和性。因为共价键的形成是原子轨道相互重叠的结果，所以根据轨道重叠方向、方式及重叠部分的对称性可将共价键划分为不同类型，最常见的是 σ 键和 π 键。

二、共价键的类型

1. σ 键

两个原子轨道沿键轴（成键原子核连线）方向以"头碰头"的方式进行同号重叠，所形成的键叫 σ 键。σ 键原子轨道对键轴呈圆柱形对称（沿键轴方向旋转任何角度，轨道的形状、大小、符号都不变，这种对称称圆柱形对称），如图 4-14(a)所示。

2. π 键

两个原子轨道沿键轴方向以"肩并肩"的方式在键轴两侧平行同号重叠，所形成的键叫 π 键。π 键原子轨道重叠部分对等地分布在包括键轴在内的对称平面上下两侧，呈镜面反对称（重叠部分在镜面两侧的形状、大小相同，符号相反，这种对称性叫镜面反对称），如图 4-14(b)所示。由两个 *d* 轨道重叠，还可以得到 δ 键，这里不再介绍。

共价单键一般是 σ 键。在共价双键和叁键中，除了 σ 键外，还有 π 键。一般单键是一个 σ 键；双键是一个 σ 键、一个 π 键；叁键是一个 σ 键、两个 π 键。表 4-8 给出了 σ 键和 π 键的一些特性。

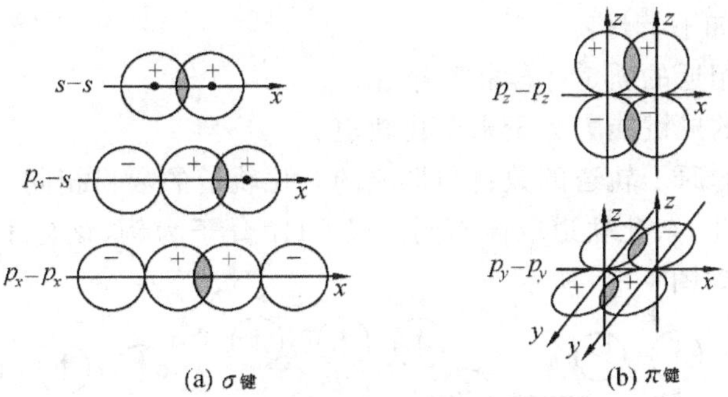

图 4-14　σ键与π键(重叠方式)示意图

表 4-8　σ与π键的某些特征比较

键的类型	σ键	π键
原子轨道重叠方式	沿键轴方向相对重叠	沿键轴方向平行重叠
原子轨道重叠部位	两原子核间,在键轴处	键轴上方和下方,键轴处是零
原子轨道重叠程度	大	小
键的强度	较大	较小
化学活泼性	不活泼	活泼

从表 4-8 可以看出,与σ键相比,π键化学反应性活泼。当条件合适时,分子可打开双键发生加成反应。打开双键实际上只是打开π键,σ键保留。

3. 配位键

配位键是由一个原子单独提供电子对为两个原子所共用而形成的共价键。因此,配位键又称配位共价键。配位键也具有共价键的特征:方向性与饱和性。配位键用箭头"→"表示,箭头方向由提供电子对的原子指向接受电子对的原子。

形成配位键需要满足的条件是:提供共用电子对的原子有孤对电子,而另一原子有空轨道。例如,在 CO 分子中,C 原子的两个未成对 $2p$ 电子与 O 原子的两个未成对 $2p$ 电子形成两个共价键,此外还有 O 原子的孤对电子与 C 原子的一个 $2p$ 空轨道形成一个配位键。CO 可表示为 C$\leftleftarrows$O。

价键理论虽然解释了许多实验事实,但该理论也有局限性。如解释在天然气中占 97% 的甲烷(CH_4)的结构时就遇到困难。甲烷是正四面体结构,四个 C—H 键的键长均为 109.1pm,键角均为 109°28′。如果按价键理论,碳原子具有两个未成对电子,只能与两个氢原子形成 CH_2 分子,且键角应是 90°,这与实验事实是不符合的。在 BCl_3,$HgCl_2$ 分子中也有类似情况。为了解释这些事实,1931 年美国化学家鲍林和斯莱特提出了轨道杂化理论。

4-6-2　轨道杂化理论(Orbital Hybridization Theory)

轨道杂化理论认为:原子在形成分子时,为了增强成键能力使分子稳定性增强,趋向于将不同类型的原子轨道重新组合成能量、形状和方向与原来不同的新的原子轨道。这种重新组合称为**轨道杂化(Orbital Hybridization)**,杂化后的原子轨道称为**杂化轨道(Hybridization Orbital)**。

杂化轨道具有如下特性：

(1) 只有能量相近的轨道才能相互杂化。

(2) 杂化轨道的成键能力大于未杂化轨道。

(3) 参加杂化的原子轨道的数目与形成的杂化轨道的数目相同。

不同类型的杂化，杂化轨道取向不同。以 CH_4 分子为例，该分子中碳原子的四个杂化轨道的形成过程如图 4-15 所示。

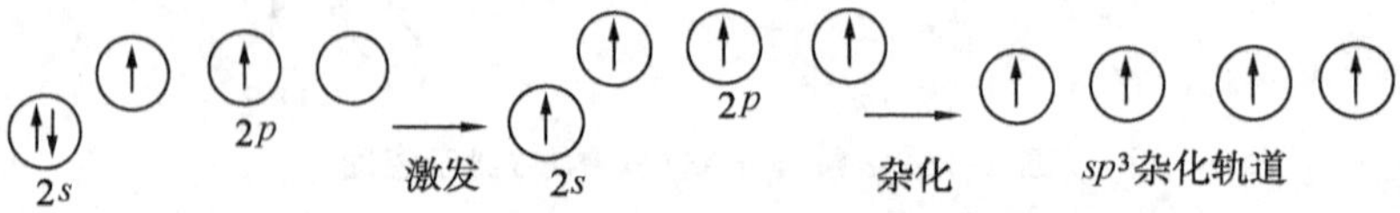

图 4-15　CH_4 分子中碳原子的 sp^3 杂化轨道形成示意图

一个 $2s$ 电子首先被激发到 $2p$ 轨道上，然后 1 个 s 轨道与 3 个 p 轨道杂化形成 4 个能量相同的 sp^3 杂化轨道。sp^3 杂化轨道的形状及 4 个 sp^3 杂化轨道的空间取向，见图 4-16(a)和(b)。由图 4-16 可知，杂化轨道不仅形状与原来原子轨道不同，轨道的空间取向也发生了变化，因此原子成键的方向也发生了改变。这正是分子呈现一定几何构型的原因所在。不仅如此，杂化还可以提高原子轨道的成键能力（成键时是用杂化轨道的“大头”部分进行重叠，重叠多，键能就大）。可见采用杂化轨道成键时，由于体系能量下降很多，分子变得更加稳定。

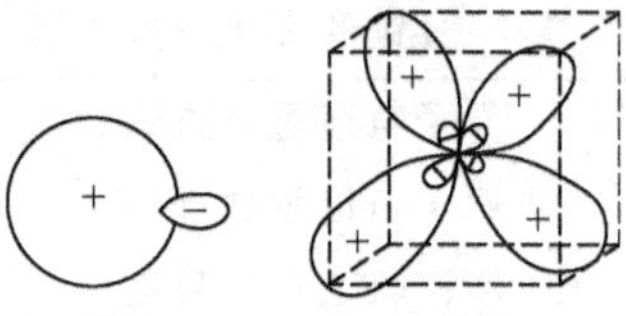

图 4-16　sp^3 杂化

常遇到的杂化类型有 sp 型、dsp 型和 spd 型。sp 型又可分为 sp，sp^2 和 sp^3 杂化；dsp 型中有 d^2sp^3 杂化，它是由 $(n-1)d$，ns，np 轨道组成的，副族元素常用未充满的 $(n-1)d$ 轨道参与这种杂化；spd 型中有 sp^3d 和 sp^3d^2 杂化，它是由 ns，np 和 nd 原子轨道组成的，主族元素常用其能量稍高的最外层空的 d 轨道参与这种杂化。

一、sp 杂化

以 $HgCl_2$ 为例。汞原子的外层电子构型为 $6s^2$，当受到一个微小的扰动时，$6s$ 轨道上的一个电子便被激发到 $6p$ 空轨道上，1 个 s 轨道和 1 个 p 轨道进行组合，即由两个原子轨道相加或相减构成两个等价的互成 180°的 sp 杂化轨道。sp 杂化轨道的形状与 sp^3 杂化轨道类似，也是一头大一头小。汞原子的两个 sp 杂化轨道分别与两个氯原子的 $3p_x$ 轨道重叠（假设三个原子核连线方向是 x 方向），形成两个 σ 键。$HgCl_2$ 是直线形分子，见图 4-17。

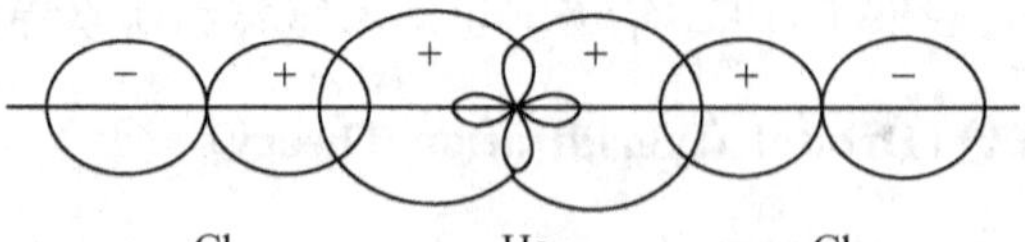

图 4-17　$HgCl_2$ 分子直线形构型示意图

二、sp^2 杂化

以 BF_3 分子为例。中心原子硼的外层电子构型为 $2s^22p^1$。在形成 BF_3 分子的过程中，B 原子的 1 个 $2s$ 电子被激发到 1 个空的 $2p$ 轨道上，且硼原子的 1 个 $2s$ 轨道和 2 个

$2p$ 轨道杂化，形成 3 个 sp^2 杂化轨道。这 3 个杂化轨道互成 120°的夹角并分别与氟原子的 $2p$ 轨道重叠，形成 σ 键，构成平面三角形分子，见图 4-18。

(a) 平面三角形结构的 BF_3 分子　　(b) sp^2 杂化轨道的形状与空间取向

图 4-18　BF_3 分子结构示意图

三、sp^3 杂化

CH_4 分子中的碳原子就是以 sp^3 杂化轨道与氢原子的 $1s$ 轨道重叠成键的。而且，4 个 sp^3 杂化轨道是完全等同的，即是 sp^3 等性杂化。所谓**等性杂化（Equivalent Hybridization）**是指参与杂化的原子轨道对每个杂化轨道的贡献相等，或者说每个杂化轨道的成分相同，形状也完全一样，否则就是**不等性杂化（Non-equivalent Hybridization）**了。NH_3 和 H_2O 分子中的 N，O 原子则采用不等性 sp^3 杂化。NH_3 分子中的 N 原子以 3 个 sp^3 杂化轨道与 3 个 H 原子形成 σ 键，有 1 个 sp^3 杂化轨道被孤对电子占据；H_2O 分子中的 O 原子以 2 个 sp^3 杂化轨道与 2 个 H 原子形成 σ 键，有 2 个 sp^3 杂化轨道被孤对电子占据。

由于孤对电子只受氧或氮原子核的吸引（即 1 个核的吸引），因此孤对电子更靠近氧或氮原子核，对成键电子有较大的排斥作用，致使 NH_3 分子中的 N—H 键角和 H_2O 分子中的 O—H 键角受到了“压缩”，故 CH_4，NH_3 和 H_2O 分子中相应的键角∠HCH（109°28′）、∠HNH（107°）、∠HOH（104°40′）依次变小，见图 4-19。

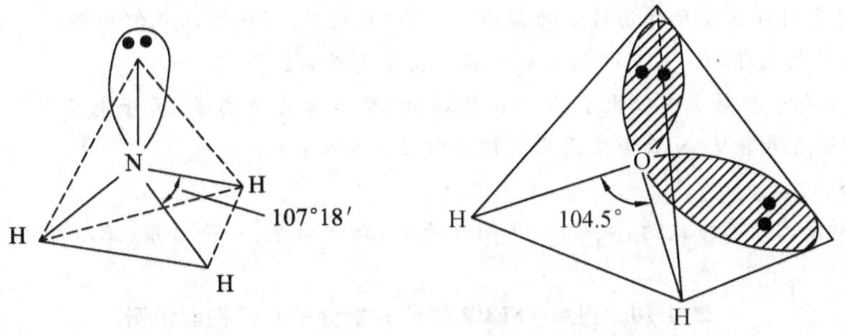

图 4-19　NH_3 和 H_2O 分子的成键示意图

杂化，特别是不等性杂化，在多原子分子中是较为普遍的。与未杂化的情况相比，杂化会对分子的性质产生一定影响。在分子的几何构型方面，由于杂化轨道的成键通常在分子中形成 σ 键骨架，因此分子的几何构型基本上是由杂化类型所决定的。此外，杂化对键长、键能、电负性以及键的极性等都有影响。用轨道杂化理论还可以解释钙钛矿型晶体具有压电效应的原因等。

表 4-9 汇总了五种常见的杂化轨道。此外，过渡元素原子$(n-1)d$ 轨道与 ns，np 轨道还能形成其他类型的杂化轨道，这些将在配位化合物中介绍。

表 4-9　杂化轨道类型和轨道形状

杂化类型	轨道数	轨道形状	实例
sp	2	直线形	$HgCl_2$
sp^2	3	等边三角形	BF_3
sp^3	4	正四面体	CH_4
sp^3d	5	三角双锥形	PCl_5
sp^3d^2	6	正八面体	SF_6

从上面的讨论可知，轨道杂化理论既可以较好地解释一些多原子分子的某些性质，又可以说明一些多原子分子为什么具有那样的几何构型。但是，用轨道杂化理论去预测分子的几何构型却比较困难。分子的几何构型与物质的物理性质、化学性质乃至生物性质都有密切关系。现在，测定分子几何构型的实验技术已得到了很大发展，同时在理论上通过量子化学计算，也可以得出一些有关分子构型的数据。利用价层电子对互斥理论(VSEPR)，不用复杂的计算，只要知道分子中中心原子上的价层电子对数，就可以推测一些分子的几何构型。对于简单的多原子分子或离子来说，用这种理论推测所得的分子空间构型与实验事实相符。

价层电子对互斥理论(Valence Shell Electron Pair Repulsion，VSEPR)是在1940年由西奇威克(N. V. Sidgwick)和鲍威尔(H. M. Powell)提出来的，主要用于分析主族元素化合物，如 I_3^-，BF_3，CH_4，IF_5，SF_6 等。其基本要点为：

(1) 中心原子 A 与 m 个配位原子 X 组成 AX_m 构型单中心共价分子(或离子)时，分子的空间构型取决于中心原子 A 的价层电子对数(Valence Pair Number，VPN)。VPN 包含成键电子对和未成键孤电子对。

(2) 价层电子对相互排斥作用最小的构型为分子(或离子)所采取的几何构型。

VPN＝(A 的价电子数＋X 提供的价电子数±离子电荷)/2

其中 A 的价电子数等于中心原子 A 所在的族数；整体若为负离子，离子电荷前取正号，若为正离子，离子电荷前取负号。VPN 数与空间几何构型对应关系为：

VPN＝2、3、4、5、6

价层电子对空间排布方式为：直线形、平面三角形、正四面体、三角双锥、正八面体。一些实例如表4-10所示。

表 4-10　利用 VSEPR 理论分析分子几何构型示例

	$BeCl_2$	$AlCl_3$	H_2S	NH_4^+	IF_3	I_3^-
价层电子总数	4	6	8	8	10	10
VPN	2	3	4	4	5	5
电子对构型	直线形	三角形	正四面体	正四面体	三角双锥	三角双锥
分子构型	直线形	三角形	“V”字形	正四面体	“T”字形	直线形

(3) 价层电子对间斥力大小由电子对间夹角和价层电子对间斥力类型决定。电子对间夹角越小，斥力越大。电子对间斥力大小顺序为：孤电子对—孤电子对＞孤电子对—成键电子对＞成键电子对—成键电子对。

通常在讨论分子结构时，可以先用 VSEPR 理论判断分子的几何构型，再用杂化轨道理论分析成键情况。

4-6-3　分子轨道理论(Molecular Orbital Theory)

现代价键理论强调了分子中相邻原子间因共享配对电子而成键。但由于这一理论过于强调两原子间的电子配对,而表现出了一定的局限性。分子轨道理论是由美国化学家慕利肯(R. S. Mulliken)等人约在 1932 年创立的(荣获 1966 年诺贝尔化学奖)。分子轨道理论强调分子的整体性。分子轨道理论认为分子中的电子是在整个分子空间范围内运动的(或者说是属于整个分子所共有的)。分子的状态可用分子波函数来描述,分子的单电子波函数又称**分子轨道(Molecular Orbital)**(简称 MO)。

一、分子轨道理论的基本要点

(1) 分子中电子的运动状态可用分子波函数(也叫分子轨道)来描述。

(2) 分子轨道可由**原子轨道线性组合(Linear Combination of Atomic Orbitals)**得到。分子轨道的总数等于组成分子轨道的原子轨道数的总和。

(3) 不同的原子轨道要有效地组成分子轨道,必须满足**能量相近(Principle of Comparable Energy)**、**轨道最大重叠(Principle of Maximum Overlap)**和**对称性匹配(Principle of Equivalent Symmetry)**等条件。

所谓能量相近,是指只有能量相近的原子轨道才能有效地组成分子轨道。如由两个氧原子组成一个氧分子时,两个 1*s* 原子轨道(能量相同)可以组成两个分子轨道,两个 2*s* 原子轨道(能量相同)可以组成两个分子轨道,而 1*s* 和 2*s* 原子轨道就不能有效组成分子轨道,因为它们的能量相差较大(图 4-20(a))。

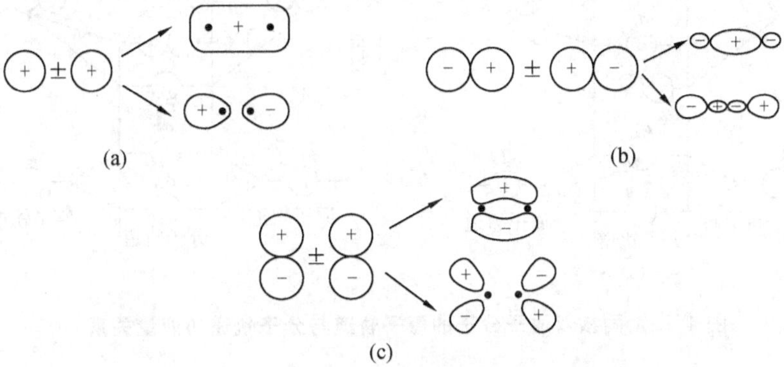

图 4-20　原子轨道组成分子轨道示意图

所谓轨道最大重叠,与价键理论一样,即轨道重叠越多越稳定。因此要有效成键,轨道必最大重叠。如氧原子有 3 个 2*p* 轨道,当两个氧原子组成分子时,两个 $2p_x$ 轨道(假设键轴方向为 x 方向)应是沿键轴方向进行重叠(可达最大重叠),形成一个 σ 分子轨道(见图 4-20(b)),而另两个 2*p* 轨道只能垂直键轴方向平行重叠,形成两个 π 分子轨道(图 4-20(c))。

对称性匹配条件可由图 4-21 看出。在图 4-21 中,(b)、(d)、(e)都是同号重叠,我们称它们是对称性匹配,可以有效成键;而(a)、(c)有一部分是同号重叠(使体系能量降低),另一部分是异号重叠(使体系能量升高),因此总的说来这种重叠并没有带来能量的变化,因而不能有效成键。

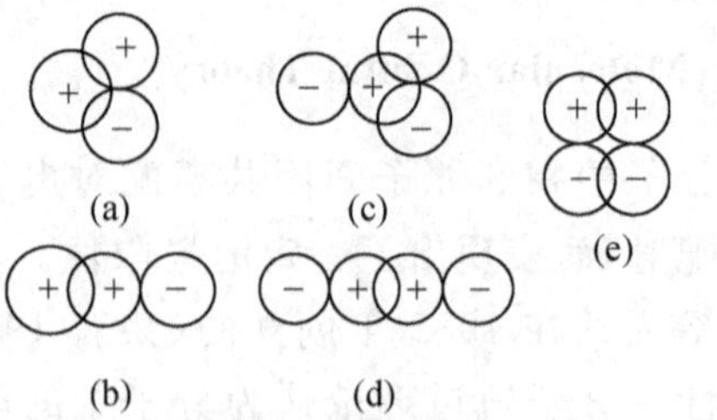

图 4-21　轨道对称性匹配条件示例

可从原子轨道的对称性角度考虑理解对称性匹配条件。

分子中电子所处的状态（电子分布）也遵循能量最低原理、保里不相容原理和洪特规则。根据上述要点，就可以知道某一分子可能具有的分子轨道以及它们的能级分布情况，并了解其中的电子分布情况。将分子中的各分子轨道按能级高低顺序用轨道图表示，就得到分子轨道能级图（**Molecular Orbital Energy Diagrams**）。

图 4-22(a)适用于 B_2、C_2、N_2 等分子，它们原子中的 $2s$、$2p$ 轨道能量相差较小，分子中电子的填充顺序为：$(\sigma_{1s})(\sigma_{1s}^*)(\sigma_{2s})(\sigma_{2s}^*)(\pi_{2p_y})(\pi_{2p_z})(\sigma_{2p_x})(\pi_{2p_y}^*)(\pi_{2p_z}^*)(\sigma_{2p_x}^*)$；

图 4-22(b)适用于 O_2、F_2 等分子，它们原子中的 $2s$、$2p$ 轨道能量相差较大，分子中电子的填充顺序为：$(\sigma_{1s})(\sigma_{1s}^*)(\sigma_{2s})(\sigma_{2s}^*)(\sigma_{2p_x})(\pi_{2p_y})(\pi_{2p_z})(\pi_{2p_y}^*)(\pi_{2p_z}^*)(\sigma_{2p_x}^*)$。

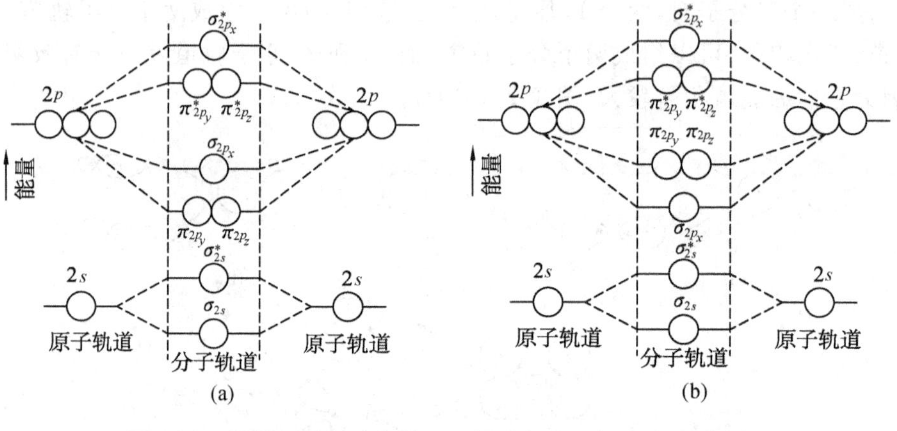

图 4-22　同核双原子分子的原子轨道与分子轨道的能量关系

二、同核双原子分子的结构

1. 氢分子

两个氢原子在形成氢分子过程中，两个氢原子的自旋相反的两个 $1s$ 电子进入能量最低的分子轨道 σ_{1s}，组成分子后系统的能量比组成分子前系统的能量要低，因此氢分子能稳定存在（这是氢分子的基态），见图 4-23。

2. 氦分子

假如氦能形成双原子分子，则应有如图 4-24 所示的电子分布。即 σ_{1s} 与 σ_{1s}^* 皆填满电子，能量净增加为零。所以氦原子没有结合成双原子分子的倾向，事实也确是如此，单质的氦是以单原子分子的形式存在的，而不存在双原子分子 He_2。

3. 锂分子

锂分子中共有 6 个电子，它们分别进入 σ_{1s}，σ_{1s}^* 和 σ_{2s} 轨道。进入 σ_{1s} 和 σ_{1s}^* 中的电子能量互相“抵消”，在成键过程中不起作用；进入 σ_{2s} 的两个电子对成键有贡献，因此图 4-25 只画出外层两个 2s 原子轨道组成的分子轨道以及其中电子分布的情况（下面对其他分子也作类似处理）。由于总的结果相当于两个电子进入成键轨道，体系能量降低，因此 Li_2 分子可以存在。事实上在锂蒸气中确实存在 Li_2 分子。

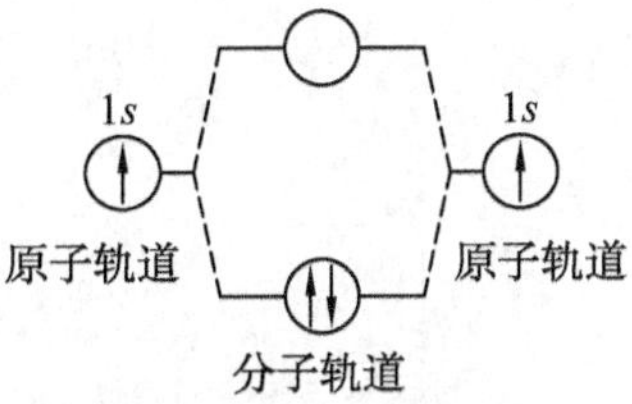

图 4-23 H_2 分子轨道示意图

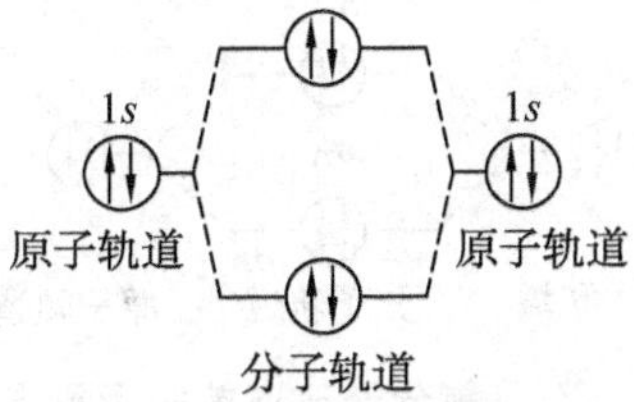

图 4-24 He_2 分子轨道（不稳定）示意图

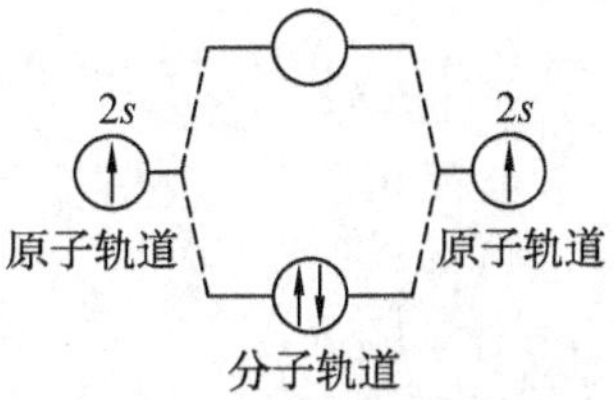

图 4-25 Li_2 分子轨道示意图

4. 氮分子

氮分子的电子分布情况见图 4-26，其分子轨道表示式为

$$N_2:[KK(\sigma_{2s})^2(\sigma_{2s}^*)^2(\pi_{2p_y})^2(\pi_{2p_z})^2(\sigma_{2p_x})^2]$$

其中 KK 代表两个原子的内层 1s 电子基本上维持原子轨道的状态（两个分子轨道能级相差很小），后面圆括号右上角的数值表示各分子轨道中占有的电子数。总的结果相当于形成一个 σ 键，两个 π 键。

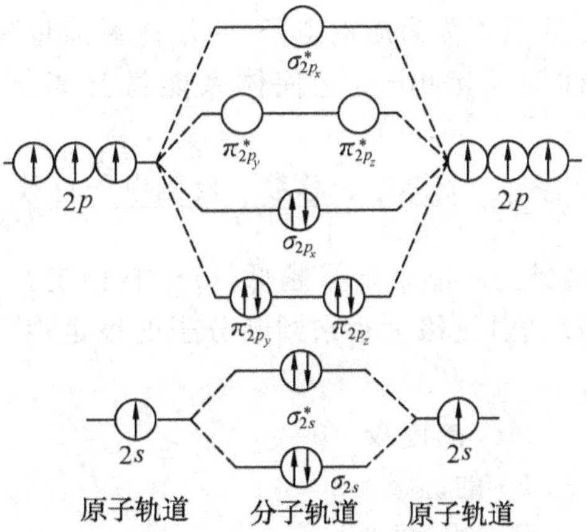

图 4-26 氮分子轨道能级示意图

5. 氧分子

氧分子中电子的分布情况见图 4-27，也可写成如下形式：

$$O_2[KK(\sigma_{2s})^2(\sigma_{2s}^*)^2(\sigma_{2p_x})^2(\pi_{2p_y})^2(\pi_{2p_z})^2(\pi_{2p_y}^*)^1(\pi_{2p_z}^*)^1]$$

在氧分子中，σ_{2p_x} 的两个电子对于成键有贡献，形成一个 σ 键；$(\pi_{2p_y})^2(\pi_{2p_y}^*)^1$ 和 $(\pi_{2p_z})^2(\pi_{2p_z}^*)^1$ 各有三个电子，可看成是形成两个三电子 π 键，每个三电子 π 键有两个电子在成键轨道，有一个电子在反键轨道，相当于半个键。氧分子的活泼性和它存在三电子 π 键有一定关系（电子未配对，分子轨道未填满电子）。

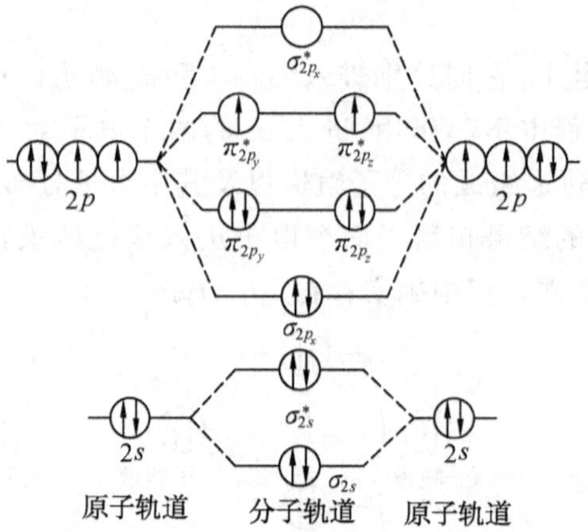

图 4-27　氧分子轨道能级示意图

6. 氟分子

氟分子中电子的分布情况为：

$F_2[KK(\sigma_{2s})^2(\sigma_{2s}^*)^2(\sigma_{2p_x})^2(\pi_{2p_y})^2(\pi_{2p_z})^2(\pi_{2p_y}^*)^2(\pi_{2p_z}^*)^2]$

由于氟分子具有净余单键(因反键轨道的能量略高于成键轨道的能量,故氟分子实际的键级不到1,所以称净余单键),因此非常活泼。在一般情况下,几乎能和所有元素化合,从而增加了单质氟被发现的难度。

三、分子轨道理论应用

1. 分子稳定性判断

把占据在成键轨道上的电子称为成键电子,它使体系能量降低,起着成键作用;把占据在反键轨道上的电子称为反键电子,它使体系能量升高。定义双原子分子的**键级(Bond Order)**为：

$$键级=\frac{成键电子总数-反键电子总数}{2}$$

键级越大,成键电子数越多,体系能量越低,分子越稳定。可见,键级是衡量化学键相对强弱的重要参数,可以通过键级大小来判断分子的稳定性。上述六个分子的键级分别为：

H_2 的键级=1　　He_2 的键级=0

Li_2 的键级=1　　N_2 的键级=3

O_2 的键级=2　　F_2 的键级=1

其中 He_2 的键级为零意味着不存在化学键。N_2 的键级为 3,而且无孤对电子,最外层还是 σ 键,形成的键很稳定,从而造成合成氨的困难。

2. 磁性判断

物质的磁性指其在外加磁场中表现出来的性质。其中,有顺磁性的物质在外加磁场作用下会被外加磁场吸引,并向磁场方向移动。研究表明,分子的顺磁性是由未成对电子的存在所引起的。

例如，将少量液氧倒在水面上，液氧在水面上剧烈汽化。此时在液氧上方放一块磁铁，原本在水面上游荡的液氧液珠可以被磁铁吸引着运动，还可以被吸起来。这个实验现象说明 O_2 分子具有顺磁性。根据分子轨道理论分析发现，O_2 分子中存在两个未成对电子，在磁场中电子自旋产生的磁效应不能抵消，所以 O_2 是顺磁性的。而 H_2 和 N_2 分子中所有电子都已成对，电子自旋产生的磁效应彼此抵消，在外加磁场下呈现反磁性。

4-7　金　属　键
(Metal-metal Bond)

在 100 多种化学元素中，金属约占 80%。它们有很多共同的性质，如有金属光泽，不透明，良好的导电、导热性和延展性等。金属的性质是由其内部结构所决定的。

在金属晶格中，每个原子要被 8 个或 12 个相邻原子所包围，而金属原子只有少数价电子(一般只有 1 个或 2 个价电子)能用于成键，这样少的价电子不足以使金属原子之间形成常规的共价键或离子键。为了说明金属原子之间的联结方式，下面简单介绍金属键的改性共价键理论和能带理论。

一、改性共价键理论

金属键的改性共价键理论认为：金属原子容易失去价电子，所以在金属晶格中既有金属原子又有金属离子，在这些原子和离子之间，存在着从原子上脱落下来的电子。这些电子可以自由地在整个金属晶格内运动，可称之为“自由电子”。由于自由电子不停地运动，把金属的原子和离子“黏合”在一起形成了金属键。

金属键可看作少电子多中心键——改性共价键。但是金属键不具有方向性和饱和性。

改性共价键理论可较好地定性解释金属的共性。金属中的自由电子可以吸收可见光，然后又把大部分各种波长的光发射出去，因而金属一般不透明且呈银白色。金属具有的良好的导电和导热性也与自由电子的运动有关。金属键不固定于两个质点之间，因此质点相对滑动时不会破坏金属的密堆积结构，这就是金属有延展性和良好的机械加工性能的原因。

*二、能带理论

由于改性共价键理论难以定量，随着量子力学的应用，又发展出金属键的能带理论。

根据分子轨道理论，整个分子晶体可视为一个整体，晶体中的电子是在整个晶体内运动，或者说为整个金属大分子所共有(电子是离域的)。量子力学计算表明，晶体中若有 n 个原子轨道，由于原子间的相互作用，对应组成 n 条能量十分接近的分子轨道，这 n 条分子轨道就称为一个能带。如图 4-28 所示，在金属锂晶体中，n 个锂原子的 n 个 $2s$ 原子轨道建立的 n 个分子轨道之间能量差别很小，可认为在能量上是连续的，就构成了 $2s$ 能带。

电子按照分子轨道理论中电子排布规则填充在这些能带中。分子轨道中全部充满电子的能带称为**满带**，分子轨道中全都没有电子的能带称为**空带**，分子轨道中部分地充满电子的能带称为**导带**，价电子占据的能带称为**价带**。价带可以是满带，也可以是导带。两条不同的能带之间的能量间隙称为**禁带**或**能隙**。

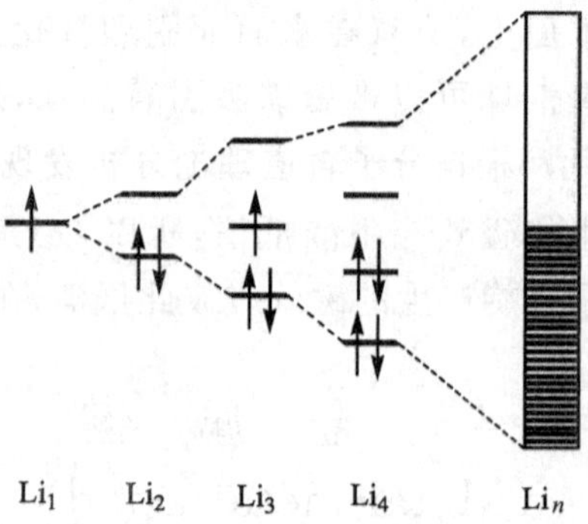

图 4-28　金属晶体中的能带模型

通过能带理论可以说明金属的导电性。例如，在金属 Na 晶体中，$1s$、$2s$ 和 $2p$ 能带为满带，$3s$ 能带是导带，而 $3p$ 能带是空带。在外电场作用下，电子会获得能量后朝着与电场相反的方向流动。满带中的电子无法跃迁，不能导电；空带中没有电子，也不能导电。导带没有被电子占满，其中的电子获得能量后跃迁到同一能带的空轨道，向正极移动；而导带中失去电子的空轨道形成带正电的空穴，向负极移动，电子和空穴的移动都可引起导电。再如，在金属 Mg 晶体中，$1s$、$2s$、$2p$ 和 $3s$ 是满带，$3p$ 能带是空带，由于 $3s$ 和 $3p$ 轨道的能带重叠，从 $3s$ 和 $3p$ 总体来看，也属于导带，因此也可以导电。

根据能带中电子填充情况和禁带宽度，物质可分为导体、绝缘体和半导体（图 4-29）。导体的能带结构特征是具有导带。绝缘体（如金刚石）只有满带和空带，且满带和空带之间的禁带较宽（一般 $\Delta E \geqslant 5\text{eV}$），因此不能导电。半导体（如硅和锗）虽然也只有满带和空带，但是禁带宽度较窄（一般 $\Delta E \leqslant 3\text{eV}$），在外电场作用下，满带电子激发到空带，形成导带，向正极移动；而原来的满带失去电子产生空穴，向负极移动，即可导电。

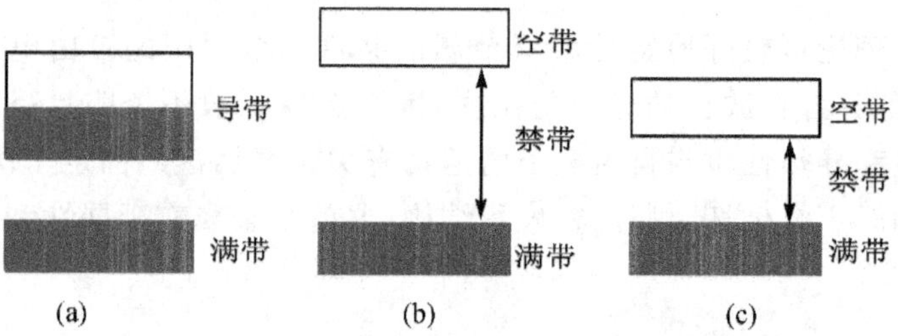

图 4-29　导体（a）、绝缘体（b）和半导体（c）的能带模型

4-8　分子间力和氢键
(Intermolecular Force and Hydrogen Bond)

早在 1873 年，荷兰物理学家范德华（J. D. Van Der Waals）就注意到分子间力的存在，并进行了卓有成效的研究，所以人们称**分子间力（Intermolecular Force）**为**范德华力（Van Der Waals Force）**。

相对化学键力来说，分子间力相当微弱，一般每摩尔在几到几十千焦，而通常共价键能量约为 150～500kJ·mol^{-1}。然而就是分子间这种微弱的作用力对物质的熔点、沸点、表面张力和稳定性等都有相当大的影响。1930 年伦敦应用量子力学原理阐明了分子间力的本质是一种电性引力。为了说明这种引力的由来，我们先介绍极性分子和非极性分子的相关概念。

4-8-1　分子的极性

任何分子中都有带正电荷的原子核和带负电荷的电子，对于每一种电荷都可以设想其集中于一点，这点叫电荷重心。

正、负电荷重心不重合的分子叫**极性分子(Polar Molecule)**，如 HF 分子，由于 F 的电负性(4.0)大于 H 的电负性(2.1)，故在分子中电子偏向 F，F 端带负电，分子的正、负电荷重心不重合。离子型分子可以看成是它的极端情况。

正、负电荷重心重合的分子叫**非极性分子(Nonpolar Molecule)**，如 H_2，F_2 等。

分子极性的大小常用偶极矩来衡量。偶极矩的概念是由德拜(P. J. W. Debye)在 1912 年提出来的，他将偶极矩 μ 定义为分子中电荷重心(正电荷重心 q^+ 或负电荷重心 q^-)上的电荷量 q 与正负电荷中心距离 d 的乘积：

$$\mu=q\cdot d$$

式中 q 就是偶极上的电荷，单位为 C(库仑)，d 又称偶极长度，单位为 m(米)，偶极矩的单位是 C·m(库·米)。偶极矩是矢量，其方向规定为从正到负。μ 的数值一般在 10^{-30}C·m 数量级。$\mu=0$ 的分子是非极性分子，μ 越大，分子极性越大。测定分子偶极矩是确定分子结构的一种实验方法，德拜(P. J. W. Debye)因创立此方法而荣获 1936 年诺贝尔化学奖。表 4-11 给出了某些分子的偶极矩和几何构型。

表 4-11　某些分子的偶极矩和分子的几何构型

分子	$\mu/(10^{-30}$C·m)	几何构型	分子	$\mu/(10^{-30}$C·m)	几何构型
H_2	0.0	直线形	HF	6.4	直线形
N_2	0.0	直线形	HCl	3.61	直线形
CO_2	0.0	直线形	HBr	2.63	直线形
CS_2	0.0	直线形	HI	1.27	直线形
BF_3	0.0	平面三角形	H_2O	6.23	V 形
CH_4	0.0	正四面体	H_2S	3.67	V 形
CCl_4	0.0	正四面体	SO_2	5.33	V 形
CO	0.33	直线形	NH_3	5.00	三角锥形
NO	0.54	直线形	PH_3	1.83	三角锥形

要注意的是，分子的极性和键的极性并不一定相同。键的极性决定于成键原子的电负性，电负性不同的原子成键，键就有极性。而分子的极性除了与键的极性有关外，还决定于分子的空间结构。对于具有对称性结构的分子，若分子中各键的极性互相抵消，分子就无极性，如 CO_2，CH_4 等；若分子中各键的极性不能互相抵消，分子就有极性，如 H_2O，NH_3 等。

分子是否有极性，对物质的一些性质有影响。这是因为分子的极性不同，分子间的作用力也就不同。

4-8-2 分子间力

分子的极性不同,分子间的作用力也就不同,下面分三种情况进行讨论。

一、非极性分子间的作用力

如图 4-30 所示,当两个非极性分子靠近时,由于分子中的电子在不停地运动,原子核也在不断地振动,因此非极性分子经常出现正、负电荷重心不重合的现象,从而产生偶极矩(瞬时偶极矩)。两个瞬时偶极经常是处于异极相邻的状态(图 4-30(b)),它们之间存在的作用力称为色散力。虽然瞬时偶极存在时间很短,但异极相邻的状态不断地重复着(图 4-30(c)),因此分子间始终存在着色散力。

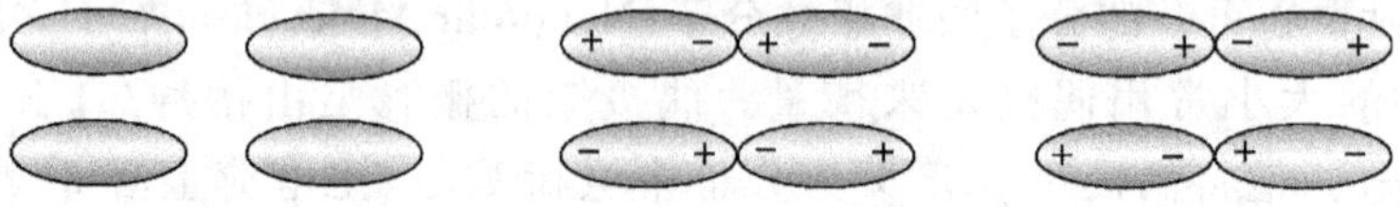

(a) (b) (c)

图 4-30 非极性分子相互作用

二、极性分子和非极性分子间的作用力

当极性分子和非极性分子靠近时(图 4-31(a)),除了色散力的作用外,还存在诱导力。这是由于非极性分子受极性分子的影响,产生了诱导偶极(图 4-31(b))。非极性分子的诱导偶极与极性分子的固有偶极间存在的作用力叫诱导力。同时诱导偶极又可以作用于极性分子,使其偶极的长度增加,从而进一步增强了它们间的吸引力。

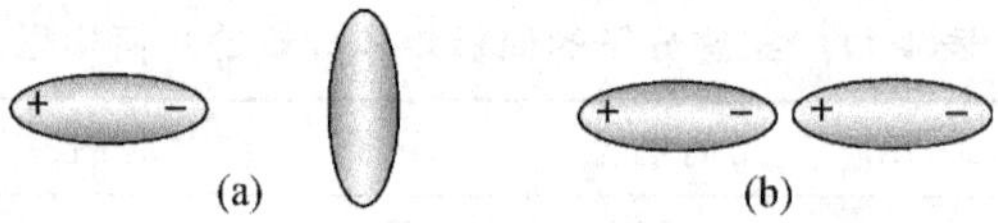

(a) (b)

图 4-31 极性分子与非极性分子相互作用

因此,极性分子与非极性分子之间存在着色散力与诱导力。

三、极性分子间的作用力

当两个极性分子靠近时,除了色散力外,由于它们固有偶极间同极相斥,异极相吸,两个分子在空间就按异极相邻的状态取向(图 4-32(a)、(b))。由于固有偶极取向而产生的分子间力叫取向力。取向力的存在,使极性分子更加靠近(图 4-32(c)),在相邻分子固有偶极的作用下,每个分子的正、负电荷重心进一步分开,产生诱导偶极(图 4-32(d))。因此,极性分子间也存在诱导力。

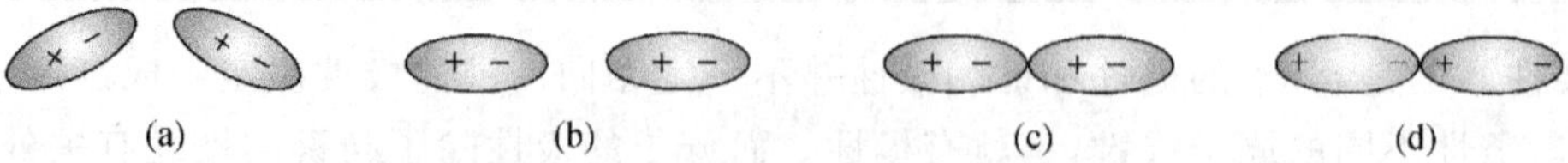

(a) (b) (c) (d)

图 4-32 极性分子间相互作用情况

色散力、诱导力和取向力统称分子间力。其中诱导力和取向力只有当有极性分子参与时才存在,而色散力则普遍存在于任何相互作用的分子间。实验证明,对于大多数分子来说,色散力是主要的,取向力只有对于偶极矩很大的分子才显得较为重要,诱导力通常都是很小的。

一般分子间作用能大都在每摩尔几十千焦范围内，比化学键能(约为每摩尔一百到几百千焦)小得多。这种分子间作用力的作用范围约为 0.3～0.5nm，而且一般不具有方向性和饱和性。

四、分子间力对物质性质的影响

分子间力对物质的物理性质有多方面的影响。液态物质分子间力越大，汽化热就越大，沸点也就越高；固态物质分子间力越大，熔化热就越大，熔点也就越高。除了个别极性很强的分子(如 H_2O)其分子间力以取向力为主外，一般都是以色散力为主。而色散力又与分子的分子量大小有关，分子量越大色散力也就越大(这是因为分子量越大分子的变形性也就越大)，所以稀有气体、卤素等其沸点和熔点都随分子量的增大而升高。

4-8-3 氢键

一、氢键的形成

当氢原子与电负性很大而半径很小的原子(如 F,O,N)形成共价型氢化物时，由于原子间共有电子对的强烈偏移，氢原子几乎呈质子状态。这个氢原子还可以和另一个电负性大且含有孤对电子的原子产生静电吸引作用，这种引力称为**氢键(Hydrogen Bond)**。

氢键的组成可用 X—H…Y 通式表示，式中 X，Y 代表 F，O，N 等电负性大而半径小的原子，X 和 Y 可以是同种元素也可以是不同种元素。H…Y 间的键为氢键，H…Y 间的长度为氢键的键长，拆开 1mol H…Y 键所需的最低能量为氢键的键能。图 4-33 分别表示 HF 分子之间以及邻硝基苯酚分子内部形成的氢键。前者称分子间氢键，后者称分子内氢键。

X—H…Y

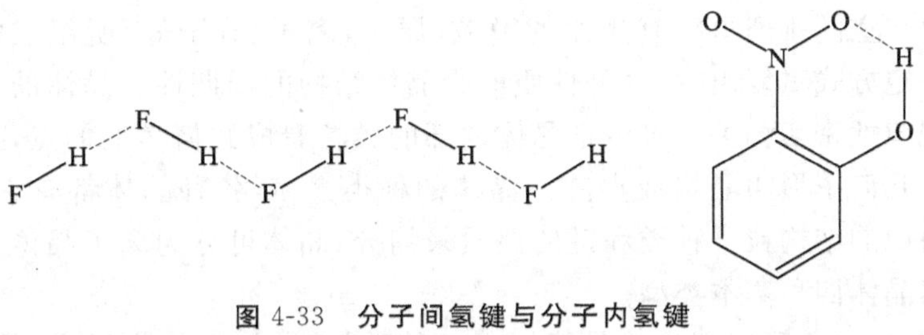

图 4-33 分子间氢键与分子内氢键

氢键不同于分子间力，它有饱和性和方向性。氢键具有饱和性是由于氢的原子半径比 X 或 Y 的原子半径小得多，当 X—H 分子中的 H 与 Y 形成氢键后，X—H…Y 已被电子云所包围，这时若有另一个 Y 靠近则必被排斥，所以每一个 X—H 只能和一个 Y 相吸引而形成氢键。氢键具有方向性是由于 Y 吸引 X—H 形成氢键时，将沿 X—H 键轴的方向，即 X—H…Y 在一直线上。这样的方位使 X 和 Y 电子云之间的斥力最小，形成的氢键较稳定。

二、氢键对物质性质的影响

1. 对熔点、沸点的影响

HF 在卤化氢中，分子量最小，因此其熔、沸点应该最低，但事实上却最高，这就是由于 HF 能形成氢键，而 HCl，HBr，HI 却不能。当液态 HF 汽化时，必须破坏氢键，需要消耗较多能量，所以沸点较高。H_2O 的沸点高也是这一原因。

分子间氢键和分子内氢键对化合物性质的影响往往不同。例如，对位和邻位硝基苯酚的沸点分别为 110℃和 45℃，这是由于前者只能生成分子间氢键，而后者可生成分子内氢键，汽化时不需破坏分子内氢键，因而邻硝基苯酚沸点较低。又如对硝基苯酚在水中的溶解度大于邻硝基苯酚，而两者在苯中的溶解度却相反，这是由于分子内氢键能使分子内电性“中和”，根据相似相溶原理，邻硝基苯酚容易溶于非极性的苯中。

2. 对溶解度的影响

如果溶质分子和溶剂分子间能形成氢键，将有利于溶质分子的溶解。例如乙醇和乙醚都是有机化合物，前者能溶于水，而后者则不溶，这主要是由于乙醇分子中的羟基(—OH)和水分子形成氢键($CH_3—CH_2—OH\cdots OH_2$)，而在乙醚分子中不具有形成分子间氢键的条件。同样，NH_3 分子易溶于 H_2O 也是形成氢键的结果。

3. 对黏度的影响

分子间形成氢键会使黏度增加。如甘油能和其他分子形成几个氢键，所以黏度较大。

4. 对生物体的影响

氢键对生物体的影响极为重要。最典型的是生物体内的 DNA 和蛋白质，氢键对 DNA 和蛋白质维持一定空间构型起到了重要作用。

人们日常所接触的物质，不是单个原子或分子，而是由大量原子、分子组成的聚集态，即通常为人们所熟知的气、液、固等状态。下面将着重讨论在固体中占重要地位的晶体。

4-9 晶体结构
(Crystal Structure)

晶体是由在空间排列得很有规律的微粒(原子、离子、分子等)所组成的。晶体中微粒的排列按一定方式重复出现，这种性质称为晶体结构的周期性。晶体的一些特性与其微粒排列的规律性密切相关。可以把晶体内部的微粒看成几何学上的点，把这些点按一定规则组成的几何图形叫晶格或点阵。晶体的种类繁多，各种晶体都有它自己的晶格。但如果按晶格中的结构粒子种类和键的性质来划分，晶体可分为离子晶体、分子晶体、原子晶体和金属晶体四种基本类型。

在以下的讨论中，我们都是从晶格结点上的微粒、微粒间的作用力、晶体类型、熔点高低以及导电性等几个方面进行讨论。离子晶体、原子晶体和分子晶体某些性质的比较见表 4-12。

表 4-12　离子晶体、原子晶体和分子晶体某些性质的比较

晶体类型	晶格结点上的粒子	粒子间的作用力	熔点	硬度	熔融时导电性	例
离子晶体	正、负离子	离子键	较高	较大	导电	NaCl
原子晶体	原子	共价键	高	大	不导电	金刚石
分子晶体	分子	分子间力、氢键	低	小	不导电	CO_2
金属晶体	原子、离子	金属键	不一定	不一定	导电	Na，Au，W

4-9-1 离子晶体(Ionic Crystal)

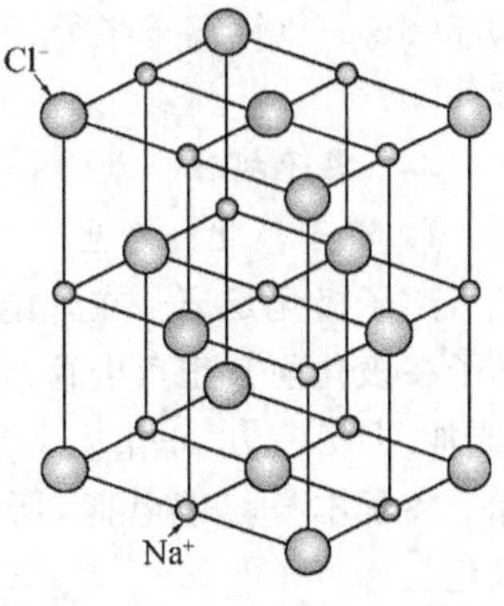

图 4-34 NaCl 的晶体结构

典型的离子晶体是指由带电的正离子和负离子通过离子键相互作用形成的晶体。晶格结点上的粒子间的作用力为离子键。表征共价键的强度用键能,而表征离子键的强度可用晶格能。晶格能 U 是气态正离子和气态负离子结合成 1mol 离子晶体时所释放的能量。晶格能的大小常用来比较离子键的强度和晶体的牢固程度。离子化合物的晶格能越大,表示正、负离子间结合力越强,晶体越牢固。因此,晶体的熔点越高,硬度越大。

在此主要讨论三种典型的结构类型:NaCl 型、CsCl 型和 ZnS 型。这三种都是只含有一种正离子和一种负离子且电荷数相同的 AB 型离子晶体,但它们具有不同的结构特征。

如图 4-34 所示,NaCl 晶体中的 Cl^- 位于立方体的八个顶点和面心,形成面心立方晶格,而 Na^+ 填充在晶格的八面体空隙中。每个 Cl^- 周围有 6 个 Na^+,每个 Na^+ 周围有 6 个 Cl^-,配位数都是 6,配位比为 6∶6。一个晶胞中含有 4 个 Na^+ 和 4 个 Cl^-。

在 CsCl 晶体中,Cl^- 处于简单立方晶格的八个顶点,Cs^+ 占据立方体的空隙(图 4-35)。正、负离子的配位数都是 8,配位比为 8∶8。一个晶胞中含有 1 个 Cs^+ 和 1 个 Cl^-。

闪锌矿 ZnS 晶体与 NaCl 晶体类似,S^{2-} 也形成面心立方晶格,Zn^{2+} 填充在四面体空隙中(图 4-36)。正、负离子的配位数都是 4,配位比为 4∶4。一个晶胞中含有 4 个 Zn^{2+} 和 4 个 S^{2-}。

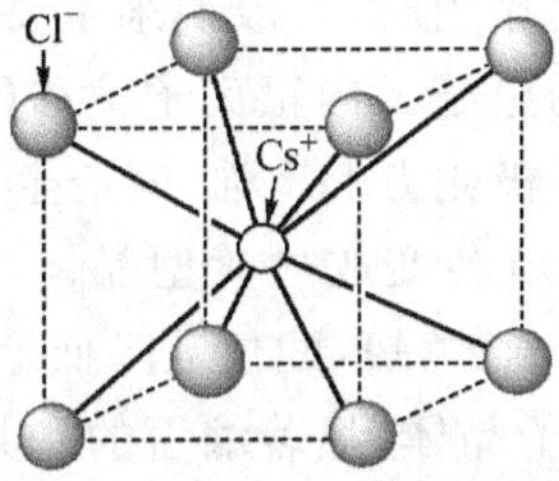

图 4-35 CsCl 的晶体结构

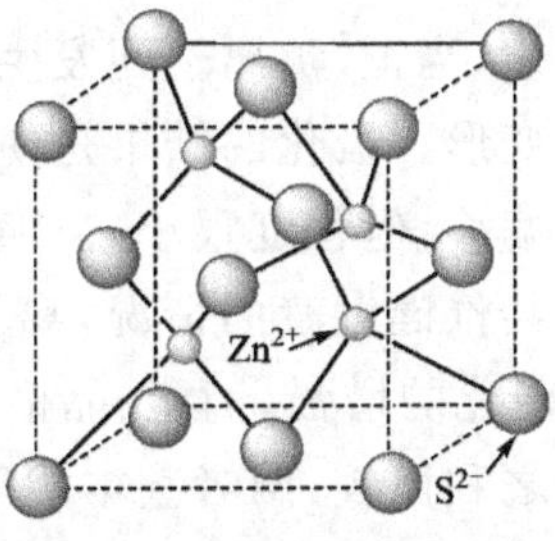

图 4-36 ZnS 的晶体结构

除了上述 AB 型离子晶体外,其他离子晶体的类型还很多,如 AB_2 型(如萤石 CaF_2)、ABX_3 型(如钙钛矿 $CaTiO_3$)等。

离子晶体性能受以下因素影响:

一、离子所带电荷与离子半径

在典型的离子晶体中,离子所带电荷越多、离子半径越小产生的静电场强度越大,与异号电荷离子的静电作用能也越大,离子晶体的熔点也越高、硬度也越大。例如,NaF 和 CaO 这两种典型的离子晶体,前者正、负离子半径之和为 0.23nm,后者为 0.231nm,很接近,但离子所带电荷数后者比前者多,所以 CaO 的熔点(2570℃)比 NaF(993℃)高,硬度也大(CaO 的硬度为 4.5,NaF 的硬度为 2.3)。

对于 MgO 与 CaO 这两种典型离子晶体,离子所带电荷相同,但镁离子的离子半径

(0.066nm)比钙离子半径(0.99nm)小，因此 MgO 具有更高的熔点(2852℃)和更大的硬度(6.0)。

二、离子极化

1. 离子极化的产生

离子极化是离子在外电场影响下发生变形而产生诱导偶极的现象。图 4-37(a)表明离子在极化前其正负电荷重心是重合的，离子没有极性。在外电场作用下，原子核被吸(或推)向另一方，正负电荷重心不重合了，即产生了诱导偶极矩，如图 4-37(b)所示。实际上离子本身就带电荷，所以离子本身就可以产生电场，使带有异号电荷的相邻离子极化。

(a) 离子极化前　(b) 离子在电场中极化

图 4-37　离子在电场中极化示意图

2. 离子极化的影响因素

离子使其他离子(或分子)极化(变形)的能力叫做离子的极化力。一般说来，正离子的电荷数越多，离子半径越小，其极化力就越强，变形性越小；负离子的电荷数越多，半径越大，其极化力就越小，变形性越大。

离子的电子层结构对离子极化作用的影响也很大。在离子所带电荷数相同，半径相近时，离子的变形性以及极化力和外层电子构型有关。

根据上述规律，当正、负离子间发生相互极化作用时，一般说来主要是正离子的极化力引起负离子的变形。极化的结果是使负离子的电子云向正离子偏移(当然正离子的电子云也向负离子偏移，但程度很小)。随着正离子极化力的增强，就产生了如图 4-38 所示的离子键逐渐向共价键过渡的情况，离子晶体也就转变成过渡型晶体，最后成为共价型晶体。随着离子极化的增强，键能、晶格能增加，键长缩短，配位数降低。我们把实测晶体键长与离子半径之和比较，两者基本相等的是离子晶体，显著缩短的是共价晶体，缩短不很多的是过渡晶体。

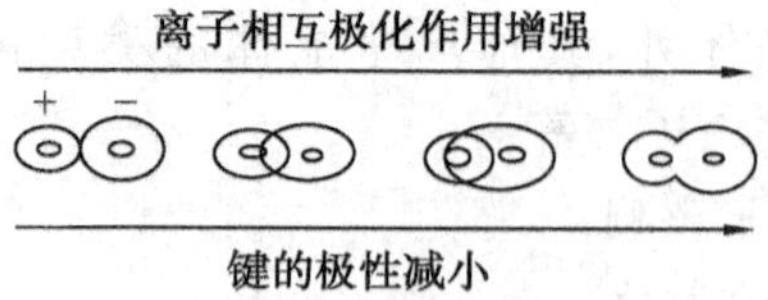

图 4-38　键型过渡示意图

应用离子极化理论可以说明，为什么本来按离子半径比 AgI 和 ZnO 都应是 6 配位的 NaCl 型而实际是 4 配位的 ZnS 型。又如 NiAs 晶体，由于强烈的极化作用，Ni 和 As 间的键是以共价键为主，而且还具有某些金属键的性质，使其成为过渡型晶体。

应用离子极化理论，也可以说明卤化银中只有 AgF 可以溶于水，而 AgCl，AgBr 和 AgI 的溶解度显著下降的原因。

4-9-2 原子晶体(Atomic Crystal)

原子晶体是原子通过具有饱和性、方向性的共价键结合形成的晶体。原子晶体的晶格结点上排列着原子。由于共价键具有方向性和饱和性,所以这种晶体的配位数一般比较小。

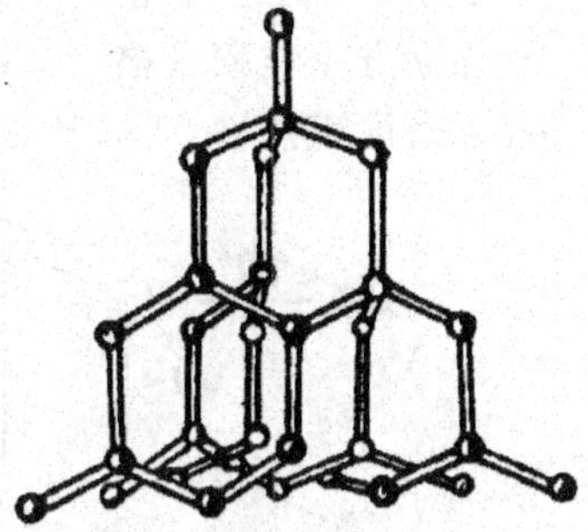

图 4-39 金刚石的晶体结构

金刚石是最典型的原子晶体,其中每个碳原子通过 sp^3 杂化轨道与其他碳原子形成共价键,组成四面体,配位数是 4(图 4-39)。

属于原子晶体的物质,单质中除金刚石外,还有可作半导体材料的单晶硅和锗,它们都是第四主族元素;在化合物中,碳化硅(SiC)、砷化镓(GaAs)和二氧化硅(SiO_2,β-方石英)等也属于原子晶体。

原子晶体中并没有独立存在的原子或分子。SiC、SiO_2 等化学式并不代表一个分子的组成,只代表晶体中各种元素原子数的比例。

因为共价键的结合力比较强,所以原子晶体一般具有很高的熔点和很大的硬度,在工业上常被选为磨料或耐火材料。尤其是金刚石,由于碳原子半径较小,共价键的强度很大,要破坏 4 个共价键或扭歪键角,都将受到很大阻力,所以金刚石的熔点高达 3550℃,硬度也最大,由此可看出物质结构对性能的影响较大。原子晶体延展性很小,有脆性。由于原子晶体中没有离子,故其熔融态都不易导电,一般是电的绝缘体,但是某些原子晶体如 Si,Ge,Ga 和 As 等可作为优良的半导体材料。原子晶体在一般溶剂中都不溶。

4-9-3 分子晶体(Molecular Crystal)

典型的分子晶体是指中性分子通过微弱的分子间力或氢键相互作用形成的晶体。在分子晶体的晶格结点上排列着极性或非极性分子(图 4-40)。因为分子间力没有方向性和饱和性,所以分子晶体都有形成密堆积结构的趋势,配位数可高达 12。和离子晶体、原子晶体不同,在分子晶体中有独立分子存在。如二氧化碳的晶体结构,晶体中有独立存在的 CO_2 分子,化学式 CO_2 能代表分子的组成,也就是它的分子式。

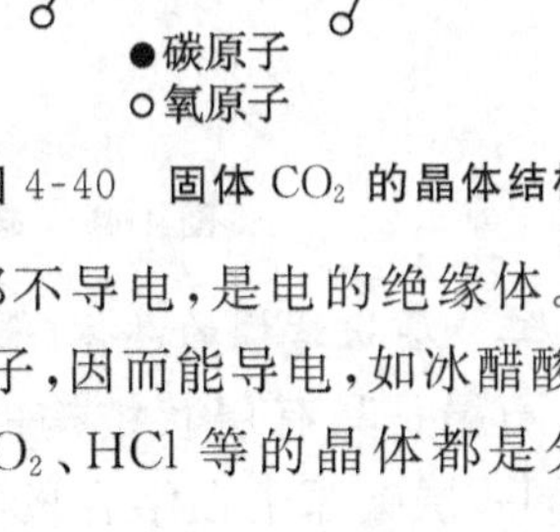

图 4-40 固体 CO_2 的晶体结构

分子晶体粒子间的结合力弱,故其熔点低、硬度小。由于分子晶体是由电中性的分子组成,所以固态和熔融态都不导电,是电的绝缘体。但某些分子晶体含有极性较强的共价键,能溶于水产生水化离子,因而能导电,如冰醋酸。

绝大部分有机物、稀有气体以及 H_2、N_2、Cl_2、Br_2、I_2、SO_2、HCl 等的晶体都是分子晶体。

4-9-4 金属晶体(Metallic Crystal)

金属晶体是以金属键为基本作用力的晶体。X 射线衍射实验证实,金属在形成晶体时倾向于紧密堆积。所谓紧密堆积,就是如果把金属原子看作一个个等径小圆球,则它们将以空间利用率最高的方式排列。金属中常见的结构形式——晶格有三种：体心立方密堆积晶格、面心立方密堆积晶格和六方密堆积晶格，如图 4-41 所示。一些金属所属的晶格类型如下：

体心立方密堆积晶格：K，Rb，Cs，U，Na，Cr，Mo，W，Fe

面心立方密堆积晶格：Sr，Ca，Pb，Ag，Au. A1，Cu，Ni

六方密堆积晶格：La，Y，Mg，Zr，Hg，Cd，Ti，Co

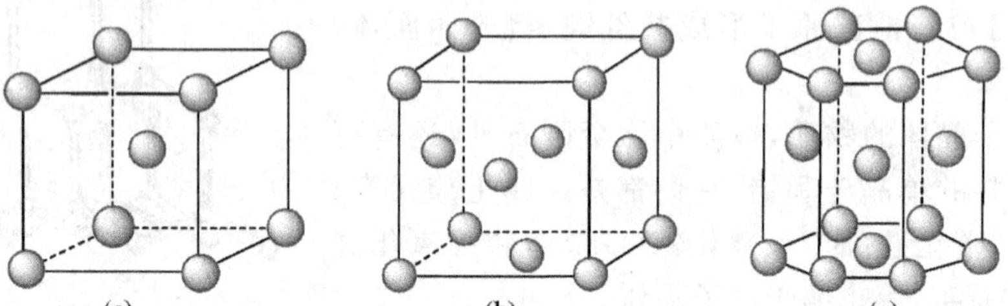

图 4-41　体心立方密堆积晶格(a)、面心立方密堆积晶格(b)和六方密堆积晶格(c)

4-9-5　过渡型的晶体(In-between Crystal)

除了上述的几种晶体以外，还有一些具有链状结构和层状结构的过渡型晶体。在这些晶体中微粒间的作用力不止一种，链内和链间、层内和层间的作用力并不相同，所以这种晶体又叫混合型晶体。

一、链状结构的晶体(Catenarian Crystal)

天然硅酸盐的基本结构单元是由一个硅原子和四个氧原子所组成的四面体。变换这种四面体的连接方式，可以得到各种不同天然硅酸盐。图 4-42 是各个硅氧四面体通过顶点相连排成长链硅酸盐负离子$(SiO_3^{2-})_n$的俯视图(圈表示氧原子，黑点表示硅原子，点线表示四面体，直线表示共价键)。长链是由共价键组成的，金属离子在链间起联络作用。由于长链和金属离子间的静电引力比链内的共价键弱，如果按平行于键的方向用力，晶体易于开裂，石棉就具有这种结构。

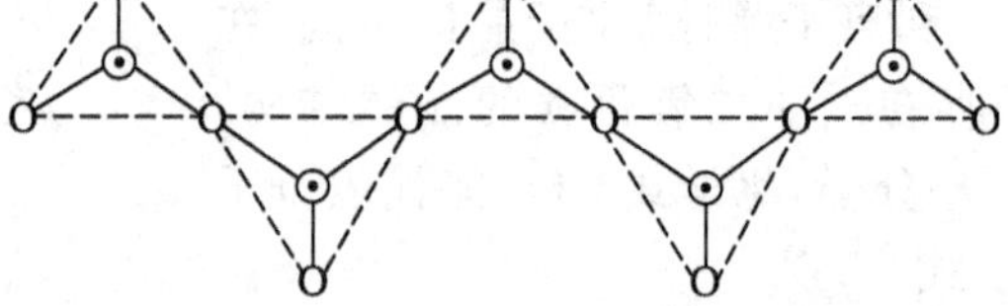

图 4-42　硅酸盐的链状结构

二、层状结构的晶体(Samdwich Crystal)

石墨是具有层状结构的晶体(见图 4-43)。在石墨晶体中，同一层碳原子在结合成石墨时发生 sp^2 杂化。其中每个 sp^2 杂化轨道彼此间以 σ 键结合，因此每个碳原子与相邻的三个碳原子以 σ 键结合，键角为 120°，形成了正六角形的平面层。这时每个碳原子还有一个垂直于 sp^2 杂化轨道的 $2p$ 轨道，其中有一个 $2p$ 电子。这种互相平行的 p 轨道可以互相重

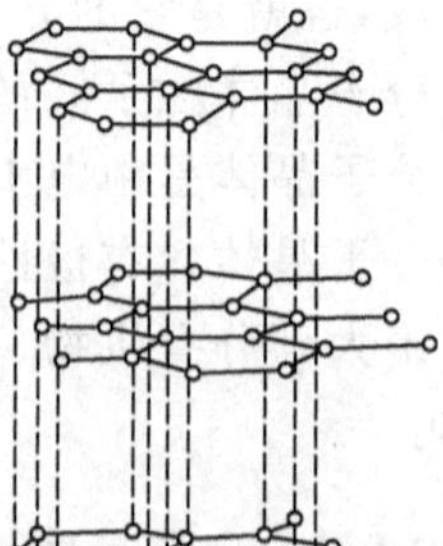

图 4-43　石墨的层状结构

叠形成遍及整个平面层的离域π键(又叫大π键)。由于大π键的离域性,电子能在每层平面方向移动,因此石墨具有良好的导电、导热性能。又由于石墨晶体的层和层之间距离较远,靠分子间力联系起来,因此它们之间的结合力较弱,层与层之间易于滑动,工业上常用作润滑剂。

习题

1. 原子核外电子的运动有什么特点?概率和概率密度有什么区别?

2. 定性画出$3p_y$轨道的原子轨道角度分布图,$3d_{xy}$轨道的电子云角度分布图,$3d$轨道的电子云径向分布图。

3. 简单说明四个量子数的物理意义及量子化条件。

4. 下列各组量子数的组合是否合理?为什么?

(1) $n=2, l=1, m=0$

(2) $n=2, l=2, m=-1$

(3) $n=3, l=0, m=0$

(4) $n=3, l=1, m=+1$

(5) $n=2, l=0, m=-1$

(6) $n=2, l=3, m=+2$

5. 碳原子有6个电子,写出各电子的四个量子数。

6. 用原子轨道符号表示下列各组量子数:

(1) $n=2$ $l=1$ $m=-1$

(2) $n=4$ $l=0$ $m=0$

(3) $n=5$ $l=2$ $m=-2$

(4) $n=6$ $l=3$ $m=0$

7. 写出$_{17}Cl$,$_{19}K$,$_{24}Cr$,$_{29}Cu$,$_{26}Fe$,$_{30}Zn$,$_{31}Ga$,$_{35}Br$,$_{59}Pr$和$_{82}Pb$的电子结构式(电子排布)和价电子层结构。

8. 原子失去电子的顺序正好和填充电子顺序相反,这个说法是否正确?为什么?

9. 写出42、85号元素的电子结构式,指出各元素在元素周期表哪一周期?哪一族?哪个分区?并写出其最高正化合价。

10. 根据元素在周期表中的位置,写出下表中各元素原子的价电子构型。

周期	族	价电子构型
2	ⅡA	
3	ⅠA	
4	ⅣB	
5	ⅢB	
6	ⅥA	

11. 写出下列离子的电子排布式:

Cu^{2+},Ti^{3+},Fe^{3+},Pb^{2+},S^{2-},Cl^{-}

*12. 试比较下列各对原子或离子半径的大小(不查表):

Sc 和 Ca　Sr 和 Ba　K 和 Ag

Fe^{2+} 和 Fe^{3+}　Pb 和 Pb^{2+}　S 和 S^{2-}

13. 将下列原子按电负性降低的次序排列(不查表):

Ga　S　F　As　Sr　Cs

*14. 指出具有下列性质的元素(不查表,稀有气体除外):

(1) 原子半径最大和最小。

(2) 电离能最大和最小。

(3) 电负性最大和最小。

(4) 电子亲和能最大。

15. 指出下列离子分别属于何种电子构型:

Li^+, Be^{2+}, Na^+, Al^{3+}, Ag^+, Hg^{2+}, Sn^{2+}, Pb^{2+}, Fe^{2+}, Mn^{2+}, S^{2-}, Cl^-

16. 指出下列分子中心原子的杂化轨道类型:

BCl_3, PH_3, CS_2, HCN, OF_2, H_2O_2, N_2H_4

17. 指出下列化合物的中心原子可能采取的杂化类型和可能的分子几何构型:

BeH_2, BBr_3, SiH_4, PH_3

*18. 根据分子轨道理论比较 N_2 和 N_2^+ 键能的大小。

19. 根据分子轨道理论判断 O_2^+,O_2,O_2^-,O_2^{2-} 的键级和单电子数,写出推导过程。

20. 试问下列分子中哪些是极性的?哪些是非极性的?

CH_4, $CHCl_3$, BCl_3, NCl_3, H_2S, CS_2

*21. 下列说法是否正确,为什么?

(1) 分子中的化学键为极性键,则其分子也为极性分子。

(2) 离子极化导致离子键向共价键转化。

(3) 色散力仅存在于非极性分子之间。

(4) 双原子 3 电子 π 键比双原子 2 电子 π 键的键能大。

22. 指出下列各对分子之间存在的分子间作用力的具体类型(包括氢键):

(1) 苯和四氯化碳　　(2) 甲醇和水

(3) 二氧化碳和水　　(4) 溴化氢和碘化氢

23. 比较邻硝基苯酚和对硝基苯酚的熔点、沸点的高低,并说明原因。

24. 填充下表:

物质	晶格结点上的粒子	粒子间的作用力	晶体类型	熔点(高低)	其他特性
MgO SiO_2 I_2 NH_3 Ag 石墨					

**25. What are the values of *n* and *l* for the following sublevels?

2*s*, 3*d*, 4*p*, 5*s*, 4*f*.

**26. Identify the elements and the part of the periodic table in which the elements represented by the following electron configurations are found.

(1) $1s^2 2s^2 2p^6 3s^2 3p^1$

(2) $[Ar]3d^{10} 4s^2 4p^3$

(3) $[Ar]3d^6 4s^2$

(4) $[Kr]4d^5 5s^1$

(5) $[Kr]4d^{10} 4f^{14} 5s^2 5p^6 6s^2$

**27. Describe the bybridization and shape of the central atom in each of these covalent species.

NO_3^-, CS_2, BCl_3, SF_6, ClO_4^-, $CHCl_3$, C_2H_2

**28. Consider the following solutions, and predict whether the solubility of the each solute should be high or low. Justify your answer and give the explanation.

(1) HCl in water

(2) HF in water

(3) SiO_2 in water

(4) I_2 in benzene(C_6H_6)

(5) 1-propanol($CH_3CH_2CH_2OH$) in water

第五章　电解质溶液
(Electrolytic Solution)

学习要求

1. 掌握酸碱质子理论的基本内容及应用，缓冲溶液的组成和作用原理，掌握同离子效应，掌握一元弱酸、弱碱 H^+ 浓度和 pH 值计算以及缓冲溶液 pH 值计算。
2. 熟悉盐效应，多元弱酸、弱碱的 H^+ 浓度计算，缓冲溶液的配制方法，缓冲容量的概念及缓冲容量与总浓度、缓冲比的关系，熟悉缓冲溶液在生命科学中的意义。
3. 了解强电解质溶液的表观解离度、活度、活度系数、离子强度、缓冲溶液 pH 值校正等概念，了解缓冲容量的计算。

在熔融状态或水溶液中能导电的物质称为电解质，它们的水溶液称为**电解质溶液**(**Electrolytic Solution**)。一般根据电解质在水溶液中解离的完全程度把电解质分为**强电解质**(**Strong Electrolyte**)和**弱电解质**(**Weak Electrolyte**)。在水中完全解离的电解质称为强电解质，在水中部分解离的称为弱电解质。弱电解质溶液中始终存在着解离产生的正、负离子和未解离的分子之间的平衡。另外在水溶液中还会有盐的水解平衡、难溶强电解质在水中的解离平衡等，这些通称为该溶液中的**离子平衡**(**Ion Equilibrium**)。

生命体的体液和组织中存在多种电解质离子，如 HCO_3^-，CO_3^{2-}，$H_2PO_4^-$，HPO_4^{2-}，Na^+，K^+，Cl^- 等。这些离子在体液和组织中的含量维持着体内的渗透平衡、酸碱平衡及无机盐代谢平衡等生物机制，对神经、肌肉等组织的生理、生化功能起到重要的作用。有关强电解质溶液理论、各类电解质在溶液中的特征及其变化规律和计算，是生命科学中非常重要的基础知识。

缓冲溶液是一类非常重要的电解质溶液，广泛存在于生命体的体液中，并通过溶液中的离子平衡维持着生命体正常的酸碱度。在生物学、微生物学、医学、药剂学等领域的实际工作中，缓冲溶液也有着大量的运用。

5-1　强电解质溶液理论
(The Theroy of Strong Electrolyte Solution)

根据近代物质结构理论，强电解质在水中是完全解离的，其**解离度**(**Dissociation Degree，*α***)应该是 100%。但是根据物理化学实验所测得的强电解质溶液的电导率(电阻率的倒数)计算得到的解离度都小于 100%。表 5-1 中是实验测得的 KCl 等强电解质的解离度。

表 5-1　强电解质的解离度　(298K, 0.10mol·L^{-1})

电解质	KCl	$ZnSO_4$	HCl	HNO_3	H_2SO_4	NaOH	$Ba(OH)_2$
解离度 α/%	86	40	92	92	61	91	81

强电解质在水溶液中完全解离，而实验数据又表现出其不完全解离的假象，为此1923年德拜（P. Debye）和休克尔（E. Hükel）提出了**离子相互作用理论（Ion-ion Interaction Theory，**又称**离子互吸理论**）加以解释。

5-1-1　离子相互作用理论

德拜和休克尔认为强电解质在水溶液中完全解离，因而溶液中离子浓度很大。由于相反电荷离子之间的相互吸引和相同电荷离子之间的相互排斥作用，使得每个离子周围都有相对较多的异号电荷离子，形成"**离子氛**"**(Ion Atmosphere)**，如图 5-1 所示。阳离子周围有相对较多的阴离子，阴离子周围有相对较多的阳离子，这样离子就相当于被异号电荷离子所包围，在溶液中的移动将受到牵制，并且这种牵制作用是相互的。如果将电流通过电解质溶液，则阳离子向阴极移动，而它的"离子氛"向阳极移动。离子间的作用力会使离子的迁移速度变慢，溶液的导电性就会比理论值小，产生一种解离不完全的假象。溶液中离子浓度越高，牵制作用越强，这种现象越明显。

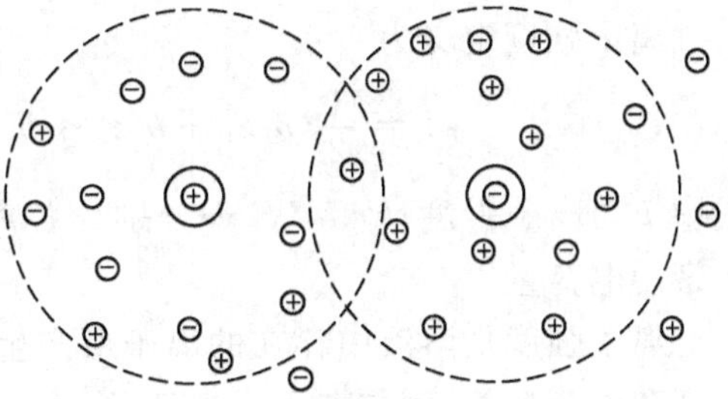

图 5-1　"离子氛"示意图

由此可以看出，强电解质的解离度与弱电解质的解离度意义不同，强电解质的解离度仅反映溶液中离子的相互牵制作用的强弱，通常称为**表观解离度（Apparent Dissociation Degree）**；而弱电解质的解离度则真实地反映了弱电解质部分解离的程度。实际上弱电解质的溶液中也存在离子氛和离子的相互牵制作用，但由于弱电解质的离子浓度非常低，因此对解离度的影响不大。

5-1-2　活度和活度系数

在德拜和休克尔离子氛概念发表以前，路易斯（G. N. Lewis）为解决电解质溶液中离子规律的问题在 1907 年提出了"有效浓度"概念。

强电解质溶液中离子之间的相互牵制作用，使得离子的有效浓度（表观浓度）比理论浓度（配制浓度）小。因此，将离子的有效浓度称为活度（Activity），用 a 表示。活度等于活度系数乘以实际浓度，无量纲。

$$a=\gamma\frac{c}{c^{\ominus}} \tag{5-1}$$

式中 c 为浓度（配制浓度）；$c^{\ominus}$ 为 1mol·L^{-1} 的标准浓度；γ 为**活度系数（Activity Coefficient）**①，反映了离子间相互牵制作用的大小。浓度越高，离子电荷越高，离子之间相互牵

① 有的教材和参考书籍上以 f 作为活度系数的符号。

制的作用越大,γ 越小 ($\gamma<1$),活度与浓度之间差别越大;反之,当浓度极低时,离子之间平均距离很大,相互牵制的作用极小;如果 γ 趋近于 1, 活度则趋近浓度。在近似计算中,通常把中性分子、液态和固态纯物质以及纯水的活度系数视为 1, 其他弱电解质的活度系数也往往视为 1。

5-1-3 离子强度和活度系数

离子的活度系数,不仅与本身浓度有关,也与离子所带的电荷有关,同时还受到溶液中其他各种离子的浓度和电荷的影响。为了进一步衡量溶液中正负离子作用情况,人们引入了**离子强度(Ionic Strength)**的概念。

离子强度定义为

$$I=\frac{1}{2}(b_1z_1^2+b_2z_2^2+b_3z_3^2+\cdots+b_iz_i^2)=\frac{1}{2}\sum b_iz_i{}^2 \tag{5-2}$$

式中 I 为离子强度;$b_1, b_2, b_3\cdots$分别为各离子的质量摩尔浓度;$z_1, z_2, z_3\cdots$分别为各离子所带的电荷量。

离子强度是溶液中存在的离子所产生的电场强度的量度,它仅与溶液中各种离子的浓度和电荷有关,而与离子本性无关。

溶液的离子强度对离子的活度系数有明显的影响。表 5-2 列出了 298.15K 时,实验测得的不同电荷离子的活度系数与离子强度的关系。从表 5-2 中看出,溶液的离子强度越大,离子所带电荷越多,离子间相互牵制作用越强,活度系数越小。反之,活度系数越大。离子强度相同时,离子所带电荷越多,活度系数越小。当溶液中的离子强度很小 ($I<1\times10^{-4}\text{mol}\cdot\text{kg}^{-1}$) 时,$\gamma\to1$,活度接近浓度。

表 5-2 不同离子强度时的活度系数

离子强度/($\text{mol}\cdot\text{kg}^{-1}$)	活度系数		
	$z=1$	$z=2$	$z=3$
1×10^{-4}	0.99	0.95	0.90
5×10^{-4}	0.97	0.90	0.80
1×10^{-3}	0.96	0.86	0.73
5×10^{-3}	0.92	0.72	0.51
1×10^{-2}	0.89	0.63	0.39
5×10^{-2}	0.81	0.44	0.15
0.1	0.78	0.33	0.08
0.2	0.70	0.24	0.04

例 5-1 计算含 $0.010\text{mol}\cdot\text{kg}^{-1}$ HCl 的溶液中,同时含有 $0.090\text{mol}\cdot\text{kg}^{-1}$ KCl,求该溶液中 H^+ 的活度。

解 $I=\frac{1}{2}(0.010\times1^2+0.010\times1^2+0.090\times1^2+0.090\times1^2)=0.10\ (\text{mol}\cdot\text{kg}^{-1})$

从表 6-2 查出 $I=0.10$ 时,一价离子 $\gamma=0.78$,则

$$a(H^+)=\gamma\frac{c}{c^{\ominus}}\approx\gamma\frac{b}{b^{\ominus}}=0.78\times0.010=0.0078$$

阅读材料

德拜-休克尔极限定律

德拜-休克尔通过对离子的性质的研究，导出了稀溶液中计算离子活度系数的近似公式：

$$\lg\gamma = -A|z_+ z_-|\sqrt{I}$$

上式称为**德拜-休克尔极限定律（Debye-Hückel's Limiting Law）**，可以用来近似计算稀溶液中某电解质的离子的活度系数。式中 γ 为电解质阴、阳离子的活度系数（实际上是电解质阴、阳离子的平均活度系数，因为单个离子的活度系数无法直接计算得到，必须以同一电解质中阴、阳离子的平均活度系数代替），A 是与温度和溶剂有关的常数（298K 时 $A=0.509(\text{mol}^{-1}\cdot\text{kg})^{\frac{1}{2}}$），$z_+$ 和 z_- 是电解质阴、阳离子的电荷数，I 为溶液的总离子强度。

德拜-休克尔极限定律一般只适用于极稀的溶液，此时把阴、阳离子看成是点电荷，不考虑离子的直径。对于浓度较大的溶液（离子强度大于 $0.01\text{mol}\cdot\text{kg}^{-1}$），往往需要进行公式的修正，本书不再累述，感兴趣的同学可参考相关资料。

活度与离子强度等概念，对理解生物化学过程有重要意义。比如动物血液中有 Na^+，K^+，Ca^{2+}，Mg^{2+}，Cl^-，HCO_3^-，$H_2PO_4^-$，HPO_4^{2-} 及 SO_4^{2-} 等多种离子，其总离子强度约为 $0.15\text{mol}\cdot\text{kg}^{-1}$。离子强度对 DNA、蛋白质等生物大分子的性质有重要的影响，所以生化实验需要在一定的离子强度下进行。

5-2　酸碱质子理论
(Proton Theory of Acid and Base)

酸和碱是两类我们在日常生活和科学研究中经常接触到的非常重要的电解质。从 17 世纪后期开始，科学家对它们的组成、结构、性质等方面进行了长期的研究，对酸和碱的概念提出了不同的理论。

5-2-1　电离理论

19 世纪末，阿累尼乌斯（S. A. Arrhenius）提出了经典的酸碱理论，即酸碱电离理论。他认为，凡是在水中能解离出 H^+ 的物质是酸（Acid），能解离出 OH^- 的物质是碱（Base）。酸碱反应的实质是 H^+ 与 OH^- 结合生成 H_2O 的反应。酸碱电离理论从物质的化学组成上揭示了酸碱的本质，这是人们对酸碱的认识从现象到本质的一次飞跃，对化学的发展起了积极作用。直到现在，这个理论仍在普遍应用，我们在中学学习的主要是电离理论。

阅读材料

阿累尼乌斯与电离理论

电解质、离子、电离等概念最早是由英国著名物理学家法拉第(M. Faraday,1791—1867)提出的。他在研究电解反应时,把电解以前未被分解的物质叫作电解质,意思是这是一种用电流可以将其分解的物质。他还认为,溶液中的电流是由被分解的带电荷的物质输送的,这种物质叫作离子,它的含义是被电流分解出来的物质。现在我们知道,电解质可以在水的作用下自动分解成离子,而不需要外加电流。但是,根据当时的科技水平,没有足够的实验设备和完善的科学理论来更正这个错误。

1882年瑞典物理化学家阿累尼乌斯(S. A. Arrhenius,1859—1927)开始研究浓度很稀的电解质溶液的电导,并于1883年在其博士论文《电解质的导电性研究》中首次提出电离理论的基本观点,指出“由于水的作用,电解质在溶液中具有两种不同的形态:非活性的分子形态和活性的离子形态。溶液稀释时,活性形态的数量增加,所以溶液导电性增大”,同时在文章中提出了电离理论中的酸、碱定义。随后在1887年阿累尼乌斯通过进一步的实验研究,发表了另一篇论文《关于溶质在水中的离解》。论文不但重申了电解质溶于水就会自发地、大量地离解成正、负离子,而且更重要的是对电解质的解离作了定量的计算。他测定出氯化氢的溶液中,有92%的溶质处于活性形态,也就是说大部分溶质分解为离子,表观解离度为92%。而对于硫酸溶液,根据不同的浓度,测定出表观解离度可以从47.6%到85%。他在论文中指出,把相同量的电解质溶解在不同量的水中,则溶液越稀,解离度越大,即分子电导μ越大。当将溶液进行无限稀释时,电解质分子已经几乎全部变成了离子,这时测得的溶液的分子电导为μ^{∞},达到了最大值,他将比值μ/μ^{∞}叫作“活度系数”。以上就是电离理论的主要论点。电离理论纠正了离子必须由电流分解的错误概念。

由此,我们也可以看到,使用“电离”来描述电解质在溶液中的分解行为是不准确的,所以,目前的教科书一般使用“解离”或“离解”来表示电解质在水的作用下分解出离子,然后进入溶液形成水合离子的过程,把弱电解质在水中的未解离的分子与已解离的离子之间的化学平衡称为“解离平衡”,把电解质已解离的部分占总量的比值称为“解离度”。因为习惯的原因,我们还是把阿累尼乌斯的理论称为“电离理论”。

电离理论很好地解释了酸、碱、盐溶液的蒸气压降低、沸点升高、凝固点下降的数值所出现的“反常情况”。阿累尼乌斯指出,只有在水溶液中不会发生离解的非电解质的溶液才遵守凝固点下降公式和渗透压公式:

$$\Delta T_f = K_f b_B,\ \Pi = b_B RT$$

酸、碱、盐之所以不遵守这两个公式,是由于它们在水溶液中离解成离子,使溶液内溶质的粒子数增加了,所以才需要在公式右边乘上荷兰物理学家范霍夫(J. H. Van't Hoff)提出的校正系数$i(i>1)$,使实验结果与理论计算相符合。

$$\Delta T_f = iK_f b_B,\ \Pi = ib_B RT$$

实验研究发现：溶液越稀，“活度系数”越大，校正系数 i 就越接近电解质能够解离出来的离子数。

电离理论还给出了酸碱的定义，解释了酸、碱的强度，即相同浓度下离解度大的是强酸和强碱，离解度小的是弱酸和弱碱。它还能说明沉淀反应、中和反应和水解反应的本质以及缓冲作用的机理。例如强酸和强碱之间的中和反应在实质上都是氢离子和氢氧根离子的反应，因此，不论是什么强酸和强碱，只要它们是稀释的水溶液，其中和热必然是相同的。

阿累尼乌斯通过实验还解释了其他科学家的难题。如德国化学家奥斯特瓦尔德(W. Ostwald)在研究强酸的催化作用时发现，并不是所有的盐酸和硫酸分子都能起到催化的作用。他测定出起到催化作用的硫酸浓度为50%～90%，这正好和阿累尼乌斯的实验数据基本吻合。

虽然电离理论能够解释很多问题，但是阿累尼乌斯的新观点在当时的化学界却引起了很大的争论。就在他的论文答辩会上，到会的很多保守的教授都认为阿累尼乌斯关于离子不是在电流作用下产生的观点是一种荒唐的结论，是“胡闹”和毫无价值的。包括周期律发现者门捷列夫在内的很多科学家都对电离理论持否定的态度，认为这种理论将会得到像已被证明是错误的燃素学说一样的下场。他们反对电离学说的理由只有一个，就是因为这种理论不符合当时流行的说法——离子是通电后才产生的。幸运的是也有一些科学家对阿累尼乌斯的研究很感兴趣，其中有德国化学家奥斯特瓦尔德、荷兰化学家范霍夫等。在这些著名学者的支持下，他的电离学说开始逐步被世人所承认。

由于电离理论对物理化学的发展做出了重大的贡献，阿累尼乌斯获得了包括诺贝尔化学奖在内的不少荣誉。阿累尼乌斯的电离理论使物理化学的发展进入了新阶段，同时也促进了整个化学学科的进步。最初反对过电离理论的克利夫，也在阿累尼乌斯获得诺贝尔奖后认为：“这一新的理论是在困难中成长起来的，化学家不认为它是一种化学理论，物理学家也不认为它是一种物理学理论，但是，这种理论却在化学与物理学之间架起了一座新的桥梁。”

近几十年来，随着科学的发展，电离理论也出现了不足之处。

首先，电离理论把酸碱反应局限在水溶液中，而在现代科学实验中，愈来愈多的反应是在非水溶剂中进行。例如，以液态氨为溶剂时，NH_3 发生解离：

$$2NH_3 \rightleftharpoons NH_4^+ + NH_2^-$$

液氨溶液中氨基钠与氯化铵可以发生酸碱中和反应：

$$NaNH_2 + NH_4Cl \xlongequal{} NaCl + 2NH_3$$

其次，为了解释许多不含 H^+ 和 OH^- 的物质，如酸式盐、强酸弱碱盐、强碱弱酸盐等表现出来的酸碱性，电离理论引入了水解等概念，使理论复杂化。

此外，电离理论把碱限制为氢氧化物，因而，氨水呈现碱性这一事实也无法解释，导致人们长期错误地认为 NH_3 溶于水后，先形成 NH_4OH，再解离出 OH^-，因而显碱性，但科学家至今也未分离出 NH_4OH 这种物质。实际上，在液态氨甚至气态的环境下，氨可以不借助水，直接和酸(如氯化氢)反应。

以上问题说明酸碱电离理论尚不完善，需要得到进一步的补充和发展。为了简明地解释上述问题，在阿累尼乌斯之后有不少学者提出了各种酸碱理论，其中较重要的是**酸**

碱质子理论（**Proton Theory of Acid and Base**），它是1923年由布朗斯特（J. N. Bronsted）和劳瑞（T. M. Lowry）分别独立提出来的。同年，美国化学家路易斯（G. N. Lewis）根据分子的电子结构提出了**酸碱电子理论**。这些理论克服了电离理论的局限性，大大扩大了酸碱的范围。此处重点讨论质子理论。

5-2-2　质子理论的酸、碱定义

质子理论认为：凡是能给出质子的物质都是酸，凡是能接受质子的物质都是碱。它们的关系如下：

$$酸 \rightleftharpoons 碱 + 质子$$
$$HCl \rightleftharpoons Cl^- + H^+$$
$$HAc \rightleftharpoons Ac^- + H^+$$
$$H_2O \rightleftharpoons OH^- + H^+$$
$$H_3O^+ \rightleftharpoons H_2O + H^+$$
$$NH_4^+ \rightleftharpoons NH_3 + H^+$$
$$H_2PO_4^- \rightleftharpoons HPO_4^{2-} + H^+$$
$$HPO_4^{2-} \rightleftharpoons PO_4^{3-} + H^+$$
$$[Al(H_2O)_6]^{3+} \rightleftharpoons [Al(H_2O)_5OH]^{2+} + H^+$$

从以上酸碱半反应可以看出，左侧物质都能给出质子，所以是酸；右侧物质都能接受质子，所以是碱。酸可以是分子酸，如 HCl、HAc，也可以是正离子酸，如 NH_4^+、H_3O^+，或负离子酸，如 $H_2PO_4^-$、HPO_4^{2-}。碱可以是分子碱，如 $NH_3 \cdot H_2O$，也可以是正离子碱，如 $[Al(H_2O)_5OH]^{2+}$，或负离子碱，如 OH^-、Ac^-。像 H_2O、HPO_4^{2-} 等物质，给出质子时表现为酸，接受质子时表现为碱，是**两性物质**（**Amphoteric Substance**）①。应该指出，质子理论中没有盐的概念，如在质子理论中，NH_4Cl 的 NH_4^+ 是酸，Cl^- 是碱。从上述关系式中还可以看出，酸和碱并不孤立，酸给出质子即成为碱，碱接受质子即成为酸。这种酸和碱之间仅相差一个质子的关系称为共轭关系。其相应的酸碱对称为**共轭酸碱对**（**Conjugate Acid-base Pairs**）。在上述半反应式中左边的酸是右边碱的**共轭酸**（**Conjugate Acid**），而右边的碱则是左边酸的**共轭碱**（**Conjugate Base**）。

5-2-3　酸碱反应的实质

事实上质子很难单独存在，酸给出质子的同时，质子就和另一碱结合。根据酸碱质子理论，酸碱反应的实质就是两对共轭酸碱对之间的质子传递的过程。如：

$$\overset{H^+}{\overbrace{HCl + NH_3}} \rightleftharpoons NH_4^+ + Cl^-$$

酸(1)　碱(2)　　酸(2)　碱(1)

HCl 与 NH_3 的反应，无论是在水溶液中、液氨中、苯溶剂中或气相中，其实质都一样，即酸(1)(HCl) 将质子传递给碱(2)(NH_3)，转变为它的共轭碱——碱(1)(Cl^-)；碱

① 注意，质子理论的两性物质完全不同于中学里两性物质的概念，勿混淆。

(2)(NH_3)接受质子,转变为它的共轭酸——酸(2)(NH_4^+)。质子理论的意义在于强调酸碱的相互依赖关系,摆脱了溶剂是水的限制,可以用于非水体系和气体之间的酸碱反应,扩大了酸碱物质的范围。

质子理论把电离理论中的解离反应、中和反应和水解反应等都归纳为酸碱反应。其质子传递过程如下:

$$\overset{H^+}{\ } \quad H_3O^+ + OH^- \xlongequal{\quad} H_2O + H_2O \text{(中和反应)}$$

$$\overset{H^+}{\ } \quad HCl + H_2O \xlongequal{\quad} H_3O^+ + Cl^- \text{(解离反应)}$$

$$\overset{H^+}{\ } \quad HAc + H_2O \rightleftharpoons H_3O^+ + Ac^-$$

$$\overset{H^+}{\ } \quad NH_4^+ + H_2O \rightleftharpoons H_3O^+ + NH_3 \text{(水解反应)}$$

$$\overset{H^+}{\ } \quad H_2O + Ac^- \rightleftharpoons HAc + OH^-$$

习惯上,把质子理论中各种酸和碱与水进行的反应都称为解离反应。从以上反应可以看出,一种酸和一种碱反应,总是有新酸、新碱生成。自发的酸碱反应,总是由较强的酸和较强的碱作用,向着生成较弱的酸和较弱的碱方向进行。

5-2-4　酸和碱的强度

酸的强度是指酸给出质子的能力,这种能力愈强即酸性愈强,其共轭碱的碱性则愈弱;碱的强度是指碱接受质子的能力,这种能力愈强即碱性愈强,其共轭酸的酸性则愈弱。酸或碱强度与酸或碱的本性(分子结构)有密切的关系。比如,对于卤族元素的氢化物 HF、HCl、HBr、HI 的酸强度,由于从 HF 到 HI,卤原子的半径增大,键长增长,键能减小,所以酸的强度逐渐增大。此外酸或碱的强度还与溶剂的性质有关。根据酸碱质子理论,酸或碱的强度应该是在某种溶剂中表现出来的相对强度,我们所能测定的也只是酸或碱在某溶剂中表现出来的相对强度。比如,酸在水溶液中表现出来的相对强度是指酸在水溶剂中放出质子的能力,我们可以用酸的**解离常数(Dissociation Constant)**K_a 来衡量这种酸强度。

阅读材料

区分效应与拉平效应

同一酸或碱溶于不同的溶剂中,所表现出的相对强度不同。例如,HAc 在水中表现为弱酸,但在液氨中则表现为强酸,这是因为液氨夺取质子的能力比水强得多(液氨的碱性比水强),从而使 HAc 在液氨中更容易给出质子。这种现象说明了酸或碱的强度是相对的。

$$HAc+NH_3 \rightleftharpoons Ac^- + NH_4^+$$ (H⁺ transfer from HAc to NH_3)

HNO_3 在 H_2O 中是强酸,而如果以冰醋酸①为溶剂则酸的强度大为减弱,以 H_2SO_4 为溶剂则表现为弱碱。其原因就是冰醋酸、H_2SO_4 是酸性溶剂,冰醋酸接受质子能力小于 H_2O,而 H_2SO_4 给出质子能力大于 HNO_3。

$$HNO_3+HAc \rightleftharpoons H_2Ac^+ + NO_3^-$$

$$HNO_3+H_2SO_4 \rightleftharpoons H_2NO_3^+ + HSO_4^-$$

在冰醋酸溶剂中,四种强酸 $HClO_4$,HCl,H_2SO_4,HNO_3 的强弱顺序为:$HClO_4 > HCl > H_2SO_4 > HNO_3$,冰醋酸把这四种强酸的强度区分开来。这种能够区分酸碱强度的作用称为**区分效应(Differentiating Effect)**。

在水中,这四种强酸的强度都表现为 H_3O^+ 的水平,即它们的相对强弱在水溶液中表现不出来。H_3O^+ 是水溶液中最强酸的形式。水对这四种强酸起着拉平的作用,称为**拉平效应(Leveling Effect)**。

综上所述,酸碱质子理论扩大了酸或碱的含义及酸或碱反应的范围,突破了酸碱反应必须在水溶液中进行的局限性,解释了非水溶剂或气体间的酸碱反应。质子理论非常重视溶剂的作用,因为溶剂本身也是碱或酸,要接受质子或释放质子,所以,酸或碱的强度与溶剂的本性有关。一般来说,在生命科学中,常用的溶剂仍然是水,所以不特别指出,我们默认以水作为溶剂。总之,酸碱质子理论使经典理论得到了发展,具有比较大的实用价值。

5-2-5 酸碱电子理论

酸碱电子理论(Electron Theory of Acid and Base,又称广义的酸碱理论、路易斯酸碱理论)对酸的定义是:任何分子、基团或离子,只要含有电子结构未饱和的原子,可以接受外来的电子对,就称之为酸,又称为电子对接受体;对碱的定义则是:凡含有可以给予电子对的原子的分子、基团或离子皆称之为碱,又称为电子对给予体。酸碱反应的实质是形成配位键,产生酸碱加合物。

电子理论定义的酸或碱所包括的物质种类比质子理论更为广泛。为了和其他理论相区别,一般把电子理论中的酸和碱称为广义的酸和广义的碱。因为这个理论首先是由路易斯(G. N. Lewis)提出的,所以也称之为路易斯酸和路易斯碱。

① 冰醋酸即纯乙酸,无色有刺激性气味的液体,因为易凝结成冰状固体,故得名。纯乙酸作溶剂遇强酸时,与质子结合,生成 H_2Ac^+。

例如：

路易斯碱 （电子对给予体）	+	路易斯酸 （电子对接受体）	⟶	反应产物
(1) $:OH^-$		H^+		$HO\rightarrow H$
(2) $R_3N:$		HNO_3		$R_3N\rightarrow HNO_3(R_3NH^+ + NO_3^-)$
(3) $CaO:$		SO_3		$CaO\rightarrow SO_3(Ca^{2+} + SO_4^{2-})$
(4) $H_3N:$		Cu^{2+}		$(H_3N)_4\rightarrow Cu^{2+}([Cu(NH_3)_4]^{2+})$
(5) $H_3N:$		BF_3		$H_3N\rightarrow BF_3$

例(1)是质子理论中典型的例子，在电子理论中同样可以对其进行说明，即 OH^- 中氧原子提供电子对给 H^+，形成配位键，生成 $HO\rightarrow H(H_2O)$，式中箭头表示配位键的电子提供方向。实际上，质子论是电子论中的一种特例，电子论中还包括了许多不含质子的体系。如(3)、(4)、(5)三例，按照电子论也同样属于酸碱反应。酸碱电子理论摆脱了体系必须具有某种离子(H^+)的限制，而立足于物质的普遍组成，以电子的授受关系来说明酸碱反应，故相对于电离理论和质子理论更为全面。

广义的酸碱物质种类非常多，其反应类型也非常复杂。例如，配合物①是路易斯酸(一般是金属离子)和路易斯碱(配体)通过配位反应形成的反应产物($Cu^{2+}+4NH_3 \longrightarrow [Cu(NH_3)_4]^{2+}$)。典型的路易斯酸表现出来的酸性与质子酸有很大不同。例如，硼酸(H_3BO_3 或者 $B(OH)_3$)是缺电子的路易斯酸而不是质子酸(自身不能提供质子)。硼酸在水溶液中与水分子微弱解离产生的 OH^- 发生配位反应，使溶液呈现微酸性，表现为一元弱酸($pK=9.25$)：

$$B(OH)_3+2H_2O \rightleftharpoons B(OH)_4^- + H_3O^+$$

硼酸也可以与某些其他路易斯碱提供者(如甘油、HF)等发生反应，生成酸性更强的物质。其他缺电子化合物如 BF_3、$AlCl_3$ 等作为路易斯酸也可以发生类似反应。

为了研究酸碱电子理论中的酸碱反应，化学家总结了一个经验的规则：软硬酸碱(HSAB)规则，即"硬亲硬，软亲软"。该规则把酸和碱分成硬酸、软酸和硬碱、软碱。硬酸是体积小、正电荷高、极化性低的路易斯酸，其对外层电子的吸引力强(容易得电子)。软酸是体积大、正电荷低(或等于0)、极化性高、具有易于激发的 *d* 电子的路易斯酸，其对外层电子的吸引力弱(难得电子)。硬碱是极化性低、电负性高、难氧化的路易斯碱，其对外层电子的吸引力强(电子难失去)。软碱是极化性高、电负性低、易氧化的路易斯碱，其对外层电子的吸引力弱(电子易失去)。此外还有交界的酸和碱。表5-3列出了部分常见的路易斯软硬酸碱。

要形成稳定的反应产物，酸、碱对电子的吸引力的强弱是关键。参见表5-4，硬酸和硬碱，如 Fe^{3+}，H^+ 与 F^-，软酸与软碱，如 Ag^+，Hg^{2+} 与 I^-，皆形成稳定的配合物($\lg K^{\ominus}$ 较大)。而硬酸和软碱或软酸和硬碱形成的配合物较不稳定($\lg K^{\ominus}$ 较小)。对于交界的酸碱，一般无论对象软硬皆与其反应，其产物的稳定性差别不大。该规则虽然比较粗略，但可以解释很多化学问题，并可以预测有关的化学反应。

---

① 配合物的相关知识见第九章。

表 5-3 部分路易斯软硬酸碱

硬 酸	H^+,Li^+,Na^+,K^+,Be^{2+},Mg^{2+},Ca^{2+},Sr^{2+},Mn^{2+},Al^{3+},Co^{3+},Fe^{3+},As^{3+},Ce^{3+},Sn^{4+},BF_3, $AlCl_3$,$ROSO_2^+$,SO_3,CO_2
交界酸	Fe^{2+}, Co^{2+}, Ni^{2+}, Cu^{2+}, Zn^{2+}, Pb^{2+}, Sn^{2+}, Sb^{3+}, Bi^{3+}, SO_2, NO^+, R_3C^+,$C_6H_5^+$
软 酸	Cu^+,Ag^+,Au^+,Tl^+,Hg^+,Pd^{2+},Cd^{2+},Pt^{2+},Hg^{2+},Tl^{3+},Pt^{4+},RO^+,I_2,O,Cl,Br,I,M^0(金属原子)
硬 碱	H_2O,OH^-,O^{2-},F^-,$CH_3CO_2^-$,PO_4^{3-},SO_4^{2-},Cl^-,CO_3^{2-},NO_3^-,ROH,RO^-,NH_3,RNH_2, N_2H_4
交界碱	$C_6H_5NH_2$,C_5H_5N,Br^-,NO_2^-,SO_3^{2-}
软 碱	R_2S,RSH,RS^-,I^-,SCN^-,$S_2O_3^{2-}$,S^{2-},$(RO)_3P$,CN^-,CO,C_2H_4,C_6H_6,H^-,R^-

表 5-4 卤离子配合物的稳定常数 $\lg K^\ominus$

中心离子,路易斯酸		配体,路易斯碱			
		硬		交界	软
		F^-	Cl^-	Br^-	I^-
硬	Fe^{3+}	6.04	1.41	0.49	—
	H^+	3.6	−7	−9	−9.5
交界	Zn^{2+}	0.77	−0.19	−0.6	−1.3
	Pb^{2+}	<0.8	1.75	1.77	1.92
软	Ag^+	−0.2	3.4	4.2	7.0
	Hg^{2+}	1.03	6.72	8.94	12.87

例 5-2 根据软硬酸碱规则预测配合物$[Cd(CN)_4]^{2-}$和$[Cd(NH_3)_4]^{2+}$的稳定性。

解 Cd^{2+}为软酸,CN^-为软碱,NH_3为硬碱,所以,$[Cd(CN)_4]^{2-}$为软亲软,较稳定;$[Cd(NH_3)_4]^{2+}$为软碰硬,不稳定。

我们通过查询它们的稳定常数值可以证实上述预测。$[Cd(CN)_4]^{2-}$的稳定常数为$K_{稳}=8.3\times10^{17}$,而$[Cd(NH_3)_4]^{2+}$的稳定常数为$K_{稳}=3.63\times10^6$,由于稳定常数越大,配合物的稳定性越好,所以$[Cd(CN)_4]^{2-}$的确比$[Cd(NH_3)_4]^{2+}$稳定。

在生物体内,硬酸如Na^+,K^+,Mg^{2+},Ca^{2+},Mn^{2+},Mn^{3+}常与硬碱(配位原子为氧)结合,Fe^{2+},Fe^{3+}可以与配位原子为氧和氮的碱结合,较软的酸如Cu^+,Cu^{2+}和Zn^{2+}则常与较软的碱(配位原子为 S 或 N)结合。

阅读材料

路易斯

路易斯(G. N. Lewis,1875—1946),美国物理化学家、化学教育家、加利福尼亚大学伯克利分校化学系主任。路易斯先后提出了逸度、活度和离子强度等重要概念,提出了共价键的共用电子对理论,1923 年提出了酸碱电子理论(路易斯酸碱理论)。1933 年他首次分离出氢的同位素氘,并制备了重水的纯样品。此外他在化学热力学、原子分子结构、光化学、同位素化学等方面都做出了重要贡献。主要著作有:《化学物质的热力学和自由能》、《价键及原子和分子的结构》、《科学的剖析》等。路易斯自己没有得过诺贝尔奖,但作为美国著名化学教育家和加利福尼亚大学伯克利分校化学系主任,他的学生中有 5 人获得过诺贝尔奖。

5-3 水溶液中的质子转移平衡 (Proton Transfer Equilibrium)

5-3-1 水的质子自递作用和溶液的 pH

水是两性物质,水分子之间存在着质子自递作用,亦称质子自递反应。

$$H_2O + H_2O \overset{H^+}{\rightleftharpoons} H_3O^+ + OH^-$$

其平衡常数表示式为

$$K^{\ominus} = \frac{a_{H_3O^+} \times a_{OH^-}}{a_{H_2O}^2} \tag{5-3}$$

式中 $K^{\ominus}$ 为水的质子自递反应的标准平衡常数(即热力学平衡常数),a 为各物质的活度。对于弱电解质,一般认为活度系数为 1,即

$$K^{\ominus} = \frac{a_{H_3O^+} \times a_{OH^-}}{a_{H_2O}^2} \approx \frac{\frac{[H_3O^+]}{c^{\ominus}} \times \frac{[OH^-]}{c^{\ominus}}}{\left(\frac{[H_2O]}{c^{\ominus}}\right)^2}$$ ①

为了简便,本章将公式中的标准浓度($c^{\ominus}$)去掉,平衡常数以 K 表示,即

$$K = \frac{[H_3O^+][OH^-]}{[H_2O]^2}$$

因为水是极弱电解质,自递反应十分弱,故把$[H_2O]$看成常数,则

$$[H_3O^+][OH^-] = K[H_2O]^2 = K_w \tag{5-4}$$

① 习惯上,以[B]表示 B 物质的平衡浓度,以 c_B 表示 B 的初始浓度。

为简便，将$[H_3O^+]$写成$[H^+]$，则

$$K_w=[H^+][OH^-] \tag{5-5}$$

K_w 称为水的质子自递平衡常数，又称水的离子积常数（Ion-product Constant of Water），是一个与浓度无关与温度有关的数值。

实验测得 295K 时的纯水中

$$[H^+]=[OH^-]=1\times10^{-7}mol\cdot L^{-1}$$

代入式(5-5)

$$K_w=[H^+][OH^-]=1\times10^{-14} \tag{5-6}$$

水的质子自递作用是吸热过程，故 K_w 随温度升高而增大（表 5-5），但室温下改变不大，均可按 10^{-14} 计算。

水的质子自递常数 K_w 不仅适用于纯水，也适用于以水作溶剂的稀溶液。只要知道水溶液的 H^+ 浓度，就可计算出 OH^- 浓度；反之亦然。故可以用 H^+ 浓度或 OH^- 浓度表示溶液的酸碱性。

表 5-5　水的离子积常数与温度的关系

温度/K	K_w	温度/K	K_w
273	1.1×10^{-15}	298	1.0×10^{-14}
293	6.8×10^{-15}	323	5.5×10^{-14}
297	1.0×10^{-14}	373	5.5×10^{-13}

一般溶液的浓度，直接用物质的量浓度 c 表示，酸度则用$[H^+]$表示。如 0.1 $mol\cdot L^{-1}$ HCl 溶液和 0.1 $mol\cdot L^{-1}$ HAc 溶液浓度相同，都是 0.1 $mol\cdot L^{-1}$，但酸度显然不同。当 H^+，OH^- 浓度较小，如血清中$[H^+]=3.98\times10^{-8}mol\cdot L^{-1}$时，用浓度直接表示溶液的酸碱度就很不方便。为此常用 a_{H^+} 的负对数即 pH 来表示：

$$pH=-\lg a_{H^+} \tag{5-7}$$

在稀溶液中，浓度和活度基本相等，则

$$pH=-\lg[H^+] \tag{5-8}$$

同样也可以用 OH^- 的负对数 pOH 来表示溶液的酸碱性：

$$pOH=-\lg[OH^-]$$

由于常温下$[H^+][OH^-]=1\times10^{-14}$，故

$$pH+pOH=14 \tag{5-9}$$

pH 的概念不仅仅在化学领域，而且在医学、生物学中也很重要。人体的各种体液都要求在一定的 pH 范围内（表 5-6）。

表 5-6　人体各种体液的 pH

体液	pH	体液	pH
血清	7.35～7.45	大肠液	8.3～8.4
成人胃液	0.9～1.5	乳汁	6.6～6.9
婴儿胃液	5.0	泪水	7.4

续表

体液	pH	体液	pH
唾液	6.35～6.85	尿液	4.8～7.5
胰	7.5～8.0	脑脊液	7.35～7.45
小肠液	7.6		

5-3-2　其他弱酸、弱碱在水溶液中的质子转移平衡

一、质子转移平衡及平衡常数

一元弱酸（HAc，NH_4^+）在水溶液中可以发生质子转移平衡：

$$HB + H_2O \rightleftharpoons H_3O^+ + B^-$$

$$K_a = \frac{[H_3O^+][B^-]}{[HB]} \tag{5-10}$$

式中 HB 和 B^- 分别代表弱酸和它的共轭碱，K_a 表示该弱酸在溶液中的**酸解离常数（Dissociation Constant of Acid，**简称**酸常数**），它反映了不同的酸在相同溶剂（水）中所表现出来的相对强度。K_a 值愈大，酸性愈强。

同理，一元弱碱（NH_3，Ac^-）在水溶液中的质子转移平衡：

$$B^- + H_2O \rightleftharpoons OH^- + HB$$

$$K_b = \frac{[HB][OH^-]}{[B^-]} \tag{5-11}$$

K_b 为该弱碱的**碱解离常数（Dissociation Constant of Base，**简称**碱常数**），它反映了不同的碱在水溶液中的相对强度。K_b 值愈大，碱性愈强。

酸或碱的解离常数一般为负指数，使用起来不大方便，因此常用其负对数来表示，即 $pK_a = -\lg K_a$，$pK_b = -\lg K_b$。

一些常见的弱酸、弱碱的解离常数列于表 5-7。更多的弱酸、弱碱的解离常数数据列在附录。

表 5-7　某些一元弱酸和弱碱的质子转移平衡常数（298K）

酸或碱	分子式	K_a 或 K_b	pK_a 或 pK_b
醋酸	CH_3COOH	1.76×10^{-5}	4.75
硼酸	H_3BO_3	7.30×10^{-10}	9.14
甲酸	HCOOH	1.77×10^{-4}	3.75
氢氰酸	HCN	4.93×10^{-10}	9.31
氢氟酸	HF	3.53×10^{-4}	3.45
乙胺	$C_2H_5NH_2$	5.01×10^{-4}	3.30
氨	NH_3	1.77×10^{-5}	4.75

二、共轭酸碱常数关系

共轭酸碱对的解离常数 K_a 和 K_b 之间有确定的关系。以 HAc 为例，在水溶液中有下列两个质子转移平衡：

$$HAc + H_2O \rightleftharpoons H_3O^+ + Ac^-$$

$$K_a=\frac{[H_3O^+][Ac^-]}{[HAc]}$$

$$H_2O + Ac^- \rightleftharpoons HAc + OH^-$$

$$K_b=\frac{[HAc][OH^-]}{[Ac^-]}$$

$$K_a \cdot K_b=\frac{[H_3O^+][Ac^-]}{[HAc]}\cdot\frac{[HAc][OH^-]}{[Ac^-]}=[H_3O^+][OH^-]$$

由式(5-4)可知

$$K_a \cdot K_b = K_w \tag{5-12}$$

由上式可以看出，K_a与K_b成反比关系，而K_a和K_b正是反映酸和碱的强度的。所以，在共轭酸碱对中，酸的强度愈大，其共轭碱的强度就愈小；碱的强度愈大，其共轭酸的强度就愈小。

式(5-12)是一个非常重要的关系式。只要知道了酸的解离常数K_a，就可以计算出其共轭碱的解离常数K_b，反之亦然。

将式(5-12)两边取负对数，得

$$pK_a + pK_b = pK_w$$

在298K时，$pK_w=14$，所以

$$pK_a + pK_b = 14 \tag{5-13}$$

根据式(5-13)，可以简单地进行pK_a和pK_b之间的计算。

例 5-3 已知298K时NH_3的$K_b=1.77\times10^{-5}$，求NH_4^+的K_a。

解 298K时，$K_w=10^{-14}$，NH_4^+是NH_3的共轭酸，所以

$$K_a=\frac{K_w}{K_b}=\frac{10^{-14}}{1.77\times10^{-5}}=5.65\times10^{-10}$$

对于某些多元酸，比如H_3PO_4，H_2S，H_2CO_3，它们的解离是分步进行的。例如，H_3PO_4在水中的解离：

$$H_3PO_4 + H_2O \rightleftharpoons H_2PO_4^- + H_3O^+$$

$$K_{a_1}=\frac{[H_2PO_4^-][H_3O^+]}{[H_3PO_4]}=7.52\times10^{-3}$$

$$H_2PO_4^- + H_2O \rightleftharpoons H_3PO_4 + OH^-$$

$$K_{b_3}=\frac{K_w}{K_{a_1}}=1.33\times10^{-12}$$

$$H_2PO_4^- + H_2O \rightleftharpoons HPO_4^{2-} + H_3O^+$$

$$K_{a_2}=\frac{[HPO_4^{2-}][H_3O^+]}{[H_2PO_4^-]}=6.23\times10^{-8}$$

$$HPO_4^{2-} + H_2O \rightleftharpoons H_2PO_4^- + OH^-$$

$$K_{b_2}=\frac{K_w}{K_{a_2}}=1.61\times10^{-7}$$

$$HPO_4^{2-} + H_2O \rightleftharpoons PO_4^{3-} + H_3O^+$$

$$K_{a_3}=\frac{[PO_4^{3-}][H_3O^+]}{[HPO_4^{2-}]}=2.2\times10^{-13}$$

$$PO_4^{3-} + H_2O \rightleftharpoons HPO_4^{2-} + OH^-$$

$$K_{b_1}=\frac{K_w}{K_{a_3}}=4.5\times10^{-2}$$

一般来说，多元酸(如 H_3PO_4)的 $K_{a_1}>K_{a_2}>K_{a_3}$，即强度随着酸的解离逐渐减弱，而其对应的共轭碱(如 PO_4^{3-})的 $K_{b_1}>K_{b_2}>K_{b_3}$，强度随着碱的解离而减弱。

5-4　质子转移平衡有关计算及平衡的移动 (Calculation about Proton Transfer Equilibrium and Equilibrium's Transfer)

5-4-1　一元弱酸、弱碱溶液

一、一元弱酸溶液

一元弱酸包括分子酸(如 HAc，HCN 等)和离子酸(如 NH_4^+，$(C_2H_5)_3NH^+$ 等)。它们在水溶液中存在两种质子转移平衡：

$$HA+H_2O \rightleftharpoons H_3O^+ + A^-$$

$$H_2O+H_2O \rightleftharpoons H_3O^+ + OH^-$$

HA，H_3O^+，A^-，OH^- 四种物质的浓度都是未知的，要精确计算相当复杂。当 $c\cdot K_a>20K_w$，即弱酸的浓度或强度足够高时，可以忽略水的质子转移平衡。溶液中的 H^+ 主要来自弱酸的质子转移平衡。

以 HAc 为例，设 HAc 的起始浓度为 c，HAc 的酸常数为 K_a，HAc 的解离度为 α。

$$HAc+H_2O \rightleftharpoons H_3O^+ + Ac^-$$

	HAc	H_3O^+	Ac^-
初始浓度	c	0	0
平衡浓度	$c-[H^+]$	$[H^+]$	$[H^+]$

$$K_a=\frac{[H^+][Ac^-]}{[HAc]}=\frac{[H^+]^2}{c-[H^+]}$$

$$[H^+]^2+K_a[H^+]-K_a c=0$$

解方程得

$$[H^+]=\frac{-K_a+\sqrt{K_a^2+4K_a c}}{2} \tag{5-14}$$

式(5-14)是计算一元弱酸$[H^+]$的近似公式。

通常，当 $c/K_a\geqslant500$ 时，弱酸的强度较小，解离度 $\alpha<5\%$，所以可以认为 $1-\alpha\approx1$(误差$<5\%$)，即质子转移平衡中$[H^+]\ll c$，则$[HAc]=c-[H^+]\approx c$。

$$K_a=\frac{[H^+]^2}{c-[H^+]}$$

可简化为

$$[H^+]=\sqrt{K_a\cdot c} \tag{5-15}$$

式(5-15) 是计算一元弱酸$[H^+]$的最简式。

由解离度定义得

$$\alpha=\frac{[H^+]}{c} \tag{5-16}$$

结合式(5-15)与(5-16)得到

$$\alpha=\sqrt{\frac{K_a}{c}} \tag{5-17}$$

由式(5-17)可以看出，因为弱酸的酸常数 K_a 不随浓度而变化，所以在一定温度下，

解离度 α 随弱电解质浓度减小而增大，即稀释使弱酸的解离度增大。式(5-17)一般称为**稀释定律**。稀释定律可用化学平衡来解释：在弱酸溶液中加入水后，质子转移平衡向着弱酸解离的方向移动，在降低弱酸浓度的同时增强了水分子对弱酸的作用，从而使更多的弱酸解离。

例 5-4 计算下列 HAc 溶液的$[H^+]$以及 HAc 的解离度 α：

(1) $0.10mol \cdot L^{-1}$；

(2) $1.0\times10^{-5}mol \cdot L^{-1}$。(已知 $K_a(HAc)=1.76\times10^{-5}$)

解 (1) $c/K_a=\dfrac{0.10}{1.76\times10^{-5}}>500$，故可用最简式(6-15)计算：

$$[H^+]=\sqrt{K_a \cdot c}=\sqrt{1.76\times10^{-5}\times0.10}$$
$$=1.33\times10^{-3}(mol \cdot L^{-1})$$
$$\alpha=\frac{[H^+]}{c}=\frac{1.33\times10^{-3}}{0.10}=1.33\%$$

(2) $c/K_a=\dfrac{1.0\times10^{-5}}{1.76\times10^{-5}}<500$，故可用近似公式(5-14)进行计算：

$$[H^+]=\frac{-K_a+\sqrt{K_a^2+4K_ac}}{2}$$
$$=\frac{-1.76\times10^{-5}+\sqrt{(1.76\times10^{-5})^2+4\times1.76\times10^{-5}\times1.0\times10^{-5}}}{2}$$
$$=7.1\times10^{-6}(mol \cdot L^{-1})$$
$$\alpha=\frac{[H^+]}{c}=\frac{7.1\times10^{-6}}{1.0\times10^{-5}}=71\%$$

第二题如果按最简式(5-15)计算：

$$[H^+]=\sqrt{K_a \cdot c}=1.33\times10^{-5}mol \cdot L^{-1}>1.0\times10^{-5}mol \cdot L^{-1}$$

显然不合理。从题中也可以看出，稀释后的 HAc 溶液的解离度明显增大。

例 5-5 求 $0.10mol \cdot L^{-1}NH_4Cl$ 溶液的 pH 值。已知 $K_b(NH_3)=1.77\times10^{-5}$。

解 NH_4Cl 溶于水后解离成 $NH_4{}^+$ 和 Cl^-。Cl^- 是极弱的碱，不和水发生反应，$NH_4{}^+$ 是一个弱酸，$NH_4{}^+$ 与 H_2O 存在质子转移平衡：

$$NH_4{}^+ + H_2O \rightleftharpoons H_3O^+ + NH_3$$
$$K_a=\frac{K_w}{K_b}=\frac{1.0\times10^{-14}}{1.77\times10^{-5}}=5.65\times10^{-10}$$

$c/K_a=\dfrac{0.10}{5.65\times10^{-10}}>500$，可用最简式(5-15)：

$$[H^+]=\sqrt{K_a \cdot c}=\sqrt{5.65\times10^{-10}\times0.10}=7.52\times10^{-6}(mol \cdot L^{-1})$$
$$pH=5.12$$

二、同离子效应

以上各式仅适用于溶液中只存在一种弱酸电解质的情况，如果溶液中加入其他强电解质，则由于浓度的变化，质子转移平衡将发生移动，往往不能使用上述公式，需要根据实际情况考虑。

如下式所示，在弱电解质 HAc 溶液中，加入少量强电解质 NaAc 后，由于 NaAc 在溶

液中全部解离为 Na^+ 和 Ac^-，溶液中 Ac^- 浓度增大，HAc 在水溶液中质子转移平衡向左移动，HAc 的解离度降低。

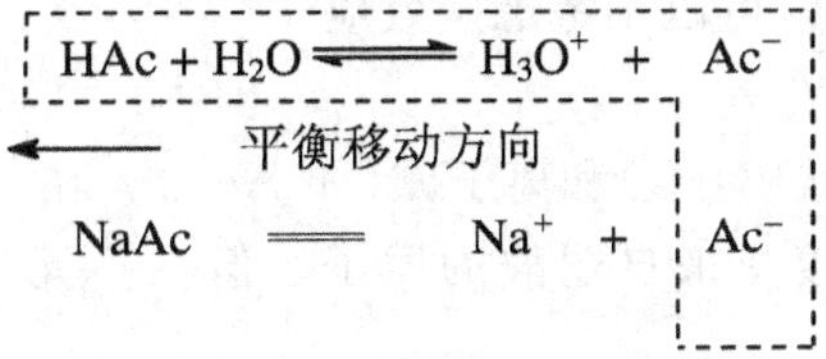

这种在弱电解质溶液中加入与弱电解质具有相同离子的强电解质，利用浓度的变化使质子转移平衡向逆方向移动，从而使得弱电解质解离度降低的现象，称为**同离子效应**(**Common Ion Effect**)。

实际上，不仅加入 NaAc 可以产生同离子效应使 HAc 解离度降低，加入强酸溶液如 HCl，H_2SO_4 等也可以达到相同的效果，因为强酸与 HAc 具有相同离子——氢离子。类似的同离子效应也存在于其他强酸与弱酸的混合溶液中，如 HCl 与 H_2CO_3、HCl 与 H_2S，甚至 HCl 与 H_2O 也存在这样的同离子效应，读者可以自己分析。

例 5-6　如果在 1L 0.10mol·L^{-1} HAc 溶液中加入 0.10mol NaAc，则溶液的[H^+]和解离度 α 各为多少？将计算结果与例 5-4(1)进行比较。已知 HAc 的 $K_a=1.76\times10^{-5}$。

解　当溶液加入 Ac^- 后，设此时 [H^+] 为 x mol·L^{-1}，达到新平衡时有：

$$\begin{array}{llll} HAc & +H_2O \rightleftharpoons H_3O^+ & + & Ac^- \\ 0.10-x & & x & x+0.10 \end{array}$$

$$K_a=\frac{[H^+][Ac^-]}{[HAc]}=\frac{x(x+0.10)}{0.10-x}$$

考虑到同离子效应　　$x \ll 0.10$，　$x+0.10\approx0.10$，　$0.10-x\approx0.10$

因此公式可简化为　　$$K_a=\frac{0.10x}{0.10}=x$$

$$[H^+]=x=K_a=1.76\times10^{-5}(\text{mol}\cdot\text{L}^{-1})$$

$$\alpha=\frac{[H^+]}{c}=\frac{1.76\times10^{-5}}{0.10}=1.76\times10^{-4}=0.0176\%\ll1.33\%$$

很显然，加入 NaAc 后 HAc 解离度大约降至原来的 1/80，同离子效应明显地抑制了 HAc 的解离。

在工业生产和科学实验中，人们常常利用同离子效应来调节 H^+ 和 OH^- 的浓度，控制溶液的酸度。

三、盐效应

在弱电解质溶液中加入与弱电解质具有不同离子的强电解质，可使弱电解质解离度略有增大的现象称为**盐效应**(**Salt Effect**)。例如，在 1L 0.10mol·L^{-1} HAc 溶液中加入 0.10mol NaCl，HAc 的解离度由 1.33%增大到 1.82%。其原因是强电解质的加入增加了溶液的离子强度，使溶液中离子之间的牵制作用加强，因此 HAc 解离度略有增大。以弱酸 HA 为例：

$$HA+H_2O \rightleftharpoons H_3O^+ + A^-$$

$$K_a=\frac{a_{H^+}a_{A^-}}{a_{HA}}=\frac{\gamma_{H^+}[H^+]\cdot\gamma_{A^-}[A^-]}{[HA]}=\gamma_{H^+}\gamma_{A^-}\frac{[H^+][A^-]}{[HA]}$$

因为$\gamma<1$，K_a不变，所以$[H^+]$、$[A^-]$必然增大。

产生同离子效应时，必然伴随盐效应。但盐效应的影响要比同离子效应小得多，因此对于离子强度不大的溶液，可以不考虑盐效应。

四、一元弱碱溶液

一元弱碱包括分子碱（如NH_3）和离子碱（如Ac^-）。在一元弱酸溶液的质子转移反应中，水分子表现为碱，它接受来自弱酸的质子。但在一元弱碱溶液中，水分子表现为酸，它把质子释放给弱碱。

一元弱碱$[OH^-]$的计算公式和一元弱酸相似，只是将$[H^+]$换成$[OH^-]$，K_a换成K_b。

近似公式：

$$[OH^-]=\frac{-K_b+\sqrt{K_b^2+4K_bc}}{2}\quad（适用条件\ c\cdot K_b>20K_w）\tag{5-18}$$

最简式：

$$[OH^-]=\sqrt{K_bc}\quad（适用条件\ c/K_b\geqslant 500）\tag{5-19}$$

例 5-7 求 0.10mol·L^{-1} NaAc 溶液的 pH。已知$K_a(HAc)=1.76\times10^{-5}$。

解 NaAc 在水中完全解离，Ac^-与H_2O间存在质子转移平衡：

$$Ac^-+H_2O \rightleftharpoons HAc+OH^-$$

$$K_b=\frac{K_w}{K_a}=5.68\times10^{-10}$$

$$c/K_b=\frac{0.10}{5.68\times10^{-10}}>500$$

可用最简式(5-19)：

$$[OH^-]=\sqrt{K_bc}=\sqrt{5.68\times10^{-10}\times0.10}=7.54\times10^{-6}(mol\cdot L^{-1})$$

$$pOH=5.12\qquad\qquad pH=14-5.12=8.88$$

5-4-2 多元酸(碱)溶液

多元酸与水的质子传递反应是分步进行的，以H_2CO_3为例：

$$H_2CO_3+H_2O \rightleftharpoons H_3O^++HCO_3^-\qquad K_{a_1}=\frac{[HCO_3^-][H^+]}{[H_2CO_3]}=4.3\times10^{-7}$$

$$HCO_3^-+H_2O \rightleftharpoons H_3O^++CO_3^{2-}\qquad K_{a_2}=\frac{[CO_3^{2-}][H^+]}{[HCO_3^-]}=5.6\times10^{-11}$$

当$K_{a_1}/K_{a_2}>10^2$时，溶液中的H^+主要来自第一步质子转移平衡，可以忽略第二步质子转移产生的H^+，将多元酸当作一元弱酸处理。注意，这里的$[H^+]$和$[HCO_3^-]$是指其在整个溶液中的浓度，它们必须同时满足溶液中的所有平衡。

例 5-8 计算室温下H_2CO_3饱和溶液（0.040mol·L^{-1}）的$[H^+]$、$[HCO_3^-]$、$[H_2CO_3]$、$[CO_3^{2-}]$。

解 $K_{a_1}/K_{a_2}>10^2$，因此可忽略第二步质子转移产生的H^+，按一元弱酸处理。

又因为$c/K_{a_1}=\frac{0.040}{4.3\times10^{-7}}>500$，可按最简式(5-15)计算：

$$[H^+]=\sqrt{K_{a_1}\cdot c}=\sqrt{4.3\times10^{-7}\times0.040}=1.31\times10^{-4}(mol\cdot L^{-1})$$

$$[HCO_3^-]\approx[H^+]=1.31\times10^{-4}(mol\cdot L^{-1})$$

$$[H_2CO_3]=0.040-1.31\times10^{-4}\approx0.040\ (mol\cdot L^{-1})$$

CO_3^{2-} 是第二步质子转移的产物，用 K_{a_2} 计算：

$$K_{a_2}=\frac{[CO_3^{2-}][H^+]}{[HCO_3^-]}=5.6\times10^{-11}$$

因$[HCO_3^-]\approx[H^+]$，故$[CO_3^{2-}]\approx K_{a_2}=5.6\times10^{-11}(mol\cdot L^{-1})$。

通过上例计算，对于没有同离子效应的多元弱酸溶液，可以得出以下结论：

(1) 多元弱酸 $K_{a_1}\gg K_{a_2}\gg K_{a_3}$，当 $K_{a_1}/K_{a_2}>10^2$ 时，$[H^+]$计算可按一元弱酸处理。K_{a_1} 可作为衡量酸度的标志。

(2) 二元弱酸酸根浓度近似等于 K_{a_2}，与酸的原始浓度关系不大。

(3) 若改变多元弱酸溶液的 pH，比如加入强酸或强碱，将使质子转移平衡发生移动，此时$[CO_3^{2-}]$不再等于 K_{a_2}，必须使用如下关系式计算：

$$K=K_{a_1}\cdot K_{a_2}=\frac{[CO_3^{2-}][H^+]^2}{[H_2CO_3]}\tag{5-20}$$

多元弱碱(如 CO_3^{2-}、S^{2-}、PO_4^{3-} 等离子)质子转移的有关计算与多元弱酸相似。

例 5-9　求 0.10mol·L^{-1} Na_2CO_3 溶液的 pH 和$[H_2CO_3]$。如果在此溶液中加入过量盐酸，生成 H_2CO_3，并使$[H^+]$达到 0.3mol·L^{-1}，H_2CO_3 的浓度达到饱和浓度 0.040mol·L^{-1}，试计算此时溶液中 CO_3^{2-} 的浓度。已知 H_2CO_3 的 $K_{a_1}=4.3\times10^{-7}$，$K_{a_2}=5.6\times10^{-11}$。

解　$CO_3^{2-}+H_2O \rightleftharpoons HCO_3^-+OH^-$　　　$K_{b_1}=K_w/K_{a_2}=1.79\times10^{-4}$

$HCO_3^-+H_2O \rightleftharpoons H_2CO_3+OH^-$　　　$K_{b_2}=K_w/K_{a_1}=2.33\times10^{-8}$

$K_{b_1}/K_{b_2}>10^2$，忽略第二步质子转移产生的 OH^-，按一元弱碱处理：

$c/K_{b_1}=\dfrac{0.10}{1.79\times10^{-4}}>500$，按最简式(5-19)计算：

$$[OH^-]=\sqrt{K_{b_1}c}=\sqrt{1.79\times10^{-4}\times0.10}=4.23\times10^{-3}(mol\cdot L^{-1})$$

$$pOH=2.37\qquad pH=11.63$$

因为$[OH^-]\approx[HCO_3^-]$，故

$$[H_2CO_3]=\frac{[H_2CO_3][OH^-]}{[HCO_3^-]}=K_{b_2}=2.33\times10^{-8}$$

加入过量的盐酸后，溶液中生成 H_2CO_3 的饱和溶液，此溶液中存在同离子效应，因此使用公式(5-20)进行计算，得

$$[CO_3^{2-}]=\frac{K_{a_1}\times K_{a_2}\times[H_2CO_3]}{[H^+]^2}=\frac{4.3\times10^{-7}\times5.6\times10^{-11}\times0.040}{0.3^2}=1.07\times10^{-17}$$

从本例可以看到，在弱酸盐溶液中加入过量的强酸，可以使弱酸根离子浓度明显下降。

5-4-3　两性物质溶液

质子理论认为，既能接受质子又能给出质子的物质为两性物质，如多元酸的酸式盐

($NaHCO_3$)、弱酸弱碱盐(NH_4Ac)、氨基酸(H_2NCH_2COOH)。两性物质在溶液中的质子转移平衡比较复杂，现以 HCO_3^- 为例简要介绍。

设 HCO_3^- 浓度为 c，HCO_3^- 与 H_2O 之间发生两个质子转移反应：

$$HCO_3^- + H_2O \rightleftharpoons H_2CO_3 + OH^- \qquad K_{b_2} = \frac{[H_2CO_3][OH^-]}{[HCO_3^-]}$$

$$HCO_3^- + H_2O \rightleftharpoons H_3O^+ + CO_3^{2-} \qquad K_{a_2} = \frac{[CO_3^{2-}][H^+]}{[HCO_3^-]}$$

将两个反应的平衡常数相除，得

$$\frac{K_{a_2}}{K_{b_2}} = \frac{[CO_3^{2-}][H^+]}{[HCO_3^-]} \times \frac{[HCO_3^-]}{[H_2CO_3][OH^-]} \tag{5-21}$$

由于 HCO_3^- 的酸解离反应和碱解离反应(即水解反应)相互制约，使得反应产生的 $[CO_3^{2-}]$ 与 $[H_2CO_3]$ 相近，因此可得

$$\frac{K_{a_2}}{K_{b_2}} = \frac{[H^+]}{[OH^-]} \tag{5-22}$$

进而可得

$$[H^+] = \sqrt{K_{a_1} \times K_{a_2}} \tag{5-23}$$

式(5-23)是计算两性物质溶液的 $[H^+]$ 的近似公式。从近似公式可见，两性物质溶液的 $[H^+]$ 与溶液的浓度基本无关。因此，

对于 $H_2PO_4^-$ 溶液　　$[H^+] = \sqrt{K_{a_1} \times K_{a_2}}$

对于 HPO_4^{2-} 溶液　　$[H^+] = \sqrt{K_{a_2} \times K_{a_3}}$

对于正负离子组成弱酸弱碱盐(NH_4F、NH_4Ac)

$$[H^+] = \sqrt{K_a \cdot K_a'} \tag{5-24}$$

以 NH_4Ac 为例，K_a 表示阳离子酸 NH_4^+ 的酸常数，K_a' 表示阴离子碱 Ac^- 的共轭酸 HAc 的酸常数。

例 5-10　求 0.100mol·L^{-1} NH_4F 的 pH。已知 $pK_a(NH_4^+) = 9.24$，$pK_a'(HF) = 3.45$。

解

$$[H^+] = \sqrt{K_a \times K_a'}$$

$$pH = \frac{1}{2}(pK_a + pK_a') = \frac{1}{2}(9.24 + 3.45) = 6.34$$

阅读材料

氨基酸的等电点

氨基酸分子因为有氨基和羧基，所以也是一种酸碱两性物质。处于电中性的氨基酸的 pH 称为**等电点(Isoelectric Point)**，用符号 pI 表示。氨基酸处于等电点时，羧基和氨基的解离度相等，氨基酸的净电荷为零，此时溶解度最小，氨基酸晶体可以从水中析出。不同氨基酸由于结构不同，所以等电点不同。通过调节 pH，可以从氨基酸混合溶液中分离出某种氨基酸。

例：计算赖氨酸(lys)的等电点 pI。已知 $pK_a=8.95$，$pK'_a=10.53$。

解：$pI=1/2(pK_a+pK'_a)=1/2(8.95+10.53)=9.74$

5-5　缓冲溶液
(Buffer Solution)

一般来说，在电解质水溶液中加入强酸或强碱或者加入大量水对其进行稀释时，水溶液的 pH 往往会明显改变，但也有一类溶液的 pH 不会因此发生明显改变。在 1.0L 纯水，1.0L $0.1mol\cdot L^{-1}$ NaCl 和 1.0L $0.1mol\cdot L^{-1}$ HAc-NaAc 三种液体中加入强酸或强碱，研究其 pH 变化情况，得到如表 5-8 所示数据。

表 5-8 表明，在纯水或 NaCl 溶液中加入强酸或强碱，pH 改变了 5 个单位，而在 HAc-NaAc 混合溶液中加入相同量的强酸或强碱，pH 仅改变了 0.08 个单位。

表 5-8　强酸、强碱对溶液 pH 的影响

1.0L 纯水或溶液	原 pH	加入 0.01mol HCl 后的 pH	ΔpH	加入 0.01mol NaOH 后的 pH	ΔpH
H_2O	7	2	5	12	5
$0.1mol\cdot L^{-1}$ NaCl	7	2	5	12	5
$0.1mol\cdot L^{-1}$ HAc-NaAc	4.75	4.67	0.08	4.83	0.08

像 HAc-NaAc 这类能够抵抗少量外加的强酸、强碱或者适当的稀释作用，而保持 pH 几乎不变的溶液称为**缓冲溶液(Buffer Solution)**。缓冲溶液对强酸、强碱的抵抗作用称为**缓冲作用(Buffer Action)**。

5-5-1　缓冲溶液的组成及作用原理

缓冲溶液为什么具有抗酸或抗碱的作用呢？这必须从它的组成来研究。一般缓冲溶液同时存在着抗碱成分和抗酸成分，这两种成分统称为**缓冲系统(Buffer System)**或**缓冲对(Buffer Pair)**。常见的缓冲系统列于表 5-9 中。

表 5-9　常见缓冲系统

缓冲系统	抗碱成分（共轭酸）	抗酸成分（共轭碱）	质子转移平衡式	pK_a (25℃)
$HAc\text{-}Ac^-$	HAc	Ac^-	$HAc+H_2O \rightleftharpoons Ac^-+H_3O^+$	4.75
$H_2CO_3\text{-}HCO_3^-$	H_2CO_3	HCO_3^-	$H_2CO_3+H_2O \rightleftharpoons HCO_3^-+H_3O^+$	6.37
$H_3PO_4\text{-}H_2PO_4^-$	H_3PO_4	$H_2PO_4^-$	$H_3PO_4+H_2O \rightleftharpoons H_2PO_4^-+H_3O^+$	2.12

续表

缓冲系统	抗碱成分（共轭酸）	抗酸成分（共轭碱）	质子转移平衡式	pK_a（25℃）
$H_2C_8H_4O_4$-$HC_8H_4O_4^-$①	$H_2C_8H_4O_4$	$HC_8H_4O_4^-$	$H_2C_8H_4O_4+H_2O \rightleftharpoons HC_8H_4O_4^-+H_3O^+$	2.92
NH_4^+-NH_3	NH_4^+	NH_3	$NH_4^++H_2O \rightleftharpoons NH_3+H_3O^+$	9.25
$CH_3NH_3^+Cl$-$CH_3NH_2$②	$CH_3NH_3^+$	CH_3NH_2	$CH_3NH_3^++H_2O \rightleftharpoons CH_3NH_2+H_3O^+$	10.7
NaH_2PO_4-Na_2HPO_4	$H_2PO_4^-$	HPO_4^{2-}	$H_2PO_4^-+H_2O \rightleftharpoons HPO_4^{2-}+H_3O^+$	7.21
Na_2HPO_4-Na_3PO_4	HPO_4^{2-}	PO_4^{3-}	$HPO_4^{2-}+H_2O \rightleftharpoons PO_4^{3-}+H_3O^+$	12.67

① 邻苯二甲酸-邻苯二甲酸氢盐；② 盐酸甲胺-甲胺

从表中可以看到，缓冲系统为一共轭酸碱对，抗酸成分为共轭碱，抗碱成分为其共轭酸。一般来说，缓冲溶液的 pH 接近其共轭酸的 pK_a。

我们以醋酸缓冲系（HAc-NaAc）为例，来说明缓冲作用原理。

在 HAc-NaAc 混合溶液中，NaAc 完全解离，而 HAc 的解离由于大量 Ac^- 的存在而被抑制了（同离子效应）。因此，该系统中存在着大量的 HAc 和 Ac^-，这一对物质是共轭酸碱对，在溶液中存在如下质子转移平衡：

$$HAc+H_2O \rightleftharpoons H_3O^++Ac^-$$

当加入少量强酸时，溶液中的 Ac^- 结合外来的质子，Ac^- 浓度降低，平衡向左移动，生成难解离的 HAc。当达到新的平衡时，溶液中 HAc 浓度增加，Ac^- 浓度降低，而外来的 H^+ 由于被 Ac^- 消耗了绝大多数，所以 H^+ 浓度没有明显增加，pH 几乎不变。共轭碱 Ac^- 起到了抗酸的作用所以称为抗酸成分。

当加入少量强碱时，溶液中的 H_3O^+ 与外来的 OH^- 结合，H_3O^+ 浓度降低，平衡向右移动，促使更多的 HAc 解离出 H_3O^+ 来弥补 H_3O^+ 的损失。在达到新的平衡时，Ac^- 浓度增加，HAc 浓度减少，外来的 OH^- 由于被 HAc 消耗了大多数，所以 H_3O^+ 浓度没有明显减少，pH 几乎不变。共轭酸 HAc 起抗碱作用所以称为抗碱成分。

实际上，还有一些溶液，它们不是缓冲溶液，但是它们却具有一定的缓冲能力。比如强酸（如 HCl）、强碱（如 NaOH）的溶液，严格地讲它们不属于本章所讨论的缓冲溶液，但是它们在 pH＜3 及 pH＞11 的高酸、高碱度区，也有缓冲能力。其原因是：在强酸、强碱溶液中 H^+、OH^- 浓度很高，外加少量强酸、强碱后，pH 改变较小。这类溶液具有缓冲能力，但不存在共轭酸碱对，其缓冲机制与我们本章所述的缓冲溶液不同。胃液就属于这样的溶液。此外，一些两性物质的溶液，比如 $NaHCO_3$ 溶液，既可以与外加强碱反应，也可以与外加强酸反应，所以也具有缓冲能力，但是它们同样不是这里所说的缓冲溶液。

5-5-2　缓冲溶液 pH 的计算

一、缓冲溶液 pH 的计算公式

弱酸 HA 与 NaA 组成缓冲溶液，在该缓冲系统中存在下列质子转移平衡：

$$HA + H_2O \rightleftharpoons H_3O^+ + A^-$$

$$NaA \longrightarrow Na^+ + A^-$$

从 HA 质子转移平衡可得：

$$K_a = \frac{[H_3O^+][A^-]}{[HA]}$$

$$[H_3O^+] = K_a \frac{[HA]}{[A^-]}$$

等式两边同取负对数：

$$-\lg[H_3O^+] = -\lg K_a + \lg \frac{[A^-]}{[HA]}$$

$$pH = pK_a + \lg \frac{[A^-]}{[HA]}$$

$$pH = pK_a + \lg \frac{[共轭碱]}{[共轭酸]} \qquad (5\text{-}25)$$

此式称为**亨德森-哈塞尔巴赫(Henderson-Hasselbalch)**方程。

式中 K_a 表示共轭酸的质子转移平衡常数；[共轭酸]、[共轭碱]分别为 HA、A^- 的平衡浓度，$\frac{[共轭碱]}{[共轭酸]}$称为**缓冲比(Buffer Ratio)**。由于缓冲溶液中 HA 为弱酸，而 NaA 的同离子效应，使得 HA 和 A^- 的浓度变化都非常小，其平衡浓度接近于起始浓度 c。所以式(5-26)又可以表示为

$$pH = pK_a + \lg \frac{c(A^-)}{c(HA)} \qquad (5\text{-}26)$$

式中 $c(HA)$和 $c(A^-)$分别表示缓冲溶液中共轭酸和共轭碱的起始浓度。

若以 $n(HA)$和 $n(A^-)$分别表示体积为 V 的缓冲溶液中所含共轭酸、共轭碱的物质的量，则

$$pH = pK_a + \lg \frac{\frac{n(A^-)}{V}}{\frac{n(HA)}{V}} = pK_a + \lg \frac{n(A^-)}{n(HA)} \qquad (5\text{-}27)$$

由以上各式可知：

(1) 缓冲溶液的 pH，主要取决于共轭酸的质子转移平衡常数 K_a。

(2) 对于同一缓冲对不同浓度的缓冲溶液，K_a 相同，溶液的 pH 则取决于缓冲比。缓冲比等于 1 时，$pH = pK_a$。

(3) 缓冲溶液中加适量水稀释后，$[A^-]$和$[HA]$同时减小，缓冲比变化很小，所以 pH 几乎不变。但稀释会引起溶液离子强度减小，使溶液活度系数增大，因此 pH 会有些变化。

例 5-11　按照表 5-8 所示实验，由 $0.20mol \cdot L^{-1}$ HAc 溶液和 $0.20mol \cdot L^{-1}$ NaAc

溶液等体积混合成 1.0L 缓冲溶液，求此溶液的 pH。在此溶液中加入 0.010mol HCl 或 0.010mol NaOH 后 pH 将改变多少单位？（不考虑体积改变）

解 由于 HAc 和 NaAc 溶液等体积混合，所以缓冲溶液中 HAc 和 NaAc 的起始浓度为它们原来浓度的一半。

（1）计算原缓冲溶液的 pH：

$$c(\mathrm{HAc})=\frac{0.20}{2}=0.10(\mathrm{mol\cdot L^{-1}})$$

$$c(\mathrm{Ac^-})=\frac{0.20}{2}=0.10(\mathrm{mol\cdot L^{-1}})$$

代入式(5-26)得 $$\mathrm{pH}=4.75+\lg\frac{0.10}{0.10}=4.75$$

（2）计算加入 0.010mol HCl 后缓冲溶液 pH 的变化：

加入 HCl 后，外加质子与 Ac^- 结合生成 HAc，使 HAc 的量增加，Ac^- 的量减少。

$$c(\mathrm{Ac^-})=\frac{0.10\times1.0-0.010}{1.0}=0.09(\mathrm{mol\cdot L^{-1}})$$

$$c(\mathrm{HAc})=\frac{0.10\times1.0+0.010}{1.0}=0.11(\mathrm{mol\cdot L^{-1}})$$

代入式(5-26)得 $$\mathrm{pH}=4.75+\lg\frac{0.09}{0.11}=4.66$$

加酸后 pH 由 4.75 减至 4.66，下降了 0.09 个单位。

（3）加入 0.010mol NaOH 后，缓冲溶液 pH 的变化：

加入的 NaOH 与 HAc 反应生成 Ac^-，使 HAc 的量减少，Ac^- 的量增加。

$$c(\mathrm{Ac^-})=\frac{0.10\times1.0+0.010}{1.0}=0.11(\mathrm{mol\cdot L^{-1}})$$

$$c(\mathrm{HAc})=\frac{0.10\times1.0-0.010}{1.0}=0.09(\mathrm{mol\cdot L^{-1}})$$

代入式(5-26)得

$$\mathrm{pH}=4.75+\lg\frac{0.11}{0.09}=4.84$$

加碱后 pH 由 4.75 增加到 4.84，上升了 0.09 个单位。

例 5-12 在 20mL 0.20mol·L^{-1} 氨水中，加入 20mL 0.10mol·L^{-1} HCl，求此混合液的 pH($pK_b=4.75$)。

解 HCl 与 NH_3 反应生成 NH_4^+，NH_4^+ 和剩余的 NH_3 组成缓冲溶液，质子转移平衡为：

$$\mathrm{NH_3+H_3O^+\rightleftharpoons NH_4^++H_2O}$$

加入 HCl 物质的量等于生成 $NH_4{}^+$ 物质的量，所以

$$c(\mathrm{NH_4^+})=\frac{0.10\times20}{40}=0.05(\mathrm{mol\cdot L^{-1}})$$

剩余 NH_3 的物质的量等于原来物质的量减去 HCl 物质的量，所以

$$c(\mathrm{NH_3})=\frac{0.20\times20-0.10\times20}{40}=0.05(\mathrm{mol\cdot L^{-1}})$$

$$\mathrm{p}K_a=\mathrm{p}K_w-\mathrm{p}K_b=14-4.75=9.25$$

代入式(5-26)得　　$pH=9.25+\lg\frac{0.05}{0.05}=9.25$

例 5-13　将 $0.10\ mol\cdot L^{-1}\ NaH_2PO_4$ 10.0mL 与 $0.20\ mol\cdot L^{-1}\ Na_2HPO_4$ 1.0mL 混合，求混合液的 pH。

解　该溶液是由 $H_2PO_4^-$ 和 HPO_4^{2-} 组成的缓冲溶液，其中 $H_2PO_4^-$ 是共轭酸，存在如下质子转移平衡：

$$H_2PO_4^- + H_2O \rightleftharpoons HPO_4^{2-} + H_3O^+$$

混合后各组分物质的量分别为

$$n(H_2PO_4^-)=0.10\times 10.0=1.0(mmol)$$

$$n(HPO_4^{2-})=0.20\times 1.0=0.20(mmol)$$

查表 5-9 得到共轭酸 $H_2PO_4^-$ 的 pK_a(即 H_3PO_4 的 pK_{a_2})=7.21，代入式(5-27)得

$$pH=7.21+\lg\frac{0.20}{1.0}=6.51$$

阅读材料

缓冲溶液 pH 的校正

由于离子强度的影响，用缓冲溶液计算公式(5-25～5-27)计算得到的 pH 只是一个近似值。为了较精确地计算缓冲溶液的 pH，必须用共轭酸碱的活度来代替它们的平衡浓度，则式(5-26)可写成：

$$pH=pK_a+\lg\frac{a_{A^-}}{a_{HA}}=pK_a+\lg\frac{\gamma_{A^-}[A^-]}{\gamma_{HA}[HA]}$$

$$pH=pK_a+\lg\frac{\gamma_{A^-}}{\gamma_{HA}}+\lg\frac{[A^-]}{[HA]} \tag{5-28}$$

式中，$\lg\frac{\gamma_{A^-}}{\gamma_{HA}}$ 为校正因数。校正因数与缓冲溶液总的离子强度 I 及弱酸的电荷数 z 有关。对于 NH_4^+-NH_3 缓冲对，$z=+1$；对于 HAc-Ac^- 缓冲对，$z=0$；对于 $H_2PO_4^-$-HPO_4^{2-} 缓冲对，$z=-1$；对于 HPO_4^{2-}-PO_4^{3-} 缓冲对，$z=-2$。20℃下，不同 I 和 z 时缓冲溶液的校正因数见表 5-10。根据计算所得总离子强度 I 及共轭酸的电荷数 z，从表中查得校正因数 $\lg\frac{\gamma_{A^-}}{\gamma_{HA}}$，代入式(5-28)中，即可求得校正后的缓冲溶液的 pH。

表 5-10　不同 I 和 z 时缓冲溶液的校正因数 $\lg\frac{\gamma_{A^-}}{\gamma_{HA}}$(20℃)

I	$z=+1$	$z=0$	$z=-1$	$z=-2$
0.10	+0.11	−0.11	−0.32	−0.53
0.05	+0.08	−0.08	−0.25	−0.42
0.01	+0.04	−0.04	−0.13	−0.22

例 5-14　取 $0.10mol\cdot L^{-1}KH_2PO_4$ 与 $0.050mol\cdot L^{-1}$ NaOH 溶液等体积混合成

100.0mL缓冲溶液。求此缓冲溶液的 pH 和校正后的 pH。(已知 $H_2PO_4^-$ 的 $pK_{a_2}=7.21$,该溶液的实际测定值为 pH=6.88)

解 (1) 缓冲溶液的 pH:

$$H_2PO_4^- + OH^- \longrightarrow HPO_4^{2-} + H_2O$$

$$n(H_2PO_4^-)=0.10\times50-0.050\times50=2.5(\text{mmol})$$

$$n(HPO_4^{2-})=0.050\times50=2.5(\text{mmol})$$

代入式(5-27)得

$$\text{pH}=7.21+\lg\frac{2.5}{2.5}=7.21$$

(2) 校正后的 pH:

由于 KH_2PO_4 和 Na_2HPO_4 都是强电解质,应考虑离子强度对 pH 的影响。溶液中存在四种离子,质量摩尔浓度(设为稀溶液,$b\approx c$)分别为

离子	K^+	Na^+	$H_2PO_4^-$	HPO_4^{2-}
$b/(\text{mol}\cdot\text{kg}^{-1})$	0.05	0.025	0.025	0.025

$$I=\frac{1}{2}\sum b_iz_i^2=\frac{1}{2}(b_{Na^+}\times1^2+b_{K^+}\times1^2+b_{H_2PO_4^-}\times1^2+b_{HPO_4^{2-}}\times2^2)=0.10(\text{mol}\cdot\text{kg}^{-1})$$

$I=0.1$,$z=-1$,查表 5-10 得校正因数 $\lg\frac{\gamma_{A^-}}{\gamma_{HA}}=-0.32$,代入式(5-28)得:

$$\text{pH}=7.21+(-0.32)+\lg\frac{0.025}{0.025}=7.21-0.32=6.89$$

此准确计算值 6.89 与测定值 6.88 很接近。

我们在实际工作中,通常不使用计算方法来确定缓冲溶液的 pH,更多的是采用酸度计来测定缓冲溶液的 pH。

5-5-3 缓冲容量(Buffer Capacity)

一、缓冲容量

任何缓冲溶液的缓冲作用都是有限的,正如前面给出的缓冲溶液的定义所指出的,每一种缓冲溶液只能抵抗少量外加的强酸、强碱而维持 pH 基本不变。当外加的强酸、强碱的量较大时,缓冲溶液对强酸、强碱的抵抗能力就随着外加强酸、强碱量的增大而逐渐减弱,并最终消失。为了定量地表示缓冲能力的大小,1922 年 Slyke 提出用**缓冲容量(Buffer Capacity)**β 作为衡量缓冲能力大小的尺度。定义为:单位体积缓冲溶液中,pH 改变 1 个单位时(ΔpH=1)所需加入一元强酸或一元强碱的物质的量。

在实际工作中,常在一定体积(V)的缓冲溶液中,加入一定量(n)的一元强酸或一元强碱,然后根据溶液的 pH 变化来计算缓冲容量($\text{mol}\cdot\text{L}^{-1}\cdot\text{pH}^{-1}$):

$$\beta=\frac{n}{V|\Delta\text{pH}|} \tag{5-29}$$

如果加入酸或碱的量 n 和溶液体积 V 不变,则 $|\Delta\text{pH}|$ 越小,即缓冲溶液的 pH 变化越小,缓冲能力越强。

例 5-15 用浓度均为 $0.20\text{mol}\cdot\text{L}^{-1}$ 的 HAc 和 NaAc 溶液等体积混合成 10.0mL 缓

冲溶液，计算该缓冲溶液的 pH。若在该溶液中加入 0.10mol・L^{-1}的 NaOH 0.30mL，计算该溶液的缓冲容量 β。

解　(1) 原缓冲溶液 pH，根据式 5-27 得：

$$pH=4.75+\lg\frac{0.20\times5.0}{0.20\times5.0}=4.75$$

(2) 加入 0.10mol・L^{-1}的 NaOH 0.30mL 后，溶液的 pH：

$$pH'=4.75+\lg\frac{0.20\times5.0+0.10\times0.30}{0.20\times5.0-0.10\times0.30}=4.78$$

(3) 计算缓冲容量 β：

$$\Delta pH=4.78-4.75=0.03$$

$$\beta=\frac{n}{V|\Delta pH|}=\frac{0.10\times0.30}{10.0\times0.03}=0.10(mol\cdot L^{-1}\cdot pH^{-1})$$

必须指出，某一缓冲溶液的缓冲容量是随着加入的强酸或强碱的量的改变而不断变化的，因此式(5-29)只是一个近似的公式，所计算的缓冲容量只是在这个 pH 变化范围内缓冲容量的平均值，严格来说应该使用微分定义式，即

$$\beta=\frac{dn}{V|dpH|} \tag{5-30}$$

式中，dn 表示加入的微小量的一元强酸或一元强碱的物质的量，V 表示缓冲溶液的体积，|dpH|表示缓冲溶液 pH 的微小的改变量。

二、影响缓冲容量的因素

缓冲容量的大小决定于缓冲溶液的总浓度和缓冲比。

1. 总浓度

总浓度是缓冲溶液中共轭酸与共轭碱的浓度之和($c_{总}=[HA]+[A^-]$)。当缓冲比$\frac{[共轭碱]}{[共轭酸]}$一定时，总浓度越大，抗酸抗碱成分越多，缓冲容量越大；反之，总浓度越小，缓冲容量也越小。当缓冲溶液稀释时，总浓度减小，缓冲容量也降低。缓冲容量与总浓度的关系参见表 5-11。

表 5-11　缓冲容量与总浓度的关系

缓冲溶液	$c_{总}$/(mol・L^{-1})	c_{Ac^-}/(mol・L^{-1})	c_{HAc}/(mol・L^{-1})	缓冲比	β/(mol・L^{-1}・pH^{-1})
Ⅰ	0.20	0.10	0.10	1	0.44
Ⅱ	0.040	0.020	0.020	1	0.023

2. 缓冲比

对公式(5-30)解微分方程，可以导出缓冲容量(β)与总浓度($c_{总}=[HA]+[A^-]$)及共轭酸碱的平衡浓度([HA]，$[A^-]$)的关系

$$\beta=\frac{dn}{V|dpH|}=2.303\frac{[HA][A^-]}{c_{总}} \tag{5-31}$$

当缓冲比$\frac{[A^-]}{[HA]}=1$时，$[HA]=[A^-]=\frac{1}{2}c_{总}$，代入式(5-31)，得

$$\beta_{max}=2.303\frac{[HA][H^-]}{c_{总}}=2.303\left(\frac{1}{2}c_{总}\right)\left(\frac{1}{2}c_{总}\right)\Big/c_{总}=0.576c_{总} \tag{5-32}$$

可见，总浓度一定时，缓冲比等于1，缓冲容量达到极大值。表5-12列出了实验测得的不同缓冲比的$HAc\text{-}Ac^-$缓冲体系的缓冲容量数据。

表5-12　缓冲容量与缓冲比的关系

缓冲溶液	$c_{Ac^-}/(mol\cdot L^{-1})$	$c_{HAc}/(mol\cdot L^{-1})$	缓冲比	$c_{总}/(mol\cdot L^{-1})$	$\beta/(mol\cdot L^{-1}\cdot pH^{-1})$
Ⅰ	0.005	0.095	1∶19	0.10	0.011
Ⅱ	0.010	0.090	1∶9	0.10	0.021
Ⅲ	0.050	0.050	1∶1	0.10	0.058
Ⅳ	0.090	0.010	9∶1	0.10	0.021
Ⅴ	0.095	0.005	19∶1	0.10	0.011

表5-12数据表明，当总浓度均为$0.10mol\cdot L^{-1}$时，缓冲比越接近1，pH越接近pK_a，缓冲容量越大；缓冲比等于1，即$pH=pK_a$时，缓冲容量最大(β_{max})；缓冲比越偏离1，缓冲容量越小。当缓冲比小于1∶10或大于10∶1时，pH与pK_a之差超过1个pH单位，一般认为缓冲溶液已失去缓冲作用。因此，把$pH=pK_a\pm1$作为缓冲作用的有效区间，称为缓冲溶液的缓冲范围(Range of Buffer)。不同的缓冲系统因pK_a不同，缓冲范围也不同。

5-5-4　缓冲溶液的配制

一、缓冲溶液的配制原则及方法

实际工作中，需要配制一定pH的缓冲溶液。为了使配制的缓冲溶液具有较高的缓冲能力，根据上节讨论，应按下列原则及步骤进行：

(1) 选择合适的缓冲系统，使配制缓冲溶液的pH在所选择缓冲系统的缓冲范围内，且配制缓冲溶液的pH尽可能接近共轭酸的pK_a。

(2) 有合适的总浓度，为了使所配制的缓冲溶液具有较大的缓冲容量($0.015\sim0.1mol\cdot L^{-1}\cdot pH^{-1}$)，溶液中应含有较高浓度的抗酸、抗碱成分，一般总浓度在$0.05\sim0.2mol\cdot L^{-1}$之间。

(3) 选定缓冲系统后，就可利用式(5-26)计算出所需酸和共轭碱的量。

配制时一般采用相同浓度的酸和共轭碱，若配制缓冲溶液的体积为V，其中酸的体积为$V(HA)$、共轭碱的体积为$V(A^-)$，即$V=V(HA)+V(A^-)$，再根据式(5-26)，可以推导出

$$pH=pK_a+\lg\frac{c\cdot V(A^-)/V}{c\cdot V(HA)/V}$$

$$pH=pK_a+\lg\frac{V(A^-)}{V(HA)} \tag{5-33}$$

或

$$pH=pK_a+\lg\frac{V(A^-)}{V-V(A^-)} \tag{5-34}$$

由式(5-33)和(5-34)可以计算所需酸和碱的量。

(4) 根据计算结果配制的缓冲溶液，需用酸度计对其pH进行校正。

例5-16　如何配制1000mL pH为5.00，总浓度为$0.20mol\cdot L^{-1}$的缓冲溶液？

解　由表5-9可知$HAc\text{-}Ac^-$缓冲系的$pK_a=4.75$，接近需配制缓冲溶液的pH。选用浓度相同的HAc和NaAc溶液，如$c(HAc)=c(Ac^-)=0.20mol\cdot L^{-1}$来配制。设

NaAc 溶液体积为 $V(Ac^-)$，则 HAc 溶液体积为 $1000-V(Ac^-)$，代入式(5-33) 得

$$5.00=4.75+\lg\frac{V(Ac^-)}{1000-V(Ac^-)}$$

$$0.25=\lg\frac{V(Ac^-)}{1000-V(Ac^-)}$$

$$1.78=\frac{V(Ac^-)}{1000-V(Ac^-)}$$

$$V(Ac^-)=640(mL) \qquad V(HAc)=1000-640=360(mL)$$

应取 $0.20mol\cdot L^{-1}$ HAc 溶液 360mL，$0.20\ mol\cdot L^{-1}$ NaAc 溶液 640mL，混合均匀，然后用酸度计校正所配缓冲溶液的 pH，即得。

二、常用缓冲溶液

1. 标准缓冲溶液

用酸度计测量 pH 时，必须先用标准缓冲溶液校正仪器。表 5-13 列出了 1970 年国际纯粹与应用化学联合会(IUPAC)确定的 5 种主要的标准缓冲溶液。

表 5-13 标准缓冲溶液的 pH(298K)

标准缓冲溶液	标准 pH
饱和酒石酸氢钾($KHC_4H_4O_6$，$0.034mol\cdot L^{-1}$)	3.557
$0.05mol\cdot L^{-1}$邻苯二甲酸氢钾	4.008
$0.025mol\cdot L^{-1}KH_2PO_4$-$0.025mol\cdot L^{-1}Na_2HPO_4$	6.865
$0.00869mol\cdot L^{-1}KH_2PO_4$-$0.03043mol\cdot L^{-1}Na_2HPO_4$	7.413
$0.01mol\cdot L^{-1}$硼砂($Na_2B_4O_7\cdot 10H_2O$)	9.180

表 5-13 中，酒石酸氢钾、邻苯二甲酸氢钾、硼砂缓冲溶液都是由一种化合物配制而成。这些化合物具有缓冲作用的原因各不相同。如酒石酸氢钾溶于水后，解离成 $HC_4H_4O_6^-$ 与 K^+，而 $HC_4H_4O_6^-$ 是两性离子，在水溶液中形成 $H_2C_4H_4O_6$-$HC_4H_4O_6^-$ 和 $HC_4H_4O_6^-$-$C_4H_4O_6^{2-}$ 两个缓冲系。由于 $H_2C_4H_4O_6$ 和 $HC_4H_4O_6^-$ 的 pK_a 分别为 2.98 和 4.30，比较接近，缓冲范围叠加，缓冲能力增强。而硼砂溶液，则是由于 1mol 硼砂在水中水解生成的 2mol 偏硼酸(HBO_2)和 2mol 偏硼酸钠($NaBO_2$)组成一缓冲对，故具有良好的缓冲性能。

2. 实用缓冲溶液

为了准确、方便地配制缓冲溶液，对一般常用缓冲系无须计算，可通过查阅化学手册按标准配方配制。比如在生物培养或者临床上测定血液 pH 的过程中，常常根据所需的 pH 在溶液中加入 KH_2PO_4-Na_2HPO_4 缓冲系统和 Tris 缓冲系统(表 5-14 、表 5-15)。

表 5-15 中，“Tris”和“Tris · HCl”分别为三(羟甲基)甲胺及其盐酸盐的符号。在 Tris 缓冲系统中，常加入 NaCl 调节其离子强度为 0.16。离子强度为 0.16 的 Tris 缓冲液与生理盐水等渗，不影响血液中某些酶的活性。因此，这种缓冲系符合生理和生物化学的要求，常用于生物系统 pH 的测定和酸度的控制，在医学上被广泛使用。

表 5-14 $H_2PO_4^-$-HPO_4^{2-} 缓冲溶液(298.15K)

50mL 0.1mol·L^{-1} KH_2PO_4 + x mL 0.1mol·L^{-1} NaOH 稀释至 100mL

pH	x/mL	β/(mol·L^{-1}·pH^{-1})	pH	x/mL	β/(mol·L^{-1}·pH^{-1})
5.80	3.6	—	7.00	29.1	0.031
5.90	4.6	0.010	7.10	32.1	0.028
6.00	5.6	0.011	7.20	34.7	0.025
6.10	6.8	0.012	7.30	37.0	0.022
6.20	8.1	0.015	7.40	39.1	0.020
6.30	9.7	0.017	7.50	41.1	0.018
6.40	11.6	0.021	7.60	42.8	0.015
6.50	13.9	0.024	7.70	44.2	0.012
6.60	16.4	0.027	7.80	45.3	0.010
6.70	19.3	0.030	7.90	46.1	0.07
6.80	22.4	0.033	8.00	46.7	—
6.90	25.9	0.033			

注：x 为配制时所加 0.1mol·L^{-1} NaOH 的体积(mL)。

表 5-15 "Tris"和"Tris·HCl"组成的缓冲溶液

组成			pH	
$\frac{b(\text{Tris})}{\text{mol}\cdot\text{kg}^{-1}}$	$\frac{b(\text{Tris}\cdot\text{HCl})}{\text{mol}\cdot\text{kg}^{-1}}$	$\frac{b(\text{NaCl})}{\text{mol}\cdot\text{kg}^{-1}}$	298K	310K
0.02	0.02	0.14	8.220	7.904
0.05	0.05	0.11	8.225	7.908
0.006667	0.02	0.14	7.745	7.428
0.01667	0.05	0.11	7.745	7.427
0.05	0.05		8.173	7.851
0.01667	0.05		7.690	7.382

5-5-5 缓冲溶液在生命科学中的意义

缓冲溶液在生命科学中的应用极为广泛。微生物的培养、组织切片和染色、血液的冷藏保存、酶的催化研究以及临床医学检验，都需要在一定的 pH 范围内进行，这是因为生命体内的催化剂——酶只有在特定的 pH 下才具有活性，如胃蛋白酶在 pH 为 1.5～2.0 发挥作用，pH>4.0 时失去活性。

正常情况下，人体的血液的 pH 保持在 7.35～7.45 的狭小范围内。人体由于食物消化、吸收或组织中的新陈代谢作用，会产生大量的酸性物质和碱性物质，这些物质进入血液后，血液的 pH 仍然保持恒定，说明血液中存在着多对缓冲系统，其中，血浆中的主要缓冲体系有：

$$\frac{NaHCO_3}{H_2CO_3} \quad \frac{\text{Na-血浆蛋白}}{\text{H-血浆蛋白}} \quad \frac{Na_2HPO_4}{NaH_2PO_4}$$

红细胞中的主要缓冲体系有：

$$\frac{KHCO_3}{H_2CO_3} \qquad \frac{KHb}{HHb(\text{血红蛋白})} \qquad \frac{K_2HPO_4}{KH_2PO_4} \qquad \frac{KHbO_2}{HHbO_2\text{-氧合血红蛋白质}}$$

其中$\frac{HCO_3^-}{H_2CO_3}$缓冲对在血液中浓度很高，缓冲能力最强，对维持血液恒定的 pH 起着重要的作用。在血液或细胞中 H_2CO_3 主要以 CO_2 形式存在，与 HCO_3^- 存在以下平衡：

$$CO_2 + H_2O \rightleftharpoons HCO_3^- + H^+$$

$$pH = pK_a' + \lg \frac{[HCO_3^-]}{[CO_2]_{\text{溶解}}}$$

25℃时，纯水中 H_2CO_3 的 pK_a 为 6.35；37℃时，血浆中离子强度为 0.16，经校正后，pK_a' 为 6.10。血浆中$[CO_2]_{\text{溶解}}$为 $0.0012 mol \cdot L^{-1}$，$[HCO_3^-]$为 $0.024 mol \cdot L^{-1}$，代入上式：

$$pH = 6.1 + \lg \frac{0.024}{0.0012} = 6.1 + \lg 20 = 7.4$$

阅读材料

人体血液的缓冲原理

实际上，人体血液中缓冲溶液的缓冲比$\frac{[HCO_3^-]}{[CO_2]_{\text{溶解}}}$已经超过了 1∶10～10∶1 的缓冲范围，但是血液的 pH 值仍然很好地维持在 7.35～7.45 范围内，这是为什么呢？原来，人体的血液是一个敞开系统，抗酸、抗碱成分的消耗与补充，可由肺、肾的生理功能得到及时的调节，其关系式如下：

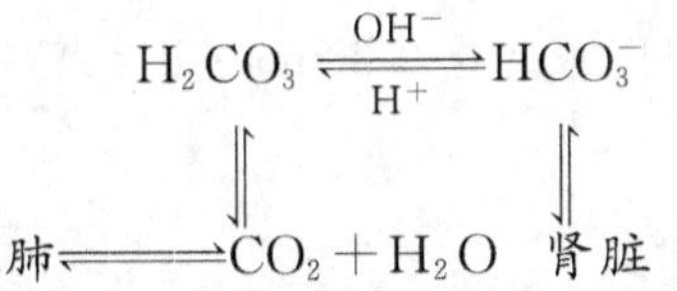

当代谢产生的非挥发的酸如乳酸、磷酸进入血浆时，平衡左移，生成 CO_2 与 H_2O，HCO_3^- 起抗酸作用。生成的 CO_2 经肺部呼吸排出，而消耗的 HCO_3^- 则通过肾脏调节得到补充。当代谢产生的碱或食物摄取的碱进入血浆时，平衡右移，H_2CO_3 起抗碱作用。生成的过量的 HCO_3^- 通过肾脏经尿液排出，消耗的 H_2CO_3 则由肺通过控制 CO_2 排出量得到补充。从而使缓冲比$[HCO_3^-]/[CO_2]$保持在 18/1～22/1，pH 保持在 7.35～7.45 范围内。血液的 pH 低于 7.35 时，就会出现酸中毒，高于 7.45 时就会出现碱中毒。

临床上酸中毒分为代谢性酸中毒和呼吸性酸中毒。代谢性酸中毒主要发生在未控制的糖尿病、肾功能不全、严重腹泻导致的大量 HCO_3^- 丢失的情况下，它使$[HCO_3^-]/[CO_2] < 18/1$，血液 $pH < 7.35$。呼吸性酸中毒的发生是由于呼吸损伤的疾病，如肺炎、肺气肿，使呼吸中枢受抑制（吗啡中毒）而引起 CO_2 相对增多，也使$[HCO_3^-]/[CO_2] < 18/1$，血液的 $pH < 7.35$。

碱中毒分为代谢性碱中毒和呼吸性碱中毒。代谢性碱中毒主要发生在大量胃液丢失的情况下，如呕吐、洗胃或大剂量服用碱性药物引起的 HCO_3^- 增加，使$[HCO_3^-]/$

$[CO_2]>22/1$，血液 $pH>7.45$。呼吸性碱中毒主要发生过度换气，如脑炎、高烧、肝昏迷病人，导致呼出过多 CO_2，致使$[HCO_3^-]/[CO_2]>22/1$，血液的 $pH>7.45$。

习　题

1. 计算 $0.10mol \cdot kg^{-1}$ $K_3[Fe(CN)_6]$ 溶液的离子强度。

2. 根据酸碱质子理论，判断下列物质在水溶液中哪些是酸？哪些是碱？哪些是两性物质？写出它们的共轭酸或共轭碱。

HS^-，HCO_3^-，CO_3^{2-}，ClO^-，OH^-，H_2O，NH_4^+

3. 计算下列溶液的 pH：

(1) $0.10\ mol \cdot L^{-1}$ HCN；

(2) $0.10\ mol \cdot L^{-1}$ KCN；

(3) $0.020\ mol \cdot L^{-1}$ NH_4Cl；

(4) 500mL 含 0.17g NH_3 溶液。

4. 实验测得某氨水的 pH 为 11.26，已知 $K_b(NH_3)=1.79\times10^{-5}$，求氨水的浓度。

5. 将 $0.10mol \cdot L^{-1}$ HA 溶液 50mL 与 $0.10mol \cdot L^{-1}$ KOH 溶液 20mL 相混合，并稀释至 100mL，测得 pH 为 5.25，求此弱酸 HA 的解离常数。

6. 某一元弱酸 HA 100mL，其浓度为 $0.10mol \cdot L^{-1}$，当加入 $0.10mol \cdot L^{-1}$ 的 NaOH 溶液 50mL 后，溶液的 pH 为多少？此时该弱酸的解离度为多少？(已知 HA 的 $K_a=1.0\times10^{-5}$)

*7. $0.10mol \cdot L^{-1}$ HCl 与 $0.10mol \cdot L^{-1}$ Na_2CO_3 溶液等体积混合，求混合溶液的 pH。

8. 在 H_2S 和 HCl 混合液中，H^+ 浓度为 $0.30mol \cdot L^{-1}$，已知 H_2S 浓度为 $0.10mol \cdot L^{-1}$，求该溶液的 S^{2-} 浓度。

9. 求下列各缓冲溶液的 pH：

(1) $0.20mol \cdot L^{-1}$ HAc 50mL 和 $0.10mol \cdot L^{-1}$ NaAc 100mL 的混合溶液。

(2) $0.50mol \cdot L^{-1}$ $NH_3 \cdot H_2O$ 100mL 和 $0.10mol \cdot L^{-1}$ HCl 200mL 的混合液。

(3) $0.10mol \cdot L^{-1}$ $NaHCO_3$ 和 $0.010mol \cdot L^{-1}$ Na_2CO_3 各 50mL 的混合溶液。

(4) $0.10mol \cdot L^{-1}$ HAc 50mL 和 $0.10mol \cdot L^{-1}$ NaOH 25mL 的混合溶液。

**10. 用 $0.10mol \cdot L^{-1}$ HAc 溶液和 $0.20mol \cdot L^{-1}$ NaAc 溶液等体积混合，配成 0.50L 缓冲溶液。当加入 0.005mol NaOH 后，此缓冲溶液的 pH 变化如何？缓冲容量为多少？

11. 配制 pH=5.00 的缓冲溶液 500mL，现有 $6mol \cdot L^{-1}$ 的 HAc 34.0mL，问需要加入 $NaAc \cdot 3H_2O$($M=136.1g \cdot mol^{-1}$)多少克？如何配制？

**12. 临床检验得知甲、乙、丙三人血浆中 HCO_3^- 和溶解的 CO_2 浓度分别为：

甲　$[HCO_3^-]=24.0mmol \cdot L^{-1}$　　$[CO_2]_{溶解}=1.2mmol \cdot L^{-1}$

乙　$[HCO_3^-]=21.6mmol \cdot L^{-1}$　　$[CO_2]_{溶解}=1.35mmol \cdot L^{-1}$

丙　$[HCO_3^-]=56.0mmol \cdot L^{-1}$　　$[CO_2]_{溶解}=1.40mmol \cdot L^{-1}$

37℃时 H_2CO_3 的 pK_a 为 6.1，求甲、乙、丙三人血浆的 pH 各为多少？并判断谁为酸中毒？谁为碱中毒？

13. Give the products in the following acid-base reactions. Identify the conjugate acid-base pairs.

(1) $NH_4^+ + CN^- =\!=\!=$

(2) $HS^- + HSO_4^- =\!=\!=$

(3) $HClO_4 + NH_3 =\!=\!=$

(4) $CH_3COO^- + H_2O =\!=\!=$

14. List the conjugate acids of H_2O, OH^-, NH_2^-, HPO_4^{2-} and Cl^-. List the conjugate bases of HS^-, H_2O, CH_3COOH, HPO_4^{2-} and CH_3OH.

15. In a solution of a weak acid, $HA + H_2O \rightleftharpoons H_3O^+ + A^-$, the following equilibrium concentrations are found: $[H_3O^+] = 0.0017 mol \cdot L^{-1}$ and $[HA] = 0.0983 mol \cdot L^{-1}$. Calculate the dissociation constant for the weak acid, HA.

16. Ascorbic acid, $C_5H_7O_4COOH$, known as vitamin C, is an essential vitamin for all mammals. Among mammals, only human, monkeys and guinea pigs cannot synthesize it in their bodies. K_a for ascorbic acid is 7.9×10^{-5}. Calculate $[H_3O^+]$ and pH in a $0.100 mol \cdot L^{-1}$ solution of ascorbic acid.

17. Buffer solutions are especially important in our body fluids and metabolism. Write net ionic equations to illustrate the buffer action of

(1) the $H_2CO_3/NaHCO_3$ buffer system in blood.

(2) the NaH_2PO_4/Na_2HPO_4 buffer system inside cells.

18. Calculate pH for each of the following buffer solutions:

(1) $0.10 mol \cdot L^{-1}$ HF and $0.20 mol \cdot L^{-1}$ KF.

(2) $0.050 mol \cdot L^{-1} CH_3COOH$ and $0.025 mol \cdot L^{-1} Ba(CH_3COO)_2$.

第六章　分析化学概论
(Introduction to Analytical Chemistry)

学习要求

1. 了解分析化学的任务和作用。
2. 了解定量分析方法的分类。
3. 了解定量分析的过程及分析结果的表示方法。
4. 理解有效数字的意义，掌握它的运算规则。
5. 了解定量分析误差的产生和它的各种表示方法。
6. 掌握分析结果有限实验数据的处理方法。

6-1　分析化学的任务和作用

分析化学(Analytical Chemistry)是研究物质的化学组成、分析方法及有关理论的一门科学，是化学的一个重要分支。它的任务主要有三方面：鉴定物质的化学组成（或成分）、测定各组分的相对含量及确定物质的化学结构。它们分属于**定性分析(Qualitative Analysis)**、**定量分析(Quantitative Analysis)**及**结构分析(Structure Analysis)**的内容。

分析化学不仅对于化学本身的发展起着重大作用，而且在国民经济、科学研究、医药卫生、学校教育等方面都起着重要的作用。

在资源勘探，如油田、煤矿、钢铁基地选定中的矿石分析；工业生产中的原料、中间体、成品分析；农业生产中的土壤、肥料、粮食、农药分析；原子能材料、半导体材料、超纯物质中微量杂质的分析等，都离不开分析化学。分析化学是工业生产的“眼睛”。有关生产过程的控制和管理、生产技术的改进与革新，都常常要依靠分析结果。

在化学学科中，许多定理、理论都是用分析化学的方法确证的。在其他许多自然科学的研究中，分析化学也起着重要的作用。相关科学和技术的发展，又给解决分析上的问题提供了有利条件，促进了分析化学的发展。

在医药卫生事业（如药品鉴定、新药研制、体内药物分析、病因调查、临床检验）和环境分析与三废处理中等，无不需要应用分析化学的理论、知识与技术。

在高等学校中，学习分析化学的目的，不仅在于掌握各种不同物质的分析鉴定方法的理论与技术，而且还在于学到科学研究的方法。分析化学能够培养学生观察判断问题的能力和精密地进行科学实验的技能。例如，药物化学中的原料、中间体及成品分析，理化性质与化学结构关系的探索；药物分析中的方法选择及药品质量标准的制定；药剂学中制剂的稳定性及生物利用度的测定；天然药物化学中天然药物有效成分的分离、定性鉴别及化学结构测定；药理学中药物分子的理化性质与药理作用、药效的关系及药物代谢动力学研究等，无不与分析化学有着密切的关系。

由上述介绍可见，分析化学对国民经济各个部门、各有关学科，都有着重要的作用。

它对科学研究、医药卫生和药学教育，也同样有着重要的作用。

6-2 定量分析方法的分类

定量分析可以用不同的方法来进行。一般将分析方法分为两大类。

一、化学分析法(Chemical Analysis)

该法是以物质的化学反应为基础的分析方法。如重量分析法和滴定分析法。

1. 重量分析法(Gravimetric Analysis)

它是通过称量反应产物(沉淀)的质量以确定被测组分在试样中含量的方法。如测定试样中氯的含量时，先称取一定量试样，将其转化为溶液，再加入 $AgNO_3$ 沉淀剂，使其生成 AgCl 沉淀，经过滤、洗涤、烘干、称量，最后通过化学计量关系求得试样中氯的含量。该法准确度高，适用于含量为 1% 以上的常量分析，但操作费时、麻烦。

2. 滴定分析法(Titrimetric Analysis)

它是将被测试样转化成溶液后，将一种已知准确浓度的试剂溶液，用滴定管滴加到被测溶液中，利用适当的化学反应(酸碱、配位、沉淀和氧化还原等反应)，通过指示剂测出化学计量点时所消耗已知浓度的试剂溶液的体积，然后通过化学计量关系求得被测组分的含量。该法准确度高，适用于常量分析，较重量法简便、快速，因此应用非常广泛。

二、物理和物理化学分析法(Physical and Physicochemical Analysis)——仪器分析法(Instrumental Analysis)

该法是借助于光学或电学仪器测量试样溶液的光学性质或电化学性质而求出被测组分含量的方法，最常用的有以下几种：

1. 光学分析法(Optical Analysis)

它是利用物质的光学性质来测定物质组分含量的方法。如吸光光度法(包括比色法，可见、紫外和红外吸光光度法等)、发射光谱法(包括原子发射光谱法、火焰分光光度法等)、原子吸收分光光度法和荧光分析法等。

2. 电化学分析法(Electrochemistry Analysis)

它是利用物质的电学和电化学性质来测定物质组分含量的方法。如电势分析法、伏安法和极谱法、电导分析法、电流滴定法、库仑分析法等。

3. 色谱分析法(Chromatogram Analysis)

它是一种分离和分析多组分混合物的物理和物理化学分析法。主要有气相色谱法、液相色谱法。

随着科学技术的发展，许多新的仪器分析方法也得到了发展。如质谱法、电子探针法、离子探针微区分析法、中子活化分析法、核磁共振波谱法、电感耦合高频等离子体光谱法、流动注射分析法等。

仪器分析法具有操作简单、快速、灵敏度高、准确度较高等优点。适用于微量(0.01%～1%)和痕量(<0.01%)组分的测定。

以上各种分析方法各有特点，也各有一定的局限性。通常要根据被测物质的性质、组成、含量、相对分析结果准确度的要求等，以选择最适当的分析方法进行测定。

此外，绝大多数仪器分析测定的结果必须与已知标准作比较，而所用标准往往需用化学分析法进行测定，因此两类方法是互为补充的。

另外，根据试样用量的多少，分析方法可分为常量分析、半微量分析、微量分析与超微量分析。各种方法所需试样量列于表 6-1。

表 6-1　各种分析方法的取样量

方 法	试样重量	试液体积
常量分析	>0.1g	>10mL
半微量分析	0.1～0.01g	1～10mL
微量分析	10～0.1mg	0.01～1mL
超微量分析	<0.1mg	<0.01mL

在无机定性分析中，多采用半微量分析方法；在化学定量分析中，一般采用常量分析方法。进行微量分析及超微量分析时，多需采用仪器分析方法。也有按其他分析要求将分析方法分为常规分析、快速分析、仲裁分析等。

6-3　定量分析的过程及分析结果的表示

一、定量分析的过程

定量分析的任务是测定物质中某种或某些组分的含量。要完成一项定量分析工作，通常包括以下几个步骤：

1. 取样

根据分析对象是气体、液体或固体，采用不同的取样方法。在取样过程中，最重要的一点是要使分析试样具有代表性，否则进行分析工作是毫无意义的，甚至可能导致得出错误的结论。

2. 试样的储存、分解与制备

在处理和保存试样的过程中，应防止试样被污染、吸附损失、分解、变质等。例如，蛋白质和酶容易变性失活，应放置在稳定的条件下储存或取样后立刻进行分析。对生物体液有时可直接进行分析。若蛋白质的存在对某些组分的测定有干扰，须事先除去。试样为固体时，必须先选择合适的分解方法将欲测组分转化成溶液之后再进行测定。

3. 测定及消除干扰

根据被测组分的性质、含量和对分析结果准确度的要求，再根据实验室的具体情况，选择最合适的化学分析方法或仪器分析方法进行测定。各种方法在灵敏度、选择性和适用范围等方面有较大的差别。所以应该熟悉各种方法的特点，做到胸中有数，以便在需要时能正确选择分析方法。

由于试样中其他组分可能对测定有干扰，故应设法消除其干扰。消除干扰的方法主要有两种：一种是分离方法，一种是掩蔽方法。常用的分离方法有沉淀分离法、萃取分离法和色谱分离法等。常用的掩蔽方法有沉淀掩蔽法、配位掩蔽法、氧化还原掩蔽法等。

4. 计算分析结果

根据试样质量、测量所得数据和分析过程中有关反应的计量关系，计算试样中被测组分的含量。

二、分析结果的表示方法

1. 固体试样

最常用的表示固体试样常量分析结果的方式是求出被测物 B 的质量 m_B 与试样质量 m_s 之比——w_B，即物质 B 的质量分数。

例 6-1　某食品试样 1.346g，其中蛋白质的含氮量为 0.1454g，则该食品中蛋白质含氮的质量分数是多少？

解　已知 $m_N = 0.1454g$，$m_s = 1.346g$，则

$$w_N = m_N/m_s = 0.1454g/1.346g = 0.1080$$

2. 液体试样

可用质量分数、体积分数和质量浓度来表示分析结果。

例 6-2　取血清试样 25.0μL，测得 Zn^{2+} 含量为 29.8μg。问该血清试样中 Zn^{2+} 质量浓度为多少？

解　已知 Zn^{2+} 含量为 29.8μg，取样为 25.0μL。

$$\rho_{Zn^{2+}} = 29.8\times10^{-6}g/25.0\times10^{-6}L = 1.19g\cdot L^{-1}$$

6-4　定量分析的误差和分析结果的数据处理

6-4-1　有效数字及运算规则

在分析测试中，数据的记录究竟应保留几位，才能客观反映测量的准确程度？在处理数据时，对测量得到的准确度不同的数据进行计算时，应遵循何种计算规则，才能既客观反映测量的准确度，又节约计算时间？

一、有效数字

有效数字(Significant Figure)是指在分析工作中实际上能测量到的数字。记录的测量数据的位数(有效数据的位数)，必须与所使用的方法及仪器的准确程度相适应。换言之，有效数字能反映测量的准确程度。

保留有效数字位数的原则是：在记录测量数据时，只允许保留一位可疑数字。即数据的末位数欠准，其误差是末位数的±1 个单位。例如，用 50mL 量筒量取 25mL 溶液，由于该量筒只能精确到 1mL，因此结果只能保留两位有效数字 25mL。换言之，两位有效数字 25mL，说明末位的 5 有可能存在±1mL 的误差，记录必须与实际相符。若用 25mL 移液管量取 25mL 溶液，则应记成 25.00mL，因为移液管可精确到 0.01mL。

从 0 到 9 这十个数字中，只有 0 既可以是有效数字，也可以是用于定位的无效数字。例如，在数据 0.06050g 中，6 后面的两个 0 都是有效数字，而 6 前面的两个 0 则是用于定位的无效数字，它的存在表明有效数字的首位 6 是百分之六克。末位 0 说明重量可准确到十万分之一克。因此，该数据有四位有效数字。对于较小的数，用 0 定位不方便，可用 10 的幂次表示。例如，0.06050g 也可写成 6.050×10^{-2}g，仍然是四位有效数字。对于较大的数字也可采用这种表示方法。例如，2500L，有效数字位数不确定，若要表示为三位有效数字则可写成 2.50×10^{3}L。

变换单位时，有效数字的位数必须保持不变。例如，10.00mL 应写成 0.01000L；

10.5L 应写成 1.05×10^4mL。首位为 8 或 9 的数字，有效数字可多计一位。例如，86g，可认为有效数字是三位。pH 及 pK_a 等对数值，其有效数字仅取决于小数部分数值的位数。因为，其整数部分的数字只代表原值的幂次。例如，pH 8.02 的有效数字是两位。

常量分析一般要求四位有效数字，以表明分析结果的准确度是 1‰。用计算器时，在计算过程中可能保留了过多的位数，但最后记录的结果必须恢复与准确度相适应的有效数字位数。

二、运算法则

在对分析结果进行计算时，每个测量值的误差都要传递到分析结果中去。因此必须根据误差传递规律，按照有效数字的运算法则合理取舍，才能不影响分析结果准确度的正确表达。在做数学运算时，加减法与乘除法的误差传递方式不同，分述如下。

1. 加减法

加减法的误差是各个数值绝对误差传递的结果，所以，计算结果的绝对误差必须与各数据中绝对误差最大的那个数据相当。即几个数据相加或相减的和或差的有效数字的保留，应以小数点后位数最少（绝对误差最大）的数据为依据。例如，以下三式：

$$\begin{array}{r}0.5362\\0.001\\+\ 0.25\\\hline 0.79\end{array}\qquad\begin{array}{r}9.0053\\1.9724\\+\ 0.0003\\\hline 10.9780\end{array}\qquad\begin{array}{r}4.2598\\-\ 4.2595\\\hline 0.0003\end{array}$$

在第一式中，三个数据的绝对误差不同，计算的有效数字的位数由绝对误差最大的第三个数据决定，即两位。第二、三式各数据的绝对误差都一样，则和或差的有效数字的位数由加减结果决定，无须修约。因此，第二、三式的计算结果的有效数字分别为六位与一位。通常为了便于计算，可先按绝对误差最大的数据修约其他各数据，而后计算，如第一式，可先把三个数据修约成 0.54、0.00 及 0.25 再相加。

2. 乘除法

乘除法的误差是各个数据相对误差传递的结果。即几个数据相乘除时，积或商有效数字应保留的位数，应以参加运算的数据中相对误差最大的那个数据为依据。例如，0.12×9.6782，可先修约成 0.12×9.7，正确结果应是 1.2。

三、数字修约规则

在数据的处理过程中，各测量值的有效数字的位数可能不同，在运算时按一定的规则舍、入多余的尾数，不但可以节省计算时间，而且可以避免误差累积。按运算法则确定有效数字的位数后，舍、入多余的尾数，称为数字修约。其基本原则如下：

（1）四舍六入五成双（或五留双）。该规则规定：测量值中被修约数等于或小于 4 时，舍弃；等于或大于六，进位；等于 5 时，若进位后测量值的末位数变为偶数，则进位，若进位后，成奇数，则舍弃，若 5 后还有数，说明被修约数大于 5，宜进位。例如，将测量值 4.135，4.125，4.105，4.1251 及 4.1349 修约为三位数。4.135 修约为 4.14；4.125 修约为 4.12；4.105 修约为 4.10（0 视为偶数）；4.1251 修约为4.13；4.1349 修约为 4.13。

（2）只允许对原测量值一次修约至所需位数，不能分次修约。例如，4.1349 修约为三位数。不能先修约成 4.135，再修约为 4.14，只能修约成 4.13。

(3) 在对大量数据运算时，为防止误差迅速累积，对参加运算的所有数据可先多保留一位有效数字(称为安全数，用小一号字表示)，运算后，再将结果修约成与最大误差数据相当的位数。

例如，计算 5.3527，2.3，0.055 及 3.35 的和。按加减法的运算法则，计算结果只应保留一位小数。但在计算过程中可以多保留一位，于是上述数据计算可写成 5.35＋2.3＋0.06＋3.35＝11.06。计算结果应修约成 11.1。

(4) 修约标准偏差时，修约的结果应使准确度变得更差些。例如，某计算结果的标准偏差为 0.213，取二位有效数字，宜修约成 0.22，取一位为 0.3。在作统计检验时，标准偏差可多保留 1～2 位数参加运算，计算结果的统计量可多保留一位数字与临界值比较，以避免造成第一类错误(以真为假)或第二类错误(以假为真)。

表示标准偏差和相对标准偏差时，在大多数情况下，取一位有效数字即可，最多取二位。

6-4-2　定量分析误差的产生及表示方法

一、定量分析误差的产生

误差(Error)是指分析结果与真实值之间的数值差。定量分析的目的是要获得被测物的准确含量，即不仅要测出数据，且它与实际含量应接近，准确是最主要的目的。但是，在实际的分析过程中，即使是技术十分熟练的人用最可靠的方法和最先进的仪器测得的结果，也不可能绝对准确。对同一试样的同一组分，同一个人使用同种方法在相同条件下进行多次测定也难得到完全相同的结果，即误差是客观存在的。产生误差的原因很多，按其性质一般可分为两类：

1. 系统误差(Systematic Error)(也称可定误差(Determinate Error))

它是由测定过程中某些经常性的、固定的原因所造成的比较恒定的误差。它常使测定结果偏高或偏低。在同一测定条件下重复测定，误差的大小及正负可重复显示并可以测量。它主要影响分析结果的准确度，对精密度影响不大。而且可通过适当的校正来减小或消除它，以达到提高分析结果的准确度。它产生的原因有下列几种：

(1) 方法误差：由于分析方法本身不够完善造成，即使操作再仔细也无法克服。例如，重量分析中沉淀的溶解损失、共沉淀现象以及滴定分析中指示剂选择不恰当等，都系统地影响测定结果，使之偏高或偏低。

(2) 仪器误差：仪器本身不够准确，如天平臂长不等，砝码、滴定管、吸量管、容量瓶等未经校正，都会引起误差。

(3) 试剂误差：它的产生主要是由于试剂不纯或蒸馏水不纯，其中含有被测组分或有干扰的杂质等。

(4) 操作误差：指在正常情况下，操作人员的主观原因所造成的误差。包括个人的习惯和偏向所引起的误差，如滴定速度太快，读数偏高或偏低，终点颜色辨别偏深或偏浅，做平行实验时，主观希望前后测定结果吻合等所引起的操作误差等。如果是由于分析人员工作粗心、马虎所引入的误差，只能称为工作的过失，不能算是操作误差。如已发现错误的结果，不得作为分析结果报出或参与计算。

2. 偶然误差(Accidental Error)或随机误差(Random Error)(也称不可定误差(Indeterminate Error))

它是由一些偶然因素所引起的误差，往往大小不等、正负不定。分析人员在正常的操作中多次分析同一试样，测得的结果并不一致，有时相差甚大，这些都是属于偶然误差。例如，测定时外界条件(温度、湿度、气压等)的微小变化而引起的误差。这类误差在操作中无法完全避免，也难找到确定的原因，它不仅影响测定结果的准确度，而且明显地影响分析结果的精密度。这类误差不可能用校正的方法减小或消除，只有通过增加测定次数，采用数理统计方法来正确表达测定结果。

二、误差的表示方法——准确度、精密度、误差和偏差

准确度(Accuracy)表示测定结果与真实值接近的程度，它可用误差来衡量。误差是指测定结果与真实值之间的差值。误差越小，表示测定结果与真实值越接近，准确度越高；反之，误差越大，准确度越低。当测定结果大于真实值时，误差为正，表示测定结果偏高；反之，误差为负，表示测定结果偏低。误差可分为绝对误差和相对误差。

$$\text{绝对误差}=\text{测定值}-\text{真实值} \tag{6-1}$$

例如，称取某试样的质量为 1.8364g，其真实质量为 1.8363g，测定结果的绝对误差为：1.8364g－1.8363g＝＋0.0001g。如果另取某试样的质量为 0.1836g，真实质量为 0.1835g，测定结果的绝对误差为：0.1836g－0.1835g＝＋0.0001g。上述两试样的质量相差 10 倍，它们测定结果的绝对误差相同，但误差在测定结果中所占的比例未能反映出来。

$$\text{相对误差}=[(\text{测定值}-\text{真实值})/\text{真实值}]\times 100\% \tag{6-2}$$

相对误差是表示绝对误差在真实值中所占的百分率。在上例中，它们的相对误差分别为：

$$\frac{+0.0001}{1.8363}\times 100\%=+0.005\%$$

$$\frac{+0.0001}{0.1835}\times 100\%=+0.05\%$$

由此可知，两试样由于称量的质量不同，它们测定结果的绝对误差虽然相同，而在真实值中所占的百分率即相对误差是不相同的。称量质量较大时，相对误差则较小，显然，测定的准确度就比较高。

但在实际工作中，不可能绝对准确地知道真实值。人们往往是在同一条件下对试样进行多次平行的测定后，取其平均值。如果多次测定的数值都比较接近，说明分析结果的精密度高。**精密度(Precision)**是指测定的重复性的好坏程度，它用**偏差(Deviation; *d*)**来表示。偏差是指个别测定值与多次分析结果的算术平均值之间的差值。偏差大，表示精密度低；反之，偏差小，则精密度高。偏差也有绝对偏差和相对偏差：

$$\text{绝对偏差}(d)=\text{个别测定值}(x)-\text{算术平均值}(\bar{x}) \tag{6-3}$$

$$\text{相对偏差}=[\text{绝对偏差}(d)/\text{算术平均值}(\bar{x})]\times 100\% \tag{6-4}$$

在实际分析工作(如分析化学实验)中，对于分析结果的精密度经常用**平均偏差(Average Deviation)**和**相对平均偏差(Relative Average Deviation)**来表示。

$$\text{平均偏差}\ (\bar{d})=\sum_{i=1}^{n}|d_i|/n \tag{6-5}$$

$$相对平均偏差=\left(\frac{\overline{d}}{\overline{x}}\right)\times 100\% \quad (6\text{-}6)$$

例 6-3　测定某 HCl 与 NaOH 溶液的体积比。4 次测定结果分别为 1.001，1.000，1.005，1.003，平均值为 1.002。求算术平均偏差和相对平均偏差。

解　由 $d_i=x_i-\overline{x}$ 计算得到 4 次测定结果的绝对偏差分别为：-0.001，-0.002，$+0.003$，0.001。

$$\overline{d}=(|0.001|+|0.003|+|-0.002|+|-0.001|)/4=0.002$$

$$(\overline{d}/\overline{x})\times 100\%=(0.002/1.002)\times 100\%=0.2\%$$

用数理统计方法处理数据时，常用**标准偏差(Standard Deviation；*s*)**(又称均方根偏差)来衡量测定结果的精密度。当测量次数 $n<20$ 时，单次测定的标准偏差可按下式计算：

$$标准偏差\quad (s)=\sqrt{\frac{d_1^2+d_2^2+d_3^2+\cdots+d_n^2}{n-1}}=\sqrt{\frac{\sum_{i=1}^{n}d_i^2}{n-1}} \quad (6\text{-}7)$$

当测定次数 $n>50$ 时，分母用 $n-1$ 或 n 都无关紧要。上式中 $n-1$ 称为自由度，用 f 表示。有时也用**相对标准偏差(Relative Standard Deviation；*RSD*)**(又常称为**变异系数(Coefficient of Variation；*CV*)**)来衡量精密度的大小。

$$RSD=\frac{s}{\overline{x}}\times 100\% \quad (6\text{-}8)$$

利用标准偏差衡量精密度，可以反映出较大偏差的存在和测定次数的影响。而用平均偏差衡量时则反映不出这种差异。例如，有 3 组测定消毒剂 H_2O_2 含量时所消耗 $KMnO_4$ 标准溶液的体积(mL)的数据：

第 1 组　25.98，26.02，26.02，25.98，25.98，25.98，26.02，26.02。

$$\overline{x}_1=26.00\quad \overline{d}_1=0.02\quad s_1=0.021$$

第 2 组　25.98，26.02，25.98，26.02。

$$\overline{x}_2=26.00\quad \overline{d}_2=0.02\quad s_2=0.023$$

第 3 组　26.02，26.01，25.96，26.01。

$$\overline{x}_3=26.00\quad \overline{d}_3=0.02\quad s_3=0.027$$

这 3 组数据的平均值与平均偏差都相同，反映不出精密度的高低，但从标准偏差可看出第 1 组数据精密度最高，第 2 组次之，第 3 组最低。因为与其他两组数据相比，第 3 组出现了偏差较大的数据 25.96，因此精密度低；而第 1 组测量次数恰好是第 2、3 组的 2 倍，因此精密度高。

准确度与精密度的关系从前面的讨论中已知，即用误差衡量准确度，偏差衡量精密度。但实际上真实值是不知道的，常常是通过多次反复的测量，得出一个平均值来代表真实值以计算误差的大小。通常在测量中精密度高不一定准确度高，而准确度高必须以精密度高为前提。

例如，甲、乙、丙、丁 4 个人同时测定纯 $(NH_4)_2SO_4$ 中氮的质量分数，理论值为 0.2120，而 4 个人的测定结果如图 6-1 所示。

图中甲的分析结果精密度高，但平均值与真实值相差很大，准确度很低；乙的分析结果精密度和准确度都很低；丙的分析结果精密度和准确度都很高；丁的分析结果精密度很低，但平均值恰与真实值相符，这仅是偶然的巧合。所以，精密度是保证准确度的先决条件，精密度低，说明分析结果不可靠，也就失去了衡量准确度的前提。

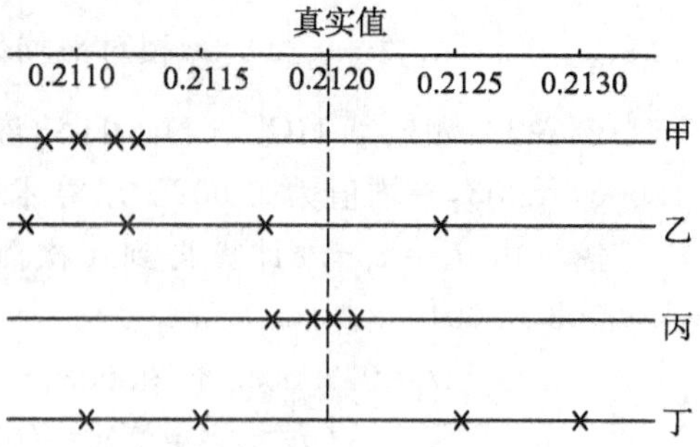

图 6-1 定量分析结果的准确度和精密度的关系示意图

6-4-3 提高分析结果准确度的方法

要想得到准确的分析结果，必须设法减免在分析过程中带来的各种误差。下面介绍减免分析误差的几种主要方法。

1. 选择恰当的分析方法

首先需了解不同方法的灵敏度和准确度。重量分析法和滴定分析法的灵敏度虽然都不高，但对常量组分进行测定时，能获得比较准确的分析结果，相对误差一般只有千分之几。但用它对微量或痕量组分进行测定时，却常常测不出来。仪器分析法灵敏度高、绝对误差小，可用于微量或痕量组分的测定，虽然其相对误差较大，但可以符合要求；而用该方法对常量组分进行测定时，却常常无法测准。因此，仪器分析法主要用于微量或痕量组分的分析；化学分析法，则主要用于常量组分的分析。选择分析方法不但要考虑被测组分的含量，还要考虑与被测组分共存的其他物质的干扰问题，以便排除干扰。总之，必须根据分析对象、样品情况及对分析结果的要求，选择适宜的分析方法。

2. 减小测量误差

为了保证分析结果的准确度，必须尽量减小各步的测量误差。在称量步骤中要设法减小称量误差。一般分析天平的称量误差为 0.0001g，用减重法称量两次的最大误差是 ±0.0002g。为了使称量的相对误差小于 0.1%，取样量就得大于 0.2g。在含有滴定步骤的方法中，要设法减小滴定管读数误差，一般滴定管的读数误差是 ±0.01mL，由于需两次读数，因此可能产生的最大误差是 ±0.02mL。为了使滴定的相对误差小于 0.1%，消耗的滴定剂的体积就必须大于 20mL。

3. 增加平行测定次数

根据偶然误差的分布规律，增加平行测定次数，可以减少偶然误差对分析结果的影响。

4. 减免系统误差

减免测量中系统误差的方法：

（1）**校准仪器** 如对砝码、移液管、滴定管及分析仪器等进行校准，可以减免系统误差。

（2）**做对照实验** 用含量已知的标准试样或纯物质，以同一方法对其进行定量分析，由分析结果与已知含量的差值，求出分析结果的系统误差。用此误差对实际样品的定量结果进行校正，便可减免系统误差。

（3）**做加样回收实验** 在没有标准试样，又不宜用纯物质进行对照实验时，可以向样品中加入一定量的被测纯物质，用同一方法进行定量分析。根据分析结果中被测组分含量的增加值与加入量之差，即可估算出分析结果的系统误差，并对测定结果进行校正。

（4）**做空白实验** 在不加样品的情况下，用测定样品相同的方法、步骤对空白样品进行定量分析，把所得结果作为空白值，从样品的分析结果中扣除。这样就可以消除由于试剂不纯或溶剂干扰等所造成的系统误差。做空白实验是可见-紫外分光光度法定量分析方法中最常用的步骤之一。

6-5　实验数据的统计处理

在科学实验中，分析结果的数据处理是非常重要的。1～2 次的分析结果不能提供可靠的信息，也不会被人们所接受。因此，在一般的实验和科学研究中，必须对同一个试样进行多次的重复实验，获得足够的数据，然后进行统计处理。

6-5-1　偶然误差的正态分布

一、误差分布图

偶然误差是无法避免的，也难以找到确定的原因。从每次分析的结果看，似乎没有什么规律性，也无法预测它们的大小和正负号。但是，如果进行多次测量，并对测得的数据按统计规律处理，就可以发现偶然误差的出现符合下列规律：

(1) 正误差和负误差出现的概率相等；

(2) 小误差出现的概率大，大误差出现的概率小，个别特别大的误差出现的概率极小。常用作图法表达误差的大小与出现概率的关系。如图 6-2 所示。

二、误差的正态分布

偶然误差的分布符合高斯(Gaussian)正态分布曲线。

正态分布曲线(Normal Distribution Curve)的数学方程式为：

$$y=f(x)=\frac{1}{\sigma\sqrt{2\pi}}e^{\frac{-(x-\mu)^2}{2\sigma^2}}$$

设 $z=\frac{\pm(x-\mu)}{\sigma}$，则

$$y=\frac{1}{\sigma\sqrt{2\pi}}e^{-\frac{z^2}{2}} \qquad (6\text{-}9)$$

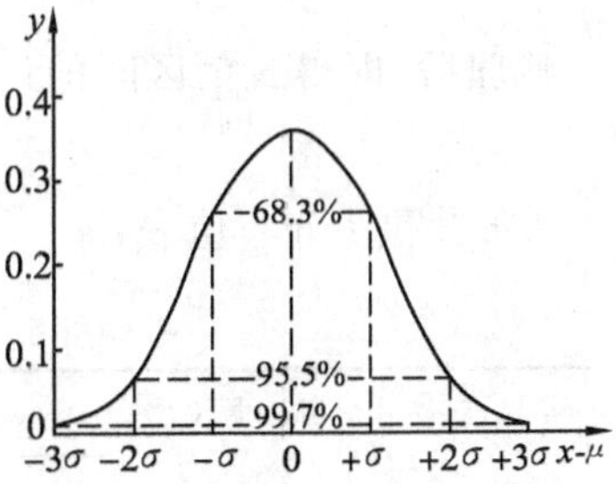

图 6-2　误差正态分布曲线

式中 y 为误差出现的概率，x 为单次测定值，μ 为无限次测量的算术平均值(作为真值)，σ 为无限次测量的标准偏差，z 是以标准偏差为单位的偏差。

从图 6-2 可以看出，测定结果(x)落在 $\mu\pm\sigma$ 范围内的概率是 68.3%；落在 $\mu\pm2\sigma$ 范围内的概率是 95.5%；落在 $\mu\pm3\sigma$ 范围内的概率是 99.7%。此概率 P 称为**置信度**或**置信水平(Confidence Level)**。而落在此范围之外的概率($1-P$)叫**显著性水平(Level of Significance)**，可用希腊字母 α 表示。

6-5-2　平均值的置信区间

在实际工作中，通常都是进行有限次测量。有限次测量的偶然误差分布服从 t 分布。在 t 分布中，用样本标准偏差 s 代替总体标准偏差 σ 来估计测量数据的分散程度。用 s 代替 σ 后，测量值或其偏差不符合正态分布。t 分布曲线图(图 6-3)与正态分布曲线相似，

只是由于测定次数少，数据的集中程度较小，分散程度较大，分布曲线的形状较矮、较钝。

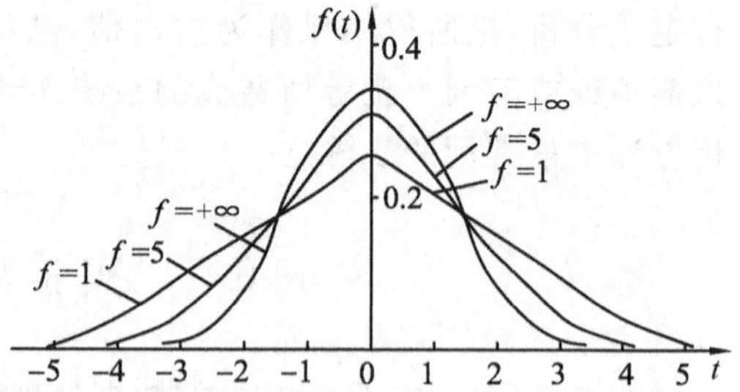

图 6-3　t 分布曲线

真实值 μ（总体平均值，无限次测量数据 x 的平均值）和总体标准偏差 σ 是正态分布曲线的两个基本参数。μ 对应于曲线的最高点，曲线的"高、矮、胖、瘦"取决于 σ。已知 μ 与 σ，正态分布曲线的位置和形状就可确定下来，这种正态分布曲线用 $N(\mu,\sigma)$ 表示。由于 x，μ 和 σ 都是变量，为了计算上的方便，作变量变换，令：

$$z=\pm(x-\mu)/\sigma \tag{6-10}$$

z 是以总体标准偏差 σ 为单位的 $(x-\mu)$ 值。以 z 为横坐标，以概率 y 为纵坐标的正态分布曲线为标准正态分布曲线，用 $N(0,1)$ 表示。从误差的正态分布知，$z=\pm(x-\mu)/\sigma$，将该式整理后可得 $\mu=x\pm z\sigma$，这就是说当知道了任何单次测定值 x，则无限次测量的算术平均值 μ 的可能范围就是 $x\pm z\sigma$，称为**置信区间**。

t 分布曲线的纵坐标仍是概率密度 y，横坐标则是统计量 t。在有限量数据测定中只能获得样本标准偏差 s，用 s 替代总体标准偏差 σ，用 t 替代 z，于是统计量 t 定义为：

$$\pm\ t=(\bar{x}-\mu)\frac{\sqrt{n}}{s} \tag{6-11}$$

整理后，即得置信区间的计算公式：

$$\mu=\bar{x}\pm ts/\sqrt{n} \tag{6-12}$$

表 6-2 是 t 分布值表：

表 6-2　t 分布值表

实验次数	自由度（f）	置信水平				
n	$n-1$	50%	90%	95%	99%	99.5%
2	1	1.00	6.31	12.71	63.66	127.3
3	2	0.82	2.92	4.30	9.93	14.09
4	3	0.76	2.35	3.18	5.84	7.45
5	4	0.74	2.13	2.78	4.60	5.60
6	5	0.73	2.02	2.57	4.03	4.77
7	6	0.72	1.94	2.45	3.71	4.32
8	7	0.71	1.90	2.37	3.50	4.03
9	8	0.71	1.86	2.31	3.36	3.83
10	9	0.70	1.83	2.26	3.25	3.69
11	10	0.70	1.81	2.23	3.17	3.58
16	15	0.69	1.75	2.13	2.95	3.25
21	20	0.69	1.73	2.09	2.85	3.15
26	25	0.68	1.71	2.06	2.79	3.08
+∞	+∞	0.65	1.65	1.96	2.58	2.81

t 是以样本标准偏差为单位的 $(x-\mu)$ 值。t 分布曲线随自由度 f 而改变，当 f 趋近

$+\infty$时，t 分布就趋近正态分布。此时，t 值等于 z 值。与正态分布曲线一样，t 分布曲线下面一定范围内的面积，就是该范围内的测定值出现的概率。应该注意，对于正态分布曲线，只要 z 值一定，相应的概率也就一定；但对于 t 分布曲线，当 t 值一定时，由于 f 值的不同，相应曲线所包括的面积不同，概率也就不同。下面举例说明 t 值表的应用。

从上表可以看出，当测定 20 次以上时，t 值相差不多，这表明当 $n>20$ 时，再增加测定次数对提高测定结果的准确度已经没有什么意义。因此，仅在一定的测定次数范围内，分析数据的可靠性才随 n 的增多而增加。另外，表中置信水平(P)表示在某一 t 值下，测定值落在($\mu \pm ts/\sqrt{n}$)范围内的概率。

例 6-4 测定钢中铬百分含量的 5 次结果是：1.12，1.15，1.11，1.16 和 1.12。求置信度为 95％时平均结果的置信区间。

解 $\bar{x}=1.13$，$s=0.022$，$f=n-1=5-1=4$

查表得，当 $P=95\%$，$f=4$ 时，$t=2.78$

平均值的置信区间为：

$$\mu=\bar{x}\pm\frac{ts}{\sqrt{n}}=1.13\pm\frac{2.78\times0.022}{\sqrt{5}}=1.13\pm0.027(\%)$$

6-5-3 可疑数据的取舍

在测量中有时会出现过高或过低的测量值，这种数据可称为可疑数据或离群值。下面介绍如何判断某个数据是离群值及如何取舍。

例如，测得四个数据：22.30，20.25，20.30 和 20.32，显然第一个测量值可疑。我们怀疑可能是在测量中发生了什么差错而测得了该数据，希望在计算中舍弃它。但舍弃一个测量值要有根据，不能采取“合我意者取之，不合我意者弃之”的不科学态度。

在准备舍弃某测量值之前，首先检查该数据是否记错，实验过程中是否有不正常现象发生等。如果找到了原因，就有了舍弃这个数据的根据。否则，就要用统计检验的方法，确定该可疑值与其他数据是否来源于同一总体，以决定取舍。由于一般实验测量次数比较少(如 3～5 次)，不能对总体标准偏差正确估计，因此多用 Q 检验法。

Q 检验法是：

(1) 先将数据按大小顺序排列，计算最大值与最小值之差(极差)，将其作为分母；

(2) 计算离群值与最邻近数值的差值，作为分子，其值之商即为 Q 值：

$$Q=\frac{X_{可疑}-X_{紧邻}}{X_{最大}-X_{最小}} \tag{6-13}$$

表 6-3 列出了 90％，95％，99％置信水平时 Q 的数值。如果 Q(计算值)$>Q$(表值)，离群值应该舍弃；反之，则应保留。

表 6-3 不同置信水平下舍弃离群值的 Q 值表

测量次数 n	3	4	5	6	7	8	9	10	$+\infty$
Q(90％)	0.94	0.76	0.64	0.56	0.51	0.47	0.44	0.41	0.00
Q(95％)	0.98	0.85	0.73	0.64	0.59	0.54	0.51	0.48	0.00
Q(99％)	0.99	0.93	0.82	0.74	0.68	0.63	0.60	0.57	0.00

例 6-5 标定一个标准溶液，测得 4 个数据（$mol \cdot L^{-1}$）：0.1014，0.1012，0.1019 和 0.1016。试用 Q 检验法确定数据 0.1019 是否应舍弃？

解
$$Q=\frac{(0.1019-0.1016)}{(0.1019-0.1012)}=0.43$$

查表得：$n=4$ 时，$Q_{90\%}=0.76$。因为 $Q<Q_{90\%}$，所以数据 0.1019 不能舍弃。

置信水平的选择必须恰当，太低，会使弃舍的标准过宽，使该弃舍的值被保留；太高，则使弃舍标准过严，使该保留的值被弃舍。当测定次数太少时，应用 Q 检验法易将错误结果保留下来。因此，测定次数太少时，不要盲目使用 Q 检验法，最好增加测定次数，减少离群值对平均值的影响。

6-5-4 分析结果的数据处理

在实际工作中，分析结果的数据处理是非常重要的。1～2 次的测定结果不能提供可靠的信息，也不会被人们所接受。因此，在实验和科学研究工作中，必须对试样进行多次平行测定，直至获得足够的数据，然后对数据进行统计处理并写出分析报告。

例 6-6 用硼砂标准溶液标定 HCl 溶液的浓度，获得如下结果，根据数据统计处理过程作如下处理。

(1) 根据实验记录，将 6 次实验测定所得浓度（$mol \cdot L^{-1}$）按大小排列如下：

测定次数(n)	1	2	3	4	5	6
分析结果($x/(mol \cdot L^{-1})$)	0.1020	0.1022	0.1023	0.1025	0.1026	0.1029

(2) 用 Q 检验法决定离群值是否应舍弃，从上列数据看出 0.1020 及 0.1029 是离群值。对离群值作 Q 检验：

$$Q_1=\frac{0.1022-0.1020}{0.1029-0.1020}=\frac{0.0002}{0.0009}=0.2$$

$$Q_2=\frac{0.1029-0.1026}{0.1029-0.1020}=\frac{0.0003}{0.0009}=0.3$$

由表查得 $n=6$ 时的 $Q_{90\%}=0.56$，所以 Q(计算值)$<Q$(表值)，则 0.1020 及 0.1029 都应保留。

(3) 根据所有保留值，求出平均值 $\bar{x}$：

$$\bar{x}=\frac{0.1020+0.1022+0.1023+0.1025+0.1026+0.1029}{6}=0.1024$$

(4) 求出平均偏差 $\bar{d}$：

$$\bar{d}=\frac{|-0.0004|+|-0.0002|+|-0.0001|+|0.0001|+|0.0002|+|0.0005|}{6}$$
$$=0.0002$$

(5) 求出标准偏差 s：

$$s=\sqrt{\frac{(-0.0004)^2+(-0.0002)^2+(-0.0001)^2+(0.0001)^2+(0.0002)^2+(0.0005)^2}{6-1}}$$
$$=0.0003$$

(6) 求出相对标准偏差 RSD：

$$RSD=\frac{s}{\bar{x}}\times100\%=\frac{0.0003}{0.1024}\times100\%=0.3\%$$

(7) 求出置信水平为 95%时的置信区间：

$$\mu=0.1024\pm\frac{2.57\times0.0003}{\sqrt{6}}=0.1024\pm0.0003$$

习　题

1. 在以下数值中，各数值包含多少位有效数字？

(1) 0.004050；(2) 5.6×10^{-11}；(3) 1000；(4) 96500；(5) 6.20×10^{10}；(6) 23.4082。

2. 进行下述运算，并给出适当位数的有效数字。

(1) $\frac{2.52\times4.10\times15.14}{6.16\times10^{4}}$；　　(2) $\frac{0.0324\times8.1\times2.12\times10^{2}}{1.050}$；

(3) $\frac{2.2856\times2.51+5.42-1.8940\times7.50\times10^{-3}}{3.5462}$；

(4) pH=2.10，求$[H^+]$。

*3. 一位气相色谱操作新手，要确定自己注射样品的精密度。他注射了 10 次，每次 0.5μL，测得色谱峰高分别为(mm)：142.1，147.0，146.2，145.2，143.8，146.2，147.3，150.3，145.9 及 151.8。求标准偏差与相对标准偏差。(有经验的色谱工作者，很容易达到 RSD=1%，或更小)

*4. 某一操作人员在滴定时，溶液过量了 0.10mL，假如滴定的总体积为 2.10mL，其相对误差为多少？如果滴定的总体积为 25.80mL，其相对误差又是多少？它说明了什么问题？

**5. 如果要使分析结果的准确度为 0.2%，应在灵敏度为 0.0001g 和 0.001g 的分析天平上分别称取试样多少克？如果要求称取试样为 0.5g 以下，应取哪种灵敏度的天平较为合适？

*6. 测定碳的原子量所得数据：12.0080，12.0095，12.0099，12.0101，12.0102，12.0106，12.0111，12.0113，12.0118 及 12.0120。求算：

(1) 平均值；

(2) 标准偏差。

*7. 标定 NaOH 溶液的浓度时得到以下分析结果($mol\cdot L^{-1}$)：0.1021，0.1022，0.1023 和 0.1030。问：

(1) 对于最后一个分析结果 0.1030，按照 Q 检验法是否可以舍弃？

(2) 溶液准确浓度应该怎样表示？

*8. 某学生测定 HCl 溶液的浓度，获得以下分析结果($mol\cdot L^{-1}$)：0.1031，0.1030，0.1038 和 0.1032，请问按 Q 检验法，0.1038 的分析结果可否舍弃？如果第 5 次的分析结果是 0.1032，这时 0.1038 的分析结果可以弃去吗？

**9. In each of the following numbers, underline all of the significant digits, and give the total number of significant digits.

(1) $0.2018 mol \cdot L^{-1}$.

(2) 0.0157g.

(3) 3.44×10^{-5}.

(4) pH=4.11.

(5) $1.0300 g \cdot L^{-1}$.

**10. Perform each of the following operations and round to the appropriate number of significant figures.

(1) $(5.21-4.71)\times0.250=$

(2) $45.117\div1.002+101.4604=$

(3) $0.12\times(1.76\times10^{-5})=$

**11. Define precision. How is it related to accuracy? How does one measure precision?

**12. Weigh a nickel coin on the balance, remove the coin, and re-zero the balance. Repeat this process five times. Assuming the following weight results were obtained: 5.0003g, 5.0007g, 4.9988g, 4.9994g, 5.0002g. Please determine the average mass ($\bar{x}$), the average deviation ($\bar{d}$), the relative average deviation (($\bar{d}/\bar{x}$) $\times$ 100%), the standard deviation (SD) and the relative standard deviation (RSD).

第七章　酸碱滴定法
(Acid-alkali Titration)

学习要求

1. 了解各种弱酸(碱)溶液中酸碱组分的分布情况。
2. 理解酸碱指示剂的主要特性及变色情况。
3. 掌握各种酸(碱)滴定碱(酸)反应中溶液 pH 的计算、滴定曲线的绘制及指示剂的选择。
4. 掌握酸碱滴定在实际工作中的应用及计算。

酸碱滴定法是以酸碱反应为基础,利用酸或碱标准溶液进行滴定的分析方法。我们知道,酸与碱之间反应的速率都相当快,而且可提供指示化学计量点的酸碱指示剂也很多。一般的酸(碱)以及能与碱(酸)直接或间接反应的物质,几乎都可用酸碱滴定法进行测定。因为能与酸、碱发生质子传递的物质很多,所以,该法的应用是相当广泛的,是主要的滴定分析法之一。

为能较好地掌握本章知识,除了需要了解滴定过程中溶液酸碱度的分布或变化情况外,还需了解酸碱指示剂的性质、作用原理及变色范围,以便根据具体化学反应了解化学计量点前后酸度的变化。只有选择适合的指示剂,才能获得准确的结果。

7-1　滴定分析概论
(Conspectus of Titration Analysis)

一、滴定分析方法及其特点

滴定分析法是化学分析法中的重要分析方法之一。将一种已知其准确浓度的试剂溶液(称为标准溶被)滴加到被测物质的溶液中，直到化学反应完全时为止，然后根据所用试剂溶液的浓度和体积可以求得被测组分的含量，这种方法称为**滴定分析法**(或称**容量分析法**)。所谓**滴定(Titration)**就是指将标准溶液通过滴定管滴加到待测溶液中的操作过程。当滴入的滴定剂的物质的量与被滴定物的物质的量正好符合滴定反应式中的化学计量关系时,称反应到达**化学计量点**或**理论终点**。化学计量点的到达一般是通过加入的指示剂的颜色来确定的,但指示剂指示出的变色点不一定恰好与化学计量点一致,因此在滴定分析中,将指示剂颜色突变的那一点称为**滴定终点**。滴定终点与化学计量点之间的差别称为滴定误差或终点误差。最后通过消耗的滴定剂的体积和有关数据计算出分析结果。

方法特点：

(1) 加入标准溶液的物质的量与被测物的物质的量恰好是化学计量关系；

(2) 此法适于组分含量在 1%以上的各种物质的测定；

(3) 该法快速、准确、仪器设备简单、操作简便；

(4) 用途广泛。

二、方法分类

根据标准溶液和待测组分间的反应类型的不同，可分为四类：

1. 酸碱滴定法(Acid-base Titration)

以质子传递反应为基础的一种滴定分析方法。

反应实质：$H_3O^+ + OH^- \rightleftharpoons 2H_2O$

质子传递：$H_3O^+ + A^- \rightleftharpoons HA + H_2O$

2. 配位滴定法(Complexometric Titration)

以配位反应为基础的一种滴定分析方法，产物为配合物或配离子。如：

$$Mg^{2+} + Y^{4-} \rightleftharpoons MgY^{2-}$$

$$Ag^+ + 2CN^- \rightleftharpoons [Ag(CN)_2]^-$$

3. 氧化还原滴定法(Redox Titration)

以氧化还原反应为基础的一种滴定分析方法，如：

$$Cr_2O_7^{2-} + 6Fe^{2+} + 14H^+ \rightleftharpoons 2Cr^{3+} + 6Fe^{3+} + 7H_2O$$

$$I_2 + 2S_2O_3^{2-} \rightleftharpoons 2I^- + S_4O_6^{2-}$$

4. 沉淀滴定法(Precipitation Titration)

以沉淀反应为基础的一种滴定分析方法，如：

$$Ag^+ + Cl^- \rightleftharpoons AgCl \downarrow \text{(白色)}$$

三、对滴定反应的要求

(1) 反应要按一定的化学方程式进行，即有确定的化学计量关系；

(2) 反应必须定量进行，即反应接近完全(>99.9%)；

(3) 反应速度要快，有时可通过加热或加入催化剂的方法来加快反应速度；

(4) 必须有适当的方法确定滴定终点。选用合适的指示剂就是一种简便可靠的方法。

四、滴定方式

1. 直接滴定法

所谓直接滴定法，是用标准溶液直接滴定被测物质的一种方法。凡是能同时满足上述四个条件的化学反应，都可以采用直接滴定法。直接滴定法是滴定分析法中最常用、最基本的滴定方法。例如，用 HCl 滴定 NaOH，用 $K_2Cr_2O_7$ 滴定 Fe^{2+} 等。

有些化学反应往往不能同时满足滴定分析的四点要求，这时可选用下列某种方法进行滴定。

2. 返滴定法

当遇到下列几种情况时，不能用直接滴定法。

(1) 试液中被测物质与滴定剂的反应慢。如 Al^{3+} 与 EDTA 的反应很慢，且被测物质 Al^{3+} 有水解作用。

(2) 用滴定剂直接滴定固体试样时，反应不能立即完成。如用 HCl 滴定固体 $CaCO_3$。

(3) 某些反应没有合适的指示剂或被测物质对指示剂有封闭作用。如在酸性溶液中，用 $AgNO_3$ 滴定 Cl^- 就缺乏合适的指示剂。

出现上述这些问题时，通常都采用返滴定法。

返滴定法就是先准确地加入一定量过量的标准溶液，使其与试液中的被测物质或固体试样进行反应，待反应完成后，再用另一种标准溶液滴定剩余的标准溶液。

例如，对于上述 Al^{3+} 的滴定，先加入已知过量的 EDTA 标准溶液，待 Al^{3+} 与 EDTA 反应完成后，剩余的 EDTA 则利用标准 Zn^{2+}、Pb^{2+} 或 Cu^{2+} 溶液返滴定；对于固体 $CaCO_3$ 的滴定，先加入已知过量的 HCl 标准溶液，待反应完成后，可用标准 NaOH 溶液返滴定剩余的 HCl；对于酸性溶液中 Cl^- 的滴定，可先加入已知过量的 $AgNO_3$ 标准溶液使 Cl^- 沉淀完全后，再以三价铁盐作指示剂，用 NH_4SCN 标准溶液返滴定过量的 Ag^+，溶液变为淡红色（生成$[Fe(SCN)]^{2+}$）即为终点。

3. 置换滴定法

对于某些不能直接滴定的物质，也可以使它先与另一种物质起反应，置换为一定量能被滴定的物质，然后再用适当的滴定剂进行滴定。这种滴定方法称为置换滴定法。例如，硫代硫酸钠不能用来直接滴定重铬酸钾和其他强氧化剂，这是因为在酸性溶液中氧化剂可将 $S_2O_3^{2-}$ 氧化为 $S_4O_6^{2-}$ 和 SO_4^{2-} 等的混合物，没有一定的计量关系，但是，硫代硫酸钠却是一种很好的滴定碘的滴定剂，如果在酸性重铬酸钾溶液中加入过量的碘化钾，用重铬酸钾置换出一定量的碘，然后就可用硫代硫酸钠标准溶液直接滴定碘。实际工作中，就是用这种方法以重铬酸钾标定硫代硫酸钠标准溶液浓度的。

4. 间接滴定法

有些物质虽然不能与滴定剂直接进行化学反应，但可以通过别的化学反应间接测定。例如高锰酸钾法测定钙就属于间接滴定法。由于 Ca^{2+} 在溶液中没有可变价态，所以不能直接用氧化还原法滴定。但若先将 Ca^{2+} 沉淀为 CaC_2O_4，过滤洗涤后用 H_2SO_4 溶解，再用 $KMnO_4$ 标准溶液滴定与 Ca^{2+} 结合的 $C_2O_4^{2-}$，便可间接测定钙的含量。

显然，返滴定法、置换滴定法、间接滴定法的应用，大大扩展了滴定分析的应用范围。

五、标准溶液和基准物质

标准溶液：已知准确浓度的溶液。

基准物质：能直接配成标准溶液的物质。

1. 基准物质须具备的条件

(1) 组成恒定：实际组成与化学式符合。

(2) 纯度高：一般纯度应在 99.5%以上。

(3) 性质稳定：保存或称量过程中不分解、不吸湿、不风化、不易被氧化等。

(4) 具有较大的摩尔质量：称取量大，称量误差小。

(5) 使用条件下易溶于水（或稀酸、稀碱）。

最常用基准物质的干燥条件和应用见表 7-1。

表 7-1　最常用基准物质的干燥条件和应用

基准物质		干燥后的组成	干燥条件/℃	标定对象
名称	分子式			
碳酸氢钠	$NaHCO_3$	Na_2CO_3	270～300	酸
碳酸钠	$Na_2CO_3 \cdot 10H_2O$	Na_2CO_3	270～300	酸
硼砂	$Na_2B_4O_7 \cdot 10H_2O$	$Na_2B_4O_7 \cdot 10H_2O$	放在含 NaCl 和蔗糖饱和液的干燥器中	酸

续表

基准物质				
名称	分子式	干燥后的组成	干燥条件/℃	标定对象
碳酸氢钾	$KHCO_3$	K_2CO_3	270～300	酸
草酸	$H_2C_2O_4 \cdot 2H_2O$	$H_2C_2O_4 \cdot 2H_2O$	室温空气干燥	碱或 $KMnO_4$
邻苯二甲酸氢钾	$KHC_8H_4O_4$	$KHC_8H_4O_4$	110～120	碱
重铬酸钾	$K_2Cr_2O_7$	$K_2Cr_2O_7$	140～150	还原剂
溴酸钾	$KBrO_3$	$KBrO_3$	130	还原剂
碘酸钾	KIO_3	KIO_3	130	还原剂
铜	Cu	Cu	室温干燥器中保存	还原剂
三氧化二砷	As_2O_3	As_2O_3	室温干燥器中保存	氧化剂
草酸钠	$Na_2C_2O_4$	$Na_2C_2O_4$	130	氧化剂
碳酸钙	$CaCO_3$	$CaCO_3$	110	EDTA
硝酸铅	$Pb(NO_3)_2$	$Pb(NO_3)_2$	室温干燥器中保存	EDTA
氧化锌	ZnO	ZnO	900～1000	EDTA
锌	Zn	Zn	室温干燥器中保存	EDTA
氯化钠	NaCl	NaCl	500～600	$AgNO_3$
氯化钾	KCl	KCl	500～600	$AgNO_3$
硝酸银	$AgNO_3$	$AgNO_3$	220～250	氯化物

2. 标准溶液的配制

(1) 配制标准溶液的方法。

直接配制：准确称量一定量的基准物质，溶解于适量溶剂后定量转入容量瓶中，定容，然后根据称取基准物质的质量和容量瓶的体积即可算出该标准溶液的准确浓度。

间接配制：先配制成近似浓度的溶液，然后再用基准物质或标准溶液通过滴定的方法确定已配溶液的准确浓度，这一过程称为标定。

标定一般要求至少进行 3～4 次平行测定，相对偏差不超过 0.1%～0.2%。

(2) 标准溶液浓度的表示方法。

① 物质的量浓度 c_B。

② 质量浓度 ρ_B（详见第一章）。

六、滴定分析法的计算

1. 基本公式

设 A 为待测组分，B 为标准溶液，滴定反应为

$$aA + bB \xlongequal{} cC + dD$$

当 A 与 B 按化学计量关系完全反应时，则

$$\frac{n_A}{n_B} = \frac{a}{b}$$

(1) 求待测组分浓度 c_A。

若已知待测溶液的体积 V_A 和标准溶液的浓度 c_B、体积 V_B，则

$$c_A V_A = \frac{a}{b} c_B V_B$$

$$c_A = \frac{a}{b} \frac{c_B}{V_A} V_B$$

(2) 求待测组分的质量 m_A。

$$n_A = \frac{m_A}{M_A} = \frac{a}{b} n_B = \frac{a}{b} c_B V_B \frac{1}{1000}$$

$$m_A = \frac{a}{b} c_B V_B M_A \frac{1}{1000} \quad \text{（体积 } V \text{ 以 mL 为单位时）}$$

(3) 求试样中待测组分的质量分数 w_A。

$$w_A = \frac{m_A}{m_{s(\text{试样})}} = \frac{\frac{a}{b} c_B V_B M_A}{m_s} \times 10^{-3}$$

2. 滴定分析计算实例

(1) 溶液的稀释或增浓的计算。

例 7-1　现有 HCl 溶液($0.0976mol \cdot L^{-1}$)4800mL，欲使其浓度为 $0.1000mol \cdot L^{-1}$，问应加入 HCl 溶液($0.5000mol \cdot L^{-1}$)多少？

解　设应加入 HCl 溶液 VmL，根据溶液增浓前后溶质的物质的量应相当，则

$$0.5000 \times V + 0.0976 \times 4800 = 0.1000 \times (4800 + V)$$

$$V = 28.80mL$$

(2) 标准溶液的配制和标定。

例 7-2　用 Na_2CO_3 标定 $0.2mol \cdot L^{-1}$ HCl 标准溶液时，若使用 25mL 滴定管，问应称取基准物质 Na_2CO_3 多少克？

解

$$2HCl + Na_2CO_3 \rightleftharpoons 2NaCl + CO_2 + H_2O$$

$$n_{Na_2CO_3} = \frac{1}{2} n_{HCl}$$

$$m_{Na_2CO_3} = \frac{1}{2} c_{HCl} V_{HCl} \frac{M_{Na_2CO_3}}{1000} = \frac{1}{2} \times 0.2 \times 22 \times \frac{106.0}{1000} = 0.23(g)$$

用分析天平称量时一般按±10%为允许的称量范围，称量范围为 0.23±0.23×10%＝0.23±0.02g，即 0.21～0.25g。同样，为保证 HCl 标准液(25mL)够用，也应留有大于 10%的余地，故式中 22mL 为假定用去量。

例 7-3　称取邻苯二甲酸氢钾(KHP)基准物质 0.4925g，标定 NaOH 溶液，终点时用去 NaOH 溶液 23.50mL，求 NaOH 溶液的浓度。

解

$$NaOH + KHP \rightleftharpoons NaKP + H_2O$$

$$n_{NaOH} = n_{KHP}$$

$$c_{NaOH} V_{NaOH} = \frac{m_{KHP}}{M_{KHP}}$$

$$c_{NaOH} \times 23.50 = \frac{0.4925}{\frac{204.2}{1000}}$$

$$c_{NaOH} = 0.1026mol \cdot L^{-1}$$

例 7-4 欲测定大理石中 $CaCO_3$ 含量，称取大理石试样 0.1557g，溶解于酸后向试液中加入过量的 $(NH_4)_2C_2O_4$，使 Ca^{2+} 成 CaC_2O_4 沉淀析出，过滤、洗涤，将沉淀溶于稀 H_2SO_4，此溶液中的 $C_2O_4^{2-}$ 需用 15.00mL 0.04000mol·L^{-1} $KMnO_4$ 标准溶液滴定，求大理石中 $CaCO_3$ 的含量。

解

$$Ca^{2+} + C_2O_4^{2-} \rightleftharpoons CaC_2O_4 \downarrow$$

$$CaC_2O_4 + H_2SO_4 \rightleftharpoons CaSO_4 + H_2C_2O_4$$

$$5H_2C_2O_4 + 2KMnO_4 + 3H_2SO_4 \rightleftharpoons 10CO_2 \uparrow + 2MnSO_4 + K_2SO_4 + 8H_2O$$

$$n_{CaCO_3} = \frac{5}{2} c_{KMnO_4} V_{KMnO_4}$$

$$m_{CaCO_3} = \frac{5}{2} c_{KMnO_4} V_{KMnO_4} M_{CaCO_3} = \frac{5}{2} \times 0.04000 \times \frac{15}{1000} \times 100.09 = 0.1501(g)$$

$$w_{CaCO_3} = \frac{0.1501}{0.1557} \times 100\% = 96.43\%$$

7-2 各种酸度溶液中酸碱组分的分布情况

(Distribution of Components in Various Acidity Solutions)

从酸（碱）的解离反应可知，当酸碱处于平衡状态时，溶液中常常存在着不同的酸碱组分，它们各自的浓度称为平衡浓度。平衡浓度之和称为总浓度 c（又称分析浓度）。某一组分的平衡浓度在总浓度中占有的分数称为该组分的分布系数（或称摩尔分数），以 δ 表示。当溶液的酸度发生变化时，平衡发生移动，各种酸碱组分的平衡浓度发生变化，分布系数也随之发生变化。分布系数 δ 与溶液酸度（pH）之间可作 δ-pH 图，称为分布曲线。根据分布系数 δ 和总浓度 c，可求得各种酸碱组分的平衡浓度。

现对一元弱酸（碱）、多元弱酸（碱）中各组分的分布情况加以讨论。

7-2-1 一元弱酸（碱）溶液中各种酸碱组分的分布情况

设一元弱酸 HA 的总浓度为 c。由于解离反应，溶液中有 HA 和 A^- 两种组分。HA 和 A^- 的平衡浓度分别以 $c(HA)$，$c(A^-)$ 表示，则 $c = c(HA) + c(A^-)$。设 HA，A^- 的分布系数为 $\delta(HA)$，$\delta(A^-)$，则

$$\delta(HA) = \frac{c(HA)}{c} = \frac{c(HA)}{c(HA) + c(A^-)} = \frac{1}{1 + \dfrac{c(A^-)}{c(HA)}}$$

对于一元弱酸的解离 $HA \rightleftharpoons H^+ + A^-$，有 $K_a = \dfrac{c(H^+)c(A^-)}{c(HA)}$。$K_a$ 为解离平衡常数。所以

$$\delta(HA) = \frac{1}{1 + \dfrac{K_a}{c(H^+)}} = \frac{c(H^+)}{c(H^+) + K_a} \tag{7-1}$$

同理

$$\delta(A^-) = \frac{c(A^-)}{c} = \frac{c(A^-)}{c(HA) + c(A^-)} = \frac{K_a}{c(H^+) + K_a} \tag{7-2}$$

显然，各种组分的分布系数之和为 1，即 $\delta(HA)+\delta(A^-)=1$。

例 7-5　分别计算 pH＝0 和 $pH=pK_a=4.75$ 时，HAc 溶液中各酸碱组分的分布系数。

解　pH＝0 时

$$\delta(HAc)=\frac{c(H^+)}{c(H^+)+K_a}=\frac{1.0\times10^0}{1.0\times10^0+10^{-4.75}}\approx1$$

$$\delta(Ac^-)=\frac{10^{-4.75}}{1.0\times10^0+10^{-4.75}}\approx0$$

$pH=pK_a=4.75$ 时

$$\delta(HAc)=\frac{10^{-4.75}}{10^{-4.75}+10^{-4.75}}=0.5$$

$$\delta(Ac^-)=\frac{10^{-4.75}}{10^{-4.75}+10^{-4.75}}=0.5$$

按照例 7-1 的方法可计算出不同 pH 时的 $\delta(HAc)$ 和 $\delta(Ac^-)$ 值。以 δ 值为纵坐标，pH 为横坐标，可得 δ-pH 图，即分布曲线图，见图 7-1。

由图可见，当 $pH=pK_a$ 时，$\delta(HA)=\delta(A^-)=0.5$，即溶液中 HAc 和 Ac^- 两种组分各占 50%；当 $pH<pK_a$ 时，溶液中主要组分是 HAc；当 $pH>pK_a$ 时，溶液中主要组分是 Ac^-。

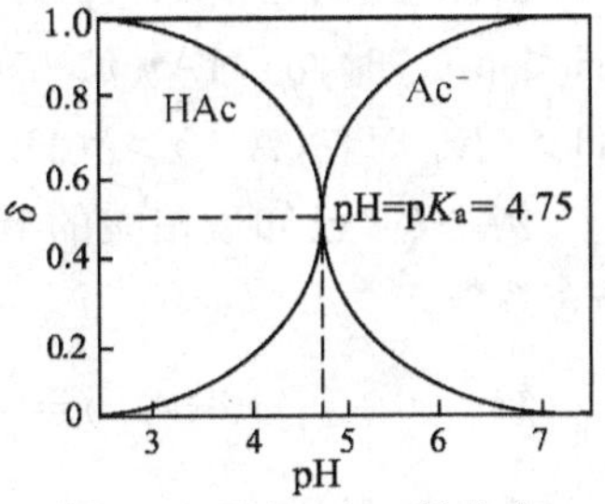

图 7-1　HAc，Ac^- 的分布系数与溶液 pH 的关系曲线

*7-2-2　多元弱酸(碱)溶液中各种酸碱组分的分布情况

二元弱酸 H_2A 的总浓度为 c，溶液中有 H_2A，HA^- 和 A^{2-} 三种组分。它们的平衡浓度分别以 $c(H_2A)$、$c(HA^-)$ 和 $c(A^{2-})$ 表示，则有 $c=c(H_2A)+c(HA^-)+c(A^{2-})$。设 H_2A、HA^- 和 A^{2-} 的分布系数为 $\delta(H_2A)$、$\delta(HA^-)$、$\delta(A^{2-})$，则

$$\delta(H_2A)=\frac{c(H_2A)}{c}=\frac{c(H_2A)}{c(H_2A)+c(HA^-)+c(A^{2-})}=\frac{1}{1+\frac{c(HA^-)}{c(H_2A)}+\frac{c(A^{2-})}{c(H_2A)}}$$

$$=\frac{1}{1+\frac{K_{a_1}}{c(H^+)}+\frac{K_{a_1}K_{a_2}}{c^2(H^+)}}=\frac{c^2(H^+)}{c^2(H^+)+c(H^+)K_{a_1}+K_{a_1}K_{a_2}} \tag{7-3}$$

同理可得

$$\delta(HA^-)=\frac{c(H^+)K_{a_1}}{c^2(H^+)+c(H^+)K_{a_1}+K_{a_1}K_{a_2}} \tag{7-4}$$

$$\delta(A^{2-})=\frac{K_{a_1}K_{a_2}}{c^2(H^+)+c(H^+)K_{a_1}+K_{a_1}K_{a_2}} \tag{7-5}$$

已知酒石酸的 pK_{a_1} 和 pK_{a_2} 为 3.04 和 4.37。酒石酸溶液的 δ-pH 分布曲线见下图：

* 可选学。

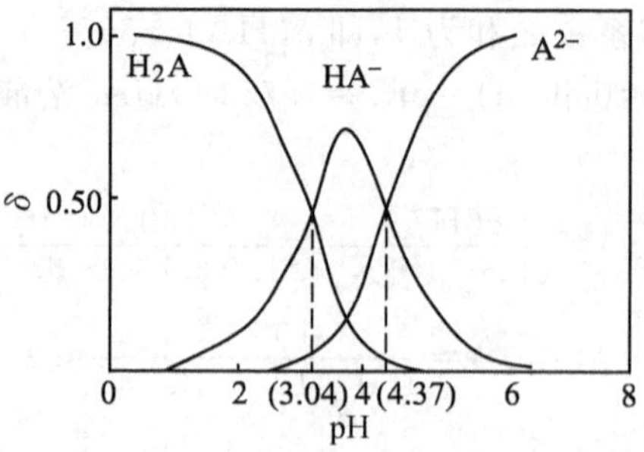

图 7-2 酒石酸溶液中各种组分的分布系数与溶液 pH 的关系曲线

由图可知：当 $pH<pK_{a_1}$ 时，$\delta(H_2A)>\delta(HA^-)$，溶液中主要组分是 H_2A；当 $pK_{a_1}<pH<pK_{a_2}$ 时，$\delta(HA^-)>\delta(H_2A)$，$\delta(HA)^->\delta(A^{2-})$，溶液中主要组分是 HA^-；当 $pH>pK_{a_2}$ 时，$\delta(A^{2-})>\delta(HA^-)$，溶液中主要组分是 A^{2-}。

例 7-6 已知琥珀酸的 $pK_{a_1}=4.19$，$pK_{a_2}=5.50$，$pH=4.88$。计算溶液中三种组分的分布系数。

解

$$\delta(HA^-)=\frac{(10^{-4.88-4.19})}{(10^{-4.88})^2+10^{-4.88-4.19}+10^{-4.19-5.50}}=0.693$$

$$\delta(A^{2-})=\frac{(10^{-4.19-5.50})}{(10^{-4.88})^2+10^{-4.88-4.19}+10^{-4.19-5.50}}=0.166$$

$$\delta(H_2A)=1-\delta(HA^-)-\delta(A^{2-})=0.141$$

可见，如果 pK_{a_1}、pK_{a_2} 比较接近，则 HA^- 占优势的区域较窄，在此区域内各种组分的存在情况比较复杂。若为三元弱酸，例如 H_3PO_4，则情况更复杂些，按上面同样的推算，可得：

$$\delta(H_3A)=\frac{c(H_3A)}{c}=\frac{c^3(H^+)}{c^3(H^+)+c^2(H^+)K_{a_1}+c(H^+)K_{a_1}K_{a_2}+K_{a_1}K_{a_2}K_{a_3}}$$

$$\delta(H_2A^-)=\frac{c(H_2A^-)}{c}=\frac{c^2(H^+)K_{a_1}}{c^3(H^+)+c^2(H^+)K_{a_1}+c(H^+)K_{a_1}K_{a_2}+K_{a_1}K_{a_2}K_{a_3}}$$

$$\delta(HA^{2-})=\frac{c(HA^{2-})}{c}=\frac{c(H^+)K_{a_1}K_{a_2}}{c^3(H^+)+c^2(H^+)K_{a_1}+c(H^+)K_{a_1}K_{a_2}+K_{a_1}K_{a_2}K_{a_3}}$$

$$\delta(A^{3-})=\frac{c(A^{3-})}{c}=\frac{K_{a_1}K_{a_2}K_{a_3}}{c^3(H^+)+c^2(H^+)K_{a_1}+c(H^+)K_{a_1}K_{a_2}+K_{a_1}K_{a_2}K_{a_3}}$$

$$\delta(H_3A)+\delta(H_2A^-)+\delta(HA^{2-})+\delta(A^{3-})=1$$

由于 H_3PO_4 的 $pK_{a_1}=2.16$，$pK_{a_2}=7.21$，$pK_{a_3}=12.32$，三者相差比较大，各组分共存的现象不如酒石酸明显。当 $pH<pK_{a_1}$ 时，$\delta(H_3PO_4)>\delta(H_2PO_4^-)$，溶液中 H_3PO_4 为主要组分；当 $pK_{a_1}<pH<pK_{a_2}$ 时，$\delta(H_2PO_4^-)>\delta(H_3PO_4)$，$\delta(H_2PO_4^-)>\delta(HPO_4^{2-})$，溶液中 $H_2PO_4^-$ 占优势；当 $pK_{a_2}<pH<pK_{a_3}$ 时，$\delta(HPO_4^{2-})>\delta(H_2PO_4^-)$，$\delta(HPO_4^{2-})>\delta(PO_4^{3-})$，溶液中 HPO_4^{2-} 占优势；当 $pH>pK_{a_3}$ 时，$\delta(PO_4^{3-})>\delta(HPO_4^{2-})$，溶液中的主要组分是 PO_4^{3-}。

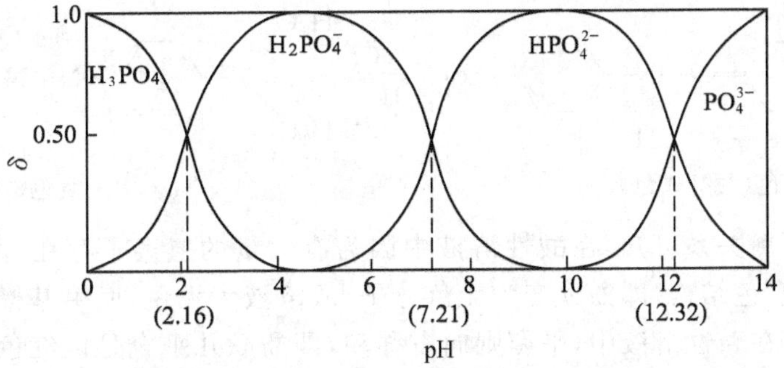

图 7-3 磷酸溶液中各种组分的分布系数与溶液 pH 值的关系曲线

7-3 酸碱指示剂的主要特性
(Characteristic of Acid-Alkali Indicator)

7-3-1 酸碱指示剂的解离平衡

酸碱指示剂一般为有机弱酸或有机弱碱。溶液中酸度的改变，会使指示剂结构改变而引起颜色的变化，从而指示滴定终点。现举例说明。

1. 酚酞类

以酚酞为例，酚酞是一种有机弱酸。它在碱性溶液中呈醌式结构，红色(称为“碱”色)；在酸性溶液中呈内酯式结构，无色(称为“酸”色)。

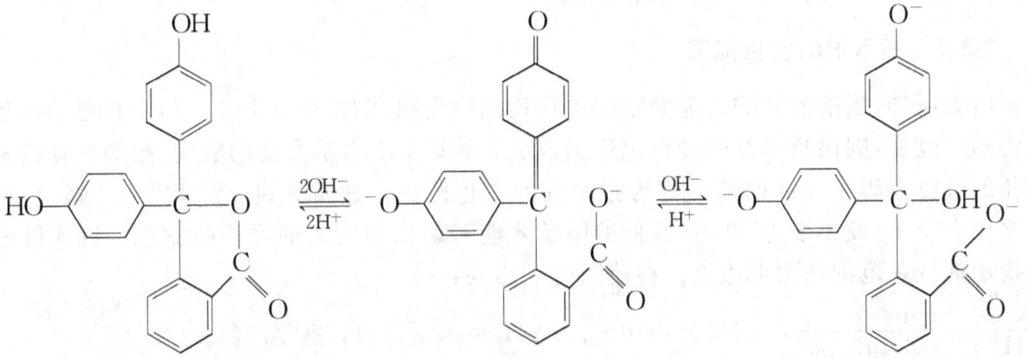

无色(内酯式，“酸”色) 红色(醌式，“碱”色) 无色(羧酸盐式)

显然，这种解离是可逆过程。当溶液酸度增大时，酚酞为“酸”色结构，无色；当 pH 升高到一定数值时，酚酞为“碱”色结构，为红色；而在强碱溶液中又呈现无色。

百里酚酞(又名麝香草酚酞)、α-萘酚酞等也属于此类指示剂。

2. 偶氮类化合物

以甲基橙为例，甲基橙同时含有酸性基团—SO_3H和碱性基团—$N(CH_3)_2$，所以它是两性物质。它在水溶液中以橙黄色(“碱”色)偶氮式阴离子形式存在。在 H^+ 作用下转变为红色(“酸”色)醌式阳离子。

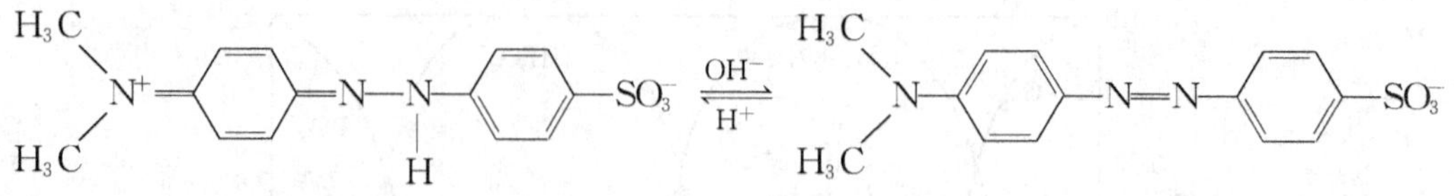

红色（“酸”式色）　　　　　　　　　　黄色（“碱”式色）

从上面的平衡关系可知，在酸性溶液中因为有大量的氢离子存在，所以平衡向左移动，指示剂是“酸”色结构，即酚酞变为无色分子，故溶液为无色；而甲基橙变为红色离子，溶液呈现红色。在碱性溶液中，平衡则向右移动，即酚酞几乎全是以红色离子（“碱”色结构）存在而呈现红色（在强碱性溶液中又呈无色）；而甲基橙以黄色离子（“碱”色结构）形式存在而呈现黄色。

现以 HIn 来表示弱酸，则弱酸的解离平衡为

$$\mathrm{HIn} \rightleftharpoons \mathrm{H^+} + \mathrm{In^-}$$

达平衡时

$$\frac{c(\mathrm{H^+})c(\mathrm{In^-})}{c(\mathrm{HIn})} = K_{\mathrm{HIn}}$$

K_{HIn}称为指示剂常数，它的意义是：

$$\frac{c(\mathrm{In^-})}{c(\mathrm{HIn})} = \frac{\text{“碱”色}}{\text{“酸”色}} = \frac{K_{\mathrm{HIn}}}{c(\mathrm{H^+})}$$

显然，指示剂颜色的转变依赖于 In^- 和 HIn 的浓度比。根据上面的关系式可知，In^- 和 HIn 的浓度之比取决于① 指示剂常数 K_{HIn}，其数值与指示剂解离的强弱有关。在一定条件下，对特定的指示剂而言，是一个固定的值。② 溶液的酸度 $c(\mathrm{H^+})$。因此，指定指示剂的颜色完全由溶液中的 $c(\mathrm{H^+})$决定。

7-3-2 指示剂的变色范围

由上所知，当溶液的酸度随滴定的进行逐渐改变时，溶液中 $c(\mathrm{In^-})$与 $c(\mathrm{HIn})$的比值也将随之改变，因而指示剂的颜色也逐渐改变。若以 pH 表示溶液的酸度，则颜色在逐渐变化的过渡过程中，pH 的范围称为指示剂的变色范围。通常来讲，当“酸”色、“碱”色浓度之比大于 10 或小于 1/10 时，人们的眼睛才能辨认出浓度大的物质的颜色。这实际就是指示剂变色范围的两个边缘。在范围的一边为：

$\frac{K_{\mathrm{HIn}}}{c(\mathrm{H^+})} = \frac{c(\mathrm{In^-})}{c(\mathrm{HIn})} = \frac{1}{10}$，$c(\mathrm{H^+})_1 = 10K_{\mathrm{HIn}}$，$\mathrm{pH_1} = \mathrm{p}K_{\mathrm{HIn}} - 1$，呈“酸”色。

在范围的另一边：

$\frac{K_{\mathrm{HIn}}}{c(\mathrm{H^+})} = \frac{c(\mathrm{In^-})}{c(\mathrm{HIn})} = 10$，$c(\mathrm{H^+})_2 = K_{\mathrm{HIn}}/10$，$\mathrm{pH_2} = \mathrm{p}K_{\mathrm{HIn}} + 1$，呈“碱”色。

$\frac{c(\mathrm{In^-})}{c(\mathrm{HIn})}$	$<\frac{1}{10}$	$=\frac{1}{10}$		$=\frac{1}{1}$		$=\frac{10}{1}$	$>\frac{10}{1}$
	纯“酸”色	略带“碱”色		中间色		略带“酸”色	纯“碱”色
	纯“酸”色	变	色		范	围	纯“碱”色
	$\mathrm{pH_1} = \mathrm{p}K_{\mathrm{HIn}} - 1$	变	色		范	围	$\mathrm{pH_2} = \mathrm{p}K_{\mathrm{HIn}} + 1$

当溶液中的 pH 与 $\mathrm{p}K_{\mathrm{HIn}}$相等时，$c(\mathrm{In^-}) = c(\mathrm{HIn})$，称为指示剂的理论变色点。而在 $\mathrm{pH} = \mathrm{p}K_{\mathrm{HIn}} \pm 1$ 的区间内看到的颜色是指示剂的过渡色，故该区间被称为指示剂的变色

范围。

根据理论计算，指示剂的变色范围约为 2 个 pH 单位，但实际上如表 7-2 所示，各种指示剂的变色范围并不局限于此。这主要是因为人眼对各种颜色的敏感度不同，两种不同颜色之间还会产生调和作用。例如，黄色在红色中不像红色在黄色中明显，因此甲基橙的变色范围在 pH 小的一边要短一些，变色范围从理论上的 pH 为 2.4～4.4 改变为 3.1～4.4。同理，红色在无色中非常显眼，因此酚酞的变色范围在 pH 大的一边较短，而在 pH 小的一边反而有所增长，所以酚酞的实际变色范围从理论的 8.1～10.1 变为8.0～9.8。

表 7-2　几种常用酸碱指示剂及其变色范围

指示剂	变色范围 pH	颜色		pK_{HIn}	浓度
		酸色	碱色		
百里酚蓝（第一次变色）	1.2～2.8	红	黄	1.7	0.1%的 20%乙醇溶液
甲基黄	2.9～4.0	红	黄	3.3	0.1%的 90%乙醇溶液
甲基橙	3.1～4.4	红	黄	3.4	0.05%的水溶液
溴酚蓝	3.0～4.6	黄	蓝紫	4.1	0.1%的 20%乙醇溶液
溴甲酚绿	3.8～5.4	黄	蓝	4.9	0.1%的水溶液，每 100mg 指示剂加 0.05mol·L^{-1} NaOH2.9mL
甲基红	4.4～6.2	红	黄	5.0	0.1%的 60%乙醇溶液
溴甲酚紫	5.2～6.8	黄	紫		0.1%的水溶液
溴百里酚蓝	6.0～7.6	黄	蓝	7.3	0.1%的 20%乙醇溶液或其钠盐的水溶液
中性红	6.8～8.0	红	黄橙	7.4	0.1%的 60%乙醇溶液
酚红	6.4～8.2	黄	红	8.0	0.1%的 60%乙醇溶液或其钠盐的水溶液
百里酚蓝（第二次变色）	8.0～9.6	黄	蓝	8.9	0.1%的 20%乙醇溶液
酚酞	8.0～9.8	无	红	9.1	0.1%的 90%乙醇溶液
百里酚酞	9.4～10.6	无	蓝	10.0	0.1%的 90%乙醇溶液

综上所述，可得到如下结论：① 指示剂的变色范围不是恰好在 pH 为 7 的地方，而是随各指示剂的 K_{HIn}不同而不同；② 各种指示剂在变色范围内显现出来的是逐渐变化的过渡色；③ 各种指示剂的变色范围幅度各不相同，通常为 $pK_{HIn}\pm 1$ 左右。

指示剂的变色范围越窄越好，这样在滴定分析达化学计量点时，pH 稍有变化，就可观察出溶液颜色的改变，有利于提高滴定的准确度。为缩小指示剂的变色范围，常常使用混合指示剂，见表 7-3。

混合指示剂是利用颜色之间的互补作用，变色范围狭窄，颜色变化敏锐。混合指示剂的配制方法有两种：① 由两种或两种以上的指示剂混合而成。例如，溴甲酚绿（pK_{HIn}＝

4.9）在 pH<3.8 时呈黄色（"酸"色），pH>5.4 时呈蓝色（"碱"色），甲基红（$pK_{HIn}=5.0$）在 pH<4.4 时呈红色（"酸"色），pH>6.2 时呈浅黄色（"碱"色），它们按一定比例混合后，两种颜色叠加到一起，指示剂的"酸"色为酒红色，"碱"色为绿色。pH 为 5.1 时，溴甲酚呈绿色，甲基红呈橙色，混合后为浅灰色。酸碱滴定时，pH 稍有变化，混合指示剂立刻变色，非常敏锐。② 在一种指示剂中加入一种惰性染料。例如，把中性红与染料次甲基蓝按比例混合，在 pH 为 7.0 左右时，只要改变 0.2 个 pH 单位即可变色。

表 7-3　常用酸碱混合指示剂

指示剂组成	变色点 pH	颜色		变色情况
		酸色	碱色	
1 份 0.1%甲基黄乙醇溶液 1 份 0.1%亚甲基蓝乙醇溶液	3.25	蓝紫	绿	pH=3.2 蓝紫色 pH=3.4 绿色
1 份 0.1%甲基橙水溶液 1 份 0.25%靛蓝二磺酸钠水溶液	4.1	紫	黄绿	pH=4.1 灰色
3 份 0.1%溴甲酚绿乙醇溶液 1 份 0.2%甲基红乙醇溶液	5.1	酒红	绿	pH=5.1 灰色
1 份 0.1%溴甲酚绿钠盐水溶液 1 份 0.2%氯酚红钠盐水溶液	6.1	黄绿	蓝紫	pH=5.4 蓝绿色 pH=5.8 蓝色 pH=6.0 蓝略带紫 pH=6.2 蓝紫色
1 份 0.1%甲基黄乙醇溶液 1 份 0.1%亚甲基蓝乙醇溶液	7.0	蓝紫	绿	pH=7.0 蓝紫色
1 份 0.1%溴甲酚红钠盐水溶液 1 份 0.2%百里酚蓝钠盐水溶液	8.3	黄	紫	pH=8.2 玫瑰色 pH=8.4 紫色
1 份 0.1%酚酞乙醇溶液 2 份 0.1%甲基绿乙醇溶液	8.9	绿	紫	pH=8.8 浅蓝色 pH=9.0 紫色
1 份 0.1%酚酞乙醇溶液 1 份 0.1%百里酚酞乙醇溶液	9.9	无	紫	pH=9.6 玫瑰色 pH=10.0 紫色
2 份 0.1%百里酚酞乙醇溶液 1 份 0.1%茜素黄乙醇溶液	10.2	黄	紫	

7-4　滴定曲线及指示剂的选择

（Titration Curve and Selection of Indicator）

在酸碱溶液的滴定过程中，加入碱或酸溶液都会引起溶液 pH 的变化，特别是在化学计量点附近，一滴酸或碱溶液的滴入，所引起的 pH 变化是很大的。可根据这个变化，选择适合的指示剂。在滴定过程中，溶液的 pH 随标准溶液用量的增加而改变，所绘制的曲线称为滴定曲线。

下面分别讨论各种类型的滴定反应及指示剂的选择。

7-4-1 强酸(碱)滴定强碱(酸)

基本反应：

$$OH^- + H_3O^+ = 2H_2O$$

现以 0.1000mol·L^{-1} NaOH 溶液滴定 20.00mL 0.1000mol·L^{-1} HCl 溶液为例。滴定过程中溶液的 pH 可分四个阶段计算。

(1) 滴定前(加入 $V(\mathrm{NaOH})=0.00\mathrm{mL}$)，溶液的 pH 由 HCl 溶液的浓度计算：

已知 $c(\mathrm{HCl})=0.1000\mathrm{mol\cdot L^{-1}}$，所以 $c(\mathrm{H^+})=0.1000\mathrm{mol\cdot L^{-1}}$，pH＝1.00。

(2) 滴定开始至化学计量点前，由于 NaOH 的加入，部分 HCl 已被中和，此时溶液的 pH 应根据剩余 HCl 的量计算。

例如，加入 $V(\mathrm{NaOH})=18.00\mathrm{mL}$：

$$c(\mathrm{H^+})=\frac{c(\mathrm{HCl})V(\mathrm{HCl})-c(\mathrm{NaOH})V(\mathrm{NaOH})}{V(\mathrm{HCl})+V(\mathrm{NaOH})}$$

$$=\frac{0.1000\times20.00-0.1000\times18.00}{20.00+18.00}$$

$$=5.26\times10^{-3}(\mathrm{mol\cdot L^{-1}})$$

$$\mathrm{pH}=2.28$$

加入 $V(\mathrm{NaOH})=19.98\mathrm{mL}$：

$$c(\mathrm{H^+})=\frac{0.1000\times20.00-0.1000\times19.98}{20.00+19.98}=5.00\times10^{-5}(\mathrm{mol\cdot L^{-1}})$$

$$\mathrm{pH}=4.30$$

(3) 化学计量点时，加入 $V(\mathrm{NaOH})=20.00\mathrm{mL}$，所加 NaOH 与溶液中的 HCl 完全中和：

$$c(\mathrm{H^+})=c(\mathrm{OH^-})=1.00\times10^{-7}(\mathrm{mol\cdot L^{-1}}),\ \mathrm{pH}=7.00$$

(4) 化学计量点后，溶液的 pH 值由过量 NaOH 的量计算。

例如，加入 $V(\mathrm{NaOH})=20.02\mathrm{mL}$：

$$c(\mathrm{OH^-})=\frac{c(\mathrm{NaOH})V(\mathrm{NaOH})-c(\mathrm{HCl})V(\mathrm{HCl})}{V(\mathrm{NaOH})+V(\mathrm{HCl})}$$

$$=\frac{0.1000\times20.02-0.1000\times20.00}{20.02+20.00}$$

$$=5.00\times10^{-5}(\mathrm{mol\cdot L^{-1}})$$

$$\mathrm{pOH}=4.30,\mathrm{pH}=9.70$$

加入 $V(\mathrm{NaOH})=22.00\mathrm{mL}$：

$$c(\mathrm{OH^-})=\frac{0.1000\times22.00-0.1000\times20.00}{22.00+20.00}=5.00\times10^{-3}(\mathrm{mol\cdot L^{-1}})$$

$$\mathrm{pOH}=2.30,\mathrm{pH}=11.70$$

用上述方法可计算出其他各点的 pH，将计算结果列于表 7-4 中。以溶液的 pH 为纵坐标，以所加 NaOH 溶液的体积(mL)为横坐标，可绘制出滴定曲线，见图 7-4。

从图 7-4 和表 7-4 可知，在滴定开始时，溶液中尚有大量 HCl，因此，NaOH 的加入只会使 pH 缓慢增大。NaOH 的体积在 0.00～19.80mL 范围内变化时，pH 随 NaOH 加入量的变化曲线几乎是平坦的，溶液的 pH 只增大了 2.3 个单位；随着滴定的进行，溶液中 HCl 的量减少，pH 的升高逐渐加快，当继续加入 0.18mL（共 19.98mL）NaOH 溶液后，pH 就增大了 1 个单位；再滴入 0.02mL（共 20.00mL）NaOH 溶液，pH 跃至 7.00。此时，若再滴入 0.02mL NaOH 溶液，pH 突增至 9.70。此后，若再滴入 NaOH 溶液，曲线又趋于平坦。

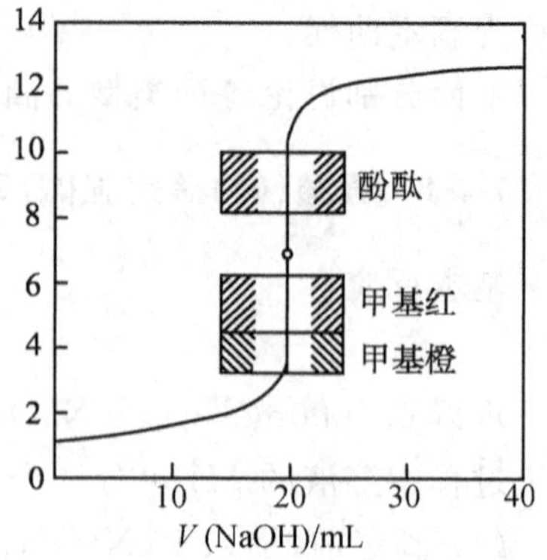

图 7-4 0.1000mol·L^{-1} NaOH 溶液滴定 20.00mL 0.1000mol·L^{-1} HCl 的滴定曲线

表 7-4 0.1000mol·L^{-1} NaOH 溶液滴定 20.00mL 0.1000mol·L^{-1} HCl 过程中溶液的 pH

加入 NaOH 溶液体积 V/mL	滴定分数 T	剩余 HCl 溶液体积 V/mL	过量 NaOH 溶液体积 V/mL	溶液的 $c(H^+)/(mol\cdot L^{-1})$	溶液的 pH
0.00	0.00	20.00		1.00×10^{-1}	1.00
10.00	0.500	10.00		3.33×10^{-2}	1.48
18.00	0.900	2.00		5.26×10^{-3}	2.28
19.80	0.990	0.20		5.02×10^{-4}	3.30
19.98	0.999	0.02		5.00×10^{-5}	4.30 } 突跃范围
20.00	1.000	0.00		1.00×10^{-7}	7.00
20.02	1.001		0.02	2.00×10^{-10}	9.70
20.20	1.010		0.20	2.00×10^{-11}	10.70
22.00	1.100		2.00	2.10×10^{-12}	11.70
40.00	2.000		20.00	5.00×10^{-13}	12.50

由此可知，在化学计量点前后，加入 NaOH 的体积仅 0.04mL，溶液的 pH 却从 4.30 增加到 9.70，跃迁了 5.4 个单位，形成了曲线中的“突跃”部分。我们将化学计量点前后 ±0.1% 范围内 pH 的急剧变化称为滴定突跃。指示剂的选择以此为依据。

显然，最理想的指示剂应该恰好在滴定反应的化学计量点变色。但实际上，凡是在突跃范围 pH 为 4.30～9.70 变色的指示剂均可选用。因此，甲基橙、甲基红、酚酞等都可以作为这一类滴定的指示剂，从而得出选择指示剂的原则：凡是变色范围全部或一部分在滴定突跃范围内的指示剂，都可认为是合适的，这时所产生的终点误差在允许范围之内。

必须指出，滴定突跃范围的宽窄与溶液浓度有关。溶液越浓，突跃范围越宽；溶液越稀，突跃范围越窄。如图 7-5 所示，当溶液浓度为原来的 10 倍，即 1.000mol·L^{-1} 时，突跃范围为 3.30～10.70，扩大了 2 个 pH 单位；当溶液浓度降低为原来的 1/10，即 0.01000mol·L^{-1} 时，突跃范围为 5.30～8.70，减小了 2 个 pH 单位，此时甲基橙已不再适用了。

强酸滴定强碱的曲线与强碱滴定强酸的相反。各关键点 pH 的计算与强碱滴定强酸时相似。图 7-6 是 $0.1000\text{mol}\cdot L^{-1}$ HCl 滴定 $0.1000\text{mol}\cdot L^{-1}$ NaOH 的滴定曲线。可以看到，突跃范围的 pH 为 9.70～4.30。甲基橙、甲基红、酚酞等仍可作为这一类滴定的指示剂。

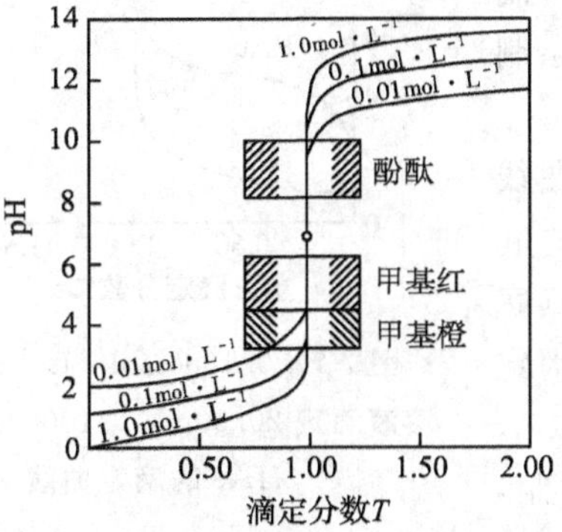

图 7-5 不同浓度NaOH溶液滴定不同浓度HCl溶液的滴定曲线

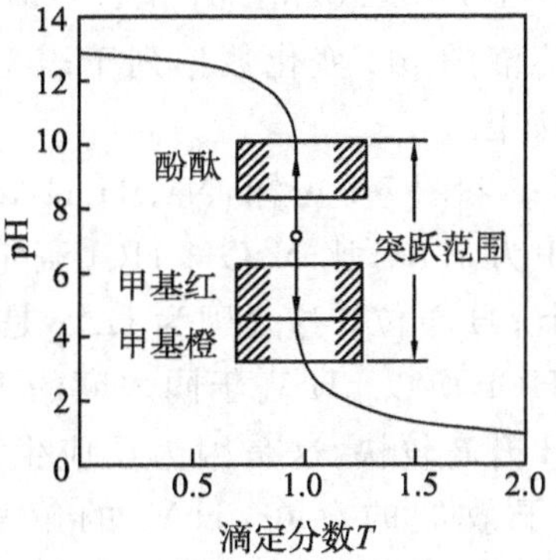

图 7-6 $0.1000\text{mol}\cdot L^{-1}$ HCl滴定 $0.1000\text{mol}\cdot L^{-1}$ NaOH的滴定曲线

7-4-2 强碱滴定弱酸

基本反应：

$$OH^- + HA \rightleftharpoons A^- + H_2O$$

现以 $0.1000\text{mol}\cdot L^{-1}$ NaOH 溶液滴定 20.00mL $0.1000\text{mol}\cdot L^{-1}$ HAc 溶液为例，滴定过程中四个阶段溶液的 pH 计算如下：

(1) 滴定前(加入 $V(\text{NaOH})=0.00\text{mL}$)，溶液的 pH 由 HAc 溶液的浓度计算。已知 K_a 为 $10^{-4.75}$，又由于 $cK_a>20K_w$，$c/K_a>500$，因此可用最简式计算：

$$c(H^+)=\sqrt{cK_a}=\sqrt{0.1000\times10^{-4.75}}=1.33\times10^{-3}(\text{mol}\cdot L^{-1})$$

$$pH=2.88$$

(2) 滴定开始至化学计量点前，滴入的 NaOH 与原溶液中的 HAc 反应生成 NaAc，同时溶液内尚有剩余的 HAc，故构成了 $HAc\text{-}Ac^-$ 缓冲体系。溶液的 pH 计算公式为：

$$pH=pK_a+\lg\frac{c(Ac^-)}{c(HAc)}$$

例如，加入 $V(\text{NaOH})=19.98\text{mL}$：

$$c(HAc)=\frac{0.1000\times20.00-0.1000\times19.98}{20.00+19.98}=5.00\times10^{-5}(\text{mol}\cdot L^{-1})$$

$$c(Ac^-)=\frac{0.1000\times19.98}{20.00+19.98}=5.00\times10^{-2}(\text{mol}\cdot L^{-1})$$

$$pH=7.76$$

(3) 化学计量点时，加入 $V(\text{NaOH})=20.00\text{mL}$，HAc 和 NaOH 全部生成了 NaAc，$c(\text{NaAc})=0.05000\text{mol}\cdot L^{-1}$。$Ac^-$ 为 HAc 的共轭碱，其 $pK_b=14-pK_a=9.25$。由于 $c(\text{NaAc})K_b>20K_w$，$c(\text{NaAc})/K_b>500$，因此可用最简式计算：

$$c(OH^-)=\sqrt{c(\text{NaAc})K_b}=\sqrt{0.05000\times10^{-9.25}}=5.30\times10^{-6}(\text{mol}\cdot L^{-1})$$

$$pOH=5.28,\ pH=8.72$$

(4) 化学计量点后，溶液中有过量的 NaOH，抑制了 NaAc 的水解，溶液的 pH 取决于过量的 NaOH 的量，计算方法与强碱滴定强酸时相同。如加入 $V(NaOH)=20.02mL$ 时 $pH=9.70$。现将滴定过程中溶液的 pH 变化数据列于表 7-5，并绘制滴定曲线，如图 7-7。

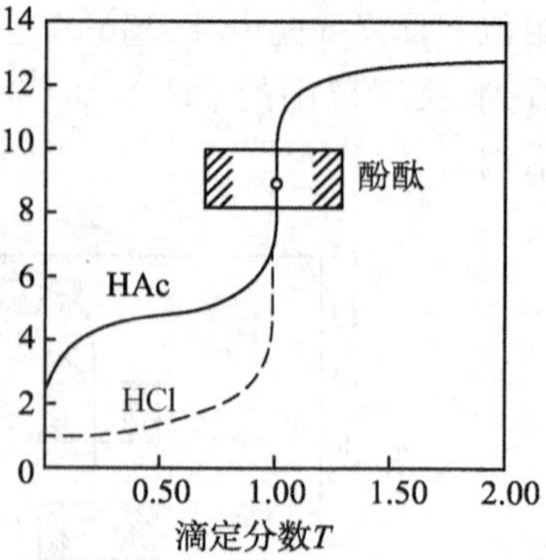

图 7-7　$0.1000mol \cdot L^{-1}$ NaOH 溶液滴定 20.00mL $0.1000mol \cdot L^{-1}$ HAc 的滴定曲线

由表 7-5 和图 7-7 可知，NaOH-HAc 滴定曲线起点的 pH 为 2.88，比 NaOH-HCl 滴定曲线的起点高约 2 个 pH 单位。这是因为 HAc 是弱酸，其解离度小于 HCl，所以 pH 高于同浓度的 HCl。滴定开始后，pH 升高较快，这是因为反应生成了 Ac^-，由于同离子效应的存在，HAc 的解离被抑制，$c(H^+)$降低较快。继续滴加 NaOH 溶液，NaAc 的生成量不断增加，与溶液中剩余的 HAc 构成了缓冲体系，使 pH 的增大减缓。

如用 NaOH 溶液滴定不同的弱酸，滴定突跃范围的大小与弱酸的强度（用 K_a 表征）和浓度有关。弱酸的浓度一定时，K_a 越小，滴定突跃范围越窄。当 $K_a=10^{-9}$时，已无明显的突跃，一般酸碱指示剂均不适用。对同一种弱酸，浓度越大，滴定突跃范围越大，反之亦然。若要求滴定误差在 0.2%以下，滴定终点与化学计量点间应至少有 0.3pH 单位的差值（滴定突跃范围至少为 0.6pH 单位），人眼才能借助指示剂判断终点。要做到这点，必须满足条件 $cK_a \geqslant 10^{-8}$，因此，$cK_a \geqslant 10^{-8}$就可作为判断弱酸能否被滴定的依据。

表 7-5　$0.1000mol \cdot L^{-1}$ NaOH 溶液滴定 20.00mL $0.1000mol \cdot L^{-1}$ HAc 过程中溶液的 pH

加入 NaOH 溶液体积 V/mL	滴定分数 T	剩余 HAc 溶液体积 V/mL	过量 NaOH 溶液体积 V/mL	溶液的 $c_a/(mol \cdot L^{-1})$	溶液的 pH
0.00	0.00	20.00		1.00×10^{-1}	2.88
10.00	0.500	10.00		3.33×10^{-2}	4.75
18.00	0.900	2.00		5.26×10^{-3}	5.70
19.80	0.990	0.20		5.02×10^{-4}	6.75
19.98	0.999	0.02		5.00×10^{-5}	7.76 ⎫突跃范围
20.00	1.000	0.00		1.00×10^{-7}	8.72 ⎬
20.02	1.001		0.02		9.70 ⎭
20.20	1.010		0.20		10.70
22.00	1.100		2.00		11.70
40.00	2.000		20.00		12.50

对于某些极弱的酸（$cK_a<10^{-8}$），不能借助指示剂直接对其进行滴定，但可采用其他方法进行滴定。

1. 利用化学反应使弱酸强化

例如 H_3BO_3 的 K_a 为 5.7×10^{-10}，即使滴定剂的浓度高达 $1.0mol \cdot L^{-1}$，也无法满足 $cK_a>10^{-8}$的要求，因此，不能用碱溶液直接滴定。但是 H_3BO_3 可与甘油（或甘露醇）等多元醇生成配合物甘油硼酸（K_a 为 3.0×10^{-7}），其酸性比 H_3BO_3 强，且能满足滴定的要求，所以可用酚酞或百里酚酞作指示剂，用 NaOH 标准溶液直接滴定。

又如 H_3PO_4，它的 pK_{a_3} 很小，通常只能将其作为二元弱酸滴定。然而，若在 HPO_4^{2-} 溶液中加入过量钙盐，则反应在生成 $Ca_3(PO_4)_2$ 沉淀的同时会释放出 H^+，再用 NaOH 标准溶液就可对其进行滴定。为不使 $Ca_3(PO_4)_2$ 沉淀溶解，溶液的酸性不能强，故选用酚酞而不用甲基橙作指示剂。

2. 使弱酸转变成其共轭碱后，再用强酸溶液滴定

例如苯酚的 K_a 为 1.1×10^{-10}，显然不能用 NaOH 溶液滴定，但其共轭碱苯酚钠的 K_b 为 9×10^{-5}，可用 HCl 标准溶液滴定，可选甲基橙、甲基红作指示剂。

另外还可用非水滴定或仪器分析的方法滴定极弱的酸。使用前者是由于同一种酸在不同的溶剂中，将表现出不同的强度。例如苯甲酸、苯酚在水中是极弱的酸，但它们在碱性溶剂(如乙二胺)中，酸性大大增强，可用 NaOH 标准溶液滴定。也可用后者譬如电位滴定来测定弱酸(碱)。实验时取两个电极，一个作参比电极(如甘汞电极)，另一个作指示电极(如 pH 玻璃电极)，均浸在被滴定的溶液中，在不断搅拌的同时滴入滴定剂，记录滴入一定体积溶液时的 pH，就可绘制 V-pH 曲线，或用数学计算，即可求出滴定终点所需要的滴定剂的体积。

强酸滴定弱碱的滴定曲线与强碱滴定弱酸相反，这里不再叙述。

*7-4-3　多元酸(碱)的滴定

在一个分子中含有两个或两个以上的可被金属离子置换的 H^+ 的酸，称为多元酸。多元酸在水溶液中是分步解离的。如一级解离常数 K_{a_1} 和二级解离常数 K_{a_2} 的比值大于 10^4，则用 NaOH 标准溶液滴定时，可依次滴定它所含的两个可替代的氢，即在滴定曲线上可显现出两个比较明显的突跃部分。现以 $0.1000mol\cdot L^{-1}$ NaOH 标准溶液滴定 $0.1000mol\cdot L^{-1}$ H_3PO_4 溶液为例，讨论之。

$$H_3PO_4 \rightleftharpoons H^+ + H_2PO_4^- \quad \frac{c(H^+)c(H_2PO_4^-)}{c(H_3PO_4)} = K_{a_1} = 6.9\times10^{-3}$$

$$H_2PO_4^- \rightleftharpoons H^+ + HPO_4^{2-} \quad \frac{c(H^+)c(HPO_4^{2-})}{c(H_2PO_4^-)} = K_{a_2} = 6.2\times10^{-8}$$

$$HPO_4^{2-} \rightleftharpoons H^+ + PO_4^{3-} \quad \frac{c(H^+)c(PO_4^{3-})}{c(HPO_4^{2-})} = K_{a_3} = 4.4\times10^{-13}$$

显然，$cK_{a_1} > 10^{-8}$，$cK_{a_2} = 0.32\times10^{-8}$(第一级解离的 H^+ 被滴定后溶液的浓度为 $0.05000\ mol\cdot L^{-1}$)，$cK_{a_3} < 10^{-8}$，又 $K_{a_1}/K_{a_2} = 10^{5.1}$，因此第一级解离和第二级解离的 H^+ 均可被滴定，且能分步滴定，而第三级解离的 H^+ 不能被直接滴定。H_3PO_4 的滴定曲线见图 7-8。

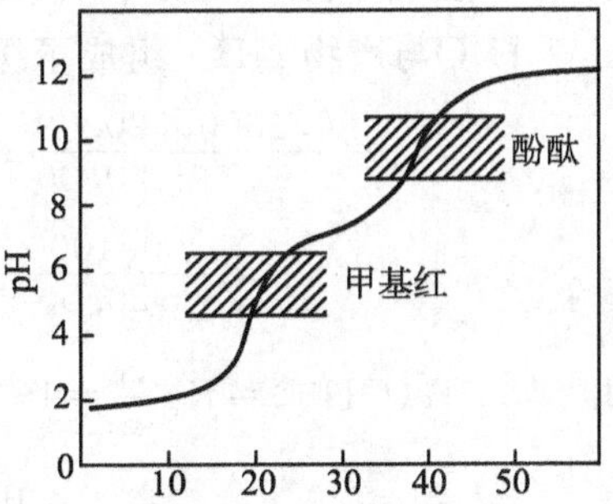

图 7-8　NaOH 滴定 H_3PO_4 的滴定曲线

对其各点 pH 的计算比较繁杂，通常计算化学计量点的 pH(用最简式计算，误差很小，均能符合滴定要求)，据此选择指示剂。

第一化学计量点时：

$$c(H^+)=\sqrt{K_{a_1}K_{a_2}}=\sqrt{6.9\times10^{-3}\times6.2\times10^{-8}}=2.07\times10^{-5}(mol\cdot L^{-1})$$

$$pH=4.68$$

选用甲基橙作指示剂，误差在0.5%以下；用溴酚蓝时误差为0.35%。

第二化学计量点时：

$$c(H^+)=\sqrt{K_{a_2}K_{a_3}}=\sqrt{6.2\times10^{-8}\times4.4\times10^{-13}}=1.65\times10^{-10}(mol\cdot L^{-1})$$

$$pH=9.78$$

由于$K_{a_3}<10^{-8}$，因此第三个H^+不能被直接滴定。可用上面提到的方法，在溶液中加过量$CaCl_2$，生成$Ca_3(PO_4)_2$沉淀：

$$3Ca^{2+}+2HPO_4^{2-}=Ca_3(PO_4)_2\downarrow+2H^+$$

释放出的H^+，再用NaOH标准溶液滴定。

混合酸(碱)的滴定与多元酸(碱)类似。若两种酸的解离常数分别为K_a和K'_a，浓度分别为c和c'，则$cK_a\geqslant10^{-8}$，$cK_a/c'K'_a\geqslant10^4$时，可准确滴定第一种酸；$c'K'_a\geqslant10^{-8}$时，则可继续滴定第二种酸，否则就必须采取其他方法。

多元碱(包括混合碱)的滴定与多元酸(包括混合酸)相似，滴定曲线正好相反，这里不再讨论。

例7-7 用$0.1000mol\cdot L^{-1}$ HCl溶液滴定$0.1000mol\cdot L^{-1}$氨水溶液时，求：

(1) 化学计量点时的pH；

(2) 滴定突跃范围；

(3) 选择何种指示剂，酚酞能否使用，为什么？

解 (1) 查表可知，$NH_3\cdot H_2O$的K_b为$10^{-4.75}$，化学计量点时，生成一元弱酸NH_4^+，其浓度为：

$$c=\frac{0.1000}{2}=0.05000(mol\cdot L^{-1})$$

$$pK_a=14-pK_b=14-4.75=9.25$$

用最简式计算得：

$$c(H^+)=\sqrt{cK_a}=\sqrt{0.05000\times10^{-9.25}}=5.30\times10^{-6}(mol\cdot L^{-1})$$

$$pH=5.28$$

(2) 假定氨水溶液的体积为20.00mL，现用去$V_{HCl}=19.98mL$，未反应的$NH_3\cdot H_2O$与产物NH_4^+组成了缓冲溶液。

$$c_b=\frac{0.1000\times20.00-0.1000\times19.98}{20.00+19.98}=5.00\times10^{-5}(mol\cdot L^{-1})$$

$$c_a=\frac{0.1000\times19.98}{20.00+19.98}=5.00\times10^{-2}(mol\cdot L^{-1})$$

所以 $$c(OH^-)=K_b\frac{c_b}{c_a}=10^{-4.75}\times\frac{5.00\times10^{-5}}{5.00\times10^{-2}}=1.8\times10^{-8}(mol\cdot L^{-1})$$

$$pOH=7.75, pH=6.25$$

用去$V_{HCl}=20.02mL$时，以过量的HCl计算：

$$c(H^+)=\frac{0.1000\times0.020}{20.02+20.00}=5.00\times10^{-5}(mol\cdot L^{-1})$$

$$pH=4.30$$

突跃范围为 6.25～4.30。

(3) 指示剂可选用甲基红、溴甲酚橙、甲基橙等。酚酞的变色范围是 8～9.8,不在突跃范围内,因此酚酞不能使用。

例 7-8 称取无水 Na_2CO_3 0.5000g,溶于 50.00mL HCl 溶液。反应完全后,溶液中尚有过量的 HCl。过量的 HCl 用 NaOH 溶液回滴,消耗 NaOH 6.50mL。此溶液中,1.00mL NaOH 溶液与 1.02mL HCl 溶液完全反应。求 NaOH 溶液和 HCl 溶液的浓度。

解 反应为:

$$Na_2CO_3+2HCl=\!=\!=2NaCl+H_2O+CO_2\uparrow$$

$Na_2CO_3 \propto 2HCl$,则

$$\frac{m(Na_2CO_3)}{\frac{1}{2}M(Na_2CO_3)}=c(HCl)V(HCl)$$

$$\frac{0.5000}{\frac{1}{2}\times 106.0}=c(HCl)\times\left(\frac{50.00-6.50\times 1.02}{1000}\right)$$

$$c(HCl)=0.2175(mol\cdot L^{-1})$$

又因为 $c(HCl)V(HCl)=c(NaOH)V(NaOH)$,则:

$$c(NaOH)=\frac{c(HCl)\cdot V(HCl)}{V(NaOH)}=\frac{0.2175\times 1.02}{1.00}=0.222(mol\cdot L^{-1})$$

*7-5 终点误差
(End-point Error)

滴定分析过程中的滴定终点是利用指示剂颜色的变化来确定的。滴定终点与反应的化学计量点往往不一致,即滴定不在化学计量点时结束,这就造成了误差。这种误差称为滴定误差或终点误差,用 TE 表示。

$$TE\%=\frac{\text{滴定终点与化学计量点间滴定剂物质的量的差值}}{\text{化学计量点时消耗的滴定剂物质的量}}\times 100\%$$

根据指示剂的变色情况,可以计算出酸碱滴定的终点误差。下面以强碱滴定强酸为例说明。用强碱滴定强酸,化学计量点时的 pH 应为 7.00。由于强碱过量或不足而引起的终点误差计算如下:

在化学计量点时消耗的滴定剂的物质的量以 $c(NaOH)V(NaOH)$ 表示,以 $c(H^+)_{ep}$、$c(H^+)_{eq}$、$c(OH^-)_{ep}$、$c(OH^-)_{eq}$ 分别表示滴定终点、化学计量点时 H^+、OH^- 的浓度。

滴定在化学计量点前结束,则碱量不足,酸略有过量,结果偏低,TE 为负值。

$$TE\%=-\frac{[c(H^+)_{ep}-c(H^+)_{eq}]\times V_{总}}{c(NaOH)V(NaOH)}\times 100\%$$

滴定在化学计量点后结束,则碱剩余,结果偏高,TE 为正值。

$$TE\%=+\frac{[c(OH^-)_{ep}-c(OH^-)_{eq}]\times V_{总}}{c(NaOH)V(NaOH)}\times 100\%$$

例 7-9 用 0.1000mol·L^{-1} NaOH 溶液滴定 20.00mL 0.1000mol·L^{-1} HCl 溶液。

分别计算下面两种情况下的终点误差。

(1) 用甲基橙作指示剂，滴定至橙黄色(pH＝4.0)；

(2) 用酚酞作指示剂，滴定到淡红色(pH＝9.0)结束。

解 (1) 强碱滴定强酸，化学计量点时 pH＝7.0。现滴定终点 pH＝4.0，说明 NaOH 溶液用量不足，滴定在化学计量点前结束，终点误差为负值。根据题意，$c(H^+)_{ep}=10^{-4}mol\cdot L^{-1}$，$c(H^+)_{eq}=10^{-7}\ mol\cdot L^{-1}$，则

$$TE\%=-\frac{(10^{-4}-10^{-7})\times 40.00}{0.1000\times 20.00}\times 100\%=-0.2\%$$

(2) 滴定终点为 pH＝9.0，说明 NaOH 溶液过量，滴定在化学计量点后结束，终点误差为正值。根据题意，$c(OH^-)_{ep}=10^{-5}mol\cdot L^{-1}$，$c(OH^-)_{eq}=10^{-7}\ mol\cdot L^{-1}$，则

$$TE\%=+\frac{(10^{-5}-10^{-7})\times 40.00}{0.1000\times 20.00}\times 100\%=+0.02\%$$

上例说明强碱滴定强酸时，如选用酚酞作指示剂，终点误差很小；如用甲基橙作指示剂，终点误差比用酚酞时大，但还是在允许范围之内。

下面再讨论强碱滴定弱酸的情况。

例 7-10 用 $0.1000mol\cdot L^{-1}$ NaOH 溶液滴定 20.00mL $0.1000mol\cdot L^{-1}$ HAc 溶液。以酚酞作指示剂，滴定至淡红色(pH＝9.0)，计算终点误差。

解 在前面 7-4-2 节中已计算出 NaOH 滴定 HAc 时化学计量点处的 pH＝8.72。现滴定终点为 pH＝9.0，在化学计量点后，NaOH 过量，$c(OH^-)_{ep}=10^{-5}mol\cdot L^{-1}$。这些 OH^- 来自于过量 NaOH 和 Ac^- 的水解。Ac^- 的水解反应为

$$Ac^-+H_2O \rightleftharpoons HAc+OH^-$$

显然，水解反应后的 $c(OH^-)=c(HAc)$，所以

$$c(OH^-)_{ep}=c(OH^-)_{过量}+c(HAc)$$

稀释后溶液的体积为原来的 2 倍，$c=0.05000mol\cdot L^{-1}$

$$c(HAc)=\delta(HAc)\cdot c=\frac{c(H^+)}{c(H^+)+K_a}c=\frac{10^{-9}}{10^{-9}+10^{-4.75}}\times 0.05$$

$$=2.75\times 10^{-6}(mol\cdot L^{-1})$$

$$c(OH^-)_{过量}=c(OH^-)_{ep}-c(HAc)=10^{-5}-2.75\times 10^{-6}=7.25\times 10^{-6}(mol\cdot L^{-1})$$

终点误差为：

$$TE\%=+\frac{7.25\times 10^{-6}\times 40.00}{0.1000\times 20.00}\times 100\%\approx +0.0145\%$$

7-6 应用示例
(Application Demonstration)

酸碱滴定法应用广泛，许多酸(碱)类物质都可用本法直接滴定，有些有机酸(碱)也可用本法测定，某些弱酸(碱)可间接地应用本法滴定。例如，强酸的铵盐、尿素及有机化合物中的醇、醛、酮、羧酸、脂肪类等均可使用本法滴定。国标(GB)中，化学试剂、化学肥料、化工产品、食品添加剂、水质、石油产品、硅酸盐等的分析，凡涉及直接或间接的酸碱分析项目，多数采用本法。

一、混合碱的测定(双指示剂法)

混合碱是指 NaOH 与 Na_2CO_3 或 Na_2CO_3 与 $NaHCO_3$ 的混合物。双指示剂法是指用两种指示剂进行连续滴定，根据两个滴定终点所消耗的酸标准溶液的体积，计算各组分含量。

1. NaOH 与 Na_2CO_3 混合碱的测定

称取混合碱试样 mg，配制成溶液。先以酚酞为指示剂，用 HCl 标准溶液滴定至终点(刚好无色)，记录消耗 HCl 的体积为 V_1mL。反应式如下：

$$NaOH + HCl \longrightarrow NaCl + H_2O$$

$$Na_2CO_3 + HCl \longrightarrow NaHCO_3 + NaCl$$

再用甲基橙作指示剂，继续用 HCl 标准溶液滴定至溶液呈橙色，消耗酸 V_2mL，反应式如下：

$$NaHCO_3 + HCl \longrightarrow NaCl + H_2O + CO_2\uparrow$$

可得计算式：

$$w(NaOH) = \frac{c(HCl) \cdot (V_1 - V_2) \times 10^{-3} M(NaOH)}{m}$$

$$w(Na_2CO_3) = \frac{c(HCl) \times V_2 \times 10^{-3} \times M(Na_2CO_3)}{m}$$

2. Na_2CO_3 与 $NaHCO_3$ 混合碱的测定

按上分析，使用酚酞作指示剂时记录消耗 HCl 体积为 V_1mL，反应式如下：

$$Na_2CO_3 + HCl \longrightarrow NaHCO_3 + NaCl$$

再用甲基橙作指示剂，记录消耗酸体积为 V_2mL，反应式如下：

$$NaHCO_3 + HCl \longrightarrow NaCl + H_2O + CO_2\uparrow$$

$NaHCO_3$ 中一部分为上述反应生成的，一部分为原有的，所以计算式为：

$$w(Na_2CO_3) = \frac{c(HCl) \times V_1 \times 10^{-3} \times M(Na_2CO_3)}{m}$$

$$w(NaHCO_3) = \frac{c(HCl) \cdot (V_2 - V_1) \times 10^{-3} \times M(NaHCO_3)}{m}$$

由上可知，使用双指示剂法测定混合碱试样时，若消耗 HCl 的体积 $V_1 > V_2$，则混合碱为 NaOH、Na_2CO_3；若 $V_2 > V_1$，则为 Na_2CO_3 与 $NaHCO_3$。

二、铵盐的测定

$(NH_4)_2SO_4$、NH_4Cl、NH_4NO_3 等均是常见的铵盐。由于 NH_4^+ 为弱酸(pK_a = 9.26)，因此只能用间接法测定。

1. 蒸馏法

将铵盐试样 mg 置于蒸馏瓶中，加入过量 NaOH 溶液，加热，蒸馏出的 NH_3 用过量的 H_2SO_4(或 HCl)标准溶液吸收，再以甲基橙或甲基红为指示剂，用 NaOH 标准溶液回滴剩余的酸。反应为：

$$NH_4^+ + OH^- \longrightarrow NH_3\uparrow + H_2O$$

$$NH_3 + HCl \longrightarrow NH_4Cl + H_2O$$

$$NaOH + HCl(剩余) \longrightarrow NaCl + H_2O$$

计算式为：

$$w(NH_3)=\frac{[c(HCl)V(HCl)-c(NaOH)V(NaOH)]\times 10^{-3}\times M(NH_3)}{m}$$

也可用 H_3BO_3 溶液吸收蒸馏出的 NH_3，然后用酸标准溶液滴定 H_3BO_3 吸收液，以甲基红-溴甲酚绿混合指示剂指示终点。反应为：

$$NH_3+H_3BO_3 = H_2BO_3^-+NH_4^+$$

$$H_2BO_3^-+H^+ = H_3BO_3$$

本法准确率高但费时。较为简便的是甲醛法。

2. 甲醛法

甲醛与铵盐反应，生成六次甲基四胺的同时，释放出 H^+，再以酚酞作指示剂，用标准 NaOH 碱溶液滴定。反应为：

$$4NH_4^++6HCHO = (CH_2)_6N_4H^++3H^++6H_2O$$

$$(CH_2)_6N_4H^++3H^++4OH^- = (CH_2)_6N_4+4H_2O$$

计算式如下：

$$w(NH_3)=\frac{c(NaOH)V(NaOH)\times 10^{-3}M(NH_3)}{m}$$

三、化学肥料中有效磷的测定

有效磷是指能被植物吸收利用而产生肥效的磷，通常以 P_2O_5 计。

称取 mg 磷肥试样，用水、柠檬酸铵的氨性溶液抽取肥料中的有效磷。抽取液中的正磷酸根离子在酸性介质中与喹钼柠酮试剂（喹啉、钼酸钠、柠檬酸、丙酮按比例混合配制）生成黄色磷钼酸喹啉沉淀。过滤，洗净所吸附的酸液，将沉淀溶于过量的 NaOH 标准溶液中，再以酚酞作指示剂，用盐酸标准溶液回滴。主要反应为：

$$(C_9H_7N)_3H_3(PO_4\cdot 12MoO_3)\cdot H_2O+26NaOH = Na_2HPO_4+12Na_2MoO_4+3C_9H_7N+15H_2O$$

计算式为：

$$w(P_2O_5)=\frac{[c(NaOH)V(NaOH)-c(HCl)V(HCl)]\times 10^{-3}\times \frac{1}{52}M(P_2O_5)}{m}$$

*7-7 非水溶液中的酸碱滴定

许多弱酸或弱碱，在水溶液中的解离常数很小。当其解离常数小于 10^{-8} 时，就不能直接滴定。使用非水溶剂作介质，可以使它们的酸（碱）性增强，就可用碱（酸）的标准溶液直接滴定了。

一、溶剂的种类、性质

非水滴定中常用的溶剂种类很多，根据溶剂的酸碱性可分为二类。

1. 两性溶剂

这类溶剂既能给出质子，又能接受质子。

(1) 酸性溶剂：给出质子的能力大于水，即其酸性比水强，是疏质子溶剂，如甲酸、乙酸、醋酸酐等。

(2) 碱性溶剂：接受质子的能力大于水，即其碱性比水强，是亲质子溶剂，如乙二胺、丁胺、二甲基甲酰胺等。

(3) 中性溶剂：给出、接受质子的能力与水相近，如甲醇、乙醇、异丙醇等。

2. 惰性溶剂

不具有或仅具有极弱地给出或接受质子的能力，即不具有或仅具有极弱的酸(碱)性。这种溶剂不参与质子的传递过程，如四氯化碳、丙酮、苯及氯仿等。

二、非水滴定中溶剂与标准溶液的选择

1. 溶剂的选择

以强酸(HX)滴定弱碱吡啶(PY)为例，在水溶剂中，有下列质子反应：

$$HX + H_2O \longrightarrow H_3O^+ + X^-$$

$$H_3O^+ + PY \longrightarrow H_2O + PYH^+$$

由于水的碱性比吡啶强，H_2O 将与 PY 抢夺质子，后面的反应向左移动，致使滴定不能进行完全。所以应选择碱性弱于水的溶剂，且碱性越弱，反应就越完全。最常用的溶剂是乙酸。同样，滴定弱酸溶液时，应选择酸性更弱的溶剂，酸性越弱，对反应就越有利。常见的溶剂有乙二胺、正丁胺等。

所以，我们可以在乙酸溶剂中用强酸直接滴定弱碱；在乙二胺溶剂中以强碱直接滴定弱酸。

2. 标准溶液的选择

在非水溶剂中，滴定弱碱需以强酸为标准溶液。例如，在乙酸溶剂中，$HClO_4$ 是强酸，故 $HClO_4$ 被广泛地应用于非水滴定。由于市售高氯酸中仅含 70%左右的 $HClO_4$，因此需加一定量的醋酸酐除去其中的水分。标定高氯酸的乙酸溶液，可用邻苯二甲酸氢钾为基准物。反应为：

$$KHC_8H_4O_4 + HClO_4 \longrightarrow H_2C_8H_4O_4 + KClO_4$$

可选甲基紫、结晶紫作为指示剂来指示终点。

滴定弱酸需以强碱为标准溶液。常见的有甲醇钠、乙醇钠的苯-甲醇溶液。标定甲醇钠的苯-甲醇溶液，常用苯甲酸作基准物。反应为：

$$C_6H_5COOH + CH_3ONa \longrightarrow C_6H_5COO^- + Na^+ + CH_3OH$$

选用百里酚蓝作指示剂。

习　题

1. 下列物质能否用酸碱滴定法滴定？直接还是间接？选用什么标准溶液和指示剂？

(1) HCOOH　　(2) H_3BO_3　　(3) KF　　(4) NH_4NO_3

(5) $H_2C_2O_4$　　(6) 硼砂　　(7) 水杨酸　　(8)乙胺

2. 某弱酸的 pK_a 为 9.21，现有 0.1000mol·L^{-1} 其共轭碱 A^- 溶液 20.00mL，用 0.1000mol·L^{-1} HCl 溶液滴定时，化学计量点的 pH 为多少？滴定突跃是多少？选用何种指示剂？

*3. 称取一含有丙氨酸($CH_3CH(NH_2)COOH$)和惰性物质的试样 2.2200g，处理后，蒸馏出的 NH_3 被 50.00mL 0.1472mol·L^{-1} 的 H_2SO_4 溶液吸收，再以 0.1002mol·L^{-1} NaOH 溶液 11.12mL 回滴。求丙氨酸的质量分数。

*4. 以 0.2000mol・L^{-1} NaOH 标准溶液滴定 0.2000mol・L^{-1} 邻苯二甲酸氢钾溶液。化学计量点的 pH 值为多少？滴定突跃是多少？选用何种指示剂？

5. 称取混合碱试样 1.1200g,溶解后,用 0.5000mol・L^{-1} HCl 溶液滴定至酚酞褪色,消耗 HCl 溶液 30.00mL,加入甲基橙,继续滴加上述 HCl 溶液至橙色,又消耗 HCl 溶液 10.00mL,问:试样中含有哪些物质？其质量分数各为多少？

6. 称取混合碱试样 0.6500g,以酚酞为指示剂,用 0.1800mol・L^{-1} HCl 溶液滴定至终点,用去 20.00mL,再加入甲基橙,继续滴定至终点,又用去 23.00mL,问:试样中含有哪些物质？其质量分数各为多少？

*7. 现有一放置时间较长的双氧水。为检测其 H_2O_2 的含量,吸取 5.00mL 试液于一吸收瓶中,加入过量 Br_2,发生反应：$H_2O_2 + Br_2 = 2H^+ + 2Br^- + O_2$,反应 10 分钟左右,驱除过量 Br_2,以 0.3180mol・L^{-1} NaOH 溶液滴定,到达终点时用去 17.66mL。计算双氧水中 H_2O_2 的质量浓度。

**8. 以 0.01000mol・L^{-1} HCl 溶液滴定 20.00mL 0.01000mol・L^{-1} NaOH 溶液,分别计算下面两种情况的终点误差。

(1) 用甲基橙作指示剂,终点为 pH=4.0;

(2) 用酚酞作指示剂,终点为 pH=8.0。

**9. 250.00mL of a standard solution of hydrochloric acid, about 0.1500mol・L^{-1}, is to be prepared by diluting the concentrated acid (11mol・L^{-1}). The solution is to be standardised against a standard solution of sodium carbonate.

The standard solution of sodium carbonate is prepared as follows: The primary standard, anhydrous sodium carbonate, is dried in an oven at 300℃ for 1 hour and then cooled in a desiccator. Exactly 1.3423g of sodium carbonate is weighed into a 250mL standard(volumetric) flask, dissolved, and diluted to the mark.

(1) Calculate the volume of concentrated hydrochloric acid required to make the solution.

(2) Why is it necessary to heat the anhydrous sodium carbonate, and why must it be cooled in a desiccator?

(3) Calculate the concentration of the sodium carbonate solution.

(4) In the titration, 25mL of the standard sodium carbonate solution required 30.70mL of the hydrochloric acid solution. Calculate the concentration of the hydrochloric acid solution.

**10. A solution of an acid, HX, was prepared by dissolving exactly 5.2702g of the acid in water and diluting it to 500mL in a standard flask. In a titration, 25.00mL of this solution required 27.32mL of 0.1224mol・L^{-1} NaOH, calculate the molar mass of HX.

第八章　沉淀-溶解平衡及沉淀滴定

(Equilibrium between Deposition and Dissolution and Titration of Depositing)

学习要求

1. 掌握难溶强电解质的沉淀-溶解平衡及表达式。
2. 熟悉溶度积与溶解度的关系，溶度积规则；并能应用溶度积规则判断沉淀的生成和溶解及沉淀的次序。
3. 了解沉淀滴定法的有关应用。

在强电解质中，有一类电解质在水中的溶解度较小，但它们在水中溶解的部分是全部解离的，这类电解质称为难溶强电解质，如 AgCl，$BaSO_4$，PbS 等。难溶电解质通常是指在 298K 时溶解度小于 0.1 g·L^{-1}的电解质。在含有难溶强电解质的饱和溶液中存在着的未溶固体与已溶解的离子之间的平衡，称为沉淀-溶解平衡。这是一种多相平衡，而酸、碱的解离平衡均属于单相系统的平衡。

8-1　溶　度　积
(Solubility Product)

8-1-1　沉淀-溶解平衡常数——溶度积

难溶强电解质如 $BaSO_4$，AgCl 等在水中的溶解度很小，但它们是离子型晶体，一旦溶解就完全解离。在一定温度下，当溶解速度与沉淀速度相等，溶液达到饱和时，未溶解的固体与已溶解的离子之间将形成一个动态平衡。$BaSO_4$ 的沉淀-溶解平衡可表示为：

$$BaSO_4(s) \underset{\text{沉淀}}{\overset{\text{溶解}}{\rightleftharpoons}} Ba^{2+}(aq) + SO_4^{2-}(aq)$$

这种平衡也是化学平衡的一种，因此可用平衡常数的形式来表达平衡状态：

$$K = \frac{c(Ba^{2+})c(SO_4^{2-})}{c(BaSO_4)}$$

固体 $BaSO_4$ 的浓度为一常数，与 K 合并得一新的常数，以 $K_{sp}^{\ominus}$ 表示，上式可写成：

$$K_{sp}^{\ominus} = c(Ba^{2+})c(SO_4^{2-})$$

$K_{sp}^{\ominus}$称为**溶度积常数(Solubility Product Constant)**，简称**溶度积**。它表明在一定温度下，难溶强电解质的饱和溶液中，有关离子浓度(按化学计量方次)的乘积是一个常数。它的大小与难溶强电解质的溶解度有关，故称为溶度积常数。

严格地讲，溶度积应以离子活度(按化学计量方次)的乘积(简称活度积 $K_{ap}^{\ominus}$)来表示。由于难溶强电解质的溶解度很小，溶液中离子强度不大，离子的活度与浓度相差甚微，故

$K_{sp}^{\ominus} \approx K_{ap}^{\ominus}$。通常在计算中为了方便，可用 $K_{sp}^{\ominus}$ 代替 $K_{ap}^{\ominus}$。

在一定温度下每一种难溶电解质都有自己的溶度积，不同类型难溶强电解质溶度积的表达形式不同。

（1）AB 型。指由一个阳离子和一个阴离子形成的难溶强电解质，如 AgCl，$BaSO_4$ 等。它们在水溶液中的沉淀与溶解平衡关系式以及溶度积表达式为：

$$AB(s) \rightleftharpoons A^+ + B^- \qquad K_{sp}^{\ominus} = c(A^+)c(B^-)$$

（2）AB_2 型。如 PbI_2，$Ca(OH)_2$ 等，则有

$$AB_2(s) \rightleftharpoons A^{2+} + 2B^- \qquad K_{sp}^{\ominus} = c(A^+)\ c^2(B^-)$$

（3）A_2B 型。如 Ag_2CrO_4，Ag_2S 等，则有

$$A_2B(s) \rightleftharpoons 2A^+ + B^{2-} \qquad K_{sp}^{\ominus} = c^2(A^+)c(B^-)$$

若写成一般形式则为：

$$A_mB_n(s) \rightleftharpoons mA^{n+} + nB^{m-}$$

$$K_{sp}^{\ominus} = c^m(A^{n+})c^n(B^{m-}) \tag{8-1}$$

在运用上式时，需要注意几点：

（1）上述关系式只有在难溶强电解质为饱和溶液时才能成立，否则溶液中就不能建立动态平衡，也就不能导出上述关系式。

（2）式中表示的浓度是有关离子的浓度，而不是难溶强电解质的浓度，$K_{sp}^{\ominus}$ 与沉淀的量无关。

（3）溶液中离子浓度变化只能使平衡移动，而不能改变溶度积。

与其他平衡常数一样，$K_{sp}^{\ominus}$ 只与物质的本性和温度有关。当温度一定时，同一物质的 $K_{sp}^{\ominus}$ 为一常数；温度不同时，物质的溶解度不同，$K_{sp}^{\ominus}$ 也就不同。某些难溶强电解质的溶度积列于本书附录中。

8-1-2　溶度积与溶解度的相互换算

溶度积与溶解度都可以用来表示难溶强电解质的溶解能力。当温度一定时，对于相同类型的难溶强电解质，$K_{sp}^{\ominus}$ 越大，其溶解度越大；反之，则越小。但对不同类型的难溶强电解质，则不能直接由 $K_{sp}^{\ominus}$ 来比较其溶解度的大小，这是因为其中有离子浓度的方次关系，所以必须通过计算作出判断。

根据溶度积所表示的关系，一般可以对溶解度和溶度积进行换算，换算时应注意浓度的单位。另外，由于化合物类型不同，两者之间换算关系不同。

例 8-1　$BaSO_4$ 在 25°C 时，溶解度为 2.4×10^{-3} g·L^{-1}，试求 $BaSO_4$ 在该温度下的溶度积（$BaSO_4$ 的相对分子量为 233.4）。

解　$BaSO_4$ 的溶解度以 mol·L^{-1} 为单位表示时为

$$\frac{2.4 \times 10^{-3}}{233.4} = 1.0 \times 10^{-5}\ \text{mol} \cdot \text{L}^{-1}$$

$BaSO_4$ 为 AB 型难溶强电解质，所以

$$c(Ba^{2+}) = c(SO_4^{2-}) = 1.0 \times 10^{-5}\ \text{mol} \cdot \text{L}^{-1}$$

$$K_{sp}^{\ominus} = c(Ba^{2+})c(SO_4^{2-}) = (1.0 \times 10^{-5})^2 = 1.0 \times 10^{-10}$$

例 8-2　298K 时，每升 Ag_2CrO_4 的饱和溶液含 Ag_2CrO_4 4.3×10^{-2} g，求其溶度积。

解　Ag_2CrO_4 按下式溶于水形成饱和溶液：

$$Ag_2CrO_4(s) \rightleftharpoons 2Ag^+ + CrO_4^{2-},$$

Ag_2CrO_4 的摩尔质量为 $331.7g \cdot mol^{-1}$，则 Ag_2CrO_4 的溶解度以 $mol \cdot L^{-1}$ 为单位表示时为

$$\frac{4.3\times10^{-2}}{331.7}=1.3\times10^{-4}mol \cdot L^{-1}$$

所以　　$c(Ag^+)=2.6\times10^{-4}\ mol \cdot L^{-1}$，　$c(CrO_4^{2-})=1.3\times10^{-4}\ mol \cdot L^{-1}$

$$\begin{aligned}K_{sp}^{\ominus}(Ag_2CrO_4)&=c^2(Ag^+)c(CrO_4^{2-})\\&=(2.6\times10^{-4})^2(1.3\times10^{-4})\\&=8.8\times10^{-12}\end{aligned}$$

例 8-3　298K 时，$Mg(OH)_2$ 的 $K_{sp}^{\ominus}$ 为 5.61×10^{-12}，求该温度下以 $mol \cdot L^{-1}$ 表示的 $Mg(OH)_2$ 的溶解度。

解　设 $Mg(OH)_2$ 的溶解度为 $s\ mol \cdot L^{-1}$。

$$Mg(OH)_2(s) \rightleftharpoons Mg^{2+} + 2OH^-$$

$$s \qquad 2s$$

$$\begin{aligned}K_{sp}^{\ominus}&=c(Mg^{2+})c^2(OH^-)\\&=s(2s)^2=4s^3=5.61\times10^{-12}\end{aligned}$$

$$s=\sqrt[3]{\frac{5.61\times10^{-12}}{4}}=1.12\times10^{-4}(mol \cdot L^{-1})$$

通过上面的计算可以看出：只有对同一类型的难溶强电解质才可以通过溶度积常数比较它们的溶解度的大小；对不同类型的难溶强电解质，就不能直接比较。如 $BaSO_4$ 的 $K_{sp}^{\ominus}$ 比 Ag_2CrO_4 的 $K_{sp}^{\ominus}$ 大些，但 $BaSO_4$ 的溶解度却比 Ag_2CrO_4 的溶解度小。其原因是 $BaSO_4$ 为 AB 型结构，Ag_2CrO_4 为 A_2B 型结构。

8-2　沉淀-溶解平衡的移动
(Move of Equilibrium between Deposition and Dissolution)

8-2-1　溶度积规则

难溶强电解质的平衡是固体难溶电解质与溶液中离子间的多相动态平衡。平衡是有条件的、暂时的。如果条件改变，沉淀平衡就会发生移动，使溶液中的离子生成沉淀，或使沉淀溶解。影响沉淀-溶解平衡的因素很多，与弱酸、弱碱的质子转移平衡类似，沉淀-溶解平衡也受同离子效应和盐效应的影响。沉淀-溶解平衡的移动具体表现为沉淀的生成与溶解，这可以根据溶度积规则予以判断。

在难溶强电解质的溶液中，任意情况下离子浓度的乘积称为离子积(Ionic Product)，用符号 Q 表示。例如，难溶强电解质 A_mB_n 的离子积 $Q=c^m(A^{n+}) \cdot c^n(B^{m-})$。对于某一给定的溶液，$Q$ 与 $K_{sp}^{\ominus}$ 间的大小关系可能有三种情况：

$Q=K_{sp}^{\ominus}$，此时溶液为饱和溶液，饱和溶液与未溶固体处于平衡状态；

$Q>K_{sp}^{\ominus}$，此时溶液为过饱和溶液，沉淀将从溶液中析出，直至建立平衡为止；

$Q<K_{sp}^{\ominus}$,此时溶液为未饱和溶液,无沉淀生成。若向溶液中加入固体沉淀,沉淀会溶解,直至建立平衡为止。

上述 Q 与 $K_{sp}^{\ominus}$ 的关系是难溶强电解质多相离子平衡移动规律的总结,称为**溶度积规则(Solubility Product Principle)**。根据溶度积规则可以控制溶液中难溶强电解质的离子浓度,使之产生沉淀或使沉淀溶解。

8-2-2 沉淀的生成

根据溶度积规则可知,要使沉淀自溶液中析出,必须增大溶液中有关离子的浓度,使难溶强电解质的离子积大于溶度积,即 $Q>K_{sp}^{\ominus}$。一般可采取如下措施:

一、加入过量沉淀剂

例 8-4 已知 $PbSO_4$ 的溶度积 $K_{sp}^{\ominus}=2.53\times10^{-8}$。当 100mL 0.0030mol·L^{-1} 的 $Pb(NO_3)_2$ 溶液和 400mL 0.040mol·L^{-1} Na_2SO_4 溶液相混合时,是否有沉淀生成?

解 $c(Pb^{2+})=\dfrac{0.100\times0.0030}{0.500}=6\times10^{-4}(\text{mol}\cdot\text{L}^{-1})$

$c(SO_4^{2-})=\dfrac{0.400\times0.040}{0.500}=3.2\times10^{-2}(\text{mol}\cdot\text{L}^{-1})$

$c(Pb^{2+})\cdot c(SO_4^{2-})=6\times10^{-4}\times3.2\times10^{-2}=1.9\times10^{-5}\gg2.53\times10^{-8}$,

表明 $Q>K_{sp}^{\ominus}$,所以有 $PbSO_4$ 沉淀生成。

二、控制溶液的 pH

通过控制溶液的 pH,可以使某些难溶的弱酸盐及氢氧化物沉淀或溶解。

例 8-5 已知 $K_{sp}^{\ominus}[M(OH)_2]=1.0\times10^{-12}$,把 0.01mol 的 MCl_2 固体加入 1L pH=10 的溶液中,试通过计算说明有无 $M(OH)_2$ 沉淀生成。

解 先计算溶液中的 $c(M^{2+})$,将 pH 换算成 $c(OH^-)$,求出其离子积,再比较其离子积和溶度积的大小,判断沉淀能否生成。溶液中:

$$c(M^{2+})=0.01\ \text{mol}\cdot\text{L}^{-1}$$

$$c(OH^-)=K_w/c(H^+)=1.0\times10^{-14}/10^{-10}=1.0\times10^{-4}(\text{mol}\cdot\text{L}^{-1})$$

$$Q=0.01\times(10^{-4})^2=1.0\times10^{-10}>K_{sp}^{\ominus}[M(OH)_2]$$

因此溶液中有沉淀生成。

例 8-6 在 0.10mol·L^{-1} $ZnCl_2$ 溶液中通入 H_2S,使溶液中的 H_2S 处于饱和状态,试计算为防止 ZnS 沉淀所需的 $c(H^+)$。

解 总反应式为

$$Zn^{2+}+H_2S\rightleftharpoons ZnS(s)+2H^+$$

此反应是下列反应式的总和:

(1) $Zn^{2+}+S^{2-}\rightleftharpoons ZnS(s)$ $\qquad K_1^{\ominus}=\dfrac{1}{K_{sp}^{\ominus}(ZnS)}=\dfrac{1}{1.2\times10^{-23}}$

(2) $H_2S\rightleftharpoons H^++HS^-$ $\qquad K_2^{\ominus}=K_{a_1}^{\ominus}=1.1\times10^{-7}$

(3) $HS^-\rightleftharpoons H^++S^{2-}$ $\qquad K_3^{\ominus}=K_{a_2}^{\ominus}=1.0\times10^{-14}$

(1)+(2)+(3): $\qquad Zn^{2+}+H_2S\rightleftharpoons ZnS(s)+2H^+$

$$K^{\ominus}=\frac{[c(H^+)/c^{\ominus}]^2}{[c(Zn^{2+})/c^{\ominus}][c(H_2S)/c^{\ominus}]}$$

$$=K_1^\ominus K_2^\ominus K_3^\ominus$$

$$=\frac{K_{a_1}^\ominus K_{a_2}^\ominus}{K_{sp}^\ominus(ZnS)}$$

$$=\frac{1.1\times10^{-21}}{1.2\times10^{-23}}=92$$

$$c(H^+)=c^\ominus\cdot\sqrt{K^\ominus[c(Zn^{2+})/c^\ominus][c(H_2S)/c^\ominus]}$$

在 101kPa 和室温下，H_2S 饱和水溶液中 $c(H_2S)$ 为 0.10mol·L^{-1}。

$$c(H^+)=\sqrt{92\times0.10\times0.10}=0.96(mol\cdot L^{-1})$$

故 $c(H^+)>0.96$mol·L^{-1}，即可阻止 ZnS 沉淀。

三、同离子效应与盐效应

根据化学平衡移动规律，在难溶强电解质饱和溶液中加入含有相同离子的强电解质时，难溶强电解质的多相平衡将发生移动。例如，在 AgCl 的饱和溶液中加入 NaCl，则原来的多相平衡向左移动。

$$AgCl(s)\rightleftharpoons Ag^+(aq)+Cl^-(aq)$$

$$NaCl\longrightarrow Na^++Cl^-$$

平衡的移动，降低了 AgCl 的溶解度。这种因加入含有相同离子的强电解质而使难溶强电解质的溶解度降低的效应，称为沉淀溶解平衡的**同离子效应(Common Ion Effect)**。

例 8-7　求在 0.10 mol·L^{-1}的 NaOH 溶液中，$Mg(OH)_2$ 的摩尔溶解度。

解　设溶解度为 x mol·L^{-1}。

	$Mg(OH)_2(s)\rightleftharpoons$	Mg^{2+}	$+2OH^-$
起始浓度/(mol·L^{-1})		0	0.10
平衡浓度/(mol·L^{-1})		x	$0.10+2x$

$$0.10+2x\approx0.10$$

$$x(0.10)^2=K_{sp}^\ominus=1.2\times10^{-11}$$

$$x=\frac{1.2\times10^{-11}}{(0.10)^2}=1.2\times10^{-9}(mol\cdot L^{-1})$$

实际工作中，利用同离子效应降低难溶强电解质的溶解度的原理，在溶液中加入适当过量的沉淀剂就可使沉淀反应更趋完全。在定量分析中，如果溶液中残留的离子浓度小于 1×10^{-6}mol·L^{-1}，便可认为沉淀已经“完全”了。

若在难溶强电解质溶液中，加入一种不含相同离子的强电解质，将使难溶强电解质的溶解度略有增加，这种现象称为**盐效应(Salt Effect)**。例如，$PbSO_4$ 在 KNO_3 溶液中的溶解度就比在纯水中大一些，并且 KNO_3 的浓度愈大，$PbSO_4$ 的溶解度也愈大。这是因为加入强电解质 KNO_3 后，溶液中离子总数剧增，使得 Pb^{2+} 和 SO_4^{2-} 的周围都吸引了大量异性电荷而形成“离子氛”，束缚了 Pb^{2+} 和 SO_4^{2-} 的自由行动，从而在单位时间里 Pb^{2+} 和 SO_4^{2-} 与沉淀结晶表面的碰撞次数减少，致使沉淀溶解的速度暂时超过了离子回到结晶上的速度，$PbSO_4$ 的溶解度就增加了。

需指出的是，在加入具有相同离子的强电解质产生同离子效应的同时，也能产生盐效应。前者使沉淀的溶解度降低，后者使溶解度增大，但一般盐效应不如同离子效应所起的作用大，故在一般计算中不必考虑盐效应。

8-2-3　分步沉淀和沉淀的转化

一、分步沉淀

如果在溶液中有两种以上的离子可与同一试剂反应产生沉淀，那么由于各种沉淀的溶度积的不同，沉淀产生的先后次序就不同，首先析出的是离子积最先达到溶度积的化合物。这种按先后顺序沉淀的现象，称为分步沉淀。例如在含有同浓度的 I^- 和 Cl^- 的溶液中，逐滴加入 $AgNO_3$ 溶液，最先看到淡黄色 AgI 沉淀，至加到一定量 $AgNO_3$ 溶液后，才生成白色 AgCl 沉淀。下面的例子可以说明离子积最先达到溶度积的 AgI 首先沉淀。

例 8-8　在含有 $0.010 mol \cdot L^{-1}$ KCl 和 KI 的溶液中，逐滴加入 $AgNO_3$，问：

(1) AgCl 和 AgI 哪个先析出？

(2) 当 AgCl 开始沉淀时，溶液中 I^- 的浓度为多少？

解　已知 $K_{sp}^{\ominus}(AgCl)=1.77\times10^{-10}$，$K_{sp}^{\ominus}(AgI)=8.52\times10^{-17}$。

(1) AgCl 开始沉淀所需 Ag^+ 的浓度为

$$c(Ag^+)=\frac{1.77\times10^{-10}}{0.010}=1.77\times10^{-8}(mol\cdot L^{-1})$$

AgI 开始沉淀所需 Ag^+ 的浓度为

$$c(Ag^+)=\frac{8.52\times10^{-17}}{0.010}=8.52\times10^{-15}(mol\cdot L^{-1})$$

计算结果表明，沉淀 I^- 所需的 Ag^+ 浓度比沉淀 Cl^- 所需的 Ag^+ 浓度小得多，所以 AgI 先析出。

(2) 当 AgCl 开始沉淀时，溶液对 AgCl 来说已达到饱和，此时 $[Ag^+]\geqslant1.77\times10^{-8}$ $mol\cdot L^{-1}$，并同时满足这两个沉淀溶解平衡，所以

$$c(I^-)=\frac{K_{sp}^{\ominus}(AgI)}{c(Ag^+)}=\frac{8.52\times10^{-17}}{1.77\times10^{-8}}=4.81\times10^{-9}(mol\cdot L^{-1})$$

由计算可知，当 AgCl 开始沉淀时，$c[I^-]<10^{-6}$ $mol\cdot L^{-1}$，说明 AgI 已沉淀完全了。

可见对于同类型的难溶电解质来说，$K_{sp}^{\ominus}$ 小的先沉淀，而且溶度积差别越大，后沉淀离子（上例中的 Cl^-）的浓度越小，分离的效果越好。但应该注意的是：对于不同类型的难溶电解质，因离子有不同浓度幂次关系，就不能直接根据其溶度积的大小来判断沉淀的先后次序和分离效果。

例 8-9　在浓度均为 $0.010 mol\cdot L^{-1}$ 的 Cl^- 和 CrO_4^{2-} 的混合溶液中，逐滴加入 $AgNO_3$ 溶液，AgCl 和 Ag_2CrO_4 哪个先沉淀析出？

解　$K_{sp}^{\ominus}(AgCl)=1.77\times10^{-10}$，$K_{sp}^{\ominus}(Ag_2CrO_4)=1.12\times10^{-12}$

$$AgCl(s) \rightleftharpoons Ag^+ + Cl^-$$

$$K_{sp}^{\ominus}=c(Ag^+)\,c(Cl^-)$$

AgCl 开始沉淀时所需 Ag^+ 浓度为

$$c(Ag^+)=\frac{K_{sp}^{\ominus}(AgCl)}{c(Cl^-)}=\frac{1.77\times10^{-10}}{0.010}=1.77\times10^{-8}(mol\cdot L^{-1})$$

$$Ag_2CrO_4(s) \rightleftharpoons 2Ag^+ + CrO_4^{2-}$$

$$K_{sp}^{\ominus}(Ag_2CrO_4)=c^2(Ag^+)c(CrO_4^{2-})$$

Ag_2CrO_4 开始沉淀时所需 Ag^+ 浓度为

$$c(Ag)^+=\sqrt{\frac{K_{sp}^{\ominus}(Ag_2CrO_4)}{c(CrO_4^{2-})}}=\sqrt{\frac{1.12\times10^{-12}}{0.010}}=1.06\times10^{-5}(mol\cdot L^{-1})$$

虽然 Ag_2CrO_4 的 $K_{sp}^{\ominus}$ 比 AgCl 的小，但沉淀 Cl^- 所需的 $c(Ag^+)$ 却比沉淀 CrO_4^{2-} 所需 $c(Ag^+)$ 小得多。在这种情况下，反而 $K_{sp}^{\ominus}$ 大的 AgCl 先沉淀。

分步沉淀常应用于离子的分离。当一种试剂能沉淀溶液中几种离子时，生成沉淀时所需试剂离子浓度越小的离子越先沉淀。如果生成各个沉淀所需试剂离子的浓度相差较大，那么离子就能分步沉淀，从而达到分离目的。当然，分离效果还与溶液中被沉淀离子的最初浓度有关。

二、沉淀转化

在实际工作中，常常需要将沉淀从一种形式转化为另一种形式，这一过程称为沉淀转化。例如，锅炉中锅垢含有的 $CaSO_4$ 不易去除，可以用 Na_2CO_3 对其进行处理，使其转化为易溶于酸的沉淀，这样就易于清除了。反应的离子方程式：

$$CaSO_4(s)+CO_3^{2-}(aq)\rightleftharpoons CaCO_3(s)+SO_4^{2-}(aq)$$

平衡常数：

$$K^{\ominus}=\frac{c(SO_4^{2-})/c^{\ominus}}{c(CO_3^{2-})/c^{\ominus}}=\frac{[c(SO_4^{2-})/c^{\ominus}][c(Ca^{2+})/c^{\ominus}]}{[c(CO_3^{2-})/c^{\ominus}][c(Ca^{2+})/c^{\ominus}]}=\frac{K_{sp}^{\ominus}(CaSO_4)}{K_{sp}^{\ominus}(CaCO_3)}$$

$$=\frac{2.45\times10^{-5}}{8.7\times10^{-9}}=2.8\times10^{3}$$

沉淀转化的平衡常数越大，转化越易实现。

应该指出，由一种难溶强电解质转化为另一种更难溶强电解质是比较容易的，反之，则比较困难，甚至不可能转化。

例 8-10　若用 1.0L Na_2CO_3 溶液要使 0.010mol 的 $BaSO_4$ 转化为 $BaCO_3$，求 Na_2CO_3 的最初浓度应为多少？

解　反应离子方程式：

$$BaSO_4(s)+CO_3^{2-}(aq)\rightleftharpoons BaCO_3(s)+SO_4^{2-}(aq)$$

平衡常数：

$$K^{\ominus}=\frac{c(SO_4^{2-})/c^{\ominus}}{c(CO_3^{2-})/c^{\ominus}}=\frac{K_{sp}^{\ominus}(BaSO_4)}{K_{sp}^{\ominus}(BaCO_3)}=\frac{1.08\times10^{-10}}{8.2\times10^{-9}}=0.013$$

$$c(CO_3^{2-})=\frac{c(SO_4^{2-})}{0.013}=\frac{0.010}{0.013}=0.77(mol\cdot L^{-1})$$

Na_2CO_3 的最初浓度为

$$0.010+0.77=0.78(mol\cdot L^{-1})$$

这是溶解度小的沉淀转化为溶解度大的沉淀的例子，可见因 $K^{\ominus}<1$，溶解 0.010mol 的 $BaSO_4$ 所需的 Na_2CO_3 的浓度比此浓度大几十倍。

8-2-4　沉淀的溶解

根据溶度积规则，沉淀溶解的必要条件是 $Q<K_{sp}^{\ominus}$，因此只需加入适当试剂，降低溶液中难溶电解质的某种离子浓度，沉淀便可溶解。常用的方法有以下几种：

一、生成弱电解质

难溶强电解质由于生成了难解离的水、弱酸、弱碱等弱电解质而使难溶强电解质沉淀溶解。

例如，CaC_2O_4 在水中不易溶解，加入 HCl 溶液后，CaC_2O_4 逐渐溶解。

$$
\begin{array}{rcl}
CaC_2O_4(s) \rightleftharpoons Ca^{2+} & + & C_2O_4^{2-} \\
 & & + \\
HCl \longrightarrow Cl^- & + & H^+ \\
 & & \Updownarrow \\
 & & HC_2O_4^- \xrightleftharpoons{+H^+} H_2C_2O_4
\end{array}
$$

这是因为加入 HCl 溶液后，H^+ 与 $C_2O_4^{2-}$ 结合成弱酸根 $HC_2O_4^-$，使溶液中的 $C_2O_4^{2-}$ 浓度降低，平衡向右移动，CaC_2O_4 沉淀溶解。

又如，$Mg(OH)_2$ 沉淀溶解于 HCl 溶液，是由于酸中的 H^+ 与 $Mg(OH)_2$ 解离出的 OH^- 相结合，生成难解离的水，致使 Mg^{2+} 和 OH^- 的离子积小于 $Mg(OH)_2$ 的溶度积，因而沉淀溶解。

$$
\begin{array}{rcl}
Mg(OH)_2 \rightleftharpoons Mg^{2+} & + & 2OH^- \\
 & & + \\
2HCl \longrightarrow 2Cl^- & + & 2H^+ \\
 & & \Updownarrow \\
 & & 2H_2O
\end{array}
$$

二、生成配合物

有些沉淀由于形成难解离的配离子，而使难溶强电解质的沉淀溶解。例如，AgCl 能溶于氨水，就是由于发生了配位反应，生成微弱解离的$[Ag(NH_3)_2]^+$配离子，从而降低了 Ag^+ 的浓度，使 AgCl 沉淀溶解。

$$
\begin{array}{rcl}
AgCl(s) \rightleftharpoons & Ag^+ & + Cl^- \\
 & + & \\
 & 2NH_3 & \\
 & \Updownarrow & \\
 & [Ag(NH_3)_2]^+ &
\end{array}
$$

三、利用氧化还原反应

氧化还原反应可改变离子的价态，从而降低溶液中某种离子的浓度，使沉淀溶解。如 As_2S_3 不溶于盐酸，这是由于其 $K_{sp}^{\ominus}$ 数值特别小，在饱和溶液中存在的 S^{2-} 浓度非常小，所以在盐酸中难以形成 H_2S。在稀硝酸作用下，As_2S_3 虽可溶解，但 S^{2-} 被氧化成不溶于水的单质 S。只有用浓硝酸把 S^{2-} 氧化成 SO_4^{2-}，As^{3+} 氧化为 AsO_4^{3-}、As_2S_3 才可完全溶解。

$$\begin{array}{ccc} As_2S_3 \rightleftharpoons 2As^{3+} & + & 3S^{2-} \\ \downarrow [O] & & \downarrow [O] \\ 2AsO_4^{3-} & & 3SO_4^{2-} \end{array}$$

$$3As_2S_3 + 28HNO_3 + 4H_2O \xlongequal{} 6H_3AsO_4 + 9H_2SO_4 + 28NO\uparrow$$

8-3　沉淀滴定法
(Deposition Titration)

8-3-1　沉淀滴定法概述

沉淀滴定法是利用沉淀反应来进行的滴定分析方法。它要求沉淀的溶解度小，即反应需完全且定量地进行；沉淀的组成要固定，即被测离子与沉淀剂之间要有准确的化学计量关系；沉淀反应速率快；沉淀吸附的杂质少；要有适当的指示剂指示滴定终点。可以形成沉淀的反应虽然很多，但能同时满足上述要求的反应并不多。比较常用的是生成难溶的银盐的反应：$Ag^+ + X^- \xlongequal{} AgX(s)$。该法又称为银量法，它可以测定 Cl^-、Br^-、I^-、SCN^- 和 Ag^+。

8-3-2　沉淀滴定的滴定曲线

用 $AgNO_3$ 标准溶液滴定卤素离子的过程中，随着 $AgNO_3$ 溶液的滴入，卤素离子浓度不断变化。以滴入的 $AgNO_3$ 溶液体积为横坐标，pX(卤素离子浓度的负对数)为纵坐标(也可以用 pAg 为纵坐标)，就可绘得滴定曲线。从滴定开始到化学计量点前，由溶液中剩余 X^- 的浓度和 $K_{sp}^{\ominus}$ 计算 pX；计量点后，由过量的 Ag^+ 浓度和 $K_{sp}^{\ominus}$ 计算 pX；化学计量点时 $c(X^-) = \sqrt{K_{sp}^{\ominus}}$。

图 8-1 为 0.1000mol·L^{-1} $AgNO_3$ 溶液滴定 20.00mL 0.1000mol·L^{-1} Cl^-、Br^-、I^- 溶液的滴定曲线。AgCl、AgBr、AgI 的 $K_{sp}^{\ominus}$ 值分别为 1.8×10^{-10}、5.0×10^{-13}、8.3×10^{-17}。

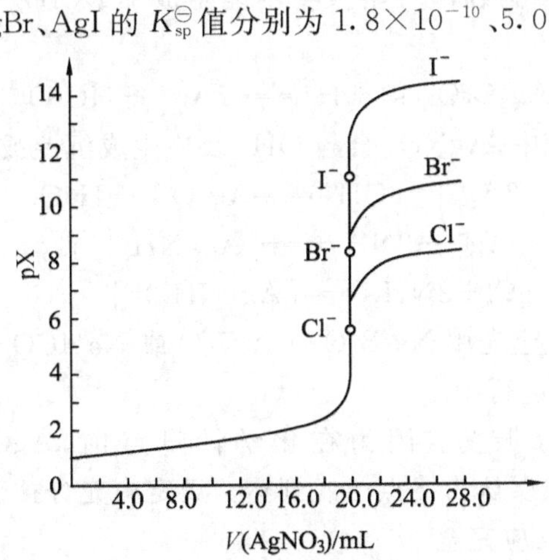

图 8-1　0.1000mol·L^{-1} $AgNO_3$ 溶液滴定 20.00mL 0.1000mol·L^{-1} Cl^-、Br^-、I^- 溶液的滴定曲线图

滴定突跃的大小不仅与溶液的浓度有关,更取决于生成的沉淀的溶解度。当被测离子浓度相同时,滴定突跃大小仅与沉淀溶解度有关。显然,溶解度越小,突跃越大。

8-3-3 沉淀滴定法的终点检测

在银量法中使用的指示剂有两类。一类是利用稍过量的滴定剂与指示剂形成的带色化合物来指示终点;另一类是利用在化学计量点时指示剂被沉淀吸附带来颜色的改变以指示滴定终点。

一、与滴定剂反应的指示剂

1. 莫尔(Mohr)法——铬酸钾作指示剂

(1) 方法原理:在含有 Cl^- 的中性或弱碱性溶液中,以 K_2CrO_4 作指示剂,用 $AgNO_3$ 溶液直接滴定 Cl^-。由于 AgCl 的溶解度小于 Ag_2CrO_4 的溶解度,根据分步沉淀原理,先析出的应该是 AgCl 白色沉淀,当 Ag^+ 与 Cl^- 定量沉淀完全后,稍过量的 Ag^+ 与 CrO_4^{2-} 反应生成 Ag_2CrO_4 砖红色沉淀,以指示滴定终点。

$$Ag^+ + Cl^- \longrightarrow AgCl(s) \qquad K_{sp}^{\ominus} = 1.8\times10^{-10}$$

$$2Ag^+ + CrO_4^{2-} \longrightarrow Ag_2CrO_4(s) \qquad K_{sp}^{\ominus} = 1.1\times10^{-12}$$

(2) 滴定条件:莫尔法的滴定条件主要包括溶液中 K_2CrO_4 的浓度和溶液的酸度。

K_2CrO_4 的浓度过大或过小,会使 Ag_2CrO_4 沉淀出现过早或过迟,影响终点的判断。应该在滴定到化学计量点时出现 Ag_2CrO_4 沉淀最为适宜。根据溶度积原理,化学计量点时,溶液中

$$c(Ag^+) = c(Cl^-) = \sqrt{K_{sp}^{\ominus}},$$

则

$$c(CrO_4^{2-}) = \frac{K_{sp}^{\ominus}(Ag_2CrO_4)}{c^2(Ag^+)} = \frac{1.1\times10^{-12}}{1.8\times10^{-10}}$$

计算得 $c(CrO_4^{2-})$ 为 $0.006mol\cdot L^{-1}$。实验证明,滴定终点时,K_2CrO_4 的浓度约为 $0.005mol\cdot L^{-1}$ 较为适宜。

以 K_2CrO_4 作指示剂,用 $AgNO_3$ 溶液滴定 Cl^- 的反应需在中性或弱碱性介质(pH6.5～8.5)中进行。因为在酸性溶液中不能生成 Ag_2CrO_4 沉淀(H_2CrO_4 的解离常数 $K_{a_2}^{\ominus} = 3.2\times10^{-7}$)

$$Ag_2CrO_4(s) + H^+ \longrightarrow 2Ag^+ + HCrO_4^-$$

在强碱性或氨性溶液中,$AgNO_3$ 会与 OH^- 反应生成沉淀或与氨形成配合物

$$2Ag^+ + 2OH^- \longrightarrow Ag_2O\downarrow + H_2O$$

$$Ag^+ + 2NH_3 \longrightarrow [Ag(NH_3)_2]^+$$

$$AgCl + 2NH_3 \longrightarrow [Ag(NH_3)_2]^+ + Cl^-$$

因此,若试液显酸性,应先用 $Na_2B_4O_7\cdot10H_2O$ 或 $NaHCO_3$ 中和;若试液呈强碱性,应先用 HNO_3 中和,然后进行滴定。

另外,滴定时要充分振荡。因为在化学计量点前,AgCl 沉淀会吸附 Cl^-,使 Ag_2CrO_4 沉淀过早出现被误认为终点已经到达。滴定中充分摇荡可使 AgCl 沉淀吸附的 Cl^- 被释放出来,与 Ag^+ 反应完全。

(3) 应用范围:

① 莫尔法主要用于测定氯化物中的 Cl^- 和溴化物中的 Br^-。当 Cl^-、Br^- 共存时,测

得的是它们的总量。由于 AgI 和 AgSCN 具有强烈的吸附作用，终点会过早出现，故不适宜用该法测定 I^- 和 SCN^-。

② 凡能与 Ag^+ 生成沉淀的阴离子，如 PO_4^{3-}、AsO_4^{3-}、S^{2-}、CO_3^{2-}、$C_2O_4^{2-}$ 等以及能与 CrO_4^{2-} 生成沉淀的阳离子，如 Ba^{2+}、Pb^{2+}、Hg^{2+} 等和能与 Ag^+ 生成配合物的物质，如 NH_3、EDTA、KCN、$S_2O_3^{2-}$ 等都对测定有干扰。在中性或弱碱性溶液中能发生水解的金属离子也不应存在。

③ 使用莫尔法时，适宜于用 Ag^+ 溶液滴定 Cl^-，而不能用 NaCl 溶液滴定 Ag^+。因为滴定前 Ag^+ 会与 CrO_4^{2-} 生成 Ag_2CrO_4(s)，而它转化为 AgCl(s)的速率很慢。

2. 佛尔哈得(Volhard)法 —— 铁铵矾作指示剂

(1)方法原理：用铁铵矾($FeNH_4(SO_4)_2 \cdot 12H_2O$)作指示剂的佛尔哈得法，按滴定方式的不同，可分为直接滴定法和返滴定法。

① 直接滴定法测定 Ag^+：在含有 Ag^+ 的硝酸溶液中，以铁铵矾作指示剂，用 NH_4SCN 作滴定剂滴定 Ag^+，产生 AgSCN 沉淀。在化学计量点后，稍过量的 SCN^- 与 Fe^{3+} 生成红色的$[Fe(SCN)]^{2+}$ 配合物，以指示终点。

$$Ag^+ + SCN^- \longrightarrow AgSCN(s)(\text{白色}) \qquad K_{sp}^{\ominus} = 1.1 \times 10^{-12}$$

$$Fe^{3+} + SCN^- \longrightarrow [Fe(SCN)]^{2+}(\text{红色}) \qquad K^{\ominus} = 200$$

② 返滴定法测定 Cl^-、Br^-、I^-、SCN^-：先于试液中加入过量的 $AgNO_3$ 标准溶液，再以铁铵矾作指示剂，用 NH_4SCN 标准溶液滴定剩余的 Ag^+。

(2) 滴定条件：需注意控制指示剂浓度和溶液的酸度。实验表明，$[Fe(SCN)]^{2+}$ 的最低浓度为 6×10^{-5} mol · L^{-1}时，能观察到明显的红色，且滴定反应要在 HNO_3 介质中进行。在中性或碱性介质中，Fe^{3+} 会水解；Ag^+ 在碱性介质中会生成 Ag_2O 沉淀，在氨性溶液中会生成$[Ag(NH_3)_2]^+$。滴定反应在酸性溶液中进行还可避免许多阴离子的干扰。因此溶液酸度一般大于0.3mol · L^{-1}。另外，用 NH_4SCN 标准溶液直接滴定 Ag^+ 时要充分摇荡，避免 AgSCN 沉淀吸附 Ag^+，防止终点过早出现。

当用返滴定法测定 Cl^- 时，溶液中有 AgCl 和 AgSCN 两种沉淀。化学计量点后，稍过量的 SCN^- 会与 Fe^{3+} 形成红色的$[Fe(SCN)]^{2+}$，也会使 AgCl 转化为溶解度更小的 AgSCN沉淀。此时剧烈的摇荡会促使沉淀转化，而使溶液红色消失，给测定带来误差。为避免这种误差，可在加入过量 $AgNO_3$ 后，将溶液煮沸使 AgCl 沉淀凝聚，以减少 AgCl 沉淀对 Ag^+ 的吸附。然后过滤，再用 NH_4SCN 标准溶液滴定滤液中剩余的 Ag^+。也可以加入有机溶剂如硝基苯(有毒)，用力摇荡使 AgCl 沉淀进入有机层，避免 AgCl 与 SCN^- 的接触，从而消除沉淀转化的影响。

(3) 应用范围：由于使用佛尔哈得法时，滴定在酸性介质中进行，许多弱酸根离子的存在不影响测定，因此该法选择性高于莫尔法。可用于测定 Cl^-、Br^-、I^-、SCN^-、Ag^+ 等。但强氧化剂、氮的氧化物、铜盐、汞盐等能与 SCN^- 作用，对测定有干扰，需预先除去。

当用返滴定法测定 Br^- 和 I^- 时，由于 AgBr 和 AgI 的溶解度小于 AgSCN 的溶解度，故不会发生沉淀的转化反应，不必采取上述措施。但在测定 I^- 时，应先加入过量的 $AgNO_3$溶液，后加指示剂，否则 Fe^{3+} 将与 I^- 反应析出 I_2，影响测定结果的准确度。

二、吸附指示剂法——法扬司(Fajan's)法

吸附指示剂是一类有色的有机化合物。它的阴离子在溶液中容易被带正电荷的胶

状沉淀吸附,使分子结构发生变化而引起颜色的变化,以指示滴定终点。

如荧光黄(HFl),它是一种有机弱酸,在溶液中它的阴离子 Fl^- 呈黄绿色。当用 $AgNO_3$ 溶液滴定 Cl^- 时,在化学计量点前,AgCl 沉淀吸附过剩的 Cl^- 而带负电荷,Fl^- 不被吸附,溶液呈黄绿色。化学计量点后,AgCl 沉淀吸附稍过量的 Ag^+ 而带正电荷,就会再去吸附 Fl^-,使溶液由黄绿色转变为粉红色:

$$(AgCl)Ag^+ + Fl^- \xlongequal{} (AgCl)Ag \cdot Fl$$

（黄绿色）　　（粉红色）

为使终点颜色变化明显,使用吸附指示剂时,应该注意以下几点:

(1) 尽量使沉淀的比表面大一些,有利于加强吸附,使发生在沉淀表面的颜色变化明显。还要阻止卤化银凝聚,保持其胶体状态,通常加入糊精作为保护胶体。

(2) 溶液浓度不宜太稀,否则沉淀很少,难以观察终点。

(3) 溶液酸度要适当。常用的吸附指示剂多为有机弱酸,其 K_a 值各不相同,为使指示剂呈阴离子状态,必须控制适当的酸度。如荧光黄($pK_a=7$),只能在中性或弱碱性(pH 7～10)溶液中使用,若 pH<7,指示剂主要以 HFl 形式存在,就不被沉淀吸附,无法指示终点。

(4) 避强光滴定。因为卤化银对光敏感,见光会转变为灰黑色,影响终点观察。

各种吸附指示剂的特性相差很大。滴定条件、酸度要求、适用范围等都不相同。另外,指示剂的吸附性能也不同,指示剂的吸附性能应适当,不能过大或过小,否则变色不敏锐。例如,卤化银对卤化物和几种吸附指示剂的吸附能力的次序为 $I^- > SCN^- > Br^- >$ 曙红 $> Cl^- >$ 荧光黄。因此滴定 Cl^-,应选择荧光黄作指示剂,不能选曙红。

表 8-1 列出了几种常用的吸附指示剂。

表 8-1　常用吸附指示剂

指示剂	被测离子	滴定剂	滴定条件
荧光黄	Cl^-,Br^-,I^-	$AgNO_3$	pH 7～10
二氯荧光黄	Cl^-,Br^-,I^-	$AgNO_3$	pH 4～10
曙红	Br^-,SCN^-,I^-	$AgNO_3$	pH 2～10
甲基紫	Ag^+	NaCl	pH 1.5～3.5

8-3-4　应用示例

一、标准溶液的配制与标定

银量法中常用的标准溶液是 $AgNO_3$ 和 NH_4SCN 溶液。

$AgNO_3$ 标准溶液可以直接用干燥的 $AgNO_3$ 来配制,一般采用标定法。配制 $AgNO_3$ 溶液的蒸馏水中应不含 Cl^-。$AgNO_3$ 溶液见光易分解,应保存于棕色瓶中。常用基准物 NaCl 标定 $AgNO_3$ 溶液。NaCl 易吸潮,使用前将它置于瓷坩埚中,加热至 500℃～600℃干燥,然后放入保干器中冷却备用。标定方法应采取与测定相同的方法,这样可消除方法的系统误差,一般用莫尔法。

市售 NH_4SCN 不符合基准物质要求,不能用来直接称量配制。常用已标定好的

$AgNO_3$溶液按佛尔哈得法的直接滴定法进行标定。

二、应用示例

1. 天然水中Cl^-含量的测定

天然水中几乎都含Cl^-，其含量变化较大，河水湖泊中Cl^-含量一般较低，海水、盐湖及地下水中Cl^-含量较高。一般用莫尔法测定Cl^-，若水中含PO_4^{3-}、S^{2-}、SO_3^{2-}等，则采用佛尔哈得法测定。

2. 固体溴化钾的测定

准确称取试样，用蒸馏水溶解后，加稀醋酸及曙红指示剂，用$AgNO_3$标准溶液滴定至出现桃红色凝乳状沉淀为止。

习　题

1. 写出下列难溶强电解质$PbCl_2$、$AgBr$，$Ba_3(PO_4)_2$、Ag_2S的溶度积表示式。

2. 已知Ag_2S的$K_{sp}^{\ominus}=1.6\times10^{-49}$，PbS的$K_{sp}^{\ominus}=3.4\times10^{-28}$，问在各自的饱和溶液中，$[Ag^+]$、$[Pb^{2+}]$各是多少？

3. 已知298K时PbI_2在纯水中的溶解度为1.35×10^{-3} mol·L^{-1}，求其溶度积。

4. Ag^+、Pb^{2+}两种离子的质量浓度均为100mg·L^{-1}，要使之生成碘化物沉淀，问需用最低的$[I^-]$各为多少？AgI和PbI_2沉淀哪个先析出？

5. 一种溶液含有Fe^{3+}和Fe^{2+}，它们的浓度均为0.010mol·L^{-1}，当$Fe(OH)_2$开始沉淀时，Fe^{3+}的浓度是多少？

6. 现有0.1mol·L^{-1}的Fe^{2+}和Fe^{3+}溶液，如何控制溶液的pH使一种离子沉淀而另一种离子留在溶液中？

*7. 欲使0.10mol的MnS和CuS溶于1.0L盐酸中，问所需盐酸的最低浓度各是多少？

8. 假设溶于水中的$Mn(OH)_2$完全解离，试计算：

(1) $Mn(OH)_2$在水中的溶解度；

(2) $Mn(OH)_2$在0.10mol·L^{-1} NaOH溶液中的溶解度。（假设$Mn(OH)_2$在NaOH溶液中不发生其他变化）

**9. 某溶液中含有$FeCl_2$和$CuCl_2$，两者浓度均为0.10mol·L^{-1}，通入H_2S是否会生成FeS沉淀？（已知在100 kPa，室温时，H_2S饱和溶液浓度为0.10mol·L^{-1}）

**10. From the solubility data given for the following compounds, calculate their solubility product constants.

(1) $SrCrO_4$(strontium chromate), 1.2mg·mL^{-1}

(2) $Fe(OH)_2$(iron(Ⅱ) hydroxide), 1.1×10^{-3}g·L^{-1}

**11. Will a precipitate of $PbCl_2$ form when 5.0g of solid $Pb(NO_3)_2$ is added to 1.00L of 0.010mol·L^{-1}NaCl? Assume that volume change is negligible.

第九章　配位化合物和配位滴定
(Coordination Compounds and Coordination Titration)

学习要求

1. 掌握配合物的组成、定义、类型、结构特点和系统命名。
2. 理解配合物价键理论和晶体场理论的主要论点，并能用以解释一些实例。
3. 理解配位解离平衡的意义及其有关计算。
4. 掌握螯合物的特点，了解其应用。
5. 掌握配位滴定法的基本原理，了解酸效应等对配位滴定的影响。

人类对配合物的研究可追溯到 18 世纪。1704 年，德国美术颜料制造者狄斯巴赫(Diesbach) 以牛血、草灰等为原料，制得黄血盐($K_4[Fe(CN)_6]$)，并由之制得了一种鲜艳的蓝色颜料普鲁士蓝($Fe_4[Fe(CN)_6]_3 \cdot xH_2O$)。1798 年，法国化学家塔赦特(B. M. Tassaert)观察到钴盐在氯化铵和氨水中转化为 $CoCl_3 \cdot 6NH_3$，这也开始引起无机化学家们的兴趣。早期的研究者一直不明白为什么像 $CoCl_3$，NH_4Cl 这些化合价饱和的无机化合物还会进一步与分子结合而形成新的化合物，这些化合物的结构又怎样？开始时，人们把这类化合物称为络合物，是复杂化合物(Complex)的意思。直到 1893 年维尔纳(A. Werner)创立配位学说以后才逐步弄清楚这些问题。

在配位学说创立的一百多年来，对配位化合物的研究已发展成为了一个重要的化学分支——配位化学，它打破了传统的无机化学、有机化学、物理化学和生物化学的界限，成为了各分支化学的交叉点。目前，配位化学作为一门新兴的化学学科是国内外研究十分活跃的前沿科学。配位化合物几乎涉及化学科学的各个领域。在无机化学中，对于元素尤其是过渡元素及其化合物的研究总是涉及配位化合物；分析化学中的定性和定量分析也常离不开配合物；生物化学也与配合物有着密切的联系，如维生素 B_{12} 就是钴的配合物；有机化学中的许多重要反应都要通过配合物的催化作用才能实现；大量的配合物的合成也推动了结构化学的发展。总之，配位化合物的研究在整个化学领域中具有极为重要的理论和实践意义。当前，配位化合物在国民经济和人民生活的各个方面以及新材料、尖端科学等重要领域已有了广泛的应用。

9-1　配位化合物的一些基本概念
(Basic Conception of Coordination Compounds)

9-1-1　配合物的组成和定义

在配位化合物的分子中，有一个带正电(或电中性)的中心离子(或原子)，在中心离子(或原子)的周围结合着配位体(负离子或中性分子)，这样就组成了配离子，以方括号([])表示，称为配位主体。中心离子(或原子)和配位体以配位键相连。配位主体又称为内界。不在内界的其他离子，距中心离子较远，构成配合物的外界，通常写在方括号外。例如，在$[Cu(NH_3)_4]SO_4$配合物中，Cu^{2+}是中心离子，$[Cu(NH_3)_4]^{2+}$是配位主体，即内界，SO_4^{2-}为外界。当配合物溶于水时，外界离子可以解离出来，而配位主体即内界很稳定，几乎不解离。例如，$[Cu(NH_3)_4]SO_4$配合物溶于水时，按下式解离：

$$[Cu(NH_3)_4]SO_4 \rightleftharpoons [Cu(NH_3)_4]^{2+} + SO_4^{2-}$$

因此，在$[Cu(NH_3)_4]SO_4$中加入$BaCl_2$溶液便产生$BaSO_4$沉淀，而加入少量NaOH，并不产生$Cu(OH)_2$沉淀。

有些配合物的内界不带电荷，本身就是一个中性配位化合物，如$[Pt(NH_3)_2Cl_2]$、$[Co(NH_3)_3Cl_3]$等。这些配合物只有内界没有外界，在水溶液中几乎不解离出离子。为了更好地认识配位化合物（特别是配位主体）的组成，下面我们对有关概念分别进行讨论。

一、中心离子或原子

在配离子的形成中，中心离子（或原子）和配位体两者缺一不可。中心离子（或原子）也称为配合物的形成体，位于配离子（或分子）的中心。几乎所有元素的离子（或原子）都可以是配合物的形成体。配合物的形成体即中心离子（或原子）是带正电的金属离子，最常见的是许多过渡金属离子，如$[Co(NH_3)_6]Cl_3$中的Co^{3+}，$K_4[Fe(CN)_6]$中的Fe^{2+}等；有时也可以是中性原子，如$[Ni(CO)_4]$和$[Fe(CO)_5]$中的Ni和Fe；另外，还可以是一些具有高氧化态的非金属元素，如$[SiF_6]^{2-}$中的Si(Ⅳ)和$[PF_6]^-$中的P(Ⅴ)等。

二、配位体和配原子

在配合物中，与中心离子（或原子）以一定数目相结合的离子或分子称为配位体（Ligand）。在每一个配位体中直接同中心离子相结合的原子叫配位原子。如NH_3和H_2O分别是$[Cu(NH_3)_4]^{2+}$、$[Co(NH_3)_5(H_2O)]^{3+}$中的配位体，而配位体中的N原子和O原子因直接与中心离子相连而称为配位原子。通常的配位原子有14种，除H和C外，还有周期表中ⅤA族的N、P、As和Sb，ⅥA族的O、S、Se、Te、ⅦA族的F、Cl、Br、I。根据配位体所含的配位原子的数目，可将配位体分为单齿（单基）配体（Unidentate Ligand）和多齿（多基）配位体（Multidentate Ligand）。只含有一个配位原子的配体称为单齿（单基）配体，而含有两个或两个以上配原子的配体称为多齿（多基）配体。常见的单齿配位体见表9-1，常见的多齿配位体见表9-2。

表9-1　常见的单齿配位体

中心分子配位体及其名称		阴离子配位体及其名称			
H_2O	水(aqua)	F^-	氟(fluoro)	NH_2^-	氨基(amino)
NH_3	氨(ammonia)	Cl^-	氯(chloro)	NO_2^-	硝基(nitro)
CO	羰基(carbonyl)	Br^-	溴(bromo)	ONO^-	亚硝酸根(nitrite)
NO	亚硝酰基(nitrosyl)	I^-	碘(iodo)	SCN^-	硫氰酸根(thiocyano)
CH_3NH_2	甲胺(methylamine)	OH^-	羟基(hydroxo)	NCS^-	异硫氰酸根(isothiocyano)
C_5H_5N	吡啶(pyridine，缩写Py)	CN^-	氰(cyano)	$S_2O_3^{2-}$	硫代硫酸根(thiosulfate)
$(NH_2)_2CO$	尿素(urea)	O^{2-}	氧(oxo)	CH_3COO^-	乙酸根(acetate)
		O_2^{2-}	过氧(peroxo)		

表 9-2 常见的多齿配位体

分子式	中文名称和缩写	英文名称
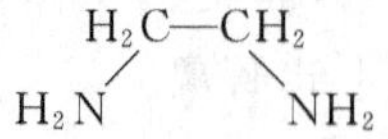	乙二胺(en)	ethylenediamine
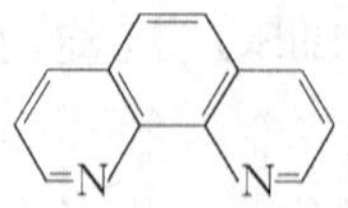	邻菲罗啉(phen) (邻二氮菲)	*o*-phenanthroline
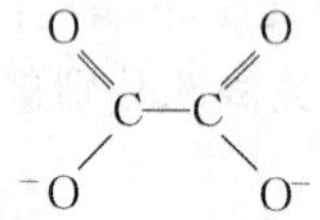	草酸根(ox)	oxalate
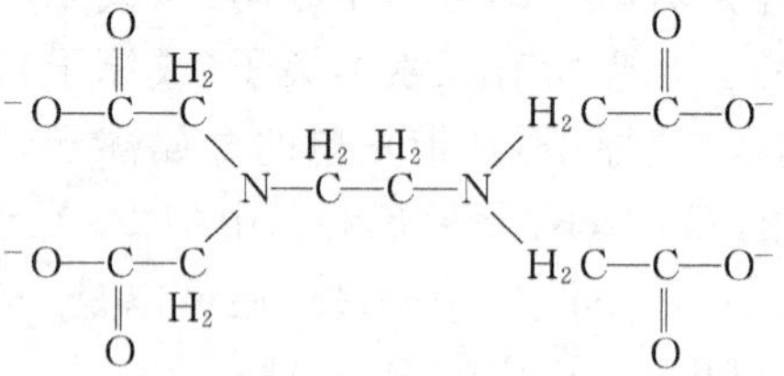	乙二胺四乙酸根(EDTA)	ethylenediaminetetraacetic acid

三、配位数

在配合物中直接同中心离子(或原子)配位的原子数目叫中心离子(或原子)的配位数。一般中心离子的配位数为偶数,最常见的配位数为 4 和 6。如配位体是单基的,则配位体的数目就是该中心离子或原子的配位数,如$[Cu(H_2O)_4]^{2+}$、$[Co(NH_3)_6]^{3+}$、$[AlF_6]^{3-}$的配位数分别是 4、6、6;如配位体是多基的,则配位体的数目不等于中心离子的配位数,如$[Pt(en)_2]^{2+}$中的乙二胺是双基配位体,即每 1 个 en 有 2 个 N 原子与中心离子Pt^{2+}配位,因此,Pt^{2+}的配位数是 4 而不是 2。表 9-3 列出了一些常见金属离子的配位数。

表 9-3 常见金属离子的配位数

1 价金属离子	配位数	2 价金属离子	配位数	3 价金属离子	配位数
Cu^+	2,4	Ca^{2+}	6	Al^{3+}	4,6
		Fe^{2+}	6	Sc^{3+}	6
Ag^+	2	Co^{2+}	4,6	Cr^{3+}	6
		Ni^{2+}	4,6	Fe^{3+}	6
Au^+	2,4	Cu^{2+}	4,6	Co^{3+}	6
		Zn^{2+}	4,6	Au^{3+}	4

配位数的大小决定于中心离子和配位体的性质以及配合物生成时的反应条件(浓度、温度)。一般说来,中心离子(或原子)所处的周期数、中心离子和配体的体积以及中心离子和配体所带的电荷数都能影响配位数。

配位数的实质是容纳在中心离子(或原子)周围的电子对的数目,故配位数不受元素族次的限制,而决定于元素的周期数。中心离子(或原子)在第一周期时最高配位数为 2,在第二周期时为 4,在第三、四周期时为 6,在第五周期时为 8。

相同电荷的中心离子半径越大，配位数就越大。如$[AlF_6]^{3-}$的配位数为 6，而体积较小的B(Ⅲ)就只能与F^-形成配位数为 4 的$[BF_4]^-$。但中心离子(或原子)的体积越大，与配位体间的吸引力就越弱，就达不到最高配位数。对相同中心离子而言，配位体的半径越大，配位数就越小。如Al^{3+}与F^-可形成配位数为 6 的$[AlF_6]^{3-}$，而Al^{3+}与半径较大的Cl^-、Br^-、I^-只能形成$[AlX_4]^-$。

中心离子电荷越高，配位数就越大，如$[PtCl_6]^{2-}$、$[PtCl_4]^{2-}$配位体负电荷越高，配位数就越小，如$[SiF_6]^{2-}$、$[SiO_4]^{4-}$等。因此中心离子电荷增加和配位体电荷数减小，有利于增大配位数。

四、配合物的电荷

配离子的电荷等于组成它的简单粒子电荷的代数和。例如：

配离子	电　荷
$[Cu(NH_3)_4]^{2+}$	$+2+(0)\times4=+2$
$[Fe(CN)_6]^{4-}$	$+2+(-1)\times6=-4$
$[Co(NH_3)_5Cl]^{2+}$	$+3+(0)\times5+(-1)\times1=+2$

要形成配合物$[Cu(NH_3)_4]SO_4$，还必须有相应的负离子SO_4^{2-}的存在。可见配合物与配离子在概念上有所不同。有时中心离子和配体的电荷的代数和为零，则其本身就是不带电荷的配合物，如$[PtCl_2(NH_3)_2]$；有时配合物由不带电荷的中心原子和中性分子组成，如$[Fe(CO)_5]$。

五、配合物的定义

按照上述讨论，我们可将配合物定义为：配合物是由可以给出孤对电子或多个不定域电子的一定数目的离子或(和)分子(统称配体)和具有接受孤对电子或多个不定域电子的空轨道的离子或原子(中心离子或原子)，按一定的组成和空间构型所形成的化合物。

综上所述，我们可以以$[Cu(NH_3)_4]SO_4$为例，把配位化合物的组成图示如下：

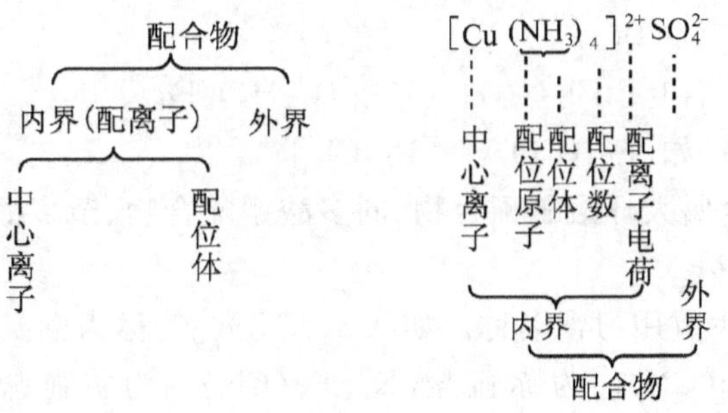

9-1-2　配合物的类型和命名

一、配合物的类型

配合物有多种分类法：按中心离子数，可分成单核配合物和多核配合物；按配体种类，可分成水合配合物、卤合配合物、氨合配合物、氰合配合物以及羰基配合物等；按成键类型，可分成经典配合物(σ配键)、簇状配合物(金属-金属键)、烯烃不饱和配体配合物、夹心配合物以及穴状配合物(均为不定域键)。本书从配合物的整体出发，将配合物分成简单配合物、螯合物和其他配合物三种。

1. 简单配合物

由单齿配体(NH_3,H_2O,X^-等)与中心离子直接配位形成的配合物为简单配合物或非螯合物。如$K_2[PtCl_6]$、$Na_3[AlF_6]$、$[Cu(NH_3)_4]SO_4$和$[Ag(NH_3)_2]Cl$等。另外,大量的水合物实际上也是以水为配位体的简单配合物,如:

$FeCl_3 \cdot 6H_2O$ 即 $[Fe(H_2O)_6]Cl_3$

$CrCl_3 \cdot 6H_2O$ 即 $[Cr(H_2O)_6]Cl_3$

$CuSO_4 \cdot 5H_2O$ 即 $[Cu(H_2O)_4]SO_4 \cdot H_2O$

$FeSO_4 \cdot 7H_2O$ 即 $[Fe(H_2O)_6]SO_4 \cdot H_2O$

2. 螯合物

将乙二胺($NH_2CH_2CH_2NH_2$)与铜盐化合,由于乙二胺中有两个相同的配原子氮,反应生成二乙二胺合铜,反应方程式如下:

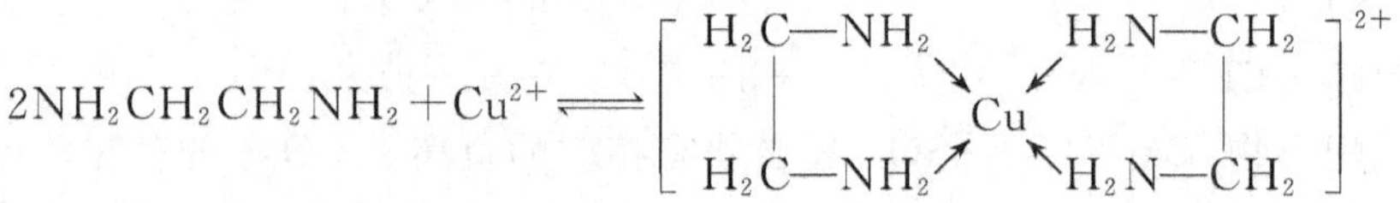

像这种由中心离子和多基配位体结合而成的配合物,其特点是含有2个或2个以上配位原子的配位体(称为螯合剂)。该配位体与金属离子结合时犹如螃蟹双螯钳住中心离子,而使中心离子与配位体结合形成环。这种具有环状结构,特别是五原子或六原子环的螯合物相当稳定,有的在水中溶解度很小,有的还具有特殊的颜色,明显表现出各种金属离子的个性。

3. 其他类型的配合物

多核配合物 在一个配合物中有两个或两个以上的中心离子。

羰基配合物 金属原子与一氧化碳结合的产物。此外,这种配合物中金属的氧化数通常很低,有的甚至等于零,如$[Fe(CO)_5]$、$[Ni(CO)_4]$;有的呈负氧化数,如$Na[Co(CO)_4]$;有的呈正氧化数如$[Mn(CO)_6Br]$。

不饱和烃配合物 如$[PtCl_3(C_2H_4)]^-$、$[(C_5H_5)_2Fe]$。

原子簇状配合物 如$[Fe_2(CO)_9]$、$[Re_2Cl_6]^{2-}$。

除此以外,还有金属大环冠醚配合物、同多酸型配合物、杂多酸型配合物等。

二、配合物的命名

配合物的名称有少数用习惯名称。如$[Cu(NH_3)_4]^{2+}$称为铜氨配离子,$[Ag(NH_3)_2]^+$为银氨配离子,$K_3[Fe(CN)_6]$为赤血盐,$K_4[Fe(CN)_6]$为黄血盐,$H_2[SiF_6]$为氟硅酸,$K_2[PtCl_6]$为氯铂酸钾,$H[AuCl_4]$为氯金酸等。

配合物的命名服从无机化合物的命名原则(某酸某,某化某,某酸,氢氧化某)。配位主体的命名顺序为:配体数(中文)—配体名—合—中心离子名—(中心离子氧化数(罗马数字))。

1. 有配位阴离子的配合物

$K_3[Fe(CN)_6]$　　六氰合铁(Ⅲ)酸钾(俗称铁氰化钾或赤血盐)

$K_4[Fe(CN)_6]$　　六氰合铁(Ⅱ)酸钾(俗称亚铁氰化钾或黄血盐)

$H_2[PtCl_6]$　六氯合铂(Ⅳ)酸

$Na_3[Ag(S_2O_3)_2]$　二(硫代硫酸根)合银(Ⅰ)酸钠

$K[Co(NO_2)_4(NH_3)_2]$　四硝基·二氨合钴(Ⅲ)酸钾

2. 有配位阳离子的配合物

$[Cu(NH_3)_4]SO_4$　硫酸四氨合铜(Ⅱ)

$[Co(ONO)(NH_3)_5]SO_4$　硫酸亚硝酸根·五氨合钴(Ⅲ)

$[Co(NCS)(NH_3)_5]Cl_2$　二氯化异硫氰酸根·五氨合钴(Ⅲ)

$[CoCl(SCN)(en)_2]NO_2$　亚硝酸氯·硫氰酸根·二(乙二胺)合钴(Ⅲ)

$[Pt(Py)_4][PtCl_4]$　四氯合铂(Ⅱ)酸四(吡啶)合铂(Ⅱ)

3. 中性配合物

$[Ni(CO)_4]$　四羰合镍

$[Co(NO_2)_3(NH_3)_3]$　三硝基·三氨合钴(Ⅲ)

$[PtCl_4(NH_3)_2]$　四氯·二氨合铂(Ⅳ)

4. 配体次序

当同时出现两个或两个以上配体时,配体间以"·"相隔,先后次序遵循以下规则:

(1) 先无机,后有机。

cis-$[PtCl_2(Ph_3P)_2]$　顺-二氯·二(三苯基膦)合铂(Ⅱ)

(2) 先阴离子,后中性分子。

$K[PtCl_3NH_3]$　三氯·氨合铂(Ⅱ)酸钾

(3) 同类配体按配位原子元素符号的英文字母顺序排列。

$[Co(NH_3)_5H_2O]Cl_3$　三氯化五氨·水合钴(Ⅲ)

(4) 同类配体配位原子相同,含较少原子数目的配体排在前面。

$[PtNO_2NH_3NH_2OH(Py)]Cl$　氯化硝基·氨·羟胺·吡啶合铂(Ⅱ)

(配体原子数分别为 4、5、11)

(5) 配位原子相同,配体含原子数目相同,按结构式中与配位原子相连的原子的元素符号的字母顺序排列。

$[Pt(NH_2)NO_2(NH_3)_2]$　氨基·硝基·二氨合铂(Ⅱ)

9-2 配位化合物的化学键的本质
(Essence of Chemical Bond of Coordination Compound)

1893 年,瑞士科学家维尔纳(A. Werner)提出配位理论,成为配位化学的奠基人。配位化合物的化学键理论的发展可分三个阶段:

一、价键理论

1923～1927 年间,为了阐明配合物中心离子(或原子)与配体间结合力的本质,英国化学家西奇维克(N. V. Sidgwick)引进了配键的概念,他认为配位体的特点是至少有一对孤对电子,而中心离子(或原子)的特点是含有空的价电子轨道,配位体提供孤对电子与中心离子共享而形成配键。

20 世纪 30 年代初,鲍林(L. Rauling)针对配合物中金属离子与配体间的结合作用提出了价键理论，认为金属原子与配体间的结合力是一种共价配键。鲍林的价键理论很好地说明了许多配合物的几何构型和磁性，但是不能解释某些配合物的构型和稳定性。

二、晶体场理论

1929～1935年间，美籍德国物理学家贝蒂（H. Bethe）和荷兰的范弗莱克（J. H. Van Vleck）先后提出晶体场理论，认为金属离子与周围配位体的作用是纯粹的静电作用，因而完全没有共价的性质。但实验（如顺磁共振和核磁共振）证明，金属离子的轨道与配位体的轨道有重叠，即具有一定的共价成分，因此必须考虑配位体和中心离子间的重叠作用，它是配合物成键的一个重要原因。

三、配位场理论

1951～1952年间，德国元素化学家哈尔特曼（H. Hartmann）和英国的欧格尔（L. E. Orgel）把晶体场理论与分子轨道理论结合起来，把轨道能级分裂的原因看成是静电作用和生成共价键分子轨道的综合结果，这一理论称为配位场理论。配位场理论把配位体与过渡金属之间的作用，看作是配位体的力场和中心离子的相互作用。配位场理论利用能级分裂图，较好地解释了许多过渡元素配合物的结构和性能的关系，是迄今为止较为理想的配合物化学键理论。

限于篇幅，本章仅对价键理论和晶体场理论作简单介绍。

阅读材料

维　尔　纳

维尔纳（A. Werner，1866—1919），瑞士无机化学家。1866年12月12日生于法国米卢斯，1919年11月15日卒于苏黎世。1884年开始学习化学，在自己家里做化学实验。1885～1886年，在德国卡尔斯鲁厄工业学院听过有机化学课程。1886年进入瑞士的苏黎世联邦高等工业学校学习，1889年获工业化学毕业文凭，即做隆格的助手，从事有机含氮化合物异构现象的研究。1890年获苏黎世大学博士学位。1891～1892年，在巴黎法兰西学院和贝特洛一起做研究工作。1892年回苏黎世联邦高等工业学校任助教，1893年任副教授，1895年任教授，1909～1915年，任苏黎世化学研究所所长。

9-2-1　价键理论（Valence Bond Theory）

一、价键理论的基本要点

鲍林（L. Pauling）首先将轨道杂化理论应用于配位化合物中，从而配合物的价键理论才逐步形成和发展起来。价键理论的基本要点是：配位键是中心离子（或原子）提供的和配位数相同数目的空轨道，与配位体上孤对电子或π电子的轨道在对称性匹配时相互重叠而形成。配合物中，配位键是一种极性共价键，因而与一切共价键一样具有方向性和饱和性。

二、杂化轨道和空间构型

为了增强成键能力，中心离子（或原子）用能量相近的空轨道进行杂化，形成的杂化轨道与配位体的孤对电子的轨道在满足对称性匹配和最大重叠两大原则的基础上形成配位键。

表 9-4 列出了常见配离子在形成配位键时所采用的杂化轨道类型以及配离子相应的空间构型。

表 9-4　轨道杂化类型和配离子的空间构型

杂化类型	配位数	空间构型	实　例
sp	2	直线形	$[Cu(NH_3)_2]^+$、$[Ag(NH_3)_2]^+$、$[Cu(Cl)_2]^+$、$[Ag(CN)_2]^-$
sp^2	3	等边三角形	$[CuCl_3]^{2-}$、$[HgI_3]^-$
sp^3	4	正四面体	$[Zn(NH_3)_4]^{2+}$、$[Ni(CO)_4]$、$[HgI_4]^{2-}$
dsp^2	4	正方形	$[Ni(CN)_4]^{2-}$、$[Cu(NH_3)_4]^{2+}$、$[PtCl_4]^{2-}$、$[Cu(H_2O)_4]^{2+}$
dsp^3	5	三角双锥形	$[Fe(CO)_5]$、$[Ni(CN)_5]^{3-}$、$[CuCl_5]^{3-}$
sp^3d^2	6	正八面体	$[FeF_6]^{3-}$、$[Fe(H_2O)_6]^{3+}$、$[Co(NH_3)_6]^{2+}$、$[PtCl_6]^{2-}$ $[AlF_6]^{3-}$、$[SiF_6]^{2-}$
d^2sp^3	6	正八面体	$[Fe(CN)_6]^{4-}$、$[Fe(CN)_6]^{3-}$、$[Co(NH_3)_6]^{3+}$

三、外轨型和内轨型配合物的形成

根据配合物形成时中心离子轨道杂化过程中电子排布是否改变，配合物又可分成内轨型和外轨型两类。

1. 外轨型配离子的形成

$[FeF_6]^{3-}$ 配离子的形成：当 Fe^{3+} 与 F^- 接近时，Fe^{3+} 的电子排布不变，外层一个 $4s$、三个 $4p$、二个 $4d$ 轨道进行杂化，形成六个 sp^3d^2 杂化轨道，六个 F^- 的孤对电子分别填入六个 sp^3d^2 杂化轨道，形成$[FeF_6]^{3-}$ 配离子。这一过程用以下轨道图表示（图中"↑"表示中心离子的价电子，"••"表示配体提供的孤对电子）。

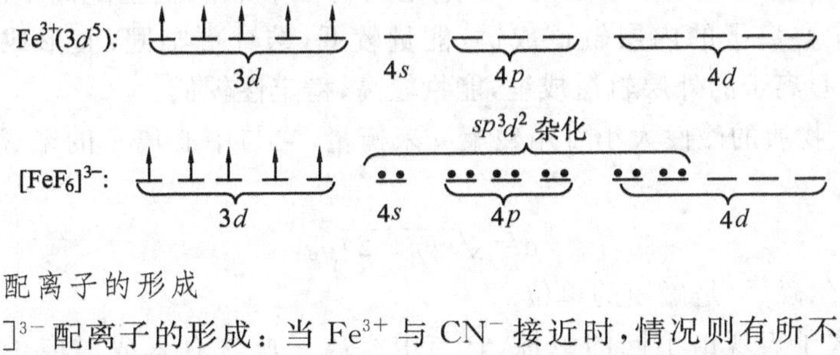

2. 内轨型配离子的形成

$[Fe(CN)_6]^{3-}$ 配离子的形成：当 Fe^{3+} 与 CN^- 接近时，情况则有所不同。由于 CN^-（$[:C\equiv N:]^-$）电子密度大，因此 CN^- 对 Fe^{3+} 的 $3d$ 轨道有强烈的作用，能将 $3d$ 电子"挤成"只占三个 d 轨道，使内层两个 d 轨道空出来，与外层一个 $4s$、三个 $4p$ 轨道进行杂化，形成六个 d^2sp^3 杂化轨道，六个 CN^- 的六对孤对电子分别填入六个 d^2sp^3 杂化轨道，形成$[Fe(CN)_6]^{3-}$ 配离子。其轨道图如下：

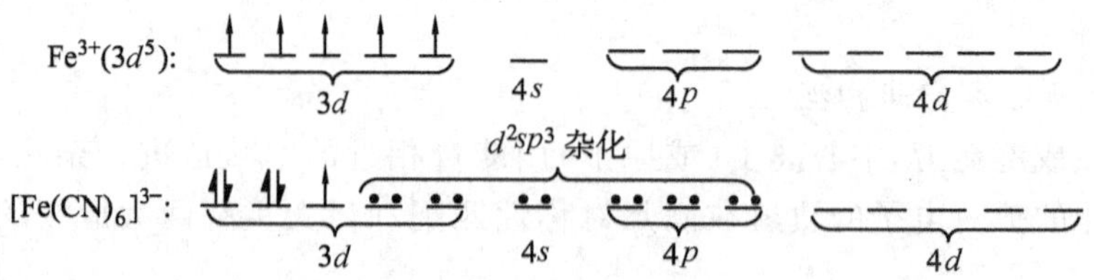

由上述两例不难得出结论：在配离子的形成过程中，若中心离子的电子排布不变，配位体的孤对电子仅进入外层杂化轨道，这样形成的配离子称为外轨型配离子。它们的配合物称为外轨型配合物。在配离子的形成过程中，若中心离子的电子排布发生改变，未成对电子重新配对，从而使内层腾出空轨道来参与杂化，这样形成的配离子称为内轨型配离子。它们的配合物称为内轨型配合物。

3. 外轨型或内轨型配离子形成的影响因素

中心离子的价电子层结构是影响外轨型或内轨型配离子形成的主要因素。

(1) 若中心离子内层 d 轨道已经全满（如 Zn^{2+}，$3d^{10}$；Ag^+，$4d^{10}$），没有可利用的内层空轨道，则只能形成外轨型配离子。

(2) 若中心离子本身具有空的内层 d 轨道（Cr^{3+}，$3d^3$），则一般倾向于形成内轨型配离子。

(3) 如果中心离子内层 d 轨道未全满（$d^4 \sim d^9$），则既可形成外轨型配离子，也可形成内轨型配离子。这时，配体就成了决定配合物类型的主要因素：① F^-、H_2O、OH^- 等配体中，配位原子 F、O 的电负性较高，吸引电子的能力较强，不容易给出孤对电子，对中心离子内层 d 电子的排斥作用较小，基本不影响其价电子层构型，因而只能利用中心离子的外层空轨道成键，倾向于形成外轨型配离子。② CN^-、CO 等配体中配位原子 C 的电负性较低，给出电子的能力较强，因而其配位原子的孤对电子对中心离子内层 d 电子的排斥作用较大，内层 d 电子容易发生重排（如 Fe^{3+}，$3d^5$；Ni^{2+}，$3d^8$）或激发（如 Cu^{2+}，$3d^9$），从而空出内层 d 轨道，所以倾向于形成内轨型配离子。③ NH_3、Cl^- 等为配体时，有时形成内轨型配离子，有时形成外轨型配离子，根据中心离子而定。

4. 外轨型和内轨型配离子的某些性质的差异

(1) 解离程度。各种配离子在水中都会发生不同程度的解离。一般说来，内轨型配离子比外轨型配离子稳定，解离程度小。这是因为在形成内轨型配离子时，配体提供的孤对电子进入中心离子的内层轨道成键，能量较低，结合更牢固；而形成外轨型配离子时，配体是与中心离子的外层轨道成键，能量较高，稳定性较低。

(2) 磁性。物质的磁性大小可用磁矩 μ 来衡量，它与中心离子的未成对电子数 n 之间的关系为：

$$\mu = \sqrt{n(n+2)}\mu_B$$

其中 μ_B 称为玻尔磁子，是磁矩的单位。

不同的配离子表现出不同的磁性，它与中心离子所含有未成对电子的多少密切相关。对于外轨型配离子，中心离子的价电子层结构保持不变，即内层 d 电子尽可能占每个 d 轨道且自旋平行，未成对电子数一般较多，因而配离子表现出顺磁性，且磁矩高，称为高自旋体（或高自旋型配合物）；而对于内轨型配离子，中心离子的内层 d 电子经常发生重排，使未成对电子数减少，因而配离子表现出弱的顺磁性，磁矩较小，称为低自旋体

（或低自旋型配合物）。如果中心离子的价电子完全配对或重排后完全配对，则配离子表现为抗磁性，磁矩为零。例如，$[Fe(H_2O)_6]^{2+}$ 的 μ(实验)$=5.0\ \mu_B$，可知 $n=4$，μ(计算)$=4.9\ \mu_B$；又 $[Fe(CN)_6]^{4-}$ 的 μ(实验)$=0\mu_B$，可知 $n=0$。

(3) 氧化还原稳定性。外轨型配离子 $[Co(H_2O)_6]^{2+}$ 很稳定，不易被氧化为 $[Co(H_2O)_6]^{3+}$，而内轨型配离子 $[Co(CN)_6]^{4-}$ 却很不稳定，容易被氧化。这是因为，在外轨型配离子 $[Co(H_2O)_6]^{2+}$ 中，Co^{2+}($3d^7$)采用 sp^3d^2 杂化，d 电子处于内层轨道，能量较低，很稳定，不易失去电子而被氧化；而在内轨型配离子 $[Co(CN)_6]^{4-}$ 中，Co^{2+} 的 $3d$ 电子在配体 CN^- 影响下发生重排，并有一个 $3d$ 电子被激发到外层 $5s$ 轨道上($3d^6 4s^0 4p^0 5s^1$)，Co^{2+} 采用 d^2sp^3 杂化成键，外层的 $5s$ 电子由于能量较高而容易失去，因而易被氧化为 $[Co(CN)_6]^{3-}$。

价键理论能够较好地解释配合物的配位数、几何构型等。在引入内、外轨型的情况下，可以解释配离子的稳定性和配合物的磁性，但不能解释第四周期过渡金属八面体形配离子的稳定性与 d 电子数有关($d^0<d^1<d^2<d^3<d^4<d^5<d^6<d^7<d^8<d^9<d^{10}$)，也不能解释配合物的颜色（第四周期过渡元素离子的颜色）。

9-2-2　晶体场理论

晶体场理论认为，配合物的中心离子（正离子）与配位体（负离子或偶极分子的负端）之间的化学作用力是纯粹的静电作用。就像离子晶体中的正、负离子间靠静电作用相结合一样，带正电的中心离子处于配位体负电荷所形成的晶体场之中，晶体场理论也因之得名。晶体场理论认为中心离子的价电子层中的 d 电子，会受到配位体所形成的晶体场的排斥作用，造成中心离子 d 轨道的能量发生改变，有些 d 轨道的能量升高，有些则降低，这就是 d 轨道的能量分裂。而 d 轨道的能量分裂决定于配位体的空间构型，不同空间构型的配位体形成不同的晶体场。中心离子的电子在不同的晶体场中所受到的排斥作用不同，将造成不同情况的 d 轨道分裂。

一、d 轨道的分裂

在正八面体配合物中，六个配体所形成的晶体场叫正八面体场。设中心离子（或原子）在 xyz 轴的原点（见图 9-1，以小方块■表示）。当六个配体（以黑圆点●表示）分别沿着 $\pm x$、$\pm y$、$\pm z$ 方向向金属离子靠近时，这时的 d_{z^2} 和 $d_{x^2-y^2}$ 轨道与配体处于迎头相顶的状态。这些轨道上的电子受配体的静电场排斥作用，因而能量比正八面体场的平均能量高。而 d_{xy}、d_{xz}、d_{yz} 三个轨道却正好插在配体空隙中间，因而能量比正八面体场的平均能量低。这样原来五个简并的 d 轨道分裂成两组：一组是能量较高的 d_{z^2} 和 $d_{x^2-y^2}$ 轨道，称为 d_γ 或 e_g 轨道；一组是能量较低的 d_{xy}、d_{xz}、d_{yz} 轨道，称为 d_ε 或 t_{2g} 轨道。金属离子在正八面体场中 d 轨道的分裂见图 9-2。

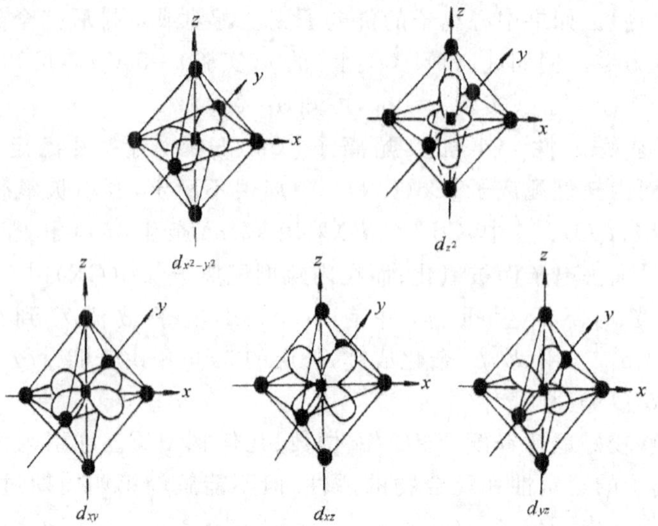

图 9-1　正八面体场对 5 个 d 轨道的作用

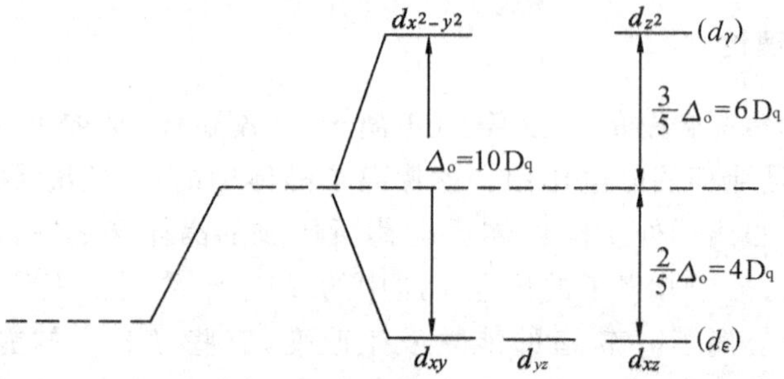

图 9-2　正八面体场中 d 轨道的分裂（Δ_o的下标 o 表示正八面体）

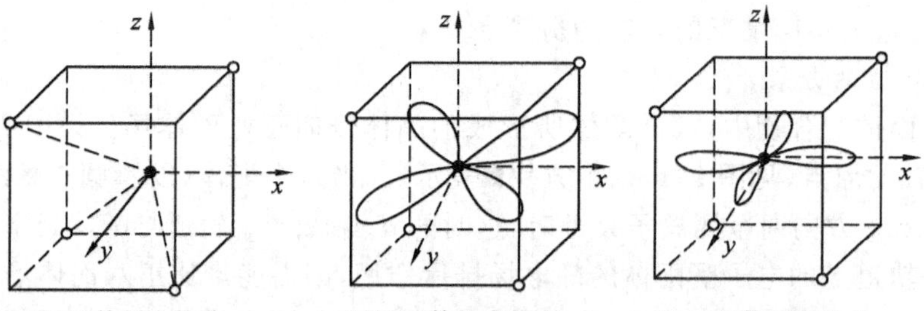

(a) 四面体配合物中4个配位体的位置　(b) 四面体配合物中 d_{xy} 轨道的位置　(c) 四面体配合物中 $d_{x^2-y^2}$ 轨道的位置

（● 表示中心离子，○ 表示配体，d_{xz}，d_{yz} 轨道与 d_{xy} 类似）

图 9-3　四面体配体中 d_{xy} 轨道和 $d_{x^2-y^2}$ 的位置

在正四面体配合物中，四个配体靠近金属离子时，它们和中心离子 d_{xy}、d_{xz}、d_{yz} 轨道靠得较近，而与 d_{z^2} 和 $d_{x^2-y^2}$ 轨道离得较远（图 9-3），因此中心离子的 d_{xy}、d_{xz}、d_{yz} 轨道能量比正四面体场的平均能量高，而 d_{z^2} 和 $d_{x^2-y^2}$ 轨道的能量比正四面体场的平均能量低（图 9-4）。这和八面体场的 d 轨道的分裂情况正好相反。

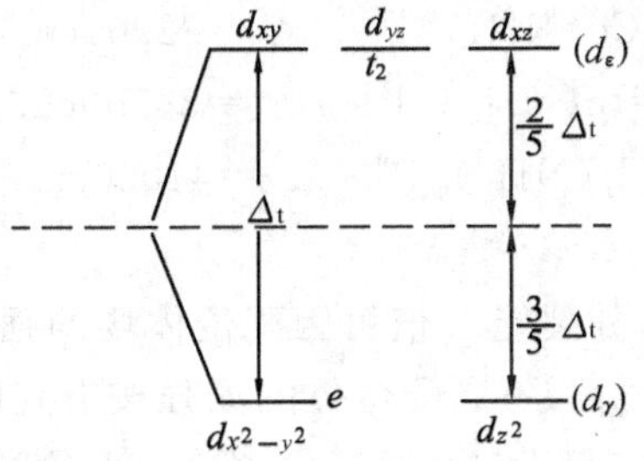

图 9-4 正四面体场中 d 轨道的分裂(Δ_t 的下标 t 表示四面体场)

二、晶体场分裂能

晶体场分裂的程度可用分裂能(Splitting Energy)Δ 来表示。八面体场的分裂能用 Δ_o 表示,也可将 Δ_o 分为 10 等份,每等份为 $1D_q$,则 $\Delta_o = 10\ D_q$。量子力学指出,在外电场作用下 d 轨道的平均能量是不变的,因此,分裂后 d 轨道的总能量应保持不变。若以分裂前 d 轨道的能量作为计算能量的零点,那么所有 d_γ 和 d_ε 轨道的总能量等于零。因此有:

分裂能 $\Delta_o = E_{d_\gamma} - E_{d_\varepsilon} = 10D_q$

总能量 $2E_{d_\gamma} + 3E_{d_\varepsilon} = 0$ (d_γ 有两个轨道,d_ε 有三个轨道)

将上述两式联立求解得:

$$E_{d_\gamma} = \frac{3}{5}\Delta_o = 6D_q \quad (\text{比分裂前高 } 6D_q)$$

$$E_{d_\varepsilon} = -\frac{2}{5}\Delta_o = -4D_q \quad (\text{比分裂前低 } 4D_q)$$

正四面体配体进攻的方向和八面体场中的位置不同,故 d 轨道受配体的排斥作用不像八面体场那样强烈。根据计算,在同种配体与中心离子接近,且与中心离子距离相同时,正四面体场中 d 轨道的分裂能 Δ_t 仅是八面体场的 Δ_o 的 4/9。四面体场中 d_γ 和 d_ε 轨道的能量升降恰好与八面体场相反(图 9-4),故有下列方程式:

$$E_{d_\varepsilon} - E_{d_\gamma} = \frac{4}{9} \times 10D_q \quad E_{d_\varepsilon} = 1.78D_q$$

$$3E_{d_\varepsilon} + 2E_{d_\gamma} = 0 \quad E_{d_\gamma} = -2.67D_q$$

可见在四面体场中,d 轨道分裂结果使 d_ε 轨道能量升高 $1.78D_q$,使 d_γ 轨道能量降低 $2.67D_q$。图 9-5 为平面正方形场中 d 轨道分裂的能级的相对值。

晶体场分裂能可从光谱实验数据中求得。影响分裂能的因素主要有中心离子的电荷和半径、配体的性质,大体有如下规律:

1. 中心离子的电荷和半径

当配位体相同时,同一中心离子的电荷越高,分裂能 Δ 值越大。一般三价水合离子比二价水合离子的 Δ 值约大 40%~80%。例如:

$$[Fe(H_2O)_6]^{2+} \quad \Delta_o = 10400cm^{-1}$$

$$[Fe(H_2O)_6]^{3+} \quad \Delta_o = 13700cm^{-1}$$

电荷相同的中心离子,半径越大,d 轨道离核越远,越易在外场作用下改变其能量,分裂能 Δ 值也越大。对于同族同价离子,第五周期离子的 Δ 值大于第四周期离子的 Δ 值(约增加 40%~50%),第六周期离子的 Δ 值大于第五周期离子的 Δ 值(约增大 20%~30%),例如:

$[Co(NH_3)_6]^{3+}$　$\Delta_o = 22900cm^{-1}$

$[Rh(NH_3)_6]^{3+}$　$\Delta_o = 34100cm^{-1}$

$[Ir(NH_3)_6]^{3+}$　$\Delta_o = 41000cm^{-1}$

2. 配位体的性质

对相同的中心离子而言,分裂能Δ值可因配位体场的强弱不同而异,场的强度愈高,Δ值愈大。对八面体配合物而言,不同配位体的场强按下列顺序增大。

$I^- < Br^- < Cl^- \sim SCN^- < F^- < OH^- \sim ONO^- \sim HCOO^-$(甲酸根)$< C_2O_4^{2-}$(草酸根)$< H_2O < NCS^- < EDTA <$ en(乙二胺)$< S_2O_3^{2-} < NO_2^- < CN^- < CO$。

该顺序是总结了配合物光谱实验数据而得到的,因而称为光谱化学序列或分光化学序列(Spectrochemical Series)。由此序列可见,配合物可分成强场配位体(如CN^-)和弱场配位体(如I^-、Br^-、Cl^-、F^-)等。应当指出,这一序列只能适用于常见氧化态金属离子,如果其不是常见氧化态(特高或特低),便不能按此序列来比较配位体的强弱。即使是常见的配位体,某些邻近配位体的次序有时也有差异,因而在不同的书上看到的光谱化学序列也略有出入。

三、分裂后中心离子 *d* 电子的排布和配合物的磁性

中心离子的 *d* 电子分裂后在 *d* 轨道中的排布,除应遵循能量最低原理和洪特规则外,还会受到分裂能的影响。

在八面体场中,当中心离子具有1~3个 *d* 电子时,这些电子必然都排布在能量较低的 d_ε 轨道上,而且自旋平行,不受轨道分裂的影响。若中心离子的 *d* 电子为4,则可能有两种不同的排布方式:一种是第四个电子进入能级较高的 d_γ 轨道,形成具有未成对电子数较多的高自旋分布,这个电子必须具有克服分裂能 Δ_o 的能量才能进入;另一种是第四个电子挤进一个 d_ε 轨道,与原来的一个电子耦合成对,形成未成对电子较少的低自旋排布,这个电子势必受到原有电子的排斥,因而必须具有克服排斥作用的能量,才能进入轨道与原来电子耦合成对,这个能量称为电子成对能(Pairing Energy),常用 P 表示。究竟是形成高自旋还是低自旋排布,就取决于轨道分裂能 Δ_o 与电子成对能 P 的大小。

若 $\Delta_o < P$,按能量最低原理,电子进入 d_γ 轨道,未成对电子数增多,形成的配合物是高自旋的,磁矩较大。

若 $\Delta_o > P$,按能量最低原理,电子进入 d_ε 轨道,未成对电子数减少,形成的配合物是低自旋的,磁矩较小。

不同的中心离子,电子成对能 P 不同,但相差不大。分裂能则因中心离子的不同而相差较大,尤其是随配位体场的强弱不同而有较大差异。这样,分裂后 *d* 轨道中电子的排布便主要取决于分裂能 Δ_o 的大小,亦即主要取决于配位体场的强弱。在弱场配体的作用下,Δ_o 值较小,电子将尽可能地分占不同的轨道并保持自旋相同,这样才能减少电子成对能的需要而保持能量最低。因此弱场配位体形成的配合物将具有高自旋的结构,磁矩也较大。在强场配位体作用下,Δ_o 值较大,电子进入能量较低的 d_ε 轨道配对才能保持能量最低。所以强场配位体形成的配合物将具有低自旋的结构,磁矩也较小。表9-5列出了八面体场作用下中心离子 *d* 电子的排布情况。

表 9-5　在强、弱配位场中 d^n 电子排布情况

构　型	d 电子数	弱场排布 d_ε	弱场排布 d_γ	强场排布 d_ε	强场排布 d_γ
正八面体	1	↑		↑	
	2	↑ ↑		↑ ↑	
	3	↑ ↑ ↑		↑ ↑ ↑	
	4	↑ ↑ ↑	↑	↑↓ ↑ ↑	
	5	↑ ↑ ↑	↑ ↑	↑↓ ↑↓ ↑	
	6	↑↓ ↑ ↑	↑ ↑	↑↓ ↑↓ ↑↓	
	7	↑↓ ↑↓ ↑	↑ ↑	↑↓ ↑↓ ↑↓	↑
	8	↑↓ ↑↓ ↑↓	↑ ↑	↑↓ ↑↓ ↑↓	↑ ↑
	9	↑↓ ↑↓ ↑↓	↑↓ ↑	↑↓ ↑↓ ↑↓	↑↓ ↑
	10	↑↓ ↑↓ ↑↓	↑↓ ↑↓	↑↓ ↑↓ ↑↓	↑↓ ↑↓

对于八面体配合物，具有 $d^{1\sim3}$、$d^{8\sim10}$ 电子的离子，不论配位体场的强弱，其 d 电子排布都一样（不可能有两种排布）。而具有 $d^{4\sim7}$ 电子的离子，因配位体场的强弱的不同，会有两种不同的 d 电子排布，形成的配合物磁性也不同。这正是 d 轨道在配位体场作用下发生分裂，而分裂能的 Δ_o 与成对能 P 的相对大小不同所产生的必然结果。

对于八面体配合物，所有 F^- 及水配合物都是高自旋的（仅 $[Co(H_2O)_6]^{3+}$ 除外）；而所有 CN^- 配合物都是低自旋的。

从光谱实验数据可以求得电子成对能 P 和轨道分裂能 Δ_o，从而便可预测配合物中心离子的电子排布及配合物磁矩的大小。配合物磁矩的预测结果与实验结果具有很好的一致性。

四、晶体场稳定化能

在配位体场的作用下，中心离子 d 轨道发生分裂，d 电子进入的分裂后各轨道的总能量通常要比未分裂前的总能量低。这样就使生成的配合物具有一定的稳定性。总能量的降低值，就称为**晶体场稳定化能（Crystal Field Stabilization Energy**，用 CFSE 表示）。例如 Fe^{2+} 有 6 个 d 电子，它在弱八面体场（如 $[Fe(H_2O)_6]^{2+}$）中，因 $\Delta_o < P$ 而采取高自旋结构 d_ε^4、d_γ^2，其总能量即为：

$$\text{CFSE} = 4E_{d_\varepsilon} + 2E_{d_\gamma} = 4\times(-4D_q) + 2\times 6D_q = -4D_q$$

这表明分裂后比分裂前（$E=0$）的总能量下降 $4D_q$。如果 Fe^{2+} 在强八面体场（如 $[Fe(CN)_6]^{4-}$）中，因 $\Delta_o > P$ 而采取低自旋结构如 d_ε^6、d_γ^0，其总能量为：

$$\text{CFSE} = 6\times(-4D_q) = -24D_q$$

总能量下降更多，表明配合物更稳定。事实上 $[Fe(CN)_6]^{4-}$ 确比 $[Fe(H_2O)_6]^{2+}$ 稳定得多。

表 9-6 列出了 $d^{0\sim10}$ 过渡金属离子的晶体场稳定化能。由配位体的晶体场作用于中心离子而产生的晶体场稳定化能是所形成的配离子相对稳定的能量基础。

表 9-6　过渡金属离子的稳定化能($-D_q$)

d^n	离　子	弱场 CFSE/D_q			强场 CFSE/D_q		
		正方形	正八面体	正四面体	正方形	正八面体	正四面体
d^0	Ca^{2+},Sc^{3+}	0	0	0	0	0	0
d^1	Ti^{3+}	−5.14	−4	−2.67	−5.14	−4	−2.67
d^2	Ti^{2+},V^{3+}	−10.28	−8	−5.34	−10.28	−8	−5.34
d^3	V^{2+},Cr^{3+}	−14.56	−12	−3.56	−14.56	−12	−8.01
d^4	Cr^{2+},Mn^{3+}	−12.28	−6	−1.78	−19.70	−16	−10.68
d^5	Mn^{2+},Fe^{3+}	0	0	0	−24.84	−20	−8.90
d^6	Fe^{2+},Co^{3+}	−5.41	−4	−2.67	−29.12	−24	−6.12
d^7	Co^{2+},Ni^{3+}	−10.28	−8	−5.34	−26.84	−18	−5.34
d^8	Ni^{2+},Pd^{2+},Pt^{2+}	−14.56	−12	−3.56	−24.56	−12	−3.56
d^9	Cu^{2+},Ag^{2+}	−12.28	−6	−1.78	−12.28	−6	−1.78
d^{10}	Cu^+,Ag^+,Au^+,Zn^{2+},Cd^{2+},Hg^{2+}	0	0	0	0	0	0

五、晶体场理论应用示例

1. 配合物的颜色

过渡金属配合物一般具有颜色,这可用晶体场理论来解释。我们知道,物质的颜色是由于它选择性地吸收可见光(波长 400～760nm)中某些波长的光线而产生的。当白光投射到物体上,如果全部被物体吸收,物体就呈黑色;如果全部反射出来,物体就呈白色;如果只吸收可见光中某些波长的光线,则剩余的未被吸收的光线的颜色就是该物体的颜色。

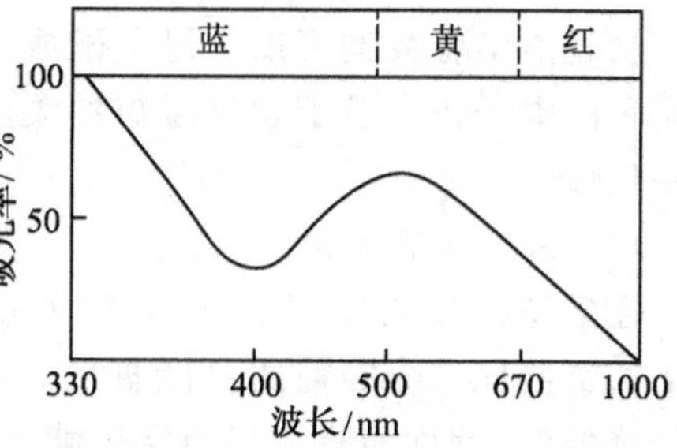

图 9-5　$[Ti(H_2O)_6]^{2+}$ 的吸收光谱

配合物的颜色也是由于它选择性地吸收可见光中一定波长的光线而产生的。过渡金属离子一般具有未充满的 d 轨道,而在配位体场作用下 d 轨道又发生了能级分裂,因此电子就有可能从较低能级的轨道向较高能级的轨道跃迁(如八面体场中电子从 d_ε 轨道向 d_γ 轨道跃迁)。这种跃迁称为 d-d 跃迁。发生 d-d 跃迁所需要的能量就是轨道的分裂能 Δ_o。尽管不同配合物的 Δ 不同,但其数量级一般都在近紫外和可见光的能量范围之内。不同配合物(晶体或溶液)由于分裂能 Δ 的不同,发生 d-d 跃迁所吸收光的波长也不同,结果便产生了不同的颜色。例如$[Ti(H_2O)_6]^{2+}$ 的吸收光谱在 490.2nm 处有一最大吸收峰(图 9-5),$[Ti(H_2O)_6]^{2+}$ 相当于吸收了白光的蓝绿成分,而吸收最少的是紫色及红色成分,因此$[Ti(H_2O)_6]^{2+}$ 呈紫红色。而这一最大吸收的能量相当于 $20400cm^{-1}$,它就是电子从 d_ε 轨道跃迁到 d_γ 轨道时吸收的能量,所以$[Ti(H_2O)_6]^{2+}$ 的分裂能 $\Delta_o = 20400cm^{-1}$。

2. 过渡金属离子的水合热

过渡金属离子的水合热 ΔH_h 是指气态离子溶于水，生成 lmol 水合离子时所放出的热量，用反应式表示为

$$M^{n+}(g)+6H_2O(g)=\!=\!=[M(H_2O)_6]^{n+}(aq)$$
$$\Delta H=\Delta H_h$$

许多 +2 价金属离子都形成六配位八面体构型的水合离子。对于第四周期的 +2 价金属离子而言，从 Ca^{2+} 到 Zn^{2+}，其中 d 电子数从 0 增大到 10，离子半径逐渐减小，因此它们的水合离子中，金属离子与水分子间结合的牢固程度增大，其水合热应有规律地增大(图 9-6 的虚线)。但是实验测得的水合热并非如此(图 9-6 的实线)，出现了两个小"山峰"。这一"反常"现象可以用晶体场稳定化能解释。

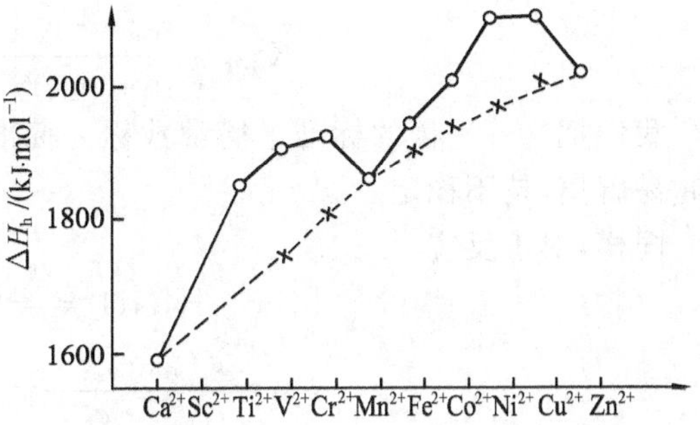

图 9-6　从 Ca^{2+} 到 Zn^{2+} 的水合能

从前面表 9-6 所述的晶体场稳化能可见，对于弱八面体场的水合离子来说，$d^0(Ca^{2+})$、$d^5(Mn^{2+})$ 和 $d^{10}(Zn^{2+})$ 的 CFSE=0，这些离子的水合热是"正常"的，其实验值均落在图中的虚线上；其他离子(相应于 $d^{2\sim4}$ 及 $d^{6\sim9}$)的水合热，由于都有相应的稳定化能，因此实验结果没有落在图中的虚线上，其连线出现了"双峰"。如果把各个水合离子的 CFSE 从水合热的实验值中一一扣去，再用 ΔH_h 对 d^n 作图，相应的各点将落在图中虚线上。这就证明实验曲线之所以"反常"，是由晶体场稳定化能造成的，它正反映了配离子的 CFSE 是随 d 电子数目的变化而变化的规律，同时，也是晶体场理论具有一定定量准确性的又一例证。

晶体场理论能够说明配合物的磁性、颜色及某些热力学性质，并有一定的定量准确性，这无疑比价键理论大大地前进了一步。然而它也有明显的不足之处。首先，晶体场理论把配位体与中心离子之间的作用看作是纯粹的静电性作用，这显然与许多配合物具有的明显的共价性质不相符合，尤其不能解释[$Fe(CO)_5$]这类由中性原子形成的配合物。其次，我们可以由晶体场理论导出光谱化学序列，却不能用该理论来解释这个次序。例如 F^- 是弱场配位体，它的场强比中性分子 H_2O 弱，比 CO 弱得多，这一现象用晶体场理论的静电模型是很难理解的。这便促使人们必须认真考虑配合物中不可忽视的共价键合。如果把分子轨道理论与晶体场理论相结合，便可较好地解释配合物中化学键的本质以及配合物的性质。这就是配位场理论，在本课程中对此不作介绍。

9-3　配位解离平衡

(Separate Equilibrium of Coordination)

9-3-1　稳定常数和不稳定常数

各种配离子在水溶液中具有不同的稳定性，它们在溶液中能发生不同程度的解离。

配离子的解离过程是可逆的，在一定条件下建立平衡，这种平衡叫作配位平衡。例如，$[Cu(NH_3)_4]^{2+}$配离子在水溶液中，可在一定程度上解离为Cu^{2+}和NH_3，同时，Cu^{2+}和NH_3又会生成$[Cu(NH_3)_4]^{2+}$配离子。在一定温度下，体系会达到动态平衡：

$$[Cu(NH_3)_4]^{2+} \rightleftharpoons Cu^{2+} + 4NH_3$$

此反应的标准平衡常数为：

$$K^{\ominus}_{不稳} = \frac{c_{Cu^{2+}} \cdot c^4_{NH_3}}{c_{[Cu(NH_3)_4]^{2+}}} = 4.79 \times 10^{-14}$$

我们把这一平衡的标准平衡常数称为标准不稳定常数，记作$K^{\ominus}_{不稳}$。$K^{\ominus}_{不稳}$越大，配离子越易解离，越不稳定。

同样，对于反应

$$Cu^{2+} + 4NH_3 \rightleftharpoons [Cu(NH_3)_4]^{2+}$$

$$K^{\ominus}_{稳} = \frac{c_{[Cu(NH_3)_4]^{2+}}}{c_{Cu^{2+}} \cdot c^4_{NH_3}} = 2.10 \times 10^{13} = K^{\ominus}_f$$

我们把这一标准平衡常数称为标准稳定常数，通常以$K^{\ominus}_s$表示（s，stability，稳定）。由于此反应也是配合物的生成反应，因此$K^{\ominus}_s$也可表示为$K^{\ominus}_f$（f，formation，生成）。显然，$K^{\ominus}_f$的大小，反映了配位反应的完全程度。$K^{\ominus}_f$越大，说明配位反应进行得越完全，配离子的解离的程度越小，即配离子越稳定。

不同的配离子具有不同的标准稳定常数。对于同类型的配离子，可用$K^{\ominus}_f$值直接比较它们的稳定性。例如，$[Ag(NH_3)_2]^+$和$[Ag(CN)_2]^-$的$K^{\ominus}_f$分别为1.62×10^7和1.3×10^{21}，说明$[Ag(CN)_2]^-$比$[Ag(NH_3)_2]^+$稳定得多。不同类型的配离子则不能仅用$K^{\ominus}_f$值进行比较。

配离子的生成和解离一般是逐级进行的，因此在溶液中存在一系列的配位平衡，各级均有对应的稳定常数。以$[Cu(NH_3)_4]^{2+}$为例，其逐级配位反应如下：

$$Cu^{2+} + NH_3 \rightleftharpoons [Cu(NH_3)]^{2+};\ K^{\ominus}_1 = 2.04 \times 10^4$$

$$[Cu(NH_3)]^{2+} + NH_3 \rightleftharpoons [Cu(NH_3)_2]^{2+};\ K^{\ominus}_2 = 4.67 \times 10^3$$

$$[Cu(NH_3)_2]^{2+} + NH_3 \rightleftharpoons [Cu(NH_3)_3]^{2+};\ K^{\ominus}_3 = 1.10 \times 10^3$$

$$[Cu(NH_3)_3]^{2+} + NH_3 \rightleftharpoons [Cu(NH_3)_4]^{2+};\ K^{\ominus}_4 = 2.06 \times 10^2$$

总生成反应为

$$Cu^{2+} + 4NH_3 \rightleftharpoons [Cu(NH_3)_4]^{2+}$$

$$K^{\ominus}_f = K^{\ominus}_1 \cdot K^{\ominus}_2 \cdot K^{\ominus}_3 \cdot K^{\ominus}_4 = 2.10 \times 10^{13}$$

逐级稳定常数的累积也称为**累积稳定常数**，以$\beta^{\ominus}_n$表示（n表示累积的级数）。上述平衡的$\beta^{\ominus}_1 = K^{\ominus}_1$，$\beta^{\ominus}_2 = K^{\ominus}_1 \cdot K^{\ominus}_2$，$\beta^{\ominus}_3 = K^{\ominus}_1 \cdot K^{\ominus}_2 \cdot K^{\ominus}_3$，$\beta^{\ominus}_4 = K^{\ominus}_1 \cdot K^{\ominus}_2 \cdot K^{\ominus}_3 \cdot K^{\ominus}_4$。逐级稳定常数相差不大，因此计算时必须考虑各级配离子的存在。但在实际工作中，体系内加入过量的配体，配位平衡向着生成配合物的方向移动，配离子主要以最高配位形式存在，因而可以采用标准稳定常数$K^{\ominus}_f$进行计算。附表录十二为一些常见配离子的标准稳定常数。

9-3-2 配位平衡的计算

例 9-1 计算并比较：$0.1 mol \cdot L^{-1}$ $[CuY]^{2-}$（Y 为 EDTA）和 $0.1 mol \cdot L^{-1}$

$[Cu(en)_2]^{2+}$溶液中 Cu^{2+} 的浓度。已知 $K_f^{\ominus}([CuY]^{2-})=6.3\times10^{18}$；$K_f^{\ominus}([Cu(en)_2]^{2+})=4.1\times10^{19}$。

解 $$Cu^{2+}+Y^{4-}\rightleftharpoons[CuY]^{2-}$$

起始浓度 0 0 0.1

平衡浓度 x x $0.1-x$

$$K_f^{\ominus}=\frac{c([CuY]^{2-})}{c(Cu^{2+})\cdot c(Y^{4-})}$$

$$(0.1-x)/x^2=6.3\times10^{18}$$

$$x=1.26\times10^{-10}\,mol\cdot L^{-1}$$

$$2en+Cu^{2+}\rightleftharpoons[Cu(en)_2]^{2+}$$

起始浓度 0 0 0.1

平衡浓度 $2y$ y $0.1-y$

$$K_f^{\ominus}=\frac{c([CuY]^{2-})}{c(Cu^{2+})\cdot c^2(en)}$$

$$\frac{(0.1-y)}{y\cdot(2y)^2}=4.1\times10^{19}$$

$$y=8.48\times10^{-8}\,mol\cdot L^{-1}$$

$[Cu(en)_2]^{2+}$解离出的 Cu^{2+} 的浓度与$[CuY]^{2-}$解离出的 Cu^{2+} 的浓度的比值为 $8.48\times10^{-8}/(1.26\times10^{-10})=673$，两者相差约 700 倍。

9-3-3 配位平衡的移动

金属离子 M^{n+} 和配位体 L^{m-} 通过配位键结合成配合物。在溶液中，配离子 $ML_x^{(n-xm)+}$ 与组成它的中心离子 M^{n+} 和配体 L^{m-} 之间存在配位解离平衡：

$$ML_x^{(n-xm)+}\rightleftharpoons M^{n+}+xL^{m-}$$

若在溶液中加入某种试剂(如酸、碱、沉淀剂、氧化还原剂、其他配位剂等)，由于它能与溶液中的金属离子或配体发生反应，因此将使上述配位平衡发生移动，此时溶液中各组分的浓度和配离子的稳定性都发生了变化。配位平衡的移动涉及溶液中的配位平衡和其他化学平衡共同存在时的竞争平衡问题。

一、沉淀溶解平衡与配位平衡

在含有配离子的溶液中，如果加入某一沉淀剂，与金属离子生成沉淀，则配离子的配位平衡遭到了破坏，配离子将发生解离。若在一些难溶盐的溶液中加入某种配位剂，由于配离子的形成则会使得沉淀溶解。这时溶液中同时存在着配位平衡和沉淀溶解平衡，反应的过程实质上就是配位剂和沉淀剂争夺金属离子的过程。

例如，将 $AgNO_3$ 和 NaCl 两种溶液混合，会有白色的 AgCl 沉淀生成；加浓氨水后，AgCl 沉淀消失，生成$[Ag(NH_3)_2]^+$；然后加入 KBr 溶液，又有淡黄色 AgBr 沉淀生成；接着加入 $Na_2S_2O_3$ 溶液，AgBr 沉淀消失，生成$[Ag(S_2O_3)_2]^{3-}$；再加 KI 溶液，则有黄色的 AgI 沉淀生成；加入 KCN 溶液，AgI 沉淀便消失，生成$[Ag(CN)_2]^-$；最后加入 Na_2S 溶液，则有黑色的 Ag_2S 沉淀产生。可以将这些化学反应简单地表示如下：

$$AgNO_3\xrightarrow{NaCl}\underset{K_{sp}^{\ominus}=1.56\times10^{-10}}{AgCl\downarrow}\xrightarrow{NH_3}\underset{K_f^{\ominus}=1.6\times10^{7}}{[Ag(NH_3)_2]^+}\xrightarrow{KBr}\underset{K_{sp}^{\ominus}=7.7\times10^{-13}}{AgBr\downarrow}\xrightarrow{Na_2S_2O_3}$$

$$[Ag(S_2O_3)_2]^{3-} \xrightarrow{KI} AgI\downarrow \xrightarrow{KCN} [Ag(CN)_2]^- \xrightarrow{Na_2S} Ag_2S\downarrow$$

$K_f^\ominus = 2.38\times10^{13}$　　$K_{sp}^\ominus = 1.5\times10^{-16}$　　$K_f^\ominus = 1.32\times10^{21}$　　$K_{sp}^\ominus = 1.6\times10^{-49}$

例 9-2　室温下，如在 100mL 的 $0.1mol\cdot L^{-1}$的 $AgNO_3$ 溶液中，加入等体积、同浓度的 NaCl，即有 AgCl 沉淀析出。要阻止沉淀析出或使它溶解，问需要加入的氨水的最低浓度为多少？这时溶液中 $c(Ag^+)$为多少？

解　由于大量氨水的存在，AgCl 溶于氨水后几乎全部转化为$[Ag(NH_3)_2]^+$。

设 NH_3 的平衡浓度为 $x mol\cdot L^{-1}$，则有：

$$AgCl(s) + 2NH_3(aq) \rightleftharpoons [Ag(NH_3)_2]^+(aq) + Cl^-(aq)$$

平衡浓度　　x　　$(0.10\times100)/200=0.050$　　0.050

该反应的平衡常数为：

$$K^\ominus = \frac{c([Ag(NH_3)_2]^+)\cdot c(Cl^-)}{c^2(NH_3)}$$

$$=K_f^\ominus\cdot K_{sp}^\ominus = 1.62\times10^7\times1.56\times10^{-10}$$

$$=2.53\times10^{-3}$$

$$(0.05\times0.05)/x^2 = 2.53\times10^{-3}$$

$$x=0.99$$

即 NH_3 的平衡浓度为 $0.99mol\cdot L^{-1}$。

需要加入氨水的最低浓度为

$$0.99mol\cdot L^{-1}+2\times0.050mol\cdot L^{-1}=1.09mol\cdot L^{-1}$$

$$K_f^\ominus = \frac{c([Ag(NH_3)_2]^+)}{c(Ag^+)\cdot c^2(NH_3)} = 1.62\times10^7$$

$$\frac{0.050}{c(Ag^+)0.99^2} = 1.62\times10^7$$

$$c(Ag^+) = 3.1\times10^{-9} mol\cdot L^{-1}$$

如果溶液中加入 KBr，假定其浓度是 $0.050mol\cdot L^{-1}$，则 $c(Ag^+)$和 $c(Br^-)$的乘积大于 AgBr 溶度积，故必然会有 AgBr 沉淀析出。

总之，究竟发生配位反应还是沉淀反应，取决于配位剂和沉淀剂的能力大小以及它们的浓度。它们能力的大小主要由稳定常数和溶度积决定。如果配位剂的配位能力大于沉淀剂的沉淀能力，则沉淀消失或不析出沉淀，而生成配离子，如 AgCl 沉淀被氨水溶解；若沉淀剂的沉淀能力大于配位剂的配位能力，则配离子被破坏，新的沉淀生成，如在$[Ag(NH_3)_2]^+$中加 Br^-，就有 AgBr 沉淀析出。因此配合物的稳定常数越大，越易形成相应的配合物，沉淀越易溶解；沉淀的 K_{sp} 越小，则配合物越易解离生成沉淀。

二、酸碱平衡和配位平衡

如配位体是弱酸根（如 F^-、CN^-、SCN^- 等），则其能与外加酸生成弱酸而使平衡移动。例如当$[H_3O^+]>0.5mol\cdot L^{-1}$时，配合物$[FeF_3]$将按箭头所指方向解离。

$$\longleftarrow$$

$$Fe^{3+}+3F^- \rightleftharpoons [FeF_3]$$

$$3F^-+3H_3O^+ \rightleftharpoons 3HF+3H_2O$$

$$\longrightarrow$$

又如，在不同的 pH 条件下，Fe^{3+} 与水杨酸（HOC_6H_4COOH，Salicylic Acid 简称

"sal")可生成下列各种有色的螯合物：

$$Fe^{3+}(aq)+(sal)^{-}(aq)\rightleftharpoons[Fe(sal)]^{+}(aq)+H_3O^{+}(aq)\quad(pH=2\sim3)$$

（紫红色）

$$[Fe(sal)]^{+}(aq)+(sal)^{-}(aq)\rightleftharpoons[Fe(sal)_2]^{-}(aq)+H_3O^{+}(aq)\quad(pH=4\sim8)$$

（红褐色）

$$[Fe(sal)_2]^{-}(aq)+(sal)^{-}(aq)\rightleftharpoons[Fe(sal)_3]^{3-}(aq)+H_3O^{+}(aq)\quad(pH\geqslant9)$$

（黄色）

配合物的标准稳定常数越小，则配合物越不稳定。生成的酸越弱($K_a^{\ominus}$越小)，则配离子越容易被加入的酸解离。

三、配离子之间的相互转化

含有配离子的溶液中，加入另一种配位剂，使之生成另一种更稳定的配离子，这时即发生了配离子的转化。例如，在血红色的$[Fe(SCN)_3]$溶液中加入 NaF、F^-和SCN^-争夺Fe^{3+}，溶液中存在两个配位平衡：

$$[Fe(SCN)_3]\rightleftharpoons Fe^{3+}+3SCN^-$$

$$Fe^{3+}+6F^-\rightleftharpoons[FeF_6]^{3-}$$

总反应式为：

$$[Fe(SCN)_3]+6F^-\rightleftharpoons[FeF_6]^{3-}+3SCN^-$$

平衡常数：

$$K^{\ominus}=\frac{c([FeF_6]^{3-})\cdot c^3(SCN^-)}{c([Fe(SCN)_3])\cdot c^6(F^-)}=\frac{K_f^{\ominus}([FeF_6]^{3-})}{K_f^{\ominus}([Fe(SCN)_3])}=\frac{1.0\times10^{16}}{4.0\times10^{5}}=2.5\times10^{10}$$

$K^{\ominus}$很大，说明反应很完全，血红色的$[Fe(SCN)_3]$可完全转化成无色的$[FeF_6]^{3-}$。实际上，在血红色的$[Fe(SCN)_3]$溶液中加入足量的 NaF，溶液即从血红色转化成无色。

四、氧化还原平衡和配位平衡

在含有配离子的溶液中，氧化还原反应的发生可改变金属离子的浓度，使配位平衡发生移动。同时，对于溶液中的氧化还原反应，利用配位反应可改变金属离子的浓度，使其氧化还原能力发生变化。

例如，在$[Fe(SCN)_3]$溶液中加入还原剂$SnCl_2$，由于Sn^{2+}能将Fe^{3+}还原成Fe^{2+}，因而降低了Fe^{3+}的浓度，促进了$[Fe(SCN)_3]$的解离：

$$[Fe(SCN)_3]\rightleftharpoons Fe^{3+}+3SCN^-$$

$$2Fe^{3+}+Sn^{2+}\rightleftharpoons2Fe^{2+}+Sn^{4+}$$

总反应式为：

$$2[Fe(SCN)_3]+Sn^{2+}\rightleftharpoons2Fe^{2+}+Sn^{4+}+6SCN^-$$

又如，溶液中存在下列氧化还原反应：

$$2Fe^{3+}+2I^-\rightleftharpoons2Fe^{2+}+I_2$$

若在此溶液中加入 NaF，则F^-与Fe^{3+}生成稳定的$[FeF_6]^{3-}$配离子，使Fe^{3+}的浓度降低，氧化能力减弱，Fe^{2+}的还原能力增强，氧化还原反应逆向进行。

9-3-4　稳定常数的应用

利用配合物的稳定常数，可以判断反应进行的程度和方向，计算配合物溶液中某一离子的浓度，判断难溶盐的溶解和生成的可能性，计算金属与其配离子组成的电极的电极电势等。

一、计算配离子中有关离子的浓度

例 9-3 在 1mL 0.04mol·L^{-1} $AgNO_3$ 溶液中，加入 1mL 2mol·L^{-1} $NH_3\cdot H_2O$，计算平衡后溶液中 Ag^+ 的浓度。（配合物解离出的金属离子浓度是很小的）

解 $Ag^+ + 2NH_3 \rightleftharpoons [Ag(NH_3)_2]^+$

反应前 0.02 1.00 0

平衡时 x $0.96+2x$ $0.02-x$

$$K_f^\ominus=\frac{c([Ag(NH_3)_2]^+)}{c(Ag^+)\cdot c^2(NH_3)}=1.7\times10^7$$

$$\frac{0.02-x}{x(0.96+2x)^2}=1.7\times10^7$$

$$x=1.28\times10^{-9}\text{mol}\cdot\text{L}^{-1}$$

平衡后 $c(Ag^+)$ 为 1.28×10^{-9}mol·L^{-1}。

二、判断配位反应进行的方向

例 9-4 判断反应 $[Ag(NH_3)_2]^+ + 2CN^- = [Ag(CN)_2]^- + 2NH_3$ 的方向。已知：$K_f^\ominus([Ag(NH_3)_2]^+)=1.7\times10^7$，$K_f^\ominus([Ag(CN)_2]^-)=1.0\times10^{21}$。

解

$$K^\ominus=\frac{c([Ag(CN)_2]^-)\cdot c^2(NH_3)}{c([Ag(NH_3)_2]^+)\cdot c^2(CN^-)}$$

$$=\frac{c([Ag(CN)_2]^-)\cdot c^2(NH_3)\cdot c(Ag^+)}{c([Ag(NH_3)_2]^+)\cdot c^2(CN^-)\cdot c^2(Ag^+)}$$

$$=\frac{K_f^\ominus([Ag(CN)_2]^-)}{K_f^\ominus([Ag(NH_3)_2]^+)}=\frac{1.0\times10^{21}}{1.7\times10^7}=5.8\times10^{13}$$

$K^\ominus$ 很大，说明反应在正反应方向进行得很完全。

例 9-5 在 1L 原始浓度为 0.10mol·L^{-1} 的 $[Ag(NO_2)_2]^-$ 溶液中，加入 0.20mol 晶体 KCN，求溶液中 $[Ag(NO_2)_2]^-$、$[Ag(CN)_2]^-$、NO_2^- 和 CN^- 的平衡浓度。

$K_f^\ominus([Ag(CN)_2]^-)=1.0\times10^{21}$，$K_f^\ominus([Ag(NO_2)_2]^-)=6.7\times10^2$

解 $[Ag(NO_2)_2]^- + 2CN^- = [Ag(CN)_2]^- + 2NO_2^-$（忽略逐级解离）

起始 0.10 0.20 0 0

平衡 x $2x$ $0.10-x$ $0.20-2x$

$$K^\ominus=\frac{K_f^\ominus([Ag(CN)_2]^-)}{K_f^\ominus([Ag(NO_2)_2]^-)}=\frac{1.0\times10^{21}}{6.7\times10^2}=1.49\times10^{18}$$

$$K^\ominus=\frac{(0.10-x)(0.20-2x)^2}{x\cdot(2x)^2}=\frac{(0.1-x)^3}{x^3}=1.49\times10^{18}$$

$$x=8.77\times10^{-8}\text{mol}\cdot\text{L}^{-1}=c([Ag(NO_2)_2]^-)$$

$$c(CN^-)=1.75\times10^{-7}\text{mol}\cdot\text{L}^{-1}$$

$$c(NO_2^-)=0.20\text{mol}\cdot\text{L}^{-1}$$

$$c([Ag(CN)_2]^-)=0.10\text{mol}\cdot\text{L}^{-1}$$

三、讨论难溶盐生成或溶解的可能性

一些难溶盐往往因形成配合物而溶解，利用稳定常数可计算难溶物质配位时的溶解度以及全部转化为配离子时所需配位剂的用量。

例 9-6　若在 $0.1mol \cdot L^{-1}$ 的 $[Ag(NH_3)_2]^+$ 溶液中加入 NaCl，使 NaCl 的浓度达到 $0.001mol \cdot L^{-1}$，此时有无 AgCl 沉淀生成？同样，在含有 $2mol \cdot L^{-1}$ NH_3 的 $0.1mol \cdot L^{-1}$ $[Ag(NH_3)_2]^+$ 溶液中，加入 NaCl，也使其浓度达到 $0.001mol \cdot L^{-1}$，问有无 AgCl 沉淀？并通过比较两种情况下求得的解离度数值得出结论。

解　第一种情况：$c(Ag^+)=x$，溶液中无过量配体存在。

$$Ag^+ + 2NH_3 \rightleftharpoons [Ag(NH_3)_2]^+$$

平衡时　x　　$2x$　　$0.1-x$

$$\frac{(0.1-x)}{x(2x)^2}=1.7\times10^7$$

$$x \ll 0.1mol \cdot L^{-1},\quad 0.1-x \approx 0.1mol \cdot L^{-1}$$

$$0.1/4x^3=1.7\times10^7,\quad x=1.14\times10^{-3}mol \cdot L^{-1}$$

解离度　$\alpha=c(Ag^+)/c(Ag^+总)=(1.14\times10^{-3}/0.1)\times100\%=1.14\%$

$c(Ag^+)\,c(Cl^-)=1.14\times10^{-3}\times0.001=1.14\times10^{-6}>K^{\ominus}_{sp(AgCl)}=1.56\times10^{-10}$

所以有 AgCl 沉淀生成。

第二种情况：$c(Ag^+)=x'$，溶液中有过量配体存在。

$$Ag^+ + 2NH_3 \rightleftharpoons [Ag(NH_3)_2]^+$$

平衡时　x'　　$2+2x'$　　$0.1-x'$

$$\frac{0.1-x'}{x'(2+2x')^2}=1.7\times10^7$$

$$x' \ll 0.1,\ 2+2x' \approx 2,\ 0.1-x' \approx 0.1$$

$$x'=1.47\times10^{-9}mol \cdot L^{-1}$$

解离度　$\alpha=(1.47\times10^{-9}/0.1)\times100\%=1.47\times10^{-6}\%$

$c(Ag^+)c(Cl^-)=1.47\times10^{-9}\times0.001=1.47\times10^{-12}<K^{\ominus}_{sp(AgCl)}=1.56\times10^{-10}$

所以无 AgCl 沉淀生成。

因此，加入过量配体时，同离子效应使平衡向生成配合物方向移动，配离子的解离度降低。

四、计算金属与其配离子间的标准电极电势值，判断氧化还原的方向

利用配合物的标准稳定常数，还可以计算金属与配离子间的标准电极电势，有关计算例子将在第十章电极电势计算中给出。

9-4　螯　合　物
(Chelate)

9-4-1　螯合物的概述

前面我们已经介绍过的 $[FeF_6]^{3-}$、$[Cu(NH_3)_4]^{2+}$ 和 $[Ni(CN)_4]^{2-}$ 等都是由单齿配位体与中心离子形成的简单配位化合物，即中心离子与每个配位体之间只形成一个配位键。多齿配位体与中心离子形成配合物时，中心离子与配位体之间至少形成两个配位

键。例如，乙二胺与 Cu^{2+} 的配位反应为

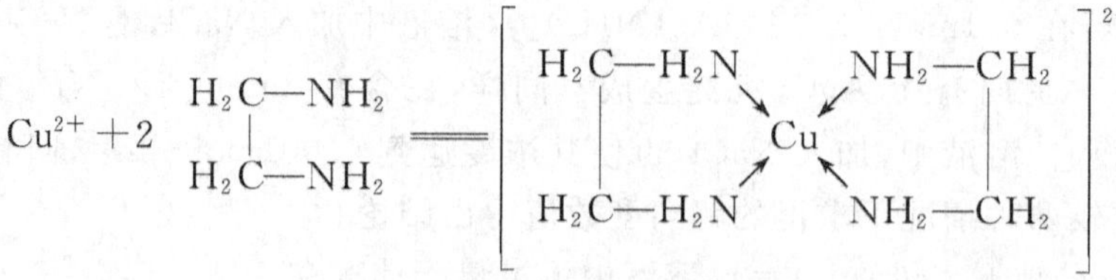

由于乙二胺的分子中含有两个可提供孤对电子的氮原子，所以中心离子与配位体之间形成两个配位键，配离子具有环状结构。这种由多齿配位体和同一中心离子形成的具有环状结构的配合物，称为螯合物，也称为内配合物。能与中心离子形成螯合物的配位体称为螯合剂(Chelating Agents)。

在螯合物中，中心离子与螯合剂分子（或离子）数目之比称为螯合比，上述螯合物的螯合比是 1∶2。胺羧类化合物是最常见的螯合剂，其中最重要和应用最广的是乙二胺四乙酸(EDTA)和它的二钠盐*。乙二胺四乙酸的结构为：

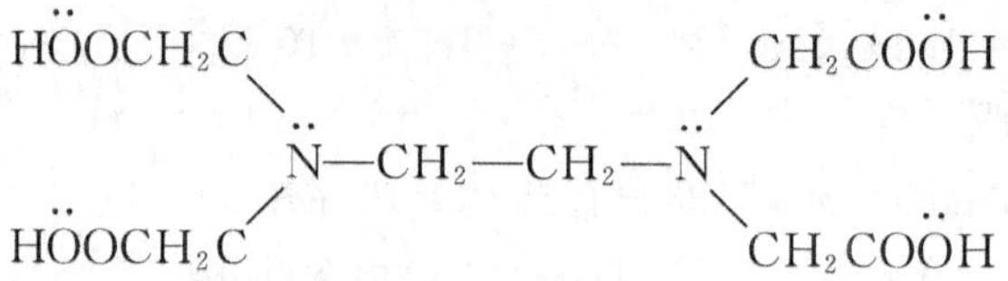

乙二胺四乙酸(EDTA)具有 6 个配位原子，可以和大多数金属离子形成稳定的螯合物。如 EDTA (H_4Y)与钙离子的作用：

$$Ca^{2+} + H_4Y \xlongequal{} [CaY]^{2-} + 4H^+$$

所形成的$[CaY]^{2-}$的结构如图 9-7 所示。由于螯合物具有环状结构，它比具有相同配位原子的简单配位化合物稳定得多。这种因成环而使配合物稳定性增大的现象称为螯合效应。

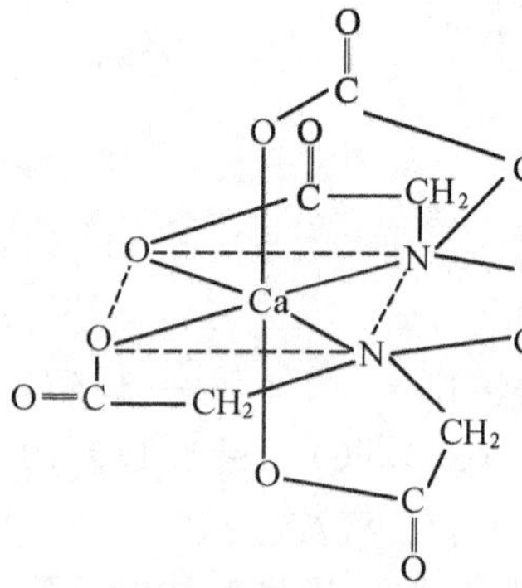

图 9-7　$[CaY]^{2-}$ 的空间结构

表 9-7 为几种金属离子氨合物和乙二胺螯合物的稳定常数。螯合环的大小对螯合物的稳定性有一定的影响。

表 9-7　几种金属离子氨合物和乙二胺螯合物的稳定常数

配离子	$\lg K_f^\ominus$	配离子	$\lg K_f^\ominus$
$[Cu(NH_3)_4]^{2+}$	12.68	$[Cd(NH_3)_4]^{2+}$	7.0
$[Cu(en)_2]^{2+}$	19.60	$[Cd(en)_2]^{2+}$	10.02
$[Zn(NH_3)_4]^{2+}$	9.46	$[Ni(NH_3)_6]^{2+}$	8.74
$[Zn(en)_2]^{2+}$	10.37	$[Ni(en)_3]^{2+}$	18.59

一般来说，五元环的螯合物最为稳定，六元环的次之。如 Ca^{2+} 与 EDTA 及其衍生物

*乙二胺四乙酸(EDTA)和它的二钠盐都可写成 EDTA，在化学方程式中，常用 H_4Y 表示酸，Na_2H_2Y 表示二钠盐。

形成的螯合物，当配位体($^-OOCCH_2)_2N(CH_2)_nN(CH_2COO^-)_2$ 中的 $n=2$ 时，生成五元环螯合物，其稳定性最高。Ca^{2+} 与 EDTA 及其衍生物形成的螯合物见表 9-8。

表 9-8　Ca^{2+} 与 EDTA 及其衍生物形成的螯合物的稳定性

n	2	3	4	5
X 原子环	5	6	7	8
$\lg K_f^{\ominus}$	10.7	7.28	5.66	5.2

必须指出，并不是所有具有多个配原子的配体均可与金属离子形成螯合物。如联氨分子 $H_2N—NH_2$ 虽然具有两个能给出电子对的 N 原子，但它不能与金属离子形成螯合物。显然，作为螯合剂必须具备以下两个条件：

(1) 螯合剂分子(或离子)具有两个或两个以上配位原子，而且这些配位原子必须能与中心金属离子 M 配位。

(2) 螯合剂中每两个配位原子之间相隔二或三个其他原子，以便与中心离子形成稳定的五元环或六元环。多于六个原子的环或少于五个原子的环都不稳定。

螯合物的稳定性很强，很少有逐级解离现象，且具有特殊颜色，难溶于水而易溶于有机溶剂。绝大多数生物螯合物是以五元环结构为单元的螯合物。分析化学中重要的螯合剂一般是以氮、氧或硫为配位原子的有机化合物。常见的有下列几种类型：

一、"OO"型螯合剂

以两个氧原子为配位原子的螯合剂。这类螯合剂有氨基酸、多元醇、多元酚等。例如，Cu^{2+} 与乳酸根离子生成可溶性螯合物：

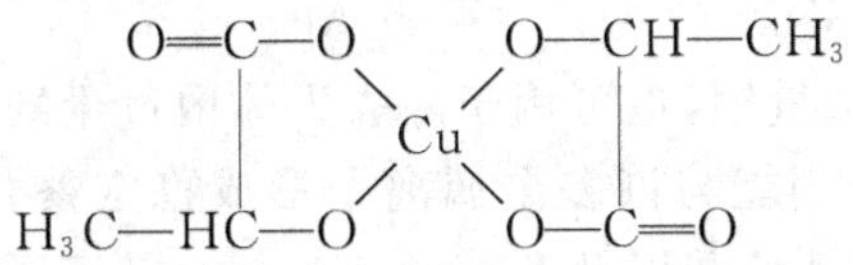

柠檬酸是三元羧基羧酸，其酸根与+2 价金属离子螯合时，形成螯合物：

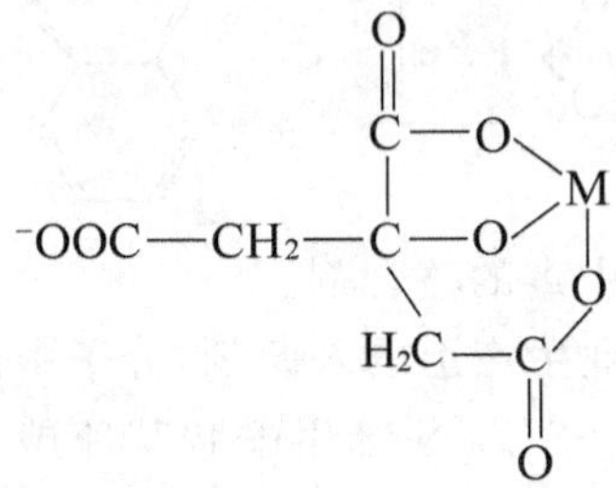

其中有一个五元环和一个六元环(在碱性溶液中，配体上的氢也可被中和)。

柠檬酸根和酒石酸根都能与许多金属离子形成可溶性的螯合物，在分析化学中被广泛地用作掩蔽剂。

二、"NN"型螯合剂

这类螯合剂包括有机胺类和含氮杂环化合物。例如，邻二氮菲与 Fe^{2+} 形成红色螯合物：

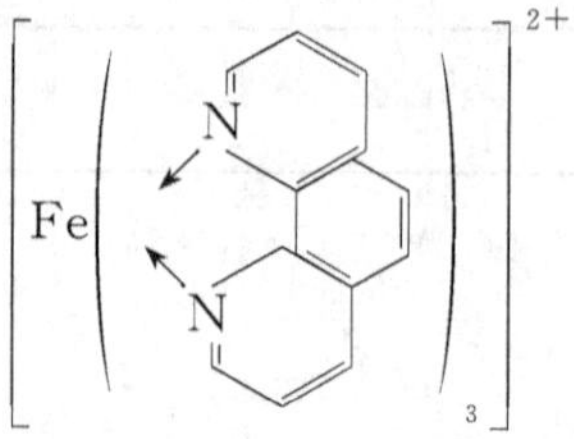

此螯合物可作为定量分析 Fe^{2+} 的显色剂。红色螯合物还可用作氧化还原指示剂。

三、"NO"型螯合剂

这类螯合剂含有 N 和 O 两种配位原子。如氨基乙酸（NH_2CH_2COOH）、氨基丙酸（$NH_2CH_2CH_2COOH$）、邻氨基苯甲酸等。氨基乙酸根离子与 Cu^{2+} 形成的螯合物可表示为：

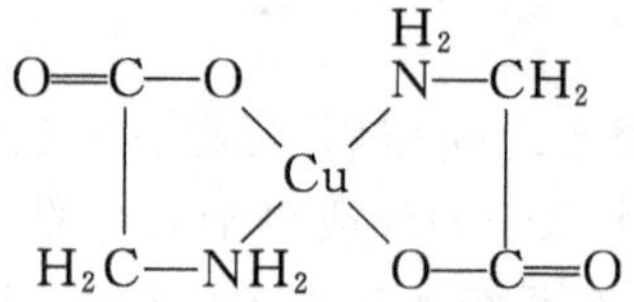

四、含硫的螯合剂

有"SS"型、"SO"型和"SN"型等。例如，二乙胺基二硫代甲酸钠（铜试剂）与 Cu^{2+} 形成黄色配合物：

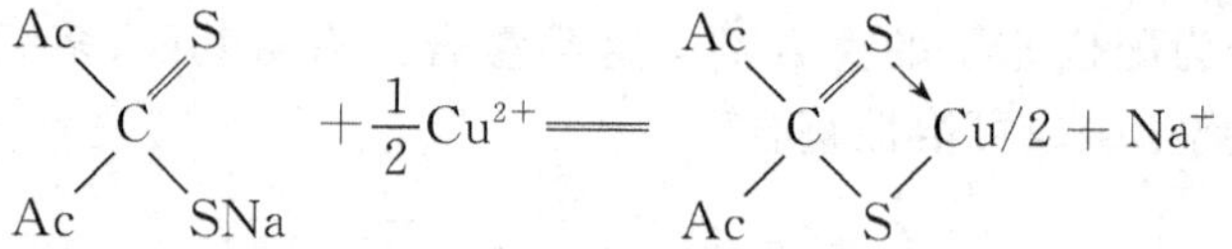

此螯合剂可用于测定微量铜，也可用于除去人体内过量的铜。

"SO"型和"SN"型螯合剂能与许多金属离子形成稳定螯合物，在分析化学中可作为掩蔽剂和显色剂。例如，巯基乙酸以及 8-巯基喹啉与金属离子形成的螯合物：

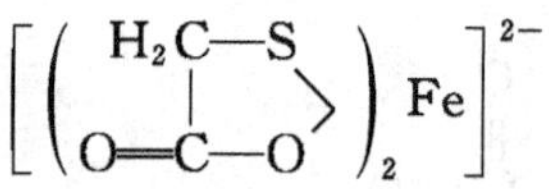

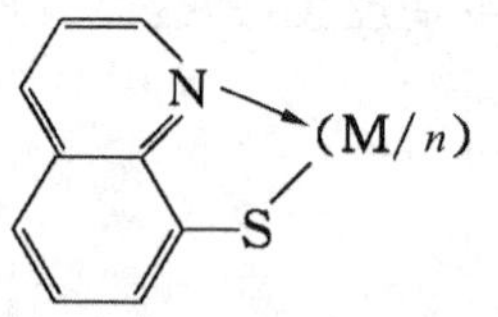

巯基丙醇（BAL）是治疗砷中毒的螯合剂。

苯甲酰基硫脲常常作为农业生产上的杀菌剂，分子中的羰基氧和羰基硫能作为配原子与金属离子形成螯合物。图 9-8 为 N-苯甲酰胺基硫羰基吗啉与金属离子镍形成的螯合物的晶体结构。

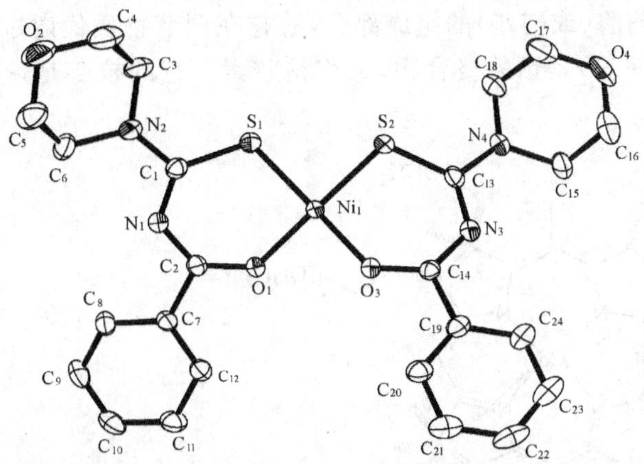

图 9-8　二 N-苯甲酰胺基硫羰基吗啉镍[Ⅱ]晶体结构

*9-4-2　生物学中的螯合物

金属螯合物在生物体内起着重要的生理活性作用。在哺乳动物体内约有 70%的铁是以卟啉配合物的形式存在的，其中包括血红蛋白、肌红蛋白、过氧化氢酶及细胞红血素。图 9-9 为血红素的结构。

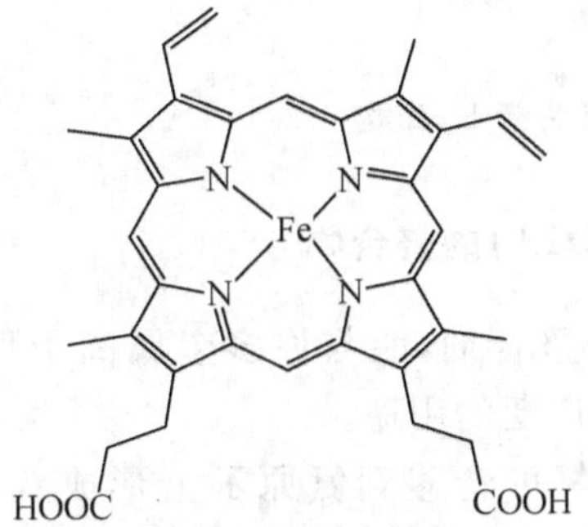

图 9-9　血红素的结构

叶绿素是植物体进行光合作用的一组色素。它有许多种，主要有叶绿素 a 和叶绿素 b 两种。叶绿素 a 呈蓝绿色，叶绿素 b 呈黄绿色，它们之间的区别不大，叶绿素 b 比叶绿素 a 少两个 H 原子，多一个 O 原子。叶绿素 a 和叶绿素 b 都是镁与卟啉的螯合物，此种螯合物的中心原子是 Mg^{2+}（图 9-10）。叶绿素不溶于水，只有用中性的有机溶剂才能够把它提取出来而保持其不变质。

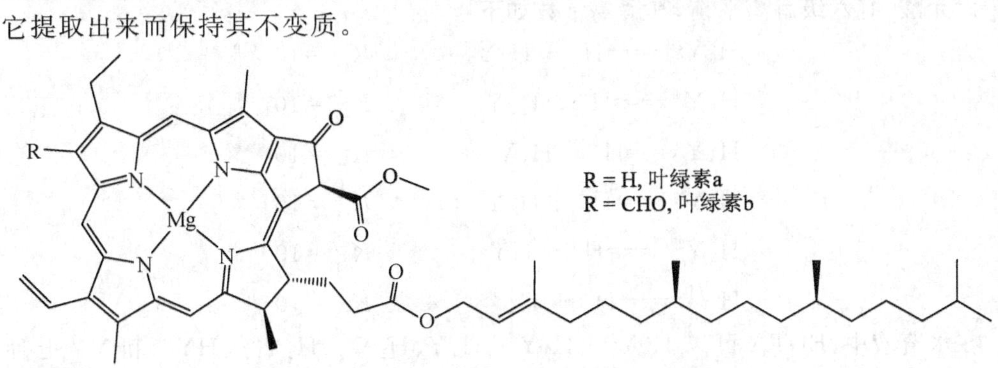

图 9-10　叶绿素 A 和叶绿素 B 的结构

维生素是构成辅酶（或辅基）的组成部分，故它在调节物质代谢过程中起着重要的作用。维生素 B_{12}（图 9-11）是钴的螯合物，又称钴胺素。它的核心是带有一个中心钴原子的咕啉环（图 9-12）。

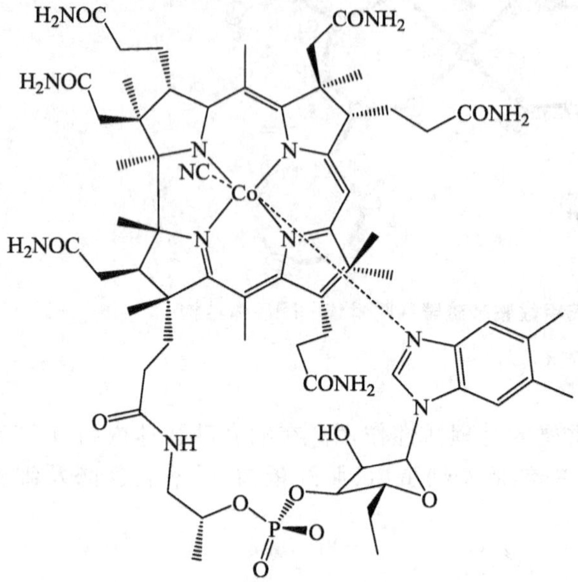

图 9-11 维生素 B_{12} 结构

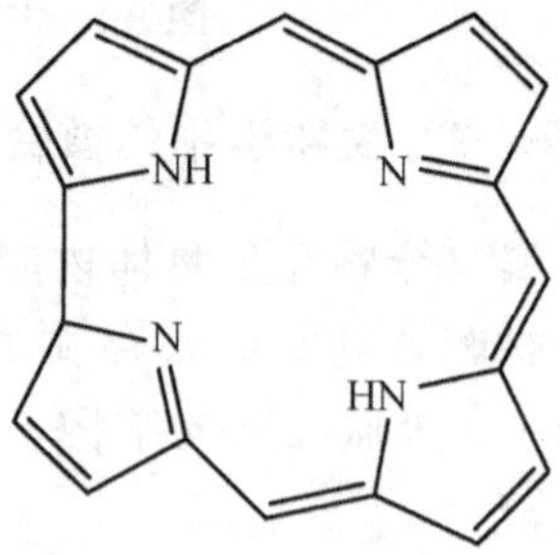

图 9-12 咕啉环结构

9-4-3 乙二胺四乙酸(EDTA)的螯合物

乙二胺四乙酸是"NO"型螯合剂，能与许多金属离子形成稳定的螯合物，在分析化学、生物学和药物学中都有着广泛的用途。

EDTA 中两个羧基上的氢可转移到氮原子上形成双偶极离子。EDTA 微溶于水（22°C 时，每 100mL 水溶解 0.028g EDTA），难溶于酸和一般有机溶剂，但易溶于氨性溶液或苛性碱溶液中，生成相应的水溶液。由于 EDTA 在水中的溶解度小，通常将它制成二钠盐，即乙二胺四乙酸二钠（含二分子结晶水），用 $Na_2H_2Y \cdot 2H_2O$ 表示。它的溶解度较大，在 22℃时每 100mL 水可溶解 11.1g，此溶液的浓度约 $0.3mol \cdot L^{-1}$，pH 约为 4.4。在酸度较高的水溶液中，H_4Y 的两个羧基可再接受 H^+，形成 H_6Y^{2+}。这时，EDTA 就相当于六元酸，有六级解离平衡，其解离常数如下：

$$H_6Y^{2+} \rightleftharpoons H^+ + H_5Y^+ \qquad K_{a_1}^{\ominus} = 10^{-0.9}$$

$$H_5Y^+ \rightleftharpoons H^+ + H_4Y \qquad K_{a_2}^{\ominus} = 10^{-1.6}$$

$$H_4Y \rightleftharpoons H^+ + H_3Y^- \qquad K_{a_3}^{\ominus} = 10^{-2.07}$$

$$H_3Y^- \rightleftharpoons H^+ + H_2Y^{2-} \qquad K_{a_4}^{\ominus} = 10^{-2.75}$$

$$H_2Y^{2-} \rightleftharpoons H^+ + HY^{3-} \qquad K_{a_5}^{\ominus} = 10^{-6.24}$$

$$HY^{3-} \rightleftharpoons H^+ + Y^{4-} \qquad K_{a_6}^{\ominus} = 10^{-10.34}$$

在水溶液中，EDTA 可以 H_6Y^{2+}、H_5Y^+、H_4Y、H_3Y^-、H_2Y^{2-}、HY^{3-} 和 Y^{4-} 七种形式存在。图 9-13 表示 EDTA 各种形式的分布系数与 pH 的关系。从图 9-13 可看出，在

pH＜1 的强酸性溶液中，EDTA 主要以 H_6Y^{2+} 形式存在；在 pH 3.75～6.24 时，主要以 H_2Y^{2-} 形式存在；在 pH＞10.3 时，主要以 Y^{4-} 形式存在。

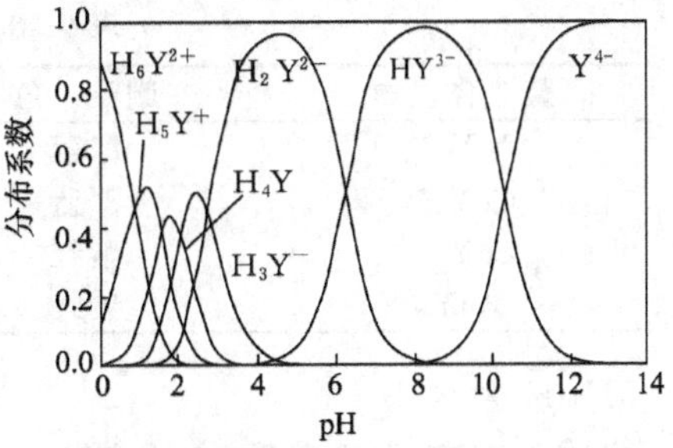

图 9-13 EDTA 各种形式的分布曲线

乙二胺四乙酸根（Y^{4-}）是一种六齿配体，有很强的配位能力，与金属离子形成的螯合物具有以下特性：

1. 广谱性

在溶液中，它几乎能与所有金属离子形成螯合物。

2. 螯合比恒定

一般而言，EDTA 与金属离子形成的螯合物的螯合比为 1∶1。如：

$$Ca^{2+} + H_2Y^{2-} \rightleftharpoons CaY^{2-} + 2H^+$$

$$Al^{3+} + H_2Y^{2-} \rightleftharpoons AlY^- + 2H^+$$

$$Sn^{4+} + H_2Y^{2-} \rightleftharpoons SnY + 2H^+$$

3. 稳定性高

EDTA 与大多数金属离子形成多个五元环型的螯合物。图 9-7 为 CaY^{2-} 的结构示意图。在这个配离子中，Ca^{2+} 与 Y^{4-} 的 6 个配位原子形成 5 个五原子环，因而稳定性较高。其他金属离子与 Y^{4-} 所形成的配离子的结构也类似。一些金属离子与 EDTA 形成的螯合物 MY 的稳定常数见表 9-9。由表中数据可看到，绝大多数金属离子与 EDTA 形成的螯合物都相当稳定。

表 9-9 一些金属离子与 EDTA 形成的螯合物的 $\lg K_{MY}$（$I=0.1$，293～298K）

离子	$\lg K_{MY}$	离子	$\lg K_{MY}$	离子	$\lg K_{MY}$	离子	$\lg K_{MY}$	离子	$\lg K_{MY}$
Ag^+	7.32	Cu^{2+}	18.80	In^{3+}	25.0	Pd^{2+}	18.5	TiO^{2+}	17.3
Al^{3+}	16.3	Dy^{3+}	18.30	La^{3+}	15.50	Pm^{3+}	16.75	Tl^{3+}	37.8
Ba^{2+}	7.86	Er^{3+}	18.85	Li^+	2.79	Pr^{3+}	16.4	Tm^{3+}	19.07
Be^{2+}	9.3	Eu^{3+}	17.35	Lu^{3+}	19.83	Sc^{3+}	23.1	U(Ⅳ)	25.8
Bi^{3+}	27.94	Fe^{2+}	14.32	Mg^{2+}	8.7	Sm^{3+}	17.14	VO^{2+}	18.8
Ca^{2+}	10.69	Fe^{3+}	25.1	Mn^{2+}	13.87	Sn^{2+}	22.11	VO_2^+	18.1
Cd^{2+}	16.46	Ga^{3+}	20.3	Mo^{2+}	28	Sr^{2+}	8.73	Y^{3+}	18.09
Ce^{3+}	15.98	Gd^{3+}	17.37	Na^+	1.66	Tb^{3+}	17.67	Yb^{3+}	19.57
Co^{2+}	16.31	HfO^{2+}	19.1	Nd^{3+}	16.6	Th^{4+}	23.2	Zn^{2+}	16.50
Co^{3+}	36	Hg^{2+}	21.7	Ni^{2+}	18.62	Ti^{3+}	21.3	ZrO^{2+}	29.5
Cr^{3+}	23.4	Ho^{3+}	18.74	Pb^{2+}	18.04				

4. 配合物的颜色特征

EDTA 与无色金属离子形成无色配合物，与有色金属离子一般生成颜色更深的螯合物。几种有色的 EDTA 螯合物见表 9-10。

表 9-10　有色 EDTA 螯合物

螯合物	颜色	螯合物	颜色
NiY^{2-}	绿蓝	CrY^{-}	深紫
CuY^{2-}	深蓝	$Cr(OH)Y^{2-}$	蓝(pH>10)
CoY^{2-}	紫红	FeY^{-}	黄
MnY^{2}	紫红	$Fe(OH)Y^{2-}$	褐(pH≈5)

5. pH 影响小

溶液的酸度或碱度较高时，H^+ 或 OH^- 也参与配位，形成酸式或碱式螯合物。如 Al^{3+} 与EDTA 在酸度较高时，生成酸式螯合物[AlHY]，或在碱度较高时生成碱式螯合物 $[Al(OH)Y]^{2-}$。这些螯合物一般不太稳定，它们的生成不影响金属离子与 EDTA 之间的定量关系。

EDTA 也是治疗金属中毒的螯合剂，它的二钠钙盐治疗铅中毒效果最好，还能促排钚、钍、铀等放射性元素。

9-4-4　影响 EDTA 螯合物稳定性的因素

一、主反应和副反应

在配位滴定中，往往涉及多个化学平衡。除 EDTA 与被测金属离子 M 之间的配位反应外，溶液中还存在着 EDTA 与 H^+ 以及 EDTA 与其他金属离子的反应，被测金属离子 M 与溶液中其他共存配位剂或 OH^- 的反应，反应产物 MY 与 H^+ 或 OH^- 的作用，等等。一般将 EDTA 与被测金属离子 M 的反应称为主反应。而溶液中存在的其他反应都称为副反应。它们之间的平衡关系如下：

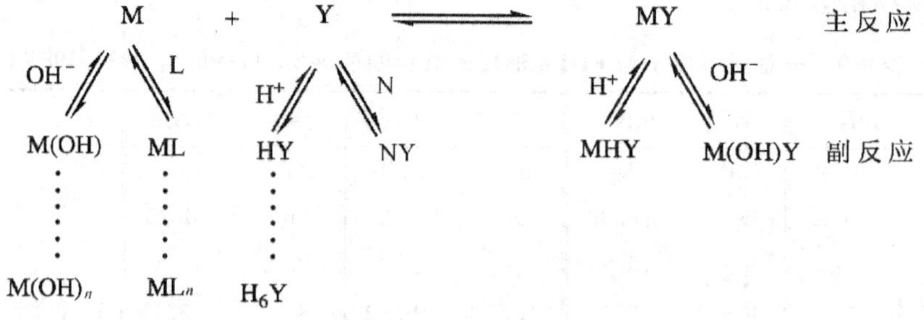

副反应的存在，使主反应的化学平衡发生移动，主反应产物 MY 的稳定性发生变化，因而对配位滴定的准确度可能有较大的影响，其中以介质酸度的影响最大。

二、副反应之一——酸效应和酸效应系数

在上述平衡中，当滴定体系中有 H^+ 存在时，H^+ 与 EDTA 之间发生反应，使参与主反应的 EDTA 浓度减小，主反应化学平衡向左移动，配位反应的完全程度降低，这种现象称为 EDTA 的酸效应。酸效应的大小可用酸效应系数来表示，它是指未参与配位反应的EDTA各种存在形式的总浓度 $c(Y')$ 与能直接参与主反应的 $c(Y)$ 的平衡浓度之比，用符号 $\alpha_{Y(H)}$ 表示，即

$$\alpha_{Y(H)}=\frac{c(Y')}{c(Y)}=\frac{c(Y)+c(HY)+c(H_2Y)+\cdots+c(H_6Y)}{c(Y)}$$

$$=1+c(H^+)\beta_1+c^2(H^+)\beta_2+\cdots+c^6(H^+)\beta_n$$

其中，$\beta_1 \sim \beta_n$ 是 EDTA 的累积生成常数（生成常数为酸解离常数的倒数）。因此，酸效应

系数仅是氢离子浓度的函数。

表 9-11 给出了不同 pH 下的 $\lg\alpha_{Y(H)}$。可见，随着介质酸度的增大，$\lg\alpha_{Y(H)}$ 增大，即酸效应显著，EDTA 参与配位反应的能力显著降低。在 pH＝12 时，$\lg\alpha_{Y(H)}$ 接近于零，所以 pH≥12 时，可忽略 EDTA 酸效应的影响。以 pH 对 $\lg\alpha_{Y(H)}$ 作图，即得 EDTA 的酸效应曲线（图 9-14），从曲线上也可查得不同 pH 下的 $\lg\alpha_{Y(H)}$ 值。

表 9-11　不同 pH 下的 $\lg\alpha_{Y(H)}$

pH	$\lg\alpha_{Y(H)}$	pH	$\lg\alpha_{Y(H)}$	pH	$\lg\alpha_{Y(H)}$	pH	$\lg\alpha_{Y(H)}$	pH	$\lg\alpha_{Y(H)}$
0	23.64	2.2	12.82	4.4	7.64	6.6	3.79	8.8	1.48
0.2	22.47	2.4	12.19	4.6	7.24	6.8	3.55	9.0	1.28
0.4	21.32	2.6	11.62	4.8	6.84	7.0	3.32	9.2	1.10
0.6	20.18	2.8	11.09	5.0	6.45	7.2	3.10	9.6	0.75
0.8	19.08	3.0	10.60	5.2	6.07	7.4	2.88	10.0	0.45
1.0	18.01	3.2	10.14	5.4	5.69	7.6	2.68	10.5	0.20
1.2	16.98	3.4	9.70	5.6	5.33	7.8	2.47	11.0	0.07
1.4	16.02	3.6	9.27	5.8	4.98	8.0	2.22	11.5	0.02
1.6	15.11	3.8	8.85	6.0	4.65	8.2	2.07	12.0	0.01
1.8	14.27	4.0	8.44	6.2	4.32	8.4	1.87	13.0	0.00
2.0	13.51	4.2	8.04	6.4	4.06	8.6	1.67		

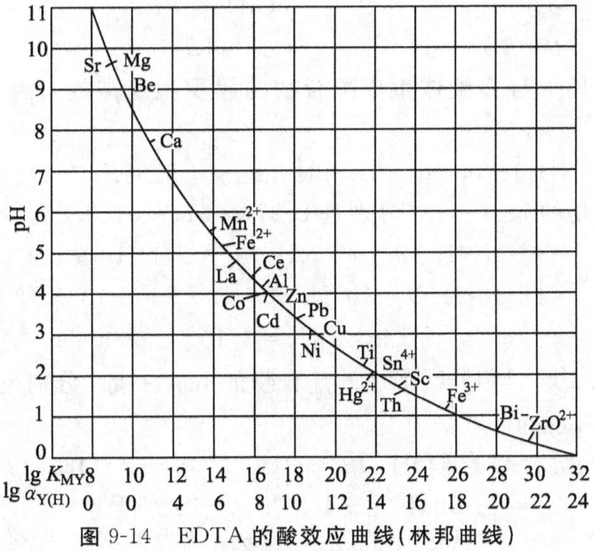

图 9-14　EDTA 的酸效应曲线（林邦曲线）

例 9-7　计算 pH＝4.0 时氰化物的酸效应系数及其对数值。已知，$\beta=2.2\times10^9$（β 为氢氰酸的稳定常数，即 HCN 标准解离平衡常数的倒数）。

解
$$\alpha_{CN(H)}=1+c(H^+)\beta=1+10^{-4}\times2.2\times10^9=2.2\times10^5$$
$$\lg\alpha_{CN(H)}=5.34$$

例 9-8　计算 pH＝5.0 时 EDTA 的酸效应系数及其对数值。EDTA 的各级酸的 $\lg\beta_1\sim\lg\beta_6$ 分别为 10.34、16.58、19.33、21.40、23.0、23.9。

解
$$\alpha_{Y(H)}=1+c(H^+)\beta_1+c^2(H^+)\beta_2+\cdots+c^6(H^+)\beta_6$$

$$=1+10^{-5+10.34}+10^{-10+16.58}+10^{-15+19.33}+10^{-20+21.4}+10^{-25+23.0}+10^{-30+23.9}$$

$$=1+10^{5.34}+10^{6.58}+10^{4.33}+10^{1.4}+10^{-2.0}+10^{-6.1}$$

$$=10^{6.6}$$

$$\lg\alpha_{Y(H)}=6.6$$

*三、副反应之二——配位效应和配位效应系数

与酸效应类似，滴定体系中如果存在其他配位剂，而这种配位剂能与被测金属离子形成配合物，则参与主反应的被测金属离子浓度降低，主反应平衡向左移动，EDTA 与金属离子形成的配合物的稳定性下降。这种由于共存配位剂的作用而使被测金属离子参与主反应的能力下降的现象称为配位效应。溶液中的 OH^- 能与金属离子形成氢氧化物或羟基配合物，从而降低了金属离子参与主反应的能力，这种金属离子的水解作用也是配位效应的一种。

配位效应的大小可用配位效应系数来表示，它是指未与 EDTA 配位的金属离子的各种存在形式的总浓度 $c(M')$ 与游离金属离子的浓度 $c(M)$之比，用 $\alpha_{M(L)}$ 表示，即

$$\alpha_{M(L)}=c(M')/c(M)$$

配位效应系数 $\alpha_{M(L)}$ 的大小与共存配位剂 L 的种类和浓度有关。共存配位剂的浓度越大，与被测金属离子形成的配合物越稳定，则配位效应越显著，对主反应的影响越大。

$$\alpha_{M(L)}=\frac{c(M')}{c(M)}=\frac{c(M)+c(ML)+c(ML_2)+\cdots+c(ML_n)}{c(M)}$$

$$=1+\beta_1 c(L)+\beta_2 c^2(L)+\cdots+\beta_n c^n(L)$$

其中，$\beta_1\sim\beta_n$ 是金属离子与 L 配体生成配合物的累积稳定常数。因此，配位效应系数仅是 L 浓度的函数。

例 9-9 计算 $c(NH_3)=0.1mol\cdot L^{-1}$时 $\lg\alpha_{Zn(NH_3)}$ 的值。

解 锌氨配合物的 $\lg\beta_1\sim\lg\beta_4$ 分别是 2.27、4.61、7.01、9.06。

$$\alpha_{Zn(NH_3)}=1+c(NH_3)\beta_1+c^2(NH_3)\beta_2+c^3(NH_3)\beta_3+c^4(NH_3)\beta_4$$

$$=1+10^{-1+2.27}+10^{-2+4.61}+10^{-3+7.01}+10^{-4+9.06}$$

$$\lg\alpha_{Zn(NH_3)}=5.10$$

例 9-10 已知：Pb^{2+} 与 OH^- 形成的配合物的 $\lg\beta_1\sim\lg\beta_3$ 分别是 6.2、10.3、13.3，计算 pH=10.0 时 $\lg\alpha_{Pb(OH)}$ 值。

解

$$\alpha_{Pb(OH)}=1+c(OH^-)\beta_1+c^2(OH^-)\beta_2+c^3(OH^-)\beta_3$$

$$=1+10^{-4+6.2}+10^{-8+10.3}+10^{-12+13.3}$$

$$\lg\alpha_{Pb(OH)}=2.0$$

四、EDTA 配合物的条件稳定常数

EDTA 与金属离子所形成的配合物的稳定常数 K_{MY} 越大，表示配位反应进行得越完全，生成的配合物越稳定。由于 K_{MY} 是在一定温度和离子强度的理想条件下的平衡常数，不受溶液中其他条件的影响，因此也称为 EDTA 配合物的绝对稳定常数。但是，在实际操作时，如果有副反应存在，则溶液中未与 EDTA 配位的金属离子的总浓度和未与金属离子配位的 EDTA 的总浓度都会发生变化，主反应的平衡会发生移动，配合物的实际稳定性下降。这时，再用 K_{MY} 来表示配合物的实际稳定性就不合适了，而应该采用配合

物的条件稳定常数 K'_{MY}，它可表示为：

$$K'_{MY}=\frac{c(MY)}{c(M')\cdot c(Y')}=\frac{c(MY)}{\alpha_{M(L)}\cdot c(M)\cdot \alpha_{Y(H)}\cdot c(Y)}=\frac{K^{\ominus}_{MY}}{\alpha_{M(L)}\cdot \alpha_{Y(H)}}$$

$$\lg K'_{MY}=\lg K^{\ominus}_{MY}-\lg\alpha_{M(L)}-\lg\alpha_{Y(H)}$$

显然，副反应系数越大，条件稳定常数 K'_{MY} 越小。也就是说，酸效应和配位效应越严重，配合物的实际稳定性越低。由于在 EDTA 滴定过程中存在酸效应和配位效应，因此应使用条件稳定常数来衡量 EDTA 配合物的实际稳定性。

例 9-11 计算 pH＝2.0 和 pH＝5.0 时，ZnY 的条件稳定常数的对数值

解 已知 pH＝2.0 时，$\lg\alpha_{Y(H)}=13.8$，则

$$\lg K'_{ZnY}=\lg K^{\ominus}_{ZnY}-\lg\alpha_{Y(H)}=16.5-13.8=2.7$$

pH＝5.0 时 $\lg\alpha_{Y(H)}=6.6$ 则

$$\lg K'_{ZnY}=\lg K^{\ominus}_{ZnY}-\lg\alpha_{Y(H)}=16.5-6.6=9.9$$

计算结果表明，在 pH＝2.0 时，由于酸效应系数很大，因此 Zn^{2+} 与 EDTA 形成的配合物的稳定性大为降低。而在 pH＝5.0 时，配位反应进行较完全。所以在配位滴定中应注意控制溶液的酸度及其他辅助配位剂的使用，以保证 EDTA 与金属离子所形成的配合物具有足够的稳定性。

9-5 配位滴定的基本原理（单一金属离子的滴定）(Basic Theory of Coordination Titration)

9-5-1 配位滴定曲线

在配位滴定中，随着滴定剂 EDTA 的加入，溶液中被滴定的金属离子浓度不断减小，在化学计量点附近，pM（即 $-\lg c(M)$）将急剧变化。以加入 EDTA 的体积为横坐标，pM 为纵坐标，作图即可得到 pM-EDTA 滴定曲线。通常仅计算化学计量点时的 pM，以此作为选择指示剂的依据。

一、滴定曲线

下面以 pH＝12.00 时，用 $0.01000\text{mol}\cdot L^{-1}$ EDTA 标准溶液滴定 20.00mL $0.01000\text{mol}\cdot L^{-1}$ Ca^{2+} 为例，对不同滴定阶段金属离子的浓度进行计算。（假定滴定体系中不存在其他辅助配位剂，只考虑 EDTA 的酸效应）

由于 $K^{\ominus}_{CaY^{2-}}=10^{10.69}$，pH＝12.0 时，$\alpha_{Y(H)}=10^{0.01}\approx1$，则

$$K'_{CaY^{2-}}=K^{\ominus}_{CaY^{2-}}/\alpha_{Y(H)}=K^{\ominus}_{CaY^{2-}}=10^{10.69}$$

1. 滴定前

$$c'(Ca^{2+})=c(Ca^{2+})=0.01000\text{mol}\cdot L^{-1}$$

$$pCa=2.0$$

2. 化学计量点前

由于 $K'_{CaY^{2-}}=10^{10.69}$，即 CaY^{2-} 很稳定，化学计量点前其解离作用可忽略。假设加入 EDTA 溶液 19.98mL，此时还剩 0.1% 的 Ca^{2+} 没被配位。

$$c(Ca^{2+})=0.01000\times(20.00-19.98)/(20.00+19.98)=5.0\times10^{-6}(\text{mol}\cdot L^{-1})$$

$$pCa=5.3$$

3. 化学计量点时

Ca^{2+}与 EDTA 几乎全部配位产生 CaY^{2-}，所以

$$c(CaY^{2-})=0.01/2=0.005mol \cdot L^{-1}$$

而 $c(Ca^{2+})=c(Y^{4-})$，则

$$K'_{CaY^{2-}}=\frac{c(CaY^{2-})}{c(Ca^{2+}) \cdot c(Y^{4-})}=\frac{0.005}{c^2(Ca^{2+})}=10^{10.69}$$

$$pCa=6.5$$

4. 化学计量点后

假设加入 EDTA 溶液 20.02mL，此时 EDTA 过量 0.1%，所以

$$c(Y^{4-})=(20.02-20.00)\times 0.01/(20.00+20.02)=5.0\times 10^{-6}(mol \cdot L^{-1})$$

$$c(CaY^{2-})=[20.00/(20.00+20.02)]\times 0.01=0.005\ (mol \cdot L^{-1})$$

$$c(Ca^{2+})=\frac{c(CaY^{2-})}{K^{\ominus}_{CaY} \cdot c(Y^{4-})}$$

$$=5.0\times 10^{-3}/(10^{10.69}\times 5.0\times 10^{-6})$$

$$=10^{-7.69}mol \cdot L^{-1}$$

$$pCa=7.7$$

按照上述计算方法，所得结果列于表 9-12 中。以加入 EDTA 的体积为横坐标，pCa 值为纵坐标，可得到 pCa-EDTA 滴定曲线，如图 9-15 所示。

表 9-12　pH=12.00 时，$0.01000mol \cdot L^{-1}$ EDTA 标准溶液滴定 20.00mL $0.01000mol \cdot L^{-1}$ Ca^{2+} 过程中 pCa 的变化

加入 EDTA 溶液		Ca^{2+} 被配位百分比	过量 EDTA 的百分比	pCa
毫升数	百分比			
0.00	0.0	0.0		2.0
18.00	90.0	90.0		3.3
19.80	99.0	99.0		4.3
19.98	99.9	99.9		5.3
20.00	100.0	100.0	0.0	6.5
20.02	100.1		0.1	7.7
20.20	101.0		1.0	8.7

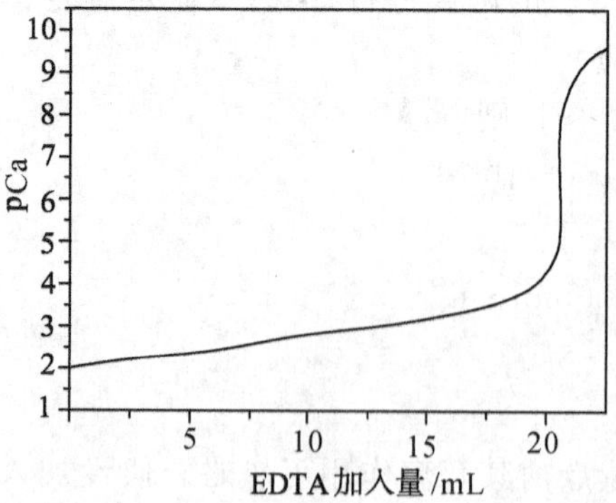

图 9-15　$0.01mol \cdot L^{-1}$ EDTA 标准溶液滴定 20mL $0.01mol \cdot L^{-1}$ Ca^{2+} 的滴定曲线

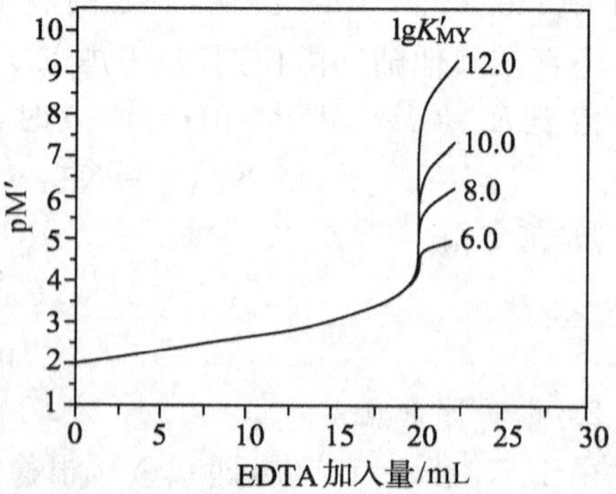

图 9-16　不同 K'_{MY} 时用 $0.01mol \cdot L^{-1}$ EDTA 标准溶液滴定 20mL $0.01mol \cdot L^{-1}$ M^{n+} 的滴定曲线

若滴定过程中使用了辅助配位剂，它将与被测金属离子发生其他配位反应，这时要考虑酸效应和配位效应对滴定过程的影响，滴定曲线中应该用 pM' 来代替 pM。

当用 0.01000mol·L^{-1}EDTA 标准溶液滴定 20.00mL 0.01000mol·L^{-1} 金属离子 M^{n+} 时，若配合物的 $\lg K'_{MY}$ 分别为 6、8、10、12，同样可绘制出相应的滴定曲线，如图 9-16所示。

$\lg K'_{MY}=10$，$c(M)$ 分别为 0.0001～0.1 mol·L^{-1} 时，分别用与金属离子等浓度的 EDTA 滴定，滴定过程中的 pM' 可计算出来，其滴定曲线如图 9-17 所示。

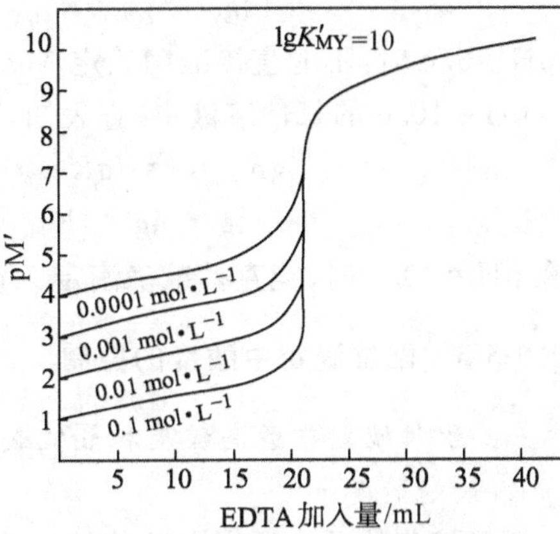

图 9-17　各浓度 EDTA 标准溶液滴定 20mL 不同浓度 M^{n+} 的滴定曲线

二、影响滴定突跃的因素

从图 9-16～9-18 可看出，在配位滴定中，化学计量点前后存在着滴定突跃，而突跃的大小与配合物的条件稳定常数和被滴定的金属离子的浓度直接相关。

1. 条件稳定常数对滴定突跃的影响

配合物的条件稳定常数的大小影响滴定突跃的大小，K'_{MY} 越大，滴定突跃越大。而配合物的条件稳定常数的大小，除了决定于配合物的绝对稳定常数外，主要还受溶液的酸度和其他辅助配位剂的影响。

(1) pH 的影响。pH 对 EDTA 滴定金属离子的突跃有很大的影响，溶液的 pH 越小，$\alpha_{Y(H)}$ 越大，K'_{MY} 越小，突跃越小。

(2) 辅助配位剂的影响。在没有其他辅助配位剂时，OH^- 作为辅助配位剂的影响不能不考虑。当 pH 增大时，$\alpha_{Y(H)}$ 减小，酸效应减弱，但同时 $c(OH^-)$ 增大，$\alpha_{M(OH)}$ 也增大，K'_{MY} 可能减小，因此在配位滴定中并不是 pH 越高越好，选择和控制 pH 非常重要。

2. 被滴定金属离子浓度的影响

金属离子浓度越低，滴定曲线的起点就越高，滴定突跃越小。

9-5-2　单一金属离子准确滴定的界限

在配位滴定中，通常采用指示剂来指示滴定的终点。在理想的情况下，指示剂的变色点与化学计量点一致，但由于肉眼判断颜色的局限性，仍可能造成滴定终点和化学计量点的差别。配位滴定一般要求滴定的相对误差不超过 0.1%（$\Delta pM'=0.2$pM 单位），根据终点误差理论，此时要求被滴定的初始金属离子浓度和其配合物的条件稳定常数 K'_{MY} 的乘积大于或等于 10^6，即

$$\lg c(M)K'_{MY}\geqslant 6$$

此条件为配位滴定中准确滴定单一金属离子的条件。

例 9-12　pH＝5.0 时，能否用 0.01mol·L^{-1} EDTA 标准溶液直接准确滴定 0.01mol·L^{-1}的 Mg^{2+}？pH＝10.0 的氨性溶液中呢？

解　pH＝5.0 时，查表知，$\lg\alpha_{Y(H)}=6.45$，则

$$\lg K'_{MgY^{2-}}=\lg K_{MgY^{2-}}-\lg\alpha_{Y(H)}=8.7-6.45=2.25$$

$$\lg c(Mg^{2+})K'_{MgY^{2-}} = -2+2.25=0.25 < 6$$

故 pH=5.0 时，不能直接准确滴定 Mg^{2+}。

pH=10.0 的氨性溶液中，查表知，$\lg\alpha_{Y(H)}=0.45$，则

$$\lg K'_{MgY^{2-}} = \lg K_{MgY^{2-}} - \lg\alpha_{Y(H)} = 8.7-0.45=8.25$$

$$\lg c(Mg^{2+})K'_{MgY^{2-}} = -2+8.25=6.25 > 6$$

故在 pH=10.0 时，能直接准确滴定 Mg^{2+}。

9-5-3 配位滴定中酸度的控制

一、配位滴定中最高酸度和最低酸度

1. 最高酸度

假定滴定体系中不存在其他辅助配位剂，而只考虑 EDTA 的酸效应，则 $\lg K'_{MY}$ 主要受溶液的酸度影响。在 $c(M)$ 一定时，随着酸度的增强，$\lg\alpha_{Y(H)}$ 增大，$\lg K'_{MY}$ 减小，最后可能导致 $\lg c(M)K'_{MY}<6$，这时就不能准确滴定了。因此，溶液的酸度应有一上限，超过它，便不能保证 $\lg c(M)K'_{MY}$ 有一定的值，会引起较大的误差（>0.1%）。这一最高允许的酸度称为最高酸度，与之相应的 pH 为最低 pH。

在配位滴定中，被测金属离子的浓度通常为 $0.01\text{mol}\cdot L^{-1}$，根据 $\lg c(M)K'_{MY}\geqslant 6$，得 $\lg K'_{MY}\geqslant 8$，若只考虑酸效应，则

$$\lg K'_{MY} = \lg K_{MY} - \lg\alpha_{Y(H)} \geqslant 8$$

$$\lg\alpha_{Y(H)} \leqslant \lg K_{MY} - 8$$

在 $c(M)=0.01\text{mol}\cdot L^{-1}$，且只考虑 EDTA 的酸效应时，可由上式求出配位滴定的最大 $\lg\alpha_{Y(H)}$，然后查表或酸效应曲线便可求得相应的 pH，即最低 pH。

例 9-13 计算 $0.01\text{mol}\cdot L^{-1}$ EDTA 滴定 $0.01\text{mol}\cdot L^{-1}$ 的 Mg^{2+} 的最高酸度（最低 pH）。

解

$$\lg K'_{MY} = \lg K_{MY} - \lg\alpha_{Y(H)} \geqslant 8$$

$$\lg K_{MY} = 8.7$$

$$\lg\alpha_{Y(H)} \leqslant 0.7$$

查表得，pH≥9.7，所以滴定 $0.01\text{mol}\cdot L^{-1}$ 的 Mg^{2+} 的最高酸度 pH 约为 10。

在 $c(M)=0.01\text{mol}\cdot L^{-1}$，相对误差为 0.1%时，可以计算出 EDTA 滴定各种金属离子的最低 pH，并将其标注在酸效应曲线上（图 9-15），可供实际工作使用，这种曲线通常又称为**林邦(Ringbom)曲线**。

2. 最低酸度

从滴定曲线的讨论我们知道，pH 越大，由于酸效应减弱，配合物越稳定，被测金属离子与 EDTA 的反应也越完全，滴定突跃越大。但是，随着 pH 增大，金属离子可能会发生水解，生成多羟基配合物，降低 EDTA 配合物的稳定性，甚至会因生成氢氧化物沉淀而影响 EDTA 配合物的形成，故对滴定不利。因此，对不同的金属离子，因其性质的不同而在滴定时有不同的最高 pH 或**最低酸度**。在没有其他辅助配位剂存在时，准确滴定某一金属离子的最低允许酸度通常可粗略地由一定浓度的金属离子形成氢氧化物沉淀时的 pH 估算。

例 9-14 试计算用 $0.01\text{mol}\cdot L^{-1}$ EDTA 滴定 $0.01\text{mol}\cdot L^{-1}$ Fe^{3+} 溶液时的最高酸

度和最低酸度。

解　$\lg K'_{MY}=\lg K_{MY}-\lg\alpha_{Y(H)}\geqslant 8$

$\lg K_{MY}=25.1$，$\lg\alpha_{Y(H)}\leqslant 17.1$，查表得，$pH\geqslant 1.2$，则滴定 $0.01mol\cdot L^{-1}$ 的 Fe^{3+} 的最低 pH 为 1.2。

最低酸度由 $Fe(OH)_3$ 的 K_{sp} 求得：

$$c(OH^-)=\sqrt[3]{\frac{K_{sp}}{c(Fe^{3+})}}=\sqrt[3]{\frac{2.64\times10^{-39}}{0.01}}=6.41\times10^{-13}(mol\cdot L^{-1})$$

$$pOH=12.2,\ pH=1.8$$

显然，此处计算的最高 pH 是刚开始析出沉淀时的 pH。这样按 K_{sp} 求得的最低酸度，可能与实际情况略有出入，因为在计算过程中忽略了羟基配合物、离子强度及沉淀是否易于再溶解等因素。对于个别氢氧化物沉淀溶解度较大的金属离子，如 Mg^{2+}，就明显存在这种情况。尽管如此，按这种方法计算而得到的最低酸度在实际滴定时仍可供参考。

配位滴定应控制在最高酸度和最低酸度之间进行，将此酸度范围称为配位滴定的适宜酸度范围。

二、缓冲溶液的作用

在配位滴定过程中，随着配合物的不断生成，不断有 H^+ 释放出来：

$$M^{n+}+H_2Y^{2-}\rightleftharpoons MY^{(n-4)}+2H^+$$

因此，溶液酸度随着配位反应的进行不断增加，不仅降低了配合物的实际稳定性（K'_{MY}减小），使滴定突跃减小，同时也可能改变指示剂变色的适宜酸度，导致很大的误差，甚至无法滴定。因此，在配位滴定中，通常要加缓冲溶液来控制 pH。

9-5-4　金属离子指示剂

一、金属离子指示剂工作原理

在配位滴定中，通常利用一种能与金属离子生成有色配合物的显色剂来指示滴定的终点。这种显色剂称为金属离子指示剂，简称金属指示剂。

在滴定开始时，金属指示剂(In)与少量被滴定金属离子反应，生成一种与指示剂本身颜色不同的配合物(MIn)。随着 EDTA 的加入，游离金属离子逐渐被配位，形成 MY。当达到反应的化学计量点时，EDTA 从 MIn 中夺取金属离子 M，使指示剂游离出来，这样溶液的颜色就由 B 色变为 A 色，指示终点的到达。

$$\underset{\text{(B色)}}{MIn}+Y=\!=\!=MY+\underset{\text{(A色)}}{In}$$

作为金属指示剂的主要条件：

(1) 金属指示剂配合物与指示剂有明显的颜色区别。

(2) 指示剂与金属离子形成的配合物的稳定性适当，即既要有足够的稳定性，又要比该金属离子的 EDTA 配合物的稳定性小。即 MIn 的稳定性要略低于 M-EDTA 的稳定性。如果 MIn 的稳定性太低，滴定终点就会提前出现，且变色不敏锐；如果 MIn 的稳定性太高，就会使终点拖后，甚至使 EDTA 不能夺取其中的金属离子，得不到滴定终点。

(3) 指示剂与金属离子的反应要快、灵敏度要高，且有良好的变色可逆性。

(4) 指示剂应比较稳定，有利于存储和使用。

(5) 指示剂与金属离子形成的配合物要易溶于水。如果生成胶体或沉淀，会使变色不明显。

应当指出，金属离子指示剂多为有机弱酸，具有酸碱指示剂的性质，即指示剂自身颜色随 pH 变化而不同，因而在使用此类金属指示剂时，也必须控制酸度。

如果滴定体系中存在干扰离子，并能与金属指示剂形成稳定的配合物，那么可能出现加入过量的 EDTA 但在化学计量点附近仍没有颜色变化的现象，这种现象就是所谓的指示剂封闭现象。可加入适当的掩蔽剂来消除。

有些指示剂或指示剂与金属离子形成的配合物在水中溶解度较小，以致在化学计量点时 EDTA 与指示剂置换缓慢，使终点拖长，这种现象就是所谓的指示剂僵化现象。可以通过放慢滴定速度，加入适当的有机溶剂或加热，以增加有关物质的溶解度来消除这一影响。

二、常用金属离子指示剂简介

铬黑 T (EBT)，化学名称是 1-(1-羟基-2-萘偶氮基)-6-硝基-2-萘酚-4-磺酸钠，属于偶氮染料，结构式为：

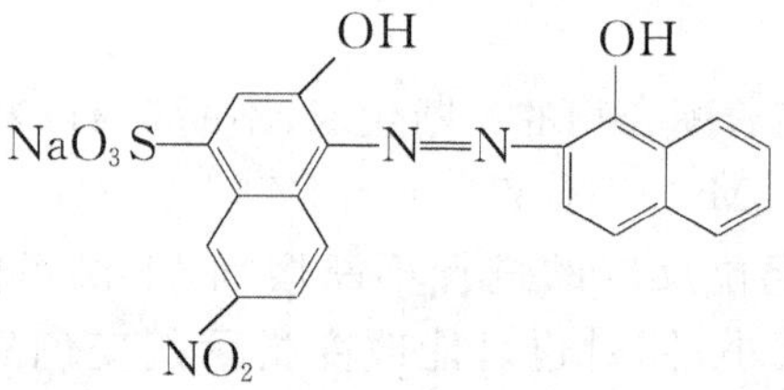

铬黑 T 可用符号 NaH_2In 表示。溶于水后，结合在磺酸根上的 Na^+ 全部解离，以 H_2In^- 阴离子形式存在于溶液中。H_2In^- 是一种二元酸，它分两步解离，在溶液中存在下列平衡关系而呈现三种不同的颜色：

$$\underset{\substack{(\text{紫红色}) \\ pH<6}}{H_2In^-} \xrightleftharpoons{-H^+} \underset{\substack{(\text{蓝色}) \\ pH=7\sim11}}{HIn^{2-}} \xrightleftharpoons{-H^+} \underset{\substack{(\text{橙色}) \\ pH>12}}{In^{3-}}$$

即溶液的 pH 在 6 以下时，铬黑 T 显紫红色；pH 在 7～11 时显蓝色，pH 在 12 以上则显橙色。铬黑 T 可与许多二价金属离子如 Ca^{2+}、Mg^{2+}、Mn^{2+}、Zn^{2+}、Cd^{2+}、Pb^{2+} 等形成稳定的配合物。在 pH＝7～11 的溶液中，铬黑 T 显蓝色，而与金属离子生成的配合物显酒红色，颜色变化明显，所以用铬黑 T 作指示剂应控制 pH 在此范围内。

铬黑 T 可作 Zn^{2+}、Ca^{2+}、Mg^{2+}、Hg^{2+} 等离子的指示剂，它与金属离子以 1∶1 配位。例如，以铬黑 T 为指示剂用 EDTA 滴定 Mg^{2+} (pH＝10)。

滴定前： $$Mg^{2+} + \underset{(\text{蓝色})}{HIn^{2-}} \rightleftharpoons \underset{(\text{酒红色})}{MgIn^-} + H^+$$

滴定阶段： $$Mg^{2+} + HY^{3-} \rightleftharpoons MgY^{2-} + H^+$$

滴定终点时： $$\underset{(\text{酒红色})}{MgIn^-} + HY^{3-} \rightleftharpoons MgY^{2-} + \underset{(\text{蓝色})}{HIn^{2-}}$$

在滴定过程中，颜色变化为：酒红色→紫→蓝色。

因铬黑 T 水溶液不稳定，很易聚合，通常把它与惰性盐 NaCl 以 1∶100 比例相混，配成固体混合物使用，也可配成三乙醇胺溶液使用。

钙指示剂，化学名称是 2-羟基-1-(2-羟基-4-磺酸基-1-萘偶氮基)-3-萘甲酸（一钠盐），简称 NN 或称钙红，其结构式为：

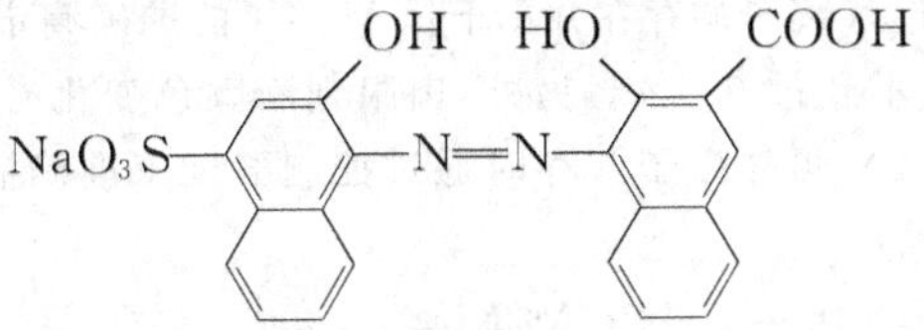

该指示剂的二钠盐可用符号 Na_2H_2In 表示，溶于水后存在如下平衡：

$$\underset{\substack{(红色)\\ pH<7}}{H_2In^{2-}} \underset{+H^+}{\overset{-H^+}{\rightleftharpoons}} \underset{\substack{(蓝色)\\ pH=8\sim13}}{HIn^{3-}} \underset{+H^+}{\overset{-H^+}{\rightleftharpoons}} \underset{\substack{(橙色)\\ pH>13.5}}{In^{4-}}$$

此指示剂在 pH＝12～13 时呈蓝色，它与 Ca^{2+} 形成相当稳定的红色配合物，与 Mg^{2+} 形成更稳定的红色配合物。但当溶液 pH 达到 12 时，Mg^{2+} 已被沉淀为 $Mg(OH)_2$，故在此酸度时，用钙指示剂可以在 Ca^{2+}、Mg^{2+} 的混合液中直接滴定 Ca^{2+}。

纯的钙指示剂为紫色粉末，其水溶液或乙醇溶液均不稳定，通常与干燥的 NaCl 粉末以 1∶100 混合后使用。一些常见金属离子指示剂列于表 9-13 中。

表 9-13 常见金属离子指示剂

指示剂	使用 pH 范围	颜色变化		直接滴定离子	指示剂配制	备注
		In	MIn			
铬黑 T(EBT) Eriochrome Black T	7～10	蓝	红	pH 10 Ca^{2+}、Mg^{2+}、Zn^{2+}、Cd^{2+}、Pb^{2+}、Mn^{2+}、稀土	1∶100NaCl (固体)	Fe^{3+}、Al^{3+}、Cu^{2+} 等对 EBT 有封闭
二甲酚橙(XO) Xyleuo Orange	<6	黄	红	pH<1 ZrO^{2+} pH 1～3 Bi^{3+}、Th^{4+} pH 5～6 Zn^{2+}、Pb^{2+}、Cd^{2+}、Hg^{2+}、稀土	质量分数为 0.5%的水溶液	Fe^{3+}、Al^{3+} 等有封闭
PAN 1-(2-Pyridylazo)-2-Naphrhol	2～12	黄	红	pH 2～3 Bi^{3+}、Th^{4+} pH 5～6 Cu^{2+}、Ni^{2+}	质量分数为 0.1% 的乙醇溶液	
酸性铬蓝 K Acid Chrome Blue K	8～13	蓝	红	pH 10 Mg^{2+}、Zn^{2+} pH 13 Ca^{2+}	1∶100NaCl (固体)	
钙指示剂(NN) Calcon-carboxylic Acid	10～13	蓝	红	pH 12～13 Ca^{2+}	1∶100NaCl (固体)	Fe^{2+}、Al^{2+}、Cu^{2+}、Mn^{2+} 等封闭
磺基水杨酸(ssal) Sulfo-salicylic Acid		无	紫红	pH 1.5～2.5 Fe^{3+} (加热)	质量分数为 2%的水溶液	ssal 无色，终点：红→黄

* 9-5-5 提高配位滴定选择性的方法

实际工作的分析对象中往往有多种金属离子共存，而 EDTA 又能与很多金属离子形成稳定的配合物，所以在滴定某一金属离子时常常受到共存金属离子的干扰，如何在多种离子中进行选择滴定就成为配位滴定的一个重要问题。

一、控制酸度

假如溶液中含有M和N两种金属离子，它们均可与EDTA形成配合物，且$K'_{MY}>K'_{NY}$。当用EDTA滴定时，若$c(M)=c(N)$，M离子首先被滴定。若K'_{MY}和K'_{NY}相差足够大，则M离子被滴定后，EDTA才与N离子作用，这样，N离子的存在并不干扰M离子的准确滴定。对于有干扰离子存在的配位滴定，一般也允许相对误差不超过0.5%。另外，肉眼判断颜色变化时，滴定突跃应大于0.2pM单位。根据理论推导，若要在M、N两种离子共存时通过控制酸度来准确滴定M离子，除了须满足$\lg c(M)K'_{MY}\geqslant 6$条件外，还必须满足：

$$\frac{c(M)K'_{MY}}{c(N)K'_{NY}}\geqslant 10^5$$

即必须同时满足上述两个条件。

例9-15 若一溶液中Fe^{3+}、Al^{3+}浓度均为0.01mol·L^{-1}。能否通过控制酸度，用EDTA选择滴定Fe^{3+}？如何控制酸度？

解：已知$K_{FeY}=10^{25.1}$，$K_{AlY}=10^{16.3}$，同一溶液中EDTA的酸效应一定，在无其他副反应时：

$$\frac{c(Fe^{3+})K'_{FeY}}{c(Al^{3+})K'_{AlY}}=\frac{K'_{FeY}}{K'_{AlY}}=10^{8.8}\geqslant 10^5$$

所以可通过控制酸度，用EDTA选择滴定Fe^{3+}，而Al^{3+}不干扰。

根据$\lg c(Fe^{3+})K'_{FeY}\geqslant 6$，可计算滴定$Fe^{3+}$的最低pH约为1.2，而在pH≈1.8时$Fe^{3+}$发生水解而生成$Fe(OH)_3$沉淀，所以，可控制pH在1.2～1.8滴定$Fe^{3+}$。从酸效应曲线可以看出，这时$Al^{3+}$不被滴定。

如果溶液中存在两种以上的金属离子，要判断能否用控制酸度法分别滴定，应该首先考虑配合物稳定常数最大和与之最接近的两种离子，然后依次两两考虑。

应当指出，在考虑滴定的适宜pH范围时还应注意所选用的指示剂的适宜pH范围。如上例中滴定Fe^{3+}时，用磺基水杨酸作指示剂，在pH=1.5～1.8时，它与Fe^{3+}形成红色配合物。若在此pH范围内用EDTA直接滴定Fe^{3+}，终点颜色变化明显，Al^{3+}不干扰。滴定Fe^{3+}后，调节溶液pH=3，加入过量EDTA，煮沸，使Al^{3+}与EDTA完全反应，再调节pH=5～6，用PAN作指示剂，用Cu^{2+}标准溶液滴定过量的EDTA，即可求得Al^{3+}的含量。

二、掩蔽和解蔽

当被测金属离子和干扰离子的配合物的稳定性相差不大，即不能满足：

$$\frac{c(M)K'_{MY}}{c(N)K'_{NY}}\geqslant 10^5$$

就不能用控制酸度的方法进行选择滴定。可以加入某种试剂，使之仅与干扰离子N反应，这样溶液中游离N的浓度大大降低，N对被测离子M的干扰也会减弱以致消除，这种方法称为掩蔽法。常用的掩蔽法有配位掩蔽法、沉淀掩蔽法、氧化还原掩蔽法等，其中以配位掩蔽法最为常用。

三、预先分离

如果用控制酸度和使用掩蔽剂等方法都不能消除共存离子的干扰，就只有预先将干扰离子分离出来，再滴定被测离子。分离的方法很多，可根据干扰离子和被测离子的性质进行选择。例如，磷矿石中一般含Fe^{3+}、Al^{3+}、Ca^{2+}、Mg^{2+}、PO_4^{3-}、F^-等离子，如果要用EDTA测定其中的离子，F^-有严重的干扰，它能与Fe^{3+}、Al^{3+}生成很稳定的配合物，酸度小时，又能和Ca^{2+}生成CaF_2沉淀，因此在滴定前必须先加酸、加热，使F^-生成HF而挥发除去。

四、其他配位剂

除EDTA外，其他许多配位剂也能与金属离子形成稳定性不同的配合物，因而选用不同的配位剂进行滴定，有可能提高滴定某些离子的选择性。例如，多数金属离子与EDTP形成的配合物的稳定性比它们的EDTA配合物差很多，而$Cu(EDTP)^{2-}$与$Cu(EDTA)^{2-}$稳定性相差不大，因而可用EDTP直接滴定Cu^{2+}，而Zn^{2+}、Cd^{2+}、Mg^{2+}、Mn^{2+}等都不干扰。又如Ca^{2+}、Mg^{2+}的EDTA配合物的稳定性相差不大，若用EGTA作为配位剂，由于$Ca(EGTA)^{2-}$仍有较高稳定性，而$Mg(EGTA)^{2-}$不太稳定，故可用EGTA直接滴定Ca^{2+}而Mg^{2+}不干扰。

9-5-6 配位滴定的方法和应用实例

配位滴定可以选用多种滴定方法，包括直接滴定、间接滴定、返滴定和置换滴定等。采用不同的方法，可以扩大配位滴定的应用范围，也可以提高选择性。

一、EDTA标准溶液的配制和标定

EDTA标准溶液通常用EDTA二钠盐($Na_2H_2Y \cdot 2H_2O$)配制。此溶液若需长期保存，应储存于聚乙烯塑料瓶中。

标定EDTA溶液的基准物质一般用金属锌，也可以用$CaCO_3$或$MgSO_4 \cdot 7H_2O$等。标定时可吸取一定体积的锌标准溶液，加pH=10的$NH_3 \cdot H_2O$-NH_4Cl缓冲溶液，以铬黑T为指示剂。用待标定的EDTA溶液滴定至溶液由酒红色变为纯蓝色。记下EDTA溶液消耗的体积$V(\text{EDTA})$(mL)，按下式计算EDTA的浓度：

$$c(\text{EDTA})=\frac{c(\text{Zn})V(\text{Zn})}{V(\text{EDTA})}$$

式中，$c(\text{Zn})$为锌标准溶液浓度，$V(\text{Zn})$为吸取的锌标准溶液的体积(mL)。

二、直接滴定法测定水的硬度

钙、镁测定在动植物体分析中都有广泛的应用。工业上将含钙盐、镁盐等杂质较多的水称为“硬水”。它易在锅炉中形成水垢，洗涤时会使肥皂泡沫减少。用EDTA配位滴定法测定钙、镁时，首先测定的是钙、镁总量，然后测定钙量，二者之差即为镁量。水的硬度通常用质量浓度ρ表示，单位为$mg \cdot dm^{-3}$。

钙、镁总量的测定：将水样调节至pH=10，以铬黑T为指示剂用EDTA直接滴定。铬黑T和EDTA均能与Ca^{2+}、Mg^{2+}生成配合物，但其稳定性有如下差别：

$$CaY^{2-}>MgY^{2-}>MgIn^{-}>CaIn^{-}$$

所以，滴定前，铬黑T首先与Mg^{2+}结合，生成酒红色配合物。滴加的EDTA则先与游离的Ca^{2+}结合，然后再结合溶液中游离的Mg^{2+}，最后夺取铬黑T结合的Mg^{2+}，并使铬黑T游离出来，溶液由酒红色变为蓝色，即为终点。记下EDTA消耗的体积V_1(mL)。

钙的测定：用NaOH调节溶液至pH>12，此时Mg^{2+}转化为$Mg(OH)_2$沉淀，不干扰Ca^{2+}滴定。加入钙指示剂后，即与Ca^{2+}生成红色配合物。用EDTA滴定时，EDTA首先结合游离的Ca^{2+}，继续滴定，将夺取指示剂结合的Ca^{2+}，并使指示剂游离出来，溶液由红色变为纯蓝色即为终点。记下EDTA消耗的体积V_2(mL)。

按下式计算水中Ca^{2+}、Mg^{2+}含量：

$$\rho(\text{Ca})(\text{mg} \cdot \text{L}^{-1})=\frac{V_2 c(\text{EDTA})M(\text{Ca})}{V(\text{水})}\times 1000\text{mg} \cdot \text{L}^{-1}$$

$$\rho(\text{Mg})(\text{mg} \cdot \text{L}^{-1})=\frac{(V_1-V_2)c(\text{EDTA})M(\text{Mg})}{V(\text{水})}\times 1000\text{mg} \cdot \text{L}^{-1}$$

水中Fe^{3+}、Al^{3+}、Mn^{2+}、Pb^{2+}含量较高时，应加三乙醇胺和酒石酸钾钠掩蔽。

三、返滴定法测定Al^{3+}

若被测离子与EDTA反应缓慢、被测离子在选定滴定条件下发生水解等副反应、无适宜指示剂或被测离子对指示剂有封闭作用而不能直接进行 EDTA 滴定时，可采用返滴定法。即加一定量过量的 EDTA 标准溶液到被测离子溶液中，待反应完全后，再用另一金属离子的标准溶液返滴定过量的 EDTA，根据两种标准溶液的浓度和用量，即可求得被测离子的含量。例如测定 Al^{3+} 时，由于 Al^{3+} 易水解形成多羟基配合物，且与 EDTA 反应较慢，同时 Al^{3+} 对二甲酚橙有封闭作用，因此不能用 EDTA 直接测定，可在含 Al^{3+} 的溶液中先加入一定量过量的 EDTA 标准溶液，加热至沸以使 Al^{3+} 与 EDTA 反应完全后，再加入二甲酚橙，用 Zn^{2+} 或 Cu^{2+} 标准溶液返滴定过量的 EDTA。

四、置换滴定法

置换滴定法在配位滴定中也经常使用。利用置换反应，用一种配位剂将被测离子与 EDTA 配合物中的EDTA置换出来，然后用另一金属离子的标准溶液滴定，或者用被测离子将另一金属离子配合物中的金属离子置换出来，然后用 EDTA 标准溶液滴定。例如，测定某合金中的 Sn^{4+} 时，可在试液中先加过量的 EDTA，使共存的 Pb^{2+}、Zn^{2+}、Cd^{2+}、Bi^{3+} 等和 Sn^{4+} 一起都与 EDTA 配位，然后用 Zn^{2+} 的标准溶液滴定过量的 EDTA，除去溶液中游离的 EDTA。再加入 NH_4F（F^- 与 Sn^{4+} 形成稳定性更高的 $[SnF_6]^{2-}$），选择性地将 SnY 中的 EDTA 置换出来，然后再用 Zn^{2+} 的标准溶液滴定，即可求得 Sn^{4+} 的含量。又如测定 Ag^+，由于 Ag^+ 的 EDTA 配合物不够稳定，因而不能用 EDTA 直接滴定。如在 Ag^+ 试液中加入过量的 $[Ni(CN)_4]^{2-}$，则发生反应：

$$2Ag^+ + [Ni(CN)_4]^{2-} \rightleftharpoons 2[Ag(CN)_2]^- + Ni^{2+}$$

置换出来的 Ni^{2+} 可在 pH＝10.0 的氨性缓冲溶液中用 EDTA 滴定，可计算出 Ag^+ 的含量。

*五、间接滴定法测定 SO_4^{2-}

对于不能与 EDTA 形成稳定配合物的物质，可以采用间接滴定法测定。例如，SO_4^{2-} 不与 EDTA 发生配位反应，故用间接法测定。在酸性试液中加 $BaCl_2 + MgCl_2$ 标准混合液①，其中 Ba^{2+} 与 SO_4^{2-} 生成 $BaSO_4$ 沉淀。调节溶液 pH＝10，以铬黑 T 为指示剂，用 EDTA 标准溶液滴定剩余的 Ba^{2+} 和 Mg^{2+}，至溶液由红色变为蓝色，即为终点。由 $BaCl_2 + MgCl_2$ 的总量减去剩余量，即为与 SO_4^{2-} 作用的量。

$$w(SO_4^{2-}) = \frac{[c(BaCl_2 + MgCl_2)V(BaCl_2 + MgCl_2) - c(EDTA)V(EDTA)]M(SO_4^{2-})}{m} (\times 100\%)$$

习　题

1. 无水 $CrCl_3$ 和氨作用能形成两种配合物 A 和 B，组成分别为 $CrCl_3 \cdot 6NH_3$ 和 $CrCl_3 \cdot 5NH_3$。加入 $AgNO_3$，A 溶液中几乎全部的氯沉淀为 AgCl，而 B 溶液中只有 2/3 的氯沉淀出来，加入 NaOH 并加热，两种溶液均无氨味。试写出这两种配合物的化学式并命名。

2. 指出下列配合物的中心离子、配体、配位数、配离子电荷数和配合物名称。

$K_2[HgI_4]$　　$[CrCl_2(H_2O)_4]Cl$　　$[Co(NH_3)_2(en)_2](NO_3)_2$

$K_3[Fe(CN)_6]$　　$K[Co(NO_2)_4(NH_3)_2]$　　$[Fe(CO)_5]$

3. 试用价键理论说明下列配离子的类型、空间构型和磁性。

---

① 由于 Ba^{2+} 与铬黑 T 指示剂生成的配合物不稳定，所以不单独用 $BaCl_2$ 标准溶液，而用 $BaCl_2 + MgCl_2$ 标准溶液。

(1) $[CoF_6]^{3-}$和$[Co(CN)_6]^{3-}$；

(2) $[Ni(NH_3)_4]^{2+}$和$[Ni(CN)_4]^{2-}$。

*4. 配离子$[Ni(CN)_4]^{2-}$的磁矩等于0.0B.M，螯合物$[Fe(C_2O_4)_3]^{3-}$的磁矩等于5.75B.M,判断其空间构型和中心原子的杂化轨道。

**5. 选择题：

(1) 下列哪种配体可以作为π-酸配体？

A. C_3H_6　　B. CO　　C. CH_4　　D. C_6H_6

(2) 某配合物中心形成体半径大小适中,其氧化数为+3,若配体为中性分子,其配位数应该为：

A. 2　　B. 3　　C. 4　　D. 6

(3) 当0.01mol氯化铬(Ⅲ)($CrCl_3 \cdot 6H_2O$)在水溶液中用过量的硝酸银处理时,有0.02mol氯化银沉淀析出,此样品的配离子的表达式为：

A. $[Cr(H_2O)_6]^{3+}$　　B. $[CrCl(H_2O)_5]^{2+}$

C. $[CrCl_2(H_2O)_4]^{+}$　　D. $[CrCl_3(H_2O)_3]$

(4) 对中心原子的配位数,下列说法不正确的是：

A. 能直接与中心原子配位的原子数目称为配位数

B. 中心原子电荷越高,配位数就越大

C. 中性配体比阴离子配体的配位数大

D. 配位体的半径越大,配位数越大

(5) 在配位化合物中,一般作为中心形成体的元素是：

A. 非金属元素　　B. 过渡金属元素

C. 金属元素　　D. ⅢB～ⅧB族元素

(6) 配合物一氯·硝基·四氨合钴(Ⅲ)的化学式为：

A. $[Co(NH_3)_4(NO_2)Cl]^{+}$　　B. $[Co(NH_3)_4(NO_2)]Cl$

C. $[Co(NH_3)_4(ONO)Cl]^{+}$　　D. $[Co(NH_3)_4(ONO)]Cl$

6. 将$0.1mol \cdot L^{-1}$ $ZnCl_2$溶液与$1.0mol \cdot L^{-1}$ NH_3溶液等体积混合,求此溶液中$[Zn(NH_3)_4]^{2+}$和Zn^{2+}的浓度。

7. 在100mL $0.05mol \cdot L^{-1}$ $[Ag(NH_3)_2]^{+}$溶液中加入1mL $1mol \cdot L^{-1}$ NaCl溶液,溶液中NH_3的浓度至少需多大才能阻止AgCl沉淀生成？

8. 计算AgCl在$0.1mol \cdot L^{-1}$ NH_3溶液中的溶解度。

*9. 在100mL $0.15mol \cdot L^{-1}$ $[Ag(CN)_2]^{-}$溶液中加入50mL $0.1mol \cdot L^{-1}$ KI溶液,是否有AgI沉淀生成？在上述溶液中再加入50mL $0.2mol \cdot L^{-1}$ KCN溶液,又是否产生AgI沉淀？

*10. 0.08mol $AgNO_3$溶解在1L $Na_2S_2O_3$溶液中形成$[Ag(S_2O_3)_2]^{3-}$,过量的$S_2O_3^{2-}$浓度为$0.2mol \cdot L^{-1}$。欲得卤化银沉淀,所需I^-和Cl^-的浓度各为多少？能否得到AgI和AgCl沉淀？

*11. 50mL $0.1mol \cdot L^{-1}$ $AgNO_3$溶液与等量的$6mol \cdot L^{-1}$ NH_3混合后,向此溶液中加入0.119g KBr固体,有无AgBr沉淀生成？如欲阻止AgBr沉淀析出,原混合液中氨的初始浓度至少要多少？

**12. 分别计算 $Zn(OH)_2$ 溶于氨水生成 $[Zn(NH_3)_4]^{2+}$ 和 $[Zn(OH)_4]^{2-}$ 时的平衡常数，若溶液中 NH_3 和 NH_4^+ 的浓度均为 0.1mol·L^{-1}，则 $Zn(OH)_2$ 溶于该溶液中主要生成哪一种配离子？

*13. 将含有 0.2mol·L^{-1} NH_3 和 1mol·L^{-1} NH_4^+ 的缓冲溶液与 0.2mol·L^{-1} $[Cu(NH_3)_4]^{2+}$ 溶液等体积混合，有无 $Cu(OH)_2$ 沉淀生成？已知 $Cu(OH)_2$ 的 $K_{sp}^{\ominus}=2.2\times10^{-20}$。

14. 写出下列反应的方程式并计算平衡常数：

(1) AgI 溶于 KCN。(1.95×10^5)

(2) AgBr 微溶于氨水中，溶液酸化后又析出沉淀(两个反应)。

15. 下列化合物中哪些可作为有效的螯合剂？

(1) H_2O　　(2) HOOH(过氧化氢)

(3) H_2NNH_2(联胺)　　(4) $NH_2CH_2CH_2NH_2$

16. 下列说法是否正确？

(1) 配离子的稳定性依赖于螯环的大小，环越大越稳定。

(2) 配离子的稳定性依赖于螯环的大小，环越小越稳定。

(3) 一般情况下，五元环最稳定。

*17. 在 pH＝4.0 时，能否用 EDTA 准确滴定 0.01 mol·L^{-1} Fe^{2+}？pH＝6.0 和 pH＝8.0 时呢？

*18. 若配制 EDTA 溶液的水中含有 Ca^{2+}、Mg^{2+}，在 pH＝5～6 时，以二甲酚橙作指示剂，用 Zn^{2+} 标定该 EDTA 溶液，结果偏高还是偏低？若以此 EDTA 溶液测定 Ca^{2+}、Mg^{2+}，所得结果又如何？

*19. 含 0.01mol·L^{-1}Pb^{2+}，0.01mol·L^{-1}Ca^{2+} 的硝酸溶液中，能否用 0.1mol·L^{-1} 的 EDTA 准确滴定 Pb^{2+}？若可以，应在什么 pH 下滴定而 Ca^{2+} 不干扰？

*20. 用返滴定法测定 Al^{3+} 的含量时，首先在 pH＝3.0 左右加入过量的 EDTA 并加热，使 Al^{3+} 完全配位。试问为何选择此 pH？

*21. 量取 Bi^{3+}、Pb^{2+}、Cd^{2+} 的试液 25.00mL，以二甲酚橙为指示剂，在 pH＝1 时用 0.02015mol·L^{-1}EDTA 溶液滴定，用去 20.28mL，调节 pH 至 5.5，用此 EDTA 滴定时又消耗 28.86mL，加入邻二氮菲，破坏 CdY^{2-}，释放出的 EDTA 用 0.01202mol·L^{-1} 的 Pb^{2+} 溶液滴定，用去 18.05mL，计算溶液中 Bi^{3+}、Pb^{2+}、Cd^{2+} 的浓度。

*22. 在 25.00mL 含 Ni^{2+}、Zn^{2+} 的溶液中加入 50.00mL 0.01500mol·L^{-1} 的 EDTA 溶液，用 0.01000mol·L^{-1} 的 Mg^{2+} 返滴定过量的 EDTA，用去 17.52mL，然后加入二巯基丙醇解蔽 Zn^{2+}，释放出 EDTA，再用 Mg^{2+} 溶液滴定，用去 22.00mL。计算原试液中 Ni^{2+}、Zn^{2+} 的浓度。

23. How many unpaired electrons are present in each of the following?

(1) $[FeF_6]^{3-}$ (high-spin)　　(2) $[Co(en)_3]^{3+}$ (low-spin)

(3) $[Co(CN)_6]^{3-}$ (low-spin)　　(4) $[Mn(F)_6]^{4-}$ (high-spin)

(5) $[Fe(H_2O)_6]^{4-}$ (high-spin)　　(6) $[Mn(CN)_6]^{4-}$ (low-spin)

*24. Given the following information:

$Ag^+ + 2NH_3 \rightleftharpoons [Ag(NH_3)_2]^+$; $K_f^{\ominus}=1\times10^7$,

$Ag^+ + 2CN^- \rightleftharpoons [Ag(CN)_2]^-$；$K_f^\ominus = 1\times10^{20}$

$Ag^+ + 2Cl^- \rightleftharpoons AgCl_{(s)}$；$K_{sp}^\ominus = 1\times10^{-10}$

$Ag^+ + 2I^- \rightleftharpoons AgI_{(s)}$；$K_{sp}^\ominus = 1\times10^{-17}$

(1) Which complex is the most stable?

(2) Which solid is the least soluble?

(3) Use this information to explain why:

The addition of NH_3(aq) dissolves AgCl but not AgI.

The addition of the cyanide ion(CN^-) dissolves AgCl and AgI.

25. Calculate the concentration of free copper ion that is present in equilibrium with 1.0×10^{-3} mol·L^{-1} $[Cu(NH_3)_4]^{2+}$ and 1.0×10^{-1} mol·L^{-1} NH_3.

第十章　氧化还原反应与氧化还原滴定 (Oxidation-reduction Reaction and Oxidation-reduction Titration)

学习要求

1. 掌握氧化还原反应的基本概念，标准电极电势表的使用，能斯特方程式及有关计算，电极电势在判断反应方向和限度方面的应用，离子电子法配平氧化还原反应，高锰酸钾滴定法。
2. 熟悉原电池的组成及表示方法，氧化数的概念，元素电势图及其应用，重铬酸钾滴定法，碘量法。
3. 了解氧化数法配平氧化还原反应，电极电势的产生原理和测定，能斯特方程式的推导。

化学反应可以分为两大类：一类是在反应过程中，反应物之间没有发生电子转移的反应，如酸碱反应、沉淀反应和配位反应等；另一类是在反应过程中，反应物之间发生了电子转移的反应，这一类反应就是本章要讨论的氧化还原反应（Oxidation-reduction Reaction）。

氧化还原反应对生物体具有重大意义。生物体内的很多生化反应都属于氧化还原反应，构成了诸如新陈代谢、运动收缩、神经传导、生物合成等各种生命现象的物质基础。例如，在生物体中葡萄糖的代谢过程

$$C_6H_{12}O_6(s)+6O_2(g)═══6CO_2(g)+6H_2O(l) \quad \Delta_r H_m^\ominus=-2.780\times10^3\,kJ\cdot mol^{-1}$$

就是一个氧化还原反应，这个反应提供了生命活动所需要的能量。实际上这个代谢过程是非常复杂的，是在一系列酶催化作用下，分成许多步骤进行的。在代谢机理和酶的研究工作中，我们经常要判断氧化还原反应进行的方向和限度，这可以根据化学热力学原理，通过计算反应的自由能变来研究。由于自发进行的氧化还原化学反应可以组成原电池，所以我们也可以借助于这种联系，利用原电池的电动势或者电极电势来研究反应进行的方向和限度的问题。

以氧化还原反应为基础的氧化还原滴定法是一种非常重要的滴定分析方法，在环境监测、临床检测等领域也有很多应用。

10-1　氧化还原反应基本概念 (Basic Concepts of Oxidation-reduction Reaction)

10-1-1　氧化和还原(Oxidation and Reduction)

还原反应是物质获得电子的反应，氧化反应是物质失去电子的反应。比如：

还原反应　　$Cu^{2+}+2e^-\longrightarrow Cu$

氧化反应　　$Zn \longrightarrow Zn^{2+} + 2e^-$

以上两个反应称为半反应。有得到电子的反应就必有失去电子的反应。氧化半反应失去的电子必须如数转移给还原半反应，所以还原反应和氧化反应这两种反应必须联系在一起才能进行。如果将以上两式合并，就成为全反应式：

$$Zn + Cu^{2+} = Zn^{2+} + Cu$$

任何氧化还原反应均可被拆成氧化和还原两个半反应。

在氧化还原反应中，得电子者为**氧化剂(Oxidant)**，比如 Cu^{2+}，氧化剂自身被还原，反应后变成还原产物；失电子者为**还原剂(Reductant)**，比如 Zn，还原剂自身被氧化，反应后变成氧化产物。氧化剂得到的电子数一定等于还原剂失去的电子数。

在有些反应中，得失电子不是很明显，比如

$$H_2(g) + Cl_2(g) = 2HCl(g)$$

在形成共价化合物氯化氢分子的反应中，氢并没有完全失去电子，氯也没有完全得到电子，但是在氯化氢分子中，由于氯的电负性大于氢，所以氯原子和氢原子之间的一对共用电子对偏向了氯的一方。这种导致电子偏移的反应也属于氧化还原反应。

由此可见，氧化还原反应的本质在于电子的得失或偏移。在反应过程中发生电子的得失或偏移的反应称为氧化还原反应。

阅读材料

人体中的"清道夫"——超氧化物歧化酶(SOD)

氧化反应和还原反应有时会发生在同一反应物的同一种元素上，也就是说该元素一部分原子被氧化，另一部分原子被还原，这种自身的氧化还原反应称为歧化反应。在需氧生物体(如人体)内，作为活性氧自由基的超氧阴离子(O_2^-)形成后会引起细胞损伤，但是它可以在超氧化物歧化酶(Superoxide Dismutase，简记为 SOD，一种含金属离子 Cu，Zn 的酶蛋白)的催化下发生歧化反应，从而分解成过氧化氢和氧气：

$$2O_2^- + 2H^+ \xrightleftharpoons{SOD} H_2O_2 + O_2$$

医学研究表明：冠心病患者心肌缺血、缺氧，会导致自由基产生过多，脂质过氧化反应增强，SOD 含量和活性明显低于健康人水平。目前抗心肌缺血的药物研究从单纯依靠扩张血管和节约心肌耗氧来治疗冠心病，发展到针对自由基产生和消除的各个环节研究冠心病的防治。在冠心病治疗中，常使用 SOD 含量检测作为冠心病治疗的客观指标之一，使得冠心病治疗研究取得了很大进展。

此外，SOD 的医学作用还有：

抗衰老作用：年龄的增长和某些体外因素会造成机体和皮肤组织中自由基的产生速率超过机体正常清除自由基的速率，从而对皮肤组织造成伤害，导致衰老。由于 SOD 能够清除自由基，因而可以延缓衰老。

治疗自身免疫性疾病：SOD 对治疗各类自身免疫系统疾病都有一定的疗效，如红斑狼疮、硬皮病、皮肤炎、类风湿关节炎等。

治疗肺气肿：肺气肿患者亦可使用SOD治疗，但应在病变初期肺弹性纤维尚未受到损害时使用疗效较好。

治疗辐射病及辐射防护：SOD可用来治疗因放疗引起的膀胱炎、皮肤炎、红斑狼疮及白细胞减少等疾病。对有可能受到电离辐射的人员，也可注射SOD作为预防措施。

目前，SOD在医药、保健食品、化妆品、啤酒饮料等的生产中都有广泛的应用。

10-1-2　氧化数

为了便于研究氧化还原反应，化学家引入了氧化数（Oxidation Number）的概念。1970年，国际纯粹与应用化学联合会（IUPAC）将氧化数定义为：**元素的氧化数（又称氧化值、氧化态）是指该元素一个原子的表观电荷数**。表观电荷数是指当我们把化学键中的成键电子指定给成键原子中电负性较大的那个原子时，这个原子所获得的电荷数。例如，在HCl中，由于氯吸引电子的能力较强，成键电子指定给氯，所以氯的氧化数为−1，氢的氧化数为+1。

为了方便对氧化数进行研究，人们从经验中总结出一套规则用来确定氧化数。它包括以下四条：

（1）在单质（如Cu，O_2等）中，原子的氧化数为零。

（2）在中性分子中，所有原子的氧化数代数和应等于零。

（3）在复杂离子中，所有原子的氧化数代数和应等于离子的电荷数。而单原子离子的氧化数就等于它所带的电荷数。

（4）若干关键元素的原子在化合物中的氧化数有固定值。如氢原子的氧化数为+1，氧原子为−2，卤素原子在卤化物中为−1，硫在硫化物中为−2。也有少数例外，如活泼金属氢化物（NaH、CaH_2、$LiAlH_4$等）中氢原子的氧化数为−1，氧原子在过氧化物（H_2O_2、Na_2O_2）中的氧化数为−1，在超氧化物（KO_2）中为$-\frac{1}{2}$，在OF_2中为+2。

根据这些规定，就可确定化合物中所有元素原子的氧化数。例如在$K_2Cr_2O_7$中，我们设Cr元素的氧化数为x，根据下式我们可以计算出x：

$$(+1)\times 2+x\times 2+(-2)\times 7=0$$

$$x=+6$$

又如，在$S_2O_3^{2-}$中，设S的氧化数为y，可以用下式计算y：

$$y\times 2+(-2)\times 3=-2$$

$$y=+2$$

根据氧化数的概念，我们发现：氧化数降低的反应是还原反应，氧化数升高的反应是氧化反应。氧化数升高的物质是还原剂；氧化数降低的物质是氧化剂。氧化数升高和降低的总数值相同。例如在下式中：

$$2H_2S+SO_2 = 3S+2H_2O$$

H_2S中S的氧化数从−2升到0，总的氧化数升高4，这个过程为氧化反应；SO_2中S的氧化数从+4降到0，总的氧化数降低4，这个过程为还原反应。所以SO_2是氧化剂，H_2S是还原剂。

因此，我们可以说：**如果反应前后有某种元素的氧化数发生了变化，那么一定有氧化**

还原反应发生。

我们在中学学过化合价，实际上主要讲的是氧化数，但严格来说，两者并非完全相同。化合价是各种元素的原子相互化合的数目，而氧化数是指某元素的原子的表观电荷数。化合价是由物质结构得出的具有特定的、确切的含义的概念，而氧化数是人为按一定规则和经验指定的一个数字。

在一些共价化合物中，化合价和氧化数的取值也不相同。比如以下几种物质：CH_4、CH_3Cl、CH_2Cl_2、$CHCl_3$ 和 CCl_4，其中 C 的氧化数依次为 -4、-2、0、$+2$ 和 $+4$，而 C 的化合价则皆为 4。此外，化合价总是整数，但有些物质的氧化数（平均氧化数）可以用分数表示。如连四硫酸钠（$Na_2S_4O_6$）中 S 的氧化数为 $+\frac{5}{2}$，Fe_3O_4 中 Fe 的氧化数为 $+\frac{8}{3}$。氧化数与化合价是有一定联系，但又互不相同的两个概念。

阅读材料

有机物中碳的氧化数的确定

无机物的氧化数计算较为简单，可以很快由化学式计算得到，而有机物的氧化数往往需要我们根据有机物的结构来计算。

一般来说，有这样的习惯规定：对于含有 O、N、S、X 等电负性比碳原子大的原子的有机化合物，在计算有机物中碳原子的氧化数时，碳原子如以单键、双键或三键跟这些原子相连，则氧化数算作 $+1$、$+2$ 或 $+3$；碳原子跟碳原子相连接氧化数算作零；碳原子跟一个氢原子相连接氧化数算作 -1。下面列举几种有机物中碳原子的氧化数：

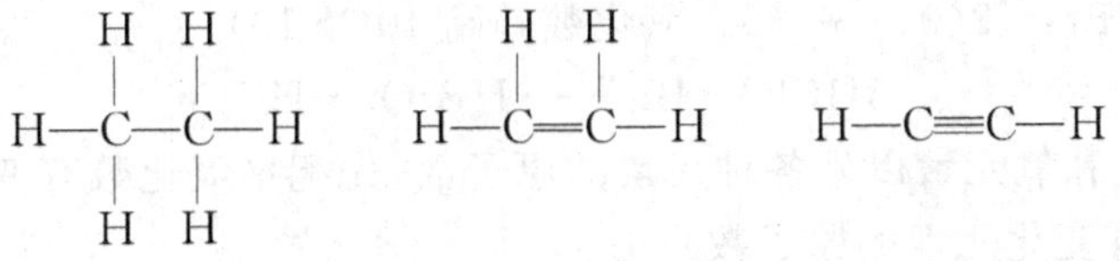

-3　　　　-2　　　　-1

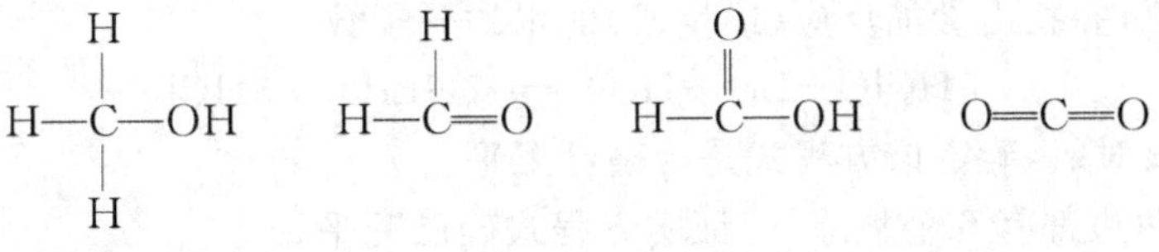

-2　　　　0　　　　$+2$　　　　$+4$

如果有有机物参加氧化还原反应，则氧化数的变化同样符合升降相同的规律，并可以用此规律配平含有机物的氧化还原方程式（氧化数法，见下节内容）。现以乙醇在醋酸水溶液中被 CrO_3 氧化成乙醛为例来说明配平方法。

$$CH_3CH_2OH + CrO_3 + H^+ \longrightarrow CH_3CHO + Cr^{3+} + H_2O$$

	CH_3CH_2OH	CrO_3	CH_3CHO	Cr^{3+}
氧化数	-1	$+6$	$+1$	$+3$
氧化数的变化			$+2$	-3

在上述反应中，碳原子的氧化数增加 2，铬原子的氧化数减少 3。在氧化还原反应

中，氧化数的增加和减少数值应相等。由此推出，CH_3CH_2OH 的系数为 3，CrO_3 的系数为 2，即

$$3CH_3CH_2OH + 2CrO_3 + H^+ \longrightarrow 3CH_3CHO + 2Cr^{3+} + H_2O$$

再配平 H^+ 和 H_2O 的系数：

$$3CH_3CH_2OH + 2CrO_3 + 6H^+ \longrightarrow 3CH_3CHO + 2Cr^{3+} + 6H_2O$$

10-2　氧化还原方程式的配平
(Equilibrium Methods for the Oxidation-reduction Equations)

我们书写氧化还原反应时，为了要表现反应物和生成物之间的定量关系是符合物质不灭定律的，就需要配平方程式。氧化还原反应往往比较复杂，参加反应的物质也比较多，配平这类反应方程式不像其他反应那样容易。配平氧化还原方程式的方法很多，最常用的方法有两种：氧化数法和离子电子法。氧化数法比较简便，人们乐于选用；离子电子法能更清楚地反映水溶液中氧化还原反应的本质。

10-2-1　氧化数法

以 HClO 把 Br_2 氧化成 $HBrO_3$ 而本身还原成 HCl 为例，说明氧化数法配平的步骤：

(1) 在箭号左边写反应物的化学式，右边写生成物的化学式。

$$HClO + Br_2 \longrightarrow HBrO_3 + HCl$$

(2) 计算氧化剂中原子氧化数的降低值及还原剂中原子氧化数的升高值，并根据氧化数降低总值和升高总值必须相等的原则，找出氧化剂和还原剂前面的化学计量数。

Cl：　$+1 \longrightarrow -1$　氧化数降低 2(↓2)　｜　×5

2Br：　$2(0 \longrightarrow +5)$　氧化数升高 10(↑10)　｜　×1

$$5HClO + Br_2 \longrightarrow HBrO_3 + HCl$$

(3) 配平除氢和氧元素以外各种元素的原子数（先配平氧化数有变化元素的原子数，后配平氧化数没有变化元素的原子数）。

$$5HClO + Br_2 \longrightarrow 2HBrO_3 + 5HCl$$

(4) 配平氢，并找出参加反应（或生成）的水的分子数。

$$5HClO + Br_2 + H_2O = 2HBrO_3 + 5HCl$$

(5) 最后核对氧，确定该方程式是否确已配平。

上式等号两边都有 6 个氧原子，证明方程式确已配平。

例 10-1　配平反应方程式：

$$Cu_2S + HNO_3 \longrightarrow Cu(NO_3)_2 + H_2SO_4 + NO$$

解

2Cu：　$2(+1 \longrightarrow +2)$　↑2 ⎫
S：　$-2 \longrightarrow +6$　↑8 ⎭ ↑10　｜　×3

N：　$+5 \longrightarrow +2$　↓3　｜　×10

$$3Cu_2S + 10HNO_3 \longrightarrow 6Cu(NO_3)_2 + 3H_2SO_4 + 10NO$$

上面方程式中元素 Cu 和 S 的原子数都已配平，对于 N 原子，发现生成 6 个 $Cu(NO_3)_2$，还需消耗 12 个 HNO_3，于是 HNO_3 的系数变为 22：

$$3Cu_2S + 22HNO_3 \longrightarrow 6Cu(NO_3)_2 + 3H_2SO_4 + 10NO$$

配平 H，找出 H_2O 的分子数：

$$3Cu_2S + 22HNO_3 = 6Cu(NO_3)_2 + 3H_2SO_4 + 10NO + 8H_2O$$

最后核对方程式两边的氧原子数，可知方程式确已配平。

例 10-2 配平反应式：

$$Cl_2 + KOH \longrightarrow KClO_3 + KCl$$

解 从反应式可以看出，Cl_2 中一部分氯原子氧化数升高，一部分氯原子氧化数降低，Cl_2 在同一反应中既作氧化剂又作还原剂，发生了歧化反应。对于这类反应，确定氧化数的变化后，从逆反应着手配平较为方便。

$$\begin{array}{llll|l} Cl(KClO_3): & +5 \longrightarrow 0 & \downarrow 5 & & \times 1 \\ Cl(KCl): & -1 \longrightarrow 0 & \uparrow 1 & & \times 5 \end{array}$$

$$Cl_2 + KOH \longrightarrow KClO_3 + 5KCl$$

配平 Cl，K： $3Cl_2 + 6KOH \longrightarrow KClO_3 + 5KCl$

配平 H： $3Cl_2 + 6KOH = KClO_3 + 5KCl + 3H_2O$

核对 O：两边都有 6 个氧原子，证明反应式已配平。

10-2-2 离子电子法

现以在稀 H_2SO_4 溶液中，$KMnO_4$ 氧化 $H_2C_2O_4$ 为例，说明离子电子法配平步骤。

(1) 把氧化剂中起氧化作用的离子及其还原产物，还原剂中起还原作用的离子及其氧化产物，分别写成两个未配平的离子方程式。

$$MnO_4 \longrightarrow Mn^{2+}$$

$$C_2O_4^{2-} \longrightarrow CO_2$$

(2) 将原子数配平。关键在于氧原子数的配平。根据反应式左右两边氧原子数目和溶液酸碱性的不同，应采取不同的配平方法，具体见下表：

介质	反应式左边比右边多一个氧原子	反应式左边比右边少一个氧原子
酸性	$2H^+ +$ “O^{2-}” $\longrightarrow H_2O$	$H_2O \longrightarrow$ “O^{2-}” $+ 2H^+$
碱性	$H_2O +$ “O^{2-}” $\longrightarrow 2OH^-$	$2OH^- \longrightarrow$ “O^{2-}” $+ H_2O$
中性	$H_2O +$ “O^{2-}” $\longrightarrow 2OH^-$	$H_2O \longrightarrow$ “O^{2-}” $+ 2H^+$

因此可得：

$$MnO_4^- + 8H^+ \longrightarrow Mn^{2+} + 4H_2O$$

$$C_2O_4^{2-} \longrightarrow 2CO_2$$

(3) 将电荷数配平。反应式两边的电荷总数如不相等，可在反应式左边或右边加若干个电子。

$$MnO_4^- + 8H^+ + 5e^- \longrightarrow Mn^{2+} + 4H_2O$$

$$C_2O_4^{2-} \longrightarrow 2CO_2 + 2e^-$$

这种配平了的半反应常称为离子电子式。

(4) 两离子电子式各乘以适当系数，使得失电子数相等，将两式相加，消去电子，必要时消去重复项，即得到配平的离子反应式。

$$2\times(MnO_4^- + 8H^+ + 5e^- \longrightarrow Mn^{2+} + 4H_2O)$$
$$+)\quad 5\times(C_2O_4^{2-} \longrightarrow 2CO_2 + 2e^-)$$

$$2MnO_4^- + 16H^+ + 5C_2O_4^{2-} = 2Mn^{2+} + 8H_2O + 10CO_2$$

(5) 检查所得反应式两边的各种原子数及电荷数是否相等。两边各种原子个数都相等，且电荷数均为+4，故上式已配平。如果需要，再写成分子反应方程式：

$$2KMnO_4 + 5H_2C_2O_4 + 3H_2SO_4 = 2MnSO_4 + K_2SO_4 + 10CO_2 + 8H_2O$$

例 10-3 用离子电子法配平反应式（在碱性介质中）：

$$ClO^- + CrO_2^- \longrightarrow Cl^- + CrO_4^{2-}$$

解 (1) 离子方程式为：

$$ClO^- \longrightarrow Cl^-$$
$$CrO_2^- \longrightarrow CrO_4^{2-}$$

(2) 将原子数配平：

$$ClO^- + H_2O \longrightarrow Cl^- + 2OH^-$$
$$CrO_2^- + 4OH^- \longrightarrow CrO_4^{2-} + 2H_2O$$

(3) 将电荷数配平：

$$ClO^- + H_2O + 2e^- \longrightarrow Cl^- + 2OH^-$$
$$CrO_2^- + 4OH^- \longrightarrow CrO_4^{2-} + 2H_2O + 3e^-$$

(4) 乘以系数，并将两式相加：

$$3\times(ClO^- + H_2O + 2e^- \longrightarrow Cl^- + 2OH^-)$$
$$+)\ 2\times(CrO_2^- + 4OH^- \longrightarrow CrO_4^{2-} + 2H_2O + 3e^-)$$

$$3ClO^- + 3H_2O + 2CrO_2^- + 8OH^- \longrightarrow 3Cl^- + 6OH^- + 2CrO_4^{2-} + 4H_2O$$

消去重复项：

$$3ClO^- + 2CrO_2^- + 2OH^- = 3Cl^- + 2CrO_4^{2-} + H_2O$$

10-3 原 电 池
(Primary Cells)

10-3-1 原电池的概念

氧化还原反应：

$$Zn + Cu^{2+} = Zn^{2+} + Cu$$

是一个不需要外加能量就可以自发进行的反应。要使这个反应发生，我们可以把锌片直接插入硫酸铜溶液中，电子在 Zn 与 Cu^{2+} 之间发生转移，在锌片表面就会出现红色的金属铜。但是这样进行的反应，电子的转移是无序的，不能形成电荷的定向移动，体系中原来具有的化学能转变为热能，实际上能量以热的形式释放出来而浪费了。根据我们在热力学一章学习的知识可以知道，一个自发进行的反应可以对外做功。同样，锌和硫酸铜的反应也可以通过对外做功，将化学能转变为我们可以利用的能源。

通过如图 10-1 所示的装置，我们就可以使这个反应对外做电功(W)。在容器 a 中盛入 $ZnSO_4$ 溶液，其中插入锌片；在容器 b 中盛入 $CuSO_4$ 溶液，插入铜片，两种溶液之间用一个盐桥(Salt Bridge，一个装满饱和 KCl 以及琼脂凝胶(Agar)的 U 形管)连接起来。这时，如果用导线将锌片和铜片相连接，就会立即发生反应，Zn 逐渐溶解，而铜片上有 Cu 析出。如果在导线上接一个检流计(Voltmeter)，指针就会偏转，证明导线中有电流通过。从指针偏转的方向，可以断定电流是从铜片流向锌片(电子从 Zn 流向 Cu)，Cu 是正极，Zn 是负极。这样就构成了一个电池，我们把它称为**铜锌原电池**(或称为丹尼尔电池，Daniell Electrolytic Cell)。反应过程中，体系对外界做了电功，将其本身的化学能转化为电能。我们把这类**使化学能直接变为电能的装置**叫**原电池**。任何自发进行的反应理论上均可以组成原电池。

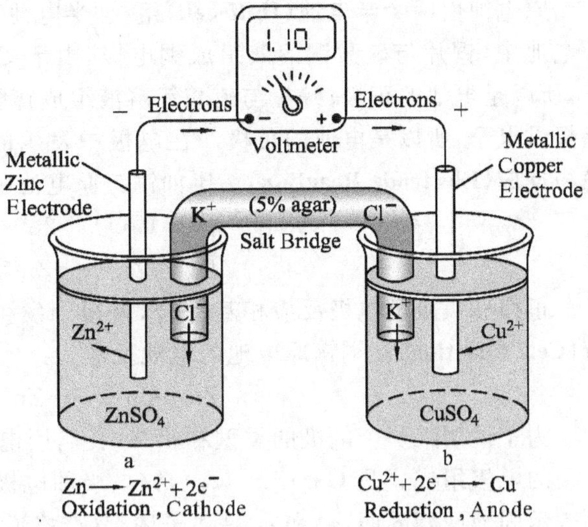

图 10-1　铜锌原电池示意图

我们可以分析一下铜锌原电池产生电流的原理。在负极锌片上 Zn 失去电子，发生氧化反应，形成 Zn^{2+} 进入溶液：

$$Zn \longrightarrow Zn^{2+} + 2e^-$$

锌片上多余的电子由连接锌片和铜片的导线转移到外电路。在正极铜片上，溶液中的 Cu^{2+} 从铜片上得到由外电路转移来的电子，发生还原反应，变成金属 Cu 在铜片上析出：

$$Cu^{2+} + 2e^- \longrightarrow Cu$$

同时，盐桥内的饱和 KCl 溶液中的 Cl^- 和 K^+ 分别迁移到 $ZnSO_4$ 溶液和 $CuSO_4$ 溶液中，以平衡两溶液中过剩的离子电荷，维持电中性，从而使 Zn 的氧化和 Cu^{2+} 的还原可以继续进行下去，电流得以不断产生。

将正极和负极发生的反应合并，得到铜锌原电池的总反应为：

$$Zn + Cu^{2+} = Zn^{2+} + Cu$$

10-3-2　原电池的组成和表示

为了研究方便，我们采用下列符号表示铜锌原电池：

$$(-)Zn|Zn^{2+}(c_1)||Cu^{2+}(c_2)|Cu(+)$$

式中“||”表示盐桥，“|”表示相界面，(+)和(−)表示正极和负极。习惯上把负极写在左边，正极写在右边，并且标明物质的浓度、分压或状态，未标明的认为是处于各自的标准状态。这个表达式称为**电池组成式**。

原电池由两个**半电池**（Half-cell）组成，半电池又可以称为**电极**（Electrode）①。在铜锌原电池中，铜片与硫酸铜溶液组成铜电极，由于 Cu^{2+} 发生还原半反应，从外电路得到电子，所以是电池的正极；锌片与硫酸锌溶液组成锌电极，由于 Zn 发生氧化半反应，向外电路提供电子，所以是电池的负极。在电极中发生的氧化半反应或还原半反应，通常称为**电极反应**（Electrode Reaction）。比如铜锌原电池中，正极和负极的电极反应是：

$$\begin{cases}(+)Cu^{2+}+2e^{-}\longrightarrow Cu\\(-)Zn\longrightarrow Zn^{2+}+2e^{-}\end{cases}$$

正极和负极的电极反应相互综合，就得到发生在电池中的完整的反应，称为**电池反应**（Cell Reaction）。铜锌原电池的电池反应为：

$$Zn+Cu^{2+}=\!=\!=Zn^{2+}+Cu$$

为了说明某一个电极的类型和状态，我们用**电极组成式**来表示不同的电极。比如铜电极的电极组成式是 $Cu|Cu^{2+}(c_1)$，锌电极的电极组成式是 $Zn|Zn^{2+}(c_2)$，此处的"|"也是表示固液两相界面，c_1 和 c_2 是离子浓度（严格说应该用活度）。习惯上要把参加电极反应的所有物质均写入电极组成式，并标明物质的浓度、分压或状态。把某个原电池的两个电极的电极组成式合并就得到电池组成式。

每个电极都是由同一元素的两种不同氧化数的物质组成，我们把氧化数低的称为**还原型物质**（Oxidation Form），把氧化数高的称为**氧化型物质**（Reduction Form）。氧化型和还原型两者相互依存，并且通过电子得失相互转化：

$$a\,\text{氧化型}+ne^{-}\rightleftharpoons g\,\text{还原型}$$

a、g 是化学计量数。

氧化型和还原型之间的这种相互依存、相互转化的关系，与共轭酸碱对之间的共轭关系非常相似，差别只是前者通过电子得失，后者通过质子得失来实现相互转化。同一元素的氧化型和还原型，组成一个**氧化还原电对**（Redox Couple），简称**电对**，以"**氧化型/还原型**"这样的电对符号来表示。如 Zn 和 Zn^{2+} 电对的电对符号是 Zn^{2+}/Zn，Cu 和 Cu^{2+} 电对的电对符号是 Cu^{2+}/Cu。在同一电对中，氧化型的氧化性越强（越容易结合电子），其共轭的还原型的还原性就越弱（越不容易失去电子）；反之亦然。

氧化型和还原型的区分是相对的。某些具有中间氧化数的元素，在不同的电对里就可能是氧化型，也可能是还原型。例如，Fe^{2+} 在电对 Fe^{2+}/Fe 中是氧化型物质，而在电对 Fe^{3+}/Fe^{2+} 中则是还原型物质。类似的例子还有很多，读者可以自己举一些例子。

不同的电极根据氧化性或还原性的强弱组成原电池，作正极的电极的电对发生还原半反应：

$$a\,\text{氧化型}_1+ne^{-}\longrightarrow g\,\text{还原型}_1$$

作负极的电对发生氧化半反应：

$$b\,\text{还原型}_2\longrightarrow h\,\text{氧化型}_2+ne^{-}$$

下标 1，2 表示不同的电对。

电池反应则可以看成是发生在两个电对之间的电子转移过程，即

① 这里所称的电极，是指电子导体（金属、石墨）及与其相互接触的电解质溶液共同构成的电极区域，但有的书中只把电子导体（比如铜片）称为电极，为了避免混淆，可以把电子导体称为极片。

$$a\,氧化型_1 + b\,还原型_2 \xrightarrow{\quad} g\,还原型_1 + h\,氧化型_2 \quad (ne^-\ 由还原型_2\ 转移至氧化型_1)$$

10-3-3 电极的分类

电对不一定由金属和金属离子组成，同一元素的两种具有不同氧化数的物质，如 Fe^{3+}/Fe^{2+}，MnO_4^-/Mn^{2+}，H^+/H_2，Cl_2/Cl^-，O_2/OH^- 等都能组成电对。

根据组成电极的电对的不同，常见的电极可以分为四类：

一、金属电极

由金属及其阳离子溶液组成，铜电极和锌电极是典型的金属电极。

金属电极的电对符号是：M^{n+}/M，电极组成式是：$M|M^{n+}(c)$，电极反应通式是：$M^{n+} + ne^- \rightleftharpoons M$。在金属电极中，金属本身既是电对的还原型物质，也是和外电路相连的电子导体。

习惯上，电极反应式用双箭头符号“$\rightleftharpoons$”，因为不知道电极在电池中作正极还是作负极，电极反应式常按正向还原的方式书写，即把还原型物质放在右边，氧化型放在左边。如果已知电极在电池中实际作负极或正极，则按实际反应的方向，用单向箭头“$\longrightarrow$”或等号来书写。

二、气体电极

气体电极由气体单质及其相应的离子组成，如氢电极、氧电极、氯电极等。它们相应的电对分别为 H^+/H_2，O_2/OH^-，Cl_2/Cl^- 等。由于组成该类电极的电对本身不含有作电子导体的固体物质，因此常常需要借助不参加电极反应的惰性电子导体（如铂或石墨等）参与组成电极。以上 3 种气体电极的电极组成式及相应的电极反应式分别表示如下：

$$Pt,\ H_2(p)|H^+(c) \qquad 2H^+ + 2e^- \rightleftharpoons H_2(g)$$

$$Pt,\ O_2(p)|OH^-(c) \qquad O_2(g) + 2H_2O + 4e^- \rightleftharpoons 4OH^-$$

$$Pt,\ Cl_2(p)|Cl^-(c) \qquad Cl_2(g) + 2e^- \rightleftharpoons 2Cl^-$$

式中用逗号（或者用竖线“|”）表示气固两相界面；p 表示气体物质的分压。此外，氧电极的电极反应式中的 H_2O 来自溶液介质。

三、金属-金属难溶盐电极

在某些金属的表面涂覆该金属的难溶盐，浸在与难溶盐具有相同的阴离子的电解质溶液中就组成了此类电极。如银-氯化银电极，电对是 $AgCl/Ag$，电极组成式及电极反应式分别为：

$$Ag,\ AgCl|Cl^-(c) \qquad AgCl(s) + e^- \rightleftharpoons Ag(s) + Cl^-$$

式中用逗号（或者用竖线“|”）表示固-固两相界面。

四、“氧化还原”电极

将惰性电子导体浸入含有同种元素两种不同氧化数离子的溶液中即组成此类电极。如将铂片浸在含有 Fe^{3+}、Fe^{2+} 两种离子的溶液中，就构成了此类电极。电对符号是 Fe^{3+}/Fe^{2+}，电极组成式和电极反应式分别为：

$$Pt|Fe^{3+}(c_1),Fe^{2+}(c_2) \qquad Fe^{3+} + e^- \rightleftharpoons Fe^{2+}$$

式中，Fe^{3+}、Fe^{2+}虽然处于同一液相中，但书写时习惯上用一逗号分开。

10-3-4 电池组成式与电池反应的互译

一、由电池组成式写出相应的电池反应

例 10-4 已知原电池组成式为：

$$(-)Pt|Sn^{2+}(c_1),Sn^{4+}(c_2)||Fe^{3+}(c_3),Fe^{2+}(c_4)|Pt(+)$$

试写出其电池反应的反应式。

解 电池正极有 Fe^{3+} 和 Fe^{2+} 两种离子，发生还原反应：

$$(+)Fe^{3+}+e^-\longrightarrow Fe^{2+}$$

电池负极有 Sn^{4+} 和 Sn^{2+} 两种离子，发生氧化反应：

$$(-)Sn^{2+}\longrightarrow Sn^{4+}+2e^-$$

调整两个电极反应式的得失电子数，两式相加即得到电池反应：

$$2Fe^{3+}+Sn^{2+}\longrightarrow 2Fe^{2+}+Sn^{4+}$$

二、由氧化还原反应组成原电池，写出电池组成式

例 10-5 已知一自发进行的氧化还原反应：

$$6Cl^-+Cr_2O_7^{2-}+14H^+\longrightarrow 3Cl_2+2Cr^{3+}+7H_2O$$

试用该反应组成一原电池，写出电池组成式。

解 把已知的总反应拆成氧化半反应和还原半反应两部分：

氧化反应：$6Cl^-\longrightarrow 3Cl_2+6e^-$　　　电对：Cl_2/Cl^-

还原反应：$Cr_2O_7^{2-}+14H^++6e^-\longrightarrow 2Cr^{3+}+7H_2O$　　　电对：$Cr_2O_7^{2-}/Cr^{3+}$

氧化反应在负极发生，氯电极组成负极，电极组成式：$Pt, Cl_2(p)|Cl^-(c_1)$；

还原反应在正极发生，$Cr_2O_7^{2-}/Cr^{3+}$电对构成一个“氧化还原”电极，电极组成式是：$Pt|Cr_2O_7^{2-}(c_2),Cr^{3+}(c_3),H^+(c_4)$。

将正极和负极的电极组成式合并，得到电池组成式：

$$(-)Pt, Cl_2(p)|Cl^-(c_1)||Cr_2O_7^{2-}(c_2),Cr^{3+}(c_3),H^+(c_4)|Pt(+)$$

三、由自发进行的非氧化还原反应组成原电池，写出电池组成式

从前面的学习我们知道，不仅自发进行的氧化还原反应可以组成原电池，对于非氧化还原反应，只要是自发进行的，也可以组成原电池对外做电功。

例 10-6 已知一自发进行的沉淀反应：

$$Ag^++Cl^-\longrightarrow AgCl(s)$$

试用该反应组成一原电池，写出电池组成式。

解 沉淀反应进行时没有电子的转移，是非氧化还原反应，为了使其能够构成原电池，必须将其变成一个发生了电子转移的反应，方法是在方程式左右两边各加上一个单质 Ag 和一个电子 e^-，使方程式变成：

$$Ag(s)+Cl^-+Ag^++e^-\longrightarrow AgCl(s)+e^-+Ag(s)$$

这样，我们就可以看到在方程式中有 AgCl(s)、Cl^-、Ag 可以构成一个 Ag-AgCl 电极，电极反应为：$Ag(s)+Cl^-\longrightarrow AgCl(s)+e^-$，电极组成式为：$Ag,AgCl|Cl^-(c_1)$

这个电极在总反应中发生了氧化反应，是电池的负极，电对为 AgCl/Ag。

电池的正极电极反应就是总反应中剩余的部分：$Ag^++e^-\longrightarrow Ag(s)$。这是银电极

的电极反应，电极组成式为：$Ag|Ag^+(c_2)$。合并正极和负极的电极组成式得到电池组成式：

$$(-)Ag, AgCl|Cl^-(c_1)||Ag^+(c_2)|Ag(+)$$

10-4 电池电动势与电极电势
(Cell Electromotive Force and Electrode Potential)

10-4-1 电池电动势

原电池中电流不断地从正极流向负极，说明正极和负极之间存在电势差，正极的电势高于负极的电势。当电流趋于零时，正极与负极之间的电势差达到最大值，这个最大值就是电池的**电动势(Electromotive Force)**。我们可以用对消法将电流变为无限小，来测量电池电动势。

物理学中的电学原理指出，原电池的电动势等于其内部各个相界面电势差的代数和。在原电池内部，主要存在两类相界面电势差：一类是存在于电极的电子导体和电解质溶液两相界面之间的电势差，称为**电极电势(Electrode Potential)**，无论正极或负极，其电极电势都是指相界面附近电子导体一侧电势减去溶液一侧电势的差值，因此电极电势可能是正值，也可能是负值；另一类是**液接电势(Liquid-junction Potential)**，即两种溶液的接界面形成的电势差。如果原电池两电极的电解质溶液之间通过多孔隔膜连接，则两种溶液的接界面将产生电位差，这是由于各种离子通过接界面的扩散速率不同而造成的。我们可以在两种溶液之间改用盐桥连接，形成两个液接界面(即盐桥分别与两种溶液之间的界面)，以两个液接界面代替一个液接界面，则盐桥中高浓度的 K^+、Cl^- 的扩散就成为两个液接界面上离子扩散的主体，并且 K^+ 和 Cl^- 两者的扩散速率又十分相近，因此在两个液接界面上由离子扩散形成的电势差就很小，并且两个液接界面上的电势差符号相反，几乎可以相互抵消。因此，盐桥的作用除了可以沟通内电路，还可以使两个电极的电解质溶液之间的液接电势减少到可以忽略的程度。

基于以上分析，使用盐桥的原电池或者不存在液接电势的单液电池，电池电动势完全取决于两电极的电极电势。如果用 ε[①] 表示电池电动势，用 E_+ 和 E_- 分别表示正极和负极的电极电势，则得出如下的关系式：

$$\varepsilon = E_+ - E_-$$

需要指出，电池电动势无论计算值还是测量值都应是正值，表示电池可以自发产生电流，对外做电功；若出现负值，说明此电池的电池反应是非自发的反应，无法对外做功，原来认定的正极和负极搞反了，需要对调过来。因此，电极电势值较大者总是作正极，电极电势较小者总是作负极，即 $E_+ > E_-$。

10-4-2 电极电势的产生

电极电势是如何产生的呢？以金属电极为例，我们知道，金属晶体是由金属原子、金

---

① 在一些参考书中，使用希腊字母 φ 作为电极电势的符号，使用 E 作为电池电动势的符号，读者在阅读时注意区别。

属离子和一定数量的自由电子组成。当金属浸入其盐溶液中时，一方面金属表面上的金属离子在极性水分子作用下，有进入溶液中形成水合离子而把过剩的自由电子留在金属上的倾向，金属越活泼，盐溶液浓度越稀，这种倾向越大；另一方面，溶液中的水合离子有从金属表面获得电子、沉积在金属表面的倾向，金属越不活泼或其盐溶液越浓，这种倾向越大。这两种对立的倾向在某种条件下可以达到平衡：

$$M \rightleftharpoons M^{n+}(aq) + ne^-$$

在给定浓度的溶液中，如果失去电子的倾向大于获得电子的倾向，达到平衡时，金属离子进入溶液的倾向占优势，使得金属带负电而溶液带正电。如图 10-2(a)所示，溶液中金属离子将聚集在溶液与金属接触的界面附近，而电子则聚集在与溶液接触的金属表面。这样，在金属与溶液的相界面处，形成类似平行板电容器的双电层（Electric Double Layer）结构，从而在金属与溶液两相之间产生电势差，产生金属电极的电极电势。相反，如图 10-2(b)所示，如果金属离子获得电子的倾向大于失去电子的倾向，则金属带正电而溶液带负电，这时也在两相界面处形成双电层，并产生相应的相间电势差，即电极电势。金属电极的电极电势其正负和大小主要取决于金属的种类，即金属电极的本性，它反映了金属电极中金属的失电子以及金属离子得电子的能力。此外，电极电势也与溶液中该金属离子的浓度以及温度等外部因素有关。

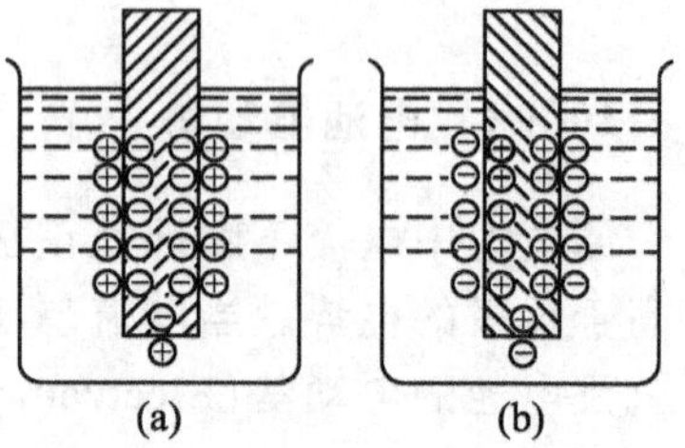

图 10-2　金属电极的电极电势

阅读材料

其他类型电极的电极电势的产生原因

其他类型电极的电极电势的产生原因是什么呢？我们以 Fe^{3+}、Fe^{2+} 电极为例作一介绍。Fe^{3+}、Fe^{2+} 电极是一种“氧化还原”电极，当金属 Pt 插入含有 Fe^{3+}、Fe^{2+} 的溶液中时，Fe^{3+} 有从 Pt 上取得 1 个自由电子变成 Fe^{2+} 的倾向，使得金属 Pt 带正电荷，与溶液中过剩的阴离子形成双电层。另一方面，溶液中的 Fe^{2+} 也有给出 1 个电子到 Pt 上而变成 Fe^{3+} 的倾向，这时金属 Pt 带负电荷，与溶液中过剩的 Fe^{3+} 形成电性相反的双电层。两种倾向同时存在，金属 Pt 究竟带何种电荷，主要决定于哪一种倾向更大。一般而言，组成电极的电对中氧化型结合电子的能力越大，平衡时金属 Pt 越容易带正电荷，两相界面的电势差就越正。反之，还原型失去电子的能力越大，平衡时金属 Pt 越容易带负电荷，两相界面的电势差就越负。因此和金属电极一样，“氧化还原”电极的电极电势也主要决定于电对的本性。其他电极的基本原理与此类似。

10-4-3　电极电势的测量

目前人们尚无法测定出电极电势的绝对值，但我们可以人为地用一个相对的标准与待测电极作比较，测量电极电势的相对值。这就像我们把海平面的高度人为地定为零，从而测定地球上各种地形的相对高度一样。根据 IUPAC 的规定，这个相对标准就是标准氢电极(Standard Hydrogen Electrode,简记为 SHE)。

标准氢电极的构造如图 10-3 所示,在铂片上镀上一层疏松的铂(称为铂黑,它具有很强的吸附 H_2 的能力),浸在 H^+ 浓度为 $1mol\cdot L^{-1}$(严格说,H^+ 的离子活度 a 为 1)的 HCl 溶液中,在指定温度下不断地通入压力为 100kPa 的纯氢气流冲击铂片,使它吸附氢气达饱和。这样就使氢电极处于标准状态,构成了标准氢电极。标准氢电极的电极组成式是:

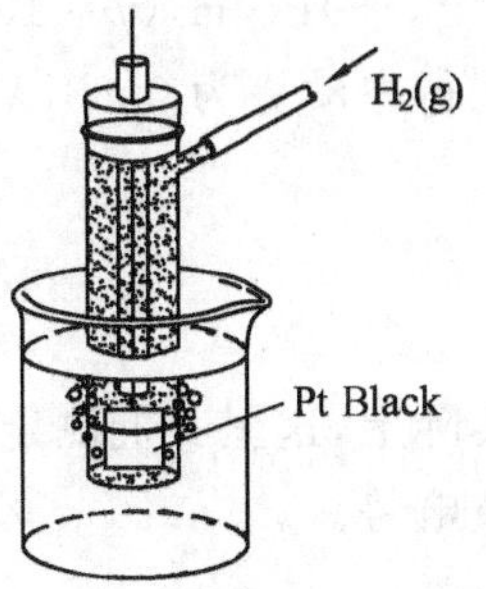

图 10-3　标准氢电极(SHE)

$$Pt, H_2(p=100kPa)\,|\,H^+(1mol\cdot L^{-1})$$

电极反应式:

$$2H^+(aq)+2e^- \rightleftharpoons H_2(g)$$

人们将任意温度下标准氢电极的电极电势规定为零,即

$$E^{\ominus}_{H^+/H_2}=E_{SHE}=0V$$

以标准氢电极作为相对标准,我们就可测量其他任意电极的电极电势。方法是把待测电极与标准氢电极组成原电池,测定该电池的电动势,即可得到待测电极的电极电势。

例如,测量如下 Zn 电极的电极电势:

$$Zn\,|\,Zn^{2+}(0.01mol\cdot L^{-1})$$

如图 10-4 所示,把它与标准氢电极用盐桥连接起来组成原电池,根据电流方向可以知道 Zn 电极是电池的负极,标准氢电极是正极。该电池的电池组成式为:

$$(-)Zn\,|\,Zn^{2+}(0.01mol\cdot L^{-1})\,\|\,H^+(1mol\cdot L^{-1})\,|\,H_2(p=100kPa),Pt(+)$$

在一定温度下用电势差计测得该电池的电动势为 $\varepsilon=+0.822V$。

因为
$$\varepsilon=E_+-E_-=E_{SHE}-E_{Zn^{2+}/Zn}$$
$$=0-E_{Zn^{2+}/Zn}$$

所以
$$E_{Zn^{2+}/Zn}=-0.822V$$

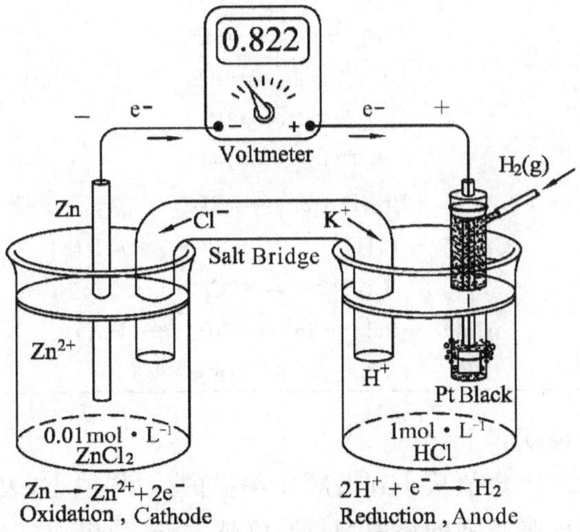

图 10-4　电极电势测定装置

如果要测定某一铜电极的电极电势,同样可用盐桥把铜电极和标准氢电极连接起

来，组成铜氢原电池。测量结果发现铜为正极，氢为负极。电池组成式为：

$$(-)Pt,H_2(p=100kPa)\,|\,H^+(1mol\cdot L^{-1})\,||\,Cu^{2+}(1mol\cdot L^{-1})\,|\,Cu(+)$$

如果测得电动势为 0.337V，则

$$\varepsilon = E_+ - E_- = E_{Cu^{2+}/Cu} - E_{SHE}$$
$$= E_{Cu^{2+}/Cu} - 0$$

所以 $E_{Cu^{2+}/Cu} = 0.337V$

实际上，这里我们测定了一个处于标准状态下的铜电极的电极电势，即铜电极的标准电极电势。

10-4-4 标准电极电势

和标准氢电极一样，在指定温度下，对于组成电极的各物质，当溶液中的溶质浓度为 $1mol\cdot L^{-1}$（严格地说，活度 a 为 1），气体的分压为 100kPa，液体或固体为各自的纯净状态时，电极就处于标准状态。这时测定的电极电势就是该电极的标准电极电势，用符号 $E^{\ominus}$ 表示。可以按照上述测定任意电极电势的方法步骤来测定标准电极电势。

一定温度下，把各个不同电对的标准电极电势值连同相应的电极反应式一并列出，再按照标准电极电势代数值递增的顺序排列，便可得到标准电极电势表。表 10-1 列出了部分电对的标准电极电势。较详细的标准电极电势简表见附录。

表 10-1 标准电极电势表（部分）

电对	电极反应	$E^{\ominus}$/V
Li^+/Li	$Li^+ + e^- \rightleftharpoons Li$	−3.045
Zn^{2+}/Zn	$Zn^{2+} + 2e^- \rightleftharpoons Zn$	−0.763
Fe^{2+}/Fe	$Fe^{2+} + 2e^- \rightleftharpoons Fe$	−0.440
Sn^{2+}/Sn	$Sn^{2+} + 2e^- \rightleftharpoons Sn$	−0.136
Pb^{2+}/Pb	$Pb^{2+} + 2e^- \rightleftharpoons Pb$	−0.126
H^+/H_2	$2H^+ + 2e^- \rightleftharpoons H_2$	0.00
Sn^{4+}/Sn^{2+}	$Sn^{4+} + 2e^- \rightleftharpoons Sn^{2+}$	0.154
Cu^{2+}/Cu	$Cu^{2+} + 2e^- \rightleftharpoons Cu$	0.337
I_2/I^-	$I_2 + 2e^- \rightleftharpoons 2I^-$	0.5345
Fe^{3+}/Fe^{2+}	$Fe^{3+} + e^- \rightleftharpoons Fe^{2+}$	0.771
Br_2/Br^-	$Br_2(l) + 2e^- \rightleftharpoons 2Br^-$	1.065
$Cr_2O_7^{2-}/Cr^{3+}$	$Cr_2O_7^{2-} + 14H^+ + 6e^- \rightleftharpoons 2Cr^{3+} + 7H_2O$	1.33
Cl_2/Cl^-	$Cl_2 + 2e^- \rightleftharpoons 2Cl^-$	1.36
MnO_4^-/Mn^{2+}	$MnO_4^- + 8H^+ + 5e^- \rightleftharpoons Mn^{2+} + 4H_2O$	1.51
F_2/F^-	$F_2 + 2e^- \rightleftharpoons 2F^-$	2.87

（表左侧：弱氧化剂 → 氧化能力依次增强 → 强氧化剂；表右侧：弱还原剂 → 还原能力依次增强 → 强还原剂）

关于此表，作几点说明：

(1) 该表是按照 $E^{\ominus}$ 代数值从小到大顺序编排的。$E^{\ominus}$ 越小，表明电对的还原型越易给出电子，即该还原型就是越强的还原剂；$E^{\ominus}$ 值越大，表明电对的氧化型越易得到电子，即氧化型是越强的氧化剂。因此，电对的氧化型物质的氧化能力从上到下逐渐增强；还原型物质的还原能力从下到上逐渐增强。

(2) $E^\ominus$ 值反映了物质得失电子倾向的大小，与物质的数量无关，是属于热力学的强度性质的常数，其值不会随电极反应的计量系数而变化，也不会随着反应进行的方向而变化，即不管电极在电池中作正极还是作负极都是一样的。例如

$$Zn^{2+} + 2e^- \rightleftharpoons Zn \qquad E^\ominus = -0.763V$$

$$2Zn^{2+} + 4e^- \rightleftharpoons 2Zn \qquad E^\ominus = -0.763V$$

$$Zn \rightleftharpoons Zn^{2+} + 2e^- \qquad E^\ominus = -0.763V$$

(3) 由于某些电极的标准电极电势在酸性和碱性条件下的数值是不同的，在附录中我们把电极电势分别排列成两个表——酸表和碱表，前者的 $c(H^+) = 1mol \cdot L^{-1}$，后者的 $c(OH^-) = 1mol \cdot L^{-1}$。如果电极反应在酸性溶液中进行，则在酸表中查阅；如电极反应在碱性溶液中进行，则在碱表中查阅。有些电极反应与溶液的酸度无关，如 $Cl_2 + 2e^- \rightleftharpoons 2Cl^-$，其电极电势值也列在酸表中。

例 10-7　根据标准电极电势值 $E^\ominus$，

(1) 按照由弱到强的顺序排列以下氧化剂：Fe^{3+}、I_2、Sn^{4+}、Ce^{4+}；

(2) 按照由弱到强的顺序排列以下还原剂：Cu、Fe^{2+}、Br^-、Hg。

解　(1) 从本书附录查得：

Fe^{3+}/Fe^{2+}	$Fe^{3+} + e^- \rightleftharpoons Fe^{2+}$	$E^\ominus = +0.771V$
I_2/I^-	$I_2 + 2e^- \rightleftharpoons 2I^-$	$E^\ominus = +0.5345V$
Sn^{4+}/Sn^{2+}	$Sn^{4+} + 2e^- \rightleftharpoons Sn^{2+}$	$E^\ominus = +0.154V$
Ce^{4+}/Ce^{3+}	$Ce^{4+} + e^- \rightleftharpoons Ce^{3+}$	$E^\ominus = +1.61V$

按照 $E^\ominus$ 代数值递增的顺序排列，得到氧化剂由弱到强的顺序：$Sn^{4+} < I_2 < Fe^{3+} < Ce^{4+}$。

(2) 从本书附录查得：

Cu^{2+}/Cu	$Cu^{2+} + 2e^- \rightleftharpoons Cu$	$E^\ominus = +0.337V$
Fe^{3+}/Fe^{2+}	$Fe^{3+} + e^- \rightleftharpoons Fe^{2+}$	$E^\ominus = +0.771V$
Br_2/Br^-	$Br_2(l) + 2e^- \rightleftharpoons 2Br^-$	$E^\ominus = +1.065V$
Hg_2^{2+}/Hg	$Hg_2^{2+} + 2e^- \rightleftharpoons 2Hg$	$E^\ominus = +0.793V$

按照 $E^\ominus$ 代数值递减的顺序排列，得到还原剂由弱到强的顺序：$Br^- < Hg < Fe^{2+} < Cu$。

由上面的例题可以看到，用标准电极电势可以近似地比较氧化剂与还原剂的强弱。在标准电极电势表中，$E^\ominus$ 值较大的电对的氧化型可以与 $E^\ominus$ 值较小的电对的还原型反应。K^+/K，Zn^{2+}/Zn，Fe^{2+}/Fe，Sn^{2+}/Sn，Pb^{2+}/Pb 等金属电对的 $E^\ominus$ 均 <0，与 H^+/H_2 反应时均发生氧化反应，如 $Zn + 2H^+ = Zn^{2+} + H_2$，将氢气从酸性溶液中置换出来；而 Cu^{2+}/Cu，Ag^+/Ag 等金属电对的 $E^\ominus > 0$，不能发生这样的反应；$E^\ominus$ 低的金属单质可以把 $E^\ominus$ 高的金属离子从后者的溶液中置换出来，如 $Fe + Cu^{2+} = Fe^{2+} + Cu$。这就是**金属活动性顺序(Electromotive Series or Activity Series of the Elements)**的原理，金属活动性顺序就是按照 $E^\ominus$ 由小到大的顺序排列的。

需要注意的是，有些涉及元素中间氧化数的物质如 Fe^{2+}，在其作氧化剂时必须用电对 Fe^{2+}/Fe 的 $E^\ominus$ 值($-0.440V$)；作还原剂时必须用电对 Fe^{3+}/Fe^{2+} 的 $E^\ominus$ 值($+0.771V$)。另外，判断氧化剂或还原剂的强弱，有时还需要根据要求的还原产物或氧化产物，再选择合适的电对。

阅读材料

生物标准电极电势

生物系统中，由于 H^+ 浓度等于 $1mol \cdot L^{-1}$ 亦即 pH＝0 时会引起生物高分子变性，所以生物化学标准状态规定为 pH＝7.0（接近机体生理 pH），而其他各物质仍取正常规定的浓度（或气体物质的分压）的状态。生物标准电极电势用符号 $E^{\oplus}$ 表示。对于医学相关的机体内的氧化还原反应，需要应用生物化学标准状态下的电极电势来讨论。这些数据也可以从有关手册中查到。

10-5 影响电极电势的因素
(Influencing Factors to Electrode Potential)

如前所述，电极电势的正负和大小主要取决于电极的本性。标准电极电势可以反映电极的本性，但是电极电势还与电对中各物质的浓度（或气体物质的分压）以及温度等外在因素有关，如果浓度和温度改变了，电极电势也就跟着改变。电极电势与浓度、温度间的定量关系可由能斯特方程式给出。

10-5-1 能斯特（Nernst）方程式

对于电极反应

$$a\ 氧化型 + ne^- \rightleftharpoons g\ 还原型$$

$$E = E^{\ominus} + \frac{RT}{nF}\ln\frac{a^a(氧化型)}{a^g(还原型)} \tag{10-1}$$

式中 E 为任意状态下的电极电势；$E^{\ominus}$ 为标准电极电势；R 为摩尔气体常数，其值为 $8.314 J \cdot K^{-1} \cdot mol^{-1}$；$F$ 为法拉第常数，表示 1mol 电子所带的电荷，其值为 $9.648 \times 10^4 C \cdot mol^{-1}$；$T$ 为热力学温度；n 为电极反应中的电子转移数；对数符号后面的活度商中，a(氧化型)，a(还原型)分别表示电对中氧化型和还原型物质的活度；a，g 分别表示电极反应式中氧化型和还原型的化学计量数。

当温度为 298.15K 时，将各常数值代入式（10-1）中，并用浓度代替活度 $\left(a = \gamma\frac{c}{c^{\ominus}} \approx \frac{c}{c^{\ominus}} = \frac{c}{1mol \cdot L^{-1}}\right)$，自然对数换成常用对数，则得到在 298.15K 下适用的能斯特方程式：

$$E = E^{\ominus} + \frac{0.0592}{n}\lg\frac{c^a(氧化型)}{c^g(还原型)} \tag{10-2}$$

应用能斯特方程式时必须注意以下两点：

(1) 方程式浓度商中的氧化型物质必须包括参加电极反应的电对氧化型一侧的所有物质，还原型物质必须包括电极反应的电对还原型一侧的所有物质。同时必须在浓度上加上计量系数作为方次。比如 H^+，OH^- 等物质的浓度必须升到各自化学计量数相同的幂方次，然后根据其在电极反应中的位置代入浓度商。

(2) 组成电极的物质中若有溶剂(如水)、纯固体(如金属、金属难溶盐)或纯液体(如金属汞、液溴等)，可以认为其浓度为常数(确切地说是活度为1)，把数值1代入方程式；若有气体物质参加反应，因为气体物质的活度 $a=\gamma\frac{p}{p^{\ominus}}\approx\frac{p}{p^{\ominus}}=\frac{p}{100\text{kPa}}$，所以代入相对分压 $\frac{p}{100\text{kPa}}$。

总之，能斯特方程式中浓度商的表示方法与化学平衡常数式中的相同。

例 10-8　列出下列电极反应的能斯特方程式：

(1) $I_2(s)+2e^-\rightleftharpoons 2I^-$

(2) $Cr_2O_7^{2-}+14H^++6e^-\rightleftharpoons 2Cr^{3+}+7H_2O$

(3) $PbCl_2(s)+2e^-\rightleftharpoons Pb+2Cl^-$

(4) $O_2(g)+4H^++4e^-\rightleftharpoons 2H_2O$

解　(1) $E_{I_2/I^-}=E^{\ominus}_{I_2/I^-}+\frac{0.0592}{2}\lg\frac{1}{c^2(I^-)}$

(2) $E_{Cr_2O_7^{2-}/Cr^{3+}}=E^{\ominus}_{Cr_2O_7^{2-}/Cr^{3+}}+\frac{0.0592}{6}\lg\frac{c(Cr_2O_7^{2-})\times c^{14}(H^+)}{c^2(Cr^{3+})}$

(3) $E_{PbCl_2/Pb}=E^{\ominus}_{PbCl_2/Pb}+\frac{0.0592}{2}\lg\frac{1}{c^2(Cl^-)}$

(4) $E_{O_2/H_2O}=E^{\ominus}_{O_2/H_2O}+\frac{0.0592}{4}\lg\frac{\frac{p(O_2)}{100\text{kPa}}\times c^4(H^+)}{1}$

例 10-9　将锌片浸入含有0.0100mol·L^{-1}和4.00mol·L^{-1} Zn^{2+}的溶液中，分别计算298.15K时锌电极的电极电势。

解　电极反应为 $Zn^{2+}+2e^-\rightleftharpoons Zn$，从附录中查得 $E^{\ominus}=-0.763$V。

当 $c(Zn^{2+})=0.0100\text{mol}\cdot\text{L}^{-1}$时，应用能斯特方程式得：

$$E=E^{\ominus}+\frac{0.0592}{2}\lg c(Zn^{2+})$$

$$=-0.763+\frac{0.0592}{2}\lg(0.0100)$$

$$=-0.822(\text{V})$$

当 $c(Zn^{2+})=4.0\text{mol}\cdot\text{L}^{-1}$时，应用能斯特方程式得

$$E=E^{\ominus}+\frac{0.0592}{2}\lg c(Zn^{2+})$$

$$=-0.763+\frac{0.0592}{2}\lg(4.000)$$

$$=-0.745(\text{V})$$

本例题的结果表明，随着电对氧化型物质浓度的增大(或还原型物质浓度的减小)，电极电势代数值增大；反之，随着电对氧化型物质浓度的减小(或还原型物质浓度的增大)，电极电势代数值减小。但是，电对物质的浓度变化对电极电势的影响，是在能斯特方程式中通过其对数项并乘以一个0.0592/n这样数值甚小的系数而起作用的。因此，

一般来说，浓度商改变了几百倍，电极电势或电池电动势只不过产生几十至100mV的变化。

例 10-10 已知电极反应 $MnO_4^- + 8H^+ + 5e^- \rightleftharpoons Mn^{2+} + 4H_2O, E^\ominus = +1.51V$。若 MnO_4^- 和 Mn^{2+} 均处于标准态，即它们两者的浓度均为 $1mol \cdot L^{-1}$，求 298.15K，pH=6.0 时该电极的电极电势。

解 按能斯特方程式：

$$E = E^\ominus + \frac{0.0592}{5}\lg\frac{c(MnO_4^-) \times c^8(H^+)}{c(Mn^{2+})}$$

$$c(MnO_4^-) = c(Mn^{2+}) = 1mol \cdot L^{-1}$$

$$E = E^\ominus + \frac{0.0592}{5}\lg c^8(H^+)$$

$$= E^\ominus + \frac{0.0592 \times 8}{5}\lg c(H^+)$$

$$= E^\ominus - \frac{0.0592 \times 8}{5}pH$$

代入数据 $E^\ominus$，pH 得

$$E = 1.51 - \frac{0.0592 \times 8}{5} \times 6.0 = +0.94(V)$$

本例题的结果表明，当电极的pH发生明显变化时，电极的电极电势亦发生较大的改变，特别是当 H^+ 或 OH^- 浓度的指数较大时，这种改变更加明显。

例 10-11 已知电极反应 $Ag^+ + e^- \rightleftharpoons Ag$ 的 $E^\ominus = +0.799V$；AgCl(s) 的 $K_{sp}^\ominus = 1.77 \times 10^{-10}$，求电极反应 $AgCl + e^- \rightleftharpoons Ag + Cl^-$ 相应的 $E^\ominus$。

解 待求的 $E^\ominus$ 是 Ag-AgCl 电极的标准电极电势，这个电极可以由 Ag 电极转变而来。在银电极的溶液中加入过量的 Cl^-，与 Ag^+ 形成 AgCl(s) 沉淀，若维持该溶液中 Cl^- 的浓度为 $1mol \cdot L^{-1}$，则构成了标准态下的 Ag-AgCl 电极。因此我们可以把问题从求Ag-AgCl电极的标准电极电势，转变成求加入过量 Cl^- 的非标准状态下的银电极的电极电势。

根据能斯特方程式：

$$E_{Ag^+/Ag} = E^\ominus_{Ag^+/Ag} + \frac{0.0592}{1}\lg c(Ag^+)$$

式中 $c(Ag^+)$ 通过沉淀溶解平衡 $AgCl(s) \rightleftharpoons Ag^+ + Cl^-$ 求得：

$$K_{sp}^\ominus = c(Ag^+) \times c(Cl^-)$$

$$c(Ag^+) = \frac{K_{sp}^\ominus}{c(Cl^-)}$$

将数据代入式中，得到：

$$E_{Ag^+/Ag} = E^\ominus_{Ag^+/Ag} + \frac{0.0592}{1}\lg\frac{K_{sp}^\ominus}{c(Cl^-)}$$

$$= 0.799 + 0.0592\lg(1.77 \times 10^{-10})$$

$$= 0.223(V)$$

所以，Ag-AgCl 电极的标准电极电势 $E^\ominus_{AgCl/Ag} = 0.223V$。

本例题说明，如果在金属电极的氧化型金属阳离子中加入沉淀剂，那么形成难溶盐后，溶液中游离的金属离子浓度会明显降低，从而导致电极电势显著下降，实际上转化为

金属-金属难溶盐电极。类似的，如果使金属电极的氧化型离子形成配合物，也会降低电极电势。

例 10-12　计算 298K 时，$[Hg(CN)_4]^{2-}+2e^- \rightleftharpoons Hg+4CN^-$ 的标准电极电势。已知 $E^{\ominus}(Hg^{2+}/Hg)=0.851V$，$K_f^{\ominus}([Hg(CN)_4]^{2-})=2.51\times10^{41}$。

解　本题相当于在汞电极（Hg^{2+}/Hg）中加入过量的配位剂 CN^-：

$$Hg^{2+}+4CN^- \rightleftharpoons [Hg(CN)_4]^{2-}$$

并使$[Hg(CN)_4]^{2-}$和 CN^- 的浓度均为 $1mol\cdot L^{-1}$，所以可以转化为求算非标准状态下的汞电极的电极电势。

$[Hg(CN)_4]^{2-}$在达到平衡时，解离出来的 Hg^{2+} 可以由稳定常数 $K_f^{\ominus}$ 求得：

$$K_f^{\ominus}=\frac{[Hg(CN)_4^{2-}]}{[Hg^{2+}][CN^-]^4}=2.51\times10^{41}$$

标准状态下，$[Hg(CN)_4]^{2-}$和 CN^- 的浓度均为 $1mol\cdot L^{-1}$，所以

$$K_f^{\ominus}=\frac{1}{[Hg^{2+}]}=2.51\times10^{41}$$

$$[Hg^{2+}]=3.98\times10^{-42}\ mol\cdot L^{-1}$$

此时$[Hg(CN)_4]^{2-}+2e^- \rightleftharpoons Hg+4CN^-$ 的标准电极电势为

$$E^{\ominus}_{[Hg(CN)_4]^{2-}/Hg}=E_{Hg^{2+}/Hg}=E^{\ominus}_{Hg^{2+}/Hg}+\frac{0.0592}{2}\lg[Hg^{2+}]$$

$$=0.851+\frac{0.0592}{2}\lg(3.98\times10^{-42})=-0.374(V)$$

本例题说明，当金属离子配位以后，其标准电极电势变小。

阅读材料

法　拉　第

法拉第（M. Faraday，1791—1867），英国伟大的物理学家，化学家，电磁学和电化学的奠基人。

法拉第出身贫寒，幼年在书店当学徒，自学成才。1812 年为英国著名化学家戴维工作，开始从事科学研究。法拉第研究的课题非常广泛，在 1830 年以前主要从事化学研究，包括气体液化、铁合金、有机物制备等；1830 年以后从事物理研究，包括电磁感应现象、电解、静电学、抗磁性研究等。

他的主要科学成就有：1823 年发明使气体液化的方法，制备了一系列碳的含氯化合物；1825 年发现苯的存在，并研究分析了苯的性质和化学组成；1821 年开始研究电磁感应现象，发明了马达；1831 年年底提出电磁感应定律以及电力线、磁力线等概念，并发明了发电机，做出了跨时代的科学贡献，为电力工业的发展奠定了基础；1832 年他发表了论文《不同来源的电的同一性》，用实验证明不同形式的电，

如摩擦电、伏打电、生物电、感应电及温差电，其本质都是一样的；1845 年他最早提出光的电磁理论，研究磁场对光的作用。

在电化学领域，通过对电解的研究，他于 1831～1834 年提出两条电解定律：① 电解时，在电极上析出或溶解掉的物质的质量与通过电极的电量成正比；② 如通过的电量相同，则析出或溶解掉的不同物质的化学“克当量”数相同。电解定律的发现，把电和化学统一了起来。他在后来的科学研究中计算出电解 1“克当量”的物质，即电解池中通过 1 摩尔电子的电量等于 96484 库仑。人们为了纪念法拉第，把这两条电解定律称为“法拉第电解定律”，把 96484 库仑·摩尔$^{-1}$称为法拉第常数。他在 1834 年 1 月的《皇家学会哲学学报》发表的论文中给出了电化学中许多沿用至今的重要术语，如阳极、阴极、电极、电解、电解质、离子等，为电化学研究奠定了基础。

法拉第也是一位伟大的教育家。他创办了英国皇家学院著名的“星期五晚讲座”，他还为青少年进行科普讲演。著名的讲演稿《蜡烛的化学史》一个多世纪以来曾经鼓舞了无数青年人投身科学事业。著名的科学家焦耳、麦克斯韦尔、凯尔文、爱迪生等都深受他的影响。

法拉第把毕生精力用于科学实验研究和科普教育，他所具有的丰富想象力，足智多谋的实验才能，高昂的工作热情，坚强的耐性以及为追求真理而百折不回、义无反顾的精神，使他被公认为最伟大的“自然哲学家”之一。他谦虚谨慎、生活简朴、刚正不阿，把名气、金钱、荣誉看得十分淡薄。他热爱自然、热爱生命，经常走访救济穷人的家庭。

法拉第的主要著作有：《化学操作》、《对射线振动的一些想法》、《电学实验研究》、《日记》、《亨·戴维爵士讲演录》等。

10-5-2 能斯特方程式的推导

能斯特方程式可以根据热力学原理推导。等温等压下，化学反应吉布斯自由能的降低等于体系对环境所做的最大有用功，对电池反应来说，就是指最大电功，即

$$\Delta_r G_m = W'_{max} \tag{10-3}$$

根据电学原理，电功可以从电量与电动势的乘积来计算：

$$W'_{max} = -q\varepsilon = -nF\varepsilon \tag{10-4}$$

所以

$$-\Delta_r G_m = nF\varepsilon \tag{10-5}$$

式(10-5)适用于任意状态下的电池反应。若电池反应在标准状态下进行，电池电动势改为标准电池电动势 $\varepsilon^\ominus$，吉布斯自由能的降低改为标准状态下的自由能降低值$-\Delta_r G_m^\ominus$，则

$$-\Delta_r G_m^\ominus = nF\varepsilon^\ominus \tag{10-6}$$

设某原电池，由电对 1(氧化型$_1$/还原型$_1$)组成正极，电对 2(氧化型$_2$/还原型$_2$)组成负极，则电极反应式和电池反应式可写成：

正极：a 氧化型$_1$ $+ ne^- \longrightarrow g$ 还原型$_1$

负极：b 还原型$_2$ $\longrightarrow h$ 氧化型$_2$ $+ ne^-$

电池：a 氧化型$_1$ $+ b$ 还原型$_2$ $=\!=\!= g$ 还原型$_1$ $+ h$ 氧化型$_2$

式中 a,b,g,h 分别表示各物质的化学计量数。对于该电池反应，利用化学反应等温方程描述在任意状态下 $\Delta_r G_m$ 和在标准状态下 $\Delta_r G_m^\ominus$ 两者之间的关系，得到：

$$\Delta_r G_m = \Delta_r G_m^{\ominus} + RT\ln\frac{a^g(\text{还原型}_1)\times a^h(\text{氧化型}_2)}{a^a(\text{氧化型}_1)\times a^b(\text{还原型}_2)} \tag{10-7}$$

将式(10-5)，(10-6)代入(10-7)，经过变换可得到：

$$\varepsilon = \varepsilon^{\ominus} - \frac{RT}{nF}\ln\frac{a^g(\text{还原型}_1)\times a^h(\text{氧化型}_2)}{a^a(\text{氧化型}_1)\times a^b(\text{还原型}_2)} \tag{10-8}$$

当温度 T 为 298.15K 时，将 R，F 等常数值代入上式，用浓度代替活度，并利用 $\ln x = 2.303\lg x$ 的关系简化，得到：

$$\varepsilon = \varepsilon^{\ominus} - \frac{0.0592}{n}\lg\frac{c^g(\text{还原型}_1)\times c^h(\text{氧化型}_2)}{c^a(\text{氧化型}_1)\times c^b(\text{还原型}_2)} \tag{10-9}$$

式(10-9)就是关于电池电动势的能斯特方程，它适用于在任意状态下根据各物质的浓度来对电池电动势的计算。

如果把标准氢电极作为以上电池的负极，则关于电池电动势的能斯特方程可以十分方便地演变为关于电极电势的能斯特方程。在这种情况下，电池反应方程式为：

$$a\,\text{氧化型}_1 + \frac{n}{2}H_2 \rightleftharpoons g\,\text{还原型}_1 + nH^+$$

应用式(10-9)得到：

$$\varepsilon = \varepsilon^{\ominus} - \frac{0.05916}{n}\lg\frac{c^g(\text{还原型}_1)\times c^n(H^+)}{c^a(\text{氧化型}_1)\times\left(\frac{p_{H_2}}{p^{\ominus}}\right)^{\frac{n}{2}}} \tag{10-10}$$

因为 $\varepsilon = E - E_{SHE}$，$\varepsilon^{\ominus} = E^{\ominus} - E_{SHE}$，代入(10-10)得到：

$$(E - E_{SHE}) = (E^{\ominus} - E_{SHE}) - \frac{0.0592}{n}\lg\frac{c^g(\text{还原型}_1)\times c^n(H^+)}{c^a(\text{氧化型}_1)\times\left(\frac{p_{H_2}}{p^{\ominus}}\right)^{\frac{n}{2}}}$$

$$(E - 0) = (E^{\ominus} - 0) - \frac{0.0592}{n}\lg\frac{c^g(\text{还原型}_1)\times 1}{c^a(\text{氧化型}_1)\times 1}$$

即得到能斯特方程式：

$$E = E^{\ominus} + \frac{0.0592}{n}\lg\frac{c^a(\text{氧化型}_1)}{c^g(\text{还原型}_1)}$$

10-6　电极电势及电池电动势的应用 (The Applications of Electrode Potential and Cell Electromotive Force)

10-6-1　计算原电池的电动势

应用标准电极电势表和能斯特方程式，可算出原电池的电动势。

例 10-13　计算下面的原电池在 298K 时的电动势，并标明正负极，写出电池反应式。

$Cd|Cd^{2+}(0.10mol\cdot L^{-1})||Sn^{4+}(0.10mol\cdot L^{-1}),Sn^{2+}(0.0010mol\cdot L^{-1})|Pt$

解　与该原电池有关的电极反应及其标准电极电势为

$$Cd^{2+} + 2e \rightleftharpoons Cd \qquad E^{\ominus}(Cd^{2+}/Cd) = -0.403V$$

$$Sn^{4+} + 2e^- \rightleftharpoons Sn^{2+} \qquad E^\ominus(Sn^{4+}/Sn^{2+}) = 0.154V$$

将各物质相应的浓度代入能斯特方程式：

$$\begin{aligned} E(Cd^{2+}/Cd) &= E^\ominus(Cd^{2+}/Cd) + \frac{0.0592}{2}\lg c(Cd^{2+}) \\ &= -0.403 + \frac{0.0592}{2}\lg 0.10 \\ &= -0.433(V) \end{aligned}$$

$$\begin{aligned} E(Sn^{4+}/Sn^{2+}) &= E^\ominus(Sn^{4+}/Sn^{2+}) + \frac{0.0592}{2}\lg\frac{c(Sn^{4+})}{c(Sn^{2+})} \\ &= 0.154 + \frac{0.0592}{2}\lg\frac{0.10}{0.0010} \\ &= 0.213(V) \end{aligned}$$

由于 $E(Sn^{4+}/Sn^{2+}) > E(Cd^{2+}/Cd)$，所以电对 Sn^{4+}/Sn^{2+} 作正极，电对 Cd^{2+}/Cd 作负极。电动势 ε 为

$$\varepsilon = E_+ - E_- = 0.213 - (-0.433) = 0.646(V)$$

正极发生还原反应

$$Sn^{4+} + 2e^- \longrightarrow Sn^{2+}$$

负极发生氧化反应

$$Cd \longrightarrow Cd^{2+} + 2e^-$$

电池反应为

$$Sn^{4+} + Cd \longrightarrow Sn^{2+} + Cd^{2+}$$

10-6-2 判断氧化还原反应进行的方向

例 10-14 制作印刷电路板时，常用 $FeCl_3$ 溶液刻蚀铜箔，问该反应在标准态下可否自发进行？

解 $$2FeCl_3 + Cu \rightleftharpoons 2FeCl_2 + CuCl_2$$

或 $$2Fe^{3+} + Cu \rightleftharpoons 2Fe^{2+} + Cu^{2+}$$

查表得	Fe^{3+}/Fe^{2+}	$Fe^{3+} + e^- \rightleftharpoons Fe^{2+}$	$E^\ominus = +0.771V$
	Cu^{2+}/Cu	$Cu^{2+} + 2e^- \rightleftharpoons Cu$	$E^\ominus = +0.337V$

氧化还原反应自发进行的方向，应为由较强的氧化型和较强的还原型，生成较弱的还原型和较弱的氧化型。在本题的反应中，因为 Fe^{3+}/Fe^{2+} 电对的 $E^\ominus$ 比 Cu^{2+}/Cu 电对的 $E^\ominus$ 大，所以 Fe^{3+} 和 Cu 分别是较强的氧化型和较强的还原型，Fe^{2+} 和 Cu^{2+} 分别是较弱的还原型和较弱的氧化型，这样构成的电池反应的电动势 $\varepsilon^\ominus > 0$，故该氧化还原反应正向自发进行。

本例题可以推广到所有在标准状态下进行的氧化还原反应。在标准电极电势表中，位于表的左下方的氧化型（作氧化剂）和右上方的还原型（作还原剂）两者之间，可以发生自发的氧化还原反应。这可以称之为判断标准状态下氧化还原反应方向的“对角线法则”，其实质是 $\varepsilon^\ominus > 0$ 的反应才能正向自发进行；$\varepsilon^\ominus < 0$ 的反应不能正向自发进行，而逆向反应是自发的。

实际上，符合标准状态的反应是极少的，大部分的反应条件是非标准态。因此严格

地说，对于非标准状态下的反应，还是应该用热力学原理来研究。热力学指出，吉布斯自由能变 $\Delta_r G_m$ 的正负，可以作为等温等压下化学反应能否自发进行的普遍性判据，即

$\Delta_r G_m < 0$ 化学反应正向自发进行；

$\Delta_r G_m = 0$ 化学反应处于平衡状态；

$\Delta_r G_m > 0$ 化学反应正向非自发，逆向自发进行。

根据公式(10-5)：$-\Delta_r G_m = nF\varepsilon$，我们可以根据电池电动势是否大于零来判断反应自发进行的方向：

$\Delta_r G_m < 0$ $\varepsilon > 0$ 化学反应正向自发进行；

$\Delta_r G_m = 0$ $\varepsilon = 0$ 化学反应处于平衡状态；

$\Delta_r G_m > 0$ $\varepsilon < 0$ 化学反应正向非自发，逆向自发进行。

以上即非标准状态下，判断氧化还原反应自发进行方向的电动势判据。

例 10-15 判断反应

$$Pb^{2+} + Sn \rightleftharpoons Pb + Sn^{2+}$$

能否在下列条件下进行？

(1) $c(Pb^{2+}) = c(Sn^{2+}) = 1.0 mol \cdot L^{-1}$；

(2) $c(Pb^{2+}) = 0.10 mol \cdot L^{-1}$，$c(Sn^{2+}) = 2.0 mol \cdot L^{-1}$。

解 (1) 设反应可以组成原电池，查表得

$$(-) Sn \longrightarrow Sn^{2+} + 2e^- \qquad E^{\ominus} = -0.136V$$

$$(+) Pb^{2+} + 2e^- \longrightarrow Pb \qquad E^{\ominus} = -0.126V$$

因为 $E_+^{\ominus} > E_-^{\ominus}$，所以电池反应可以自发从左向右进行。

(2) 根据能斯特方程式计算：

$$E_+ = E(Pb^{2+}/Pb) = -0.126 + \frac{0.0592}{2}\lg 0.10$$

$$= -0.156(V)$$

$$E_- = E(Sn^{2+}/Sn) = -0.136 + \frac{0.0592}{2}\lg 2.0$$

$$= -0.127(V)$$

因为 $E_+ < E_-$，所以电池反应是不能自发从左向右进行的，电池的实际正负极应该调换。

本例题说明，对于正负极标准电极电势值相差不大的电池反应，浓度往往会影响电池反应的方向。一般来说，当 $|E_+^{\ominus} - E_-^{\ominus}| > 0.2V$ 时，就可以直接根据 $\varepsilon^{\ominus}$ 来判断；当 $|E_+^{\ominus} - E_-^{\ominus}| < 0.2V$时，需要考虑浓度的影响，用能斯特方程式来计算电极电势，根据 ε 来判断反应的方向。当电极反应中有 H^+ 或 OH^- 时，介质的酸碱度对 ε 影响较大，这时 $|E_+^{\ominus} - E_-^{\ominus}| > 0.5V$，才能直接根据 $\varepsilon^{\ominus}$ 来判断反应方向。

如果在电极中加入沉淀剂或配位剂，往往不能根据 $\varepsilon^{\ominus}$ 来判断反应方向。

例 10-16 已知 $E^{\ominus}_{Fe^{3+}/Fe^{2+}} = 0.771V$，$E^{\ominus}_{I_2/I^-} = 0.5345V$，$[Fe(CN)_6]^{3-}$ 的稳定常数为 $K_f^{\ominus} = 10^{42}$，$[Fe(CN)_6]^{4-}$ 的稳定常数为 $K_f^{\ominus} = 10^{35}$，判断氧化还原反应

$$[Fe(CN)_6]^{3-} + I^- \rightleftharpoons [Fe(CN)_6]^{4-} + \frac{1}{2}I_2$$

在标准状态下的反应方向。

解 设反应$[Fe(CN)_6]^{3-}+I^- \rightleftharpoons [Fe(CN)_6]^{4-}+\frac{1}{2}I_2$可以组成原电池

负极：$I^- = \frac{1}{2}I_2 + e^-$

正极：$[Fe(CN)_6]^{3-}+e^- \rightleftharpoons [Fe(CN)_6]^{4-}$

$$E_+^{\ominus}=E^{\ominus}_{[Fe(CN)_6]^{3-}/[Fe(CN)_6]^{4-}}=E_{Fe^{3+}/Fe^{2+}}=0.771+\frac{0.0592}{1}\lg\frac{[Fe^{3+}]}{[Fe^{2+}]}$$

$$=0.771+0.0592\lg\frac{10^{35}}{10^{42}}=0.771-0.41=0.36(V)<0.5345(V)$$

所以在标准状态下反应$[Fe(CN)_6]^{3-}+I^- \rightleftharpoons [Fe(CN)_6]^{4-}+\frac{1}{2}I_2$正向非自发进行。

上题相当于在电对Fe^{3+}/Fe^{2+}中加入配位剂CN^-，使得原来的电池反应的方向反转过来。

10-6-3 选择氧化剂和还原剂

在实验室中我们常会遇到这种情况：在一混合体系中，需对其中某一组分进行选择性氧化（或还原），而要求不氧化（或还原）其他组分。这时只有选择适当的氧化剂（或还原剂）才能达到目的。

例如，什么氧化剂可以氧化I^-，而不氧化Br^-和Cl^-？我们从电极电势表中查得有关电对的电极电势：

$$E^{\ominus}(I_2/I^-)=0.54V$$
$$E^{\ominus}(Br_2/Br^-)=1.07V$$
$$E^{\ominus}(Cl_2/Cl^-)=1.36V$$

如果要使某一氧化剂，仅能氧化I^-而不能氧化Cl^-和Br^-，则该氧化剂的电极电势必须在0.54V到1.07V之间。如果小于0.54V，则不仅不能氧化Br^-和Cl^-，而且也不能氧化I^-；如果大于1.07V，则Br^-也会被氧化；如果大于1.36V，则Cl^-和Br^-都会被氧化。电极电势在0.54V到1.07V之间的氧化剂有Fe^{3+}（$E^{\ominus}(Fe^{3+}/Fe^{2+})=0.77V$），$HNO_2$（$E^{\ominus}(HNO_2/NO)=1.00V$）等。实际上在实验室，$I^-$、$Br^-$和$Cl^-$同时存在时，氧化$I^-$就是用$Fe_2(SO_4)_3$或$NaNO_2$加酸作为氧化剂。如用$KMnO_4$（$E^{\ominus}(MnO_4^-/Mn^{2+})=1.51V$）作为氧化剂，就不适合了。

10-6-4 判断氧化还原反应进行的次序

从实验中我们知道I^-和Br^-都能被Cl_2氧化。假如加氯水于含有I^-和Br^-的混合液中，哪一种离子先被氧化？实验事实告诉我们：Cl_2先氧化I^-，后氧化Br^-。查电极电势表可得

$$E^{\ominus}(I_2/I^-)=0.54V$$
$$E^{\ominus}(Br_2/Br^-)=1.07V$$
$$E^{\ominus}(Cl_2/Cl^-)=1.36V$$

电极电势差为

$$E^{\ominus}(Cl_2/Cl^-)-E^{\ominus}(Br_2/Br^-)=1.36-1.07=0.29(V)$$

$$E^{\ominus}(Cl_2/Cl^-)-E^{\ominus}(I_2/I^-)=1.36-0.54=0.82(V)$$

对照它们的电极电势差可知，差值越大，其离子越先被氧化。所以，一种氧化剂可以氧化几种还原剂时，首先氧化最强的还原剂。同理，还原剂首先还原最强的氧化剂。必须指出，上述判断只有在有关的氧化还原反应速率足够快的情况下才正确。这也就是说，在氧化还原反应的产物是由化学平衡而不是由反应速率控制的情况下，才能作出这样的判断。

10-6-5　判断反应进行的限度——求平衡常数

化学反应进行的限度可以由其标准平衡常数 $K^{\ominus}$ 值的大小来衡量。热力学指出，标准吉布斯自由能变与标准平衡常数之间存在着如下关系：

$$\Delta_r G_m^{\ominus}=-RT\ln K^{\ominus}$$

结合公式(10-6)

$$-\Delta_r G_m^{\ominus}=nF\varepsilon^{\ominus}$$

推导出：

$$RT\ln K^{\ominus}=nF\varepsilon^{\ominus} \tag{10-11}$$

在 $T=298.15$K 时，代入各常数值，并把自然对数化成常用对数，得：

$$\lg K^{\ominus}=\frac{n\varepsilon^{\ominus}}{0.0592}=\frac{n(E_+^{\ominus}-E_-^{\ominus})}{0.0592} \tag{10-12}$$

可见，化学反应进行的限度决定于该反应所组成的原电池的标准电动势 $\varepsilon^{\ominus}$ 值。$\varepsilon^{\ominus}$ 越大，反应的标准平衡常数 $K^{\ominus}$ 值也越大，反应也就进行得越完全，反之亦然。$\varepsilon^{\ominus}>0$，则 $K^{\ominus}>1$，反应在标准状态下正向自发进行；$\varepsilon^{\ominus}<0$，$K^{\ominus}<1$，则反应在标准状态下正向非自发进行。当 $\varepsilon^{\ominus}=0.2$V，$n=2$ 时，则 $K^{\ominus}>10^6$，一般来说，反应可以进行得比较完全。

例 10-17　试比较下列反应进行的完全程度：

(1) $Cu^{2+}+Zn \rightleftharpoons Cu+Zn^{2+}$

(2) $Sn+Pb^{2+} \rightleftharpoons Sn^{2+}+Pb$

解　(1) 设反应 $Cu^{2+}+Zn \rightleftharpoons Cu+Zn^{2+}$ 可以组成原电池，查电极电势表：

$$(-)Zn \longrightarrow Zn^{2+}+2e^- \qquad E^{\ominus}=-0.763V$$

$$(+)Cu^{2+}+2e^- \longrightarrow Cu \qquad E^{\ominus}=+0.337V$$

在 298.15K 下

$$\lg K^{\ominus}=\frac{n\varepsilon^{\ominus}}{0.0592}=\frac{n(E_+^{\ominus}-E_-^{\ominus})}{0.0592}=\frac{2\times(0.337+0.763)}{0.0592}=37.162$$

因此，$K^{\ominus}=1.45\times10^{37}$。

(2) 设反应 $Sn+Pb^{2+} \rightleftharpoons Sn^{2+}+Pb$ 可以组成原电池，查电极电势表：

$$(-)Sn \longrightarrow Sn^{2+}+2e^- \qquad E^{\ominus}=-0.136V$$

$$(+)Pb^{2+}+2e^- \longrightarrow Pb \qquad E^{\ominus}=-0.126V$$

在 298.15K 下

$$\lg K^{\ominus}=\frac{n\varepsilon^{\ominus}}{0.0592}=\frac{n(E_+^{\ominus}-E_-^{\ominus})}{0.0592}=\frac{2\times(-0.126+0.136)}{0.0592}=0.338$$

因此，$K^{\ominus}=2.17$。

由以上结果可见，在(1)中，由于 $\varepsilon^{\ominus}$ 值较大(达到 1.1V)，因此反应的标准平衡常数也较大，反应完全程度很高；而在(2)中，$\varepsilon^{\ominus}$ 值仅 0.01V，故反应进行的完全程度较低。

例 10-18 求 AgCl 的溶度积常数 $K_{sp}^{\ominus}$ 值。已知

$$AgCl(s)+e^- \rightleftharpoons Ag+Cl^- \qquad E^{\ominus}=0.2223V$$

$$Ag^+ + e^- \rightleftharpoons Ag \qquad E^{\ominus}=0.799V$$

解 AgCl 的溶度积常数 $K_{sp}^{\ominus}$ 是反应

$$AgCl(s) \rightleftharpoons Ag^+ + Cl^-$$

的平衡常数，因为此反应在标态下正向非自发进行，所以将此反应的逆反应

$$Ag^+ + Cl^- \rightleftharpoons AgCl(s)$$

组成原电池（方法见例题 10-6）。电极反应为

$$(+)Ag^+ + e^- \longrightarrow Ag \qquad E^{\ominus}=0.799V$$

$$(-)Ag+Cl^- \longrightarrow AgCl(s)+e^- \qquad E^{\ominus}=0.2223V$$

根据公式计算：

$$\lg K^{\ominus}=\frac{n\varepsilon^{\ominus}}{0.0592}=\frac{1\times(0.799-0.2223)}{0.0592}=9.758$$

因此，$K^{\ominus}=5.73\times10^9$。

而 AgCl 的溶度积常数

$$K_{sp}^{\ominus}=\frac{1}{K^{\ominus}}=\frac{1}{5.73\times10^9}=1.74\times10^{-10}$$

本例题中利用电池电动势计算难溶盐溶度积的方法，可以推广至计算弱电解质的解离常数以及配合物的稳定常数等。

10-6-6 计算吉布斯自由能

例 10-19 若把下面的反应排成电池，求电池的 $\varepsilon^{\ominus}$ 及反应的 $\Delta_r G_m^{\ominus}$。

$$Cr_2O_7^{2-}+6Cl^-+14H^+ = 2Cr^{3+}+3Cl_2+7H_2O$$

解 电极反应为：

$$(+)Cr_2O_7^{2-}+14H^+ +6e^- \longrightarrow 2Cr^{3+}+7H_2O \qquad E^{\ominus}=1.33V$$

$$(-)6Cl^- \longrightarrow 3Cl_2+6e^- \qquad E^{\ominus}=1.36V$$

$$\varepsilon^{\ominus}=E_+^{\ominus}-E_-^{\ominus}=1.33-1.36=-0.03(V)$$

$$\Delta_r G_m^{\ominus}=-nF\varepsilon^{\ominus}=-6\times96500\times(-0.03)=2\times10^4(J\cdot mol^{-1})$$

由于 $\varepsilon^{\ominus}<0$，所以 $\Delta_r G_m^{\ominus}>0$，说明此反应标准状态下正向非自发进行。

10-7 元素电势图及其应用
(Electrode Potential Charts and Its Applications)

如果某种元素具有多种氧化态，那么就可形成多对氧化还原电对。例如，铁有 0、+2 和 +3 等氧化态，因此有下列一些电对及相应的电极电势：

$$Fe^{2+}+2e^- \rightleftharpoons Fe \qquad E^{\ominus}=-0.440V$$

$$Fe^{3+}+e^- \rightleftharpoons Fe^{2+} \qquad E^{\ominus}=0.771V$$

$$Fe^{3+}+3e^- \rightleftharpoons Fe \qquad E^{\ominus}=-0.0363V$$

为了便于比较各种氧化态的氧化还原性质，可以把它们的 $E^{\ominus}$ 从高氧化态到低氧化态以图解的方式表示出来：

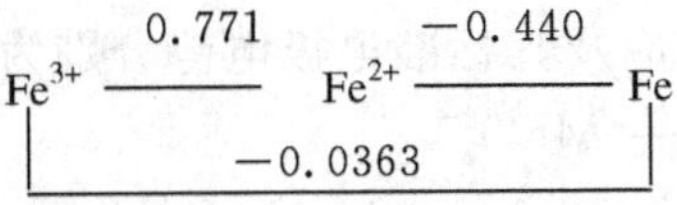

线上的数字是电对的 $E^{\ominus}$ 值，横线左端是电对的氧化态，右端是电对的还原态。这种表明元素氧化态之间标准电极电势关系的图叫作元素电势图。

元素电势图可用来解决无机化学中许多氧化还原反应的问题。以锰在酸性（pH＝0）和碱性（pH＝14）介质中的电势图为例，作一些说明。

酸性介质中（$E_A^{\ominus}$/V，下角标 A 代表酸性介质）：

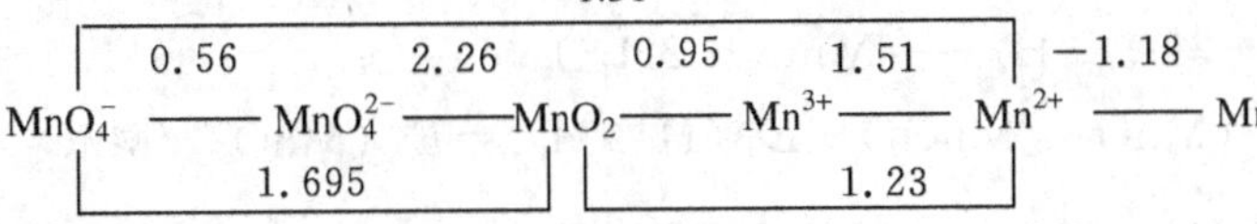

碱性介质中（$E_B^{\ominus}$/V，下角标 B 代表碱性介质）：

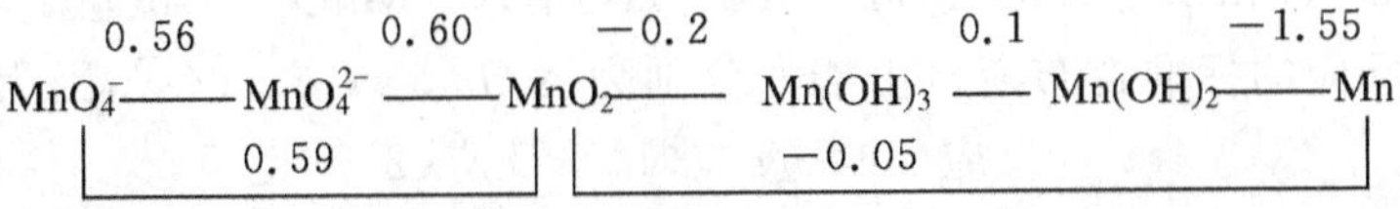

(1) 由以上两电势图可以看出：在酸性介质中，MnO_4^-、MnO_4^{2-}、MnO_2 和 Mn^{3+} 都是强氧化剂。因为它们作为电对的氧化型时，$E^{\ominus}$ 值都较大；在碱性介质中，它们的 $E^{\ominus}$ 值都较小，表明它们在碱性溶液中氧化能力很弱。在酸性介质中，电对的氧化型以 MnO_4^{2-} 的 $E^{\ominus}$ 值最大（2.26V），是最强的氧化剂；电对的还原型以 Mn 的 $E^{\ominus}$ 值最小（−1.18V），是最强的还原剂。

(2) 元素电势图可用来判断元素处于某一氧化态时，是否会发生歧化反应。如果电势图上某物质右边的电极电势大于左边的电极电势，则该物质在水溶液中会发生歧化反应。例如在酸性介质中，MnO_4^{2-} 的 $E^{\ominus}$(右)和 $E^{\ominus}$(左)分别为 2.26V 和 0.56V，$E^{\ominus}$(右)＞$E^{\ominus}$(左)，所以它会发生如下的歧化反应

$$3MnO_4^{2-}+4H^+ = 2MnO_4^- + MnO_2 + 2H_2O$$

为什么 $E^{\ominus}$(右)＞$E^{\ominus}$(左)就会发生歧化反应？这可从下面有关电极反应的对角线关系中看出：

$$MnO_4^- + e^- \rightleftharpoons MnO_4^{2-} \qquad E^{\ominus}=0.56V$$

$$MnO_4^{2-} + 4H^+ + 2e^- \rightleftharpoons MnO_2 + 2H_2O \qquad E^{\ominus}=2.26V$$

根据 $E^{\ominus}$(右)＞$E^{\ominus}$(左)这条规则，还可断定酸性介质中的 Mn^{3+}，碱性介质中的 MnO_4^{2-} 和 $Mn(OH)_3$ 都可发生歧化反应。

(3) 电势图还可用来从几个相邻电对已知的 $E^{\ominus}$，求算未知电对的 $E^{\ominus}$。例如从电势图

$$MnO_4^- \xrightarrow{0.56} MnO_4^{2-} \xrightarrow{2.26} MnO_2$$

求电对 MnO_4^-/MnO_2 的 $E^\ominus$。

这三对相关电对的电极反应及其标准电极电势分别为：

$$MnO_4^- + e^- \rightleftharpoons MnO_4^{2-} \qquad E^\ominus = 0.56V$$

$$MnO_4^{2-} + 4H^+ + 2e^- \rightleftharpoons MnO_2 + 2H_2O \qquad E^\ominus = 2.26V$$

$$MnO_4^- + 4H^+ + 3e^- \rightleftharpoons MnO_2 + 2H_2O \qquad E^\ominus = ?$$

将该三电对分别与标准氢电极组成原电池，这三个电池反应式及相应的电动势分别为：

(1) $MnO_4^- + \frac{1}{2}H_2 \longrightarrow MnO_4^{2-} + H^+$

$$E_1^\ominus = E^\ominus(MnO_4^-/MnO_4^{2-}) - E^\ominus(H^+/H_2) = E^\ominus(MnO_4^-/MnO_4^{2-}) = 0.56V$$

(2) $MnO_4^{2-} + 2H^+ + H_2 \longrightarrow MnO_2 + 2H_2O$

$$E_2^\ominus = E^\ominus(MnO_4^{2-}/MnO_2) - E^\ominus(H^+/H_2) = E^\ominus(MnO_4^{2-}/MnO_2) = 2.26V$$

(3) $MnO_4^- + H^+ + \frac{3}{2}H_2 \longrightarrow MnO_2 + 2H_2O$

$$E_3^\ominus = E^\ominus(MnO_4^-/MnO_2) - E^\ominus(H^+/H_2) = E^\ominus(MnO_4^-/MnO_2)$$

设这三个电池反应的标准吉布斯自由能变分别为 $\Delta_r G_1^\ominus$、$\Delta_r G_2^\ominus$、$\Delta_r G_3^\ominus$，因为

$$反应(3) = 反应(1) + 反应(2)$$

$$\Delta_r G_3^\ominus = \Delta_r G_1^\ominus + \Delta_r G_2^\ominus$$

$$-n_3 F\varepsilon_3^\ominus = -n_1 F\varepsilon_1^\ominus - n_2 F\varepsilon_2^\ominus$$

所以

$$\varepsilon_3^\ominus = \frac{n_1\varepsilon_1^\ominus + n_2\varepsilon_2^\ominus}{n_3}$$

$$E_3^\ominus = \frac{n_1 E_1^\ominus + n_2 E_2^\ominus}{n_3}$$

将 $E_1^\ominus = 0.56V$，$E_2^\ominus = 2.26V$，$E_3^\ominus = E^\ominus(MnO_4^-/MnO_2)$，$n_3 = n_1 + n_2 = 1 + 2$ 代入上式，得

$$E^\ominus(MnO_4^-/MnO_2) = \frac{1 \times 0.56 + 2 \times 2.26}{1+2} = 1.69(V)$$

由此可得到如下的电势图：

$$\underbrace{MnO_4^- \xrightarrow{0.56} MnO_4^{2-} \xrightarrow{2.26} MnO_2}_{1.69}$$

若将以上的算式推广至一般，可得如下通式

$$E^\ominus = \frac{n_1 E_1^\ominus + n_2 E_2^\ominus + n_3 E_3^\ominus + \cdots}{n_1 + n_2 + n_3 + \cdots}$$

式中 $E_1^\ominus$、$E_2^\ominus$、$E_3^\ominus$…依次代表相邻电对的标准电极电势，n_1，n_2，n_3…依次代表相邻电对转移的电子数，$E^\ominus$ 代表两端电对的标准电极电势。

例 10-20 已知 $E_A^\ominus/V$

$$MnO_4^- \xrightarrow{0.56} MnO_4^{2-} \xrightarrow{2.26} MnO_2 \xrightarrow{0.95} Mn^{3+} \xrightarrow{1.51} Mn^{2+}$$

求电对 MnO_4^-/Mn^{2+} 的 $E^\ominus$ 值。

解 $$E^\ominus=\frac{1\times0.56+2\times2.26+1\times0.95+1\times1.51}{1+2+1+1}=1.51(\mathrm{V})$$

10-8 电解与化学电源
(Electrolysis and Chemical Electrical Source)

10-8-1 电解的概念

一般来说,原电池中发生的反应只能是自发的化学反应,而其逆反应(非自发)不可进行。但实际上,如果在某些电池的正负极之间并联一个可调压直流电源,逐渐增加直流电源的电压到一定程度,原电池中的化学反应就可能发生逆转,即发生电解作用。电解过程中,电池中发生的化学反应为非自发反应,外界(直流电源)对体系(电池)做功,电能转化为化学能。此时,原电池变为电解池(electrolytic cell)。**电解池是用来电解的装置,由电极、电解质溶液和直流电源组成**。电解池中,**与电源负极相连的电极称为阴极,与电源正极相连的电极称为阳极**。图 10-5 为电解池示意图。

现以电解 $CuCl_2$ 溶液为例来说明电解时发生的反应。当接通电源后,电子从电源负极向电解池阴极移动,在阴极上溶液中的阳离子接受电子,发生还原反应;在电解池阳极上,溶液中的阴离子发生氧化反应,失去的电子进入阳极,向电源正极移动。即 Cu^{2+} 向阴极移动,在阴极上获得电子生成金属铜沉积在阴极上;Cl^- 向阳极移动,把电子传给阳极,生成氯气在阳极上放出。电极反应为:

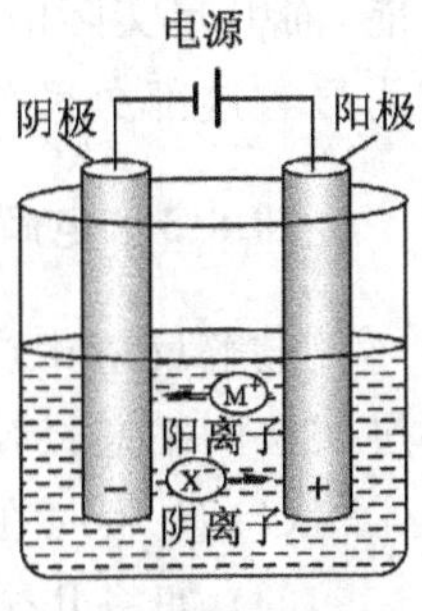

图10-5 电解池示意图

阴极:$Cu^{2+}+2e^-$ ══ Cu

阳极:$2Cl^--2e^-$ ══ Cl_2

总反应:$Cu^{2+}+2Cl^-$ ══ $Cu+Cl_2$

10-8-2 电解的原理

能使电解顺利进行的最小外加电压,称为分解电压。

电解反应与原电池反应是正好相反的过程。电解过程中,电解产物在电极上形成原电池,产生反向电动势,理论上等于分解电压,因此可以用计算原电池电动势的方法来计算分解电压的大小。例如,在电解 $CuCl_2$ 溶液时,阴极上析出铜,阳极上析出氯气,而部分铜和氯分别吸附在两个铂极表面组成了下列原电池:

$$(-)\ \mathrm{Pt,Cu}\mid Cu^{2+}\parallel Cl^-\mid Cl_2,\mathrm{Pt}\ (+)$$

正极:$2Cl^--2e^-$ ══ Cl_2

负极:$Cu^{2+}+2e^-$ ══ Cu

理论分解电压:$\varepsilon=E_{Cl_2/Cl^-}-E_{Cu^{2+}/Cu}$

实际上,实验条件下的分解电压往往远大于理论分解电压。剔除电阻引起的因素,这主要是由于电极极化所引起的。**电极极化**是指当电流通过电极时发生一系列变化,使放电受到阻力(遇到能垒),要克服这些阻力,实际需要的电极电势就出现偏离。为了表示电极极化的状况，常把某电极在一定电流密度下的电极电势 $E_{(实际)}$ 与电极的理论电势 $E_{(理论)}$ 的差值的绝对值称为**超电势 η**。由于超电势的存在，在实际电解时，要使阳离子在阴极上析出，外加于阴极的电势必须比理论电势更负；要使阴离子在阳极析出，外加于阳极的电势必须比理论电势更正，即：

$$E_{-(理论)} > E_{-(实际)}, \ E_{+(理论)} < E_{+(实际)}$$

由于理论分解电压 $\varepsilon = E_{Cl_2/Cl^-} - E_{Cu^{2+}/Cu}$，因此，$\varepsilon_{(理论)} < \varepsilon_{(实际)}$。

影响超电势的因素有电解产物的本质、电极的材料和表面状态、溶液的搅拌情况、电流密度等。

根据产生原因的不同，电极极化可分成两类：

一、浓差极化

电解过程中，由于电极上离子放电速率大于溶液中离子扩散速率，所以，在电极附近的溶液的离子浓度比本体溶液浓度（即未电解时的浓度）要低，形成浓度差。此时电极如同浸入到一个浓度较低的溶液中，导致阳极和阴极的实际电极电势与理论电极电势发生偏离。

二、电化学极化

电化学极化是由电解产物析出过程中某一步骤反应速率迟缓，需要克服较高的活化能，而引起实际电势偏离理论电势的现象。特别是当电极上析出气体时，这种偏离更加明显。这部分额外施加的电压称为电化学超电势。

10-8-3 电解产物

电解反应中产生的物质称为电解产物，有的是气体，有的是固体。1833 年法拉第通过实验归纳总结出：

(1) 电解时在电极上析出或溶解掉的物质的物质的量与通过电极的电量成正比。

(2) 如将几个电解池串联，则通过各池的电量相同，在各电解池的电极上析出或溶解掉的不同物质的物质的量成正比，析出的质量与该物质的摩尔质量成正比。这个规律就是**法拉第定律**。通过研究电极反应，现在我们知道，法拉第定律实际上是指电解产物的物质的量与电极上得失电子的物质的量成正比，因此也就与通入的电量成正比。

电解常常在水溶液中进行，电解液中除了电解质的正、负离子外，还有由水解离产生的 H^+ 和 OH^-，某些电解液可能还有其他离子。因而在电解时，能在电极上放电的离子可能有很多种，也就是说，可能有多种电解产物。那么，如何确定什么离子会在电极上放电呢？一般可以考虑以下几个因素：

一、标准电极电势值

标准电极电势值是决定电解产物的主要因素。电解时，在阴极由于进行的是还原反应，所以放电的是容易获得电子的物质，即 $E^\ominus$ 代数值较大的氧化型物质，其电解产物是相应的还原型物质；在阳极由于进行的是氧化反应，故放电的是 $E^\ominus$ 代数值小的还原型物质，电解产物是相应的氧化型物质。

二、溶液中的离子浓度

溶液中浓度越大的离子越有利于放电。根据 Nernst 方程式，金属正离子（以及 H^+）的浓度越大，其电极电势的代数值越大，故越易在阴极放电。酸根离子（以及 OH^-）一般为还原态，其浓度越大，E 的代数值越小，越易在阳极放电。

三、电极材料

当采用铂、石墨等惰性材料作电极时，它们本身不参加电极反应。如用铜、锌、铁等金属材料作阳极，则它们会参加电极反应，发生阳极溶解。

四、电解产物的性质

当电解产物为气体时，会产生较为明显的超电势，极大地阻碍了气体离子放电变成气体，特别是对 H_2、O_2 等的阻碍作用更为显著。超电势会随着电流密度增大而增大。此外，不同的电极材料的氢超电势大小不同，其中铂黑电极相对较小。

因此，必须将影响因素作综合考虑后，才能确定最终的电解产物。

10-8-4 电解的应用

一、冶金工业和化工产品制备

电解是一种非常强有力的促进氧化还原反应的手段，许多很难进行的氧化还原反应都可以通过电解来实现。电解可以从矿石中提取金属（电解冶金），也可以提纯金属（电解提纯），用于许多有色金属（如钠、钾、镁、铝、锂等）和稀有金属（如锆、铪等）的冶炼及金属（如铜、锌、铅等）的精炼。

电解在化工领域也有大量的应用。例如，电解熔融氯化钠生成金属钠和氯气；氯碱工业中电解氯化钠水溶液制得氢氧化钠以及氯气和氢气；电解水产生氢气和氧气；甚至可以将熔融的氟化物在阳极上氧化成单质氟。其他化工产品如氯酸钾、过氧化氢以及乙二腈等部分有机化合物都可以通过电解工业生产。

二、电镀

电镀时，金属制件通常需要经过除锈、去油等处理，然后将其作为阴极放入电镀槽中。阳极一般是镀层金属的板或棒。电解液是镀层金属的盐溶液。

例如，镀锌时是将金属制件（被镀件）作阴极，锌板作阳极。为了使镀层结晶细致，厚薄均匀，与基体结合牢固，电镀液通常用配合物碱性锌酸盐镀锌或氰化物镀锌等。碱性锌酸盐可解离出少量的 Zn^{2+}：

$$Na_2[Zn(OH)_4] \xlongequal{} 2Na^+ + [Zn(OH)_4]^{2-}$$

$$[Zn(OH)_4]^{2-} \xlongequal{} Zn^{2+} + 4OH^-$$

由于 $E(Zn^{2+}/Zn)$ 比较低，故使金属晶体在镀件上析出时晶核生长速率较小，有利于新晶核的生长，从而得到致密、均匀的光滑镀层。随着电镀的进行，Zn^{2+} 不断在阴极放电，将使上述平衡不断向右移动，保证溶液中 Zn^{2+} 浓度基本稳定。

三、阳极氧化

阳极氧化是将金属置于电解液中作为阳极，使金属表面形成厚度为几十至几百微米的氧化膜的过程，这层氧化膜的形成使金属具有防蚀、耐磨的性能。现以典型而常见的铝及铝合金的阳极氧化为例来说明其原理。

铝及铝合金工件在经过表面除油等预处理工艺后作为阳极，别的铝板作为阴极，用稀硫酸（或铬酸）溶液作电解液。通电后，阳极反应是 OH^- 放电析出氧，它很快与阳极上的铝作用生成氧化物，并放出大量热，即阳极反应：$4OH^- - 4e^- \longrightarrow 2H_2O + O_2(g)$，$2Al + \frac{3}{2}O_2 \longrightarrow Al_2O_3$

$$\Delta_r H_m^{\ominus} = -1675.7\ kJ \cdot mol^{-1}$$

阴极反应：$2H^+ + 2e^- \longrightarrow H_2(g)$

阳极氧化过程中的氧化膜，在靠近电解液的一边由 Al_2O_3 和 $Al_2O_3 \cdot H_2O$ 所组成，硬度比较低。由于膜不均匀以及酸性电解液对膜的溶解作用，形成了松孔，即生成多孔层。电解液通过松孔到达铝表面，使铝基体上的氧化膜连续不断地生长。阳极氧化所得的氧化膜与金属晶体结合牢固，因而大大提高了金属及其合金的耐腐蚀能力，并可提高表面的电阻而增强绝缘性能。经过氧化的铝导线可制电机和变压器的绕组线圈。此外，由于金属铝氧化膜具有多孔性，吸附性能强，因而可染上各种鲜艳的色彩，对铝制品进行装饰。

10-8-5 化学电源

化学电源是能将化学能直接转变成电能的装置，它通过自发进行的化学反应，消耗某种化学物质，从而输出电能。化学电源在工业和日常生活中有着重要的应用。化学电源可以分为一次电池（即原电池，Primary Cell）和二次电池（Secondary Cell）。一次电池在进行一次电化学反应放电之后不能再次使用；二次电池在放电后可以外接电源逆转电池反应，发生电解作用进行充电，因此又称蓄电池或可充电电池。化学电源的种类繁多，下面介绍几种常见类型的化学电源。

一、干电池

干电池为一次电池，包括锌锰干电池、锌汞电池、镁锰干电池等。

锌锰干电池是日常生活中常用的干电池，其结构如图10-6所示。

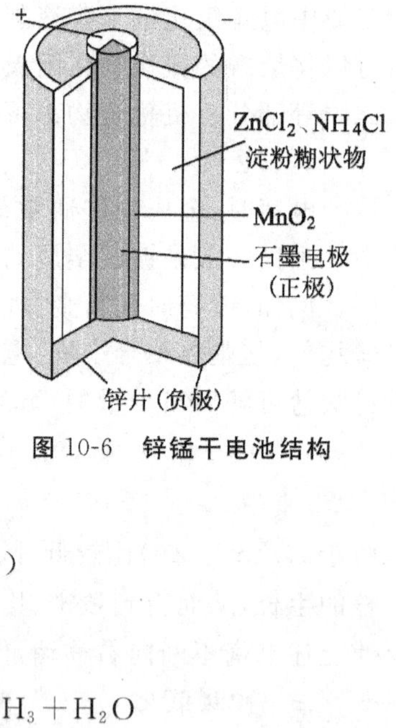

图 10-6 锌锰干电池结构

正极材料：MnO_2、石墨棒。

负极材料：锌片。

电解质：NH_4Cl、$ZnCl_2$ 及淀粉糊状物。

电池符号可表示为：

$(-)\ Zn \mid ZnCl_2, NH_4Cl(\text{糊状}) \parallel MnO_2 \mid C\ (\text{石墨})(+)$

负极：$Zn = Zn^{2+} + 2e^-$

正极：$2MnO_2 + 2NH_4^+ + 2e^- = Mn_2O_3 + 2NH_3 + H_2O$

总反应：$Zn + 2MnO_2 + 2NH_4^+ = 2Zn^{2+} + Mn_2O_3 + 2NH_3 + H_2O$

锌锰干电池的电动势为1.5V。因产生的 NH_3 气被石墨吸附，引起电动势下降较快。如果用高导电的糊状KOH代替 NH_4Cl，正极材料改用钢筒，MnO_2 层紧靠钢筒，就构成碱性锌锰干电池，电池反应没有气体产生，内电阻较低，比较稳定。

二、铅蓄电池

铅蓄电池又称铅酸电池，是由一组充满海绵状金属铅的铅锑合金格板作为负极，由另一组充满二氧化铅的铅锑合金格板作为正极，两组格板相间浸泡在电解质稀硫酸中。

放电时，电极反应为：

负极：$Pb+SO_4^{2-} \xlongequal{} PbSO_4+2e^-$

正极：$PbO_2+SO_4^{2-}+4H^++2e^- \xlongequal{} PbSO_4+2H_2O$

总反应：$Pb+PbO_2+2H_2SO_4 \xlongequal{} 2PbSO_4+2H_2O$

放电后，正、负极板上都沉积有一层 $PbSO_4$，放电到一定程度之后必须进行充电。充电时用一个电压略高于蓄电池电压的直流电源与蓄电池相接，将负极上的 $PbSO_4$ 还原成 Pb，而将正极上的 $PbSO_4$ 氧化成 PbO_2。充电时发生放电时的逆反应：

阴极：$PbSO_4+2e^- \xlongequal{} Pb+SO_4^{2-}$

阳极：$PbSO_4+2H_2O \xlongequal{} PbO_2+SO_4^{2-}+4H^++2e^-$

总反应：$2PbSO_4+2H_2O \xlongequal{} Pb+PbO_2+2H_2SO_4$

正常情况下，铅蓄电池的电动势是 2.1V，随着电池放电生成水，H_2SO_4 的浓度和密度降低，故可以通过测量 H_2SO_4 的密度来检查蓄电池的放电情况。铅蓄电池具有充放电可逆性好、放电电流大、稳定可靠、价格便宜等优点，缺点是笨重，且硫酸有腐蚀性，因此存放时要注意不能倒下。铅蓄电池常用作汽车和柴油机车的启动电源，电动自行车电源，坑道、矿山和潜艇的动力电源，以及通信站的备用电源。

三、镍镉(Ni-Cd)电池

镍镉电池属于碱性蓄电池，其体积、电压都与干电池类似，携带方便，使用寿命长。其缺点是电池有记忆效应，并且电池中的重金属镉会对环境产生污染。电池反应是：

$$Cd+2NiO(OH)+2H_2O \xlongequal{} 2Ni(OH)_2+Cd(OH)_2$$

四、镍铁(Ni-Fe) 电池

镍铁电池在 1901 年由爱迪生发明，也属于碱性蓄电池。其阳极是氢氧化镍，阴极是铁，电解液是氢氧化钾，电压通常是 1.2V。其优点是耐用，能够经受一定程度的使用事故(包括过度充电、过度放电、短路、过热)，而且经受上述损害后仍能保持很长的寿命，能够储存电能长达 20 年，在铁路信号发送及铁路车辆备用电源方面得到应用。电池反应是：

$$Fe+2NiO(OH)+2H_2O \xlongequal{} 2Ni(OH)_2+Fe(OH)_2$$

五、镍氢(Ni-MH)电池

镍氢电池由镍镉电池改良而来，以能吸收氢的金属(通常是合金)代替镉。电解液为 KOH+LiOH。相比镍镉电池，其电容量更高，记忆效应较弱，对环境的污染较低，因此应用更广泛，特别是在电子产品上应用较多，而大功率的镍氢电池目前在混合动力汽车和纯电动汽车上也有较多应用。电池充电时，氢氧化钾电解液中的氢原子会释放出来，由储氢材料吸收，避免形成氢气。电池放电时，这些氢原子便会经由相反过程回到原来地方。电池反应如下：

充电时：

阳极反应：$Ni(OH)_2+OH^- \longrightarrow NiOOH+H_2O+e^-$

阴极反应：$M+H_2O+e^- \longrightarrow MH+OH^-$

总反应：$M+Ni(OH)_2 \longrightarrow MH+NiOOH$

放电时：

正极：$NiOOH+H_2O+e^- \longrightarrow Ni(OH)_2+OH^-$

负极：$MH+OH^- \longrightarrow M+H_2O+e^-$

总反应：$MH+NiOOH \longrightarrow M+Ni(OH)_2$

其中 M 为储氢合金，MH 为吸附了氢原子的储氢合金。最常用的储氢合金为 $LaNi_5$。

六、锂电池

锂电池大致可分为两大类：锂金属电池和锂离子电池。前者以锂-二氧化锰非水电解质电池（简称锂锰电池）为代表，这种电池以片状金属锂为负极，活性 MnO_2 作正极，高氯酸及溶于碳酸丙烯酯和二甲氧基乙烷的混合有机溶剂作为电解质溶液，以聚丙烯为隔膜，电池符号和电池反应可表示为：(－) $Li|LiClO_4|MnO_2|C$(石墨)(＋)。

负极反应：$Li = Li^+ + e^-$

正极反应：$MnO_2 + Li^+ + e^- = LiMnO_2$

总反应：$Li + MnO_2 = LiMnO_2$

锂锰电池的电动势为 2.69V，是一次电池，重量轻，体积小（可做成纽扣电池），电压高，比能量大，贮存性能好，已广泛用于电脑主板、手表、无线电设备等多种电子产品。

锂离子电池不含有金属态的锂，并且是可以充电的二次电池，包括磷酸铁锂电池、锰酸锂电池、钴酸锂电池等多种类型，价格相对昂贵。其有以下优点：工作电压达到 3.6V，电容量大，体积小，重量轻，循环寿命长，自放电率低，无记忆效应，无污染等。在便携式电器如笔记本电脑、手机、摄像机、移动通信中得到普遍应用。大容量锂离子电池特别是磷酸铁锂电池已在电动汽车中开始试用，预计将成为电动汽车的主要动力电源之一，并将在人造卫星、航空航天和储能方面得到应用。

七、燃料电池

燃料电池与其他电池的主要差别在于：它不是把还原剂、氧化剂物质全部贮藏在电池内，而是在工作时不断从外界输入氧化剂和还原剂，同时将电极反应产物不断排出电池。燃料电池是直接将燃烧反应的化学能转化为电能的装置，能量转化率高，可达 80％以上，而一般火电站热机效率仅为 30％～40％。燃料电池具有节约燃料、污染小的特点。常见的燃料电池以还原剂（氢气、煤气、天然气、甲醇等）为负极反应物，以氧化剂（氧气、空气等）为正极反应物，由燃料极、空气极和电解质溶液构成电池。电极材料常采用多孔碳、多孔镍、铂、钯等贵重金属以及聚四氟乙烯，电解质则有碱性或酸性溶液、熔融盐、高分子材料（如塑料）和固体电解质（如特种陶瓷）等数种。

以碱性氢氧燃料电池为例，它的燃料极常用多孔性金属镍，用它来吸附氢气；空气极常用多孔性金属银，用它来吸附空气；电解质则由浸有 KOH 溶液的多孔性塑料制成。其电池符号可表示为：(－)$Ni|H_2|KOH(30\%)|O_2|Ag$(＋)。

负极反应：$2H_2 + 4OH^- = 4H_2O + 4e^-$

正极反应：$O_2 + 2H_2O + 4e^- = 4OH^-$

总反应：$2H_2 + O_2 = 2H_2O$

电池的工作原理是：当向燃料极供给氢气时，氢气被吸附并与催化剂作用，放出电子而生成 H^+，而电子经过外电路流向空气极，电子在空气极使氧还原为 OH^-、H^+ 和 OH^- 在电解质溶液中结合成 H_2O。氢氧燃料电池的标准电动势为 1.229V。

氢氧燃料电池目前已应用于航天、军事通信、电视中继站等领域，随着成本的下降和技术的提高，在新能源汽车等领域可望得到进一步的商业化运用。

10-8-6 金属的腐蚀及其防止

一、金属腐蚀的定义

当金属与周围介质接触时，由于发生化学或电化学作用使金属被氧化而引起的破坏叫作金属的腐蚀。金属的腐蚀可以显著降低金属材料的强度、塑性、韧性等物理性能，破坏金属构件的几何形状，增加机件的磨损，缩短设备的使用寿命。金属腐蚀已经成为国民经济中的一个不可忽视的损失。

二、化学腐蚀

单纯由化学作用而引起的腐蚀叫作化学腐蚀。化学腐蚀多发生在非电解质溶液中或干燥气体中，腐蚀过程中无电流产生，腐蚀产物直接生成在腐蚀性介质接触的金属表面。例如，电气、机械设备的金属与绝缘油、润滑油、液压油以及干燥空气中的 O_2、H_2S、SO_2、Cl_2 等物质接触时，在金属表面生成相应的氧化物、硫化物、氯化物等。

影响化学腐蚀的因素有：金属的本性、腐蚀介质的浓度和温度。例如，钢材在常温空气中不腐蚀，而在高温下就容易被氧化，生成一层氧化皮（由 FeO、Fe_2O_3 和 Fe_3O_4 组成)，同时还会发生脱碳现象。这是钢铁中的渗碳体（Fe_3C）被气体介质氧化的结果。有关的反应方程如下：

$Fe_3C+O_2 = 3Fe+CO_2$，$Fe_3C+CO_2 = 3Fe+2CO$，$Fe_3C+H_2O = 3Fe+CO+H_2$

反应生成的气体离开金属表面，而碳便从邻近的尚未反应的金属内部逐渐扩散到这一反应区，于是金属层中含碳量逐渐减小，形成了脱碳层。钢铁表面由于脱碳致使硬度减小和疲劳极限降低。

再如，原油中多种形式的有机硫化物，如二硫化碳、噻吩、硫醇等也会与金属材料作用而引起输油管、容器和其他设备的化学腐蚀。

三、电化学腐蚀

当金属与电解质溶液接触时，由电化学作用而引起的腐蚀称为电化学腐蚀。电化学腐蚀形成了原电池反应。在研究金属的电化学腐蚀中，把发生氧化的部分叫作阳极（相当于原电池的负极)，发生还原的部分叫作阴极（相当于原电池的正极）。

1. 析氢腐蚀（腐蚀过程中有氢气放出）

即腐蚀过程中的阴极上有氢气析出的腐蚀。它常发生在酸洗或用酸浸蚀某种较活泼金属的加工过程中。例如，Fe 作为腐蚀电池的阳极，钢铁中较 Fe 不活泼的其他杂质作阴极，H^+ 在阴极上获得电子发生还原反应：

阳极（Fe）：$Fe-2e^- \longrightarrow Fe^{2+}$

阴极（杂质）：$2H^+ +2e^- \longrightarrow H_2(g)$

总反应：$Fe+2H^+ = Fe^{2+}+H_2(g)$

2. 吸氧腐蚀（腐蚀过程中消耗氧）

在腐蚀过程中溶解于水膜中的氧气在阴极上得到电子被还原生成 OH^- 的腐蚀称为吸氧腐蚀。它常常是在中性、碱性或弱酸性的介质中发生的。由于 $E^\ominus(O_2/OH^-)$ 的代数值远远大于 $E^\ominus(H^+/H_2)$ 的代数值，且空气中的 O_2 不断溶入水膜中，所以大气中钢铁等金属腐蚀的主要形式是吸氧腐蚀。

反应方程式如下：

阳极(Fe)：$Fe-2e^- \longrightarrow Fe^{2+}$

阴极(杂质)：$O_2+2H_2O+4e^- \longrightarrow 4OH^-$

总反应：$2Fe+O_2+2H_2O \longrightarrow 2Fe(OH)_2$

$Fe(OH)_2$ 将进一步被 O_2 所氧化，生成 $Fe(OH)_3$，并部分脱水为疏松的铁锈。锅炉、铁制水管等系统常含有大量的溶解氧，故常发生严重的吸氧腐蚀。

$$4Fe(OH)_2+O_2+2H_2O = 4Fe(OH)_3 \longrightarrow Fe_2O_3 \cdot xH_2O(\text{铁锈})$$

3. 差异充气腐蚀

差异充气腐蚀是金属吸氧腐蚀的一种形式，它是由于在金属表面氧气分布不均匀而引起的。例如，半浸在海水中的金属，在金属浸入面处(图 10-7 中 a 段)，因氧的扩散途径短，故氧的浓度高。而在水的内部(图 10-7 中 b 段)，因氧的扩散途径长，故氧的浓度低。

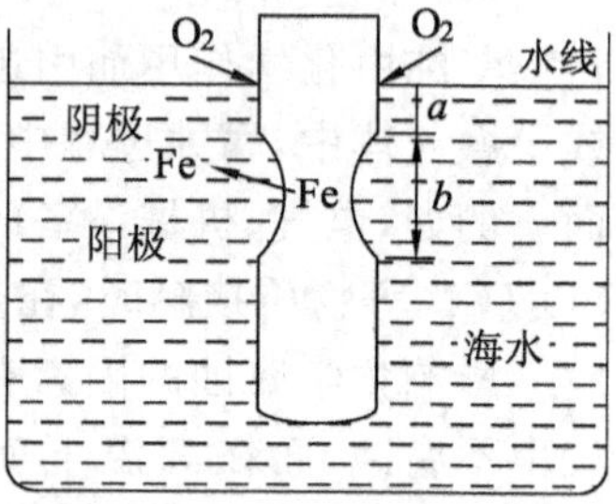

图 10-7　差异空气腐蚀

由 Nernst 方程可知：

$$O_2+2H_2O+4e^- = 4OH^-$$

$$E=E^{\ominus}+\frac{0.0592}{4}\lg\left[\frac{p(O_2)/p^{\ominus}}{(c(OH^-)/c^{\ominus})^4}\right]$$

由此看出，在 O_2 浓度(或 $p(O_2)$)较大的部位，其相应的电极电势的代数值较大，氧较易得到电子；而在 O_2 浓度(或 $p(O_2)$)较小部位，$E(O_2/OH^-)$ 的代数值较小，O_2 较难得到电子。这样，由于氧气浓度不同而形成了一个浓差电池。其中，氧气浓度大的部位(a 处)为阴极，氧气浓度小的部位(b 处)为阳极而遭到腐蚀。b 处的金属被腐蚀以后，O_2 的浓度会更小，且由于腐蚀而使杂质逐渐增多，致使金属腐蚀继续下去，腐蚀的深度加大。腐蚀过程的电极反应如下：

阴极(O_2 浓度较大的部位)：$\frac{1}{2}O_2+H_2O+2e^- = 2OH^-$

阳极(O_2 浓度较小的部位)：$Fe+2e^- = Fe^{2+}$

差异充气腐蚀在生产中常常遇到，如金属裂缝深处的腐蚀，浸入水中的支架、埋入地里的铁柱和水封式储气柜的腐蚀，等等。

四、金属腐蚀的防止

1. 缓蚀剂法

在腐蚀介质中添加能降低腐蚀速率的物质(称缓蚀剂)的防蚀方法叫作缓蚀剂法。根据化学组成，习惯上将缓蚀剂分为无机缓蚀剂和有机缓蚀剂两大类。

无机缓蚀剂：通常在中性介质中使用的无机缓蚀剂有 $NaNO_2$、$K_2Cr_2O_7$、Na_3PO_4 等，在碱性介质中使用的有 $NaNO_2$、$NaOH$、Na_2CO_3、$Ca(HCO_3)_2$ 等。例如，$Ca(HCO_3)_2$ 在碱性介质中发生如下反应：

$$Ca^{2+}+2HCO_3^-+2OH^- = CaCO_3(s)+CO_3^{2-}+2H_2O$$

生成的难溶碳酸盐覆盖于阳极表面，成为具有保护性的薄膜，阻滞了阳极反应，降低了金属的腐蚀速率。

有机缓蚀剂：在酸性介质中，通常使用有机缓蚀剂，如琼脂、糊精、动物胶、六次甲基四胺以及含氮、硫的有机物等。有机缓蚀剂对金属的缓蚀作用，一般认为是由于吸附膜的生成，即金属将缓蚀剂的离子或分子吸附在表面上，形成一层难溶而腐蚀性介质又很难透过的保护膜，阻碍了 H^+ 得电子的阴极反应，因而减慢了腐蚀。

缓蚀剂具有缓蚀作用的原因是：

(1) 能使金属表面氧化而形成钝化膜。例如：

$$2Fe+2Na_2CrO_4+2H_2O \rightleftharpoons Fe_2O_3+Cr_2O_3+4NaOH$$

(2) 能与阳极溶解出来的金属离子或与阴极附近的某离子形成难溶性化合物覆盖于阳极或阴极的表面。例如：

$$3Fe^{2+}+2PO_4^{3-} = Fe_3(PO_4)_2(s)$$

$$Cu^{2+}+HCO_3^-+OH^- = CuCO_3(s)+H_2O$$

(3) 有机缓蚀剂被吸附在带负电荷的金属表面上阻碍了 H^+ 放电。例如：

$$R_3N+H^+ = [R_3NH]^+$$

2. 阴极保护法

阴极保护法就是将被保护的金属作为腐蚀电池的阴极或作为电解池的阴极而不受腐蚀。

牺牲阳极保护法：一般采取将电极电势更低的金属（通常为 Mg、Al、Zn 合金）与被保护的金属相连，构成原电池。例如，在海上航行的轮船，常将锌块镶嵌于船底四周，这样船身可减轻腐蚀：

阳极：$Zn(s) \rightleftharpoons Zn^{2+}+2e^-$

阴极：$O_2(g)+H_2O+4e^- \rightleftharpoons 4OH^-(aq)$

外加电流保护法：取废钢、石墨、高硅铸铁、磁性氧化铁等作为阳极，先将被保护金属与外电源的负极相连，再将外电源正极与上述用作保护的阳极相连构成电解池。例如，某些地下管道的防腐采用外加直流电源与阳极构成电解池的方法。

3. 非金属涂层

用非金属物质如油漆、塑料、搪瓷、矿物性油脂等涂覆在金属表面上形成保护层，即非金属涂层，可达到防蚀的目的。例如，船身、车厢、水桶等常涂油漆，汽车外壳常喷漆，枪炮、机器常涂矿物性油脂等。用塑料（如聚乙烯、聚氯乙烯、聚氨脂等）喷涂金属表面，比喷漆效果更佳。塑料这种覆盖层致密光洁，色泽鲜艳，兼具防蚀与装饰的双重功能。

搪瓷是含 SiO_2 量较高的玻璃瓷釉，有极好的耐蚀性能，因此作为耐蚀非金属涂层广泛用于石油化工、医药、仪器等工业部门和日常生活中。

10-9　氧化还原滴定法
(Oxidation-reduction Titration Methods)

10-9-1　氧化还原滴定法概述

氧化还原滴定法（Oxidation-reduction Titration）和酸碱滴定法不同，它是以氧化还原反应为基础的滴定分析方法。氧化还原滴定法能直接或间接测定很多物质，应用范围较广。

因为氧化还原反应的本质是通过电子转移进行的反应，反应机理往往比较复杂，并且经常是分步进行的。有的反应速率很慢，使滴定很难进行，有的反应有副反应，使反应物之间没有确定的计量关系，还有一些反应在不同的条件下会生成不同的产物。因此在氧化还原滴定中要注意控制反应条件，如加热或加入催化剂来加快反应速率，同时还要防止副反应的发生以满足滴定分析对计量关系的基本要求。

氧化还原滴定分析的条件是：

(1) 被测定物质要处于所滴定的氧化态或还原态；

(2) 氧化还原滴定反应要定量进行，其反应的平衡常数 $K>10^6$，一般要求 $E^{\ominus}>0.4V$($n=1$ 时)；

(3) 反应速率要快；

(4) 要有指示滴定终点的指示剂或方法。

10-9-2 氧化还原滴定法基本原理

一、条件电极电势

在能斯特方程式(10-2)的推导过程中，我们直接用浓度代替了活度，即假设 $a=\gamma\frac{c}{c^{\ominus}}\approx\frac{c}{c^{\ominus}}=\frac{c}{1\text{mol}\cdot\text{L}^{-1}}$，当溶液的离子强度不大时，这种处理方法是可行的。但在实际工作中，往往在溶液中加入一些强电解质的溶液作为介质，这使得溶液的离子强度变大，如果用浓度代替活度会产生较大的误差，进而影响电极电势。此外，外加的电解质还会使氧化型或还原型物质发生副反应，比如酸度的影响、沉淀与配合物的形成等都会使电极电势发生变化。因此，需要对能斯特方程进行校正。

在浓度代替活度的式中，保留活度系数 γ，并引入表征副反应对活度影响的副反应系数 α，即

$$a(\text{ox})=\frac{\gamma(\text{ox})}{\alpha(\text{ox})}\times\frac{c(\text{ox})}{c^{\ominus}},\qquad a(\text{red})=\frac{\gamma(\text{red})}{\alpha(\text{red})}\times\frac{c(\text{red})}{c^{\ominus}} \tag{10-13}$$

式中，ox 表示氧化型，red 表示还原型，c 为浓度。

将(10-13)代入式(10-2)，得

$$E=E^{\ominus}+\frac{0.0592}{n}\lg\frac{\gamma(\text{ox})\alpha(\text{red})}{\gamma(\text{red})\alpha(\text{ox})}+\frac{0.0592}{n}\lg\frac{c(\text{ox})}{c(\text{red})}$$

当 $c(\text{ox})=c(\text{red})=1\text{mol}\cdot\text{L}^{-1}$ 时，得到

$$E=E^{\ominus}+\frac{0.0592}{n}\lg\frac{\gamma(\text{ox})\alpha(\text{red})}{\gamma(\text{red})\alpha(\text{ox})}$$

令此时的 $E=E^{\ominus\prime}$，即

$$E^{\ominus\prime}=E^{\ominus}+\frac{0.0592}{n}\lg\frac{\gamma(\text{ox})\alpha(\text{red})}{\gamma(\text{red})\alpha(\text{ox})} \tag{10-14}$$

$E^{\ominus\prime}$ 表示在一定介质中，氧化型和还原型的分析浓度都是 $1\text{mol}\cdot\text{L}^{-1}$ 时的实际电极电势。和标准电极电势不同的是，它在一定条件下才是常数，所以称为条件电极电势。如果溶剂、介质不同，其数值也不同。它反映了离子强度与各种副反应对电极影响的总结果，在处理实际问题时比标准电极电势更准确。条件电极电势可能大于标准电极电势，也可能小于标准电极电势，这取决于 $\frac{\gamma(\text{ox})\alpha(\text{red})}{\gamma(\text{red})\alpha(\text{ox})}$ 的大小。各种条件下的 $E^{\ominus\prime}$ 都是由

实验测定的。若没有相同条件下的$E^{\ominus\prime}$，可采用条件相近的$E^{\ominus\prime}$，对于没有条件电极电势的电对，则只能使用标准电极电势。本教材的附录列出了部分电对在部分条件下的条件电极电势。

引入条件电极电势后，能斯特方程可表示成

$$E=E^{\ominus\prime}+\frac{0.0592}{n}\lg\frac{c(\text{ox})}{c(\text{red})} \tag{10-15}$$

二、氧化还原反应条件平衡常数

某氧化还原反应

$$a\ \text{ox}_1+b\ \text{red}_2 = c\ \text{red}_1+d\ \text{ox}_2$$

的平衡常数

$$K^{\ominus}=\frac{[a(\text{red}_1)]^c[a(\text{ox}_2)]^d}{[a(\text{ox}_1)]^a[a(\text{red}_2)]^b}$$

将式(10-13)代入上式，得

$$K^{\ominus}=\frac{\left[\frac{\gamma(\text{red}_1)}{\alpha(\text{red}_1)}\right]^c\left[\frac{\gamma(\text{ox}_2)}{\alpha(\text{ox}_2)}\right]^d}{\left[\frac{\gamma(\text{ox}_1)}{\alpha(\text{ox}_1)}\right]^a\left[\frac{\gamma(\text{red}_2)}{\alpha(\text{red}_2)}\right]^b}\times\frac{\left[\frac{c(\text{red}_1)}{c^{\ominus}}\right]^c\left[\frac{c(\text{ox}_2)}{c^{\ominus}}\right]^d}{\left[\frac{c(\text{ox}_1)}{c^{\ominus}}\right]^a\left[\frac{c(\text{red}_2)}{c^{\ominus}}\right]^b} \tag{10-16}$$

令

$$K'=K^{\ominus}\times\frac{\left[\frac{\gamma(\text{ox}_1)}{\alpha(\text{ox}_1)}\right]^a\left[\frac{\gamma(\text{red}_2)}{\alpha(\text{red}_2)}\right]^b}{\left[\frac{\gamma(\text{red}_1)}{\alpha(\text{red}_1)}\right]^c\left[\frac{\gamma(\text{ox}_2)}{\alpha(\text{ox}_2)}\right]^d}=\frac{\left[\frac{c(\text{red}_1)}{c^{\ominus}}\right]^c\left[\frac{c(\text{ox}_2)}{c^{\ominus}}\right]^d}{\left[\frac{c(\text{ox}_1)}{c^{\ominus}}\right]^a\left[\frac{c(\text{red}_2)}{c^{\ominus}}\right]^b} \tag{10-17}$$

K'称为条件平衡常数，可以表示在特定条件下，某氧化还原反应进行的程度，它与在该条件下的离子强度、副反应是否发生等因素有关。

条件平衡常数可由电极电势计算得到。将(10-17)代入公式(10-12)

$$\lg K^{\ominus}=\frac{n\varepsilon^{\ominus}}{0.0592}=\frac{n(E_+^{\ominus}-E_-^{\ominus})}{0.0592} \tag{10-12}$$

整理得到

$$\lg K'=\frac{n(E_+^{\ominus\prime}-E_-^{\ominus\prime})}{0.0592} \tag{10-18}$$

一般来说，$E_+^{\ominus\prime}-E_-^{\ominus\prime}$的值越大，反应越完全，越适合滴定。在氧化还原滴定中，实际上可以根据该差值是否大于0.4V来判断能否进行滴定，所以常常采用强氧化剂作为滴定剂，有时还需要控制反应条件（酸度、沉淀剂、配位剂等）以改变电极电势来满足该要求。

三、氧化还原滴定曲线

1. 氧化还原滴定曲线的绘制

在氧化还原滴定过程中，溶液中的各电对的电极电势随着滴定剂加入的体积（或者滴定百分数）而不断发生变化。因此，和其他类型的滴定一样，也可以用滴定曲线来描述滴定的过程。现以在 1mol·L^{-1} H_2SO_4 介质中，用 0.1000mol·L^{-1} $Ce(SO_4)_2$ 滴定 20.00mL 0.1000mol·L^{-1} $FeSO_4$ 为例，简要介绍氧化还原滴定曲线。

滴定反应为　$Ce^{4+}+Fe^{2+} = Ce^{3+}+Fe^{3+}$

各电对的半反应和条件电极电势为

$$Fe^{2+} \longrightarrow Fe^{3+} + e^- \qquad E^{\ominus'}_{Fe^{3+}/Fe^{2+}} = 0.68V$$

$$Ce^{4+} + e^- \longrightarrow Ce^{3+} \qquad E^{\ominus'}_{Ce^{4+}/Ce^{3+}} = 1.44V$$

(1) 滴定前：

溶液中无 Ce^{4+}/Ce^{3+} 电对，而 Fe^{3+}/Fe^{2+} 电对中，基本上只有 Fe^{2+}，所以电极电势无法求得。

(2) 滴定开始到化学计量点前：

在滴定过程中，如果很好地控制滴定速率，则滴定过程是一个平衡过程，即滴定时反应始终处于平衡状态，反应的电动势 $\varepsilon = E_+ - E_- = 0$，则 $E_{Ce^{4+}/Ce^{3+}} = E_{Fe^{3+}/Fe^{2+}}$。以 Fe^{3+}/Fe^{2+} 电对来计算各平衡点的电极电势，即

$$E = E^{\ominus'}_{Fe^{3+}/Fe^{2+}} + 0.0592\lg\frac{[Fe^{3+}]}{[Fe^{2+}]}$$

当加入 2.00mL Ce^{4+} 溶液时，有 10% 的 Fe^{2+} 被滴定，未被滴定的 Fe^{2+} 为 90%，则电极电势为

$$E = E^{\ominus'}_{Fe^{3+}/Fe^{2+}} + 0.0592\lg\frac{[Fe^{3+}]}{[Fe^{2+}]} = 0.68 + 0.0592\lg\frac{10}{90} = 0.62(V)$$

当加入 19.98mL Ce^{4+} 溶液时，即滴定到计量点前半滴时，有 99.9% Fe^{2+} 被滴定，未滴定的 Fe^{2+} 为 0.1%，此时电极电势为

$$E = E^{\ominus'}_{Fe^{3+}/Fe^{2+}} + 0.0592\lg\frac{[Fe^{3+}]}{[Fe^{2+}]} = 0.68 + 0.0592\lg\frac{99.9}{0.1} = 0.86(V)$$

(3) 化学计量点时：

化学计量点时的电极电势计算通式为：

$$E_{计} = \frac{n_1 E_1^{\ominus'} + n_2 E_2^{\ominus'}}{n_1 + n_2} = \frac{1.44 + 0.68}{2} = 1.06(V)$$

其中，n_1 和 $E_1^{\ominus'}$ 分别为电对 Ce^{4+}/Ce^{3+} 的电子转移数和条件电极电势，n_2 和 $E_2^{\ominus'}$ 分别为电对 Fe^{3+}/Fe^{2+} 的电子转移数和条件电极电势。滴定曲线的突跃范围为 $\left(E_2^{\ominus'} + \frac{3\times0.0592}{n_2}\right) \sim \left(E_1^{\ominus'} - \frac{3\times0.0592}{n_1}\right)$，即 0.86～1.26V。

(4) 化学计量点后：

滴定剂过量，而 Fe^{2+} 量极少，以 Ce^{4+}/Ce^{3+} 来计算溶液的电极电势。当 Ce^{4+} 过量 0.1%（加入了 20.02mL），则电极电势为

$$E = E^{\ominus'}_{Ce^{4+}/Ce^{3+}} + 0.0592\lg\frac{[Ce^{4+}]}{[Ce^{3+}]} = 1.44 + 0.0592\lg\frac{0.1}{100} = 1.26(V)$$

当 Ce^{4+} 过量了 1%（加入了 20.20mL）时，电极电势为

$$E = E^{\ominus'}_{Ce^{4+}/Ce^{3+}} + 0.0592\lg\frac{[Ce^{4+}]}{[Ce^{3+}]} = 1.44 + 0.0592\lg\frac{1}{100} = 1.32(V)$$

按照上述方法，可以计算出其他平衡点的电极电势，表 10-2 列出了相关数据。

表 10-2　在 1mol·L^{-1} H_2SO_4 介质中用 0.1000mol·L^{-1} $Ce(SO_4)_2$ 滴定 20.00mL 0.1000mol·L^{-1} $FeSO_4$

滴定剂体积/mL	滴定百分数/%	电极电势/V	
2.00	10.0	0.62	
10.00	50.0	0.68	
18.00	90.0	0.74	
19.80	99.0	0.80	
19.98	99.9	0.86	突跃范围
20.00	100.0	1.06	突跃范围
20.02	100.1	1.26	突跃范围
20.20	101.0	1.32	
22.00	110.0	1.38	
30.00	150.0	1.42	
40.00	200.0	1.44	

根据表中数据可以绘制出滴定曲线图(图 10-8)。

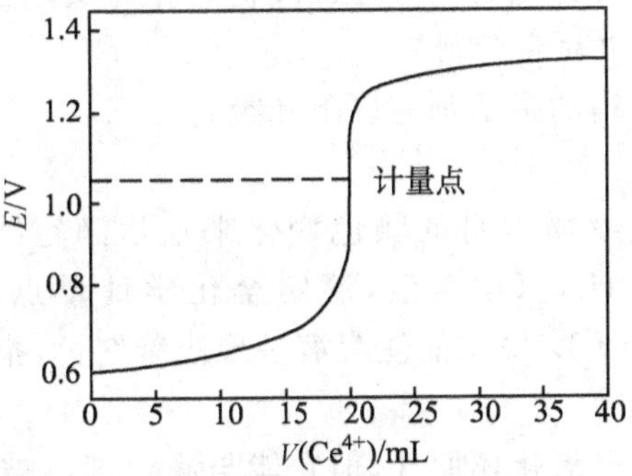

图 10-8　1mol·L^{-1} H_2SO_4 **介质中用** 0.1000mol·L^{-1} $Ce(SO_4)_2$ **滴定** 20.00mL 0.1000mol·L^{-1} $FeSO_4$

如图所示,从化学计量点前 Fe^{2+} 剩余 0.1%到计量点后 Ce^{4+} 过量 0.1%,溶液的电极电势从 0.86V 突跃到 1.26V,改变了 0.40V,这个变化称为氧化还原滴定的电势突跃。电势突跃范围是选择氧化还原指示剂的依据。

2. 氧化还原滴定曲线的影响因素

电势突跃范围与参与反应的两个电对的条件电极电势有关。条件电极电势差值越大,突跃越大;差值越小,突跃越小。突跃越大,滴定的准确度越高,通常要求有 0.2V 以上的突跃。

图 10-6 是用 $KMnO_4$ 溶液滴定不同介质中的 Fe^{2+} 的滴定曲线。由于不同介质中的条件电极电势不同,所以曲线的突跃不同。其中,以 HCl 和 H_3PO_4 混合酸作介质时,由于 H_3PO_4 对 Fe^{3+} 的配位作用,使得 Fe^{3+}/Fe^{2+} 的条件电极电势降低,从而使滴定突跃起点降低,突跃增大,指示剂的颜色变化较为敏锐。

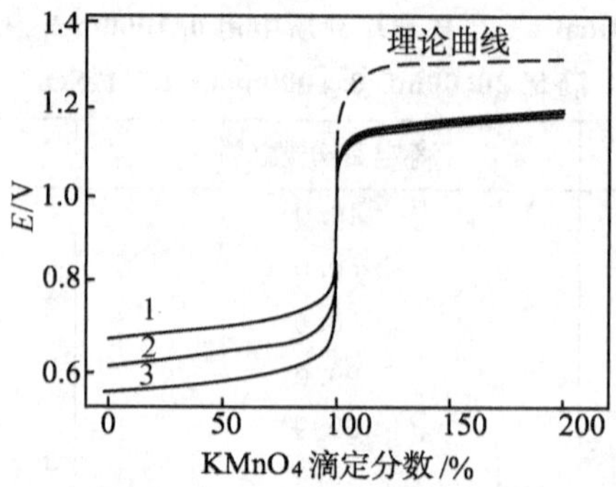

图 10-9 在不同介质中用 $KMnO_4$ 溶液滴定 Fe^{2+} 的实测滴定曲线

1. $HClO_4$ 介质；2. H_2SO_4 介质；3. $HCl+H_3PO_4$ 介质

从图 10-6 中还可以发现，在计量点后实测滴定曲线和理论曲线有分别，这是因为 MnO_4^-/Mn^{2+} 不是一个可逆电对，也就是说在 $KMnO_4$ 滴定 Fe^{2+} 时，在反应的一瞬间，不能建立起氧化还原平衡，用能斯特方程式计算所得的电势值与实测值就会有误差，一般可达到 0.1～0.2V。由于计量点前以 Fe^{3+}/Fe^{2+} 来计算电势，所以实测曲线和理论曲线差别不大，而计量点后以 MnO_4^-/Mn^{2+} 来计算，就会产生较大的差别。一般来说，使用能斯特方程式计算得到的可逆电对的滴定曲线仍可作为实际工作的参考。

四、氧化还原滴定法中的指示剂

氧化还原滴定法中常用的指示剂有以下几类：

1. 自身指示剂

利用滴定剂或被滴定物质本身的颜色变化来指示滴定终点，无须另加指示剂。例如，用 $KMnO_4$ 溶液滴定 $H_2C_2O_4$ 溶液，滴定至化学计量点时，只要有很少的过量的 $KMnO_4$（约为 $2\times10^{-6}mol\cdot L^{-1}$）就能使溶液呈现浅紫红色，指示终点的到达。

2. 特殊指示剂

有些物质本身并不具有氧化还原性，但它能与滴定剂或被滴定物质产生特殊的颜色以指示终点，这些指示剂称为特殊指示剂或显色指示剂。例如碘量法中，可溶性淀粉与 I_2 生成深蓝色的吸附化合物，反应特效且灵敏，以蓝色的出现或消失指示终点。

3. 氧化还原指示剂

这类指示剂具有氧化还原性质，和酸碱指示剂类似的是其氧化型和还原型具有不同的颜色。在滴定过程中，因其被氧化或还原而发生颜色变化以指示终点。这类指示剂必须根据滴定曲线的突跃来选择，选择方法类似于酸碱指示剂。

氧化还原指示剂的半反应和能斯特方程式为

$$In(ox)+ne^- \rightleftharpoons In(red)$$

$$E_{In}=E_{In}^{\ominus\prime}+\frac{0.0592}{n}\lg\frac{[In(ox)]}{[In(red)]}$$

在滴定过程中，随着溶液的电极电势的变化，$\frac{[In(ox)]}{[In(red)]}$随之变化，溶液的颜色也发生变化。当$\frac{[In(ox)]}{[In(red)]}$的值从 10 变为 1/10 时，指示剂由氧化型颜色变成还原型颜色，变色范围为 $E_{In}^{\ominus\prime}\pm\frac{0.0592}{n}$(V)。

表 10-3 列出了常用的氧化还原指示剂。在氧化还原滴定中选择这类指示剂的原则是:指示剂变色点的电极电势应处于滴定体系的电极电势突跃范围内。

比如,在 H_2SO_4 介质中,用 Ce^{4+} 溶液滴定 Fe^{2+} 溶液宜选用邻二氮菲-亚铁作指示剂。二苯胺磺酸钠常用于在 HCl-H_3PO_4 介质中,用 $K_2Cr_2O_7$ 溶液滴定 Fe^{2+} 溶液的指示剂。

表 10-3　常用的氧化还原指示剂

指示剂	颜色变化		$E_{In}^{\ominus}{}'/V$ $c(H^+)=1mol \cdot L^{-1}$	配制方法
	还原型	氧化型		
次甲基蓝	无色	蓝色	+0.53	质量分数为 0.05% 的水溶液
二苯胺	无色	紫色	+0.76	0.25g 指示剂与 3mL 水混合溶于 100mL 浓 H_2SO_4 或浓 H_3PO_4 中
二苯胺磺酸钠	无色	紫红色	+0.85	0.8g 指示剂加 2gNa_2CO_3,用水溶解并稀释至 100mL
邻苯氨基苯甲酸	无色	紫红色	+0.89	0.1g 指示剂溶于 30mL 质量分数为 0.6% 的 Na_2CO_3 溶液中,用水稀释至 100mL,过滤,保存在暗处
邻二氮菲-亚铁	红色	淡蓝色	+1.06	1.49g 邻二氮菲加 0.7g $FeSO_4 \cdot H_2O$ 溶于水,稀释至 100mL

五、氧化还原预处理

氧化还原滴定中,由于价态的关系,有一些被测物往往不适于直接被滴定,需要进行氧化还原滴定前的预处理。例如用 $K_2Cr_2O_7$ 法测定铁矿中的含铁量,由于 Fe^{2+} 在空气中不稳定,易被氧化成 Fe^{3+},而 $K_2Cr_2O_7$ 溶液不能与 Fe^{3+} 反应,因此必须预先将溶液中的 Fe^{3+} 还原至 Fe^{2+},才能用 $K_2Cr_2O_7$ 溶液进行滴定。预处理时所用的氧化剂或还原剂应满足下列条件:

(1) 必须将欲测组分定量地氧化或还原;

(2) 预氧化或预还原反应要迅速;

(3) 剩余的预氧化剂或预还原剂应易于除去;

(4) 预氧化或预还原反应应具有好的选择性,避免其他组分的干扰。

表 10-4 列出了常用的预处理氧化剂和还原剂。

表 10-4　常用的预氧化剂和预还原剂

氧化剂	反应条件	主要应用	过量试剂的除去方法
$(NH_4)_2S_2O_8$	酸性	$Mn^{2+} \longrightarrow MnO_4^-$ $Cr^{3+} \longrightarrow Cr_2O_7^{2-}$ $VO^{2+} \longrightarrow VO_3^-$	煮沸分解
$NaBiO_3$	HNO_3 介质	同上	过滤

续表

氧化剂	反应条件	主要应用	过量试剂的除去方法
H_2O_2	碱性	$Cr^{3+} \longrightarrow CrO_4^{2-}$	煮沸分解
Cl_2，Br_2（液）	酸性或中性	$I^- \longrightarrow IO_3^-$	煮沸或通空气
$SnCl_2$	酸性加热	$Fe^{3+} \longrightarrow Fe^{2+}$ As(Ⅴ) ⟶ As(Ⅲ)	加 Hg_2Cl_2 氧化
$TiCl_3$	酸性	$Fe^{3+} \longrightarrow Fe^{2+}$	稀释，Cu^{2+} 催化空气氧化
联胺		As(Ⅴ) ⟶ As(Ⅲ)	加浓 H_2SO_4 煮沸
锌汞齐还原器	酸性	$Fe^{3+} \longrightarrow Fe^{2+}$ Sn(Ⅳ) ⟶ Sn(Ⅱ) Ti(Ⅳ) ⟶ Ti(Ⅲ)	

10-9-3 氧化还原滴定法的分类和应用举例

根据所用的滴定剂的种类不同，氧化还原滴定法可分为高锰酸钾法（Potassium Permanganate Method）、重铬酸钾法、碘量法（Iodimetry）、铈量法和溴酸盐法等。各种方法都有其特点和应用范围，应根据实际测定情况选用。本节着重介绍高锰酸钾法。

一、高锰酸钾法

1. 基本原理

$KMnO_4$ 是一种强氧化剂，在不同酸度条件下，其氧化能力不同，反应产物也不同。

强酸性：　$MnO_4^- + 8H^+ + 5e^- = Mn^{2+} + 4H_2O$　　$E^\ominus = 1.5V$

中性、弱酸（碱）性：$MnO_4^- + 2H_2O + 3e^- = MnO_2 + 4OH^-$　　$E^\ominus = 0.59V$

强碱性：　$MnO_4^- + e^- = MnO_4^{2-}$　　$E^\ominus = 0.56V$

由于在弱酸性、弱碱性和中性条件下 MnO_4^- 被还原成褐色的 MnO_2 沉淀，使得溶液变混浊，影响滴定终点的判断，因而高锰酸钾法宜在强酸性条件下进行，一般使用 H_2SO_4 来调节酸度，使$[H^+]$保持在 0.5～1.0mol·L^{-1}范围内。酸度过高会引起 $KMnO_4$ 分解。

$$4MnO_4^- + 12H^+ = 4Mn^{2+} + 5O_2\uparrow + 6H_2O$$

硝酸具有氧化性，盐酸可被 $KMnO_4$ 氧化，所以这两种酸均不宜用来调节溶液的酸度。

因为 $KMnO_4$ 具有明显的紫红色而其还原产物 Mn^{2+} 则基本无色，所以高锰酸钾法的指示剂就是 $KMnO_4$ 本身。如果被滴定物质溶液及其氧化产物没有明显的颜色，那么在计量点以前滴入的 $KMnO_4$ 所显示的颜色会迅速褪去，而到达计量点时，再滴入的稍过量的 $KMnO_4$ 就会使溶液出现浅红色，从而指示滴定终点。

高锰酸钾滴定法的滴定反应速率较慢，因此，在滴定前常常将被滴定溶液加热（但对于亚铁盐、过氧化氢等易氧化或易分解的物质不能加热），或者使用催化剂（如 Mn^{2+}）加快反应。实际上，在高锰酸钾法中，滴定初期反应速率很慢，随着反应的进行，反应生成的 Mn^{2+} 的量逐渐增加，对反应本身起到了催化作用，使反应速率大大加快。这种由反应产物本身起到的催化作用，称为自催化作用。

2. $KMnO_4$ 标准溶液的配制和标定

市售的 $KMnO_4$ 试剂常含有少量 MnO_2 和其他杂质，而且配制 $KMnO_4$ 标准溶液的蒸馏水中也常含有微量的还原性物质，此外，$KMnO_4$ 容易发生分解反应：

$$4KMnO_4 + 2H_2O = 4KOH + 4MnO_2 + 3O_2\uparrow$$

光线、$MnO(OH)_2$、Mn^{2+} 等都能促进 $KMnO_4$ 的分解，因此不能用直接法配制准确浓度的 $KMnO_4$ 溶液。一般采取间接法，其配制方法为：称取略多于理论计算量的固体 $KMnO_4$，溶解于一定体积的蒸馏水中，加热煮沸，保持微沸约 1h，或在暗处放置 7～10 天，使还原型物质被完全氧化，冷却后用微孔玻璃漏斗过滤除去 $MnO(OH)_2$ 沉淀，过滤后的 $KMnO_4$ 溶液贮存于棕色瓶中，置于暗处，避光保存。

标定 $KMnO_4$ 溶液的基准物质有 $H_2C_2O_4 \cdot 2H_2O$、$(NH_4)_2Fe(SO_4)_2 \cdot 6H_2O$、$Na_2C_2O_4$、$As_2O_3$ 等。常用的是 $Na_2C_2O_4$，它易提纯，稳定，不含结晶水。在酸性溶液中，$KMnO_4$ 与 $Na_2C_2O_4$ 的反应为：

$$2MnO_4^- + 5C_2O_4^{2-} + 16H^+ = 2Mn^{2+} + 10CO_2 + 8H_2O$$

为使反应定量进行，需注意以下滴定条件：

(1) 温度。

此反应在室温下速率缓慢，需加热至 75℃～85℃。但温度不宜过高，若达到 90℃，$H_2C_2O_4$ 会发生分解：

$$H_2C_2O_4 \xlongequal{\triangle} CO_2\uparrow + CO\uparrow + H_2O$$

(2) 酸度。

酸度过低，MnO_4^- 会部分被还原成 MnO_2；酸度过高，会促使 $H_2C_2O_4$ 分解。一般滴定开始的最适宜酸度为 $1mol \cdot L^{-1}$。

(3) 滴定速度。

若开始滴定速度太快，会使滴定的 $KMnO_4$ 来不及和 $C_2O_4^{2-}$ 反应，而发生分解反应；

$$4MnO_4^- + 12H^+ = 4Mn^{2+} + 5O_2 + 6H_2O$$

有时也可以加入少量 Mn^{2+} 作催化剂以加速反应。

3. 高锰酸钾法应用示例

高锰酸钾法可以直接或间接测定很多物质，如双氧水、亚铁盐、草酸盐、亚砷酸盐和亚硝酸盐等。

(1) 直接滴定法测定市售双氧水中 H_2O_2 的含量。

市售双氧水的质量分数大约是 0.3，由于浓度较高，需要稀释后才能滴定。H_2O_2 受热易分解，滴定应在室温下进行。

在酸性溶液中 H_2O_2 被 $KMnO_4$ 定量氧化，其反应为

$$2MnO_4^- + 5H_2O_2 + 6H^+ = 2Mn^{2+} + 5O_2\uparrow + 8H_2O$$

可加入少量 Mn^{2+} 加速反应。

当溶液呈现淡红色，并在半分钟内不褪色，即为滴定终点。

(2) 直接法测定硫酸亚铁的含量。

硫酸亚铁($FeSO_4 \cdot 7H_2O$)呈浅绿色。在酸性溶液中，$KMnO_4$ 与 $FeSO_4$ 发生如下反应：

$$2MnO_4^- + 10Fe^{2+} + 16H^+ = 2Mn^{2+} + 10Fe^{3+} + 8H_2O$$

由于 Fe^{2+} 在空气中容易被氧化，因此滴定时不宜加热，应在室温下进行。当滴定进行到溶液呈现淡红色，并保持半分钟内不褪色，即为滴定终点。

(3) 间接滴定法测定 Ca^{2+}。

先用 $C_2O_4^{2-}$ 将 Ca^{2+} 全部沉淀为 CaC_2O_4：

$$Ca^{2+} + C_2O_4^{2-} \longrightarrow CaC_2O_4(s)$$

沉淀经过滤、洗涤后溶于稀 H_2SO_4，然后用 $KMnO_4$ 标准溶液滴定，间接测得 Ca^{2+} 的含量。

(4) 返滴定法测定 MnO_2 和有机物。

在含 MnO_2 的试液中加入一定量过量的 $C_2O_4^{2-}$，在酸性介质中发生反应：

$$MnO_2 + C_2O_4^{2-} + 4H^+ \longrightarrow Mn^{2+} + 2CO_2\uparrow + 2H_2O$$

待反应完全后，用 $KMnO_4$ 标准溶液返滴定剩余的 $C_2O_4^{2-}$，即可求得 MnO_2 含量。此法也可用于测定 PbO_2 的含量。

在碱性溶液中，用高锰酸钾法可以测定某些具有还原性的有机物（如甘油、甲酸、甲醇、甲醛等）。以测定甘油为例，将一定量过量的碱性（$2mol \cdot L^{-1}$ NaOH）$KMnO_4$ 标准溶液溶于含有甘油的试液中，发生如下反应：

$$\underset{\displaystyle OH}{\underset{|}{H_2C}}-\underset{\displaystyle OH}{\underset{|}{HC}}-\underset{\displaystyle OH}{\underset{|}{CH_2}} + 14MnO_4^- + 20OH^- \longrightarrow 3CO_3^{2-} + 14MnO_4^{2-} + 14H_2O$$

待反应完全后，将溶液酸化，MnO_4^{2-} 歧化成 MnO_4^- 和 MnO_2，加入一定量过量的还原剂标准溶液使所有高价锰还原为 Mn^{2+}，再用 $KMnO_4$ 标准溶液滴定剩余的还原剂。最后通过一系列计量关系的计算，求得甘油的含量。

二、重铬酸钾法

1. 基本原理

$K_2Cr_2O_7$ 是种常用的氧化剂，在酸性介质中的半反应为

$$Cr_2O_7^{2-} + 14H^+ + 6e^- \longrightarrow 2Cr^{3+} + 7H_2O \quad E^{\ominus} = 1.33V$$

重铬酸钾法与高锰酸钾法相比有如下特点：

(1) $K_2Cr_2O_7$ 易提纯，较稳定，在 140℃～150℃ 干燥后，可作为基准物质直接配制标准溶液；

(2) $K_2Cr_2O_7$ 标准溶液非常稳定，可以长期保存在密闭容器内，溶液浓度不变；

(3) 在室温下，$K_2Cr_2O_7$ 不与 Cl^- 反应，故可以在 HCl 介质中作滴定剂；

(4) $K_2Cr_2O_7$ 法需用指示剂。

2. $K_2Cr_2O_7$ 法应用示例——铁的测定

将含铁试样用 HCl 溶解后，先用 $SnCl_2$ 将大部分 Fe^{3+} 还原至 Fe^{2+}，然后以 Na_2WO_3 为指示剂，用 $TiCl_3$ 还原剩余的 Fe^{3+} 至 Fe^{2+}，而稍过量的 $TiCl_3$ 会将 Na_2WO_3 还原为钨蓝，使溶液呈现蓝色，以指示 Fe^{3+} 被还原完毕。然后以 Cu^{2+} 作催化剂，利用空气氧化或滴加稀 $K_2Cr_2O_7$ 溶液使钨蓝恰好褪色。再于 H_3PO_4 介质中（也可以用 H_2SO_4-H_3PO_4 介质），以二苯胺磺酸钠为指示剂，用 $K_2Cr_2O_7$ 标准溶液滴定 Fe^{2+}。加 H_3PO_4 的作用是：

(1) 提供必要的酸度；

(2) H_3PO_4 与 Fe^{3+} 形成稳定的且无色的 $Fe(HPO_4)_2^-$，既使 Fe^{3+}/Fe^{2+} 电对的电极电势降低，二苯胺磺酸钠变色点的电极电势落在滴定的电极电势突跃范围内，又掩蔽了 Fe^{3+} 的黄色，有利于终点的观察。

阅读材料

土壤腐殖质含量的测定

腐殖质是土壤中复杂的有机物质，其含量大小反映土壤的肥力。测定方法是将土壤试样在浓硫酸存在下与已知过量的 $K_2Cr_2O_7$ 溶液共热，使其中的碳被氧化，然后以邻二氮菲-亚铁作指示剂，用 Fe^{2+} 标准溶液滴定剩余的 $K_2Cr_2O_7$。最后通过计算有机碳的含量再换算成腐殖质的含量。反应为：

$$2Cr_2O_7^{2-}+3C+16H^+ \xlongequal{} 4Cr^{3+}+3CO_2+8H_2O$$

$$Cr_2O_7^{2-}+6Fe^{2+}+14H^+ \xlongequal{} 2Cr^{3+}+6Fe^{3+}+7H_2O$$

空白测定可用纯砂或灼烧过的土壤代替土样。

$$w(\text{腐殖质})=\frac{\frac{1}{4}(V_0-V)c(Fe^{2+})}{m(\text{土样})}\times 0.021\times 1.1$$

式中，V_0 为空白试验所消耗的 Fe^{2+} 标准溶液的体积；V 为土壤试样所消耗的 Fe^{2+} 标准溶液的体积。

由于土壤中腐殖质氧化率仅为 90%，故需乘以校正系数 100/90＝1.1，且因反应中 1mmol 碳质量为 0.012g，土壤腐殖质中碳平均含量为 58%，则 1mmol 碳相当于 0.012×(100/58)＝0.021g 的腐殖质，故需乘以 0.021。

化学需氧量测定法

自然界的生态循环中，水体富营养化导致有机污染物在生物降解过程中不断消耗水中的溶解氧，造成水体中大量溶解氧的损失，从而破坏水环境和生物群落的生态平衡，并带来不良影响，因此必须有一个能测定水体有机污染物含量的方法，以氧化还原滴定法为基础的化学需氧量测定法就是其中的一种测定方法。

化学需氧量(Chemical Oxygen Demand，简称 COD)是指氧化水体中易被强氧化剂氧化的还原性物质所消耗的氧化剂的量，结果一般折算成氧的量，以 $mg\cdot L^{-1}$ 计，是表征水体中还原性物质的综合性指标。因为自然界水样中还原性物质主要是有机物，所以 COD 可用来判断水体中有机物的相对含量。COD 值是水环境监测中最重要的污染指标之一，对于河流和工业废水的研究及污水处理厂的效果评价来说，是一个重要而易得的参数。

COD 的测定方法以氧化剂类型来分类一般可分为重铬酸钾法(Dichromate Method)和高锰酸钾法(Permanganate Method)两种，前者在欧美国家多为采用，后者在日本广为采用。重铬酸钾法是水环境监测的主要指标，又称为铬法(CODCr)；高锰酸钾法又称为高锰酸盐指数(Im)，细分下来有酸性(氯离子含量少时使用)和碱性(氯离子含量多时使用,如海水)两种。

在酸性介质下以重铬酸钾为氧化剂测定化学需氧量的方法记作CODCr,这是目前应用最为广泛的方法,我国参照国际标准已将此方法列入国家标准GB11914—89。

其基本原理是:

$$Cr_2O_7^{2-}+14H^++6e=\!=\!=2Cr^{3+}+7H_2O$$

以硫酸银作为催化剂,在146℃沸腾的重铬酸钾和硫酸混合液环境下,样品中的大多数的有机化合物可以被氧化,样品在回流2h后被消化,用硫酸亚铁铵滴定未还原的剩余的重铬酸钾,得出消耗的重铬酸钾的量,便可计算出水样的COD。

三、碘量法

1. 基本原理

碘量法是基于I_2的氧化性及I^-的还原性进行测定的方法。固体碘在水中的溶解度很小且易于挥发,通常将I_2溶解于KI以配成碘液,此时I_2以I_3^-形式存在,为简便起见,一般仍简写为I_2。

其电极半反应为

$$I_3^-+2e^-\rightleftharpoons 3I^- \qquad E^{\ominus}=0.54V$$

由I_3^-/I^-电对的标准电极电势值可见,I_3^-是较弱的氧化剂,I^-则是中等强度的还原剂。用碘标准溶液直接滴定SO_3^{2-}、As(Ⅲ)、$S_2O_3^{2-}$、维生素C等强还原剂的方法称为直接碘量法或碘滴定法;而利用I^-的还原性,使它与氧化性物质如$Cr_2O_7^{2-}$、MnO_4^-、BrO_3^-、H_2O_2等反应,定量地析出I_2,然后用$Na_2S_2O_3$标准溶液滴定I_2($I_2+2S_2O_3^{2-}=\!=\!=2I^-+S_4O_6^{2-}$),以间接地测定这些氧化性物质的方法称为间接碘量法或滴定碘法。

碘量法采用淀粉作指示剂,灵敏度高。以溶液呈现蓝色(直接碘量法)或蓝色消失(间接碘量法)作为滴定终点。

碘量法中两个主要误差来源是I_2的挥发及在酸性溶液中I^-被空气氧化。为防止I_2挥发,应加入过量KI使形成I_3^-;析出I_2的反应应在碘量瓶中进行,且置于暗处;滴定时勿剧烈摇动等。为防止I^-被氧化,一般反应后应立即滴定,且滴定应在中性或弱酸性溶液中进行。

I_3^-/I^-电对的可逆性好,其电极电势在很宽的pH范围内(pH<9)不受溶液酸度及其他配位剂的影响,且副反应少,因此碘量法应用非常广泛。

2. 标准溶液的配制与标定

碘量法中使用的标准溶液是硫代硫酸钠和碘液。

由于$Na_2S_2O_3\cdot 5H_2O$纯度不够高,易风化和潮解,因此$Na_2S_2O_3$不能用直接法配制,配好的$Na_2S_2O_3$溶液也不稳定,易分解,其原因是

(1) 遇酸分解(水中的CO_2使水呈弱酸性):$S_2O_3^{2-}+CO_2+H_2O\rightleftharpoons HCO_3^-+S(s)+HSO_3^-$;

(2) 受水中微生物的作用:$S_2O_3^{2-}\longrightarrow SO_3^{2-}+S(s)$;

(3) 空气中氧的作用:$2S_2O_3^{2-}+O_2\longrightarrow 2SO_4^{2-}+2S(s)$;

(4) 见光分解。

另外,蒸馏水中可能含有的Fe^{3+}、Cu^{2+}等会催化$Na_2S_2O_3$溶液的氧化分解。

因此配制$Na_2S_2O_3$溶液的方法是:称取比计算用量稍多的$Na_2S_2O_3\cdot 5H_2O$试剂,溶

于新煮沸（除去水中的 CO_2 并灭菌）并已冷却的蒸馏水中，加入少量 Na_2CO_3 使溶液呈碱性，以抑制微生物的生长。溶液贮存于棕色瓶中放置数天后进行标定。若发现溶液变混浊，需过滤后再标定，严重时应弃去重新配制。

标定 $Na_2S_2O_3$ 溶液的基准物质有 $K_2Cr_2O_7$、$KBrO_3$、KIO_3 纯铜等，其中 $K_2Cr_2O_7$ 最常用。标定实验在酸性溶液中进行，$K_2Cr_2O_7$ 与过量的 KI 反应，生成 I_2，在暗处放置 3～5min 使反应完全，然后加蒸馏水稀释以降低酸度，在弱酸性条件下用待标定的 $Na_2S_2O_3$ 溶液滴定析出的 I_2，近终点时溶液呈现稻草黄色（I_3^- 的黄色与 Cr^{3+} 的绿色混合色），加入淀粉指示剂（若滴定前加入，由于碘-淀粉吸附化合物不易与 $Na_2S_2O_3$ 反应，给滴定带来误差），继续滴定至蓝色消失即为终点。最后准确计算 $Na_2S_2O_3$ 溶液的浓度。

碘标准溶液虽然可以用纯碘直接配制，但由于 I_2 的挥发性强，很难准确称量。一般先称取一定量的碘溶于少量 KI 溶液中，待溶解后稀释至一定体积。溶液保存于棕色磨口瓶中。碘液可以用基准物 As_2O_3 标定，也可以用已标定的 $Na_2S_2O_3$ 溶液标定。

3. 应用举例

（1）维生素 C 含量的测定。

用 I_2 标液直接滴定维生素 C。维生素 C 分子中的二烯醇基可被 I_2 氧化成二酮基。维生素 C 在碱性溶液中易被空气氧化，因此滴定在 HAc 介质中进行。

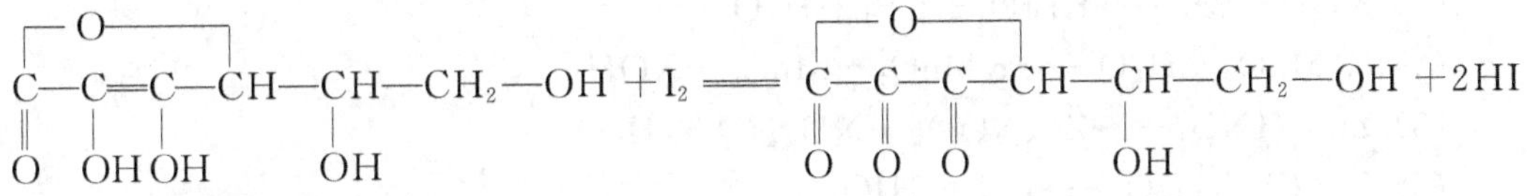

（2）Cu^{2+} 的测定。

在弱酸性溶液中，Cu^{2+} 与 KI 反应：

$$2Cu^{2+} + 4I^- \xlongequal{\quad} 2CuI(s) + I_2$$

然后用 $Na_2S_2O_3$ 标准溶液滴定析出的 I_2，用间接法求出 Cu^{2+} 的含量。为减少 CuI 对 I_2 的吸附，可在近终点时加入 KSCN 溶液，使 CuI 转化为溶解度更小且对 I_2 吸附力弱的 CuSCN。

（3）葡萄糖含量的测定。

在碱性条件下，用过量 I_2 将葡萄糖分子中的醛基氧化成羧基：

$$I_2 + 2OH^- \xlongequal{\quad} IO^- + I^- + H_2O$$

$$CH_2OH(CHOH)_4CHO + IO^- \xlongequal{\quad} CH_2OH(CHOH)_4COOH + I^-$$

剩余的 IO^- 在碱性溶液中歧化：

$$3IO^- \xlongequal{\quad} IO_3^- + 2I^-$$

溶液经酸化后又析出 I_2：

$$IO_3^- + 5I^- + 6H^+ \xlongequal{\quad} 3I_2 + 3H_2O$$

最后用 $Na_2S_2O_3$ 标准溶液滴定析出的 I_2。

（4）卡尔-费休（Kerl-Fischer）法测定水。

基本原理是 I_2 氧化 SO_2 时需要一定量的 H_2O：

$$I_2 + SO_2 + 2H_2O \xlongequal{\quad} H_2SO_4 + 2HI$$

加入吡啶（C_5H_5N）以中和生成的 H_2SO_4，使反应能定量向右进行。其总反应为：

$$C_5H_5N \cdot I_2 + C_5H_5N \cdot SO_2 + C_5H_5N + H_2O = C_5H_5N \cdot SO_3 + 2C_5N_5N \cdot HI$$

而生成的 $C_5H_5N \cdot SO_3$ 也能与 H_2O 反应，为此需加入甲醇以防止副反应的发生，即

$$C_5H_5N \cdot SO_3 + CH_3OH = C_5H_5NHOSO_3CH_3$$

因此该方法测定水时，所用的标准溶液是含有 I_2、SO_2、C_5H_5N 和 CH_3OH 的混合液，称为费休试剂。试剂呈深棕色，与水作用后呈黄色。滴定时溶液由浅黄色变为红棕色即为终点。测定时所用器皿必须干燥。费休试剂常用标准的纯水-甲醇溶液进行标定。卡尔-费休法不仅可测定水含量，还可根据反应中生成或消耗的水的量，间接测定某些有机官能团。

习　题

1. 指出下列物质中画线元素的氧化数：

(1) $\underline{Cr}_2O_7^{2-}$　(2) $\underline{N}_2O$　(3) $\underline{N}H_3$　(4) $H\underline{N_3}$　(5) $\underline{S_8}$　(6) $\underline{S}_2O_3^{2-}$

**2. 用氧化数法或离子电子法配平下列方程式：

(1) $As_2O_3 + HNO_3 + H_2O \longrightarrow H_3AsO_4 + NO$

(2) $K_2Cr_2O_7 + H_2S + H_2SO_4 \longrightarrow K_2SO_4 + Cr_2(SO_4)_3 + S + H_2O$

(3) $KOH + Br_2 \longrightarrow KBrO_3 + KBr + H_2O$

(4) $K_2MnO_4 + H_2O \longrightarrow KMnO_4 + MnO_2 + KOH$

(5) $Zn + HNO_3 \longrightarrow Zn(NO_3)_2 + NH_4NO_3 + H_2O$

(6) $I_2 + Cl_2 + H_2O \longrightarrow HCl + HIO_3$

(7) $MnO_4^- + H_2O_2 + H^+ \longrightarrow Mn^{2+} + O_2 + H_2O$

(8) $MnO_4^- + SO_3^{2-} + OH^- \longrightarrow MnO_4^{2-} + SO_4^{2-} + H_2O$

*3. 写出下列电极反应的离子电子式：

(1) $Cr_2O_7^{2-} \longrightarrow Cr^{3+}$　（酸性介质）

(2) $I_2 \longrightarrow IO_3^-$　（酸性介质）

(3) $MnO_2 \longrightarrow Mn(OH)_2$　（碱性介质）

(4) $Cl_2 \longrightarrow ClO_3^-$　（碱性介质）

4. 写出下列电池中的电极反应和电池反应：

(1) $(-)Zn|Zn^{2+}||Br^-, Br_2(aq)|Pt(+)$

(2) $(-)Cu, Cu(OH)_2(s)|OH^-||Cu^{2+}|Cu(+)$

5. 配平下列反应方程式，并将它们设计组成原电池，写出电池组成式：

(1) $MnO_4^- + Cl^- + H^+ \longrightarrow Mn^{2+} + Cl_2 + H_2O$

(2) $Ag^+ + I^- \longrightarrow AgI(s)$

6. 现有下列物质：$KMnO_4$、$K_2Cr_2O_7$、$CuCl_2$、$FeCl_3$、I_2、Cl_2，在酸性介质中它们都能作为氧化剂。试把这些物质按氧化能力的大小排列，并注明它们的还原产物。

7. 现有下列物质：$FeCl_2$、$SnCl_2$、H_2、KI、Li、Al，在酸性介质中它们都能作为还原剂。试把这些物质按还原能力的大小排列，并注明它们的氧化产物。

8. 当溶液中 $c(H^+)$ 增加时，下列氧化剂的氧化能力是增强、减弱还是不变？

(1) Cl_2　(2) $Cr_2O_7^{2-}$　(3) Fe^{3+}　(4) MnO_4^-

9. 计算下列电极反应在298K时的电极电势值：

(1) $Fe^{3+}(0.100mol \cdot L^{-1})+e^- \rightleftharpoons Fe^{2+}(0.010mol \cdot L^{-1})$

(2) $Hg_2Cl_2(s)+2e^- \rightleftharpoons 2Hg(l)+2Cl^-(0.010mol \cdot L^{-1})$

(3) $Cr_2O_7^{2-}(0.100mol \cdot L^{-1})+14H^+(0.010mol \cdot L^{-1})+6e^- \rightleftharpoons 2Cr^{3+}(0.010mol \cdot L^{-1})+7H_2O$

10. 电池(－)A|A^{2+}||B^{2+}|B(＋)，当$c(A^{2+})=c(B^{2+})$时测得其电动势为0.360V，若$c(A^{2+})=1.00\times10^{-4}mol \cdot L^{-1}$，$c(B^{2+})=1.00mol \cdot L^{-1}$，求此时电池的电动势。

11. 已知电池(－)Cu|$Cu^{2+}(0.010mol \cdot L^{-1})$||$Ag^+(x mol \cdot L^{-1})$|Ag(＋)电动势为0.436V。写出电池总反应，并计算Ag^+的浓度。

*12. 根据电极电势表，计算下列反应在298K时的$\Delta_r G_m^{\ominus}$

(1) $Cl_2+2Br^- = 2Cl^-+Br_2$

(2) $I_2+Sn^{2+} = 2I^-+Sn^{4+}$

(3) $MnO_2+4H^++2Cl^- = Mn^{2+}+Cl_2+2H_2O$

*13. 根据电极电势表，计算下列反应在298K时的标准平衡常数：

(1) $Zn+Fe^{2+} = Zn^{2+}+Fe$

(2) $2Fe^{3+}+2Br^- = 2Fe^{2+}+Br_2$

14. 如果原电池

Pt,H_2(100kPa)|H^+(? $mol \cdot L^{-1}$)||$Cu^{2+}(1.0mol \cdot L^{-1})$|Cu

的电动势为0.7V(298K)，则溶液的H^+浓度应是多少？

15. 已知　$PbSO_4+2e^- \rightleftharpoons Pb+SO_4^{2-}$　$E^{\ominus}=-0.359V$

$Pb^{2+}+2e^- \rightleftharpoons Pb$　$E^{\ominus}=-0.126V$

将两个电极组成原电池。写出原电池表示式，并计算$PbSO_4$的溶度积。

16. 已知　$Ag^++e^- \rightleftharpoons Ag$　$E^{\ominus}=0.799V$

$K_{sp}^{\ominus}(AgBr)=7.7\times10^{-13}$，求电极反应：$AgBr+e^- \rightleftharpoons Ag+Br^-$的$E^{\ominus}$。

17. 已知下列电极反应：

$H_3AsO_4+2H^++2e^- \rightleftharpoons H_3AsO_3+H_2O$　$E^{\ominus}=0.559V$

$I_3^-+2e^- \rightleftharpoons 3I^-$　$E^{\ominus}=0.535V$

试计算反应$H_3AsO_4+3I^-+2H^+ \rightleftharpoons H_3AsO_3+I_3^-+H_2O$在25℃时的平衡常数。上述反应若在pH＝7的溶液进行，自发方向如何？若溶液的H^+浓度为$6mol \cdot L^{-1}$，反应进行的自发方向又如何？

18. 25℃时，以Pt,H_2(p＝100kPa)|$H^+(x mol \cdot L^{-1})$为负极，和另一正极组成原电池，负极溶液是由某弱酸HA($0.150mol \cdot L^{-1}$)及其共轭碱$A^-(0.250mol \cdot L^{-1})$组成的缓冲溶液。若测得负极的电极电势等于－0.3100V，试求出该缓冲溶液的pH，并计算弱酸HA的解离常数$K_a^{\ominus}$。

19. 已知298K时，配合物$[Cd(CN)_4]^{2-}$的稳定常数为$K_f^{\ominus}=6.0\times10^{18}$，镉电极的标准电极电势$E_{Cd^{2+}/Cd}^{\ominus}=-0.403V$，试计算电对$[Cd(CN)_4]^{2-}/Cd$的标准电极电势。

20. 已知298K时

$Au^++e^- \rightleftharpoons Au$　$E^{\ominus}=1.692V$

$$[Au(CN)_2]^- + e^- \rightleftharpoons Au + 2CN^- \qquad E^\ominus = -0.574V$$

将两个电极组成原电池，写出原电池表示式，并计算$[Au(CN)_2]^-$的稳定常数。

*21. 根据电极电势解释下列现象：

(1) 金属铁能置换Cu^{2+}，而$FeCl_3$溶液又能溶解铜。

(2) H_2S溶液久置会变混浊。

(3) H_2O_2溶液不稳定，易分解。

(4) Ag不能置换$1mol \cdot L^{-1}$ HCl中的氢，但可置换$1mol \cdot L^{-1}$ HI中的氢。

*22. In，Tl在酸性介质中的电势图为

$$In^{3+} \xrightarrow{-0.43} In^+ \xrightarrow{-0.15} In$$

$$Tl^{3+} \xrightarrow{+1.25} Tl^+ \xrightarrow{-0.34} Tl$$

试回答：

(1) In^+，Tl^+能否发生歧化反应？

(2) In，Tl与$1mol \cdot L^{-1}$ HCl反应各得到什么产物？

(3) In，Tl与$1mol \cdot L^{-1}$ Ce^{4+}反应各得到什么产物？

*23. 已知溴在酸性介质中的电势图为：

$$BrO_4^- \xrightarrow{1.76} BrO_3^- \xrightarrow{1.49} HBrO \xrightarrow{1.59} Br_2 \xrightarrow{1.07} Br^-$$

试回答：

(1) 溴的哪些氧化态不稳定易发生歧化反应？

(2) 电对BrO_3^-/Br^-的$E^\ominus$值。

24. 称取0.5216g基准物质$Na_2C_2O_4$配成100.00mL溶液，吸取该溶液25.00mL，用$KMnO_4$溶液滴定至终点，用去$KMnO_4$溶液24.84mL，计算$KMnO_4$溶液的浓度。

25. 准确量取过氧化氢试样溶液25.00mL，置于250mL容量瓶中，加水稀释至刻度并摇匀。吸取25.00mL，加硫酸酸化，用$0.02618mol \cdot L^{-1}$ $KMnO_4$溶液滴定至终点，用去$KMnO_4$溶液25.86mL，试计算溶液中过氧化氢的质量浓度($g \cdot L^{-1}$)。

*26. For each of the following unbalanced equation, write the half-reactions for oxidation and reduction, and balance the overall equation using the half-reaction method.

(1) $Cl_2 + H_2S \longrightarrow Cl^- + S + H^+$

(2) $Cl_2 + S^{2-} + OH^- \longrightarrow SO_4^{2-} + Cl^- + H_2O$

(3) $MnO_4^- + IO_3^- + H_2O \longrightarrow MnO_2 + IO_4^- + OH^-$

27. Arrange the following metals in an activity series from the most active to the least active: nobelium ($No^{3+}/No(s)$, $E^\ominus = -2.5V$), cobalt ($Co^{2+}/Co(s)$, $E^\ominus = -0.28V$), gallium ($Ga^{3+}/Ga(s)$, $E^\ominus = -0.34V$), polonium ($Po^{2+}/Po(s)$, $E^\ominus = -0.65V$).

**28. We construct a cell in which identical copper electrodes are placed in two solutions. Solution A contains $0.80mol \cdot L^{-1}$ Cu^{2+}. Solution B contains Cu^{2+} at some concentration known to be lower than in solution A. The electromotive force of the cell is observed to be 0.045V. What is $[Cu^{2+}]$ in solution B?

*29. Using the following half-reactions and $E^\ominus$ data at 25℃:

$PbSO_4(s) + 2e^- \longrightarrow Pb(s) + SO_4^{2-}$　　　$E^{\ominus} = -0.356V$

$PbI_2(s) + 2e^- \longrightarrow Pb(s) + 2I^-$　　　$E^{\ominus} = -0.365V$

Calculate the equilibrium constant for the reaction.

$PbSO_4(s) + 2I^- \rightleftharpoons PbI_2(s) + SO_4^{2-}$

第十一章 紫外-可见吸光光度法 (Ultraviolet-visible Molecular Absorption Spectrometry)

学习要求

1. 理解紫外-可见吸收光谱的产生及其影响因素。
2. 理解朗伯-比尔定律用于紫外-可见吸光光度法的条件及其偏离因素。
3. 了解紫外-可见分光光度计的基本构成部分及其作用。
4. 理解紫外-可见分光光度计的误差及其与仪器方法和浓度的关系。
5. 掌握紫外-可见吸光光度法的定性分析和定量分析方法及其应用。

紫外-可见吸光光度法(Ultraviolet-visible Molecular Absorption Spectrometry, UV-VIS)是研究在200～800nm光区内的分子吸收光谱的一种方法。它被广泛地用于无机和有机物质的定性和定量测定,灵敏度和选择性较好。紫外-可见吸光光度法使用的仪器设备简单,易于操作。

11-1 紫外-可见吸光光度法概论 (Conspectus of UV-VIS)

利用被测物质的分子对紫外-可见光具有选择性吸收的特性而建立的分析方法称为紫外-可见吸光光度法。在生物试样的分析工作中,紫外-可见吸光光度法是常用的分析方法之一。

11-1-1 紫外-可见吸光光度法的特点

(1) 具有较高的灵敏度。一般物质可测到10^{-3}～10^{-6}mol·L^{-1}。

(2) 具有一定的准确度。该方法的相对误差为2%～5%,可满足对微量组分测定的要求。如一试样含铁量为0.02mg,相对误差5%,其含量在0.019～0.021mg之间,该结果是令人满意的。

(3) 操作简便,快速,选择性好,使用的仪器设备简单。近年来由于新显色剂和掩蔽剂的不断出现,提高了选择性,一般不分离干扰物质就能测定。

(4) 应用广泛。可测定大多数无机物质和具有共轭双键的有机化合物。在化工、医学、生物等领域中常用来分析天然产物的组成和结构、测定化合物的含量及研究生化过程等。

11-1-2 物质对光的选择性吸收

溶液之所以呈现不同的颜色,是因为它对光的吸收具有选择性。当一束白光通过一有色溶液时,某些波长的光被溶液吸收,另一些波长的光不被吸收而透过溶液。人眼能感觉到的光的波长在400～760nm，为可见光。溶液的颜色由透过光的波长所决定。例如，$KMnO_4$溶液强烈吸收黄绿色的光，对其他颜色光的吸收很少或者不吸收，所以溶液呈现紫红色。如果溶液对白光中各种颜色的光都不吸收，则溶液为透明色，反之，则呈黑色。如果两种颜色的光按适当的强度比例混合后组成白光，则这两种颜色互为**互补色**，如图 11-1 所示。成直线关系的两种光可混合成白光。各种物质的颜色与吸收光颜色的互补关系列于表 11-1 中。

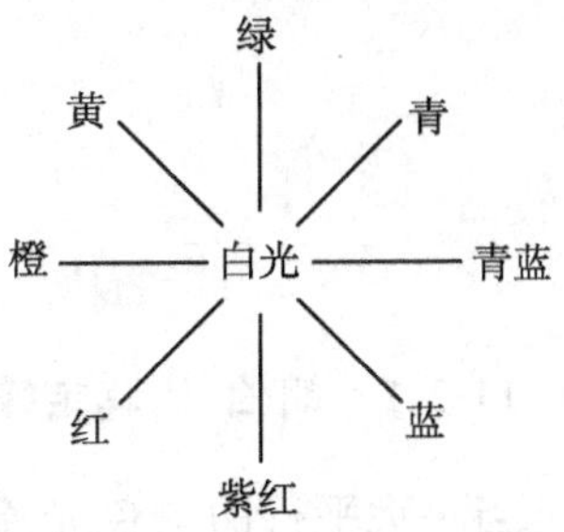

图 11-1　有色光的互补色

表 11-1　可见光的吸收与颜色

吸收光波长/nm	颜色	
	吸收的	观察到(透过)的
380～435	紫	黄绿
435～480	蓝	黄
480～490	绿蓝	橙
490～500	蓝绿	红
500～560	绿	红紫
560～580	黄绿	紫
580～595	黄	蓝
595～650	橙	绿蓝
650～780	红	蓝绿

以上仅简单地用有色溶液对各种波长光的选择吸收来说明溶液的颜色。某种溶液最易吸收什么波长的光，可以通过实验来确定，即可以使不同波长的单色光透过有色溶液，测量溶液对各种波长光的吸收程度（称为吸光度）。然后以波长为横坐标、吸光度为纵坐标作图，可得一曲线，如图 11-2 所示，称为**光吸收曲线**。每种有色物质的溶液的吸收曲线都有一个最大吸收值，所对应的波长为**最大吸收波长 λ_{max}**。一般定量分析中就选用该波长进行测定，这时灵敏度最高。有干扰物质存在时，光吸收曲线重叠，此时应根据干扰较小而吸光度尽可能大的原则选择测定波长。对不同物质的溶液，其最大吸收波长不同，此特性可以作为物质定性的依据。对同一物质，溶液浓度不同时，最大吸收波长相同，而吸光度值不同。因此，吸收曲线是吸光光度法中选择测定波长的重要依据。

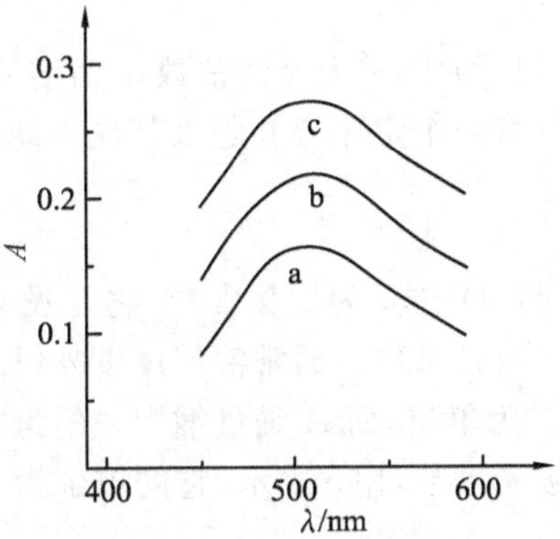

图 11-2　光吸收曲线

11-2 光的吸收定律 (Law of Absorption)

11-2-1 朗伯-比耳定律(Lambert-Beer Law)

当一束平行的单色光通过均匀的吸光物质溶液时,吸光物质吸收了光能,光的强度将减弱(图 11-3),其减弱的程度与入射光的强度、溶液液层的厚度、溶液的浓度成正比。表示它们之间的定量关系的定律称为朗伯-比尔定律,这是各类吸光光度法定量测定的依据。

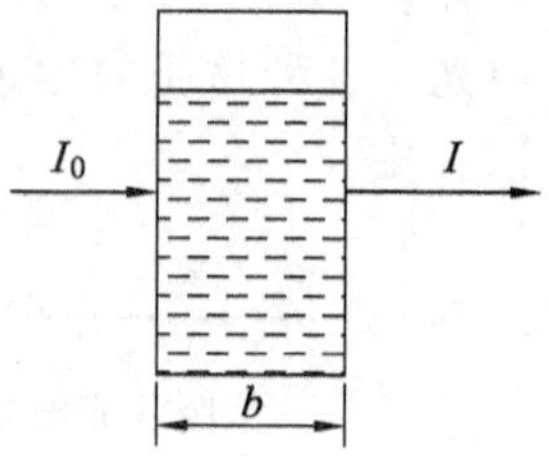

图 11-3 吸收池示意图

1729 年波格(Bouguer)发现了物质对光的吸收与吸光物质的厚度有关。1760 年朗伯(Lambert)提出了一束单色光通过吸光物质后,光的吸收程度与溶液液层厚度成正比的关系,该关系称为朗伯定律。即

$$A=\lg\frac{I_0}{I}=k'b \tag{11-1}$$

式(11-1)中,A 为吸光度;I_0 为入射光强度;I 为透射光强度;k'为比例常数;b 为液层厚度(光程长度)。

1852 年比耳(Beer)又提出了一束单色光通过吸光物质后,光的吸收程度与吸光物质微粒的数目(溶液的浓度)成正比的关系,该关系称为比耳定律。即

$$A=\lg\frac{I_0}{I}=k''c \tag{11-2}$$

式(11-2)中,k''为比例常数;c 为溶液的浓度。

将两个定律合并起来就成为朗伯-比耳定律,其数学表达式为:

$$A=\lg\frac{I_0}{I}=abc \tag{11-3}$$

式(11-3)中,a 为比例常数,它与吸光物质性质、入射光波长及温度等因素有关。该常数称为吸光系数。通常液层厚度 b 以 cm 为单位,若 c 以 $g\cdot L^{-1}$ 为单位,则 a 以 $L\cdot g^{-1}\cdot cm^{-1}$为单位,而 A 是量纲为一的量。如果 c 以 $mol\cdot L^{-1}$为单位,此时的吸光系数称为摩尔吸光系数,用 ε 表示,它的单位为 $L\cdot mol^{-1}\cdot cm^{-1}$。则式(11-3)可改写为:

$$A=\varepsilon bc \tag{11-4}$$

式(11-4)中,ε 是各种吸光物质在特定波长、溶剂等条件下的一个特征常数,数值上等于溶液液层厚度为 1cm,吸光物质为 $1mol\cdot L^{-1}$时的吸光度,它是吸光物质的吸光能力的量度。ε 值是定性鉴定的重要参数之一,也可用以估量定量分析方法的灵敏度,即 ε 值越大,表示该吸光物质对某一波长的光的吸收能力越强,则方法的灵敏度越高。为了提高定量分析的灵敏度就必须选择生成 ε 值大的配合物及具有最大 ε 值的波长的单色光作为入射光。通常由实验结果计算 ε 值时,是以被测物质的总浓度代替吸光物质的浓度,这样计算的 ε 值实际上是表观摩尔吸光系数。ε 和 a 的关系为 $\varepsilon=Ma$,M 为物质的摩尔质量。

阅读材料

朗　伯

朗伯(J. H. Lambert，1728—1777)，德国数学家，天文学家，物理学家。又译兰伯特。1728年8月26日生于阿尔萨斯的米卢斯(原属瑞士，今属法国)，1777年9月25日卒于柏林。他自学成才，1748年受聘为家庭教师。他利用东家的显贵地位和丰富藏书，继续深造，并结识了许多学者。1759年移居奥格斯堡，1764年接受腓特烈大帝的邀请，进入柏林科学院，成为欧拉和拉格朗日的同事。朗伯研究的范围很广。1761年证明了π和e的无理性(1768年发表)。1766年试图证明欧几里得几何中的平行公设，虽然没有成功，但对非欧几何的诞生起了一定的作用。他首次系统地研究了双曲函数，对画法几何也有研究。此外，在球面几何、热学、光学、气象学、天文学等方面也都有贡献。

布格(Bouguer)和朗伯分别在1729年和1760年先后阐明了物质对光的吸收程度与吸收层厚度之间的关系。1852年比耳又提出光的吸收程度和吸光物质浓度之间也有类似关系，二者结合起来就是朗伯-比耳定律。

由式(11-3)可见，如果光通过溶液时完全不被吸收，则 $I=I_0$，而 $I/I_0=1$。透过光 I 值越小，则 I/I_0 的比值越小，因此，将 I/I_0 称为透光度 T。

$$A=\lg\frac{1}{T}=abc \text{ 或 } A=\lg\frac{1}{T}=\varepsilon bc$$

式(11-3)是各类光吸收的基本定律，即**朗伯-比耳定律**。其物理意义为：当一束平行的单色光通过一均匀的、非散射的吸光物质溶液时，其吸光度与溶液液层厚度和浓度的乘积成正比。它不仅适用于溶液，也适用于均匀的气体和固体状态的吸光物质。这是各类吸光光度法定量测定的依据。

朗伯-比耳定律用于互相不作用的多组分体系测定时，总吸光度是各组分吸光度之和：

$$A_{总}=\varepsilon_1 bc_1+\varepsilon_2 bc_2+\cdots+\varepsilon_i bc_i \quad (11\text{-}5)$$

根据朗伯-比耳定律，理论上，吸光度对溶液浓度作图所得的直线的截距为零，斜率为 εb。实际上，吸光度与浓度的关系有时是非线性的，或者不通过零点，这种现象称为偏离朗伯-比耳定律。

若溶液的实际吸光度比理论值大，则为正偏离朗伯-比耳定律；实际吸光度比理论值小，为负偏离朗伯-比耳定律，如图11-4所示。

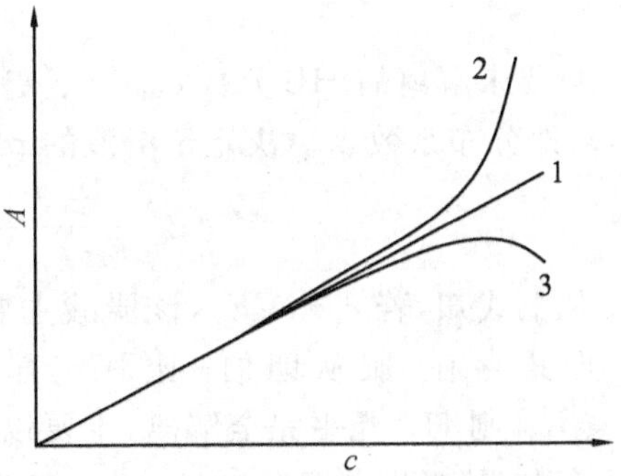

图11-4　偏离朗伯-比耳定律

1. 无偏离；2. 正偏离；3. 负偏离

11-2-2　引起偏离朗伯-比耳定律的因素

偏离朗伯-比耳定律是由定律本身的局限性、溶液的化学因素以及仪器因素等引起的。

一、朗伯-比耳定律本身的局限性

朗伯-比耳定律适用于浓度小于 $0.01\text{mol}\cdot\text{L}^{-1}$ 的稀溶液。摩尔吸光系数 ε 与浓度无关，但与折射率 n 有关，在低浓度时，n 基本不变，服从朗伯-比耳定律。在高浓度时，由于 n 随浓度增加而增加，因此，引起偏离朗伯-比耳定律。

当入射光通过具有不同折射率的两种介质的界面时会发生反射作用。若被测溶液的折射率和空白溶液的折射率基本相同，则反射作用的影响互相抵消。当被测溶液的浓度增加时，二者的差异增加，校正曲线不通过零点。为了校正或消除这种差异，测定时可用空白溶液作相对校正。空白溶液应与被测溶液的组成相近，且二者应装入大小、形状和材料相同的吸收池中。

二、化学因素

若溶液中发生了解离、酸碱反应、配位反应及缔合反应等化学变化，则吸光物质的浓度就发生了改变，导致偏离朗伯-比耳定律。若化学反应使吸光物质浓度降低，而产物在测量波长处不吸收，则引起负偏离；若产物比原吸光物质在测量波长处的吸收更强，则引起正偏离。

对于配位反应，例如在二甲基甲酰胺溶液中，Cu^{2+} 与 Cl^- 形成配离子：

$$Cu^{2+} + 4Cl^- \rightleftharpoons [CuCl_4]^{2-}$$

该配离子在 λ_{max}(438nm)处有吸收，而 Cu^{2+} 在该波长处无吸收。若将溶液稀释或加入 Cl^- 使平衡移动，由于吸光的配离子 $[CuCl_4]^{2-}$ 浓度的变化将引起偏离朗伯-比耳定律。

对于酸碱反应，现考虑弱酸 HB，其最大吸收波长为 λ_{max}，在该波长下 B^- 对光不吸收。弱酸 HB 在溶液中存在下列平衡：

$$HB \rightleftharpoons H^+ + B^-$$

$$K_a = \frac{c_{H^+}\cdot c_{B^-}}{c_{HB}}$$

HB 的总浓度可表示为：

$$c = c_{HB} + c_{B^-}$$

只要未解离的 HB 分数 c_{HB}/c 不变，吸光度与 HB 的关系就服从朗伯-比耳定律。而 c_{HB}/c，即分布系数 δ_{HB}，决定于溶液的 pH：

$$\delta_{HB} = \frac{c_{HB}}{c} = \frac{c_{HB}}{c_{HB} + c_{B^-}} = \frac{c_{H^+}}{c_{H^+} + K_a} \tag{11-6}$$

从上式知，若 $c_{H^+} \gg K_a$，该弱酸主要以 HB 形式存在，服从朗伯-比耳定律；若 $c_{H^+} \ll K_a$，则 HB 几乎完全解离，主要以 B^- 形式存在，其吸光度可以忽略。在 pH 缓冲溶液中，c_{HB}/c 比率恒定，则服从朗伯-比耳定律。以酸碱指示剂甲基红为例：

$$\underset{\text{红}}{HIn} \rightleftharpoons H^+ + \underset{\text{黄}}{In^-}$$

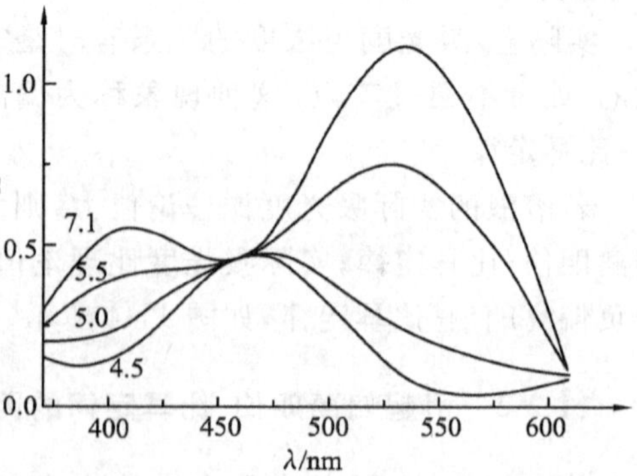

图 11-5　甲基红在不同 pH 时的吸收曲线

在溶液中存在两种吸光物质，它们的比例与溶液的 pH 有关。在不同 pH 时的吸收曲线如图 11-5 所示。注意，图中 465nm 处的吸光度与 pH 无关，该波长称为**等吸光点**。在某波长处，若平衡中的两种（或两种以上）吸光物质具有相同的摩尔吸光系数，则可以获得等吸光点。等吸光点在分析上是一个非常有用的波长，在该波长处测定可以避免偏离朗伯-比耳定律。

在测定波长下，吸光物质在溶液中发生聚合反应也会引起物质浓度的改变，进而偏离朗伯-比耳定律。

三、仪器因素

分光光度计的性能会影响光源的稳定性、入射光的单色性等。

1. 入射光的非单色性

当入射光为单色光时，溶液的吸收才严格服从朗伯-比耳定律。实际上，真正的单色光难以得到。现考虑由 λ_1 和 λ_2 两种波长组成的入射光，在两波长处分别应用朗伯-比耳定律。在 λ_1 处：

$$A_1 = \lg \frac{I_{0,1}}{I_1} = \varepsilon_1 bc \tag{11-7}$$

或

$$\frac{I_{0,1}}{I_1} = 10^{\varepsilon_1 bc}$$

同样，在 λ_2 处：

$$\frac{I_{0,2}}{I_2} = 10^{\varepsilon_2 bc} \tag{11-8}$$

当用 λ_1 和 λ_2 混合光测量时，吸光度为：

$$A = \lg \frac{I_{0,1} + I_{0,2}}{I_1 + I_2} \tag{11-9}$$

将式(11-7)和(11-8)代入式(11-9)：

$$A = \lg \frac{I_{0,1} + I_{0,2}}{I_{0,1}10^{-\varepsilon_1 bc} + I_{0,2}10^{-\varepsilon_2 bc}} \tag{11-10}$$

当 $\varepsilon_1 = \varepsilon_2$ 时，则

$$A = \varepsilon_1 bc$$

服从朗伯-比耳定律。当 $\varepsilon_1 \neq \varepsilon_2$ 时，则吸光度与浓度的关系是非线性的。ε_1 与 ε_2 差别愈大，线性关系的偏离也愈大。$\varepsilon_1 > \varepsilon_2$ 时，测得的吸光度 A 比入射光为 λ_1 的“单色光”时测得的低，产生负偏离；$\varepsilon_1 < \varepsilon_2$ 时，则产生正偏离。

2. 谱带宽度与狭缝宽度

“单色光”仅是一种理想情况，即使用棱镜或光栅等单色器所得到的“单色光”实际上也是有一定波长范围的光谱带（此波长范围即谱带宽度）。单色器由色散元件和入射及出射狭缝等组成。单色光的纯度与狭缝宽度有关，狭缝越窄，它所包含的波长范围也越窄，单色的纯度越好。

11-3　紫外-可见分光光度计

(Ultraviolet-visible Spectrophotometer)

紫外-可见分光光度计主要可分为单波长分光光度计和双波长分光光度计两类。单

波长分光光度计又分为单光束分光光度计和双光束分光光度计。

11-3-1 单波长分光光度计

一、单波长单光束分光光度计

单波长单光束分光光度计的工作原理如图 11-6 所示。光源发出的混合光经单色器分光，获得的单色光通过参比（或空白）吸收池后，照射在检测器上转换为电信号，并将读出装置显示的吸光度调为零或透光度为 100%，然后将装有被测试液的吸收池置于光路中，最后由读出装置显示试液的吸光度值。假设通过参比吸收池的单色光强度为 I_0，通过试液吸收池的光强度为 I，由朗伯-比耳定律知，入射光波长一定时，摩尔吸光系数为常数，吸光度 A 与浓度 c 成正比。若在一系列不同波长处，测定试液的吸光度 A 或百分透光度 $T\%$，就可以获得吸收光谱图。

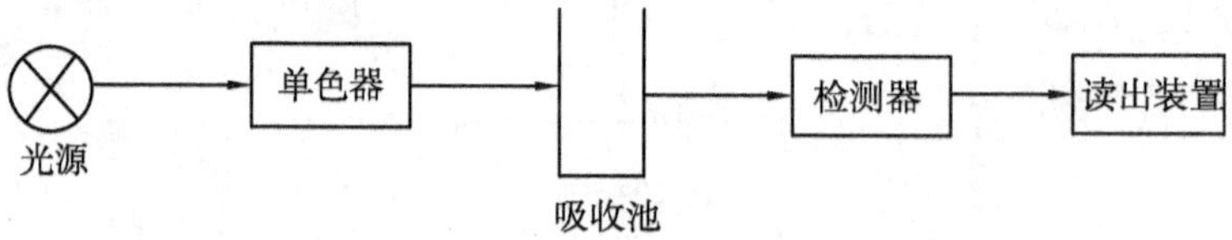

图 11-6 单波长单光束分光光度计原理图

1. 722 型光栅分光光度计

它是一种应用较广且操作简便的可见分光光度计，波长范围为 330～800nm。由钨卤灯光源、单色器、吸收池、光电管、微电流放大器、对数放大器、数字显示器和稳压电源等部件组成。

由钨卤灯光源发出的混合光经滤光片（消除二级光谱）和聚光镜至入射狭缝聚焦成像，再通过平面反射镜反射至准直镜使成平行光后，被光栅色散，再经准直镜聚焦通过出射狭缝。调节波长调节器可获得所需要的单色光，此单色光通过聚光镜和试液后，照射在光电管上，所产生的电流经放大，由数字显示器直接读出吸光度 A 或百分透光度 $T\%$ 或浓度 c。

2. 751 型紫外-可见分光光度计

它是一种较精密的仪器，波长范围为 200～1000nm。波长在 200～320nm 时用氢弧灯，波长在 320～1000nm 时用钨灯。用石英棱镜分光。光电管用 GD-5 紫敏光电管和 GD-6 红敏光电管。GD-5 为锑铯阴极面，适用的波长范围为 200～625nm；GD-6 为银氧铯阴极面，适用的波长范围为 625～1000nm。

光路图如图 11-7 所示。

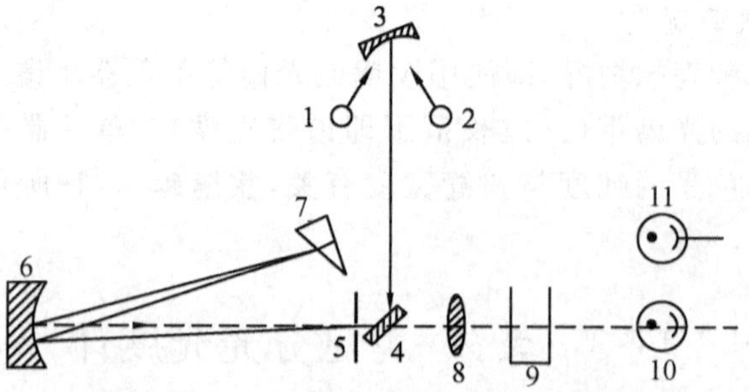

图 11-7 751 型紫外-可见分光光度计光路图

1. 氢弧灯；2. 钨灯；3，4. 反射镜；5. 狭缝；6. 准直镜；7. 石英棱镜；
8. 聚光镜；9. 吸收池；10. 紫敏光电管；11. 红敏光电管

二、单波长双光束分光光度计

单波长双光束分光光度计将光源的光束分成两路，并分别射入参比池和试液池，这样就消除了单光束受光源强度变化的影响。设入射光强度为 I_0，通过参比池和试液池后的光强度分别为 I_R 和 I_S，则

$$A_1 = \lg \frac{I_0}{I_S}$$

$$A_2 = \lg \frac{I_0}{I_R}$$

$$A = A_1 - A_2 = \lg \frac{I_R}{I_S} \tag{11-11}$$

可见，A 值与光源强度无关。

11-3-2 双波长分光光度计

双波长分光光度计采用两个单色器，如图 11-8 所示。光源的光束经两个单色器后分别产生波长为 λ_1 和 λ_2 的两束单色光，由切光器使两束单色光以一定的时间间隔交替通过同一吸收池，并被光电倍增管交替接收，测得吸光度差 A。

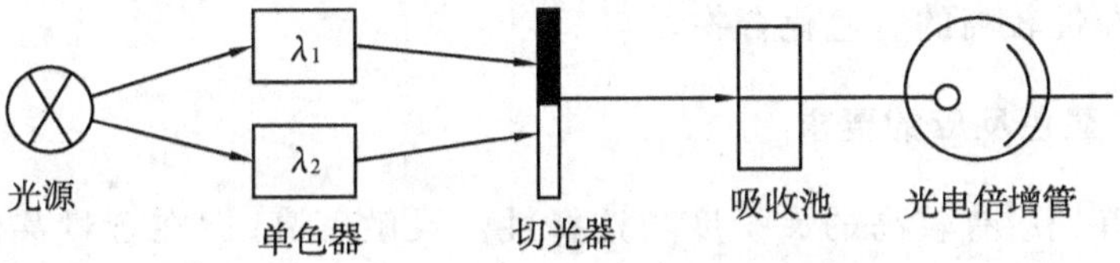

图 11-8 双波长分光光度计原理图

当光强度为 I_0 的两束单色光 λ_1 和 λ_2 交替通过同一吸收池时，根据朗伯-比尔定律，对波长为 λ_1 的单色光：

$$A_{\lambda_1} = \lg \frac{I_0}{I_{\lambda_1}} = \varepsilon_{\lambda_1} bc + \Delta A_{s_1}$$

对波长为 λ_2 的单色光：

$$A_{\lambda_2} = \lg \frac{I_0}{I_{\lambda_2}} = \varepsilon_{\lambda_2} bc + \Delta A_{s_2}$$

式中，ΔA_{s_1} 和 ΔA_{s_2} 为背景吸收，若 λ_1 和 λ_2 很相近，两者可视为相等。因此：

$$\Delta A = \lg \frac{I_{\lambda_1}}{I_{\lambda_2}} = (\varepsilon_{\lambda_1} - \varepsilon_{\lambda_2}) bc \tag{11-12}$$

双波长分光光度计不仅可测定多组分混合试样、混浊试样，而且还可测得导数吸收光谱。测量时使用同一吸收池，不用空白溶液作参比，消除了参比池的不同和制备空白溶液等产生的误差。此外，使用同一光源来获得两束单色光，减小了由光源电压变化而产生的误差，因此灵敏度较高。

11-3-3 多通道分光光度计

多通道分光光度计与常规仪器的不同之处在于使用了一个光二极管阵列检测器。由光源发出的光辐射聚焦到吸收池上，光通过吸收池到达光栅，经分光后照射到光二极管阵列检测器上。该检测器含有一个由几百个光二极管构成的线性阵列。典型的仪器

使用了由 316 个硅光二极管构成的阵列作为检测器。整个阵列在一块长 1～6cm 的芯片上，单个光二极管宽约 15～50μm。整个仪器由计算机控制。该类仪器可在 200～820nm 的光谱范围内保持波长分辨率达到 2nm。

光二极管阵列仪器具有多路优点，信噪比高于单通道仪器，此外，测量快速，整个光谱记录时间仅需 1s 左右。因此该类仪器是研究反应中间体的有力工具，并且在动力学研究、液相色谱和毛细管电泳流出组分的定性和定量分析中也得到广泛应用。

11-4 显色反应和显色条件的选择 (Selection of Color Reaction and the Conditions)

许多无机离子是无色的，有些金属水合离子虽然有色，但它们的吸光系数值很小，因此对于无色和浅色的物质通常必须选择一适当的试剂与它发生化学反应，从而转化为有色化合物再进行光度测定，此反应称显色反应，所用的试剂称为显色剂。常用的显色反应大多是能形成很稳定的、具有特征颜色的螯合物的反应，也有的是氧化还原反应。可见，为了得到准确的分析结果，除了需选择合适的测量仪器外，还要使被测离子转化成一种灵敏度和选择性较高的有色化合物。

11-4-1 对显色反应的要求

显色反应首先应有较高的灵敏度与选择性。灵敏度高，即在含量甚低时仍能测定。灵敏度的高低可从摩尔吸光系数 ε 来判断，ε 值越大则灵敏度越高。通常 ε 值为 10^4～$10^5 L \cdot mol^{-1} \cdot cm^{-1}$ 时，则可认为该反应的灵敏度较高。如 Fe^{3+} 与 1,10-邻二氮菲生成螯合物的 ε 为 $1.1 \times 10^4 L \cdot mol^{-1} \cdot cm^{-1}$，其灵敏度较高。选择性好，即在选定的反应条件下，显色剂仅与被测组分显色，不与共存的离子显色。其次是形成的有色螯合物的组成要恒定，化学性质要稳定，生成的有色螯合物与显色剂之间的颜色差别要大，显色条件要易于控制等。这样才能保证测定结果有良好的准确性和重现性。常用的无机显色剂如表 11-2 所示。

表 11-2 某些无机显色剂

测定元素	显色剂	酸度/($mol \cdot L^{-1}$)	配合物组成及颜色	测定波长/nm
铁	硫氰酸盐	0.05～0.2 HNO_3	$[Fe(SCN)]^{2+}$ 红	480
钼	硫氰酸盐	1.5～2 H_2SO_4	$[MoO(SCN)_5]^{2-}$ 橙	450
钨	硫氰酸盐	1.5～2 H_2SO_4	$[WO(SCN)_4]^-$ 黄	405
硅	钼酸铵	0.15～0.3 H_2SO_4	$H_4SiO_4 10MoO_3 Mo_2O_5$ 蓝	670～820
磷	钼酸铵	0.5 H_2SO_4	$H_3PO_4 10MoO_3 Mo_2O_5$ 蓝	670～820
钛	过氧化氢	0.7～1.8 H_2SO_4	$[TiO(H_2O_2)]^{2+}$ 黄	420

11-4-2 显色反应的选择

实际工作中，为了提高准确度，在选定显色剂后必须了解影响显色反应的因素，控制其最佳分析条件，现讨论如下：

一、显色剂的用量

在显色反应中存在下列平衡：

$$\mathrm{M}(\text{被测离子})+\mathrm{R}(\text{显色剂})=\!=\!=\mathrm{MR}(\text{有色配合物})$$

则

$$\frac{\dfrac{c(\mathrm{MR})}{c^{\ominus}}}{\dfrac{c(\mathrm{M})}{c^{\ominus}}}=K_{\mathrm{f}}^{\ominus}(\mathrm{MR})\cdot\frac{c(\mathrm{R})}{c^{\ominus}}$$

从式中可以看出，$K_{\mathrm{f}}^{\ominus}(\mathrm{MR})$越大，显色剂过量越多，越有利于 M 转化为 MR。对于$K_{\mathrm{f}}^{\ominus}(\mathrm{MR})$大的配合物，加入稍过量的 R，显色反应即能定量进行，但是，对$K_{\mathrm{f}}^{\ominus}(\mathrm{MR})$小或形成逐级配合物的反应，则必须严格控制 R 的用量。有时显色剂用量太多，反而对测定不利。例如用 SCN^- 作为显色剂测定 Mo 时，要求生成$[Mo(SCN)_5]$的红色配合物，而 SCN^- 浓度过高时，则生成$[Mo(SCN)_6]^-$的浅红色配合物，致使其吸光度值降低。若 SCN^- 浓度过低，则生成$[Mo(SCN)_3]^{2+}$的浅红色配合物，也使吸光度降低。当以 SCN^- 作显色剂测定 Fe^{3+} 时，随 SCN^- 浓度的增大，会逐渐生成颜色更深的不同配位数的配合物，使其吸光度值增大。这说明必须严格控制显色剂的用量，以得到准确的测定结果。在具体测定中，显色剂的适宜用量常通过实验方法来确定。首先将被测组分的浓度及其他条件都固定，在一系列的溶液中加入不同量的显色剂，测定其吸光度 A，以吸光度 A 对显色剂的浓度 $c(\mathrm{R})$作图，从图中可选取最适宜的显色剂用量。

二、酸度

酸度对显色反应的影响是多方面的，现讨论如下：

1. 酸度对显色剂浓度的影响

显色剂大多数是有机弱酸，在溶液中有如下平衡存在：

$$\begin{array}{c}\mathrm{M}^{z+}(\text{被测离子})+z\mathrm{R}^{-}(\text{显色剂离子})\rightleftharpoons\mathrm{MR}_z(\text{有色配合物})\\ +\\ z\mathrm{H}^{+}\rightleftharpoons z\mathrm{HR}\ (\text{显色剂})\end{array}$$

溶液酸度改变将引起上述平衡移动，平衡时：

$$K_{\mathrm{f}}^{\ominus}(\mathrm{MR}_z)=\frac{\dfrac{c(\mathrm{MR}_z)}{c^{\ominus}}}{\left(\dfrac{c(\mathrm{M}^{z+})}{c^{\ominus}}\right)\cdot\left(\dfrac{c(\mathrm{R}^{-})}{c^{\ominus}}\right)^{z}},\quad K_{\mathrm{a}}^{\ominus}=\frac{\left(\dfrac{c(\mathrm{H}^{+})}{c^{\ominus}}\right)\cdot\left(\dfrac{c(\mathrm{R}^{-})}{c^{\ominus}}\right)}{\dfrac{c(\mathrm{HR})}{c^{\ominus}}}$$

合并得

$$\frac{c(\mathrm{MR}_z)}{c(\mathrm{M}^{z+})}=\frac{K_{\mathrm{f}}^{\ominus}(\mathrm{MR}_z)\cdot(K_{\mathrm{a}}^{\ominus})^{z}\cdot c^{z}(\mathrm{HR})}{c^{z}(\mathrm{H}^{+})}\tag{11-13}$$

在一定条件下，$K_{\mathrm{f}}^{\ominus}(\mathrm{MR}_z)\cdot K_{\mathrm{a}}^{\ominus}$ 是常数，且测定时 HR 的浓度是不变的，则式(11-13)可写成为：

$$\frac{c(\mathrm{MR}_z)}{c(\mathrm{M}^{z+})}=\frac{K'}{c^{z}(\mathrm{H}^{+})}\tag{11-14}$$

由式(11-14)可知，$\dfrac{c(\mathrm{MR}_z)}{c(\mathrm{M}^{z+})}$ 的比值决定于溶液中的 $c(\mathrm{H}^+)$，当 $c(\mathrm{H}^+)$增大时，

$\frac{c(MR_z)}{c(M^{z+})}$的比值减小,即 $c(H^+)$增大,溶液中 $c(R^-)$变小,使配位反应不能进行完全,因此使测定受到影响。

2. 酸度对显色剂颜色的影响

当显色剂为有机弱酸时,它本身具有酸碱指示剂的性质。在 pH 不同的情况下,显色剂的分子和离子具有不同的颜色,可能干扰测定。

3. 酸度对配合物组成的影响

在不同酸度下,某些被测组分与显色剂能形成不同组成的配合物。例如,磺基水杨酸与 Fe^{3+}的显色反应中,当溶液在 pH 为 2～3 时,生成 1∶1 的红紫色配合物;pH 为 4～7 时,生成 1∶2 的棕橙色配合物;pH 为 8～10 时,生成 1∶3 的黄色配合物;当 pH＞12 时,生成 $Fe(OH)_3$ 沉淀。因此,只有严格控制溶液的 pH,才能得到准确的测定结果。

4. 酸度对被测离子存在状态的影响

多数金属离子在溶液酸度降低时会发生水解,形成各种核羟基配合物、碱式盐,甚至于析出氢氧化物沉淀,不利于使用吸光光度法对其进行测定。

在实际测定中,显色反应的最适宜酸度由实验方法来确定。即固定被测组分和显色剂的浓度,在一系列溶液中改变 pH,在一定波长下,测定其吸光度,以 A 对 pH 作图,从图中找出最适宜的 pH 作为测定时的条件。

三、显色时的温度和时间

多数反应在室温下能很快地进行,但有些反应受温度影响很大,室温下反应很慢,因此,必须加热至一定温度(如磷钼蓝法测定磷,其发色温度为 55℃～60℃)才能使反应进行完全。有些反应高温下不稳定,反应生成物易褪色。因此对不同的显色反应,必须选择合适的温度。显色反应由于反应速度不同,完成反应的时间也不同。有些反应能瞬时完成,且颜色能在长时间内保持稳定;有些反应虽能快速完成,但产物迅速分解。因此,必须选择适当的显色时间,使有色配合物的颜色能够稳定。然而,温度和时间的选择,都要通过实验来确定。

对于一般的分析,希望加入显色剂后数分钟就达到最大的吸光度值,且在 1～2h 内稳定不变。显色太慢,影响分析速度,颜色稳定时间太短,不便于操作。

四、溶剂的影响

许多有色配合物在水中解离度较大,而在有机溶剂中的解离度较小。例如,在 $[Fe(SCN)]^{2+}$溶液中加入丙酮,配合物颜色变深,测定的吸光度增大,这种方法称为萃取比色法。它的优点是:分离了杂质,提高了方法的选择性;把有色物质浓缩到有机溶剂的小体积内,降低了它的解离度,从而提高了测定的灵敏度;方法比较简单、方便、快速。

五、干扰物质的影响及消除

常见的干扰物质对显色反应的影响表现为干扰离子本身有颜色、在测量条件下也有吸收、发生水解或析出沉淀,以影响吸光度的测定。如干扰离子与显色剂生成更稳定的无色配合物,消耗显色剂,使被测离子显色反应不完全,或干扰离子与显色剂生成有色配合物而干扰测定。消除干扰的方法有控制溶液的酸度;加入适当的掩蔽剂,利用氧化还原反应改变干扰离子的价态;选择适当的测量条件,如利用两者的 λ_{max} 不同,选择适当波长进行测定;采用萃取或其他分离方法,预先分离干扰离子;选择合适的参比溶液等都可以消除干扰离子的影响。

11-5 紫外-可见吸光光度法的应用
(Application of UV-VIS)

紫外-可见吸光光度法可以用于定性和定量分析,也可用于配合物的组成和稳定常数的测定等。

11-5-1 定性分析

利用紫外-可见吸光光度法可以对有机化合物进行定性分析,尤其对共轭体系的分析很有用。通常情况下:

(1) 在 200～800nm 范围内无吸收峰,该有机化合物可能是链状或环状的脂肪族化合物,或是它的简单的衍生物,如醇、胺、氯代烷及不含双键的共轭体系。

(2) 在 210～250nm 范围内有强吸收带($\varepsilon=1\times10^4\sim2\times10^4$),可能含有两个共轭双键。

(3) 在 210～300nm 有强吸收带,可能含有 3～5 个共轭双键。

(4) 在 250～300nm 有吸收峰,表示有羰基存在;有中强吸收峰且有振动结构时,表示有苯环。

一、比较法

通常情况下,可以将未知纯试样的紫外吸收光谱图与标准纯试样的紫外吸收光谱图比较,或与标准紫外吸收光谱图比较进行定性。当溶剂和试样浓度相同时,若两紫外吸收光谱图的 λ_{max} 和 ε_{max} 相同,则表明它们是同一有机化合物。

必须注意,有机化合物的紫外吸收光谱的吸收带宽而平坦,并且数目也不多。当两种有机化合物的结构有差异,而分子中含有相同的生色团时,吸收曲线的形状基本相同,因此在比较它们的 λ_{max} 时还应该比较其 ε_{max}。

二、计算最大吸收波长

利用紫外吸收光谱中的经验规则计算不饱和有机化合物的最大吸收波长 λ_{max},并与实验值比较,从而推断其结构。

1. Woodward-Fieser 经验规则

共轭二烯、三烯、四烯以及 α,β-不饱和羰基化合物的 $\pi\rightarrow\pi^*$ 跃迁的最大吸收波长 λ_{max},可用 Woodward-Fieser 经验规则来计算。计算时以母体生色团的最大吸收波长 λ_{max} 为基数,再加上连接在母体 π 电子体系上的不同取代基助色团的修正值。通常情况下,同一化合物的计算值和实验值比较接近,约相差 5nm 或更小。

2. Scott 经验规则

它用于计算苯甲酸、苯甲醛或苯甲酸酯等芳香族羰基衍生物 $R—C_6H_4—COX$ 的 λ_{max}。

紫外吸光光度法不是定性分析的主要工具,但它可为用红外吸收光谱、核磁共振波谱和质谱等方法进行有机化合物的结构分析提供有用的信息。

11-5-2 定量分析

对单组分或多组分体系，若溶液对光的吸收服从朗伯-比耳定律，则可用紫外-可见吸光光度法进行定量测定。

一、实验条件的选择

1. 波长

通常情况下，测定时选择最大吸收处的波长 λ_{max} 作为分析波长，此时测定的灵敏度高，并且在最大吸收波长 λ_{max} 附近，吸光度随波长的变化小，测定的误差也小。但选用 λ_{max} 并不一定都是可行的，因为有的显色剂在被测物质的 λ_{max} 处往往也有吸收，例如 3,3′-二氨基联苯（DAB）和 Se 形成的配合物 Se-DAB的最大吸收波长在 340nm 和 420nm，如图 11-9 所示，而在 340nm 波长处，DAB 也有很强的吸收，在这种情况下，分析波长应选用 420nm，否则测量误差较大。

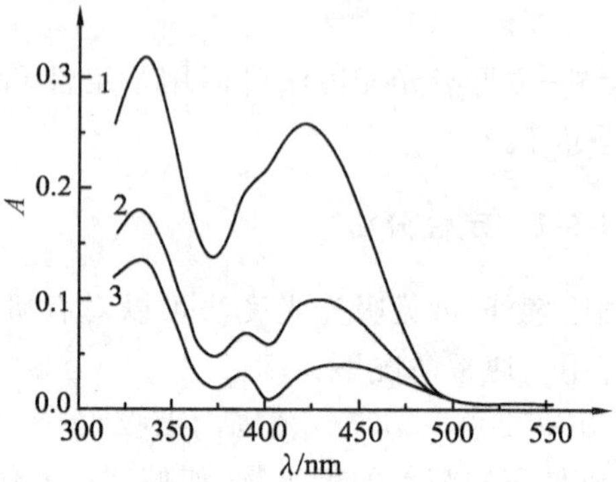

图 11-9 DAB 和 Se-DAB 在甲苯溶液中的吸收曲线

1. 25mg Se-DAB 在 10mL 甲苯溶液中；
2. 5mg Se-DAB 在 10mL 甲苯溶液中；
3. DAB 在甲苯溶液中

2. 狭缝宽度

理论上，定性分析时采用最小的狭缝宽度。在定量分析中，为了避免狭缝太小，使出射光太弱而引起信噪比降低，可以将狭缝开大一点。通过测定吸光度随狭缝宽度的变化规律，可选择出合适的狭缝宽度。狭缝宽度在某范围内，吸光度恒定，狭缝宽度增大至一定程度时吸光度减小。因此，合适的狭缝宽度就是在吸光度不减小时的最大狭缝宽度。

3. 吸光度值

吸光度值控制在一定范围内，以使测定的相对误差较小。

二、单组分定量分析

对试样中某种组分的测定，常常采用标准曲线法。配制一系列不同浓度的被测组分的标准溶液，在选定的波长和最佳的实验条件下分别测定其吸光度 A。以吸光度对浓度作图得一条直线。在相同条件下，再测定样品溶液的吸光度，然后可以从标准曲线上查得样品溶液的浓度。

也可以采用目视比色法，它是用眼睛比较溶液颜色的深浅来确定试样中被测组分的含量的方法。常用的目视比色法采用标准系列法。将一系列被测组分的标准溶液加入各比色管中，再分别加入等量的显色剂，然后稀释至刻度，显色，便制成了一套标准色阶。将样品溶液在同样条件下显色，然后与标准色阶比较，可以确定其含量。目视比色法的仪器设备简单，操作方便，适合于大量试样的分析，但相对误差较大，约 5%～20%。

三、多组分定量分析

需要同时测定试样中的 n 个组分时，若它们在吸收曲线上的吸收峰互相不重叠，则可以不经分离，分别选择适当的波长，按单组分的方法进行测定。

当试样中需要测定的 n(2～5)个组分的吸收峰重叠，但不严重时，若服从朗伯-比耳定律，则根据吸光度的加和性，可不经分离，在 n 个指定的波长处测量样品混合组分的吸光度，然后解 n 个联立方程，求出各组分的含量。图 11-10 为含被测组分 A 和 B 的试样的吸收曲线，两吸收曲线互相重叠，但服从朗伯-比耳定律。若选定两个波长 λ_1 和 λ_2，测得试液的吸光度为 A_1 和 A_2，则

$$A_1 = \varepsilon_{A_1} bc_A + \varepsilon_{B_1} bc_B (\text{在 } \lambda_1 \text{ 处})$$
$$A_2 = \varepsilon_{A_2} bc_A + \varepsilon_{B_2} bc_B (\text{在 } \lambda_2 \text{ 处})$$

式中，四个摩尔吸光系数可以分别在 λ_1 和 λ_2 处，从纯物质 A 和 B 求得。解此方程组即可求出混合物中两组分的浓度 c_A 和 c_B。

利用等吸光点也可以测定混合试样中两组分的含量。在等吸光点处两组分的 ε 相同。测量时，首先测出该波长处两组分的总浓度，然后再测定一个组分在指定分析波长处的浓度。从总浓度中减去一个组分的浓度，即可求得另一组分的浓度。

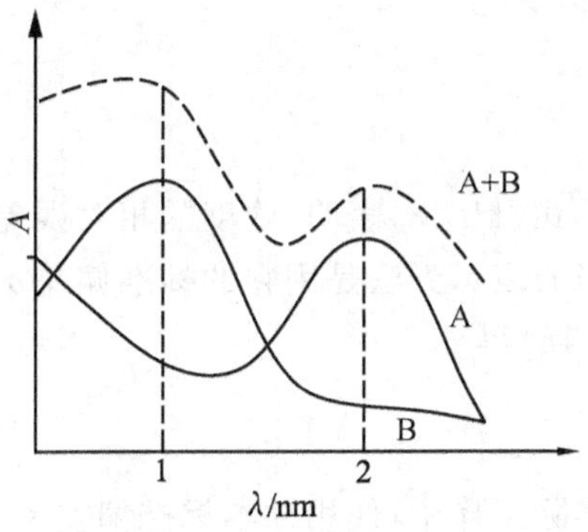

图 11-10　两组分试样的吸收曲线

四、吸光光度法的灵敏度

通常情况下，灵敏度是指校正曲线的斜率。吸光光度法的灵敏度由吸收物质在最大吸收波长 λ_{max} 处的摩尔吸光系数表示

$$\varepsilon = \frac{A}{bc} (\text{L} \cdot \text{mol}^{-1} \cdot \text{cm}^{-1}) \tag{11-15}$$

或用吸光系数 a 表示，它可由 ε 换算得到：

$$a = \frac{\varepsilon}{\text{相对原子质量}} \times 10^{-3} (\text{mL} \cdot \text{g}^{-1} \cdot \text{cm}^{-1}) \tag{11-16}$$

吸光光度法的灵敏度还可用由 Sandell 提出的灵敏度指数即 Sandell 指数(S)表示。Sandell 指数表示光程长为 1cm，吸光度为 0.001 时，1 mL 溶液中所含的吸收物质的微克数，以 $\mu\text{g} \cdot \text{cm}^{-2}$ 表示。S 与 ε 或 a 间的关系为：

$$S = \frac{1.0 \times 10^{-3}}{a} (\mu\text{g} \cdot \text{cm}^{-2})$$
$$S = \frac{\text{相对原子质量}}{\varepsilon} (\mu\text{g} \cdot \text{cm}^{-2}) \tag{11-17}$$

用双硫腙在波长 λ_{max} 为 550nm 处所测得的 Cu(Ⅱ)灵敏度可分别表示为：

$\varepsilon/(\text{L} \cdot \text{mol}^{-1} \cdot \text{cm}^{-1})$	4.52×10^4
$a/(\text{mL} \cdot \text{g}^{-1} \cdot \text{cm}^{-1})$	0.71
$S/(\mu\text{g} \cdot \text{cm}^{-2})$	0.0014

五、吸光光度法的误差

吸光光度法的误差与使用的方法和被测物的浓度有关。通常比色法的误差为 5%～10%，分光光度法为 0.5%～2%。当测定的量在 10^{-4}%～10^{-3}%时，误差为 10%。

透光度与浓度呈对数关系。由透光度的读数误差而引起的浓度的相对误差可按以

下方法求得：

$$c=\frac{A}{ab}=-\frac{\lg T}{ab}$$

对上式微分：

$$\frac{dc}{dT}=-\frac{0.434}{Tab}$$

代入朗伯-比耳定律并重排：

$$\frac{dc}{c}=\frac{0.434}{\lg T}\left(\frac{dT}{T}\right) \tag{11-18}$$

或

$$\frac{\Delta c}{c}=\frac{0.434}{T\lg T}\Delta T$$

式(11-18)表明，浓度的相对误差与透光度的相对误差有关。而透光度的误差 dT 最恰当的表示方法是用它的标准偏差 σ_T 来代替，同样用浓度的标准偏差 σ_c 代替 dc，则由式(11-18)得

$$\frac{\sigma_c}{c}=\frac{0.434}{\lg T}\cdot\frac{\sigma_T}{T} \tag{11-19a}$$

而实际工作中，使用样本标准偏差 s_c 和 s_T 代替 σ_c 和 σ_T，则

$$\frac{s_c}{c}=\frac{0.434}{\lg T}\cdot\frac{s_T}{T} \tag{11-19b}$$

式中 s_c/c 和 s_T/T 分别是浓度和透光度的相对标准偏差。

从式(11-19b)可以看出，吸光光度法测量浓度的相对标准偏差随透光度大小而改变，其变化方式较为复杂，而实际实验中测得数据的变化就更复杂，因为浓度测量误差既依赖于 T，又依赖多种测量环境下的 s_T。人们经长期的理论与实验研究发现，仪器的随机误差对浓度测量精度的误差影响大致分为三种情况：

(1) s_T 与 T 无关；

(2) s_T 正比于 $\sqrt{T^2+T}$；

(3) s_T 正比于 T。

表 11-3 总结了三种误差的来源。将表 11-3 中第一列的 s_T 代入式(11-19b)得到浓度相对标准偏差的三个方程见表 11-3 第三列。

表 11-3 透光度测量中仪器的随机误差类型

误差类型	误差来源	T 对浓度相对标准偏差 s_c/c 的影响	
$s_T=K_1$	读数分辨率； 热检测器噪音； 暗电流和放大器噪音。	$\frac{s_c}{c}=\frac{0.434}{\lg T}\times\frac{K_1}{T}$	(11-20)
$s_T=K_2\sqrt{T^2+T}$	光子检测器的噪音。	$\frac{s_c}{c}=\frac{0.434}{\lg T}\times K_2\sqrt{1+\frac{1}{T}}$	(11-21)
$s_T=K_3T$	比色池的位置变化； 光源强度的波动。	$\frac{s_c}{c}=\frac{0.434}{\lg T}\times K_3$	(11-22)

注：K_1，K_2，K_3 对指定的仪器均为常数。

11-5-3　测定平衡常数

吸光光度法可以测定酸碱解离常数。若为一元弱酸，在溶液中的解离反应为：

$$HB \rightleftharpoons H^+ + B^-$$

$$K_a = \frac{c_{H^+} \cdot c_{B^-}}{c_{HB}}$$

$$pK_a = pH - \lg \frac{c_{B^-}}{c_{HB}} \qquad (11\text{-}23)$$

只要测出 c_{B^-} 和 c_{HB}，就可算出 K_a。测定时，配制三份不同 pH 的 HB 溶液。一份为强碱性溶液，另一份为强酸性溶液，分别在 B^- 和 HB 的吸收峰波长处测定吸光度，由此计算出 B^- 和 HB 的摩尔吸光系数。第三份为已知 pH 的缓冲溶液，其 pH 在 pK_a 附近，在测得 B^- 和 HB 的总吸光度后，用双组分测定的方法算出 B^- 和 HB 的浓度，再由式(11-23)，即可计算出弱酸的解离常数。

由式(11-23)知，当 c_{B^-} 和 c_{HB} 相等时：

$$pK_a = pH$$

若以 pH 为横坐标，以某波长处测得的不同 pH 时的吸光度为纵坐标作图，得一条 S 形曲线，该曲线的中点所对应的 pH 即为 pK_a。吸光光度法也可以测定配合物的组成及其不稳定常数。

例 11-1　用吸光光度法测定以下反应的平衡常数：

$$Zn^{2+} + 2L^{2-} \rightleftharpoons [ZnL_2]^{2-}$$

配离子 $[ZnL_2]^{2-}$ 的最大吸收波长 λ_{max} 为 480nm，测量时用 1.00cm 的吸收池。配位剂 L^{2-} 的量至少比 Zn^{2+} 大 5 倍，此时的吸光度仅决定于 Zn^{2+} 的摩尔浓度。Zn^{2+} 和 L^{2-} 在 λ_{max} 480nm 处无吸收。测得含 2.30×10^{-4} mol · L^{-1} Zn^{2+} 和 8.60×10^{-3} mol · L^{-1} L^{2-} 溶液的吸光度为 0.690。在同样条件下，含 2.30×10^{-4} mol · L^{-1} Zn^{2+} 和 5.00×10^{-4} mol · L^{-1} L^{2-} 溶液的吸光度为 0.540。试计算平衡常数。

解　根据题意，可由吸光度为 0.690 的溶液计算配离子的摩尔吸光系数 ε：

$$\varepsilon = \frac{A}{bc} = \frac{0.690}{1.00\times2.30\times10^{-4}} = 3.00\times10^3 (L \cdot mol^{-1} \cdot cm^{-1})$$

由吸光度为 0.540 的溶液分别计算平衡时 $[ZnL_2]^{2-}$、Zn^{2+} 和 L^{2-} 的浓度。由于 Zn^{2+} 和 L^{2-} 在 λ_{max} 480nm 处无吸收，则

$$c_{[ZnL_2]^{2-}} = \frac{A}{\varepsilon b} = \frac{0.540}{3.00\times10^3\times1.00} = 1.80\times10^{-4} (mol \cdot L^{-1})$$

因 $c'_{Zn^{2+}} = c_{Zn^{2+}} + c_{[ZnL_2]^{2-}}$，则

$$c_{Zn^{2+}} = 2.30\times10^{-4} - 1.80\times10^{-4} = 5.00\times10^{-5} (mol \cdot L^{-1})$$

$c'_{L^{2-}} = c_{L^{2-}} + 2c_{[ZnL_2]^{2-}}$，则

$$c_{L^{2-}} = 5.00\times10^{-4} - 2\times1.80\times10^{-4} = 1.40\times10^{-4} (mol \cdot L^{-1})$$

则平衡常数为

$$K = \frac{c_{[ZnL_2]^{2-}}}{c_{Zn^{2+}} \cdot c^2_{L^{2-}}} = \frac{1.80\times10^{-4}}{5.00\times10^{-5}\times(1.40\times10^{-4})^2} = 1.84\times10^8$$

11-5-4 研究有机化合物的异构体

紫外光谱可以用于研究有机化合物的顺反异构体和互变异构件等。

通常，反式异构体的最大吸收波长比顺式异构体的长，强度也大。这是由于反式异构体分子比顺式异构体长，空间位阻小，电子的非定域性大，而顺式异构体的空间位阻大，使共轭程度降低，波长较短。

紫外光谱也可用来研究有机化合物的互变异构体。例如，乙酰丙酮存在酮式和烯醇式两种异构体：

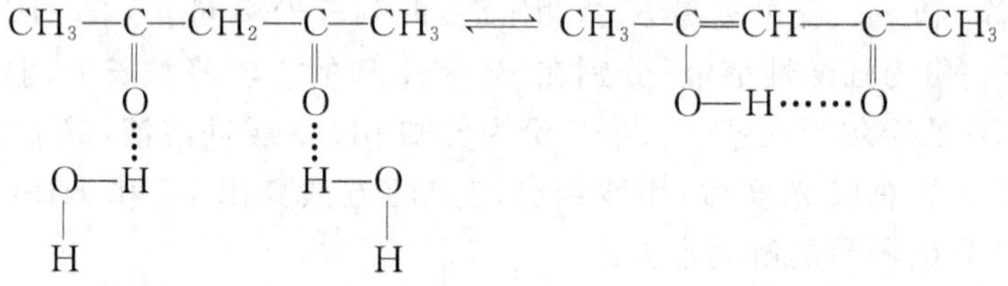

酮式与水形成分子间氢键　　　　烯醇式形成分子内氢键

乙酰丙酮在极性溶剂水中，以酮式异构体为主，它与水形成分子间氢键，使体系的能量降低，从而达到稳定状态，其最大吸收波长 λ_{max} 为 277nm，ε_{max} 为 1.9×10^{3} L·mol^{-1}·cm^{-1}；在非极性溶剂己烷中，则以烯醇式为主，形成分子内氢键，λ_{max} 为 269nm，ε_{max} 为 1.2×10^{4} L·mol^{-1}·cm^{-1}。又如，N-(2-苯甲酰乙酰基)苯胺也存在酮式和烯醇式两种互变异构体：

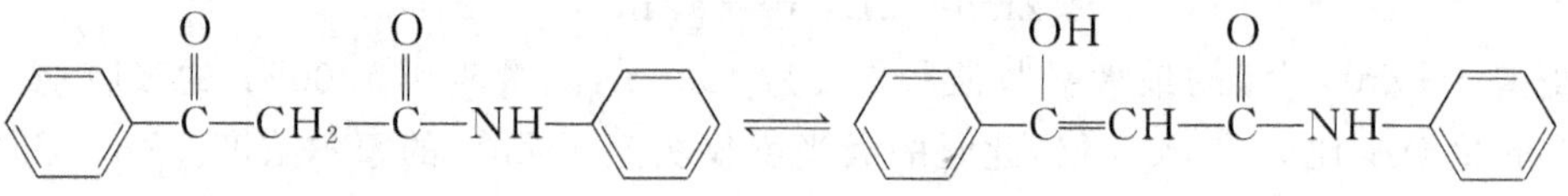

酮式　　　　烯醇式

在环己烷中测定这个混合物的紫外光谱，有两个吸收带，酮式异构体的 λ_{max} 为 245nm，烯醇式异构体的 λ_{max} 为 308nm。在 pH≥12 的强碱性溶液中，烯醇式异构体的羟基失去一个质子转变为烯醇离子，λ_{max} 则变为 323nm：

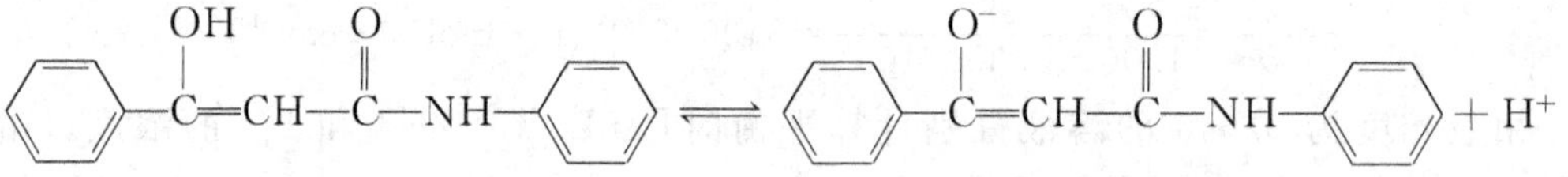

烯醇式　　　　烯醇离子

11-5-5 测定相对分子质量

若一化合物在紫外-可见波长范围内无吸收，可将它与摩尔吸光系数已知的生色团作用形成衍生物。经验表明，对同类衍生物，所生成的衍生物的 ε 与生色团的 ε 相近。根据朗伯-比耳定律，该化合物的相对分子质量 M 与有关参数存在以下关系：

$$M=\frac{\varepsilon mb}{A} \tag{11-24}$$

式中，m 为 1L 溶液中该化合物的质量。测得一定质量的该化合物的吸光度后，若 ε 已知，由上式可求得其相对分子质量。

11-6　紫外光度法在生物学中的应用 (Application of UV-VIS in Biology)

紫外光度法在生物学中主要应用于对组分的定量测定、生物成分的鉴定和结构分析。

11-6-1　蛋白质含量的测定

蛋白质由于含有酪氨酸和色氨酸，因此在紫外光区 280nm 处具有最大吸收，可利用该波长的吸光度与蛋白质浓度成正比的关系测定其含量。该法对于酪氨酸和色氨酸含量相近的蛋白质，测定误差较小，而对于一些氨基酸含量相差悬殊的蛋白质，必须另行校正才能应用。如果试样中含有嘌呤、嘧啶等化合物，由于它们在 280nm 处也有吸收，因此对测定有干扰。该法准确度较差，但测定迅速，试样用量少，低浓度的盐不干扰测定，测定中必须严格控制溶液的 pH。

11-6-2　核酸的测定

核酸是生物体的一种主要成分，它在紫外光区 260nm 左右有强的吸收峰，可用于测定核酸的含量。不同的碱基，其吸收峰的位置和吸收强度各不相同。因此，根据它的紫外吸收光谱的特征可以区别所含碱基的类别。

11-6-3　酶的研究

在生物化学中，可以应用紫外吸收光谱来研究各种酶(如红血球碳酸酐酶、乙酰胆碱酯酶、3-磷酸甘油醛酶)的结构、作用机理以及酶的活性等。

11-6-4　生物代谢产物的测定

紫外光度法在对抗生素、激素、羧酸等微生物活动产物的鉴定中有着重要意义。各种抗生素的筛选、鉴定除了根据其生物特性外，紫外光谱也是作为抗生素鉴定的重要理化特征之一。各类抗生素有其特有的紫外吸收光谱特征，根据测得的紫外吸收光谱便可初步判断抗生素所属的类别。

这些化合物的紫外光谱鉴定是根据它们所含有的发色团和助色团在紫外区的特征吸收进行的。例如，大多数饱和脂肪酸的吸收在 215～220nm，油酸和其他单烯型的脂肪酸的吸收大约在 180～185nm，而共轭二烯酸的最大吸收在 230nm 附近，三烯酸的吸收在 270nm 附近，四烯酸的吸收在 300nm 附近等。最终鉴定必须与红外光谱、质谱等物理方法和生物方法相结合。

习　题

1. 将下列百分透光度值换算为吸光度：

(1) 1%　(2) 10%　(3) 50%　(4) 75%　(5) 99%

2. 将下列吸光度值换算为百分透光度：

(1) 0.01　(2) 0.10　(3) 0.50　(4) 1.00

3. 有两种不同浓度的 $KMnO_4$ 溶液，当液层厚度相同时，在 527nm 处测得其透光度 T 分别为(1) 65.0%，(2) 41.8%。求它们的吸光度 A 各为多少？若已知溶液(1)的浓度为 6.51×10^{-4} mol·L^{-1}，溶液(2)的浓度为多少？

4. 有一含 0.088mg Fe^{3+} 的溶液用 SCN^- 显色后，用水稀释到 50.00mL，以 1.0cm 的吸收池在 480nm 处测得吸光度为 0.740，计算配合物 $[Fe(SCN)]^{2+}$ 的摩尔吸光系数。

5. 在 pH=3 时，于 655nm 处测定得到偶氮砷(Ⅲ)与镧的紫蓝色配合物的摩尔吸光系数为 4.5×10^{-4} L·mol^{-1}·cm^{-1}。如果在 25mL 的容量瓶中有 30μg La^{3+}，用偶氮砷显色，用 2.0cm 的吸收池在 655nm 处测量，其吸光度应该为多少？

6. 设有 X 和 Y 两种组分的混合物，X 组分在波长 λ_1 和 λ_2 处的摩尔吸光系数分别为 1.98×10^3 L·mol^{-1}·cm^{-1} 和 2.80×10^4 L·mol^{-1}·cm^{-1}；Y 组分在波长 λ_1 和 λ_2 处的摩尔吸光系数分别为 2.04×10^4 L·mol^{-1}·cm^{-1} 和 3.13×10^2 L·mol^{-1}·cm^{-1}。液层厚度相同，在 λ_1 处测得总吸光度为 0.301，在 λ_2 处为 0.398。求算 X 和 Y 两组分的浓度是多少？

7. 某试液用 2.0cm 的吸收池测定时 $T=60\%$，若用 1.0cm 和 4.0cm 吸收池测定时，透光率各是多少？

8. 有一标准 Fe^{3+} 溶液，浓度为 6μg·mL^{-1}，其吸光度为 0.304，而样品溶液在同一条件下测得吸光度为 0.510，求样品溶液中 Fe^{3+} 的含量(mg·L^{-1})。

9. K_2CrO_4 的碱性溶液在 372nm 处有最大吸收。将已知浓度为 3.00×10^{-5} mol·L^{-1} 的 K_2CrO_4 碱性溶液置于 1cm 的吸收池中，在 372nm 处测得 $T=71.6\%$，求

(1) 该溶液的吸光度；

(2) K_2CrO_4 溶液的 ε；

(3) 当吸收池为 3cm 时该溶液的 $T\%$？

10. 安络血的分子量为 236，将其配制成每 100mL 含 0.4962mg 的溶液，盛于 1cm 吸收池中，在 λ_{max} 为 355nm 处测得 A 值为 0.557，试求安络血的 ε 值。

11. Fe(Ⅱ)-2,2′,2″-三联吡啶在波长 522nm 处的摩尔吸光系数 ε 为 1.11×10^4 L·mol^{-1}·cm^{-1}，用 1cm 吸收池在该波长处测得百分透光度为 38.5%。试计算铁的浓度。

12. 输铁蛋白是血液中发现的输送铁的蛋白，它的相对分子质量为 81000，并携带两个 Fe(Ⅲ)离子。脱铁草氨酸是铁的有效螯合剂，常用于治疗铁过量的病人，它的相对分子质量为 650，并能螯合一个 Fe(Ⅲ)。脱铁草氨酸能从人体的许多部位摄取铁，通过肾脏与铁一起排出体外。被铁饱和的输铁蛋白(T)和脱铁草氨酸(D)在波长 λ_{max} 为 428nm 和 470nm 处的摩尔吸光系数分别为：

λ_{max}/nm	ε/(L·mol^{-1}·cm^{-1})	
	T	D
428	3 540	2 730
470	4 170	2 290

铁不存在时，两个化合物均为无色。含有T和D的试液在波长470nm处，用1.00cm吸收池测得的吸光度为0.424；在428nm处测得吸光度为0.401，试计算被铁饱和的输铁蛋白(T)和脱铁草氨酸(D)中铁各占多少分数。

13. 有一有色溶液，用1.0cm吸收池在527nm处测得其透光度 $T=60\%$，如果浓度加倍则

(1) T 值为多少？

(2) A 值为多少？

*14. 请将下列化合物的紫外吸收波长 λ_{max} 值按由长到短排列，并解释原因。

(1) $CH_2=CHCH_2CH=CHNH_2$

(2) $CH_3CH=CHCH=CHNH_2$

(3) $CH_3CH_2CH_2CH_2CH_2NH_2$

*15. 某化合物在正己烷和乙醇中分别测得最大吸收波长 $\lambda_{max}=305nm$ 和 $\lambda_{max}=307nm$，试指出该吸收是由哪一种跃迁类型所引起？为什么？

*16. 问：在分子 $(CH_3)_2NCH=CH_2$ 中，预计发生的跃迁类型有哪些？

*17. 配置某弱酸的HCl 0.5mol·L^{-1}、NaOH 0.5 mol·L^{-1}和邻苯二甲酸氢钾缓冲液(pH=4.00)的三种溶液，其浓度均含该弱酸0.001g/100mL，在 $\lambda_{max}=590nm$ 处分别测出其吸光度如表所示。求该弱酸的pK_a。

pH	$A(\lambda_{max}=590nm)$	主要存在形式
4	0.430	HIn、In^-
碱	1.024	In^-
酸	0.002	HIn

**18. 当光度计的透光度的读数误差 $\Delta T=0.01$ 时，测得不同浓度的某吸光溶液的吸光度为：0.010、0.100、0.200、0.434。计算由仪器误差引起的浓度测量相对误差。

*19. Try to find the kinds of transition in the following molecules：

(1) CH_3OH　(2) $CH_2=CH-CH=CH_2$　(3) 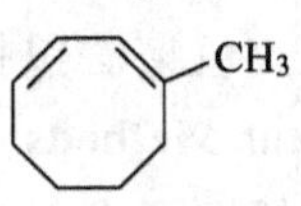

*20. Whose λ_{max} is bigger? Discuss.

A　$H_3C-HC=CH-CH=CH-CH=O$ (i.e. $H_3C-HC=CH-CH=CH-\overset{O}{\overset{\|}{C}}H$)

B　$H_3C-CH=CH-CH=CH-CH=CH-\overset{O}{\overset{\|}{C}}H$

**21. Attempt to seperate $n\rightarrow\pi^*$ from $\pi\rightarrow\pi^*$?

第十二章 现代仪器分析
(Modern Instrumental Analysis)

学习要求

1. 了解仪器分析方法的分类、特点。
2. 掌握各种分析方法的基本原理。
3. 了解各种分析方法相对应的仪器。
4. 掌握各种分析方法的定性和定量分析方法及其应用。

12-1 概 论
(Conspectus)

12-1-1 仪器分析方法的分类

仪器分析(**Instrumental Analysis**)是通过测量物质的某些物理或物理化学性质的参数来确定其化学组成、含量或结构的分析方法。由于进行此类分析时,一般需要精密仪器,故称为仪器分析。仪器分析是灵敏、快速、微量、准确的分析方法,发展很快,应用很广。习惯上,仪器分析法可以分成以下几类:

电化学分析法(**Electrochemical Analysis**)是建立在溶液电化学性质基础上的一类分析方法,包括电位分析法、电重量分析法、库仑分析法、伏安法、极谱分析法以及电导分析法等。

色谱法(**Chromatography**)是利用混合物中各组分的不同的物理或化学性质来达到分离目的的方法。对分离后的组分可以进行定性或定量分析,有时分离和测定同时进行,有时先分离后测定。色谱法包括气相色谱法、液相色谱法和超临界流体色谱法等。

光学分析法(**Optical Methods of Analysis**)是建立在物质与电磁辐射互相作用的基础上的一类分析方法,包括原子发射光谱法、原子吸收光谱法、紫外-可见吸收光谱法、红外吸收光谱法、核磁共振波谱法和荧光光谱法等。

质谱分析法(**Mass Spectrometry**)是利用物质的质谱图进行成分与结构分析的方法。质谱可以给出大量的结构信息,已经成为有机物结构分析不可或缺的手段。色谱-质谱联用已经成为分析成分复杂样品的最重要的手段。

表 12-1 列出了仪器分析的类型、测量的重要参数(或有关性质)以及相应的仪器分析方法。

表 12-1　仪器分析分类

方法类型	测量参数或有关性质	相应的分析方法
电化学分析法	电　导	电导分析法
	电　位	电位分析法，计时电位法
	电　流	电流滴定法
	电流-电压	伏安法，极谱分析法
	电　量	库仑分析法
色谱法	两相间分配	气相色谱法，液相色谱法
光学分析法	辐射的发射	原子发射光谱法，火焰光度法等
	辐射的吸收	原子吸收光谱法，分光光度法（紫外、可见、红外），核磁共振波谱法，荧光光谱法
	辐射的散射	比浊法，拉曼光谱法，散射浊度法
	辐射的折射	折射法，干涉法
	辐射的衍射	X 射线衍射法，电子衍射法
	辐射的转动	偏振法，旋光色散法，圆二向色性法
热分析法	热性质	热重法，差热分析法
质谱法	质荷比	质谱法
中子活化分析	核性质	中子活化分析

12-1-2　分析仪器的组成

仪器分析测定时使用各种类型的分析仪器。分析仪器自动化程度越高，仪器越复杂。然而不管分析仪器如何复杂，一般它们均由信号发生器、检测器、信号处理器和读出装置四个基本部分组成，如图 12-1 所示。实例见表 12-2。

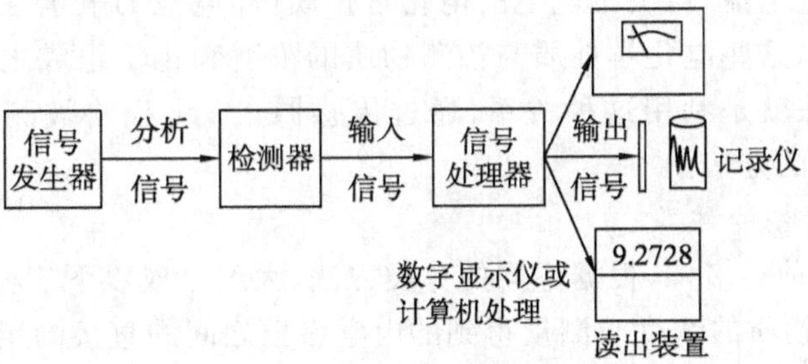

图 12-1　分析仪器的组成方框图

信号发生器使样品产生信号，它可以是样品本身，如对于 pH 计，信号发生器就是样品，产生的信号就是溶液中的氢离子活度，而对于紫外-可见分光光度计，信号发生器除样品外，还有钨灯或氢灯等。

检测器（传感器）是将某种类型的信号变换成可测定的电信号的器件，是实现非电量检测不可缺少的部分。检测器分为电流源、电压源和可变阻抗检测器三种。紫外-可见分光光度计中的光电倍增管是将光信号变换成电流的器件。电位分析法中的离子选择电极是将物质的浓度变换成电极电位的器件。

信号处理器将微弱的电信号用电子元件组成的电路加以放大,便于读出装置指示或记录信号。

读出装置将信号处理器放大的信号显示出来,其形式有表头、数字显示器、记录仪、打印机、荧光屏或用计算机处理后显示等。

表 12-2 分析仪器的基本组成

仪器	信号发生器	分析信号	检测器	输入信号	信号处理器	读出装置
pH 计	样品	氢离子活度	pH 玻璃电极	电位	放大器	表头或数字显示
库仑计	直流电源,样品	电流	电极	电流	放大器	数字显示
气相色谱仪	样品	电阻或电流(热导或氢焰)	检测器(热导或氢焰)	电阻	放大器	记录仪或打印机
比色计	钨灯,样品	衰减光束	光电池	电流		表头
紫外-可见分光光度计	钨灯或氢灯,样品	衰减光束	光电倍增管	电流	放大器	表头、记录仪或打印机

12-2 电化学分析法简介
(Introduction of Electrochemical Analysis)

电化学分析是仪器分析的重要组成部分。其原理通常是将含待测物质的电解质溶液与正、负电极构成电池,再测定电池的**电化学性质**(即电池的电学性质,如电极电位、电流、电量和电导等),这些电化学性质与待测物质的浓度和化学组成之间存在一定的数学关系,电化学分析法就是利用这种关系,通过传感器——电极将被测物质的浓度转换为电学参数加以测量的方法。

1. 电化学分析法的种类

电化学分析法种类多样,根据不同的分类方法,大致分成以下三种类型:

(1) 利用待测物质的浓度与测量得到的电学参数之间的直接的定量关系进行分析测定的方法。主要包括以下几种:以溶液电导作为被测量参数的方法,称为**电导分析法**;通过测量电池电动势或电极电位①来确定被测物质浓度的方法,称为**电位分析法**;通过测量电解过程中消耗的电量求出被测物质含量的方法,称为**库仑分析法**;利用电解过程中所得的电流-电位(电压)曲线进行测定的方法,称为**伏安法或极谱分析法**。

① 物理学中,电位和电势两个概念稍有不同。电位是指将正电荷从无穷远处移到某点所做的功。电势则是空间两点间的电位差,是相对值,如金属与离子溶液之间形成的电极电势,是金属与溶液两相之间的电位差。本章依照习惯,仍统称为电位。

(2) 在滴定过程中，以电学参数如电极电位、电量、电流和电导等物理量的突变作为指示滴定终点的方法，如**电位滴定法**、**库仑滴定法**、**电流滴定法**和**电导滴定法**等，统称为**电容量分析法**。

(3) 以电子为"沉淀剂"，电解被测组分使其发生电极反应，通过称量在电极上电沉积产生(或析出)的物质的重量，从而计算出被测得组分的含量的方法，称为**电重量分析法**或**电解分析法**。

此外，也可以根据电化学分析过程中是否涉及电极反应和其他物理化学反应来进行分类。

由于篇幅所限，本节仅简要介绍电位分析法(包括电位滴定法)。

2. 电化学分析法特点

(1) 灵敏度较高。最低检出限可达 $10^{-12}\,mol \cdot L^{-1}$。

(2) 某些测定方法的准确度较高。例如，电容量分析法、电解分析法和库仑分析法。

(3) 测量范围宽。电位分析法及极谱法等可用于微量组分的测定，电解分析法和电容量分析法等则可用于中等含量组分及纯物质的分析。

(4) 仪器设备较简单，价格低廉，仪器的调试和操作都较方便，容易实现自动化。

12-2-1　电极及电极的分类

一、电极的分类

在电化学分析中，**电极(Electrode)**是将溶液浓度变换成电信号(如电位或电流)的一种传感器。和原电池、电解池中的电极一样，其电极电位也符合能斯特方程(又称能斯特响应)，这是进行电位分析和电位滴定的数学基础。

在第十章介绍过一些基本的电极，而实用的电化学分析电极其结构要复杂得多。最简单的是金属电极以及类似的在金属表面发生电子得失反应的电极，如银电极、银-氯化银电极等，具体内容可以参考第十章的相关内容。其他类型的电极还有离子选择性电极、微电极及超微电极和化学修饰电极等。

1. 离子选择性电极(Ion Selective Electrode, ISE)

ISE 有一层特殊的敏感膜，和待测离子溶液接触时，在相界面上产生膜电位，对特定的待测离子具有选择性响应，即膜电位与待测离子浓度之间符合能斯特方程，故又称为**膜电极(Membrane Electrode)**。ISE 具有选择性好、平衡时间短的特点，是电位分析法用得最多的指示电极。ISE 的检测下限与膜材料有关，通常为 $10^{-6}\,mol \cdot L^{-1}$。

离子选择性电极种类繁多，如对氢离子响应的 pH 玻璃电极以及对金属离子响应的 pM 玻璃电极；还有固体晶体膜电极，如氟离子选择性电极。此外，PVC 等聚合物膜、陶瓷膜甚至液体薄膜等多种材料都可以构成离子选择性电极的膜材料，如在水质监测中常用的以 PVC 材料制成的钙、镁离子电极可以快速方便地测定水的硬度。目前，利用不同的敏感膜材料通过化学修饰等方法研究出来的各种化学传感器已经不再局限于溶液中离子的测定。例如，以酶敏感膜为感应器件的青霉素敏感电极和葡萄糖敏感电极，前者可以测出血液中青霉素的含量，后者可以检测糖尿病人血液和尿液中葡萄糖浓度；以气体渗透膜为感应器件的 CO_2 气敏电极可以检测人体动脉和表皮上的 CO_2 含量。

2. 微电极及超微电极(Microelectrode and Ultramicroelectrode)

这类电极常用铂丝或碳纤维等制成,其直径只有几纳米或几微米。微电极具有电极区域小、扩散传质速率快、电流密度大,信噪比大、*IR* 降产生的误差小等特性,可用于有机介质或高阻抗溶液中的测定。由于电极微小,适用于微体系中,不会损坏组织,也不会因为电解破坏测定体系的平衡,有利于生物电化学方面的研究。目前,超微电极在生物医学领域已经有了广泛的应用。例如,以石墨微电极检测活体脑神经组织中多巴胺及儿茶胺等物质浓度的变化;以铂微电极测定血清中抗坏血酸,确定生物器官循环的障碍;以碳纤维电极植入动物体活体组织内,进行对 O_2 的超长时间连续测定。超微化是目前电化学分析电极的发展方向。

3. 化学修饰电极(Chemistry Modified Electrode, CME)

CME 是在由铂、玻璃、碳等电极表面通过共价键键合、强吸附或高聚物涂层等方法,把具有某种功能的化学基团修饰在电极表面,使电极具有某种特定的性质。例如,将苯胺用电化学聚合的方法修饰在铂或玻璃碳电极上,制成的聚苯胺化学修饰电极,可用于微量金属离子的检测。CME 有单分子层修饰电极、无机物薄膜修饰电极、聚合物薄膜(多分子层)修饰电极等类型,也可以将微电极制成化学修饰微电极。CME 在光电转换、催化反应、不对称有机合成、电化学传感器等多方面显示出突出的优点。目前,化学修饰电极方面的研究非常多,如用石墨烯薄膜材料修饰电极,在室温下表现出很高的载流子迁移率,使其在微纳米电子领域的应用具有广阔的前景,如电子器件、能量储存、太阳能电池、显示器件、生物化学传感器和场效应管传感器等。

二、指示电极和参比电极

电化学分析中测量一个待测溶液的电学参数,需要使用至少两支电极。根据电极的用途不同,可表示为指示电极、参比电极等。

1. 指示电极(Indicator Electrode)

指示电极是能对溶液中待测离子的活度产生灵敏的能斯特响应的电极,要求响应速度快,能很快地达到平衡,干扰物质少,且较易消除。前述的几类电极都可以作为指示电极使用。以下仅介绍分析化学实验中经常使用的 pH 玻璃电极。

玻璃电极(Glass Electrode, GE)包括对 H^+ 响应的 pH 玻璃电极,以及对 Na^+、K^+ 响应的 pNa、pK 电极等 pM 玻璃电极。

GE 是最早出现的离子选择性电极。其关键部分是敏感玻璃膜,内充 $0.1mol \cdot L^{-1}$ HCl 溶液作为内参比溶液,内参比电极是 Ag|AgCl,结构如图 12-2 所示。

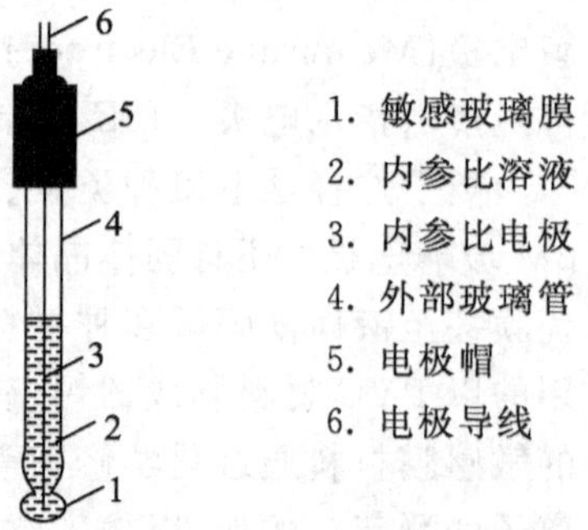

图 12-2　pH 玻璃电极

敏感玻璃膜的化学组成对 pH 玻璃电极的性质有很大的影响,一般是在 SiO_2 基质中加入 Na_2O、Li_2O 和 CaO 等烧结而成,厚度为 0.1～0.2mm。SiO_2 基质本身没有可供离子交换的电荷点(又称定域体),所以没有响应离子的功能。加入碱金属氧化物后使部分硅-氧键断裂,碱金属离子 M^+(如 Na^+,Li^+)取代了晶格中部分 Si 的位置。借助于玻璃中的晶体缺陷,M^+ 可以在硅氧骨架中发生迁移而起到玻璃膜内部电荷传导的作用。

当玻璃电极与水溶液接触时，M^+ 与 H^+ 发生交换反应：

$$Gl^- Na^+(s) + H^+(aq) \rightleftharpoons Gl^- H^+(gel) + Na^+(aq)$$

反应的平衡常数较大，反应较完全，从而导致玻璃膜表面的所有的阳离子点位均被 H^+ 占据，部分水分子也随 H^+ 进入玻璃膜表面。最终相当于在玻璃膜表面生成了一层由硅酸凝胶组成的弱酸层，称为**水化凝胶层(Hydrated Gel Layer)**，可以用"$\equiv SiO^- H^+$"（或 $Gl^- H^+$）来表示，其厚度约 10～100nm。

在水化凝胶层中，硅酸凝胶存储了大量的质子，并可以发生质子转移平衡：

$$Gl^- H^+(gel) + H_2O \rightleftharpoons Gl^-(gel) + H_3O^+(aq)$$

这个平衡是决定界面电位的主要因素。当水化凝胶层接触酸、碱性物质时，平衡发生移动。当接触碱性溶液时，硅酸凝胶中的 H^+ 有发生解离进入碱性溶液的趋势；当接触酸性溶液时，溶液中 H^+ 有进入凝胶层与硅酸上的氧结合的趋势。这样，凝胶层与溶液间就产生电荷分布不均匀的情况，即产生双电层结构，进而产生相间电位差。玻璃膜的水化过程需要一定的时间，因此，要事先将玻璃电极浸泡在专门的溶液中备用。

实际上，玻璃膜另一边还要接触内参比溶液，因此形成了内、外两个水化凝胶层，从而在这两个水化凝胶层与内、外溶液界面之间各产生两个相间电位差。整个玻璃膜的膜电位(E_M)就主要决定于这两个相间电位差的值。内参比溶液是高浓度的盐酸溶液，其 pH 基本不变(pH＝1)，此外，内、外两个水化凝胶层的性质和结构基本相同，因此，膜电位的大小直接和外部待测溶液的 pH 相关：

$$E_M = \text{常数} - 0.0592\text{pH} \qquad (12\text{-}1)$$

式中的常数取决于膜的性质。

整个 pH 玻璃电极的电极电位由膜电位(E_M)、内参比电极电位(常数)等组成，其中只有膜电位是随外部 pH 变化的电位值，因此 pH 玻璃电极电位可表示为：

$$E_g = k - 0.0592\text{pH} \qquad (12\text{-}2)$$

式中的常数 k 是与膜的性质、内参比电极的性质等有关，每支电极的该常数均有一定的差别。

2. 参比电极(Reference Electrode)

在测量指示电极的电极电位时，需要另一支电极与其连接形成电池，这支电极是作为参照比较的电极，称为**参比电极**。参比电极的电极电位是个精确已知且十分稳定的标准值，可看成是个常数(随温度等因素而发生微小变化，但是系统误差可校正)。标准氢电极(SHE)就是一种最基本的参比电极(E_{SHE}＝0V，称为"氢标")。电化学分析中实用的参比电极包括甘汞电极(特别是**饱和甘汞电极(Saturated Calomel Electrode, SCE)**)、银-氯化银电极等，它们都是金属和金属难溶盐构成的电极，其电极电势取决于难溶盐的阴离子(Cl^-)的浓度。表 12-3 列出了这两种参比电极在不同 Cl^- 浓度时的电极电位。甘汞电极和银-氯化银电极的结构如图 12-3 所示，其中 Cl^- 浓度基本保持不变，因此电极电位也非常稳定。

表 12-3 参比电极的电极电位与电极内部 Cl^- 浓度的关系(298K)

电 极	电极电位/V(vs. SHE)
甘汞电极 $Hg\|Hg_2Cl_2,Cl^-(c)$	
$0.10mol \cdot L^{-1}$ KCl	0.334
$1.0mol \cdot L^{-1}$ KCl	0.282
饱和 KCl (SCE)	0.242
银-氯化银电极 $Ag\|AgCl,Cl^-(c)$	
$0.10 mol \cdot L^{-1}$ KCl	0.288
$1.0 mol \cdot L^{-1}$ KCl	0.228
饱和 NaCl	0.194

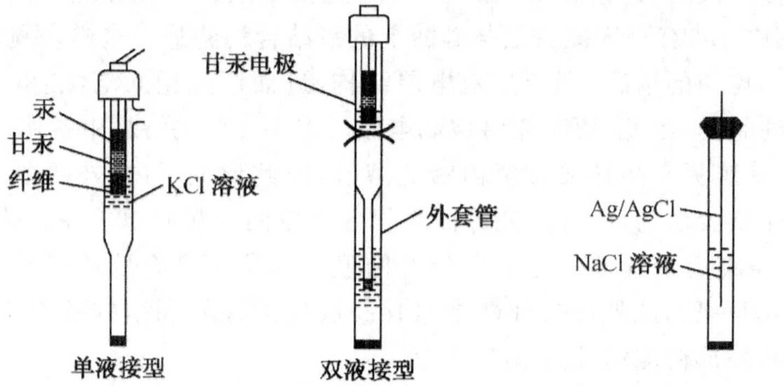

(a)甘汞电极 (b)银-氯化银电极

图 12-3 参比电极

在非水介质中测定时,参比电极也可用饱和甘汞电极而外套管中用饱和 KCl(NaCl)-甲醇溶液或饱和 LiCl-乙二胺溶液等。

目前常把 pH 玻璃电极和参比电极(银-氯化银电极)组合在一起构成更方便使用的 pH 复合电极。pH 复合电极主要由电极球泡、玻璃支持杆、内参比电极、内参比溶液、外参比电极、外参比溶液、液接界等组成。

12-2-2 电位分析法

电位分析法(Potentiometry)是在通过电池的电流为零的条件下测定电池的电动势(或电极的电极电位),进而利用电极电位与浓度的关系来测定物质浓度的一种电化学分析方法。

电位分析法分为电位法和电位滴定法两类。

一、电位法

电位法是指用指示电极(如离子选择电极)、参比电极和待测的电解质溶液构成一个测量电池(图 12-4),通过测量该电池的电动势或指示电极的电极电位,直接计算得到被测物质的含量、酸碱解离常数或配合物的稳定常数等。

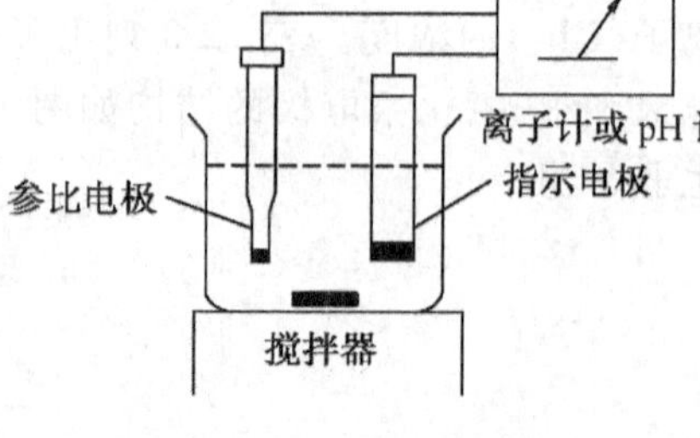

图 12-4 电位分析示意图

电位法的具体分析方法包括:标准曲线法、标准加入法和直读法。

1. 标准曲线法

配制一系列含被测组分的标准溶液,分别测定其电位值 E,绘制 E 对 $\lg c$ 曲线,然后测量样品溶液的电位值,在标准曲线上查出其浓度,这种方法称为标准曲线法。

标准曲线法适用于被测体系较简单的例行分析。对较复杂的体系,样品的本体较复杂,离子强度变化大,在这种情况下,标准和样品溶液中可分别加入一种称为离子强度调节剂(TISAB)的试剂,它的作用主要有:第一,维持样品和标准溶液恒定的离子强度;第二,保持试液在离子选择电极适合的 pH 范围内,避免 H^+ 或 OH^- 的干扰;第三,使被测离子释放成为可检测的游离离子。例如,用氟离子选择电极测定自来水中氟离子,TISAB 由 $1.0mol \cdot L^{-1}$ 氯化钠、$0.25mol \cdot L^{-1}$ 醋酸、$0.75mol \cdot L^{-1}$ 醋酸钠和 $1.0 \times 10^{-3} mol \cdot L^{-1}$ 柠檬酸钠组成。

2. 标准加入法

分析复杂的样品应采用标准加入法,即将样品的标准溶液加入到样品溶液中进行测定。也可以采用样品加入法,即将样品溶液加入到标准溶液中进行测定。

采用标准加入法时,先测定体积为 V_x,浓度为 c_x 的样品溶液的电位值 E_x;然后在样品中加入体积为 V_S,浓度为 c_S 的样品的标准溶液,测得电位值 E_1。对于一价阳离子,若离子强度一定,由 E_1 和 E_x 的能斯特方程得

$$\Delta E = E_1 - E_x = S\lg \frac{V_x c_x + V_S c_S}{c_x (V_x + V_S)} \tag{12-3}$$

取反对数:

$$10^{\Delta E/s} = \frac{V_x c_x + V_S c_S}{c_x (V_x + V_S)} \tag{12-4}$$

则

$$c_x = \frac{V_S c_S}{(V_x + V_S) 10^{\Delta E/S} - V_x} \tag{12-5}$$

若 $Vx \gg V_S$

$$c_x = \frac{V_S c_S}{V_x (10^{\Delta E/S} - 1)} = \frac{\Delta c}{10^{\Delta E/S} - 1} \tag{12-6}$$

式中,$\Delta c = \frac{V_S c_S}{V_x}$。

样品加入法的公式可用同样的方式求得:

$$c_x = c_S \frac{V_S + V_x}{V_x} \left(10^{\Delta E/S} - \frac{V_S}{V_x + V_S} \right) \tag{12-7}$$

式(12-5)和(12-6)中 ΔE 为二次测定的电极电位值差,S 为电极实际斜率,可从标准曲线的斜率求得。也可以将测得电位值 E_1 后的试液用空白溶液稀释一倍,再测量 E_2,则

$$S = \frac{|E_2 - E_1|}{\lg 2} = \frac{|E_2 - E_1|}{0.30} \tag{12-8}$$

通常用标准加入法分析时,要求加入的标准溶液体积 V_S 小于试液体积 V_x 的 1%,而浓度大于 100 倍,这时,标准溶液加入后的电位值变化约为 20mV。

3. 直读法

在 pH 计或离子计上直接读出试液的 pH(pM)值的方法称为直读法。测定溶液的

pH 时，组成如下测量电池：

$$\text{pH 玻璃电极}|\text{试液}(a_{H^+}=x)||\text{饱和甘汞电极}$$

电池电动势：

$$\varepsilon=E_{SCE}-E_g \qquad (12\text{-}9)$$

E_{SCE}是定值，得：

$$\varepsilon=b+0.0592\text{pH} \qquad (12\text{-}10)$$

在实际测定未知溶液的 pH 值时，需先用 pH 标准缓冲溶液定位校准，其电动势：

$$\varepsilon_S=b+0.0592\text{pH}_S \qquad (12\text{-}11)$$

再测定未知溶液的 pH，其电动势：

$$\varepsilon_x=b+0.0592\text{pH}_x \qquad (12\text{-}12)$$

合并以上两式得

$$\text{pH}_x=\text{pH}_S+\frac{E_x-E_S}{0.0592} \qquad (12\text{-}13)$$

式(12-13)称为 pH 的操作定义。

常用的几种 pH 标准缓冲溶液 pH 可以参考第五章表 5-13。

二、电位滴定法

电位滴定法是利用滴定反应过程中电极电位的突跃代替化学指示剂颜色的变化来确定终点的滴定分析法。将滴定过程中测得的电位值对消耗的滴定剂体积作图，绘制成滴定曲线，由曲线上的电位突跃部分来确定滴定的终点。电位滴定的装置如图 12-5 所示。

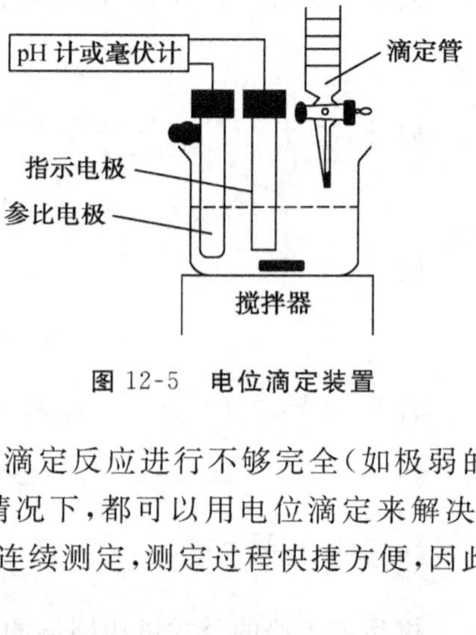

图 12-5　电位滴定装置

电位滴定法比起用指示剂的容量分析法有许多优越的地方。首先，对于某些无法使用指示剂的滴定实验，往往可以用电位滴定来测定。例如，对于有色或混浊的溶液的滴定，对于浓度较稀的试液或滴定反应进行不够完全（如极弱的酸、碱的滴定）的情况，或者在没有或缺乏指示剂的情况下，都可以用电位滴定来解决。电位滴定的灵敏度和准确度较高，并可实现自动化和连续测定，测定过程快捷方便，因此用途十分广泛。

要确定电位滴定的终点一般不需要知道终点电位的数值，仅需注意并记录电位值的变化情况，再通过作图法（绘制滴定曲线）或者微商计算法（绘制滴定曲线的一次或者二次微分曲线），确定曲线突跃最大值（导数最大值），进而可以确定滴定终点。目前常采用自动滴定装置结合计算机进行电位滴定。

三、离子计和自动电位滴定计

1. 离子计

离子计是用于测量溶液中离子浓度的电化学分析仪器，由电极（指示电极和参比电极）、电位计、信号处理器、数字显示器（或表头）等组成。pH 计（酸度计）就是一种离子计。使用离子计（或 pH 计）进行测定时，选用的离子计的输入阻抗应大于或等于 $10^{11}\ \Omega$，最小分度为 0.1mV，量程±1000mV，稳定性要好。

(1) 输入阻抗。

电极电位的测量是在零电流条件下进行的，如果要求测量误差小于0.1%，需要离子计的输入阻抗大于或等于$10^{11}\Omega$。玻璃电极的内阻最高，达$10^{8}\Omega$，因此由离子选择电极和参比电极组成的电池的内阻，主要决定于离子选择电极的内阻。用离子选择电极进行电位测量时的等效电路如图12-6所示。电池电动势ε因电极内阻的存在而不可能全部落在外电路上，根据欧姆定律，离子计的输入阻抗$R_{入}$上的电压(即仪器的读数)为：

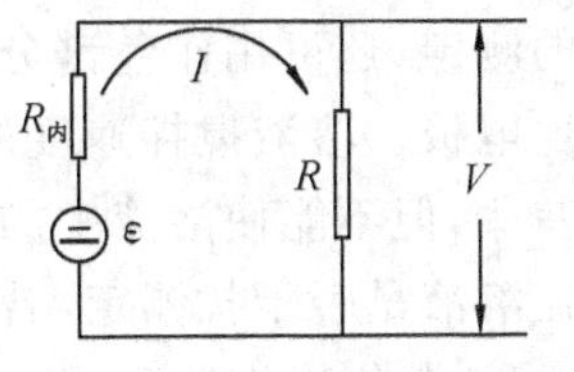

图12-6　电位测量的等效电路

$$V=IR_{入}$$

电池电动势ε：

$$\varepsilon=I(R_{内}+R_{入})$$

结合以上两式得：

$$\frac{V}{\varepsilon}=\frac{R_{入}}{R_{入}+R_{内}} \tag{12-14}$$

若$R_{入}=1000R_{内}$，则

$$V\approx\varepsilon \tag{12-15}$$

也就是说，若仪器的输入阻抗比电极的内阻大1000倍以上，所产生的测量误差小于千分之一。

(2) 最小分度。

若电位测量有1mV的误差，则引起的浓度相对误差对一价离子为4%，二价离子为8%。若要求浓度的相对误差小于0.5%，仪器读数的最小分度应为0.1mV。

(3) 量程。

在实际应用中，离子选择电极的电位为±(0～700)mV，因此要求仪器的量程为±1000mV。

2. 自动电位滴定计

自动电位滴定计是根据电位滴定法原理设计的用于容量分析的一种自动化分析仪器。

自动电位滴定的装置如图12-7所示。滴定管下端连接一段通过电磁阀的细乳胶管，此管下端接导液毛细管，电磁阀可由计算机控制开关和流量。与计算机相连接的离子计浸入被测溶液中进行电位和浓度的检测。在滴定过程中通过离子计测定数据，再通过计算机自动绘出滴定曲线，自动找出滴定终点，自动给出精确的滴定剂体积。

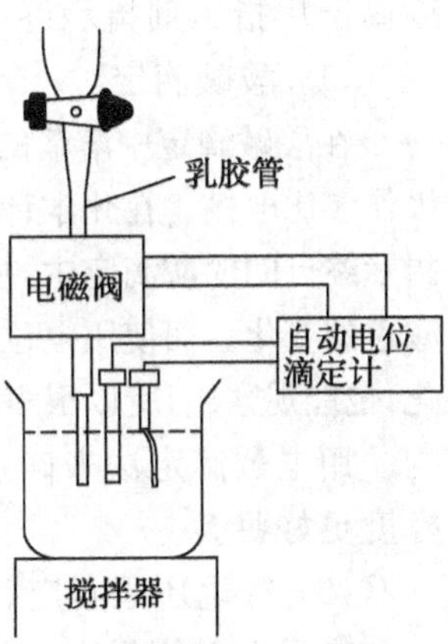

图12-7　自动电位滴定装置

自动电位滴定计可用于各种离子(包括pH)的自动滴定。由于滴定系统采用抗高氯酸腐蚀的材料，也可进行非水滴定。自动滴定仪除了可以进行电位滴定，还可以进行库仑滴定、电导滴定等其他电化学滴定分析。

四、电位分析法的应用

电位分析应用广泛，在环保、生物化学、医学检测、工农业生产等领域均有运用，在科研和实验室中，也经常用于平衡常数的测定和动力学的研究等。电位法可用于小体积试液的测定，还可用作色谱分析的检测器。测定电位时应注意控制搅拌速度和选择合适的参比电极。溶液搅拌速度的快慢会影响电极的平衡时间，测定低浓度试液时搅拌速度应快一些，但不能使溶液中的气泡吸附在电极膜上。选择参比电极时应注意参比电极的内参比溶液是否干扰测定，若有，应采用双液接型参比电极。

1．电位法的应用

电位法的应用较广泛。不同的电极可以测定不同的物质。常用的离子选择电极的应用见表 12-4。

表 12-4　离子选择电极的应用

被测物质	离子选择电极	线性范围($mol \cdot L^{-1}$)	适用的 pH 范围	应用举例
F^-	氟	$10^0 \sim 5\times10^{-7}$	5～8	水、牙膏、生物体液、矿物
Cl^-	氯	$10^{-2} \sim 5\times10^{-5}$	2～11	水、碱液、催化剂
CN^-	氰	$10^{-2} \sim 10^{-6}$	11～13	废水、废渣
NO_3^-	硝酸根	$10^{-1} \sim 10^{-5}$	3～10	天然水
H^+	pH 玻璃电极	$10^{-1} \sim 10^{-14}$	1～14	溶液酸度
Na^+	pNa 玻璃电极	$10^{-1} \sim 10^{-7}$	9～10	锅炉水、天然水
NH_3	气敏氨电极	$10^0 \sim 10^{-6}$	11～13	废气、土壤、废水
脲	气敏氨电极			生物化学
氨基酸	气敏氨电极	$10^{-1} \sim 10^{-4}$	3～10	生物化学
K^+	钾微电极	$10^{-1} \sim 10^{-3}$	4～9	血清
Na^+	钾微电极	$10^{-1} \sim 10^{-7}$	4～10	血清
Ca^{2+}	钾微电极			血清

2．电位滴定法

电位滴定法能用于酸碱滴定、氧化还原滴定、配合滴定和沉淀滴定分析。它的灵敏度高于用指示剂指示终点的滴定分析，而且还能在有色和混浊的试液中滴定。

（1）酸碱滴定。

在酸碱滴定中溶液的 pH 发生变化，所以最常用 pH 玻璃电极作指示电极，用饱和甘汞电极作参比电极。在化学计量点附近，指示电极电位发生突跃而指示滴定终点。用化学指示剂指示终点的弱酸滴定中，往往要求在化学计量点的附近有 2 个单位的突跃，才能观察出指示剂颜色的变化。而使用电位法时，由于其灵敏度高，化学计量点附近即使只有零点几个单位的变化，也能观察出，所以很多弱酸、弱碱以及多元酸碱和混合酸碱可用电位滴定法测定。

用电位滴定法来确定非水滴定的终点较合适。滴定时使用 pH 计的毫伏标度比 pH 标度更好些。

（2）氧化还原滴定。

指示电极用零类电极，如惰性的 Pt 电极等，参比电极用饱和甘汞电极。氧化还原滴定都能应用电位法确定终点。滴定过程中的电极电位可以用能斯特方程求得，化学计量点时的电位可由下式表示：

$$E_{eq}=\frac{z_1E_1^{\ominus}+z_2E_2^{\ominus}}{z_1+z_2} \tag{12-16}$$

(3) 配位滴定。

在配位滴定中(以 EDTA 为滴定剂),若共存杂质离子对所用金属指示剂有封闭、僵化作用而使滴定难以进行,或需要进行自动滴定时,就可以使用电位滴定法。常用的指示电极有第三类电极中的 pM 电极。测量时将 Hg 电极插入含有微量(1×10^{-6} mol·L^{-1})$Hg^{2+}-Y^{4-}$(EDTA)和被测金属离子 M^{z+} 的溶液中,此电极($Hg|HgY^{2-},MY^{z-4},M^{z+}$)的电极电位与 M^{z+} 的浓度有关,见式(12-4)。指示电极也可以用离子选择电极。

对于利用待测离子的变价的氧化还原体系进行电位滴定,即利用某些氧化还原体系(如 Fe^{3+}/Fe^{2+},Cu^{2+}/Cu^{+} 等)在滴定过程中的电位变化来确定终点时,指示电极可以使用铂电极,参比电极用饱和甘汞电极。

(4) 沉淀滴定。

在进行沉淀反应的电位滴定中,应根据不同的沉淀反应采用不同的指示电极。指示电极可用 Ag 电极、Hg 电极或氯、碘等离子选择电极。例如,用硝酸银标准溶液滴定卤素离子时,可以用银电极作为指示电极。滴定过程中的电极电位可用能斯特方程表示。对于终点时的电极电位的计算,如以 $AgNO_3$ 溶液滴定 Cl^- 溶液为例,则终点时银电极的电位可按下式计算:

$$E=E'+0.0592\lg\sqrt{K_{sp(AgCl)}} \tag{12-17}$$

在这类滴定中,直接插入甘汞电极作为参比电极是不适当的,因为甘汞电极漏出的氯离子对测定有干扰,因此需要用硝酸钾盐桥将试液与甘汞电极隔开。比较方便的做法是在试液中加入少量酸(HNO_3),然后用 pH 玻璃电极作为参比电极。因为在滴定过程中,pH 不会变化,所以玻璃电极的电位就能保持平衡。

12-3 色谱分析概论
(Conspectus of Chromatogram Analysis)

12-3-1 色谱法及其分类

一、色谱法

色谱法(Chromatography)是一种分离分析方法。它是利用各物质在两相中具有不同的分配系数,当两相作相对运动时,这些物质在两相中进行多次反复的分配来达到分离的目的。

俄国植物学家茨维特(M. Tswett)于 1906 年首先提出色谱法。茨维特把植物绿叶的色素混合液加在一根装有干燥固体碳酸钙颗粒(称为固定相)的玻璃长管(称为填充色谱柱)上端,然后让洗脱剂(亦称流动相)石油醚自上而下流过。在石油醚不断冲洗下,原来在柱子上端的色素混合液向下移动。由于色素中各组分的性质的差异,与碳酸钙的作用力大小不同,作用力小的先流出,作用力大的后流出,最后分离成不同颜色的清晰色带,因此称这种方法为色谱法。然后将潮湿的碳酸钙挤出玻璃管,用刀将各色带切下,对其中的组分用合适的分析方法分别进行测定。这是经典色谱法,各色素的分离过程与其含量测定过程是离线的,即不能连续进行。现代色谱法的分离过程与其含量测定过程是在线的,即连续进行。当一个 2 组分(A 和 B)的混合样品在 t_1 时刻从柱头加入,随着流动相不断加入,洗脱作用连续进行,直至 A 和 B 组分先后流出柱子而进入检测器,从而使各组分浓度转变成电信号后记录在记录纸上,或显示在荧光屏上,或由电脑储存后打印出来。图 12-8(a)为色谱柱内 A 和 B 的洗脱过程；(b)则为记录下来的色谱图。一般来说，在图上不同位置的峰代表不同的组分，而峰的面积代表各组分的含量。

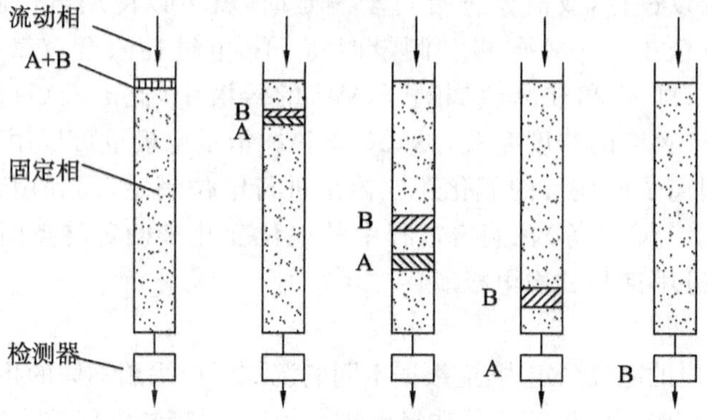

(a) 柱内洗脱过程

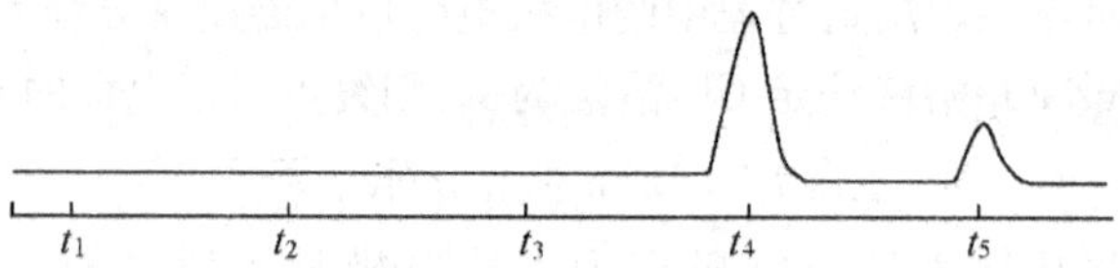

(b) 所记录下来的色谱图

图 12-8　2 组分混合样的分离

二、分类

色谱法种类很多，通常按以下几种方式分类：

1. 按两相状态分类

在茨维特的实验中，碳酸钙是固定不动的，称为**固定相**；石油醚是流动的，称为**流动相**。根据流动相状态，流动相是气体的，称为气相色谱法；流动相是液体的，称为液相色谱法；若流动相为超临界流体，则称为超临界流体色谱法。

根据固定相状态，固定相是活性固体(吸附剂)还是不挥发液体或在操作温度下呈液体(此液体称固定液，它预先固定在一种载体上)，气相色谱法又可分为气固色谱法和气液色谱法；同理，液相色谱法也可分为液固色谱法和液液色谱法。

2. 按分离原理分类

色谱法中，固定相的性质对分离起着决定性的作用。

根据不同组分在固定液中溶解度的大小不同而分离的称为分配色谱。气相色谱法中的气液色谱和液相色谱法中的液液色谱均属于分配色谱。

根据不同组分在吸附剂上的吸附和解吸能力的大小不同而分离的称为吸附色谱。气相色谱法中的气固色谱和液相色谱法中的液固色谱均属于吸附色谱。

3. 按固定相的形式分类

固定相在柱内的称为柱色谱，柱色谱有填充柱色谱和开管柱色谱。固定相填充满玻璃或金属管中的称为填充柱色谱；固定相固定在管内壁的称为开管柱色谱或毛细管柱色谱。

固定相呈平面状的称为平板色谱，平板色谱有纸色谱和薄层色谱。前者以吸附水分的滤纸作固定相，后者以涂敷在玻璃板上的吸附剂作固定相。

根据固定相材料的不同也可进行分类。以离子交换剂为固定相的称为离子交换色谱；

以孔径有一定范围的多孔玻璃或多孔高聚物为固定相的称为尺寸排阻色谱；采用化学键合相(即通过化学反应将固定液分子键合于多孔载体，如硅胶上)的称为键合相色谱。

以上分类总结于表 12-7。

表 12-7　色谱法分类

流动相	名　称	固定相	名　称
气体	气相色谱 (Gas Chromatography, GC)	固体	气固色谱(Gas Solid Chromatography, GSC)
		液体	气液色谱(Gas Liquid Chromatography, GLC)
液体	液相色谱* (Liquid Chromatography, LC)	固体吸附剂	液固色谱(Liquid Solid Chromatography, LSC)
		液体	液液色谱(Liquid Liquid Chromatography, LLC)
		键合固定相	键合相色谱(Bonded Phase Chromatography, BPC)
		多孔固体	尺寸排阻色谱(Sized Exclusion Chromatography, SEC)
		离子交换剂	离子交换色谱(Ion Exchange Chromatography, IEC)
		纤维中的水	纸色谱**(Paper Chromatography, PC)
		固体吸附剂	薄层色谱**(Thin Layer Chromatography, TLC)
超临界流体	超临界流体色谱	类似 LC	超临界流体色谱(Supercritical Fluid Chromatography, SFC)

* 为泛指名称，目前一般称为高效液相色谱(High Performance Liquid Chromatography, HPLC)

** 为平板色谱，其余均为柱色谱

12-3-2　色谱流出曲线和术语

一、色谱流出曲线

在色谱法中，加入样品后，样品中各组分随着流动相的不断向前移动而在两相间反复进行溶解、挥发，或吸附、解吸的过程。如果各组分在固定相中的分配系数(表示溶解或吸附的能力)不同，它们就有可能达到分离。分配系数大的组分，滞留在固定相中的时间长，在柱内移动的速度慢，后流出柱子，分配系数小的组分则相反。分离后的各组分的浓度经检测器转换成电信号而记录下来，得到一条信号随时间变化的曲线，称为色谱流出曲线，也称为**色谱峰**，如图 12-9 所示。理想的色谱流出曲线应该是正态分布曲线。

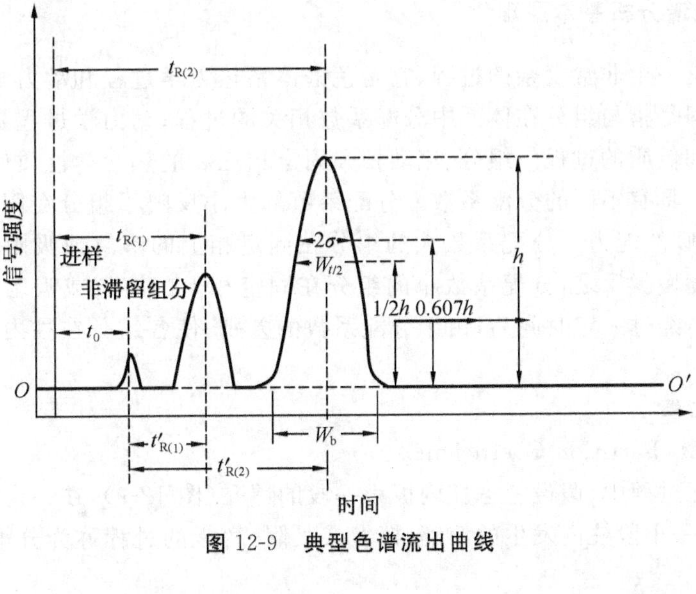

图 12-9　**典型色谱流出曲线**

二、术语

（1）**基线（Baseline）** 操作条件稳定后，无样品通过时检测器所反映的信号-时间曲线。稳定的基线是一条水平直线，如图 12-9 中的 OO' 线。

（2）**死时间（Dead Time）t_0** 不被固定相吸附或溶解的组分，即非滞留组分（如空气，适用于热导检测器；甲烷，适用于火焰离子化检测器）从进样开始到色谱峰顶（即浓度极大）所对应的时间。死时间主要与柱前后的连接管道和柱内固定相之间的空隙体积的大小有关。

（3）**保留时间（Retention Time）t_R** 组分从进样开始到色谱峰顶所对应的时间。

（4）**调整保留时间（AdjustedRetention Time）t'_R** 扣除死时间后的组分的保留时间。它表示该组分因吸附或溶解于固定相后，比非滞留组分在柱内多滞留的时间（$t'_R = t_R - t_0$）。

（5）**峰高（Height）h** 色谱峰顶到基线的垂直距离。

（6）**半峰宽（Peak Width at Half-height）$W_{1/2}$** 色谱峰高一半处的宽度，又称半宽度。

（7）**峰底宽（Peak Width at Peak Base）W_b** 从色谱流出曲线两侧拐点所作的切线与基线交点之间的距离，也称基线宽度。

（8）**标准偏差（Standard Deviation）σ** 正态分布曲线两侧拐点之间距离的一半，即 0.607 倍峰高处的色谱峰宽度的一半。σ 与半峰宽的关系为：

$$W_{1/2} = 2.35\sigma \tag{12-18}$$

与峰底宽的关系为：

$$W_b = 4\sigma \tag{12-19}$$

σ 反映谱带展宽的程度。σ 越小，表示谱带展宽的程度越小，亦表示组分浓度相对集中，检测器给出的信号越大。更常用的是由方差 σ^2 来描述谱带展宽程度。

由色谱流出曲线可以解决以下问题：

（1）依据色谱峰的保留值进行定性分析；

（2）依据色谱峰的面积或峰高进行定量分析；

（3）依据色谱峰的保留值以及峰宽评价色谱柱的分离效能。

12-3-3 色谱分析基本原理

色谱分离是一个非常复杂的过程，它是色谱体系热力学过程和动力学过程的综合表现。热力学过程是指与组分在体系中分配系数相关的过程；动力学过程是指组分在该体系两相间扩散和传质的过程。组分、流动相和固定相三者的热力学性质使不同组分在流动相和固定相中具有不同的分配系数。分配系数的大小反映了组分在固定相上的溶解-挥发或吸附-解吸的能力。分配系数大的组分在固定相上的溶解或吸附能力强，因此在柱内的移动速度慢。反之，分配系数小的组分在固定相上的溶解或吸附能力弱，在柱内的移动速度快。经过一定时间后，由于分配系数的差别，使各组分在柱内形成差速移行，达到分离的目的。

一、分配过程

1. 分配系数（Partition Coefficient）

在色谱分配过程中，假设考虑柱内极小一段的情况（图 12-9），在一定的温度、压力条件下，组分在该一小段柱内发生的溶解-挥发或吸附-解吸的过程称为分配过程。当分配达平衡时，组分在两相间的浓度之比为一常数，该常数称为分配系数 K（或称为分布系数）。

$$K=\frac{\text{组分在固定相中的浓度}}{\text{组分在流动相中的浓度}}=\frac{c_s}{c_m} \tag{12-20}$$

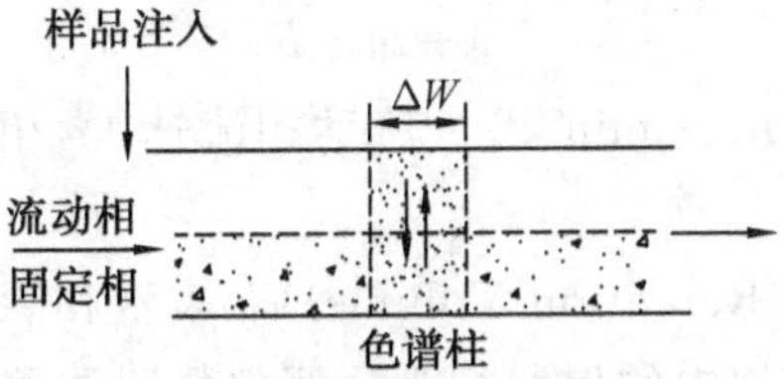

图 12-10　色谱柱柱内的分配平衡

分配系数决定于组分和两相的热力学性质。在一定温度下，分配系数 K 小的组分在流动相中浓度大，先流出色谱柱；反之，后流出色谱柱。两组分 K 值之比越大（不是指每一组分的 K 的绝对值越大），获得的色谱分离效果越好。柱温是影响分配系数的一个重要参数，在其他条件一定时，分配系数与柱温的关系为：

$$\ln K=-\frac{\Delta_r G_m}{RT_c} \tag{12-21}$$

这是色谱分离的热力学基础。式中，$\Delta_r G_m$ 为标准状态下组分的自由能；R 为气体常数；T_c 为柱温。

组分在固定相中的 $\Delta_r G_m$ 通常是负值，所以分配系数与温度成反比。升高温度，分配系数变小。在气相色谱分离中，柱温是一个很重要的操作参数，温度的选择对分离影响很大，而对液相色谱分离的影响较小。

2. 分配比（Partition Ratio）

一定的温度、压力条件下，分配达平衡时，组分在两相中的总量之比称为分配比 k，又称为容量因子（Capacity Factor）。

$$k=\frac{\text{组分在固定相中的总量}}{\text{组分在流动相中的总量}}=\frac{m_s}{m_m} \tag{12-22}$$

k 与 K 的关系为：

$$K=\frac{c_s}{c_m}=\frac{m_s V_m}{m_m V_s}=k\frac{V_m}{V_s}=k\beta \tag{12-23}$$

或

$$k=K\frac{V_s}{V_m}=\frac{K}{\beta} \tag{12-24}$$

式中，β 为色谱柱的相比；V_m 为柱内的流动相体积，也称为柱的死体积（无效体积或孔隙体积），包括固定相颗粒之间和颗粒内部孔隙中的流动相体积；V_s 为固定相体积，它指真正参与分配的那部分体积，若固定相是吸附剂、固定液、离子交换剂或凝胶，则分别指吸附剂表面积、固定液体积、离子交换剂交换容量或凝胶孔容。

分配比与分配系数的不同在于分配比不但与组分和两相性质有关，而且还与两相体积有关。

二、保留值（Retention Value）

保留值是色谱分离过程中的组分在柱内滞留行为的一个指标，它可以用保留时间、保留体积和相对保留值等表示。保留值与分配过程有关，受热力学和动力学因素的控制。

1. 保留体积和调整保留体积

保留体积(Retention Volume)V_R 表示在组分的保留时间内所流过的流动相体积：

$$V_R = t_R \cdot F_c \tag{12-25}$$

F_c 为柱内流动相体积流速($mL \cdot min^{-1}$)。流动相流速大，相应的保留时间短，保留体积不变，所以 V_R 与 F_c 无关。

调整保留体积(Relative Retention Volume)V'_R 表示扣除死体积后的保留体积，因为死体积不能反映组分在固定相中的保留行为。调整保留体积可表示为：

$$V'_R = V_R - V_m \tag{12-26}$$

V'_R与 F_c 也无关。V_m 为死体积，它与死时间和柱出口的流动相体积流速有关：

$$V_m = t_0 \cdot F_c \tag{12-27}$$

以上所指的死体积既包括了柱内死体积，也包括柱外死体积，如柱前后连接管道的体积等。必须注意区分组分和流动相的线速度($cm \cdot s^{-1}$)：

$$r = \frac{L}{t_R} \tag{12-28}$$

$$u = \frac{L}{t_0} \tag{12-29}$$

r，u 分别为组分和流动相的线速度，L 为柱长。

2. 基本保留方程

基本保留方程可表示为：

$$t_R = t_0(1+k) = \frac{L}{u}\left(1 + K\frac{V_s}{V_m}\right) \tag{12-30}$$

它表示组分保留时间与柱长、流动相速度、分配比、分配系数和两相体积之间的关系。也可以用保留体积表示：

$$V_R = t_0(1+k)F_c = V_m(1+k) = V_m + KV_s \tag{12-31}$$

式(12-31)是色谱基本保留方程的又一形式，同样适用于任何色谱过程。该式表示某组分从柱后流出所需要的流动相体积，包括柱的死体积以及组分滞留在固定相中的 t'_R 时间内所流过的流动相体积。后者的大小决定于该组分的分配系数和固定相体积，即 KV_s。

由式(12-31)得：

$$k = \frac{t_R - t_0}{t_0} = \frac{t'_R}{t_0} \tag{12-32}$$

由此可知，组分的分配比也等于组分调整保留时间与死时间之比，它可以直接从色谱图上求得。

3. 相对保留值(Relative Retention Value)

用相对保留值(α)可以消除由于流动相流速、柱长、填充情况等不能完全重复而带来的实验误差。在柱温和固定相性质不变的条件下，相对保留值不变。

相对保留值定义为：

$$\alpha_{2,1}=\frac{K_2}{K_1}=\frac{k_2}{k_1}=\frac{V'_{R(2)}}{V'_{R(1)}} \tag{12-33}$$

$\alpha_{2,1}$用来讨论固定相对组分的分离能力。$\alpha_{2,1}$的计算用后流出柱的组分的调整保留值除以先流出柱的组分的调整保留值。α 主要决定于固定相性质，其次是色谱柱温度。α 值越大，表示固定相对组分的选择性越高，则两组分分离得越开。α 等于 1 时，两组分无法分离。

三、塔板理论和速率理论

1. 塔板理论(Plate Theory)

Martin 等人于 1952 年提出的塔板理论是将一根色谱柱当作一个精馏塔，用塔板概念来描述组分在色谱柱内的分配行为。塔板的概念是从精馏中借用来的，可以理解为极小的一段色谱柱。塔板理论是一种半经验理论，但它能成功地解释色谱流出曲线呈正态分布的原因。

塔板理论假定：① 塔板与塔板之间不连续；② 塔板之间无分子扩散；③ 组分在每块塔板的两相间的分配平衡瞬时达到，达到一次分配平衡所需的最小柱长称为理论塔板高度；④ 一个组分在每块塔板上的分配系数相同；⑤ 流动相以不连续的形式加入，即以一个一个的塔板体积加入。把色谱柱比作精馏塔，看作由许许多多小段组成。连续的色谱过程看作一个小段中的两相平衡过程的重复，每小段代表一块塔板。组分进入色谱柱后，在每块塔板上进行两相间的分配。塔板数越多，组分在柱内两相间达到分配平衡的次数也越多，柱效越高，分离就越好。在气相色谱柱内，理论塔板数一般达$10^3\sim10^6$。塔板数越多，其流出曲线越接近于正态分布曲线。根据塔板理论可计算柱子的塔板数，用来评价柱子的柱效。当然，色谱柱中并无真正的塔板，故塔板数又称为理论塔板数。理论塔板数可按下式计算：

$$n=5.54\left(\frac{t_R}{W_{1/2}}\right)^2=5.54\left(\frac{V_R}{W_{1/2}}\right)^2 \tag{12-34}$$

或

$$n=16\left(\frac{t_R}{W_b}\right)^2=16\left(\frac{V_R}{W_b}\right)^2 \tag{12-35}$$

从上式可以看出，理论塔板数决定于组分保留值和色谱峰宽度。

假设色谱柱长为 L，则每块理论塔板的高度可按下式计算：

$$H=\frac{L}{n} \tag{12-36}$$

显然，理论塔板高度相当于单位理论塔板所占的柱长度，它与柱长无关，因此在比较柱效时，采用理论塔板高度更可取。理论塔板数越多，理论塔板高度越小，色谱峰越窄，表明柱效越高。特别要注意塔板数计算时，量纲应一致。保留时间乘以记录器纸速即为保留距离；保留时间乘以流动相速度即为保留体积。

在采用塔板数评价一根色谱柱的柱效时，必须指明组分、固定相及其含量、流动相及操作条件等。在色谱柱使用过程中应定期测量柱子的理论塔板数，检查其柱效是否降低，以便及时采取措施，延长柱子使用寿命。

2. 速率理论(Rate Theory)

当一组分从柱头瞬时加入，其柱截面上浓度分布构型呈极窄的“塞子”状。若在理想状态下，分子不扩散，则理想的色谱峰应呈脉冲形，然而实际上得到的往往是展宽的色谱峰。这用塔板理论是无法解释的，因为塔板理论忽略了在色谱分配过程中，组分在两相中的扩散和传质的动力学因素。1956 年 Van Deemter 等人提出了速率理论，后来 Giddings 等人又进一步加以补充完善。速率理论把塔板理论中的塔板高度概念与组分在两相间的扩散和传质联系起来，采用随机模式描述组分在柱内的分离过程。组分在柱内的展宽受三种动力学过程的控制，这三种过程是：涡流扩散、纵向分子扩散和传质阻力，它们对峰展宽的贡献分别以 A，B 和 C 表示。

（1）涡流扩散。当色谱柱内的组分随流动相在固定相颗粒间的空隙穿行，朝柱出口方向移动时，如果固定相颗粒不均匀，则组分在穿过这些空隙时因碰到大小不一的颗粒而必须不断地改变方向，于是在柱内形式了紊乱的“涡流”流动，使流经障碍情况不同的流路的分子先后到达柱出口，而使谱带展宽，如图 12-11 所示。涡流扩散使色谱峰展宽的程度可表示为：

$$A=2\lambda d_{p} \tag{12-37}$$

式中，λ 为填充不规则因子；d_{p} 为固定相颗粒平均直径。

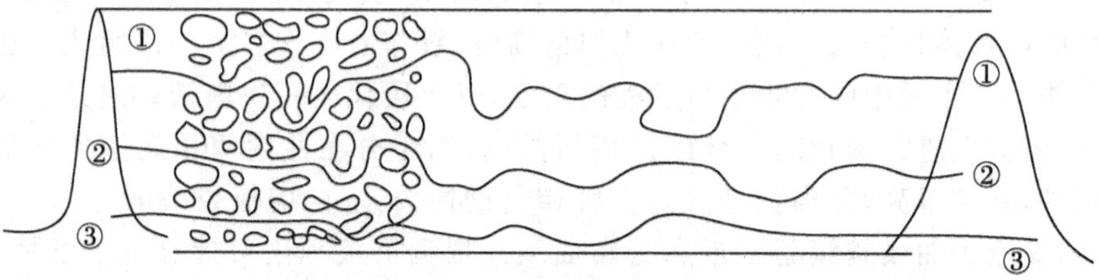

图 12-11　涡流扩散使峰展宽

由上式可知，固定相颗粒大小是影响涡流扩散的主要原因。一般来说，颗粒细，有利于填充均匀，但太细的颗粒会增加柱的阻力，使渗透性变差。λ 与填充技术和固定相颗粒均匀度有关。对于填充柱，颗粒间空隙大小越不一致，λ 越大，涡流扩散越严重。涡流扩散与组分、流动相性质以及线速度无关。

减小涡流扩散的办法是选择细而均匀的颗粒，采用良好的填充技术和尽可能使用短柱。

（2）纵向分子扩散。由于组分的加入，在柱的轴向上形成浓度梯度，因此当组分以“塞子”形式随流动相移动时，分子必然会自发地向前和向后扩散。这种由浓度梯度引起的其方向沿着轴向的扩散，称为纵向分子扩散。它使谱带展宽的情况如图 12-12 所示。展宽程度可表示为：

$$B=2\gamma D_{g} \tag{12-38}$$

式中，γ 为弯曲因子；D_{g} 为组分在流动相中的扩散系数。

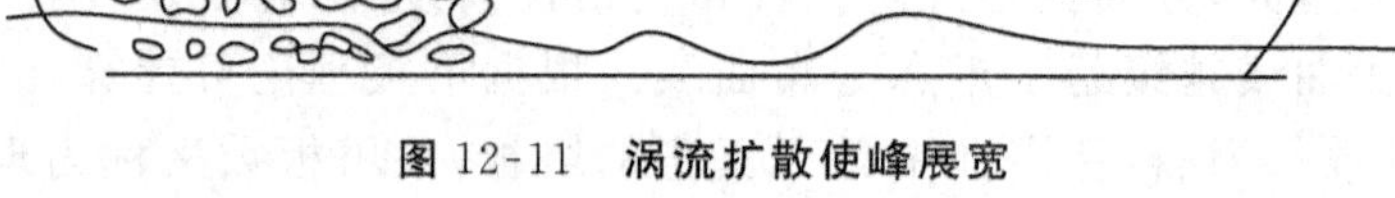

（a）柱内谱带浓度分布构型；　（b）相应的响应信号

图 12-12　纵向分子扩散使峰展宽

弯曲因子反映了固定相颗粒的几何形状阻碍分子扩散的程度，一般小于 1。D_{g} 与组分和流动相的性质及柱温有关。因此，在气相色谱中，对同一组分若用氢气作流动相（亦称载气)产生的纵向分子扩散要比用氮气时严重。组分在液体中的扩散系数约为气体中的 $1/10^5$,所以在液相色谱中,纵向分子扩散一般可忽略。D_g 随柱温升高而增加,而与柱压成反比。流动相线速度越小,柱越长,组分在柱内的滞留时间越长,纵向分子扩散程度就越大。

欲使纵向分子扩散减少,应选择球状颗粒和相对分子质量较大的物质作流动相,并适当增加流动相线速度,且应采用短柱和较低的柱温。

图 12-13　组分在流动相中的传质

(3) 传质阻力。系数 C 包括气相传质阻力系数 C_g 和液相传质阻力系数 C_l 两项。在组分从流动相扩散到流动相与固定相界面的传质过程中所受到的阻力称为气相传质阻力,如图 12-13 所示。它使谱带展宽,其展宽程度可表示为:

$$C_g=\frac{0.01k^2}{(1+k)^2}\cdot\frac{d_p^2}{D_g}\tag{12-39}$$

式中,k 为容量因子,其余符号同前。

组分从流动相扩散到两相界面需要一定的时间,该时间与扩散时经过的距离平方成正比,与组分扩散系数成反比,而扩散经过的路径决定于固定相颗粒间空隙的大小,即决定于 d_p 的大小。由于组分处在颗粒空隙间的不同位置,因此到达两相界面的时间不同,从而使谱带展宽。d_p 越大,组分到达两相界面的时间越长,谱带展宽越严重。L 增加,组分停留在流动相中的时间增加,传质阻力相应增大。流动相线速度增加造成组分难以接近两相界面,使传质阻力增加,引起谱带展宽。采用细颗粒的固定相,增大组分在流动相中的扩散系数,适当降低流动相线速度,选用短柱等均可使气相传质阻力尽可能地减小。

组分从两相界面扩散到固定相内部,达到分配平衡后又返回两相界面时受到的阻力,称为液相传质阻力。液相传质阻力使谱带展宽程度可表示为:

$$C_l=\frac{2}{3}\cdot\frac{k}{(1+k)^2}\cdot\frac{d_f^2}{D_l}\tag{12-40}$$

式中, k 为分配比;d_f 为有效平均液膜厚度,当使用多孔固定相时,d_f 可用 d_p 代替;D_l 为组分在固定液中的扩散系数,其余符号同前。

固定相传质速率受组分在固定相内扩散速率的控制。当组分达到分配平衡后的瞬间,流动相仍不断地载着其中的组分向前移动,使固定相中的组分来不及返回流动相而落后于谱带平衡浓度的位置。当流动相和固定相间重新建立平衡后,谱带更展宽,如图 12-14 所示。液膜厚度决定于固定液含量的大小,固定液含量降低,d_f 降低,组分在固定液内扩散的时间缩短,有利于分配平衡的建立,但含量过低,易使载体表面的活性中心暴露,造成峰拖尾现象。柱长和流速的影响与气相传质阻力类似。

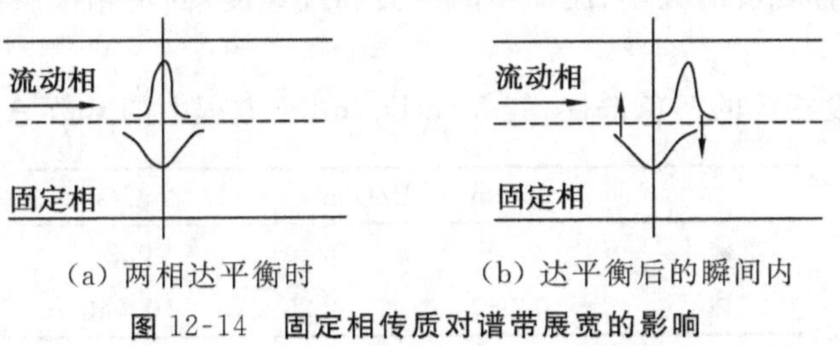

(a) 两相达平衡时　　(b) 达平衡后的瞬间内

图 12-14　固定相传质对谱带展宽的影响

使液相传阻力减小的办法是采用低含量固定液,以减小固定液液膜厚度,但这样也使 k 减小。应选用低黏度固定液,增大组分在固定液中的扩散系数,适当提高柱温及降低流速,并尽可能使用短柱,以提高柱效。

3. 速率理论方程

在色谱分离中,柱内谱带展宽的因素不是独立的,而是同时发生的,而且方差具有加和性。因此,在柱长相等的情况下,柱效的高低可用峰的宽窄来衡量。峰窄,σ^2 小,H 小,柱效高,故塔板高度又可表示为单位柱长内的谱带展宽程度。注意这里的 σ 以长度为单位。所以

$$H=A+B/u+C_g u+C_l u=A+B/u+Cu \tag{12-41}$$

常数 A 为涡流扩散项系数;B 为纵向分子扩散项系数;C 为气相传质阻力和液相传质阻力项系数之和。上式是速率理论方程,即 Van Deemter 方程,亦简称范氏方程。

由式(12-41)知,流动相线速度 u 一定时,仅在 A、B、C 较小时,塔板高度 H 才能较小,柱效才较高;反之柱效较低,色谱峰将展宽。

对于气相色谱,以不同流速下测得的塔板高度 H 对流动相线速度作图,得如图 12-15 所示的 H-u 曲线。由图 12-15 可得出以下结论:

(1) 涡流扩散与流动相线速度无关。

(2) 在低流速区时,纵向分子扩散占主导地位,此时应选用相对分子质量较大的 N_2、Ar 作为载气,使组分在流动相中有较小的扩散系数。

(3) 在高流速区时,传质阻力占主导地位,此时应选用相对分子质量较小的 H_2、He 作为载气,使组分有较大的扩散系数,以提高柱效。

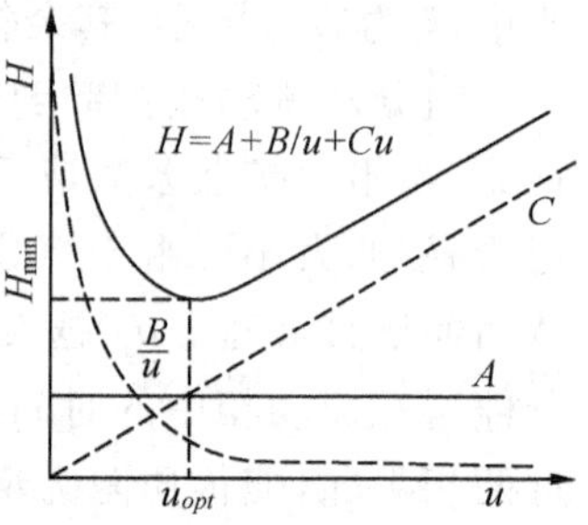

图 12-15 H-u 曲线

该 H-u 曲线有一最低点,与最低点对应的塔板高度 H 值最小(即 H_{min}),该点所对应的线速度为最佳线速度 u_{opt},此时可得到最高的柱效。

最小塔板高度 H_{min} 和最佳线速度 u_{opt} 可通过对式(12-41)微分,并令其等于 0 求得:

$$\frac{dH}{du}=-\frac{B}{u^2}+C=0$$

$$u_{opt}=\sqrt{\frac{B}{C}} \tag{12-42}$$

$$H_{min}=A+2\sqrt{BC} \tag{12-43}$$

Van Deemter 方程对选择色谱最佳分离条件具有普遍指导意义,它表明了色谱柱填充的均匀程度、载体粒度的大小、流动相的种类和线速度、固定相液膜厚度及柱温等对柱效的影响。

例 12-1 长度相等的两色谱柱,其 Van Deemter 方程中的常数 A,B,C 如下表所示:

	A/cm	B/(cm^2 · s^{-1})	C/s
柱Ⅰ	0.16	0.40	0.27
柱Ⅱ	0.080	0.20	0.040

试计算：

(1) 柱Ⅱ的柱效是柱Ⅰ的几倍？

(2) 柱Ⅱ的最佳线速度是柱Ⅰ的几倍？

解　(1) 柱效由式(12-43)计算的最小塔板高度来表示。

对于柱Ⅰ：

$$H_{\min}=A+2\sqrt{BC}=0.16+2\sqrt{0.40\times0.27}=0.82(\text{cm})$$

对于柱Ⅱ：

$$H_{\min}=0.080+2\sqrt{0.20\times0.040}=0.26(\text{cm})$$

所以，柱Ⅱ的柱效是柱Ⅰ的3.2倍。

(2) 由式(12-42)计算最佳线速。

对于柱Ⅰ：

$$u_{\text{opt}}=\sqrt{\frac{B}{C}}=\sqrt{\frac{0.40}{0.27}}=1.2(\text{cm}\cdot\text{s}^{-1})$$

对于柱Ⅱ：

$$u_{\text{opt}}=\sqrt{\frac{0.20}{0.040}}=2.3(\text{cm}\cdot\text{s}^{-1})$$

所以，柱Ⅱ的最佳线速度是柱Ⅰ的1.9倍。

四、影响谱带展宽的其他因素

1. 非线性色谱

速率理论虽然比较全面地考虑了两相中的传质和扩散，但仍假定等温线是线性的。事实上，等温线经常是非线性的。特别在吸附色谱中，由于等温线的非线性决定了分配系数不是常数，而是浓度的函数，使谱带的高浓度区域（中心附近）和低浓度区域（前沿和尾部）的分子的移动速率不等，造成色谱峰“拖尾”或“伸舌”现象，从而使峰展宽。

2. 活性中心的影响

由于载体表面不完全惰性，即使涂布少量固定液后，在它表面存在的活性中心（如酸或碱作用中心）对极性强的组分仍会产生吸附，使这些组分的释放速度比其他分子慢而造成拖尾。解决办法是将载体预处理，除去或减少这些活性中心。

3. 柱外效应

色谱柱以外的某些因素，使谱带展宽，降低柱的实际分离效率的现象称为柱外效应。造成柱外效应的因素有两类：柱前后死体积和与进样有关的技术。前者包括较大的汽化器体积、连接管体积和检测器死体积等；后者包括进样速度慢、进样量大及汽化温度不够高等。这些因素对组分在两相中的分配系数不起任何作用，却使组分初始带宽增加，分子扩散加剧，造成谱带展宽。因此，必须将柱外效应抑制到最低程度。

五、分离度(Resolution)

分离度是对两色谱峰分离程度的量度。图12-16说明了柱效和选择性对分离度的影响。(a)中两组分的保留值相差大，表示固定相对它们有足够的选择性，但柱效差，色谱峰宽；(b)中两色谱峰窄，柱效高，但距离相差小，说明固定相的选择性差，α 小。(c)中两色谱峰窄，又有一定的距离，柱效和选择性都很好。由此可知，柱效或柱选择性都只能说明两组分在柱中的分离情况的一个方面，为判断相邻两组分在色谱柱中的分离情况，可以采用分离度来表示两色谱峰的实际分离程度。

分离度又称分辨率或总分离效能指标，它定义为相邻两组分的色谱峰保留值之差与峰底宽总和的一半的比值：

$$R=\frac{t_{R(2)}-t_{R(1)}}{\frac{W_{b(1)}+W_{b(2)}}{2}} \tag{12-44}$$

式中，下标(1)和(2)分别为第一和第二组分。

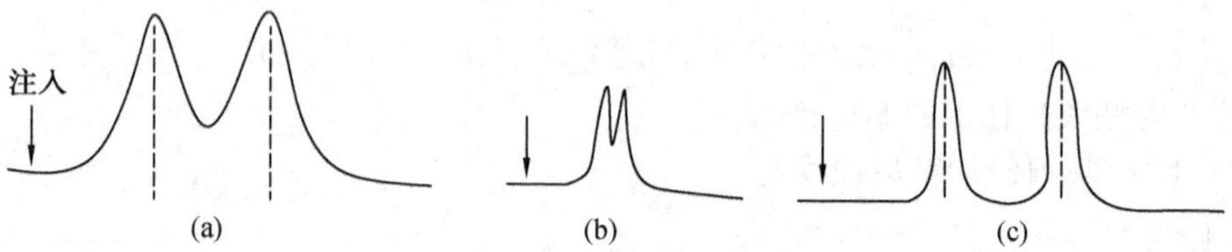

图 12-16　柱的柱效和选择性

两组分的保留时间的差别取决于固定相的热力学性质，差别越大，表示固定相对组分的选择性越高；两峰底宽越窄，表示柱效越高。

分离度可全面反映柱选择性和柱效，它是相邻两色谱峰实际分离程度的量度。对于两个峰高相同的对称峰，达到基线分离时 $R=1.5$，此时，两组分的分离程度达 99.87%，因此用 $R=1.5$ 作为相邻两峰完全分离的指标。当 $R=1.0$ 时，两峰分离程度达 97.72%。如果两峰的高度相差 10 倍，当 $R=1.0$ 时，低含量组分的分离程度只有 88%，这是因为两峰交叉“污染”时，在低含量组分中夹杂的在两峰等高时的相同高含量组分所占的比例增大。利用式(12-44)可直接从色谱图上求出分离度。

对分离度的要求可以根据分析目的而定。在一般分析中，使用峰面积定量，$R=1.0$ 已可满足要求。如用峰高定量，R 还可小些，但对于制备色谱，为了保证纯度，要求有足够大的 R。

六、基本分离方程

分离度表达式(12-44)未表明影响分离度的因素。若假定相邻两组分的峰底宽相等，利用式(12-30)、式(12-34)以及式(12-44)，经推导可得：

$$R=\frac{\sqrt{n_2}}{4}\cdot\frac{\alpha-1}{\alpha}\cdot\frac{k_2}{1+k_2} \tag{12-45}$$

上式为色谱基本分离方程式。式中下标 2 为相邻两组分中的第二组分。该方程可视为三个因素的函数：柱效因子 n，相对保留值 α 和分配比 k，这三个参数可以直接从色谱图上计算得到。

当 n，k 为 0 或 α 为 1 时，分离度为零。增大 n 或 k 和 α 值对分离有利。

1. 柱效的影响

柱长 $L\propto n$，增加柱长可以提高分离度，但会延长分析时间，而且峰宽也会随保留时间的延长而增加。因此为了提高柱效，用减小塔板高度 H 的办法比增加柱长要好。为了达到实际工作中所需要的分离度，根据下式可以计算出在给定分离度下应具有的塔板数 n。

$$n=16R^2\left(\frac{\alpha}{\alpha-1}\right)^2\left(\frac{1+k_2}{k_2}\right)^2 \tag{12-46}$$

2. 分配比的影响

增加 k 可以提高分离度，但 k 值越大，分析时间越长，峰越展宽。通常选择 k 值在 1～10范围内。改变分配比的方法有：改变柱温或改变流动相性质和组成，或改变固定相的含量。

3. 相对保留值

α 越大，柱选择性越好，对分离越有利。分离度对 α 值的微小变化很敏感，见表 12-8。α 从 1.01 增加至 1.10，约增加 9%，而分离度增加 9 倍。

表 12-8　相对保留值 α 对分离度的影响

α	1.01	1.02	1.03	1.04	1.05	1.10	1.50	2.00
$\frac{\alpha-1}{\alpha}$	0.010	0.020	0.029	0.038	0.048	0.091	0.333	0.500
n $R=1.5, k=2$	826281	210681	95377	54756	35721	9801	730	324
L/m (H=0.6mm)	495	126	52	33	21	5.8	0.44	0.19

改变 α 值的方法有：改变固定相性质，或改变流动相性质及组成，或采用较低柱温，从而增大 α 值。在气相色谱法中，一般通过改变固定相来改变 α 值，因为流动相是惰性的。在液相色谱中，则往往改变流动相来改变 α 值，因为其固定相过于昂贵。

由上可知，在 n、k 及 α 三个参数中，增加 α 对改进分离最有效，但 α 也不是越大越好。当 α 值趋近 1 时，增加 α 对提高 R 效果显著，但当 α 值超过 1.5 后，α 的改变对 R 的影响较小。

当固定相选定后，即 α 一定，则增大 k 对分离有利。当 k 超过 10 时，对 R 的改进不明显，而保留时间却大大延长。

12-3-4　气相色谱法(Gas Chromatography, GC)

气相色谱法是一种以气体为流动相的柱色谱分离分析方法，它又可分为气液色谱法和气固色谱法。它的原理简单，操作方便。在全部色谱分析的对象中，约 20%的物质可用气相色谱法分析。气相色谱法具有分离效率高、灵敏度高、分析速度快及应用范围广等特点。

气相色谱法能分离性质极相似的物质(如同位素、同分异构体、对映体)以及组成极复杂的混合物(如石油、污染水样及天然精油等)。它的高分离能力主要是通过选择高选择性固定相和增加理论塔板数达到的。

气相色谱法使用高灵敏度的检测器，有的检测器其检测下限可达 10^{-12}～10^{-14} g，是痕量分析中不可缺少的工具之一。例如，它可检测食品中 10^{-9} 数量级的农药残留量、大气污染中 10^{-12} 数量级的污染物等。

气相色谱法测定一个样品只需几分钟到几十分钟，分析速度很快，如用微机控制整个操作过程，分析周期更短。

在仪器允许的气化条件下，凡是能够气化且热稳定、不具腐蚀性的液体或气体，都可用气相色谱法分析。有的化合物因沸点过高难以气化或遇热不稳定而分解，则可以通过化学衍生化的方法，使其转变成易气化或热稳定的物质后再进样分析。

一、气相色谱仪

气相色谱仪的型号和种类较多，但它们都是由气路系统、进样系统、色谱柱、温度控制系统、检测器和信号记录系统等部分组成，如图 12-17 所示。

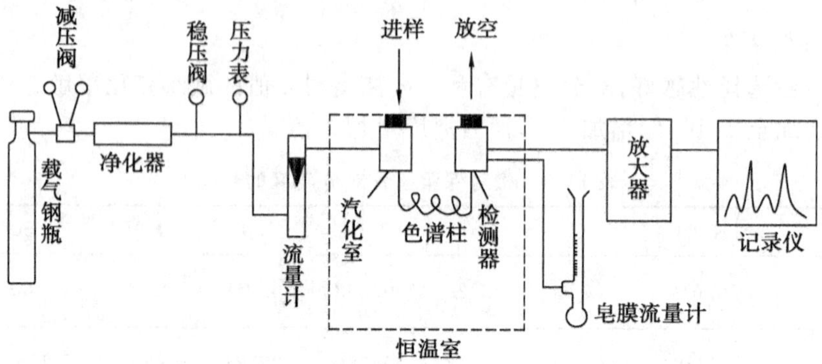

图 12-17　气相色谱仪示意图

气相色谱法中把作为流动相的气体称为载气。载气自钢瓶经减压后输出，通过净化器、稳压阀或稳流阀、转子流量计后，以稳定的流量连续不断地流过汽化室、色谱柱、检测器，最后放空。被测物质（若液体须在汽化室内瞬间汽化）随载气进入色谱柱，根据被测组分的不同分配性质，在柱内形成分离的谱带，然后在载气携带下先后离开色谱柱进入检测器，转换成相应的输出信号，并记录成色谱图。

1. 气路系统

气相色谱仪的气路系统是一个载气连续运行的密闭系统。常见的气路系统有单柱单气路和双柱双气路。单柱单气路适用于恒温分析；双柱双气路适用于程序升温分析，它可以补偿由于固定液流失和载气流量不稳等因素引起的检测器噪声和基线漂移。气路的气密性、载气流量的稳定性和测量流量的准确性，对气相色谱的测定结果起着重要的作用。

气相色谱常用的载气为氮气、氢气和氦气等。载气的选择主要由检测器性质及分离要求所决定。载气在进入色谱仪前必须经过净化处理。例如，载气中若含有微量水会使聚酯类固定液解聚，载气中的氧在高温下易使某些极性固定液氧化。对电子捕获检测器，载气中的水更是严重影响仪器的稳定性和检测灵敏度。某些检测器除需载气外还需要辅助气体，如火焰离子化和火焰光度检测器需用氢气和空气作燃气和助燃气。各气路都应有气体净化管。常用的气体净化剂为分子筛、硅胶、活性炭等。

载气流量由稳压阀或稳流阀调节控制。稳压阀有两个作用，一是通过改变输出气压来调节气体流量的大小，二是稳定输出气压。恒温色谱中，整个系统阻力不变，用稳压阀便可使色谱柱入口压力稳定。在程序升温中，色谱柱内阻力不断增大，其载气流量不断减少，因此需要在稳压阀后连接一个稳流阀，以保持恒定的流量。色谱柱的载气压力（柱入口压）由压力表指示，压力表读数反映柱入口压与大气压之差，柱出口压力一般为常压。柱前流量由转子流量计指示，柱后流量必要时可用皂膜流量计测量。

2. 进样系统

液体样品在进柱前必须在汽化室内变成蒸气。汽化室由绕有加热丝的金属块制成，温控范围在50℃～500℃。汽化室的热容量要大，使样品能够瞬间汽化，并要求死体积小。对易受金属表面影响而发生催化、分解或异构化现象的样品，可在汽化室通道内置一玻璃插管，避免样品直接与金属接触。

液体样品的进样通常采用微量注射器，气体样品的进样通常采用医用注射器或六通阀。

3. 色谱柱

色谱柱是色谱仪的心脏，安装在温控的柱室内。色谱柱有填充柱和开管柱（亦称毛细管柱）两大类。填充柱用不锈钢或玻璃等材料制成，根据分析要求填充合适的固定相。填充柱制备简单，对于气液色谱填充柱，制备方法为：根据固定液与载体的合适配比（通常为5%～20%），称取一定量固定液，并溶解于合适的有机溶剂中，然后加入定量载体混合均匀，在红外灯下烘烤，让溶剂慢慢挥发殆尽，最后，将此已涂布有固定液的载体填充至色谱柱内。对气固色谱柱，只需将合适的吸附剂直接填充进柱。填充的固定相要求均匀紧密，以保证良好的柱效。开管柱用石英制成，其固定相涂布在毛细管内壁，或使某些固定相通过化学反应键合在管壁上。开管柱分离效率高，对较复杂样品都采用开管柱分析。

4. 温度控制系统

温度控制系统用于设置、控制和测量汽化室、柱室和检测室等处的温度。

汽化室温度的选择应使试样瞬间汽化但又不分解，通常选在试样的沸点或稍高于沸点处。对受热不稳定的样品，可采用高灵敏度检测器，大大减少进样量，使汽化温度降低。

检测室温度的波动影响检测器（火焰离子化检测器除外）的灵敏度或稳定性。为保证柱后流出组分不至于冷凝在检测器上，检测室温度必须比柱温高数十度，检测室的温度控制精度要求在±0.1℃以内。

柱室温度的变动会引起柱温的变化，从而影响柱的选择性和柱效，因此柱室的温度控制要求精确。温控方法根据需要可以采用恒温，也可以采用程序升温。

当被测样品复杂，其中的组分的k范围过宽，而分离在恒温下进行时，往往会带来两个问题。首先是高沸点样品保留时间过长，而使色谱峰既宽又矮，使分离效果变差，且难以准确定量。更严重的是某些高沸点组分迟迟不流出。若对未知样品，则会误认为组分已全部洗脱出柱，但到了以后的分析中，它又被洗脱出来，造成组分的漏检和误检。其次对沸点过低的组分，峰会相互紧挨，而不能很好分离。解决此问题的办法是采用程序升温气相色谱法。即根据样品组成的性质使柱温按照人为优化的升温速率改变，从而使各组分能在各自获得良好分离的温度下洗脱。程序升温方式应根据样品中组分的沸点分布范围来选择，可以是线性或多阶线性等。程序升温的优点有分离效果好、峰窄、检测限下降以及省时等。

5. 检测器

气相色谱检测器约有10多种，常用的是热导检测器、火焰离子化检测器、电子捕获检测器、火焰光度检测器等。这四种检测器都是微分型检测器。微分型检测器的特点是被测组分不在检测器中积累，色谱流出曲线呈正态分布，即呈峰形。峰面积或峰高与组分的质量或浓度成比例。

气相色谱检测器可分为通用性检测器（如热导和火焰离子化检测器）以及选择性检测器（如电子捕获、火焰光度检测器）。通用性指对绝大多数物质都有响应，选择性指只对某些物质有响应，对其他物质无响应或响应很小。

根据检测原理，又可将检测器分为浓度型和质量型。热导和电子捕获检测器属浓度型；火焰离子化、火焰光度检测器属质量型。浓度型检测器指其响应与进入检测器的组分浓度成比例；质量型检测器指其响应与单位时间内进入检测器的组分质量成比例。

12-3-5　定性和定量分析

色谱分析时，有些试样可以直接用注射器抽取进行分析，但对不少试样需要进行预处理，如试样中干扰物质的消除或低浓度试样的浓缩。此外，对于一些极性较大的有机酸、醇等（挥发性过低）或一些热稳定性差的试样须进行化学衍生化，如重氮甲烷甲酯化、三甲基硅烷化等，使它们转变为稳定的、易挥发的物质后进行色谱分析。

一、定性分析

气相色谱法定性主要采用未知组分的保留值与相同条件下的标准物质的保留值进行比较，必要时还须应用其他化学方法或仪器分析方法联合鉴定，才能准确判断存在的组分。

1. 利用保留值定性

利用保留值定性是最常用的也是最简单的方法。在相同条件下，如果标准物质的保留值与被测物中某色谱峰的保留值一致，就可初步判断二者可能是同一物质。也可以在样品中加入一已知的标准物质，若某一峰明显增高，则可认为此峰代表该物质。在无纯的标准物质时，可将得到的相对保留值 $r_{i,s}$ 与文献报道的 $r_{i,s}$ 值比较，但必须在相同条件下进行。在定性分析时，相对保留值 α，往往用 $r_{i,s}$ 表示。i 代表需定性的某一组分，s 代表标准物质。

利用保留值定性时必须注意，在同一柱上，不同的物质常常会有相同的保留值，所以单柱定性是不可靠的。解决的办法是选择极性不同的两根或两根以上的柱子再进行比较，若在两根极性不同的柱上，标准物质与被测组分的保留值相同，则可确定该被测组分的存在。

2. 色谱-质谱联用定性

色谱-质谱联用是分离、鉴定未知物最有效的手段。利用气相色谱的高分离能力和质谱的高鉴别能力，将多组分混合物先通过气相色谱仪分离成单个组分，然后逐个送至质谱仪中，获得质谱图。根据质谱图上碎片离子的特征信息和分子裂解规律可推测其分子结构。也可以与标准图谱对照，查找出结构。更方便的是对计算机储存的质谱图进行检索。也可以由色谱与傅里叶变换红外光谱联用，即可确定每个峰的归属。

二、定量分析

色谱定量分析的依据是组分的量（m_i）与检测器的响应信号（峰面积 A_i 或峰高 h_i）成比例：

$$m_i = f_i A_i \tag{12-47}$$

因此必须求得峰面积和定量校正因子 f_i（简称校正因子）。

1. 峰面积的测量

一个色谱峰的面积，在理想状态下看做一个等腰三角形，利用几何学方法即可求得，但此面积与相应高斯曲线的积分面积相比，只有 0.94，因此准确的面积可按下式计算：

$$A_i = 1.065hW_{1/2} \tag{12-48}$$

峰拖尾、前伸、太窄、太矮都会带来测量误差。

目前的色谱仪都配有电子积分仪或微处理机，甚至配有计算机工作站。电子积分仪的原理是将色谱信号直接输入电压频率转换器，转换器将色谱信号以脉冲方式输出并累加（脉冲总数正比于峰面积），然后以积分形式打印出峰面积。电子积分仪测量峰面积的准确性超过其他任何方法，而且快速。由于动态线性范围广，因此对痕量和常量组分的测定都合适。许多积分仪都具有校正数据的能力，并可打印出峰面积或峰高、保留时间，并根据选择的定量方法给出样品中组分的浓度。先进的色谱仪具有内存的电子积分和数据处理能力，并可通过网络系统将检测器给出的大量信息输入中心计算机，进行面积测量和一系列数据处理。

2. 校正因子(Correction Factor)

(1) 绝对校正因子。由式(12-47)可得到**绝对校正因子**：

$$f_i = \frac{m_i}{A_i} \tag{12-49}$$

由此可知，绝对校正因子表示单位峰面积或单位信号所代表的组分量。f_i 值与检测器性能、组分和流动相性质及操作条件等有关。

(2) 相对校正因子。由于不易得到准确的绝对校正因子，在实际定量分析中采用相对校正因子。组分的绝对正因子 f_i 和标准物的绝对校正因子 f_s 之比即为该组分的**相对校正因子** f'_i：

$$f'_i = \frac{f_i}{f_s} = \frac{m_i/A_i}{m_s/A_s} = \frac{m_iA_s}{m_sA_i} \tag{12-50}$$

式中，m_i 和 m_s 分别为组分和标准物的量；A_i 和 A_s 分别为组分和标准物的峰面积。

(3) 相对校正因子的测定。相对校正因子一般都应由实验者自己测定。准确称取含被测组分的样品和标准物，配制成一溶液，取一定体积注入色谱柱，经分离后，测得各组分的峰面积，再由式(12-50)可计算出该组分的相对校正因子。标准物可以是外加的，也可以指定某一被测组分。

相对校正因子与组分和标准物的性质及检测器类型有关，与操作条件无关。当无法得到被测的纯组分时，也可利用文献值。文献中的相对校正因子常用苯（对热导检测器）或庚烷（对火焰离子化检测器）作标准物。

测定相对校正因子时应注意：组分和标准物的纯度应符合色谱分析要求，一般不小于 98%；在某一浓度范围内，响应值与浓度呈线性关系，组分的浓度应在线性范围内。

3. 定量方法

(1) 归一化法。归一化法简便、准确，且操作条件的波动对结果的影响较小。当样品中所有组分经色谱分离后均能产生可以测量的色谱峰时才能使用。样品中组分的质量分数 P_i 可按下式计算：

$$P_i = \frac{m_i}{m} = \frac{m_i}{m_1 + m_2 + \cdots + m_n} = \frac{A_if'_i}{A_1f'_1 + A_2f'_2 + \cdots + A_nf'_n} \tag{12-51}$$

式中，$A_1, A_2 \cdots A_n$ 和 $f'_1, f'_2 \cdots f'_n$ 分别为样品中各组分的峰面积和相对校正因子。如果样品中各组分的相对校正因子相近，如同分异构体，上式可简化为：

$$P_i = \frac{A_i}{A_1 + A_2 + \cdots + A_n}$$

也可采用峰高归一化法：

$$P_i = \frac{h_i f'_{h,i}}{h_1 f'_{h,1} + h_2 f'_{h,2} + \cdots + h_n f'_{h,n}} \qquad (12\text{-}52)$$

式中，$f'_{h,i}$ 为峰高相对校正因子，测定 $f'_{h,i}$ 的方法与测定 f'_i 相同。由于峰高相对校正因子易受操作条件影响，因此必须严格控制实验条件。

(2) 内标法。选择一种与样品性质相近的物质为内标物，加入到已知质量的样品中，进行色谱分离，测量样品中被测组分和内标物的峰面积。被测组分的质量分数可按下式计算：

$$P_i = \frac{m_i}{m} = \frac{m_i}{m_s} \times \frac{m_s}{m} = \frac{A_i f_i}{A_s f_s} \times \frac{m_s}{m}$$

$$= \frac{A_i f'_i}{A_s f'_s} \times \frac{m_s}{m} \qquad (12\text{-}53)$$

在测定相对校正因子时，常以内标物本身作为标准物，则 $f'_s = 1$。式中，A_i 和 A_s 分别为样品中被测组分和内标物峰面积；f'_i 为相对校正因子；m 和 m_s 分别为样品和内标物的质量。

内标物色谱峰位置应尽量靠近被测组分，但不与其重叠，且其含量应与组分含量接近。

内标法定量准确，对进样量和操作条件控制的要求不是很严格，但必须准确称量样品和内标物。此法适用于只需对样品中某几个组分进行定量分析的情况。

(3) 校准曲线法。用被测组分的纯物质配制一系列不同含量的标准溶液，在一定色谱条件下分别进样分离，测得相对应的响应值（峰高或峰面积），绘制含量-响应曲线，通过原点的直线部分为校准曲线的线性范围。在同样条件下测得被测组分的响应值，再从曲线上查得相应的含量。

在已知样品校准曲线呈线性的前提下，配制一个与被测组分含量相近的标准物，在同一条件下先后对被测组分和标准物进行测定。被测组分的质量分数可按下式计算：

$$P_i = \frac{A_i}{A_s} \times P_s \qquad (12\text{-}54)$$

式中，A_i 和 A_s 分别为被测组分和标准物的数次峰面积的平均值；P_s 为标准物的质量分数。也可用峰高代替峰面积进行计算。

校准曲线法要求操作条件稳定，进样体积一致。此法适用于样品的色谱图中无内标峰可插入或找不到合适的内标物的情况。

三、气相色谱法的应用

气固色谱的分离原理是基于不同的物质（特别对于气体）在固体表面的吸附能力不同，它常用于永久性气体及低碳数化合物的分离。例如采用长 10m，直径为 0.53mm 的多孔层分子筛柱可以分离 He、Ne、Ar、O_2、N_2 及甲烷等气体；采用多孔层高聚物开管柱（长 25m，内径 0.53mm）可以分离 He、空气、CH_4、CO_2、CO、C_2H_4 及 C_2H_6 等气体，也可用来分离低碳数的卤代烃。用 Porapak Q(长 25m,内径 0.53mm)可以分离低碳数的醇类(如甲醇、乙醇、异丙醇)、脂类(如乙酸甲酯、乙酸乙酯)、烃类(如正戊烷、正已烷)等。

气液色谱的应用面要远远广于气固色谱法。只要可以在气相色谱仪允许的条件下汽化而不分解的物质,都可以用气相色谱法分析。对部分热不稳定物质,或者难以汽化的物质,通过化学衍生化的方法,仍可以用气相色谱法分析。所谓化学衍生化,就是通过合适的化学反应,使原先热不稳定性物质或难以汽化的物质转变成三甲基硅烷基衍生物或酯类、醚类等衍生物,以降低其沸点和极性,提高稳定性和挥发度。

对被分析对象的分离,主要是选择良好的固定液及优化的操作条件,而固定液的选择并不是唯一的。对低沸点烃类分离可以用角鲨烷柱或 GDX 类吸附剂;对高沸点烃类,可以用 SE-30 或 OV-101 类;分离醇、醚、醛、酯、酮、酸类等可以用 PEG-20M;分离生物碱可以用 SE-30 或 OV 类;分离氨基酸衍生物可以用 OV 类或 XE-60;分离碳水化合物或糖类可以预先衍生化为三甲基硅烷基衍生物,用 OV 类、SE-30 或 XE-60;分离药物可以用 OV 类或 DEGS;分离杀虫剂可以用 SE-30、OV 类或 PEG-20M;分离萜类可以用 SE-30、PEG-20M、OV 类或 DEGS。

分离比较简单的样品可以用填充柱,分离比较复杂的样品应用开管柱,并采用程序升温方式。

图 12-18 为一种香水的成分分析。色谱柱为化学键合交联开管柱,固定液为 PEG-20M,柱长 30m,内径 0.25mm,键合相层厚度 0.25μm,采用程序升温方式。

气相色谱除了可用于一个样品的定性及定量分析,还可用于物理化学研究中多种参数的测量。例如测量一种固体的比表面积;利用溶质(被分析组分)与溶剂(固定液)的相互作用,可以研究溶液的热力学性质;通过测量吸附热可以研究吸附剂与被吸附物质之间的作用;通过分析在不同时间间隔内反应混合物成分的变化来研究化学反应动力学过程;等等。

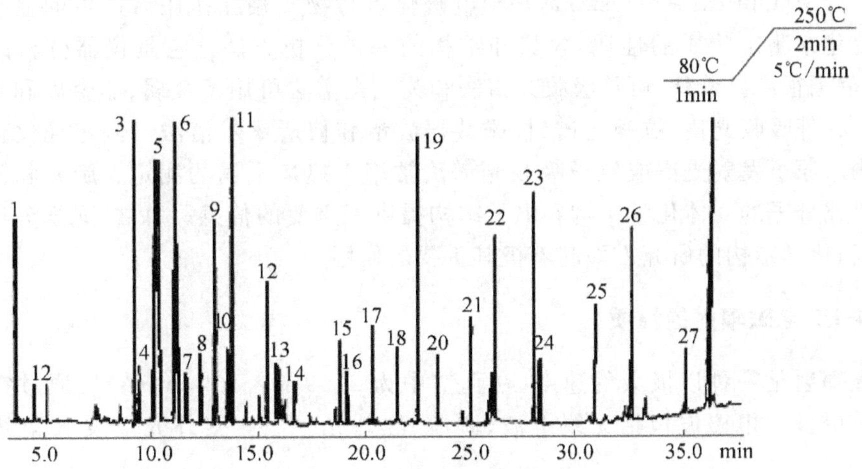

图 12-18　香水成分分析

1. L-萱烯　2. 未知　3. 芳樟醇　4. 乙酸里哪酯　5. 1,2-Pronanediol　6. 薄荷醇　7. 2,7-二甲基-1-辛醇　8. α-萜品烯　9. 乙酸苄酯　10. 香叶烯乙酸酯　11. β-香茅醇　12. 香叶醇　13. 苯甲醇　14. 苯乙醇　15. 茴香醛　16. 水杨酸异戊酯　17. 水杨酸戊酯　18. 绿叶醇　19. 天芥菜精　20. OTMS　21. 邻苯二甲酸二乙酯　22. 香豆素　23. 香草醛　24. 麝香黄葵　25. 麝香 T　26. 麝香酮　27. 安息香酸

12-3-6 高效液相色谱法及临界流体色谱法

高效液相色谱法（High Performance Liquid Chromatography，HPLC）是一种以液体为流动相的现代柱色谱分离分析方法。它是在经典液相色谱的基础上，引入气相色谱的理论和技术而发展起来的，因此气相色谱的许多理论与技术同样适用于高效液相色谱。

高效液相色谱法与气相色谱法的主要差别在于流动相和操作条件。在气相色谱中，流动相是惰性的气体，分离主要取决于组分分子与固定相之间的作用力，而在高效液相色谱中，流动相与组分之间有一定的亲和力，分离过程的实现是组分、流动相和固定相三者间相互作用的结果，分离不但取决于组分和固定相的性质，还与流动相的性质密切相关。高效液相色谱一般可在室温下进行。由于采用颗粒极细的固定相，柱内压降很大，加上流动相黏度高，因此必须采用高入口压，以维持一定的流动相线速度。

高效液相色谱法与经典液相色谱法的主要差别在于固定相的性质和粒度等。高效液相色谱所用固定相颗粒细而规则，孔浅，能承受高压，加上使用高压输液设备和高灵敏度的检测器，其分离效率、分析速度和灵敏度都远远高于经典液相色谱法。

原则上，只要能溶解在流动相中的物质都可以用高效液相色谱分析，尤其适用于那些不宜用气相色谱分析的难挥发性物质、热不稳定性物质、离子型物质和生物大分子等。在目前已知的有机化合物中，有80%的有机化合物能用高效液相色谱法分析。由于此法不破坏样品，因此可方便地制备纯样。

12-4 光学分析法导论

光学分析（Optical Analysis）是基于电磁辐射与物质相互作用后产生的辐射信号或发生的变化来测定物质的性质、含量和结构的一类分析方法。它是仪器分析的重要分支，应用范围很广。紫外-可见吸收光谱法和荧光光谱法可用于金属、非金属和有机物质的测定。红外吸收光谱、拉曼光谱、核磁共振波谱和穆斯堡尔谱法可测定纯化合物的性质和结构。原子发射光谱或原子吸收光谱法常用于痕量金属的测定。旋光和圆二向色性法为研究分子的立体化学结构和电子结构提供了重要的信息。总之，光学分析法在定性、定量和化学结构的研究方面起着极其重要的作用。

12-4-1 电磁辐射的性质

电磁辐射是一种以极大的速度（在真空中为 $2.9979\times10^{10}\,cm\cdot s^{-1}$）通过空间传播能量的电磁波。电磁波包括无线电波、微波、红外光、可见-紫外光以及X射线和γ射线等。

一、波动性和微粒性

电磁波具有波动性和微粒性。

电磁波的波动性可以用电场矢量 $\boldsymbol{E}$ 和磁场矢量 $\boldsymbol{M}$ 来描述。它是最简单的单个频率的平面偏振电磁波。平面偏振就是它的电场矢量 $\boldsymbol{E}$ 在一个平面内振动，磁场矢量 $\boldsymbol{M}$ 在另一个与电场矢量相垂直的平面内振动。电场和磁场矢量都是正弦波，并且垂直于波的传播方向。与物质的电子相互作用的是电磁波的电场，所以磁场矢量可以忽略，仅用电场矢量代表电磁波。波的传播以及反射、衍射、干涉、折射和散射等现象表现了电磁波具有波的性质，可以用速度、频率、波长和振幅等参数来描述。

周期 T：相邻两个波峰或波谷通过空间某一固定点所需要的时间间隔称为**周期**，单位为 s（秒）。

频率 ν：单位时间内通过传播方向上某一点的波峰或波谷的数目，即单位时间内电磁场振动的次数称为**频率**，它等于周期的倒数 $1/T$。单位为 1/s（1/秒），称为赫兹，以 Hz 表示。电磁波的频率只决定于辐射源，与通过的介质无关。

波长 λ：相邻两个波峰或波谷间的直线距离。若电磁波传播速度为 c，频率为 ν，那么波长 λ 为：

$$\lambda=\frac{c}{\nu} \tag{12-55}$$

波长的单位为 m（米）、cm（厘米）、μm（微米）、nm（纳米）。换算关系如下：

$$1\text{cm}=10^{-2}\text{m}$$
$$1\text{mm}=10^{-3}\text{m}=10^{-1}\text{cm}$$
$$1\mu\text{m}=10^{-6}\text{m}=10^{-4}\text{cm}$$
$$1\text{nm}=10^{-9}\text{m}=10^{-7}\text{cm}$$

波数 σ：每厘米长度内含有的波长数目，即波长的倒数：

$$\sigma=\frac{1}{\lambda}=\frac{\nu}{c} \tag{12-56}$$

单位为 cm^{-1}（厘米$^{-1}$），波数的单位也可用符号 K（Kayser）表示。将波长换算成波数的关系式为：

$$\sigma(\text{cm}^{-1})=\frac{1}{\lambda(\text{cm})}=\frac{10^4}{\lambda(\mu\text{m})} \tag{12-57}$$

电磁波的波动性不能解释辐射的发射和吸收现象。对于光电效应及黑体辐射的光谱能量分布等现象，需要把辐射视为微粒（光子）才能解释。Planck 认为，被热激发的振动质点的能量是量子化的，当振子从一个允许的高能级向低能级跃迁时就有一个光子的能量发射出来，能量与辐射频率的关系为：

$$E=h\nu=\frac{hc}{\lambda} \tag{12-58}$$

式中，h 为普朗克常数，等于 $6.626\times10^{-34}\,\text{J}\cdot\text{s}$；$c$ 为光速。该式表明，光子能量与它的频率成正比，或与波长成反比，而与光的强度无关。该式统一了属于粒子概念的光子的能量 E 与属于波长概念的频率 ν 两者之间的关系。

光子的能量可用焦耳或电子伏等单位表示。eV（电子伏）常用来表示高能量光子能量的单位，它表示一个电子通过电位差为 1V 的电场时获得的能量。能量单位之间的换算见表 12-9。

表 12-9 能量单位的换算

	J	cal	erg	eV
1J(焦)	1	0.2390	10^{7}	6.241×10^{18}
1cal(卡)	4.184	1	4.184×10^{7}	2.612×10^{19}
1erg(尔格)	10^{-7}	2.390×10^{-8}	1	6.241×10^{11}
1eV(电子伏)	1.602×10^{-19}	3.829×10^{-20}	1.602×10^{-12}	1

二、电磁波谱

将各种电磁波按照波长或频率的大小顺序排列所画成的图表称为**电磁波谱**。表12-10列出了电磁波的有关参数。

表 12-10 电磁波谱

E/eV	ν/Hz	λ	电磁波	跃迁类型
$>2.5\times10^{5}$	$>6.0\times10^{19}$	<0.005nm	γ射线	核能级
$2.5\times10^{5}\sim1.2\times10^{2}$	$6.0\times10^{19}\sim3.0\times10^{16}$	0.005～10nm	X射线	K,L层电子能级
$1.2\times10^{2}\sim6.2$	$3.0\times10^{16}\sim1.5\times10^{15}$	10～200nm	真空紫外光	
6.2～3.1	$1.5\times10^{15}\sim7.5\times10^{14}$	200～380nm	近紫外光	外层电子能级
3.1～1.6	$7.5\times10^{14}\sim3.8\times10^{14}$	380～780nm	可见光	
1.6～0.50	$3.8\times10^{14}\sim1.2\times10^{14}$	0.78～2.5μm	近红外光	分子振动能级
$0.50\sim2.5\times10^{-2}$	$1.2\times10^{14}\sim6.0\times10^{12}$	2.5～50μm	中红外光	
$2.5\times10^{-2}\sim1.2\times10^{-3}$	$6.0\times10^{12}\sim3.0\times10^{11}$	50～1000μm	远红外光	分子转动能级
$1.2\times10^{-3}\sim4.1\times10^{-6}$	$3.0\times10^{11}\sim1.0\times10^{9}$	1～300mm	微波	
$<4.1\times10^{-6}$	$<1.0\times10^{9}$	>300mm	无线电波	电子和核的自旋

电磁波的波长愈短，其能量愈大。γ射线的波长最短，能量最大；其次是X射线；再者是紫外-可见光和红外光；无线电波波长最长，其能量最小。电磁波的波长或能量与跃迁的类型有关。若要使分子或原子的价电子激发，所需要的能量为1～20eV，该能量范围相应的电磁波的波长为1240～60nm。波长从200～380nm的电磁波属于近紫外光，380～780nm的属于可见光。因此分子吸收紫外-可见光区的光子获得的能量足以使价电子跃迁。根据式(12-58)可以算出各种类型跃迁需要的能量所对应的波长。

12-4-2 光与物质的作用

一、吸收

当原子、分子或离子吸收的光子能量与它们的基态能量和激发态能量之差满足$\Delta E=h\nu$时，原子、分子或离子将从基态跃迁至激发态，这个过程称为**吸收**。若将测得的吸收强度对入射光的波长或波数作图，则得到该物质的吸收光谱。通过对试样吸收光谱的研究可以确定试样的组成、含量以及结构。根据吸收光谱原理建立的分析方法称为吸收光谱法。

二、发射

当物质吸收能量后，原子、分子或离子从基态跃迁至激发态，激发态是不稳定的，大约经 10^{-8} s 后，原子、分子或离子将从激发态跃迁回基态，可以以光的形式释放出能量，该过程称为**发射**。

试样的激发有通过电子碰撞引起的电激发、电弧或火焰的热激发以及用适当波长的光激发等。

三、散射

光通过介质时将会发生散射现象。

当介质粒子（如乳浊液、悬浮液、胶体溶液中的粒子）的大小与光的波长差不多时，散射光的强度较强，用肉眼也能看到，这就是 Tyndall 效应。散射光的强度与入射光波长的平方成反比，这可用于高聚物分子和胶体粒子的大小及形态结构的研究。

当介质的分子比光的波长小时发生 Rayleigh 散射。这种散射是光子与介质分子间发生弹性碰撞所致。碰撞时没有能量交换，只改变光子的运动方向，因此散射光的频率不变。散射光的强度与入射光波长的四次方成反比。

1928 年，印度物理学家 C. V. Raman 发现占总强度约 0.1% 的散射光的频率发生了变化，这种散射现象被命名为拉曼散射。拉曼散射是由于光子与介质分子间发生了非弹性碰撞，碰撞时光子不仅改变了运动方向，而且还有能量的交换，因此散射光的频率发生了变化。散射光频率高于入射光的称为反 Stokes 线；散光频率低于入射光的则称为 Stokes 线。Stokes 线和反 Stokes 线称为拉曼谱线，散射光频率与入射光频率之差称为拉曼位移。拉曼位移与分子的振动频率有关。具有拉曼活性的分子振动时伴有极化率的变化，振动时极化率的变化愈大，拉曼散射愈强。利用拉曼位移可研究物质的结构，其方法称为拉曼光谱法。

四、折射和反射

1. 折射

当光从介质(1)照射到另一介质(2)的界面时，一部分光在界面上改变方向返回介质(1)，称为光的**反射**。反射光在法线 NN' 的另一侧离开界面，而入射角 i 与反射角 i' 相等。另一部分光则改变方向以 r 的角度（折射角）进入介质(2)，这种现象称为光的**折射**，折射的程度用折射率 n 表示。介质的折射率定义为光在真空中的速度 c 与光在该介质中的速度 c_2 之比：

$$n=\frac{c}{c_2} \tag{12-59}$$

折射角 r 与介质(2)的折射率有关：

$$n_2\sin r=n_1\sin i$$

即

$$\frac{\sin i}{\sin r}=\frac{n_2}{n_1}=n \tag{12-60}$$

该式为 Snell 折射定律。光从真空射入某介质发生折射时，入射角与折射角的正弦之比称为介质的绝对折射率。介质(1)常为空气，绝对折射率为 1.00029，由此得到的物质折射率称为常用折射率。

不同介质的折射率不同,同一介质对不同波长的光具有不同的折射率,波长越长,折射率越小,据此棱镜可以进行分光。

由物质的折射率求出该物质的浓度或纯度的方法称为折射法。

2. 反射

当光通过具有不同折射率的两种介质的界面时会产生反射。反射的分数随两种介质的折射率之差增加而增大。当光垂直投射到界面上时,反射分数(反射率)ρ 为:

$$\rho=\frac{I_r}{I_0}=\frac{(n_2-n_1)^2}{(n_2+n_1)^2} \tag{12-61}$$

式中,I_0 和 I_r 分别为入射光和反射光的强度。

当光由空气(n 为 1.00029)通过玻璃(n 约为 1.5)时,在空气-玻璃界面约有 4%的反射损失。这种反射损失在各种光学仪器,尤其在有数个界面的光学仪器中必须注意。

五、干涉和衍射

1. 干涉

在一定条件下光波会相互作用,当其叠加时,将产生一个其强度视各波的相位而定的加强或减弱的合成波;当两个波的相位差为 180°时,发生最大相消干涉;当两个波同相位时,则发生最大相长干涉。通过干涉现象,可获得明暗相间的条纹。若两波相互加强,得明亮条纹;若相互抵消,得暗条纹。

2. 衍射

光波绕过障碍物或通过狭缝时,以约 180°的角度向外辐射,波前进的方向发生了弯曲,这就是波的衍射现象,它是干涉的结果。

若以一束平行的单色光通过一狭缝 AB,则可以在屏幕上看到明暗交替的衍射条纹。若 b 为狭缝宽度,θ 为衍射角,光经聚光镜聚光在 P_0 点时相位不变,在 P_0 点处出现一明亮的中央明条纹(或称零级亮条纹);光经聚光镜聚光于 P 点时,各光波到达 P 点的相位不等。AP 与 BP 的光程差 AC 应为:

$$AC=b\sin\theta$$

P 点是明还是暗决定于光程差。为使两光波在 P 处同相,必须使 AC 对应于相应的波长:

$$\lambda=AC=b\sin\theta$$

此时两波相互加强,在 P 点出现明条纹。当光程差为 2λ,$3\lambda\cdots n\lambda$ 时,也产生增强效应。因此,在中央明条纹两边的各亮带的一般表示式为:

$$n\lambda=b\sin\theta \tag{12-62}$$

式中,n 为整数,称为干涉的级。

入射光为单色光时,衍射角 θ 随狭缝宽度 b 变小而增大,也就是中央明条纹区增大;反之,b 变大,θ 变小,中央明条纹区缩小。当狭缝 b 一定时,波长越长,衍射角越大,中央明条纹也越大。

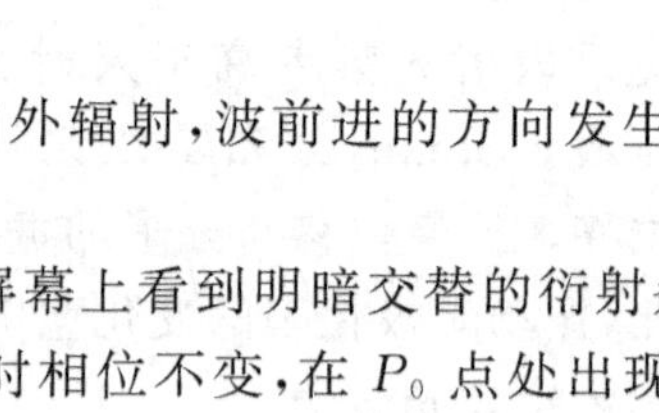

图 12-19 单狭缝衍射条纹中各带强度

单狭缝衍射的光能主要集中在中央明条纹上。狭缝宽度接近于光的波长时,各亮带的强度将随与中央明条纹距离的增加而降低,如图 12-19 所示。

12-4-3　光学分析法的分类

光学分析法包括非光谱法和光谱法两类。

一、非光谱法

非光谱法是指光与物质相互作用时，测量光的某些性质如折射、散射、干涉、衍射和偏振等变化的分析方法。非光谱法不涉及物质内部能级的跃迁，其分析方法有折射法、光散射法、干涉法、衍射法、旋光法和圆二向色性法等。

二、光谱法

光谱法是指光与物质相互作用时，通过测量由物质内部发生量子化的能级之间的跃迁而产生的发射或吸收光谱的波长和强度进行分析的方法。

光谱法分为原子光谱法和分子光谱法。原子光谱是由原子外层或内层电子能级的变化产生的，它的表现形式为线光谱。分析方法有原子发射光谱法、原子吸收光谱法、原子荧光光谱法以及 X 射线荧光光谱法等。分子光谱是由分子中电子能级、振动和转动能级的变化产生的，表现形式为带光谱。分析方法有红外吸收光谱法、紫外-可见吸收光谱法、分子荧光法和磷光光谱法等。

1. 吸收光谱法

当物质吸收的光能与该物质两能级间跃迁所需要的能量之间的关系满足 $\Delta E=h\nu$ 时，将产生吸收光谱，如图 12-20 所示。吸收光谱法包括原子吸收光谱法、紫外-可见吸收光谱法、红外吸收光谱法、核磁共振波谱法、电子自旋共振波谱法、穆斯堡尔谱法和 X 射线吸收光谱法等。

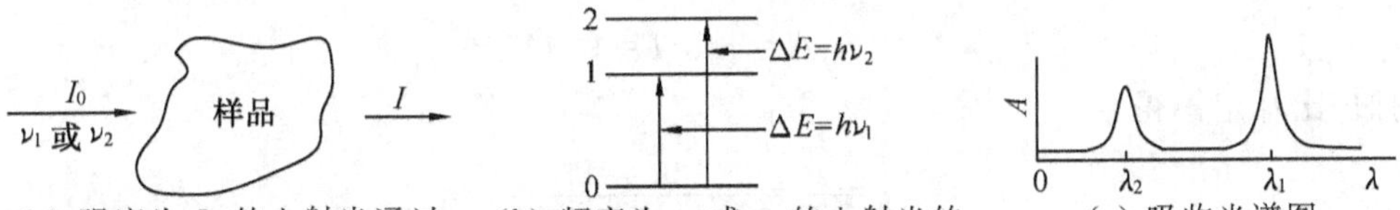

(a) 强度为 I_0 的入射光通过样品后其强度减小为 I　(b) 频率为 ν_1 或 ν_2 的入射光的能量相当于两能级的能量差　(c) 吸收光谱图

图 12-20　光吸收示意图

一束单色光通过均匀的样品介质时，入射光强度的减弱与它的强度和吸收光的样品的浓度成比例：

$$-\frac{\mathrm{d}I}{\mathrm{d}b}=kcI$$

I 表示在吸收光的样品中任一点 b 处的光强度；c 为样品的浓度。上式重排得：

$$-\frac{\mathrm{d}I}{I}=kc\mathrm{d}b$$

若样品厚度为 b，并假定 I_0 为 $b=0$ 处的入射光强度，I 为 $b=b$ 处的透过光强度。在整个 $[0,b]$ 区间对上式积分：

$$-\int_{I_0}^{I}\mathrm{d}\ln I = kc\int_0^b \mathrm{d}b$$

则

$$\ln I_0-\ln I=kbc$$

或

$$\ln \frac{I_0}{I}=kbc$$

$$\lg \frac{I_0}{I}=k'bc \tag{12-63}$$

$\lg \frac{I_0}{I}$称为吸光度A；$\frac{I}{I_0}$称为透光度T。也可用百分透光度表示：

$$T\%=T\times 100 \tag{12-64}$$

式(12-64)可写为

$$A=-\lg T=abc \tag{12-65}$$

式(12-65)是朗伯-比耳定律。式中，c为浓度，其单位为$g\cdot L^{-1}$；b的单位为cm；a为吸光系数，其单位为$L\cdot g^{-1}\cdot cm^{-1}$。当浓度的单位为$mol\cdot L^{-1}$时，朗伯-比耳定律可写成：

$$A=-\lg T=\varepsilon bc \tag{12-66}$$

式中，ε称为摩尔吸光系数，单位为$L\cdot mol^{-1}\cdot cm^{-1}$。在特定的波长和溶剂的条件下，$\varepsilon$是吸光物质的一个特定常数，它是吸光物质吸光能力的量度。

例 12-2 Fe(Ⅱ)-2,2′,2″-三联吡啶在波长522nm处的摩尔吸光系数ε为$1.11\times 10^4 L\cdot mol^{-1}\cdot cm^{-1}$，用1cm吸收池在该波长处测得百分透光度为38.5。试计算铁的浓度为多少？

解 首先将百分透光度改写成透光度并换算为吸光度：

$$100T=38.5$$

$$T=0.385$$

$$A=-\lg T=0.415$$

由朗伯-比耳定律得：

$$c=\frac{A}{\varepsilon b}=\frac{0.415}{1.11\times 10^4\times 1}=3.74\times 10^{-5} mol\cdot L^{-1}$$

2. 发射光谱法

(1) 用热能激发发光。用火焰、电弧或电火花等产生的热能使物质激发，当物质跃迁回低能态或基态时产生发射光谱。这种光谱法有原子发射光谱法和火焰光度法等。

在一定的实验条件下，谱线强度与浓度的关系为：

$$I=ac^b \tag{12-67}$$

该式为赛伯-罗马金公式，是原子发射光谱定量分析的基本公式。

(2) 光致发光。物质吸收光能后跃迁至激发态，当回到低能态或基态时将以辐射的形式发射能量。这种光谱法有原子荧光光谱法、分子荧光光谱法和磷光光谱法。

在分子荧光和原子荧光中，发光强度I_L为：

$$I_L=2.303\Phi I_0\varepsilon bc \tag{12-68a}$$

式中，Φ为量子效率，它与发光物质的性质和环境有关。在I_0一定时：

$$I_L=kc \tag{12-68b}$$

低浓度时，在I_0一定的条件下，发光强度与被测物质的浓度成正比。

12-4-4 光谱法仪器

用于研究与波长有关的光的发射、吸收或荧光的仪器，称为光谱仪或分光光度计。

光谱仪或分光光度计大同小异。构成仪器的各基本单元相似，一般包括五个基本单元：光源、单色器、吸收池、检测器(或传感器)、读出装置，如图 12-21 所示。

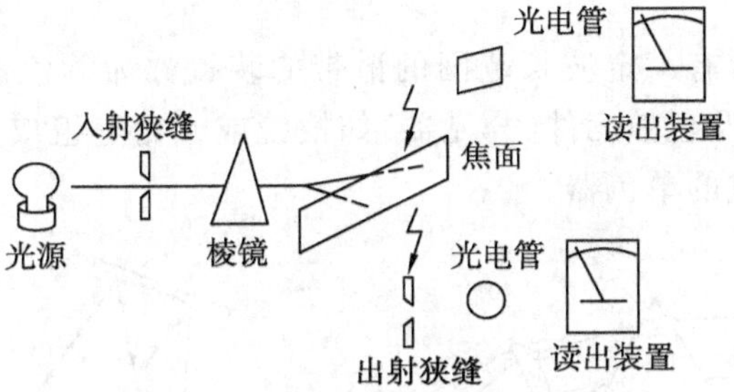

图 12-21　光谱仪或分光光度计

一、光源

光谱测量使用的光源应该是稳定的，并具有一定的强度。光源采用高压放电或加热的方式获得，而且要用稳压装置以保证获得稳定的外加电压。

光源有连续光源、线光源和激光光源等。

1. 连续光源

(1) 紫外光源。紫外连续光源主要采用氢灯或氘灯。它们在低压下以电激发的方式所产生的连续光谱范围为 160～375nm。在同样的条件下，氘灯产生的光谱强度比氢灯大 3～5 倍，而且寿命也比氢灯长。

(2) 可见光源。可见光源通常使用钨灯。在大多数仪器中，使用的工作温度约为 2870K，光谱波长范围为 320～2500nm。氙灯光源的强度大，可使用的光谱波长范围为 200～700nm。

(3) 红外光源。它是将一种惰性固体，通过电加热来产生连续光源。在 1500～2000K 温度范围内，所产生的最大辐射强度的波数范围为 6000～5000cm^{-1}。常用的有能斯特灯、硅碳棒。能斯特灯的发光强度大，寿命约 2000 小时，比硅碳棒短。

2. 线光源

(1) 金属蒸气灯。常见的是汞和钠蒸气灯。汞蒸气灯产生的线光谱的波长范围为 254～734nm。钠蒸气灯的一对线光谱的波长为 589.0nm 和 589.6nm。

(2) 空心阴极灯。这是在原子吸收光谱中常用的一种光源。

3. 激光光源

激光光源具有单色性好、方向性强、高亮度及相干性好等特点，它使光谱分析的灵敏度和分辨率都大大改善。激光光源有气体激光器、固体激光器、染料激光器和半导体激光器等。

(1) 气体激光器。常用的气体激光器有 He-Ne 激光器和 Ar^+ 激光器等。He-Ne 激光器的典型发射线是 632.8nm。Ar^+ 激光器的强发射线是 514.5 nm 和 488.0 nm。另外 Kr^+ 激光器也是激光光谱仪的常备激光器。

（2）固体激光器。光谱分析中常用的固体激光器是红宝石（Al_2O_3 掺 Cr^{3+}）激光器和YAG（掺钕的钇铝石榴石）激光器。前者的激光波长为 694.3nm，后者使用的激光波长是 1064nm。

此外，光谱分析中使用的激光器还有染料激光器和半导体激光器等。这两类激光器都具有波长可调谐的特点。

二、单色器

将多色光色散成含有一定波长范围的谱带的装置称为单色器。单色器由入射狭缝和出射狭缝、准直镜以及色散元件（分光器）如棱镜或光栅等组成。图 12-22 是以棱镜或光栅为色散元件所构成的单色器。

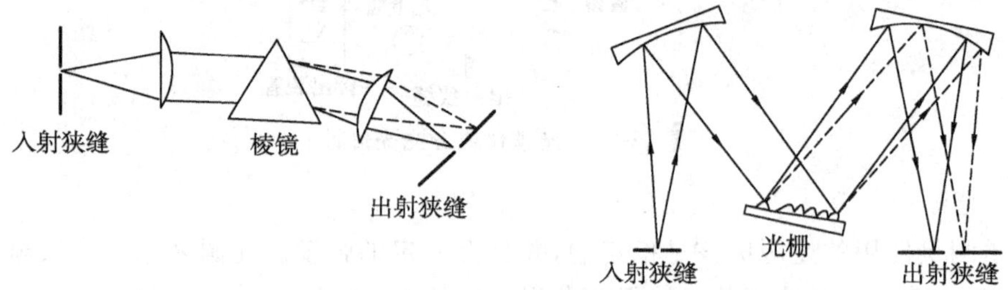

图 12-22　单色器

1. 滤光片

在简易的比色计中，使用滤光片能够获得有限波长范围的光。滤光片分为吸收滤光片和干涉滤光片两种。

吸收滤光片由有色玻璃或夹在两玻璃片之间的有色染料的明胶所组成。这种滤光片适用于可见光区。

干涉滤光片是根据光的干涉原理设计的。它是由两块内侧涂有一层半透明金属（如银）薄膜的玻璃或石英片及夹在它们之间的透明的电解质（如氟化钙或氟化镁）组成。电解质的厚度必须严格控制。这种滤光片适用于紫外光区。

2. 棱镜

棱镜的色散作用是基于构成棱镜的光学材料对不同波长的光具有不同的折射率。常用的棱镜有考纽棱镜（Cornu Prism）和立特鲁棱镜（Littrow Prism），如图 12-23 所示。前者是一个顶角 α 为 60°的棱镜。为了防止生成双像，该 60°棱镜由两个 30°棱镜组成，一边为左旋石英，另一边为右旋石英。后者是由左旋或右旋石英做成的 30°棱镜，并在其纵轴表面上镀上铝或银。棱镜的色散能力用色散率和分辨率表示。

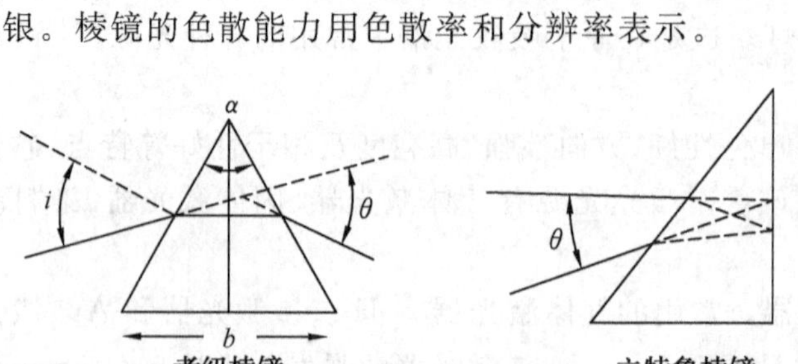

图 12-23　棱镜的折射

(1) 色散率。棱镜的色散率，即折射率对波长的变化率$\frac{dn}{d\lambda}$，可用棱镜的角色散率$\frac{d\theta}{d\lambda}$表示。它表示入射线与折射线的夹角，即偏向角θ对波长的变化率。角色散率越大，波长相差很小的两条谱线分得越开。角色散率与棱镜的折射率、棱镜的顶角和棱镜的材料有关。若要增大光谱仪的角色散率，可采用如下方式：第一，改变棱镜的材料，玻璃棱镜比石英棱镜的色散率大，但在紫外光区，玻璃吸收紫外光，不能使用，只能用在可见光区；第二，增大棱镜顶角，一般顶角为60°；第三，增加棱镜数目，由于设计和结构上的困难，一般只采用1～2个。

棱镜的色散能力也可用线色散率$\frac{dl}{d\lambda}$表示，它表示两条谱线在焦面上被分开的距离对波长的变化率。在实际工作中常采用线色散率的倒数表示，$\frac{d\lambda}{dl}$值越大，色散率越小。

(2) 分辨率。棱镜的分辨率R是指将两条靠得很近的谱线分开的能力，可表示为：

$$R=\frac{\bar{\lambda}}{\Delta\lambda} \tag{12-69}$$

式中，$\bar{\lambda}$为两条谱线的平均波长，$\Delta\lambda$为刚好能分开的两条谱线间的波长差。

分辨率与棱镜底边的有效长度b和棱镜材料的色散率$\frac{dn}{d\lambda}$成比例：

$$R=\frac{\bar{\lambda}}{\Delta\lambda}=b\,\frac{dn}{d\lambda}$$

或

$$R=\frac{\bar{\lambda}}{\Delta\lambda}=mb\,\frac{dn}{d\lambda} \tag{12-70}$$

式中，mb为m个棱镜的底边总长度。在工作时，应将通过准直镜产生的平行光照射到棱镜的整个入射面，否则分辨率会降低。由该式可知，分辨率随波长而变化，在短波部分分辨率较高。

3. 光栅

光栅分为平面透射光栅和反射光栅。反射光栅在仪器中应用广泛。反射光栅又可分为平面反射光栅(简称为平面光栅或闪耀光栅)和凹面反射光栅(简称凹面光栅)两种。

(1) 平面透射光栅。它由在一块透明的材料上刻有很多等距离、等宽度的平行狭缝所构成。当一束平行的单色光照射在该光栅上时，每条狭缝将发生衍射，并产生相互干涉，如图12-24所示。图中b为狭缝宽度；d为光栅常数，它等于狭缝宽度加两狭缝之间的距离；即相邻两刻痕间的距离；θ为衍射角。在光屏上出现亮条纹的条件为：

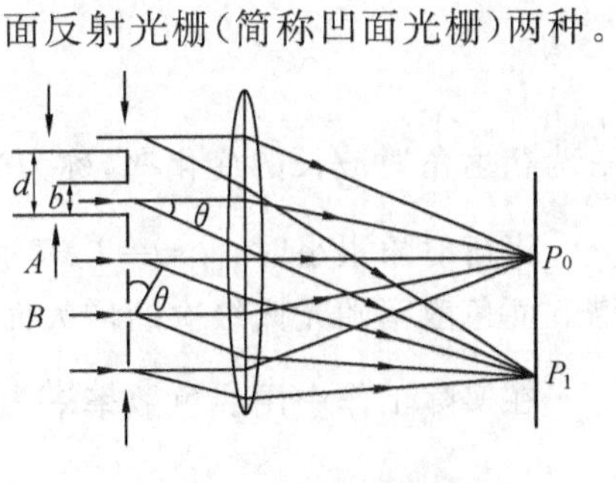

图12-24　光栅衍射示意图

$$n\lambda=d\sin\theta\ (n=0,\pm1,\pm2\cdots)$$

因此，可以得到称为零级，一级，二级…的光栅光谱。

若入射光不是垂直地照射在光栅上，而是有一定的角度，则上式写为：

$$n\lambda=d(\sin\theta+\sin i) \tag{12-71}$$

该式称为平面衍射光栅方程，简称光栅方程，i 为入射角。

如果入射光是多色光，那么零级光谱出现的是未经色散的白光。不同波长的光的衍射角不同，产生一级光谱的位置也不同。波长短的衍射角小，落在靠近零级光谱处两边，波长长的衍射角大，落在距零级光谱稍远处的两边，形成一均匀排列的光谱（图中仅画出一边的光谱）。这样，多色光通过光栅后成为单色光。二级光谱距零级光谱更远些。波长短的二级光谱接近一级光谱，波长长的距一级光谱更远些。因此，多色光被色散后将会造成不同级次光谱的重叠。

（2）闪耀光栅。在平面光栅中，不同级次光谱的能量分布是不均匀的。未经色散的零级光谱的能量最大，按正负一级、二级光谱等顺序逐渐减弱。若将光栅刻成具有三角形的槽线，使每一刻痕的小反射面与光栅平面的夹角保持一定，以控制每一小反射面对光的反射方向，使光能集中在所需要的一级光谱上，获得特别明亮的光谱，这种光栅称为闪耀光栅。若 i 是入射角；θ 是衍射角；β 是光栅刻痕小反射面与光栅平面的夹角，称为闪耀角，则光栅方程式(12-71)也适用于闪耀光栅：

$$d(\sin i \pm \sin\theta) = n\lambda \tag{12-72}$$

入射角和衍射角在光栅法线 N 同侧，用正号；在异侧，用负号。

在入射角 i、衍射角 θ 和闪耀角 β 相等时，光栅衍射的光线最强，则

$$2d\sin\beta = n\lambda_\beta \tag{12-73}$$

λ_β 称为闪耀波长。

（3）光谱级的重叠。多色光经光栅色散后，对 $n=0$ 的零级光谱，衍射光与波长无关，是白光；当 $n>0$ 时，衍射角随波长而变化，也就是说，不同波长的多色光经光栅衍射后将成为单色光。一级，二级…光谱均匀地分布在零级光谱两边，但是在 $n_1\lambda_1 = n_2\lambda_2 = n_3\lambda_3 = \cdots$ 时出现光谱线的重叠。例如，波长为 600nm 的一级光谱，将与波长 300nm 的二级光谱和波长 200nm 的三级光谱相互重叠，这样就产生了干扰。在实际应用时应设法消除各级光谱之间的部分重叠现象，如采用滤光片或低色散的棱镜分级器等方法。

（4）色散率。光栅的色散能力可以用角色散率或线色散率表示。当入射角 i 不变时，对光栅方程两边微分得：

$$\frac{\mathrm{d}\theta}{\mathrm{d}\lambda} = \frac{n}{d\cos\theta} \tag{12-74}$$

$\frac{\mathrm{d}\theta}{\mathrm{d}\lambda}$ 为衍射角对波长的变化率，称为光栅的角色散率。

当衍射角很小时，$\cos\theta=1$，表示在同一级光谱中色散率的变化很小，可得到均匀的光谱。而色散率随光谱级次的增大而增加。

在实际工作中用线色散率 $\frac{\mathrm{d}l}{\mathrm{d}\lambda}$ 表示光栅的色散能力。对于平面光栅，线色散率为：

$$\frac{\mathrm{d}l}{\mathrm{d}\lambda} = \frac{\mathrm{d}\theta}{\mathrm{d}\lambda} \cdot f = \frac{nf}{d\cos\theta} \tag{12-75}$$

式中，f 为汇聚透镜的焦距。由于 $\cos\theta=1$（θ 约 6°），则：

$$\frac{\mathrm{d}l}{\mathrm{d}\lambda} = \frac{nf}{d} \tag{12-76}$$

对于凹面光栅，线色散率为：

$$\frac{dl}{d\lambda}=\frac{nr}{d\cos\theta} \tag{12-77}$$

式中，r 为凹面光栅的曲率半径。

光栅色散率方程表明，光栅色散率与光栅常数 d、光谱级 n 以及汇聚透镜的焦距等因素有关。

（5）分辨率。光栅的分辨率为：

$$R=\frac{\bar{\lambda}}{\Delta\lambda}=nN \tag{12-78}$$

式中，N 为光栅的总刻线数，它等于单位长度刻线数与光栅宽度的乘积。

从式(12-78)可知，第一，光栅的宽度越大，总刻线数就越多，分辨率就越大，使用时应将光对准，使光栅刻线全部照明，否则分辨率会降低；第二，对同一级光谱而言，光栅的分辨率是常数，不随波长而变化。

4. 狭缝

狭缝是由两片经过精密加工，且具有锐利边缘的金属片组成，其两边必须保持互相平行，并且处于同一平面上，如图 12-25 所示。

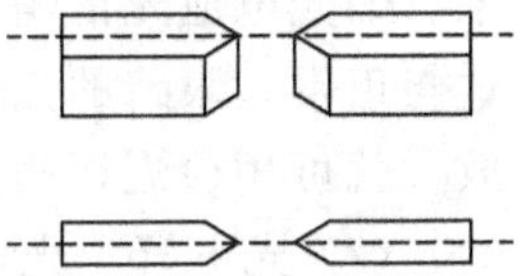

图 12-25　狭缝

单色器中的狭缝宽度有的是固定的，有的可自动调节。入射狭缝似一个辐射源，其像被聚焦在带有出射狭缝的平面上。若入射狭缝与出射狭缝的大小相等，在理论上，当单色器正好调节到相应波长位置时，入射狭缝的像恰好充满整个出射狭缝的宽度。光强度与单色器狭缝的宽度有关。在定性或半定量分析中，需要高的分辨率，应采用较小的狭缝宽度；在定量分析中，需要一定的光强度，应采用较大的狭缝宽度。单色器的分辨能力表示能分开最小波长间隔的能力。波长间隔的大小决定于分辨率、狭缝宽度和光学材料的性质等，它用有效带宽 S 表示：

$$S=DW \tag{12-79}$$

式中，D 为线色散率的倒数；W 为狭缝宽度。对于色散率固定的仪器，S 将随 W 而变化。

5. 准直镜

准直镜的作用是将来自入射狭缝的光束变为平行光。此光束再经光栅或棱镜色散后经透镜聚焦在出射狭缝上，形成光谱像。

三、吸收池

盛放试样的吸收池（也称比色皿、样品池）由透明的材料制成。如要在紫外光区工作，则吸收池采用石英材料；如在可见光区工作，则用硅酸盐玻璃；如在红外光区工作，则应根据不同的波长范围选用不同材料的晶体制成吸收池窗口。吸收池的形状有方形、圆柱形等，其光程长度有 1cm、2cm、10cm 等。

四、量子化检测器和热检测器

现代光谱仪器中，检测器通常分为两类。一类是量子化检测器即光子检测器，它包括单道光子检测器和多道光子检测器。单道光子检测器如光电池、光电管、光电倍增管等，多道光子检测器如光二极管阵列(PDAs)检测器和电荷转移元件阵列(CTDs)检测器等。另一类是热检测器，如真空热电偶、热电检测器等。

检测器将光能转变为电信号，然后通过计算机输出打印或用记录仪、表头、显示屏等显示。这种检测器在一定宽度的波长范围内，必须具有对光能响应快、灵敏度高、稳定性好等性能。

1. 单道光子检测器

（1）光电池。硒光电池是最常用的阻挡层光电池，如图 12-26 所示。将一层半导体硒涂在铁或铝的金属底板上，金属底板和硒之间是欧姆接触。在硒表面再涂一层导电性和透光性良好的金属薄膜如金、银等作为收集极，然后再在金属薄膜表面涂一层保护层即可。

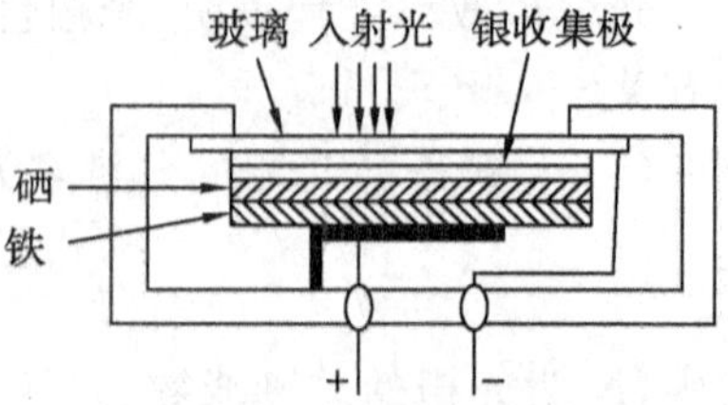

图 12-26 硒光电池

对于硒光电池，当光透过金属薄膜照射到半导体硒上时，硒将释放出电子。硒层中的电子只能向金属膜流动，电子的流动产生了电流，其大小为 10～100μA。外电路的电阻小于 200Ω 时，其电流的大小与入射光强度呈线性关系。硒光电池光谱响应的波长范围为 350～750nm，波长在 550nm 左右处响应最灵敏。这与正常人眼睛的光谱曲线相似。这种光电池不需要外加电源，产生的电流较大，不经放大就可用检流计测量，但长时间使用后容易发生"疲劳"现象。

（2）光电管。光电管也称真空光电二极管。它是由一个半圆筒状的金属阴极和一个丝状阳极密封在透明的真空套管中组成。在阴极的内表面涂有碱金属氧化物或碱金属氧化物与其他金属氧化物，如氧化铯或氧化钾与氧化银等光电发射物质，从而组成光电阴极。当光照射到光电阴极时，阴极将发射出电子，电子被加在两电极间的外加电压（约 90V 直流电压）加速，并被阳极收集而产生电流。在一定的光强度下，产生的电流为硒光电池的四分之一。由于光电管有较高的内阻，因此电流容易放大，其装置如图 12-27 所示。它的光谱响应特性和灵敏度取决于所采用的光电发射物质的性质以及光照到光电阴极时所通过的窗口材料的透射性。国产 751 型分光光度计中，紫敏光电管采用锑-铯（Cs_3Sb）光电阴极，光谱响应范围为 200～625nm，红敏光电管采用银-氧-铯（Ag-O-Cs）光电阴极，光谱响应范围为 625～1000nm。

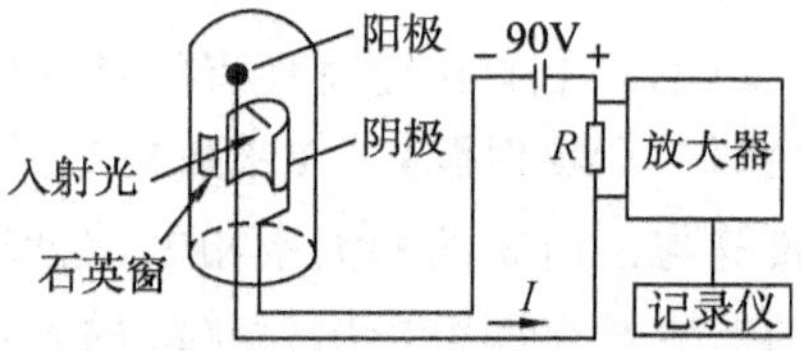

图 12-27 光电管及其电流测量示意图

（3）光电倍增管。光电倍增管如图 12-28 所示。它的阴极与光电管的相似，但它还有一组称为打拿极的附加电极，打拿极的电位比阴极正。在光照射下，阴极发射的电子在高真空中被电场加速并向第一打拿极运动。当电子飞到第一个打拿极上时，每一个入射电子将使打拿极表面平均发射出几个电子，这就是二次发射过程。然后二次发射的电子又被加速并向第二打拿极运动，电子数目再次经二次发射过程倍增。此过程多次重复，最后电子被收集在阳

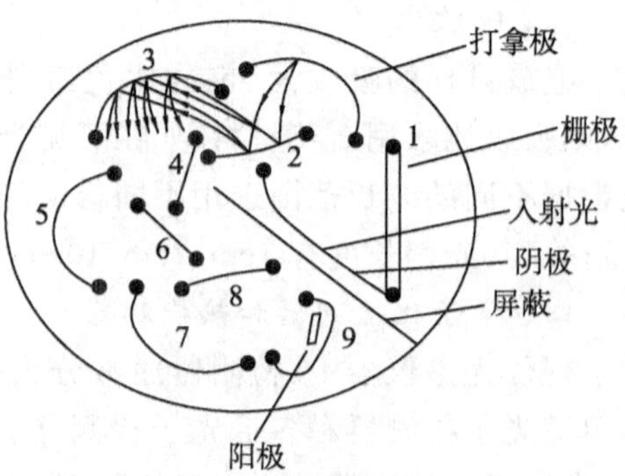

图 12-28 光电倍增管示意图

1-9. 打拿极

极上。在总过程中，会有电子损失，所以总的增益过程 G 为：

$$G=f(g\delta)^n$$

式中，f 为第一打拿极对阴极电子的收集效率，其值约 0.9；g 为打拿极间的传递效率；δ 为二次发射系数，是每一入射电子产生的二次发射电子的平均数目，数值在 3～6 之间；n 为打拿极的数目。获得的电流经过放大后测量，光电倍增管适用的波长范围为160～700nm。

2. 多道光子检测器

多道光子检测器是将小的光电敏感单元的一组阵列以线性或以两维模式排列在一块含有电子线路的单片硅半导体芯片上(该芯片能将每个光电敏感单元的电信号直接输出)的仪器。该芯片被置于光谱仪的焦平面上。来自单色仪色散的各种光谱单元均能通过该芯片转换成电信号并同时检测。多道光子检测器的特点是快速，可同时测量较宽的光谱范围。

(1) 光二极管阵列检测器。在光二极管阵列(PDAs)检测器中，单个光电敏感单元是小的硅光电二极管。每个二极管含有一个反向偏流的PN结。一系列的PN结并行排列在一块芯片上。这样的光电转换单元可在一块芯片上排列 64～4096 个。当光射到这些光电敏感单元上时，能在P 和 N两个区产生电荷。大量电荷形成的电流在电路中产生电压信号，该电压信号与光的辐射强度成正比。电压信号经放大后，通过模数转换器送到计算机或读出系统。测量时，光谱仪的狭缝要调整到使入射狭缝的像正好充满二极管阵列的整个表面的面积。在传统光谱仪中需要逐步扫描得到的光谱，而在光二极管阵列检测器中可一次同时得到整个光谱。

(2) 电荷转移元件阵列检测器。电荷转移元件阵列(CTDs)检测器单元是通过硅半导体基体吸收光子产生流动的电荷，然后转移、收集，并进行放大及检测。CTD 检测器根据所利用的电荷测量模式不同还可分为电荷注入元件(CID)检测器和电荷耦合元件(CCD)检测器。

在 CID 阵列中，单个检测器单元是用N型硅半导体材料作为基体。该材料多数载流子是电子，少数载流子是空穴，而检测器收集及检测的是光照产生的空穴。

在 CCD 阵列中，单个检测器单元是用P型硅半导体材料作为基体。该材料的多数载流子是空穴，少数载流子是电子，而检测器收集及测量的是光照产生的电子。

目前，在多道光子检测器中，使用较广泛的是 CCD 阵列检测器。该检测器的突出优点是具有较高的信噪比，低的读数噪音，超低的暗电流和较宽的动态范围。其波长范围可达到 0.1～1000nm。如有的 CCD 阵列可形成多达 1152×1242 个单元，而读数噪音只有 4～6 个电子，其读数动态范围可达 16 位到 18 位。使用 CCDs 检测器可同时记录整个二维光谱。表 12-11 列出了几种多道光子检测器及光电倍增管的特性。

表 12-11　多道光子检测器及光电倍增管的特性

类　型	电荷耦合元件阵列(CCDs)	电荷注入元件阵列(CIDs)	光二极管阵列(PDAs)	光电倍增管(PMT)
光谱响应/nm	0.1～1000	200～1000	200～1000	200～650
最高量子效率/%	90	50	73	18
暗电流/(e^-/s)	0.001	0.008	624	3
读数噪音/e^-	5	60	1200	0

3. 热检测器

(1) 真空热电偶。真空热电偶是利用两种不同金属导体构成闭路时的温差现象，使温差转变为电位差的一种装置。该装置在厚约 0.5μm 的金箔的一面焊有两种不同的金属作为热接点，金箔另一面涂黑作为红外辐射的接受面，在冷端（通常是室温）接有金属导线。为了避免热损失和受环境的热干扰，热电偶密封在真空度为 0.01Pa 的真空腔内。当红外辐射透过盐（如 KBr，CsI 等）窗口照射到涂黑的金箔上时，热接点温度升高，产生温差电位，在闭路中就有电流通过。真空热电偶是红外分光光度计中常用的检测器之一，此外，还有测热辐射计等。

(2) 热电检测器。热电检测器是利用热电材料的热敏极化性质把光辐射的热能转换为电信号的一类检测器。最常使用的热电检测器材料是氘代硫酸三甘肽（DTGS）晶体。使用时把 DTGS 晶体置于两个电极之间（其中一支电极是光透的），这样就产生了一个随温度变化的电容器。当红外光辐射到晶体上时，晶体的温度发生变化，进而改变了晶体两端的电荷分布，在连接电容器两侧的外部电路中产生了一个可测量的电流。该电流的大小不仅正比于晶体的受光表面积，也正比于晶体的极化强度随温度的变化速率。

热电检测器响应时间较快，因此大多傅里叶变换红外光谱仪中使用了该类检测器。

4. 感光板

感光板在原子发射光谱法中使用。感光板是由感光层和支持体两部分组成。感光层也称感光乳剂，它由感光物质 AgBr 的微小晶粒均匀地分散在精制的明胶中组成。感光板感光后经显影、定影处理呈现出黑色条纹状的光谱图。

五、读出装置

由检测器将光信号转变为电信号后，通过模数转换器将信号送至计算机处理打印或用记录仪、数字显示器和显示屏显示测量结果。

12-5 其他仪器分析方法简介

12-5-1 质谱法

质谱法（Mass Spectrometry，MS）是将样品分子置于高真空中（$<10^{-3}$ Pa），并使样品分子受到高速电子流或强电场等作用，失去外层电子而生成分子离子，或化学键断裂生成各种碎片离子，然后在磁场中得到分离后加以收集和记录，从所得到的质谱图推断出化合物结构的方法。质谱法具有分析速度快、灵敏度高以及可以提供样品分子的相对分子质量和丰富的结构信息的优点。质谱分析通常只要几微克样品，在最优条件下，甚至只要 10^{-12}g 样品，这是解决极微量样品分析的有效手段。质谱法分析时要求纯样的特点，使它的应用受到一定限制，但是质谱法与不同的分离方法联用，特别是与气相色谱法和液相色谱的联用，已成为一种极强有力的、可以分离和鉴定复杂混合物组成及结构的可靠手段。

一、离子的主要类型

1. 分子离子

分子失去一个电子而生成的离子称为**分子离子**或**母离子**，相应的质谱峰称为**分子离**

子峰或母峰。

2. 同位素离子

由于不同元素的同位素含量不相同，因而在质谱图中出现强度不等的同位素峰。由于这些元素的存在，往往在分子离子峰右边 1 或 2 个质量单位处出现 $M+1$ 或 $M+2$ 峰。从 $M+2$ 或 $M+1$ 峰的强度可以推断存在的同位素。

3. 碎片离子

碎片离子是由于离子源的能量过高，使分子中的某些原子键断裂而形成的。碎片离子提供的信息，有助于推断分子结构。

4. 重排离子

分子离子在裂解的同时，可能发生原子或原子团的重排，产生比较稳定的重排离子。最典型的就是 McLafferty 重排，其特点是 γ 氢转移至羰基氧原子上。

5. 亚稳离子

当样品分子在电离室中生成 M_1^+ 以后，一部分离子被电场加速，经质量分析器到达检测器。另一部分 M_1^+ 就在电离室内进一步裂解成 M_2^+ 和中性碎片($M_1^+ \longrightarrow M_2^+ +$中性碎片)。但还有一部分 M_1^+ 经电场加速进入质量分析器后，在飞行途中又裂解成 M_2^+ 和中性碎片。显然，中性碎片带走了 M_1^+ 的部分动能。因此，在飞行途中生成的 M_2^+ 的动能必然小于在电离室内生成的 M_2^+ 的动能，尽管两者质量相等。由于该离子动能小，因此在磁场中易于偏转，其运动轨道半径 r 小。这种离子称为**亚稳离子**(M^*)。

二、质谱仪

虽然质谱仪的类型各不相同，但它们所包含的部件都应具有以下功能：使样品分子转变成离子；通过电场使离子加速；按质量与电荷之比(简称质荷比，m/z)分离离子；将离子流转变成电信号。自然，在质谱仪中首先必须有样品导入系统，然后使样品电离。

1. 样品导入系统

将样品导入离子源的方法决定于样品的物理性质，如熔点、蒸气压等。对于气体或挥发性液体，可用注射器或阀直接注入左边的储存器，然后通过细小的漏孔进入离子源。储存器应预先抽成真空。固体样品可用探针导入。此探针实为长 25cm，直径 6mm 的不锈钢棒，前端有一可容纳样品的陶瓷小凹槽。当探针插入或拉出时，斜置的封闭阀就可将真空体系与外界大气隔绝，通过电热，使样品蒸发。对热稳定的有机化合物，一般可加热至 200℃～300℃。通常分析的非极性分子的分子量可达 1000Da(道尔顿)，中等极性分子量可达 300Da。也可以通过与气相色谱或液相色谱仪联用，将经分离的柱后流出物直接导入质谱仪分析。

2. 电离源

离子的产生依靠电离源(或称电离室)提供的能量。目前的质谱仪中，有多种电离源可供选择，如电子电离源、化学电离源、场电离源、快速原子轰击源及电喷雾电离源等，其中以电子电离源及电喷雾电离源应用较为广泛。

3. 质量分离器

能将离子源中生成的各种正离子按质量大小分离的部件称为**离子分离器**，又称**质量分离器**。各类质谱仪的主要差别在于质量分离器。

4. 信号检测和数据系统

离子的检测可采用电子倍增器。电子倍增器的原理类似于光电倍增管，它可以记录约 10^{-18} A 的电流。现代质谱仪都在计算机控制下操作，我们不仅可以用计算机数据系统对数据进行存储、变换与检索，还可以由键盘来控制气相色谱或液相色谱与质谱仪的联用。通过计算机可以控制自动取样、注射样品、流速和温度以及扫描速率等。

三、应用

1. 有机化合物结构的鉴定

若实验条件恒定，每个分子都有自己的特征裂解模式。根据质谱图所提供的分子离子峰、同位素峰以及碎片质量的信息，可以推断出化合物的结构。如果从单一质谱提供的信息不能推断或需要进一步确证，则可借助于红外光谱和核磁共振波谱等手段得以最后的证实。

可以将已获得的质谱图与文献提供的图谱进行比较。从测得的质谱图的信息中，提取出几个（一般为 8 个）最重要峰的信息，并与标准图谱进行比较后由操作者作出鉴定。当然，由不同电离源得到的同一化合物的图谱不相同，因此所谓的“通用”图谱是不存在的。由于电子电离源质谱图的重现性好，且这种源的图谱库内存丰富，因此在线的计算机检索成了结构阐述的强有力的工具。最经常使用的谱库只含有 2 万至 5 万个质谱图，而已知化合物已超过了一千万种，因此不能认为计算机检索绝无问题。计算机只是针对实验中获得的谱图，从谱库中迅速检索出与之相匹配的质谱图，最后还需操作者对谱图作出判断。

2. 相对分子质量及分子式的测定

用质谱法测定化合物的相对分子质量快速而精确，采用双聚焦质谱仪可精确到万分之一原子质量单位。利用高分辨率质谱仪可以区分相对分子质量仅小数部分不相同的化合物。例如可区分四氮杂茚 $C_5H_4N_4$（120.044）、苯甲脒 $C_7H_8N_2$（120.069）、乙基甲苯 C_9H_{12}（120.094）和乙酰苯 C_8H_8O（120.157），如测得其化合物的分子离子峰质量为 120.069，显然此化合物是苯甲脒。

用质谱法测定一种化合物的质量时，必须对 m/z 轴进行校准。校准时须采用一种参比化合物，它的 m/z 值已知，且在所要测定的质量范围之内。对于电子电离源和化学电离源，最常用的参比化合物是全氟煤油（PFK，$CF_3—(CF_2)_n—CF_3$）和全氟三丁式氨（PFTBA，$(C_4F_9)_3N$）。对于这些校准化合物，在电离条件下及所要测量的 m/z 范围内能得到一系列强度足够的质谱峰。在高分辨率测量中，更要仔细校准质量标尺。

3. 定量分析

用电子倍增器来检测离子是极其灵敏的，少至 20 个离子仍能得到有用信号。为了提高灵敏度，可以通过只检测丰度最高的一种离子或几种离子来改进信噪比。前者称为单离子检测，后者称为多离子检测。单离子检测的最大优点是可以通过重复扫描来改进信噪比，但信息量减少。多离子检测可将来自每个组分中几个丰度较高的特征离子的信息记录在多通道记录器的各自通道中。这种监测技术专一、灵敏，可以检测至 10^{-12} g 数量级。一般采用内标方法进行定量，以消除样品预处理及操作条件改变而引起的离子化产率的波动。内标物的物理化学性质应类似于被测物，且不存在于样品中，这只有用同位素标记的化合物才能满足这种要求。质谱法能区分天然的与标记的化合物。在色谱-

质谱联用时，若化合物中有甲基，则内标物可以变成氘代甲基，这种氘代的内标物，其保留时间一般较短。从它们的相对信号大小可进行定量。

4. 反应机理的研究

用质谱法很容易检测某一给定元素的同位素，因此使同位素标记法得到了广泛的应用。我们可以利用稳定的同位素来标记化合物，用它作示踪物来测定在化学反应或生物反应中该化合物的最终去向，这对研究有机反应的机理极为有用。例如，要研究在某一特定条件下酯的水解机理是属酰氧键断裂还是烷氧键断裂，可设法使指定酯基的氧以 ^{18}O标记，然后只要确定^{18}O是在水解生成的烷醇中，还是在酸中，就可判断其反应机理。若在烷醇中，则是酰氧键断裂，反之，属烷氧键断裂。

12-5-2　热分析法

一、热重法

1. 基本原理

热重法（Thermogravimetry，TG）是用来研究物质的重量随温度变化规律的分析方法。在一定温度下，如物质失去重量，则表明样品中某些组分发生了分解或挥发。图 12-29 为一组样品的热重分析曲线。例如曲线 1，92℃之前质量的损失代表失去过量洗涤水，在 92℃以后，直至 812℃，质量维持恒定。在 812℃至 945℃之间的失重是由以下反应所致：

$$Ag_2CrO_4 \longrightarrow O_2 + Ag + AgCrO_2$$

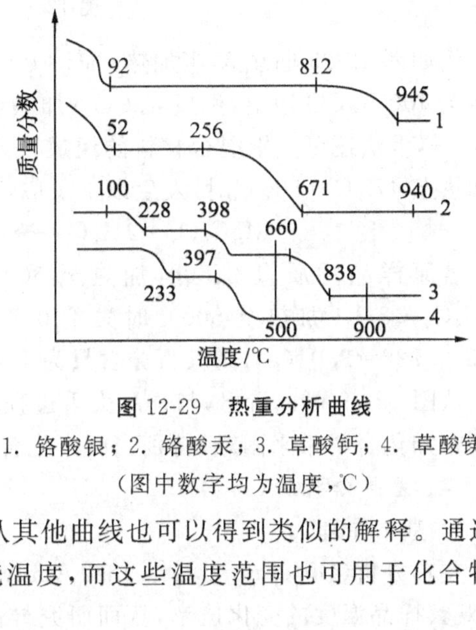

图 12-29　热重分析曲线

1. 铬酸银；2. 铬酸汞；3. 草酸钙；4. 草酸镁

（图中数字均为温度，℃）

由此可得出结论，在重量分析中，Ag_2CrO_4 沉淀的干燥必须在 100℃～800℃之间进行，在实际工作中常取 110℃。从其他曲线也可以得到类似的解释。通过热重分析可以寻找重量分析的最佳干燥及灼烧温度，而这些温度范围也可用于化合物的鉴别。

2. 仪器结构

进行热重分析的仪器称为热天平，它既可加热样品，又可测定其质量。图 12-30 为热天平示意图。它由可以测量样品温度的加热炉、可连续称量样品质量的天平及记录系统组成。将样品加于坩埚中，并加上平衡重量以恢复天平的平衡。炉温按需要速率升高，从室温直至 1000℃，但升温速率不能太快，否则由于来不及达到热平衡会导致在物理和化学变化时温度发生偏差；升温过慢，实验时间过长。在每次分析以后，炉子需要较长的冷却时间。大多数最新热天平是电子自动单盘天平。样品加热炉安装于天平底下，样品盘直接悬挂于天平臂上。由于样品重量减少而产生的电信号驱动 X-Y 记录仪，得到质量随温度变化的曲线。

3. 应用

利用热重分析获得温度与样品的物理和化学变化之间的关系很有意义，因为它可揭示在此温度范围内，许多材料如高聚物、合金、建筑材料及填充材料等是否适用，有助于区别不同性能的材料。如前所述，它可以用来测定重量分析中沉淀的适宜干燥温度。它可以鉴别样品在加热时逸出的气体，测定最后残留物的组成，由这些信息揭示样品的分解过程。

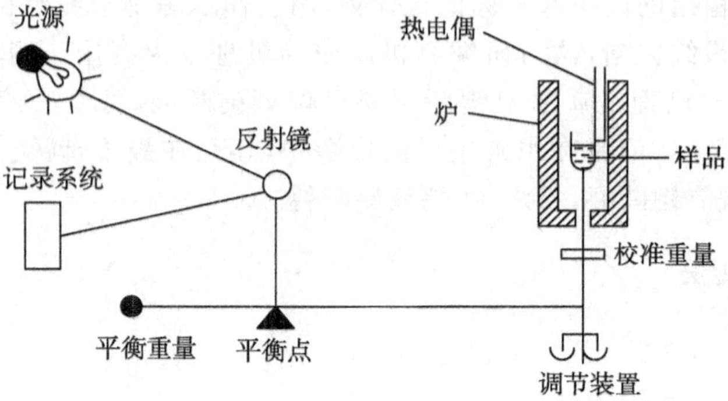

图 12-30　热天平结构

例如图 12-29 曲线 3，当加热 $CaC_2O_4 \cdot H_2O$ 时，它先失去结晶水，生成 CaC_2O_4；继续加热至 400℃，CO 逸出，生成 $CaCO_3$；加热至更高温度(约 800℃)，$CaCO_3$ 分解成 CaO 和 CO_2。热重法还可鉴别混合材料的组成及定量测定其中的组分。由图 12-29 曲线 4 知，当加热至 478℃～500℃时，发生以下反应：

$$MgC_2O_4 \cdot 2H_2O \longrightarrow MgO + CO + CO_2 + 2H_2O$$

若原样品的质量 2.50g，加热至 500℃时的重量为 1.04g，则失重为 1.46g。1g $MgC_2O_4 \cdot 2H_2O$ 加热至 500℃时失重 0.728g，因此原始样品中的 $MgC_2O_4 \cdot 2H_2O$ 为 1.46/0.728＝2.01(g)，则其百分含量为 2.01/2.50×100%＝80.4%

从图 12-29 可以看出，与样品失重过程相对应的温度范围相当宽，这给利用热重法来鉴别未知化合物带来困难，特别当两个化合物的分解温度范围十分靠近时尤其如此。

二、差热分析法

1. 基本原理

差热分析(Differential Thermal Analysis, DTA)就是以恒定的加热速率加热样品时，观察样品温度的变化速率，从而研究样品的相变和化学反应的方法。当缓慢加热样品，其温度以稳定速率上升。若发生了熔化这类的吸热反应，则尽管样品继续从环境中吸收热量，样品温度保持恒定，直至样品全部熔化。当温度恒定时，其变化速率则为零。失水、CO_2 的逸出、晶体结构的变化以及分解都是吸热反应。相变可以是吸热过程，也可以是放热过程。吸热反应需吸收热量，在差热图上出现负信号；放热反应则出现正信号。这种信号的测量方法是在程序控制温度的条件下，记录样品与参比物之间的温度差，而参比物则是一种在所测量的温度范围内不发生任何热效应的物质。

2. 仪器主要部件

差热分析的主要部件如图 12-31 所示。两个小坩埚置于金属块(如钢)中的相匹配的空穴内，坩埚内分别放置样品和参比物，参比物(如 Al_2O_3)的量与样品量相等。在盖板的中间空穴和左右两个空穴中分别插入热电偶，以测量金属块、样品和参比物的温度。金属块通过电加热而慢慢升温。由于两坩埚中热电偶产生的电信号方向相反，因此可以记录两者的温差。若两者温度虽然呈线性增加，但温差为零，则表明两者电信号正好相抵消，其输出信号亦为零。只要样品发生物理变化，就伴随热量的吸收和放出。例如碳酸钙分解时逸出 CO_2，它就从坩埚中吸收热量，其温度显然低于参比物，输出信号即为负信号。反之，若由于相变或失重导致热量的释放，样品温度高于参比物，此时输出信号即为正信号。

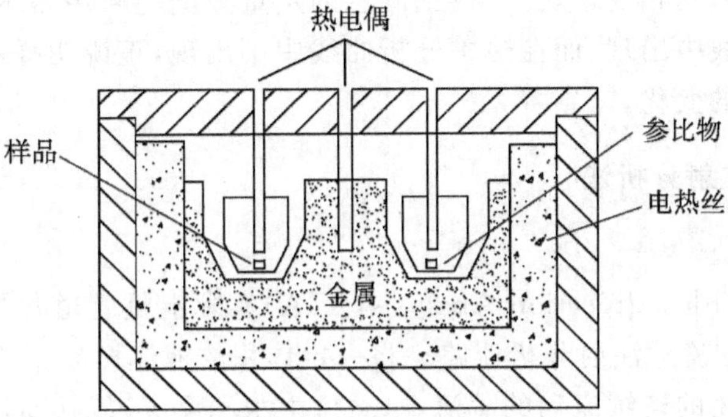

图 12-31 差热分析主要部件

3. 应用

差热分析法以及后面介绍的差示扫描量热法都有广泛应用，如研究材料的类型和物理与化学现象等。利用差热分析可以研究样品的分解或挥发，这类似于热重分析，但是它还可以研究那些不涉及到重量变化的物理变化，如结晶过程、相变、固态均相反应以及降解等。在以上这些变化中，放热或吸热反应使样品与参比物之间产生温差，由此就可以鉴别是放热还是吸热反应，也可以用来鉴别未知物材料，或测量在发生相变时所损失或增加的热量。

在差热分析曲线的温度突变部分，样品的重量不一定发生变化，如半晶体材料（高聚物）等。一种高聚物的物理性质，如强度和柔性决定于其结晶度。

利用未知物的差热分析曲线与已知物曲线进行比较，可以用来定性；通过测量在曲线突变时吸收或放出的热量可以进行定量分析。差热分析还可用于有机和药物工业中产品纯度的分析；可以对塑料工业废水中所含不同高聚物进行指印分析以及工业控制，如测定在烧结、熔融及其他热处理过程中发生的化学变化；可以鉴别不同类型的合成橡胶及合金组成；等等。

三、差示扫描量热法

差热分析法适宜于定性分析，但进行定量分析比较困难，因为有些参数不知道，如样品变化前后的比热和热导率，而且加热的速率、热电偶的位置以及其他仪器参数也会影响定量分析的准确性。为了获得准确的定量数据，应该使用差示扫描量热法（Differential Scanning Calorimetry，DSC）。差示扫描量热法的装置类似于差热分析装置，只是前者以差示量热计代替后者的加热炉，且样品和参比物独立加热。当参比物的温度以恒定速率上升时，在发生物理和化学变化之前，样品温度也以同样速率上升，两者之间不存在温差。当样品发生相变或失重时，它与参比物之间产生温差，从而在温差测量系统中产生电流。此电流又启动一继电器，使温度较低的样品（或参比）得到功率补偿，两者的温度再次相等。为维持样品和参比物的温度相等所要补偿的功率，相当于样品热量的变化。

由差示扫描量热法得到的分析曲线与差热分析的相同,只是更准确、更可靠。当补偿热输入样品,记录的是吸热变化;反之,补偿热输入参比物,记录的是放热变化。曲线上的峰面积代表输入热量,热容或热导率的差别不影响分析结果。利用差示扫描量热法可以测定反应焓;若实验能在绝热条件下进行,则还可以精确测量比热;通过测定熔点的降低值,还可以测定高纯有机物中的杂质。

差热分析可以检测相变,但为了得到满意的定量数据应采用差示扫描量热法。若吸热峰在差热分析曲线中出现,而在热重分析曲线中不出现,正说明样品发生了晶形转变,而不涉及任何重量的变化。

12-5-3 流动注射分析法

一、基本原理

流动注射分析(Flow Injection Analysis, FIA)实际上是管道化的连续流动分析法。图 12-32 为最简单的流动注射分析流路。将一定体积的液体样品(若被测组分为氯化物)间歇地注入一个密闭的连续流动的载流中,载流由水和反应试剂(如$Hg(SCN)_2$、Fe^{3+})组成。刚注入的呈"塞"状分布的样品被载流带入反应器而发生化学反应,生成某种可以被检测的物质。由于氯化物的存在,使 SCN^- 从 $Hg(SCN)_2$ 中释放出来,并与 Fe^{3+} 反应生成红色配合物,然后进入检测器,在 480nm 处测定吸光度,就可得到 Cl^- 浓度。为了考察重现性,每个样品重复四次,浓度为$(5\sim75)\times10^{-6}\mu g\cdot mL^{-1}$。28 次分析只耗时 23min。$R_{30}$和$R_{75}$分别是浓度为 $3.0\times10^{-5}\mu g\cdot mL^{-1}$和 $7.5\times10^{-5}\mu g\cdot mL^{-1}$的标准溶液的快速扫描曲线。虽然这两次注样时间(即 S_1 与 S_2 之间的时间差)只相隔 28s,但前一样品在检测器的流通池中残留量小于 1%。由此可见,流动注射分析法的最大优点是分析速度极快,速度最高时每小时可获得近千次分析结果,而且重现性好,相对标准偏差一般小于 1%。流动注射分析法还具有操作简便、仪器简单、试剂消耗量少(约 100~300μL),容易实现自动与其他分析技术联用的优点。

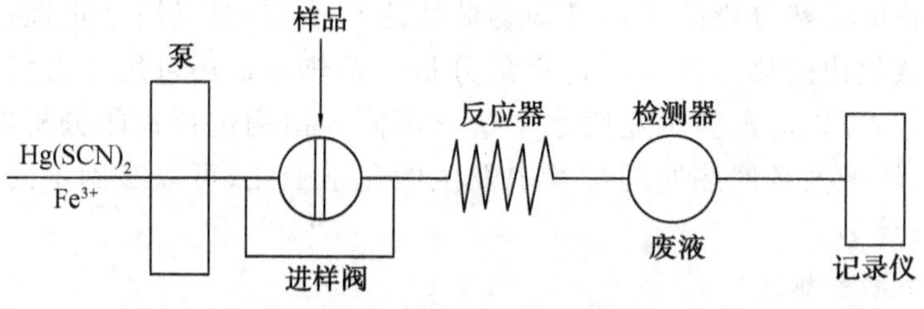

图 12-32 流动注射分析流路

二、流动注射分析仪

流动注射分析的仪器由泵、进样阀、反应器、检测器及记录仪等组成。

1. 泵

常用的泵为蠕动泵。这种泵依赖滚轮带动的滚柱挤压富有弹性、耐磨的塑料软管来驱动载液。当泵管夹于压盖与滚柱之间时,滚轮转动使泵管两个挤压点之间形成负压,将载流抽吸至管道内连续流动。滚柱滚动的线速度和泵管内径大小决定了载液的流量。这种泵结构简单、使用方便,且不与化学试剂直接接触,避免了化学腐蚀。通过调节泵速和泵管内径可获得所需载液速度。

2. 进样阀

进样方式有注射器注入和阀切换两种。后者较为常用，它类似于高效液相色谱仪的进样阀。

3. 反应器

流动注射分析使用的反应器有以下三种：

(1) 空管式反应器。这种反应器又可分为直管式和盘管式两种。直管式的内径为0.3～0.5mm，常以聚乙烯、聚丙烯或聚氯乙烯等制成。载流在管内的流动属层流。"样品塞"在迁移过程中的展宽是纵向扩散和径向扩散的综合结果。盘管式又称螺旋式。当载流在螺旋形管道内以较高速度流动时，由于离心力的作用，使"试样塞"的纵向扩散减小，展宽程度下降，因而提高了进样频率。展宽程度下降，检测灵敏度自然提高。

(2) 填充床反应器。这种反应器类似于色谱分析中的填充柱。管中填充惰性粒状填料，如玻璃珠。一般来说，填料直径越小，"样品塞"展宽程度越小。采用填充床反应器的优点是，样品与试剂在反应器内接触充分，反应时间延长，易获得较高灵敏度，但是载流通过的阻力大，需采用高压泵。

(3) 单珠串反应器。在管内填充颗粒直径约为管子直径60%～80%的大粒填料，因此极易得到规则的填充结构。这种反应器的展宽程度比空管式小10倍，进样频率高。反应器内径约0.5mm左右。单珠串反应器中的载流流动阻力不大，仍可采用普通蠕动泵作载流动力。

4. 检测器

流动注射分析中的检测器不少是借用高效液相色谱仪检测器的原理和技术。两者不同之处在于色谱检测器一般属通用性检测器，希望能同时检测尽可能多的物质，且具高灵敏度，而流动注射分析中的检测器则希望具有某种选择性。目前，流动注射分析常用的检测器有光学检测器(如紫外-可见分光光度检测器和荧光检测器等)和电化学检测器(如离子选择电极和安培检测器等)。

三、应用

流动注射分析的应用非常广泛，特别是在环境学、临床医学这两个领域中的应用最多。由于流动注射分析法快速、准确，且可与多种检测手段联用，它已成为环保部门的有力检测方法。例如雨水中的F^-含量的检测，可以用F^-选择电极作为流动注射分析的检测器，检测限为1.5×10^{-8}(质量分数，下同)，标准偏差小于3%，分析速度为每小时60次；河水、海水及井水中的PO_4^{3-}的检测可借助于磷钼蓝分光光度法作为检测手段进行流动注射分析，检测限达10^{-8}，分析速度为每小时30次；水样中的砷含量的分析，可以预先用硫酸肼将As(Ⅴ)还原成As(Ⅲ)，再用小型阳离子交换柱将过量肼除去，然后进行流动注射分析，用安培检测器检测，检测限为4.0×10^{-10}。

为了测定血清中的Ca^{2+}含量及pH，可将血清样品注入载流中，"样品塞"首先通过毛细管玻璃电极以测定pH，随之再流经Ca^{2+}选择电极，测得pCa。若借助于固定化葡萄糖氧化酶柱和安培法，就可以间接测定血清中的葡萄糖含量。葡萄糖经酶柱时发生以下反应：

$$\text{葡萄糖} + O_2 + H_2O \xrightarrow{\text{葡萄糖氧化酶}} H_2O_2 + \text{葡糖酸}$$

生成的 H_2O_2 用Pt电极即可以进行安培法检测，也可以用一支氧电极来监测氧含量的变化。葡萄糖氧化酶可以通过化学键合反应，键合到多孔玻璃珠上，以增加酶的稳定性。将流动注射分析技术与原子吸收光谱法结合可以测定接受锂治疗的病人血清中的锂含量。流动注射分析法也可以与电感耦合等离子体发射光谱法联用。将流动注射分析法与荧光光度分析法相结合，可以大大提高分析灵敏度。可以利用铽与EDTA、磺基水杨酸反应生成三元配合物的反应用荧光法测定矿石中的铽含量。其激发波长为320nm，测定波长为545nm。铽的含量为80pg·mL^{-1}时，其测量的相对标准偏差为4%，且各种金属离子不干扰。

习　题

1. 计算下列电极的电极电位(25℃)，并将其换算为相对于饱和甘汞电极的电位值。

(1) $Ag|Ag^+(0.001mol\cdot L^{-1})$

(2) $Ag,AgCl(s)|Cl(0.1mol\cdot L^{-1})$

(3) $Pt|Fe^{3+}(0.01mol\cdot L^{-1}),\ Fe^{2+}(0.001mol\cdot L^{-1})$

2. 计算下面的电池25℃时的电动势，并判断银极的极性。

$$Cu|Cu^{2+}(0.01mol\cdot L^{-1})\|Cl^-(0.01mol\cdot L^{-1})|AgCl(s),Ag$$

3. 用下面的电池测量溶液的pH：

$$玻璃电极|H^+(x\ mol\cdot L^{-1})\|SCE$$

用pH=4.00的缓冲溶液，25℃时测得电动势为0.209V。改用未知溶液代替缓冲溶液，测得电动势分别为0.312V,0.088V，计算未知溶液的pH。

4. 在25℃时，测得电池：$Hg,Hg_2Cl_2(s)|Cl^-\|M^{n+}|M$ 的电动势为0.100V，如果将 M^{n+} 浓度稀释50倍，电池电动势下降为0.050V，金属离子 M^{n+} 的电荷数 n 为何值？

*5. 将一支 ClO_4^- 选择电极插入50.00mL某高氯酸盐待测溶液，与饱和甘汞电极(为负极)组成电池，25℃时测得电动势为358.7mV，加入1.00mL $NaClO_4$ 标准溶液(0.0500mol·L^{-1})后，电动势变成346.1mV，求待测溶液中 ClO_4^- 的浓度？

*6. 用 Ca^{2+} 选择性电极测定 4.0×10^{-4} mol·L的 $CaCl_2$ 溶液的浓度，若溶液中存在0.20mol·L^{-1}的NaCl，计算：

(1) 由于NaCl的存在，所引起的相对误差是多少(已知 $K_{Ca^{2+},Na^+}=0.0016$)？

(2) 若要使得误差减小至2%，允许NaCl的最高浓度是多少？

*7. 设溶液中pBr=3,pCl=1。如果用溴离子选择性电极测定 Br^- 活度，将产生多大的误差？已知电极的选择性系数 $K_{Br^-,Cl^-}=6\times10^{-3}$。

*8. 用标准加入法测定离子浓度时，于100mL铜盐中加入1mL 0.1mol·L^{-1} $Cu(NO_3)_2$ 后，电动势增加4mV，求铜的原来的总浓度。

*9. 用一根3m长的色谱柱分离一对难分离物质，得如下图所示流出曲线。为了得到1.5的分离度，柱长最短为多少米？

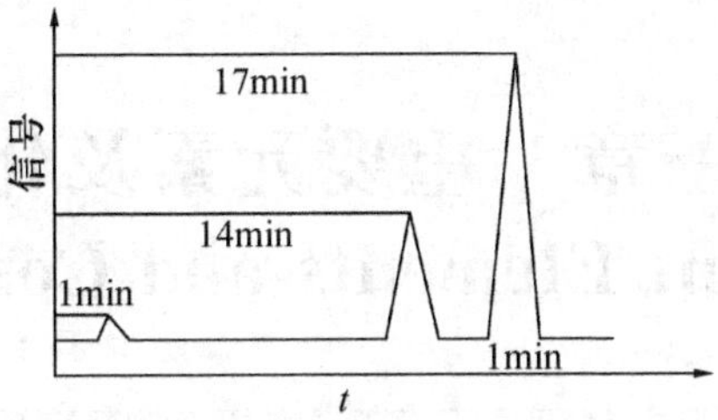

*10. 一根分配色谱柱，校正到柱温、柱压下的载气流速为 $43.75mL \cdot min^{-1}$，由固定液的涂量及固定液在柱温下的密度计算得到 $V_s = 14.1mL$。分离一个含有四个组分的样品，测得这些组分的保留时间：苯 1.41min，甲苯 2.65min，乙苯 4.18min，异丙苯 5.34min，空气为 0.24min。求：

(1) 死体积。并假定检测器及柱头等体积可以忽略。

(2) 这些组分的调整保留时间。

(3) 它们在此柱温下的分配系数。

(4) 相邻两组分的分配系数比。

*11. 冰醋酸的含水量测定，内标物为甲醇(AR)，重 0.4896g，冰醋酸重 52.16g，H_2O 峰高为 16.30cm，半峰宽为 0.239cm，计算该冰醋酸的含水量。(以峰面积表示的相对校正因子 $f_{水} = 0.55$，$f_{甲醇} = 0.58$；以峰高表示的相对校正因子 $f_{水} = 0.224$，$f_{甲醇} = 0.340$)

*12. 某色谱柱，固定相体积为 0.5mL，流动相体积为 2mL，流动相的流速为 $0.6mL \cdot min^{-1}$，组分 A 和 B 在该柱上的分配系数分别为 12 和 18，求 A 和 B 的保留时间和保留体积。

13. 在 2m 长的色谱柱上，测得某组分保留时间(t_R)6.6min，峰底宽(W_b)0.5min，死时间(t_0)1.2min，载气流速为 $40mL \cdot min^{-1}$，固定相体积 2.1mL，求：

(1) 容量因子。

(2) 死体积。

(3) 调整保留时间。

(4) 分配系数。

(5) 有效塔板高度。

*14. 在柱长 2m、5% 阿皮松柱、柱温 100℃、记录纸速为 $2.0cm \cdot min^{-1}$ 的实验条件下，测定苯的保留时间为 1.5min，半峰宽为 0.20cm，求理论塔板高度。

**15. Try to explain the theory of gas chromatography (GC).

**16. Why can SCE be used as the reference electrode?

**17. Which detector is the best one for the trace analysis of S^{2-} in beer with application of GC method?

第十三章　重要元素及化合物
(Important Elements and Compounds)

学习要求

1. 了解常见单质的物理性质、化学性质的一般规律,并能利用物质结构基础知识进行简单分析。
2. 了解典型氧化物、氯化物和氢氧化物等常见无机化合物的基本性质的一般特性及其变化规律。
3. 了解重要单质、化合物的典型应用及其与性质的关系。

13-1　金属元素
(Metal Element)

13-1-1　概 述

到1999年为止,已知元素有112种,其中金属元素有90种,非金属元素22种。其中93号以后的元素是用人工方法合成的。

金属通常可分为黑色金属与有色金属两大类。黑色金属包括铁、锰和铬及它们的合金,主要是铁碳合金(钢铁);有色金属是指除去铁、铬、锰之外的所有金属。

金属在自然界中分布很广。矿物、动植物和水中都或多或少含有它们的成分。通常将化学元素在地球化学系统中的平均含量称为丰度。由于美国人克拉克最早准确地测定了地壳内元素的平均含量,为了纪念他,通常把各元素在地壳中含量的百分比称为"克拉克值",如以质量百分数表示,就称为"质量克拉克值"或简称"克拉克值";如以原子百分数表示,则称为"原子克拉克值"。

各种金属的化学活泼性相差很大,因此,它们在自然界中存在的形式也各不相同。少数化学性质不活泼的元素,在自然界中以游离单质存在,活泼的元素总是以其稳定的化合物存在。可溶性化合物大都溶解在海水、湖水中,少数埋藏于不受流水冲刷的岩石下面。难溶的化合物则形成五光十色的岩石,构成坚硬的地壳。例如,自然界中的金、铂只有游离状态的,游离状态的银和铜比较少,游离的汞、锡等金属就更少。性质较活泼的一些轻金属仅以化合状态存在。一般轻金属常以氯化物、碳酸盐、磷酸盐、硅酸盐等盐类的形式存在,个别轻金属也有形成氧化物的。如常见的食盐(主要成分 NaCl)、光卤石、菱镁矿、重晶石、石膏等。重金属则主要形成氧化物和硫化物,也有形成碳酸盐的。重要的氧化物矿有:磁铁矿、褐铁矿、赤铁矿、软锰矿、锡石、赤铜矿等;重要的硫化物矿有:方铅矿、闪锌矿、辉铜矿、黄铜矿、黄铁矿等。此外还有大量各种硅酸盐矿物。

我国金属矿藏储量极为丰富,如铀、钨、钼、锡、锑、汞、铅、铁、金、银、菱镁矿和稀土等矿的储量居世界前列,铜、铝、锰矿的储量也居世界前列。

13-1-2　*s* 区金属(碱金属与碱土金属)

碱金属元素原子的价电子层结构为 ns^1。因此,碱金属元素只有+1 氧化态。碱金属原子最外层只有一个电子,次外层有 8 个电子(Li 原子次外层有 2 个电子),对核电荷的屏蔽效应较强,所以这一个价电子离核较远,特别容易失去,因此,各周期元素的第一电离能以碱金属为最低。与同周期的元素比较,碱金属原子体积最大,只有一个成键电子,在固体中原子间的引力较小,所以它们的熔点、沸点、硬度、升华热都很低,并随着 Li,Na,K,Rb,Cs 的顺序而下降。随着原子量的增加(即原子半径增加),电离能和电负性也依次降低。

碱金属元素在化合时,多形成离子键,但在某些情况下也显共价性。气态双原子分子,如 Na_2,Cs_2 等就是以共价键结合的。碱金属元素形成化合物时,锂的共价倾向最大,铯最小。

与碱金属元素比较,碱土金属最外层有 2 个 *s* 电子,次外层电子数目和排列与相邻的碱金属元素是相同的。由于核电荷相应增加了一个单位,电子受到的引力要强一些,所以碱土金属的原子半径比相邻的碱金属要小些,电离能要大些,较难失去第一个价电子。失去第二个价电子的电离能约为第一电离能的两倍。从表面上看碱土金属要失去两个电子而形成二价正离子似乎很困难,实际上生成化合物时所释放的晶格能足以使它们失去第二个电子。它们的第三电离能约为第二电离能的 4～8 倍,要失去第三个电子很困难,因此,它们的主要氧化数是+2 而不是+1 和+3。由于上述原因,所以碱土金属的金属活泼性不如碱金属。比较它们的标准电极电势数值,也可以得到同样的结论。在这两族元素中,它们的原了半径和核电荷都由上而下逐渐增大。其中,原子半径的影响是主要的,所以核对外层电子的引力逐渐减弱,失去电子的倾向逐渐增大,它们的金属活泼性由上而下逐渐增强。

一、氧化物

碱金属与氧化合可以形成多种氧化物,包括普通氧化物 M_2O、过氧化物 M_2O_2、超氧化物 MO_2 和臭氧化物 MO_3。碱金属在过量的空气中燃烧时,生成不同类型的氧化物,如锂生成氧化锂,钠生成过氧化钠,而钾、铷、铯则生成超氧化物。碱土金属燃烧时一般生成普通氧化物 MO,钙、锶、钡还可以形成过氧化物和超氧化物。

1. 普通氧化物

在空气中燃烧时,只有锂生成氧化锂(白色固体)。尽管在缺氧的空气中可以制得其他碱金属普通氧化物,但这种条件不易控制,所以其他碱金属的氧化物 M_2O 必须采用间接方法来制备。例如用金属钠还原过氧化钠,用金属钾还原硝酸钾,分别可以制得氧化钠(白色固体)和氧化钾(淡黄色固体):

$$Na_2O_2 + 2Na \xlongequal{} 2Na_2O$$

$$2KNO_3 + 10K \xlongequal{} 6K_2O + N_2\uparrow$$

碱土金属在室温或加热下,能和氧气直接化合而生成氧化物 MO,也可以从它们的碳酸盐或硝酸盐加热分解制得 MO,例如:

$$CaCO_3 \xlongequal{\triangle} CaO + CO_2\uparrow$$

$$2Sr(NO_3)_2 \xlongequal{\triangle} 2SrO + 4NO_2\uparrow + O_2\uparrow$$

2. 过氧化物

过氧化物 M_2O_2 中含有过氧化离子 O_2^{2-}，其结构为$[—O—O—]^{2-}$。其分子轨道式如下：

$$O_2^{2-}[KK(\sigma_{2s})^2(\sigma_{2s}^*)^2(\sigma_{2p})^2(\pi_{2p})^4(\pi_{2p}^*)^4]$$

成键和反键 π 轨道大致抵消，由填充 σ_{2p_x} 轨道的电子形成一个 σ 键，键级为 1。

碱金属最常见的过氧化物是过氧化钠，Na_2O_2 与水或稀酸反应而产生 H_2O_2，H_2O_2 立即分解放出氧气：

$$Na_2O_2+2H_2O=\!=\!=H_2O_2+2NaOH$$

$$Na_2O_2+H_2SO_4=\!=\!=H_2O_2+Na_2SO_4$$

$$2H_2O_2=\!=\!=2H_2O+O_2\uparrow$$

碱土金属的过氧化物以 BaO_2 较为重要。

3. 超氧化物

钾、铷、铯在过量的氧气中燃烧即得超氧化物 MO_2。超氧化物中含有超氧离子 O_2^-，其结构为：

$$[O\cdots O]^-$$

其分子轨道式为：$O_2^-[KK(\sigma_{2s})^2(\sigma_{2s}^*)^2(\sigma_{2p})^2(\pi_{2p})^4(\pi_{2p}^*)^3]$

在 O_2^- 中，有 13 个价电子，其中成键和反键轨道大致抵消，成键的$(\sigma_{2p})^2$ 构成一个 σ 键，成键的$(\pi_{2p})^2$ 和反键的$(\pi_{2p}^*)^1$ 构成一个三电子 π 键，键级为：$(2+2-1)/2=1.5$。

因超氧离子 O_2^- 有一个未成对的电子，故它具有顺磁性，并呈现出颜色。由于 O_2^- 的键级比 O_2 小，所以稳定性比 O_2 差。实际上超氧化物是强氧化剂，与水剧烈反应：

$$2MO_2+2H_2O=\!=\!=O_2+H_2O_2+2MOH$$

二、氢氧化物

碱金属氢氧化物的突出化学性质是强碱性。它们的水溶液和熔融物，既能溶解某些金属及其氧化物，也能溶解某些非金属及其氧化物。

$$2Al+2NaOH+6H_2O=\!=\!=2Na[Al(OH)_4]+3H_2\uparrow$$

$$Al_2O_3+2NaOH\xlongequal{熔融}2NaAlO_2+H_2O$$

$$Si+2NaOH+H_2O=\!=\!=Na_2SiO_3+2H_2\uparrow$$

$$SiO_2+2NaOH=\!=\!=Na_2SiO_3+H_2O$$

氢氧化钠能腐蚀玻璃，实验室盛氢氧化钠溶液的试剂瓶，应用橡皮塞，而不能用玻璃塞，否则存放时间较长，NaOH 就和瓶口玻璃中的主要成分 SiO_2 反应而生成黏性的 Na_2SiO_3，把玻璃塞和瓶口黏结在一起。

碱金属和碱土金属氢氧化物的碱性呈现有规律性的变化。同族元素的氢氧化物，由于金属离子(R)的电子层构型和电荷数均相同，其碱性强弱的变化，主要取决于离子半径的大小。所以碱金属、碱土金属氢氧化物的碱性，均随 R 离子半径的增大而增强。若把这两族同周期的相邻两个元素的氢氧化物加以比较，则碱性的变化规律可以概括为：从上到下碱性增强；从左到右碱性减弱。

三、盐类

碱金属和碱土金属的常见盐类有卤化物、碳酸盐、硝酸盐、硫酸盐和硫化物等。下面简单介绍几种重要的盐。

卤化物中用途最广的是氯化钠。氯化钠除供食用外，还是制取金属钠、氢氧化钠、碳酸钠、氯气和盐酸等多种化工产品的基本原料。冰盐混合物可作为制冷剂。

氯化钡为无色单斜晶体，一般为水合物二水氯化钡，加热至400K变为无水盐。氯化钡用于医药、灭鼠剂和鉴定硫酸根离子的试剂。氯化钡可溶于水。可溶性钡盐对人、畜都有害，对人的致死量为0.8g，切忌入口。

碱金属碳酸盐有两类：正盐和酸式盐。碳酸钠俗称苏打或纯碱，其水溶液因水解而呈碱性。它是一种重要的化工原料。碳酸氢钠俗称小苏打，其水溶液呈弱碱性，主要用于医药和食品工业，煅烧碳酸氢钠可得到碳酸钠。

硝酸钾在空气中不吸潮，在加热时有强氧化性，用来制黑火药。硝酸钾还是含氮、钾的优质化肥。

$Na_2SO_4 \cdot 10H_2O$俗称芒硝，它有很大的熔化热，是一种较好的相变储热材料的主要组分，可用于低温储存太阳能。白天它吸收太阳能而熔融，夜间冷却结晶就释放出热能。无水硫酸钠俗称元明粉，大量用于玻璃、造纸、水玻璃、陶瓷等工业中，也用于制硫化钠和硫代硫酸钠等。

$CaSO_4 \cdot 2H_2O$俗称生石膏，加热至393K左右部分脱水而成熟石膏$CaSO_4 \cdot 1/2H_2O$，这个反应是可逆的：

$$2CaSO_4 \cdot 2H_2O \xrightleftharpoons{393K} 2CaSO_4 \cdot 1/2H_2O + 3H_2O$$

熟石膏与水混合成糊状后放置一段时间会变成二水合盐，这时逐渐硬化并膨胀，故用以制模型、塑像、粉笔和石膏绷带等。石膏还是生产水泥和轻质建筑材料的原料之一。把石膏加热到773K以上，得到无水石膏，它不能与水化合。

重晶石可作白色涂料（钡白），在橡胶、造纸工业中作白色填料。硫酸钡是唯一的无毒钡盐，用于肠胃系统X射线造影剂。

七水硫酸镁为无色斜方晶体。加热至350K失去六分子水，在520K变为无水盐。硫酸镁微溶于醇，不溶于乙酸和丙酮，用作媒染剂、泻盐，也用于造纸、纺织、肥皂、陶瓷、油漆工业。

13-1-3 *p*区金属

周期系*p*区共包括10种金属元素：Al、Ga、In、Tl、Ge、Sn、Pb、Sb、Bi、Po。

*p*区金属的价电子构型为$ns^2np^{1\sim4}$，与*s*区元素一样，从上到下，原子半径逐渐增大，失电子趋势逐渐增大，元素的金属性逐渐增强。这里只简单介绍锗分族。

一、氧化物和氢氧化物

1. 氧化物

(1) 锡的氧化物。

在锡的氧化物中重要的为二氧化锡SnO_2，可以用金属锡在空气中燃烧而得到。它不溶于水，也难溶于酸或碱，但是与NaOH或Na_2CO_3和S共熔，可转变为可溶性盐：

$$SnO_2 + 2NaOH \xlongequal{熔融} Na_2SnO_3 + H_2O$$

$$SnO_2 + 2Na_2CO_3 + 4S \xlongequal{熔融} \underset{硫代锡酸钠}{Na_2SnS_3} + Na_2SO_4 + 2CO_2\uparrow$$

（2）铅的氧化物。

铅的氧化物除了有 PbO 和 PbO_2 以外，还有常见的混合氧化物 Pb_3O_4。PbO_2 是两性的，不过其酸性大于碱性。

$$PbO_2+2NaOH+2H_2O = Na_2Pb(OH)_6$$

Pb(Ⅳ)为强氧化剂，例如：

$$2PbO_2+2H_2SO_4 = 2PbSO_4+O_2\uparrow+2H_2O$$

2. 氢氧化物。

氢氧化物中，常见的是 $Sn(OH)_2$ 和 $Pb(OH)_2$。$Sn(OH)_2$ 既溶于酸又溶于强碱：

$$Sn(OH)_2+2HCl = SnCl_2+2H_2O$$

$$Sn(OH)_2+2NaOH = Na_2[Sn(OH)_4]$$

$Pb(OH)_2$ 也具有两性：

$$Pb(OH)_2+2HCl = PbCl_2+2H_2O$$

$$Pb(OH)_2+NaOH = Na[Pb(OH)_3]$$

二、卤化物

1. 四卤化物

常用的 MX_4 为 $GeCl_4$ 和 $SnCl_4$。这两种物质在常温下均为液态，它们在空气中因水解而发烟。$GeCl_4$ 是制取 Ge 或其他锗化合物的中间化合物，也是制光导纤维所需要的一种重要原料。$SnCl_4$ 用作媒染剂，是有机合成中氯化催化剂以及镀锡的试剂，通常用 Cl_2 与 $SnCl_2$ 反应而制得。从水溶液只能得到 $SnCl_4 \cdot 5H_2O$ 晶体。

2. 二卤化物

重要的 MX_2 有氯化亚锡 $SnCl_2$。将 Sn 与盐酸反应可以得到 $SnCl_2 \cdot 2H_2O$ 无色晶体。它是生产上和化学实验中常用的还原剂。例如，它能将汞盐还原为亚汞盐：

$$2HgCl_2+SnCl_2 = SnCl_4+Hg_2Cl_2\text{（白色）}$$

当 $SnCl_2$ 过量时，亚汞将被进一步还原为金属汞：

$$Hg_2Cl_2+SnCl_2 = SnCl_4+2Hg\text{（黑色）}$$

这个反应很灵敏，常用来检验 Hg^{2+} 或 Sn^{2+} 的存在。

因为 $SnCl_2$ 易于水解，所以配制 $SnCl_2$ 溶液时，先将 $SnCl_2$ 固体溶解在少量浓盐酸中，再加水稀释。为防止 Sn^{2+} 氧化，常在新配制的 $SnCl_2$ 溶液中加少量金属 Sn。$SnCl_2$ 的水解反应方程式如下：

$$SnCl_2+H_2O = Sn(OH)Cl\text{（白色）}+HCl$$

13-1-4 *ds* 区金属（Metals of *ds* Section）

周期系第一副族元素（也称为铜族元素）包括铜、银、金三种元素。它们的价电子层结构为 $(n-1)d^{10}ns^1$。从最外电子层来看它们和碱金属一样，都只有一个 *s* 电子，但是次外层的电子数不相同，铜族元素次外层为 18 个电子，碱金属次外层为 8 个电子（锂只有 2 个电子）。由于 18 电子层结构对核的屏蔽效应比 8 电子结构小得多，即铜族元素各原子的有效核电荷较多，所以本族金属原子最外层的一个 *s* 电子受核电荷的吸引比碱金属要强得多，因而相应的电离能高得多，原子半径小得多，密度大得多，等等。

铜族元素的氧化数有＋1，＋2，＋3 三种，而碱金属的氧化数只有＋1 一种。这是由于铜族元素最外层的 ns 电子和次外层的 $(n-1)d$ 电子的能量相差不大，如铜的第一电离能为 $750kJ \cdot mol^{-1}$，第二电离能为 $1970kJ \cdot mol^{-1}$，它与其他元素反应时，不仅 s 电子能参加反应，$(n-1)d$ 电子在一定条件下还可以失去一个到二个，所以呈现变价。碱金属如钠的第一电离能为 $499kJ \cdot mol^{-1}$，第二电离能为 $4591kJ \cdot mol^{-1}$，ns 与次外层 $(n-1)d$ 能量差很大，在一般条件下很难失去第二个电子，氧化数只能为+1。

铜族元素的第一电离能比碱金属大得多，铜族元素的标准电极电势数值上比碱金属的大。

本族元素性质变化的规律和所有副族元素一样，从上到下即按 Cu、Ag、Au 的顺序金属活泼性递减，与碱金属从 Na 到 Cs 的顺序恰好相反。这是因为从 Cu 到 Au，原于半径增加不大，而核电荷却明显增加，次外层 18 电子的屏蔽效应又较小，亦即有效核电荷对价电子的吸引力增大，因而金属活泼性依次减弱。由于 18 电子层结构的离子具有很强的极化力和明显的变形性，所以本族元素一方面容易形成共价性化合物，另一方面本族元素离子的 d、s、p 轨道能量相差不大，能级较低的空轨道较多，所以形成配合物的倾向也很显著。

一、铜族元素的主要化合物

1. 硫酸铜

五水硫酸铜俗名胆矾或蓝矾，是蓝色斜方晶体。硫酸铜在不同温度下，可以发生下列变化：

$$CuSO_4 \cdot 5H_2O \xrightarrow{375K} CuSO_4 \cdot 3H_2O \xrightarrow{386K} CuSO_4 \cdot H_2O \xrightarrow{531K} CuSO_4 \xrightarrow{923K} CuO$$

在蓝色的五水硫酸铜中，四个水分子以平面四边形配位在 Cu^{2+} 的周围，第五个水分子以氢键与硫酸根结合，SO_4^{2-} 在平面四边形的上面和下面，形成一个不规则的八面体。

无水硫酸铜为白色粉末，不溶于乙醇和乙醚，其吸水性很强，吸水后显出特征的蓝色。可利用这一性质来检验乙醇、乙醚等有机溶剂中的微量水分。也可以用无水硫酸铜从这些有机物中除去少量水分(作干燥剂)。

硫酸铜是制备其他含铜化合物的重要原料，在工业上用于镀铜和制颜料。在农业上同石灰乳混合得到波尔多液，通常的配方是：

$$CuSO_4 \cdot 5H_2O : CaO : H_2O = 1:1:100(\text{质量比})$$

波尔多液是农业上，尤其是果园中最常用的杀菌剂。

2. 硝酸银

硝酸银的是最重要的可溶性银盐。

硝酸银的熔点为 481.5K，加热到 713K 时分解。如有微量的有机物存在或日光直接照射即逐渐分解。因此硝酸银晶体或它的溶液应当装在棕色玻璃瓶中。

硝酸银遇到蛋白质即生成黑色蛋白银，因此它对有机组织有破坏作用，使用时不要用皮肤接触它。10%的 $AgNO_3$ 溶液在医药上作消毒剂和腐蚀剂。大量的硝酸银用于制造照相底片上的卤化银，另外它也是重要的化学试剂。

二、锌族元素的主要化合物

1. 硫化锌

硫化锌能溶于 $0.1mol \cdot L^{-1}$ 的盐酸，所以往中性锌盐溶液中通入硫化氢气体，ZnS 沉淀不完全，因为在沉淀过程中，H^+浓度增加，阻碍了 ZnS 进一步沉淀，但它不溶于醋酸。

硫化锌可用作白色颜料，它同硫酸钡共沉淀所形成的混合晶体 $ZnS \cdot BaSO_4$ 叫作锌钡白（立德粉），是一种优良的白色颜料。

ZnS 在 H_2S 气氛中灼烧，即转变为晶体。若在晶体 ZnS 中加入微量的 Cu，Mn，Ag 作活化剂，经光照后它能发出不同颜色的荧光，这种材料叫荧光粉，可制作荧光屏、夜光表、发光油漆等。

2. 氯化锌

无水氯化锌是白色容易潮解的固体，它的溶解度很大，吸水性很强，有机化学中常用它作去水剂和催化剂。

氯化锌的浓溶液，由于含有生成的配合物——二氯一氢氧根合锌(II)酸而具有显著的酸性，它能溶解金属氧化物：

$$ZnCl_2 + H_2O \xlongequal{\quad} H[ZnCl_2(OH)]$$

$$FeO + 2H[ZnCl_2(OH)] \xlongequal{\quad} Fe[ZnCl_2(OH)]_2 + H_2O$$

3. 氯化汞

汞有两种氯化物，即升汞 $HgCl_2$ 和甘汞 Hg_2Cl_2。

$HgCl_2$ 为白色针状晶体，微溶于水，有剧毒，内服 0.2～0.4g 可致死，医院里用 $HgCl_2$ 的稀溶液作手术刀、剪等的消毒剂。

Hg_2Cl_2 无毒，因味略甜，俗称甘汞，医药上作轻泻剂，化学上用以制造甘汞电极。它是一种不溶于水的白色粉末，在光的照射下，容易分解成汞和氯化汞。

$$Hg_2Cl_2 \xlongequal{\quad} HgCl_2 + Hg$$

所以应把氯化亚汞储存在棕色瓶中。

13-1-5　*d* 区金属

周期系中的 *d* 区元素称为过渡元素，又称过渡金属，其中第四周期又称第一过渡系，第五周期又称第二过渡系，第六周期又称第三过渡系，由锕到 112 号元素称为第四过渡系。

过渡元素原子的电子构型的特点是它们都具有未充满的 *d* 轨道（Pd 例外），最外层也仅有 1～2 个电子，它们原子的最外两个电子层都是未充满的，所以过渡元素通常是指价电子层结构为 $(n-1)d^{1\sim8}ns^{1\sim2}$ 的元素，即位于周期表 *d* 区的元素。

镧系和锕系各元素的最后一个电子依次填入外数第三层的 *f* 轨道上，它们的最外三个电子层都是不满的。由于电子构型上的特点，镧系和锕系元素又被称为内过渡元素。

在原子核外电子排布和元素周期系中已经指出，多电子原子的原子轨道能量变化是比较复杂的，由于在 4*s* 和 3*d*、5*s* 和 4*d*、6*s* 和 5*d* 轨道之间出现了能级交错现象，能级之间的能量差值较小，所以在许多反应中，过渡元素的 *d* 电子也可以部分或全部参与成键。

过渡元素氧化物（氢氧化物或水合氧化物）的碱性，同一周期中从左到右逐渐减弱，在高氧化态时表现为从碱到酸。例如 Sc_2O_3 为碱性氧化物，TiO_2 为具有两性的氧化物，CrO_3 是较强的酸酐（铬酸酐），而 Mn_2O_7 在水溶液中已成强酸了。Fe，Co 和 Ni 不能生成稳定的高氧化态的氧化物。此外，同一元素在高氧化态时酸性较强，随着氧化态的降低而酸性减弱（或碱性增强）。

一、钒的主要化合物

五氧化二钒是钒的重要化合物之一，为两性偏酸的氧化物，因此易溶于碱溶液而生成钒酸盐。

$$V_2O_5+6NaOH = 2Na_3VO_4+3H_2O$$

当五氧化二钒溶解在盐酸中时，钒(Ⅴ)能被还原成钒(Ⅳ)，并放出氯气。

$$V_2O_5+6HCl = 2VOCl_2+Cl_2\uparrow+3H_2O$$

五氧化二钒是一种重要的催化剂，用于接触法合成三氧化硫、芳香碳氢化合物的磺化反应和用氢还原芳香碳氢化合物等许多工艺中。

二、铬的主要化合物

1. 三氧化二铬

Cr_2O_3 微溶于水，呈现两性，不但溶于酸而且溶于强碱形成亚铬酸盐。

$$Cr_2O_3+3H_2SO_4 = Cr_2(SO_4)_3+3H_2O$$

$$Cr_2O_3+2NaOH = 2NaCrO_2+H_2O$$

CrO_3 的熔点为 440K，遇热不稳定，超过熔点便分解而放出氧气，最后产物是 Cr_2O_3，因此 CrO_3 是一种强氧化剂。

$$4CrO_3 = 2Cr_2O_3+3O_2\uparrow$$

2. 铬(Ⅲ)盐和亚铬酸盐

最重要的铬(Ⅲ)盐是硫酸铬和铬矾。

亚铬酸盐在碱性溶液中有较强的还原性。因此，在碱性溶液中，亚铬酸盐可被过氧化氢或过氧化钠氧化，生成铬(Ⅵ)酸盐。

$$2CrO_2^-+3H_2O_2+2OH^- = 2CrO_4^{2-}+4H_2O$$

3. 铬(Ⅵ)的化合物

工业上和实验室中常见的铬(Ⅵ)化合物是它的含氧酸盐，有铬酸钾 K_2CrO_4、铬酸钠 Na_2CrO_4、重铬酸钠 $Na_2Cr_2O_7$(俗称红矾钠)和重铬酸钾 $K_2Cr_2O_7$(俗称红矾钾)。其中以重铬酸钾和重铬酸钠最为重要。

重铬酸盐在酸性溶液中是强氧化剂。例如，在冷溶液中 $K_2Cr_2O_7$ 可以氧化 H_2S、H_2SO_3 和 HI；在加热时，可以氧化 HBr 和 HCl。这些反应中，$Cr_2O_7^{2-}$ 的还原产物都是 Cr^{3+} 的盐。

$$Cr_2O_7^{2-}+6I^-+14H^+ = 2Cr^{3+}+3I_2+7H_2O$$

$$Cr_2O_7^{2-}+3SO_3^{2-}+8H^+ = 2Cr^{3+}+3SO_4^{2-}+4H_2O$$

在分析化学中常用 $K_2Cr_2O_7$ 来测定铁：

$$K_2Cr_2O_7+6FeSO_4+7H_2SO_4 = 3Fe_2(SO_4)_3+Cr_2(SO_4)_3+K_2SO_4+7H_2O$$

实验室中所用的洗液是重铬酸钾饱和溶液和浓硫酸的混合物(往 $5gK_2Cr_2O_7$ 的热饱和溶液中加入 100mL 浓 H_2SO_4)，叫铬酸溶液，有强氧化性，用来洗涤化学玻璃器皿，以除去器壁上沾附的油脂层。洗液经使用后，棕红色逐渐转变成暗绿色。若全部变成暗绿色，说明 Cr(Ⅵ)已全部转化成为 Cr(Ⅲ)，洗液已失效。在酸性条件下，重铬酸钾还能与乙醇反应：

$$3CH_3CH_2OH+2K_2Cr_2O_7+8H_2SO_4 = 3CH_3COOH+2Cr_2(SO_4)_3+2K_2SO_4+11H_2O$$

利用该反应可检测司机是否酒后开车。

三、锰的主要化合物

1. 二氧化锰

唯一重要的锰(Ⅳ)化合物是二氧化锰 MnO_2，它是一种很稳定的黑色粉末状物质，不溶于水。许多锰的化合物都是用二氧化锰作原料而制得的。

二氧化锰在酸性介质中是一种强氧化剂，而氧化还原反应的结果是本身被还原成 Mn^{2+}。例如，MnO_2 与浓盐酸反应可得到氯气：

$$MnO_2 + 4HCl(浓) \xlongequal{\triangle} MnCl_2 + Cl_2\uparrow + 2H_2O$$

实验室中常用此反应制备氯气。

2. 高锰酸钾

锰(Ⅶ)的化合物中最重要的是高锰酸钾。

将固体的 $KMnO_4$ 加热到 473K 以上，$KMnO_4$ 就分解放出氧气，这也是实验室制备氧气的一个简便方法。

$$2KMnO_4 \xlongequal{\triangle} K_2MnO_4 + MnO_2 + O_2\uparrow$$

$KMnO_4$ 是最重要和常用的氧化剂之一。它被还原的产物因介质的酸碱性不同而有所不同。

在酸性溶液中，MnO_4^- 是很强的氧化剂。例如，它可以氧化 Fe^{2+}、I^-、Cl^- 等离子，还原产物为 Mn^{2+}。

$$MnO_4^- + 5Fe^{2+} + 8H^+ = Mn^{2+} + 5Fe^{3+} + 4H_2O$$

在微酸性、中性、微碱性溶液中 $KMnO_4$ 与还原剂反应生成 MnO_2。例如在中性或弱碱性介质中，$KMnO_4$ 与 K_2SO_3 的反应：

$$2KMnO_4 + 3K_2SO_3 + H_2O = 2MnO_2 + 3K_2SO_4 + 2KOH$$

在强碱性溶液中则被还原为锰酸盐：

$$2KMnO_4 + K_2SO_3 + 2KOH = 2K_2MnO_4 + K_2SO_4 + H_2O$$

高锰酸钾广泛用于滴定分析中测定一些过渡金属离子，如 Ti^{3+}、VO^{2+}、Fe^{2+} 以及过氧化氢、草酸盐、甲酸盐和亚硝酸盐等。它的稀溶液(0.1%)可以用于浸洗水果、碗、杯等，起消毒杀菌作用。5%$KMnO_4$ 溶液可治疗烫伤。

四、铁的主要化合物

1. 硫酸亚铁

七水硫酸亚铁晶体俗称绿矾，加热失水可得无水的硫酸亚铁(白色)，强热条件下则分解成三氧化二铁和硫的氧化物。

绿矾在空气中可逐渐风化而失去一部分水，并且表面容易风化为黄褐色碱式硫酸铁。因此，亚铁盐在空气中不稳定，易被氧化成铁(Ⅲ)盐。在溶液中，亚铁盐的氧化还原稳定性随介质不同而异：在酸性介质中，Fe^{2+} 较稳定，在碱性介质中则立即被氧化。因此在保存 Fe^{2+} 溶液时，应加入足够浓度的酸，必要时应加入几颗铁钉来阻止氧化。但是，即使在酸性溶液中，有强氧化剂如高锰酸钾、重铬酸钾、氯气等存在时，Fe^{2+} 也会被氧化成 Fe^{3+}。

亚铁盐在分析化学中是常用的还原剂，但通常使用的是它的复盐硫酸亚铁铵(摩尔盐)，它比绿矾稳定得多。

2. 三氯化铁

三氯化铁主要用于有机染料的生产上。在印刷制版中，它可用作铜版的腐蚀剂。即把铜版上需要去掉的部分和三氯化铁作用，使 Cu 变成 $CuCl_2$ 而溶解。

$$Cu + 2FeCl_3 = CuCl_2 + 2FeCl_2$$

此外，三氯化铁能引起蛋白质的迅速凝聚，所以在医疗上用作伤口的止血剂。

13-2 非金属元素
(Nonmetal Element)

13-2-1 概 述

在所有的化学元素中，非金属占 22 种。种类不多，但涉及的面却很广。

目前在生物体中已发现七十多种元素，其中六十余种含量很低。在含量较高的元素中半数以上是非金属，如 O、H、C、N、S、P、Si、Cl 等。因此，对非金属元素及其化合物的研究与生物等科学密切相关。

非金属元素与金属元素的根本区别在于原子的价电子层结构不同。多数金属元素原子的最外电子层上只有 1～2 个 s 电子，而非金属元素的情况比较复杂。H、He 分别有 1 个和 2 个电子，He 以外的稀有气体的价电子层结构为 ns^2np^6，共有 8 个电子，ⅢA 族到ⅦA族元素的价电子层结构为 $ns^2np^{1\sim5}$，即有 3～7 个价电子。金属元素原子的价电子较少，它们倾向于失去这些电子；而非金属元素原子的价电子较多，它们倾向于得到电子。

非金属元素和金属元素的区别，还反映在生成化合物的性质上。例如，金属元素一般都易形成阳离子，而非金属元素容易形成单原子或多原子阴离子。在常见的非金属元素中，F、Cl、Br、O、P、S 较活泼，而 N、B、C、Si 在常温下不活泼。活泼的非金属容易与金属元素形成卤化物、氧化物、硫化物、氢化物或含氧酸盐，等等。非金属元素彼此之间也可以形成卤化物、氧化物、氮化物、无氧酸和含氧酸等。绝大部分非金属氧化物显酸性，能与强碱作用。

13-2-2 卤 素

卤素是周期表ⅦA 族元素氟、氯、溴、碘、砹的通称。卤素原子的价电子层构型是 ns^2np^5，与稳定的 8 电子构型 ns^2np^6 比较，仅缺少一个电子，因此它们极易得到一个电子形成氧化数为－1 的稳定离子，故卤素单质都是氧化剂。

卤素的一些主要性质列于表 13-1 中。

从表 13-1 可见，卤原子的第一电离能都很大，这就决定了卤原子在化学变化中要失去电子成为阳离子是困难的。事实上卤素中仅电负性最小、半径最大的碘，略有这种趋势。

表 13-1　卤族元素的性质

元　素	氟(F)	氯(Cl)	溴(Br)	碘(I)
价电子层结构	$2s^2p^5$	$3s^23p^5$	$4s^24p^5$	$5s^25p^5$
氧化数	−1,0	−1,0,+1,+3,+5,+7	−1,0,+1,+3,+5,+7	−1,0,+1,+3,+5,+7
熔点/K	53.2	172.2	266	386.7
沸点/K	85.2	238.6	331.9	457.2
第一电离能/($kJ\cdot mol^{-1}$)	1681	1251	1139.9	1008
电子亲和能/($kJ\cdot mol^{-1}$)	322	348.7	324.5	295
电负性	4.0	3.0	2.8	2.5

卤素与电负性比它更大的元素化合时，只能通过共用电子对成键。在这类化合物中，卤原子（除氟外）都表现出正的氧化数。例如，卤素的含氧酸及其盐或卤素化合物（IF_7），它们表现的特征氧化数为+1、+3、+5、+7。以上氧化数之间的差数是 2，这是由于卤素原子的价电子（ns^2np^5）中，有 6 个电子已成对，一个电子未成对，当参加反应时，先是未成对电子参与成键，继而每拆开一对电子就形成两个共价键。

一、卤素单质

卤素单质皆为双原子分子，分子间存在着微弱的分子间作用力。随着分子量的增大，分子间的色散力也逐渐增强，因此卤素单质的熔点和沸点随着原子序数增大而升高。常温下，氟和氯是气体，溴是液体，碘是固体。

除氟外，其余卤素单质都能一定程度地溶于水，如形成的氯水、溴水。碘微溶于水，但易溶解在 KI，HI 和其他碘化物的溶液中，形成 I_3^-（$I^- + I_2 \rightleftharpoons I_3^-$）。利用这个性质可以配制较浓的碘的水溶液。实际上许多碘化物溶液的性质和碘溶液相同。

卤素单质的氧化能力和卤素离子（X^-）的还原能力的大小，可根据其标准电极电位值排列如下：

	氟	氯	溴	碘
$E^{\ominus}_{X_2/X^-}$	2.87	1.36	1.07	0.54
X_2 的氧化能力	$F_2 > Cl_2 > Br_2 > I_2$			
X^- 的还原能力	$F^- < Cl^- < Br^- < I^-$			

氟是最强的氧化剂，能将水氧化而放出氧气。

$$F_2 + H_2O \rightleftharpoons 2HF + \frac{1}{2}O_2$$

反应可以自发向右进行。从标准电极电位的数值判断，氯氧化水的反应也是可能的，但因反应的活化能很高，氯与水实际上并不发生和氟与水类似的反应，而是发生歧化反应。

$$Cl_2 + H_2O = H^+ + Cl^- + HClO$$

碘与水不能发生反应，因为碘是弱氧化剂，相反，空气中的氧能把溶液中的 I^- 氧化成 I_2。

二、卤化氢和氢卤酸

卤素都能与氢直接化合生成卤化氢。卤化氢都具有刺激性气味，皆为无色气体，易液化，易溶于水。卤化氢的一些重要性质列于表 13-2 中。

表 13-2　卤化氢的性质

卤化氢	HF	HCl	HBr	HI
气体分子偶极矩/(10^{-30}C·m)	1.91	1.04	0.79	0.38
气体分子的核间距/pm	92	128	141	162
熔点/K	190.1	158.4	186.3	222.5
沸点/K	292.7	188.3	206.4	273.8
291K,0.1mol·L^{-1}水溶液的表观电离度/%	10	92.6	93.5	95.0

卤化氢的水溶液称为氢卤酸,氢卤酸都是挥发性酸。氢氯酸、氢溴酸和氢碘酸皆为强酸,只有氢氟酸是弱酸,这是因为 HF 分子之间相互以氢键缔合的缘故。

酸的强度顺序是 HI＞HBr＞HCl＞HF。

从表 13-2 可见,卤化氢性质的递变具有一定规律,而卤素离子的半径是决定卤化氢性质的重要原因。HF 的性质(熔点、沸点)异常是因为氟元素的原子半径特别小,电负性很大,HF 分子的极性强,因此易形成氢键变为多分子缔合状态$(HF)_n$而造成的。

三、卤化物

卤素和电负性较小的元素生成的二元化合物叫卤化物。卤化物可分为金属卤化物和非金属卤化物两大类。非金属如硼、碳、硅、磷等的卤化物是以共价键结合的,熔点、沸点低,有挥发性,熔融时不导电,易溶于有机溶剂。金属卤化物可以看成是氢卤酸的盐,它们多为离子型卤化物,它们的性质随金属电负性、离子半径、电荷以及卤素本身的电负性不同而有很大差异。一般来说,随着金属离子半径减小、氧化数增大,同一周期元素卤化物的离子性依次降低,共价性依次增强。同一金属卤化物如 NaF、NaCl、NaBr、NaI 的离子性依次降低,共价性依次增强。

四、卤素的含氧酸及其盐

氟一般难以形成含氧酸,其他卤素都能生成含氧酸,见表 13-3。

表 13-3　卤素含氧酸

氧化数	Cl	Br	I
+1	HClO	HBrO	HIO
+3	$HClO_2$	$HBrO_2$	HIO_2
+5	$HClO_3$	$HBrO_3$	HIO_3
+7	$HClO_4$	$HBrO_4$	HIO_4, H_5IO_6, $H_4I_2O_9$

需要指出的是表 13-3 所列各酸中,HIO_2 是否存在尚待进一步证实,$HBrO_2$ 尚未获得纯态,$HClO_4$、HIO_3、HIO_4 和 H_5IO_6 可得到它们的固态,其他含氧酸只能存在于溶液中。

次卤酸都是极弱的酸,酸性强弱随卤素原子量递增而减弱。

	HClO	HBrO	HIO
$K_a^{\ominus}$	2.95×10^{-8}	2.06×10^{-9}	2.3×10^{-11}

次卤酸的氧化性都较强。次氯酸很不稳定,常用它的盐作氧化剂。如一般棉布漂白就是先将其浸入次氯酸钠溶液(或漂白粉溶液)中,再用稀酸处理。

$$ClO^- + H^+ \rightleftharpoons HClO$$

$$HClO + H^+ + 2e^- \rightleftharpoons Cl^- + H_2O \quad E^\ominus = 1.49V$$

该过程中由于产生了 HClO 而具有漂白作用。漂白粉也常作消毒剂。

卤酸都是强酸，也是强氧化剂。如氯酸能将单质碘氧化：

$$2HClO_3 + I_2 = 2HIO_3 + Cl_2$$

而氯酸盐溶液只有在酸性介质中才有氧化性，因为 H^+ 可以有效地提高氯酸盐的电极电位值。

$$ClO_3^- + 6H^+ + 6e^- \rightleftharpoons Cl^- + 3H_2O \quad E^\ominus = 1.45V$$

$$ClO_3^- + 3H_2O + 6e^- \rightleftharpoons Cl^- + 6OH^- \quad E^\ominus = 0.62V$$

氯酸钾常用来制作烟火和火柴，溴酸钾和碘酸钾作为氧化剂常应用于分析化学中。

13-2-3 氧和硫

一、氧和臭氧

氧单质有两种同素异形体，即 O_2 和 O_3（臭氧）。

室温下氧在酸性或碱性介质中显示出一定的氧化性，它的标准电极电位如下：

在酸溶液中 $O_2 + 4H^+ + 4e^- \rightleftharpoons 2H_2O \quad E^\ominus = 1.229V$

在碱溶液中 $O_2 + 2H_2O + 4e^- \rightleftharpoons 4OH^- \quad E^\ominus = 0.401V$

臭氧（O_3）存在于大气层的最上层，它是由于太阳对大气中氧气的强辐射作用而形成的。臭氧能吸收太阳的紫外辐射，从而提供了一个保护地面生物免受过强辐射的防御屏障——臭氧保护层。

在酸、碱溶液中臭氧的氧化能力较氧强。

酸性溶液中 $O_3 + 2H^+ + 2e^- \rightleftharpoons O_2 + H_2O \quad E^\ominus = 2.07V$

碱性溶液中 $O_3 + H_2O + 2e^- \rightleftharpoons O_2 + 2OH^- \quad E^\ominus = 1.24V$

在正常条件下，O_3 能氧化许多不活泼单质如 Hg，Ag 等，而 O_2 则不能。

由于臭氧的强氧化性，在环境保护方面可用于废气和废水的净化，还可用于饮用水的消毒，从而取代氯处理饮用水。

二、过氧化氢

纯的过氧化氢是一种无色的液体，与水相似。过氧化氢是一种弱酸，解离常数很小。

$$H_2O_2 \rightleftharpoons H^+ + HO_2^-$$

$$K_{a(1)} = \frac{c(H^+)c(HO_2^-)}{c(H_2O_2)} = 2.4 \times 10^{-12}$$

过氧化氢的重要性质是它的氧化还原反应，其标准电极电位图如下：

酸性介质（$E^\ominus$/V） $O_2 \xrightarrow{+0.682} H_2O_2 \xrightarrow{+1.776} H_2O$

碱性介质（$E^\ominus$/V） $O_2 \xrightarrow{-0.08} HO_2^- \xrightarrow{+0.87} OH^-$

H_2O_2 在酸性或碱性溶液中都是一种氧化剂，但在酸性溶液中其氧化性表现更为突出，如：

$$H_2O_2 + 2I^- + 2H^+ = I_2 + 2H_2O$$

析出的碘可用硫代硫酸钠滴定，测定 H_2O_2 的含量。

过氧化氢遇到更强的氧化剂时，在酸性或碱性溶液中，也可以作为还原剂，如：

$$2MnO_4^- + 5H_2O_2 + 6H^+ = 2Mn^{2+} + 5O_2\uparrow + 8H_2O$$

$$2MnO_4^- + 3HO_2^- + H_2O = 2MnO_2\downarrow + 3O_2\uparrow + 5OH^-$$

三、硫的化合物

1. 硫化氢和氢硫酸

硫化氢是一种无色有恶臭的有毒气体，若空气中含有0.1%就会使人丧失嗅觉，引起头痛、呕吐，吸入量较多时可以致死。空气中的硫化氢含量不得超过$0.01mg \cdot L^{-1}$。

硫化氢较易溶于水，硫化氢的水溶液称为氢硫酸。氢硫酸是二元弱酸，按下式解离：

$$H_2S \rightleftharpoons H^+ + HS^- \qquad K^{\ominus}_{a(1)} = 9.1\times10^{-8}$$

$$HS^- \rightleftharpoons H^+ + S^{2-} \qquad K^{\ominus}_{a(2)} = 1.1\times10^{-12}$$

碱金属、碱土金属的硫化物可溶于水，而其余的金属硫化物绝大多数难溶于水，而且有特征颜色，分析化学上常用此进行离子的分离和鉴定。例如SnS(棕色)、HgS(黑色)、FeS(黑色)、MnS(肉色)、ZnS(白色)、As_2S_3(黄色)、CdS(黄色)、Sb_2S_3(橙色)、Bi_2S_3(棕黑色)、PbS(黑色)。

硫化氢和硫化物具有还原性，它们的标准电极电位如下：

$$S + 2H^+ + 2e^- \rightleftharpoons H_2S \qquad E^{\ominus} = 0.141V$$

$$S + 2e^- \rightleftharpoons S^{2-} \qquad E^{\ominus} = -0.48V$$

硫化氢水溶液放置在空气中逐渐变浊，就是H_2S被空气中的O_2氧化析出单质S的缘故。

$$2H_2S + O_2 = 2H_2O + 2S\downarrow$$

H_2S和$KMnO_4$，$K_2Cr_2O_7$反应也有此现象。

$$2KMnO_4 + 3H_2SO_4 + 5H_2S = K_2SO_4 + 2MnSO_4 + 5S\downarrow + 8H_2O$$

$$K_2Cr_2O_7 + 4H_2SO_4 + 3H_2S = K_2SO_4 + Cr_2(SO_4)_3 + 3S\downarrow + 7H_2O$$

H_2S遇更强的氧化剂时可被氧化成亚硫酸或硫酸，如：

$$H_2S + 4Cl_2 + 4H_2O = H_2SO_4 + 8HCl$$

2. 硫的含氧化合物

硫的氧化物中以SO_2和SO_3最为重要，其相应的酸为H_2SO_3和H_2SO_4。

二氧化硫是强极性分子，在溶液中有一部分与水结合生成亚硫酸，而大量存在的是SO_2的水合物$SO_2 \cdot xH_2O$。它在溶液中存在下列平衡：

$$SO_2 \cdot xH_2O \rightleftharpoons HSO_3^- + H^+ + (x-1)H_2O \qquad K^{\ominus}_{a(1)} = 1.2\times10^{-2}$$

$$HSO_3^- \rightleftharpoons H^+ + SO_3^{2-} \qquad K^{\ominus}_{a(2)} = 1.1\times10^{-7}$$

亚硫酸为中强二元酸，可形成正盐和酸式盐。所有酸式盐均易溶于水，而其正盐，除碱金属及铵的亚硫酸盐易溶于水外，其他金属的亚硫酸盐均微溶于水。

在二氧化硫、亚硫酸及其盐中，硫的氧化数为+4。它既可作为氧化剂，也可作为还原剂。从下列标准电极电位看出，它的还原性较显著，尤其在碱性溶液中还原性更强。

酸性介质($E^{\ominus}$/V) $\qquad SO_4^{2-} \xrightarrow{+0.17} H_2SO_3 \xrightarrow{+0.45} S$

碱性介质($E^{\ominus}$/V) $\qquad SO_4^{2-} \xrightarrow{-0.93} SO_3^{2-} \xrightarrow{-0.66} S$

在酸性溶液中可与碘定量地反应：

$$SO_3^{2-} + H_2O + I_2 = SO_4^{2-} + 2H^+ + 2I^-$$

亚硫酸只有与较强的还原剂作用时才有显著的氧化效果，如：

$$H_2SO_3+2H_2S \xlongequal{} 3S\downarrow+3H_2O$$

三氧化硫是一种强氧化剂，能将碘化物氧化为单质碘。SO_3 又是强吸水剂，与水化合形成硫酸：

$$SO_3+H_2O \xlongequal{} H_2SO_4$$

浓硫酸是强氧化剂，加热时氧化能力更强，能和许多金属和非金属作用，本身被还原成 SO_2、S 和 H_2S。

$$C+2H_2SO_4(\text{浓}) \xlongequal{} CO_2\uparrow+2SO_2\uparrow+2H_2O$$

$$3Zn+4H_2SO_4(\text{浓}) \xlongequal{} 3ZnSO_4+S\downarrow+4H_2O$$

$$4Zn+5H_2SO_4(\text{浓}) \xlongequal{} 4ZnSO_4+H_2S\uparrow+4H_2O$$

硫酸是二元酸中酸性最强的，它的第一步解离是完全的，但第二步解离并不完全。

$$H_2SO_4 \xlongequal{} H^++HSO_4^-$$

$$HSO_4^- \rightleftharpoons H^++SO_4^{2-} \qquad K^{\ominus}_{a(2)}=1.2\times10^{-2}$$

所以硫酸也能生成酸式盐和正盐。除 $BaSO_4$、$CaSO_4$、$PbSO_4$、Ag_2SO_4 几乎不溶于水外，其余硫酸盐均易溶于水。

很多硫酸盐在工农业生产上有重要用途。如明矾 $Al_2(SO_3)\cdot K_2SO_4\cdot 24H_2O$ 可用作净水剂、造纸填充剂和媒染剂，胆矾 $CuSO_4\cdot 5H_2O$ 可用作消毒杀菌剂，绿矾 $FeSO_4\cdot 2H_2O$ 可用作农药。

3. 硫代硫酸钠

$Na_2S_2O_3\cdot 5H_2O$ 俗称大苏打，由于硫原子可以直接相连，硫代硫酸根可看成是 SO_4^{2-} 中的一个氧原子被硫原子所取代，其结构与 SO_4^{2-} 相似。

硫代硫酸钠是无色透明的晶体，易溶于水，在碱性溶液中比较稳定，遇到酸即分解而析出硫：

$$S_2O_3^{2-}+2H^+ \xlongequal{} SO_2\uparrow+S\downarrow+H_2O$$

硫代硫酸钠是一种常用的中等强度的还原剂，与弱氧化剂碘作用时被氧化成连四硫酸钠：

$$2S_2O_3^{2-}+I_2 \xlongequal{} S_4O_6^{2-}+2I^-$$

此反应是分析化学中碘量法的基础。

硫代硫酸根有很强的配位能力，例如：

$$2S_2O_3^{2-}+AgX \xlongequal{} [Ag(S_2O_3)_2]^{3-}+X^-$$

在照相技术上，就利用这种配位作用以除去底片上未感光的 AgBr。

13-2-4　氮、磷、砷

周期系 VA 族包括的氮、磷、砷、锑、铋五种元素称为氮族元素。其中半径较小的 N 和 P 是非金属元素，而随着原于半径的增大，Sb、Bi 过渡为金属元素，处于中间的 As 为准金属元素。因此本族元素在性质的递变上也表现出从典型的非金属到金属的一个完整过渡。

本族元素原子的价电子层结构为 ns^2np^3，与 VIIA、VIA 两族元素比较，本族元素要获得 3 个电子形成氧化数为－3 的离子是较困难的，与电负性较小的元素化合时，可以形成氧化数为−3的共价化合物，最常见的是氢化物，除N外其他元素的氢化物都不稳定。

本族元素的金属性比相应的ⅦA族、ⅥA族元素来得显著。本族元素与电负性较大的元素化合时主要形成氧化数为＋3、＋5的化合物。形成共价化合物是本族元素的特征。铋有较明显的金属性，它的氧化数为＋3的化合物比氧化数为＋5的化合物稳定。

一、氮及其化合物

氮主要以单质状态存在于空气中，约占空气组成的78%（以体积计）或75.5%（以质量计）。除了土壤中含有的一些铵盐、硝酸盐外，以无机化合物形式存在于自然界中的氮是很少的。氮主要存在于有机体中，它是组成动植物体的蛋白质的重要元素。

把空气中的氮气转化为可利用的含氮化合物的过程叫作固氮。如合成氨、人工固氮等。化学模拟生物固氮是现代科学技术的一个重大边缘领域，该领域的研究成果与农业、能源和环境保护密切相关，意义十分重大。化学模拟生物固氮研究工作的进展将促进生物化学、结构化学、合成化学、催化理论、量子化学、分析化学、仿生学以及许多技术科学的相互渗透和发展。

1. 氨

氨是氮的最重要的化合物之一。在氨分子中，氮原子采取 sp^3 不等性杂化，在四个杂化轨道中有三个轨道和三个氢原子结合形成三个 σ 键，另一个轨道为不成键的孤对电子所占，N—H 键之间的夹角为107°，故氨分子结构是三角锥形。

氨有微弱的解离作用：

$$2NH_3(液) \rightleftharpoons NH_2^- + NH_4^+ \qquad K=1.9\times10^{-30}(223K)$$

液氨作为溶剂的一个特点是它能溶解碱金属，金属在液氨中的活泼性比在水中低，很浓的碱金属溶液是强还原剂，可与溶于液氨的物质发生均相的氧化还原反应。

氨分子中氮原子上的孤对电子能与其他离子或分子形成共价配键，因此氨也是路易斯碱。例如，可以形成 $[Ag(NH_3)_2]^+$ 和 $BF\cdot NH_3$ 等氨的加合物。

氨与水作用实质上就是氨分子和水提供的质子以配位键相结合的过程。

$$NH_3 + H_2O \rightleftharpoons NH_4^+ + OH^-$$

不过氨溶解于水中主要形成水合分子，只有一小部分水合分子发生如上式的解离作用。

氨与酸作用可得到相应的铵盐。铵盐一般是无色的晶体，易溶于水。铵离子半径等于143pm，近似于钾离子(133pm)和铷离子(147pm)的半径。事实上铵盐的性质也类似于碱金属的盐，而且与钾盐或钠盐常是同晶，并有相似的溶解度，因此，在化合物的分类中，往往把铵盐和碱金属盐列在一起。

由于氨的弱碱性，铵盐都有一定程度的水解，由强酸形成的铵盐其水溶液显酸性。因此，在任何铵盐中加入碱并加热，就会释放出氨（检验铵盐的反应）。

固态铵盐加热时极易分解，一般分解为氨和相应的酸。如果酸是不挥发性的，则只有氨挥发出来，而酸或酸式盐则残留在容器中。

$$(NH_4)_2SO_4 = NH_3\uparrow + NH_4HSO_4$$

$$(NH_4)_3PO_4 = 3NH_3\uparrow + H_3PO_4$$

如果相应的酸有氧化性，则分解出来的 NH_3 会立即被氧化。例如 NH_4NO_3 的分解，由于硝酸的氧化性，因此受热分解的氨被氧化为一氧化二氮。

$$NH_4NO_3 = N_2O\uparrow + 2H_2O$$

如果加热温度高于 573K,则一氧化二氮又分解为 N_2 和 O_2。

由于这个反应生成大量的气体和热量,大量气体受热后体积大大膨胀,所以如果是在密闭容器个进行,就会发生爆炸。基于这种性质,NH_4NO_3 可用于制造炸药。

2. 氮的氧化物

氮和氧有多种不同的化合形式,在氧化物中氮的氧化数可以从+1 到+5,其中以一氧化氮和二氧化氮较为重要。

NO 共有 11 个价电子,其结构是由一个 σ 键、一个双电子 π 键和一个三电子 π 键组成。

在化学上这种具有奇数价电子的分子称为奇分子。通常奇分子都有颜色,而 NO 仅在液态和固态时呈蓝色。虽然它是奇分子,但缔合的趋势不明显,只在固态时有微弱的、很松弛的双聚体存在。

NO_2 是强氧化剂,碳、硫、磷等在 NO_2 中易起火,它和许多有机物的蒸气混合在一起就成为爆炸性的混合物。

3. 亚硝酸及其盐

亚硝酸很不稳定,仅存在于冷的稀溶液中,微热甚至冷时便分解为 NO、NO_2、H_2O。

亚硝酸是一种弱酸,但酸性比醋酸略强。

$$HNO_2 \rightleftharpoons H^+ + NO_2^-$$

亚硝酸和亚硝酸盐中,氮原子的氧化数处于中间氧化态,因此它既具有还原性,又有氧化性。例如,它在水溶液中能将 KI 氧化成单质碘。这个反应可以定量地进行,能用于测定亚硝酸盐。用不同的还原剂,HNO_2 可被还原成 NO、N_2O、NH_2OH、N_2 或 NH_3。当遇到强氧化剂如 $KMnO_4$,Cl_2 等时,亚硝酸盐则是还原剂,被氧化为硝酸盐。

NO_2^- 是一种很好的配体。如钴能与 NO_2^- 形成钴的亚硝酸根配离子。

4. 硝酸及其盐

硝酸是工业上重要的无机酸之一,在国防工业和国民经济中有着极其重要的用途。

纯硝酸是无色液体,沸点为 356K,在 231K 以下凝成无色晶体,与水可以任何比例混合。恒沸点溶液含硝酸为 69.2%,沸点为 394.8K,密度为 $1.42g \cdot mL^{-1}$,浓度约$16mol \cdot L^{-1}$,即一般市售的浓硝酸。浓硝酸受热或见光就会逐渐分解,使溶液显黄色。硝酸具有挥发性,86%以上的浓硝酸由于逸出的 NO_2 与水蒸气结合形成烟雾而称为发烟硝酸。

硝酸是一种强氧化剂,这是由于硝酸分子不稳定易分解放出氧和二氧化氮。

非金属元素如碳、硅、磷、碘等都能被硝酸氧化成氧化物或含氧酸。

除金、铂、铱、铑、钌、钛、铌、钽等金属外,硝酸几乎可氧化所有金属。某些金属如 Fe、Al,Cr 等能溶于稀硝酸,而不溶于冷的浓硝酸,这是因为这类金属表面被浓硝酸氧化形成一层致密的氧化膜,阻止了内部金属与硝酸进一步作用,我们称这种现象为“钝态”。经浓硝酸处理后的“钝态”金属,就不易再与稀酸作用。

硝酸作为氧化剂,可能被还原为较低氧化态的氮的化合物。一般情况下,浓硝酸总是被还原为 NO_2,稀硝酸通常被还原为 NO。

浓硝酸与浓盐酸的混合液(体积比为 1∶3)称为王水,可溶解硝酸所不能作用的金属,如:

$$Au + HNO_3 + 4HCl = HAuCl_4 + NO\uparrow + 2H_2O$$

$$3Pt + 4HNO_3 + 18HCl = 3H_2[PtCl_6] + 4NO\uparrow + 8H_2O$$

硝酸盐大多是无色易溶于水的晶体。硝酸盐水溶液没有氧化性。硝酸盐在常温下较稳定，但在高温时固体硝酸盐都会分解而显氧化性。硝酸盐热分解的产物决定于阳离子。碱金属和碱土金属的硝酸盐在加热后放出氧而转化为相应的亚硝酸盐。

二、磷及其化合物

磷在自然界中总是以磷酸盐的形式出现，如磷酸钙$Ca_3(PO_4)_2$、磷灰石$Ca_5F(PO_4)_3$。磷是生物体中不可缺少的元素之一。在植物体中磷主要存在于种子的蛋白质中，在动物体中则存在于脑、血液及神经组织的蛋白质中，大量的磷还以羟基磷灰石$Ca_5(OH)(PO_4)_3$的形式存在于脊椎动物的骨骼和牙齿中。

磷有多种同素异形体，如白磷、红磷和黑磷，常见的是白磷和红磷。

磷的燃烧产物是五氧化二磷，在氧气不足时，则生成三氧化二磷。五氧化二磷是磷酸的酸酐，三氧化二磷是亚磷酸的酸酐。根据蒸气密度的测定，三氧化二磷的分子式是P_4O_6，五氧化二磷的分子式是P_4O_{10}。P_4O_6分子中每个P原子上还有一对孤对电子会与氧结合，因此P_4O_6不稳定，可以继续被氧化为P_4O_{10}。P_4O_6分子中每个磷原子与四个氧原子组成一个四面体，并通过其中三个氧原子与另外三个四面体联结。P_4O_6的熔点为297K，沸点为447K。P_4O_6在空气中加热即转化为P_4O_{10}。

亚磷酸酐(P_4O_6)为白色晶体、剧毒，与冷水作用较慢生成亚磷酸，与热水作用生成磷酸和磷化氢：

$$P_4O_6 + 6H_2O(冷) = 4H_3PO_3$$

$$P_4O_6 + 6H_2O(热) = 3H_3PO_4 + PH_3\uparrow$$

磷酸酐(P_4O_{10})，白色粉末，与足量的热水作用，可生成正磷酸(通常称为磷酸)：

$$P_4O_{10} + 6H_2O(热) = 4H_3PO_4$$

P_4O_{10}的吸湿性很强，常用作干燥剂。

纯的磷酸是无色晶体，熔点315.5K，极易溶于水，市售磷酸含H_3PO_4约85%，为黏稠状溶液，密度为$1.69g\cdot cm^{-3}$。磷酸是一种无氧化性、非挥发的三元中强酸($K_{a(1)} = 7.52\times10^{-3}$，$K_{a(2)} = 6.23\times10^{-8}$，$K_{a(3)} = 2.2\times10^{-13}$)。

磷酸受强热时发生脱水作用，可生成焦磷酸、三磷酸或四聚偏磷酸等。例如：

$$2H_3PO_4 \xlongequal{\triangle} \underset{(焦磷酸)}{H_4P_2O_7} + H_2O$$

$$3H_3PO_4 \xlongequal{\triangle} \underset{(三磷酸)}{H_5P_3O_{10}} + 2H_2O$$

$$4H_3PO_4 \xlongequal{\triangle} \underset{(四聚偏磷酸)}{(HPO_3)_4} + 4H_2O$$

磷酸分三步解离：

$$H_3PO_4 \rightleftharpoons H^+ + H_2PO_4^- \rightleftharpoons 2H^+ + HPO_4^{2-} \rightleftharpoons 3H^+ + PO_4^{3-}$$

可生成三种相应的盐，即磷酸二氢盐、磷酸一氢盐和磷酸盐。所有的磷酸二氢盐均易溶于水，而磷酸一氢盐除钾、钠和铵盐外，一般难溶于水。

三、砷的重要化合物

三氧化二砷是重要的化合物，俗称砒霜，是剧毒的白色粉状固体，致死量为0.1g。可用于制造杀虫剂、除草剂以及含砷药物。As_2O_3 中毒时，可服用新制的 $Fe(OH)_2$（把 MgO 加入到 $FeSO_4$ 溶液中强烈摇动制得）悬浮液来解毒。As_2O_3 微溶于水，在热水中溶解度稍大，生成亚砷酸，亚砷酸仅存在于溶液中。As_2O_3 是两性偏酸性氧化物，因此它易溶于碱生成亚砷酸盐。

$$As_2O_3+6NaOH=\!=\!=2Na_3AsO_3+3H_2O$$

$$As_2O_3+6HCl=\!=\!=2AsCl_3+3H_2O$$

砷的氧化态为＋3 的亚砷酸盐是还原剂，能还原像碘这样弱的氧化剂：

$$AsO_3^{3-}+I_2+2OH^-=\!=\!=AsO_4^{3-}+2I^-+H_2O$$

上述反应与溶液的酸度有关，反应必须在弱酸性介质中才能进行。若在较强酸性溶液中反应的方向会发生改变，I_2 就不可能氧化 AsO_3^{3-}，因为电对 AsO_4^{3-}/AsO_3^{3-} 的电极电位随着溶液 pH 的增大而变小。

$$AsO_4^{3-}+2H^++2e=\!=\!=AsO_3^{3-}+H_2O \qquad E^{\ominus}=+0.58V$$

$$I_2+2e=\!=\!=2I^- \qquad E^{\ominus}=+0.54V$$

13-2-5　碳、硅、硼

碳与硅的价电子构型为 ns^2np^2，价电子数目与价电子轨道数相等，它们被称为等电子原子。硼的价电子层结构为 $2s^22p^1$，价电子数少于价电子轨道数，所以它是缺电子原子。这些元素的电负性大，要失去价电子层上的 1～2 个 p 电子成为正离子很困难，它们倾向于将 s 电子激发到 p 轨道而形成较多的共价键，所以碳和硅的常见氧化态为＋4，硼为＋3。

一、碳的化合物

碳有许多氧化物，已见报道的有 CO、CO_2、C_3O_2、C_4O_3、C_5O_2 及 $C_{12}O_9$，其中常见的是 CO 和 CO_2。

1. 一氧化碳

CO 的偶极矩几乎为零。因为从原子的电负性看，电子云偏向氧原子，可是形成配键的电子对是氧原子提供的，碳原子略带负电荷，而氧原子略带正电荷，这与电负性的效果正好相反，相互抵消，所以 CO 的偶极矩几乎为零。这样 CO 分子中的碳原子上的孤对电子易进入其他有空轨道的原子，与之形成配键。CO 作为一种配体，能与一些有空轨道的金属原子或离子形成配合物。

CO 之所以对人体有害也是因为它能与血液中携带 O_2 的血红蛋白（Hb）形成稳定的配合物 COHb。CO 与 Hb 的亲和力约为 O_2 与 Hb 的 230～270 倍。COHb 配合物一旦形成，就使血红蛋白丧失了输送氧气的能力，所以 CO 中毒将导致组织低氧症。

2. 二氧化碳

CO_2 不活泼，但在高温下，能与碳或活泼金属镁、钠等作用：

$$CO_2+2Mg=\!=\!=2MgO+C$$

$$2Na+2CO_2=\!=\!=Na_2CO_3+CO$$

由于 CO_2 的化学性质不活泼，比重又大，因此它还用作灭火剂。

CO_2 溶于水生成碳酸 H_2CO_3（约 $0.033mol\cdot L^{-1}$）。它是一种二元弱酸，在水中分步电离：

$$CO_2 + H_2O \rightleftharpoons H_2CO_3$$

$$H_2CO_3 \rightleftharpoons H^+ + HCO_3^- \qquad K^{\ominus}_{a(1)} = 4.3\times10^{-7}$$

$$HCO_3^- \rightleftharpoons H^+ + CO_3^{2-} \qquad K^{\ominus}_{a(2)} = 5.6\times10^{-11}$$

上述解离常数是假定溶于水中的 CO_2 全部转化为 H_2CO_3 的计算结果。但实际上，在水中只有一小部分形成 H_2CO_3。经测定，在饱和 CO_2 的水溶液中，298K 时，$\frac{c(CO_2)}{c(H_2CO_3)}\approx600$。若根据实际 H_2CO_3 浓度计算，$K_{a(1)}$ 应大些(约为 $10^{-3.5}$)。

从 H_2CO_3 的 $K_{a(1)}$ 和 $K_{a(2)}$ 值看出，H_2CO_3 是一个很弱的二元酸，它在水溶液中主要解离为 H^+ 和 HCO_3^-，仅有极少量的 CO_3^{2-}。由于 H_2CO_3 是二元酸，因此它能形成两种类型的盐，碳酸盐和酸式碳酸盐。钾、钠、铵的碳酸盐都易溶于水，其他金属的碳酸盐都难溶于水，而大部分酸式盐能溶于水。碳酸盐溶于水后，由于 CO_3^{2-} 水解而使溶液显碱性，HCO_3^- 水溶液显弱碱性。所以碱金属碳酸盐溶液和水解性的金属离子作用时，往往促使金属离子水解，最后得到的是碱式碳酸盐或氢氧化物沉淀，如：

$$2Cu^{2+} + 2CO_3^{2-} + H_2O = Cu_2(OH)_2CO_3\downarrow + CO_2$$

$$2Al^{3+} + 3CO_3^{2-} + 3H_2O = 2Al(OH)_3\downarrow + 3CO_2$$

大多数碳酸盐高温煅烧时，能分解为金属氧化物和二氧化碳，如：

$$CaCO_3 \xlongequal{\triangle} CaO + CO_2\uparrow$$

二、硅的重要化合物

二氧化硅是硅的重要化合物之一，有晶体和无定形体两种状态。在二氧化硅的结构中，基本结构单位是四面体形的 SiO_4 原子团，叫作硅氧四面体。结晶态的二氧化硅称为石英，六角柱形，无色透明的叫水晶，混有杂质的细小石英颗粒就是砂子。在石英中，硅原子是 sp^3 杂化，以四个单键分别连接着四个氧原子，每个氧原子皆与两个 Si 原子相连，为两个硅氧四面体所共有，每个硅原子皆为四个氧原子所包围。这种 Si—O 键在空间不断重复，形成具有空间网络结构的巨型分子。在这种结构中，Si 和 O 原子数之比是 1∶2，所以二氧化硅的化学式是 SiO_2。无定形二氧化硅也由硅氧四面体连接，但不像晶体那样有规律，而是杂乱排列的。

SiO_2 除可溶于氢氟酸外，不溶于其他酸。

$$SiO_2 + 4HF = SiF_4\uparrow + 2H_2O$$

二氧化硅相应的酸为硅酸，常以通式 $xSiO_2\cdot yH_2O$ 表示。硅酸是很弱的二元酸，$K^{\ominus}_{a(1)} = 2.2\times10^{-10}$，$K^{\ominus}_{a(2)} = 2\times10^{-12}$。硅酸脱水后，经加电解质及烘干等处理，便得到硅胶。硅胶是白色、半透明、多孔隙、具有高度吸附能力的固体，可广泛用作吸附剂、干燥剂和某些催化剂的载体。如果在硅胶中加入氯化亚钴($CoCl_2$)，则可得到变色硅胶。

三、硼的重要化合物

1. 硼酸

硼酸是一种一元弱酸。它之所以有酸性并不是因为它本身给出质子，而是由于硼是缺电子原子，它加合了来自水分子的 OH^-(其中氧原子有孤对电子)而释放出 H^+。

利用硼酸的这种缺电子性质，若加入多羟基化合物(如甘油或甘露醇)，由于能生成稳定配合物，则可使硼酸的酸性增强。

硼酸被大量地用于玻璃和陶瓷工业。因为它是弱酸，对人体的受伤组织有和缓的防腐消毒作用，为医药上常用的消毒剂之一。硼酸也是减少排汗的收敛剂，为痱子粉的成分之一。此外，它还用于食物防腐。

2. 硼砂

最常用的硼酸盐即硼砂。硼砂是无色半透明的晶体或白色结晶粉末。在它的晶体中，$[B_4O_5(OH)_4]^{2-}$ 通过氢键连接成链状结构，链与链之间通过 Na^+ 以离子键结合，水分子存在于链之间。所以硼砂的分子式按结构应写为 $Na_2B_4O_5(OH)_4 \cdot 8H_2O$。

硼砂在干燥空气中容易风化，加热到 623～673K 时，成为无水盐，继续升温至 1151K，则熔为玻璃状物。它风化时首先失去链之间的结晶水，温度升高，则链与链之间的氢键因失水而被破坏，形成牢固的偏硼酸骨架。

硼砂同 B_2O_3 一样，在熔融状态能溶解一些金属氧化物，并依金属的不同而显出特征的颜色（硼酸也有此性质）。例如：

$$Na_2B_4O_7 + CoO = 2NaBO_2 \cdot Co(BO_2)_2 \text{（蓝宝石色）}$$

因此，在分析化学中可以用硼砂来做"硼砂珠试验"以鉴定金属离子。此性质也被应用于搪瓷和玻璃工业（上釉、着色并耐高温）和焊接金属（去掉金属表面的氧化物）。硼砂还用于制特种光学玻璃和人造宝石。硼砂的水溶液，由于水解而显强碱性，所以硼砂除了前面提过的用途以外，它还是肥皂和洗衣粉的填料。

习　题

**1. 氯化亚铜、氯化亚汞都是反磁性物质。问该用 CuCl、HgCl 还是 Cu_2Cl_2、Hg_2Cl_2 表示其组成？为什么？

**2. 试用实验事实说明 $KMnO_4$ 的氧化能力比 $K_2Cr_2O_7$ 强，写出有关反应方程式。

**3. 说明 I_2 易溶于 CCl_4、KI 溶液的原因。

**4. 已知 Pb(Ⅳ)是强氧化剂，则 Pb(Ⅱ)的还原能力如何？

**5. 当把 $BiCl_3$ 溶于盐酸形成的溶液用纯水稀释时，有白色沉淀生成，写出反应的化学方程式并解释这一现象。

**6. Suggest three tests which can be used to distinguish between a metal and a nonmetal.

**7. Select the strongest and the weakest acid in each of the following sets：

(1) HBr、HF、H_2Te、H_2Se、PH_3、H_2O

(2) HClO、HIO、H_3PO_3、H_2SO_3、H_3AsO_3

** 8. What factors are responsible for the difference in the properties of CO_2 and SiO_2?

附　　录

附录一　一些重要的物理常数

真空中的光速	$c=2.99792458\times10^{8}\,m\cdot s^{-1}$
电子的电荷	$e=1.60217733\times10^{-19}\,C$
原子质量单位	$\mu=1.6605402\times10^{-27}\,kg$
质子静质量	$m_p=1.6726231\times10^{-27}\,kg$
中子静质量	$m_b=1.6749543\times10^{-27}\,kg$
电子静质量	$m_e=9.1093897\times10^{-31}\,kg$
理想气体摩尔体积	$V_m=2.241410\times10^{-2}\,m^3\cdot mol^{-1}$
摩尔气体常数	$R=8.314510\,J\cdot mol^{-1}\cdot K^{-1}$
阿佛伽德罗常数	$N_A=6.0221367\times10^{23}\,mol^{-1}$
里德堡常数	$R_{LD}=1.0973731534\times10^{7}\,m^{-1}$
法拉第常数	$F=9.6485309\times10^{4}\,C\cdot mol^{-1}$
普朗克常数	$h=6.6260755\times10^{-34}\,J\cdot s$
玻尔兹曼常数	$\kappa=1.380658\times10^{-23}\,J\cdot K^{-1}$

附录二　一些物质的 $\Delta_f H_m^\ominus$、$\Delta_f G_m^\ominus$ 和 $S_m^\ominus$(298.15K)

物　质	$\Delta_f H_m^\ominus/(kJ\cdot mol^{-1})$	$\Delta_f G_m^\ominus/(kJ\cdot mol^{-1})$	$S_m^\ominus/(J\cdot K^{-1}\cdot mol^{-1})$
Ag(s)	0	0	42.6
Ag^+(aq)	105.4	76.98	72.8
AgCl(s)	−127.1	−110	96.2
AgBr(s)	−100	−97.1	107
AgI(s)	−61.9	−66.1	116
$AgNO_2$(s)	−45.1	19.1	128
$AgNO_3$(s)	−124.4	−33.5	141
Ag_2O(s)	−31.0	−11.2	121
Al(s)	0	0	28.3
Al_2O_3(s,刚玉)	−1676	−1582	50.9
Al^{3+}(aq)	−531	−485	−322
AsH_3(g)	66.4	68.9	222.67
AsF_3(l)	−821.3	−774.0	181.2
As_4O_6(s,单斜)	−1313.9	−1152.4	214.2

续表

物　质	$\Delta_f H_m^\ominus$/(kJ·mol^{-1})	$\Delta_f G_m^\ominus$/(kJ·mol^{-1})	$S_m^\ominus$/(J·K^{-1}·mol^{-1})
Au(s)	0	0	47.3
Au_2O_3(s)	80.8	163	126
B(s)	0	0	5.85
B_2H_6(g)	35.6	86.6	232
B_2O_3(s)	−1272.8	−1193.7	54.0
$B(OH)_4^-$(aq)	−1343.9	−1153.1	102.5
H_3BO_3(g)	−1094.5	−969.0	88.8
Ba(s)	0	0	62.8
Ba^{2+}(aq)	−537.6	−560.7	9.6
BaO(s)	−553.5	−525.1	70.4
$BaCO_3$(s)	−1216	−1138	112.1
$BaSO_4$(s)	−1473	−1362	132
Br_2(g)	30.91	3.14	245.35
Br_2(l)	0	0	152.2
Br^-(aq)	−121	−104	82.4
HBr(g)	−36.4	−53.6	198.7
$HBrO_3$(aq)	−67.1	−18	161.5
C(s,金刚石)	1.9	2.9	2.4
C(s,石墨)	0	0	5.73
CH_4(g)	−74.8	−50.8	186.2
C_2H_4(g)	52.3	68.2	219.4
C_2H_6(g)	−84.68	−32.86	229.5
C_2H_2(g)	226.75	209.20	200.82
CH_2O(g)	−108.6	−102.5	218.7
CH_3OH(g)	−201.2	−161.9	238
CH_3OH(l)	−238.7	−166.4	127
CH_3CHO(g)	−166.4	−133.7	266
C_2H_5OH(g)	−235.3	−168.6	282
C_2H_5OH(l)	−277.6	−174.9	161
CH_3COOH(l)	−484.5	−390	160
$C_6H_{12}O_6$(s)	−1274.4	−910.5	212
CO(g)	−110.5	−137.2	197.6
CO_2(g)	−393.5	−394.4	213.6
Ca(s)	0	0	41.4
Ca^{2+}(aq)	−542.7	−535.5	−53.1
CaO(s)	−635.1	−604.2	39.7

续表

物 质	$\Delta_f H_m^\ominus/(kJ \cdot mol^{-1})$	$\Delta_f G_m^\ominus/(kJ \cdot mol^{-1})$	$S_m^\ominus/(J \cdot K^{-1} \cdot mol^{-1})$
$CaCO_3$(s,方解石)	−1206.9	−1128.8	92.9
CaC_2O_4(s)	−1360.6	—	—
$Ca(OH)_2$(s)	−986.1	−896.8	83.39
$CaSO_4$(s)	−1434.1	−1321.9	107
$CaSO_4 \cdot 1/2H_2O$(s)	−1577	−1437	130.5
$CaSO_4 \cdot 2H_2O$(s)	−2023	−1797	194.1
Ce^{3+}(aq)	−700.4	−676	−205
CeO_2(s)	−1083	−1025	62.3
Cl_2(g)	0	0	223
Cl^-(aq)	−167.2	−131.3	56.5
ClO^-(aq)	−107.1	−36.8	41.8
HCl(g)	−92.5	−95.4	186.6
HClO(aq,非解离)	−121	−79.9	142
$HClO_3$(aq)	104.0	−8.03	162
$HClO_4$(aq)	−9.70	—	—
Co(s)	0	0	30.0
Co^{2+}(aq)	−58.2	−54.3	−113
$CoCl_2$(s)	−312.5	−270	109.2
$CoCl_2 \cdot 6H_2O$(s)	−2115	−1725	343
Cr(s)	0	0	23.77
CrO_4^{2-}(aq)	−881.1	−728	50.2
$Cr_2O_7^{2-}$(aq)	−1490	−1301	262
Cr_2O_3(s)	−1140	−1058	81.2
CrO_3(s)	−589.5	−506.3	—
$(NH_4)_2Cr_2O_7$(s)	−1807	—	—
Cu(s)	0	0	33
$(NH_4)_2Cr_2O_7$(s)	−1807	—	—
Cu(s)	0	0	33
Cu^+(aq)	71.5	50.2	41
Cu^{2+}(aq)	64.77	65.52	−99.6
Cu_2O(s)	−169	−146	93.3
CuO(s)	−157	−130	42.7
$CuSO_4$(s)	−771.5	−661.9	109
$CuSO_4 \cdot 5H_2O$(s)	−2279.7	−1880	300
F_2(g)	0	0	202.7
F^-(aq)	−333	−279	−14

续表

物　质	$\Delta_f H_m^\ominus$/(kJ·mol^{-1})	$\Delta_f G_m^\ominus$/(kJ·mol^{-1})	$S_m^\ominus$/(J·K^{-1}·mol^{-1})
HF(g)	−271	−273	174
Fe(s)	0	0	27.3
Fe^{2+}(aq)	−89.1	−78.6	−138
Fe^{3+}(aq)	−48.5	−4.6	−316
FeO(s)	−272	—	—
Fe_2O_3(s)	−824	−742.2	87.4
Fe_3O_4(s)	−1184	−1015	146
$Fe(OH)_2$(s)	−569	−486.6	88
$Fe(OH)_3$(s)	−823.0	−696.6	107
H_2(g)	0	0	130
H^+(aq)	0	0	0
H_2O(g)	−241.8	−228.6	188.7
H_2O(l)	−285.8	−237.2	69.91
H_2O_2(l)	−187.8	−120.4	109.6
OH^-(aq)	−230.0	−157.3	−10.8
Hg(l)	0	0	76.1
Hg^{2+}(aq)	171	164	−32
$Hg_2{}^{2+}$(aq)	172	153	84.5
HgO(s,红色)	−90.83	−58.56	70.3
HgO(s,黄色)	−90.4	−58.43	71.1
HgI_2(s,红色)	−105	−102	180
HgS(s,红色)	−58.1	−50.6	82.4
I_2(s)	0	0	116
I_2(g)	62.4	19.4	261
I^-(aq)	−55.19	−51.59	111
Hl(g)	26.5	1.72	207
HlO_3(s)	−230	—	—
K(s)	0	0	64.7
K^+(aq)	−252.4	−283	102
KCl(s)	−436.8	−409.2	82.59
K_2O(s)	−361	—	—
K_2O_2(s)	−494.1	−425.1	102
Li^+(aq)	−278.5	−293.3	13
Li_2O(s)	−597.9	−561.1	37.6
Mg(s)	0	0	32.7
Mg^{2+}(aq)	−466.9	−454.8	−138

续表

物　质	$\Delta_f H_m^{\ominus}$/(kJ·mol^{-1})	$\Delta_f G_m^{\ominus}$/(kJ·mol^{-1})	$S_m^{\ominus}$/(J·K^{-1}·mol^{-1})
$MgCl_2$(s)	−641.3	−591.8	89.62
MgO(s)	−601.7	−569.4	26.9
$MgCO_3$(s)	−1096	−1012	65.7
Mn(s,α)	0	0	32.0
Mn^{2+}(aq)	−220.7	−228	−73.6
MnO_2(s)	−520.1	−465.3	53.1
N_2(g)	0	0	192
NH_3(g)	−46.11	−16.5	192.3
$NH_3 \cdot H_2O$(aq,非解离)	−366.1	−263.8	181
N_2H_4(l)	50.6	149.2	121
NH_4Cl(s)	−315	203	94.6
NH_4NO_3(s)	−366	−184	151
$(NH_4)_2SO_4$(s)	−1180.9	−901.7	220.1
NO(g)	90.4	86.6	210
NO_2(g)	33.2	51.5	240
N_2O(g)	81.55	103.6	220
N_2O_4(g)	9.16	97.82	304
HNO_3(l)	−174	−80.8	156
Na(s)	0	0	51.2
Na^+(aq)	−240	−262	59.0
NaCl(s)	−411.2	−348.15	72.1
$Na_2B_4O_7$(s)	−3291	−3096	189.5
$NaBO_2$(s)	−977.0	−920.7	73.5
Na_2CO_3(s)	−1130.7	−1044.5	135
$NaHCO_3$(s)	−950.8	−851.0	102
$NaNO_2$(s)	−358.7	−284.6	104
$NaNO_3$(s)	−467.9	−367.1	116.5
Na_2O(s)	−414	−375.5	75.06
Na_2O_2(s)	−510.9	−447.7	93.3
NaOH(s)	−425.6	−379.5	64.45
O_2(g)	0	0	205.03
O_3(g)	143	163	238.8
P(s,白)	0	0	41.1
PCl_3(g)	−287	−268	311.7
PCl_5(g)	−374.9	−305.4	364.6
P_4O_{10}(s,六方)	−2984	−2698	228.9

续表

物质	$\Delta_f H_m^\ominus$/(kJ·mol^{-1})	$\Delta_f G_m^\ominus$/(kJ·mol^{-1})	$S_m^\ominus$/(J·K^{-1}·mol^{-1})
Pb(s)	0	0	64.9
Pb^{2+}(aq)	−1.7	−24.4	10
PbO(s,黄色)	−215	−188	68.6
PbO(s,红色)	−219	−189	66.5
Pb_3O_4(s)	−718.4	−601.2	211
PbO_2(s)	−277	−217	68.6
PbS(s)	−100	−98.7	91.2
S(s,斜方)	0	0	31.8
S^{2-}(aq)	33.1	85.8	−14.6
H_2S(g)	−20.6	−33.6	206
SO_2(g)	−296.8	−300.2	248
SO_3(g)	−395.7	−371.1	256.6
SO_3^{2-}(aq)	−635.5	−486.6	−29
SO_4^{2-}(aq)	−909.27	−744.63	20
SiO_2(s,石英)	−910.9	−856.7	41.8
SiF_4(g)	−1614.9	−1572.7	282.4
$SiCl_4$(l)	−687.0	−619.9	239.7
Sn(s,白色)	0	0	51.55
Sn(s,灰色)	−2.1	0.13	44.14
Sn^{2+}(aq)	−8.8	−27.2	−16.7
SnO(s)	−280.7	−251.9	56.5
SnO_2(s)	−580.7	−519.6	52.3
Sr^{2+}(aq)	−545.8	−559.4	−32.6
SrO(s)	−592.0	−561.9	54.4
$SrCO_3$(s)	−1220	−1140	97.1
Ti(s)	0	0	30.6
TiO_2(s,金红石)	−944.7	−889.5	50.3
$TiCl_4$(l)	−804.2	−737.2	252.3
V_2O_5(s)	−1551	−1420	131
WO_3(s)	−842.9	−764.08	75.9
Zn(s)	0	0	41.6
Zn^{2+}(aq)	−153.9	−147.0	−112
ZnO(s)	−348.3	−318.3	43.6
ZnS(s,闪锌矿)	−206.0	−210.3	57.7

注：数据主要摘自 R. C. Weast. CRC Handbook of Chemistry and Physics. 66th ed. 1985～1986。

附录三　一些弱电解质的标准解离常数

名　称	解离常数	pK_a
HCOOH(20℃)	$K_a=1.77\times10^{-4}$	3.75
HClO(18℃)	$K_a=2.95\times10^{-8}$	7.53
$H_2C_2O_4$	$K^{\ominus}_{a(1)}=5.9\times10^{-2}$	1.23
	$K^{\ominus}_{a(2)}=6.4\times10^{-5}$	4.19
HAc	$K_a=1.76\times10^{-5}$	4.75
H_2CO_3	$K^{\ominus}_{a(1)}=4.3\times10^{-7}$	6.37
	$K^{\ominus}_{a(2)}=5.6\times10^{-11}$	10.25
HNO_2(12.5℃)	$K_a=4.6\times10^{-4}$	3.37
H_3PO_4(18℃)	$K^{\ominus}_{a(1)}=7.52\times10^{-3}$	2.12
	$K^{\ominus}_{a(2)}=6.23\times10^{-8}$	7.21
	$K^{\ominus}_{a(3)}=2.2\times10^{-13}$	12.67
H_2SO_3(18℃)	$K^{\ominus}_{a(1)}=1.54\times10^{-2}$	1.81
	$K^{\ominus}_{a(2)}=1.02\times10^{-7}$	6.91
H_2SO_4	$K^{\ominus}_{a(2)}=1.20\times10^{-2}$	1.92
H_2S	$K^{\ominus}_{a(1)}=1.1\times10^{-7}$	6.96
	$K^{\ominus}_{a(2)}=1.0\times10^{-14}$	14.0
HCN	$K_a=4.93\times10^{-10}$	9.31
HF	$K_a=3.53\times10^{-4}$	3.45
H_2O_2	$K_a=2.4\times10^{-12}$	11.62
$NH_3\cdot H_2O$	$K_b=1.77\times10^{-5}$	4.75

注：数据主要参照 R. C. Weast. CRC Handbook of Chemistry and Physics. 69th ed. 1988～1989。以上数据除注明温度外，其余均在 25℃测定。

附录四　常用缓冲溶液的 pH 范围

缓冲溶液	pK_a	pH 有效范围
盐酸-甘氨酸($HCl-NH_2COOH$)	2.4	1.4～3.4
盐酸-邻苯二甲酸氢钾{$HCl-C_6H_4(COO)_2HK$}	3.1	2.2～4.0
柠檬酸-氢氧化钠($C_3H_5(COOH)_3-NaOH$)	2.9,4.1,5.8	2.2～6.5
蚁酸-氢氧化钠(HCOOH-NaOH)	3.8	2.8～4.6
醋酸-醋酸钠($CH_3COOH-CH_3COONa$)	4.74	3.6～5.6
邻苯二甲酸氢钾-氢氧化钾($C_6H_4(COO)_2HK-KOH$)	5.4	4.0～6.2
琥珀酸氢钠-琥珀酸钠		

续表

缓冲溶液	pK_a	pH 有效范围
$\left(\begin{array}{l}CH_2—COOH\\ \vert\\ CH_2—COONa\end{array} - \begin{array}{l}CH_2—COONa\\ \vert\\ CH_2—COONa\end{array}\right)$	5.5	4.8～5.3
柠檬酸氢二钠-氢氧化钠（$C_3H_5(COOH)_3HNa_2$ - NaOH）	5.8	5.0～6.3
磷酸二氢钾-氢氧化钠（KH_2PO_4 - NaOH）	7.2	5.8～8.0
磷酸二氢钾-硼砂（KH_2PO_4 - $Na_2B_4O_7$）	7.2	5.8～9.2
磷酸二氢钾-磷酸氢二钾（KH_2PO_4 - K_2HPO_4）	7.2	5.9～8.0
硼酸-硼砂（H_3BO_3 - $Na_2B_4O_7$）	9.2	7.2～9.2
硼酸-氢氧化钠（H_3BO_3 - NaOH）	9.2	8.0～10.0
甘氨酸-氢氧化钠（NH_2CH_2COOH - NaOH）	9.7	8.2～10.1
氯化铵-氨水（NH_4Cl - $NH_3 \cdot H_2O$）	9.3	8.3～10.3
碳酸氢钠-碳酸钠（$NaHCO_3$ - Na_2CO_3）	10.3	9.2～11.0
磷酸二氢钠-氢氧化钠（NaH_2PO_4 - NaOH）	12.4	11.0～12.0

附录五　难溶电解质的溶度积（18℃～25℃）

化合物		溶度积	化合物		溶度积
氯化物	$PbCl_2$	1.60×10^{-5}		Ag_2CrO_4	9.00×10^{-12}
	AgCl	1.56×10^{-10}		$PbCrO_4$	2.8×10^{-13}
	Hg_2Cl_2	2.00×10^{-18}	碳酸盐	$MgCO_3$	6.82×10^{-6}
溴化物	AgBr	7.70×10^{-13}		$BaCO_3$	8.10×10^{-9}
碘化物	PbI_2	9.8×10^{-9}		$CaCO_3$	8.70×10^{-9}
	AgI	8.25×10^{-17}		Ag_2CO_3	8.10×10^{-12}
	Hg_2I_2	5.2×10^{-29}		$PbCO_3$	3.30×10^{-14}
氰化物	AgCN	5.97×10^{-17}	磷酸盐	$MgNH_4PO_4$	2.50×10^{-13}
硫氰化物	AgSCN	1.06×10^{-13}	草酸盐	MgC_2O_4	4.83×10^{-6}
硫酸盐	Ag_2SO_4	1.60×10^{-5}		$BaC_2O_4 \cdot 2H_2O$	2.3×10^{-8}
	$CaSO_4$	2.45×10^{-5}		$CaC_2O_4 \cdot H_2O$	2.57×10^{-9}
	$SrSO_4$	2.80×10^{-7}	氢氧化物	AgOH	1.52×10^{-8}
	$PbSO_4$	1.06×10^{-8}		$Ca(OH)_2$	5.50×10^{-6}
	$BaSO_4$	1.08×10^{-10}		$Mg(OH)_2$	1.20×10^{-11}
硫化物	MnS	2.5×10^{-3}（晶形） 2.5×10^{-10}（无定形）		$Mn(OH)_2$	1.9×10^{-13}
	FeS	3.70×10^{-19} 6.3×10^{-18}		$Fe(OH)_2$	4.87×10^{-17}
	ZnS	1.20×10^{-23}		$Pb(OH)_2$	1.43×10^{-16}
	PbS	3.40×10^{-28}		$Zn(OH)_2$	1.20×10^{-17}
	CuS	6.3×10^{-36}		$Cu(OH)_2$	5.60×10^{-20}
	HgS	4.00×10^{-53}（红） 1.6×10^{-5}（黑）		$Cr(OH)_3$	6.00×10^{-31}
	Ag_2S	1.60×10^{-49}		$Al(OH)_3$	1.30×10^{-33}
铬酸盐	$BaCrO_4$	1.60×10^{-10}		$Fe(OH)_3$	2.79×10^{-39}

注：数据主要参照 R. C. Weast. CRC Handbook of Chemistry and Physics. 63th ed. 1982～1983。

附录六　元素的原子半径(pm)

ⅠA																	0
H 37	ⅡA											ⅢA	ⅣA	ⅤA	ⅥA	ⅦA	He 122
Li 152	Be 111											B 91	C 77	N 71	O 60	F 67	Ne 160
Na 186	Mg 160	ⅢB	ⅣB	ⅤB	ⅥB	ⅦB	Ⅷ			ⅠB	ⅡB	Al 143	Si 117	P 110	S 104	Cl 99	Ar 191
K 231	Ca 197	Sc 161	Ti 145	V 131	Cr 125	Mn 118	Fe 124	Co 125	Ni 126	Cu 128	Zn 133	Ga 123	Ge 122	As 121	Se 117	Br 114	Kr 198
Rb 243	Sr 215	Y 180	Zr 160	Nb 147	Mo 136	Tc 135	Ru 133	Rh 135	Pd 138	Ag 144	Cd 149	In 151	Sn 140	Sb 145	Te 137	I 133	Xe 217
Cs 265	Ba 217	La 187	Hf 156	Ta 143	W 137	Re 138	Os 134	Ir 136	Pt 139	Au 144	Hg 151	Tl 170	Pb 175	Bi 155	Po 167	At 145	Rn
Fr 270	Ra 220	Ac 188															

Ce 183	Pr 182	Nd 181	Pm 181	Sm 180	Eu 199	Gd 179	Tb 176	Dy 175	Ho 174	Er 173	Tm 173	Yb 194	Lu 172
Th 179	Pa 161	U 158	Np 155	Pu 153	Am 151	Cm 99	Bk 154	Cf 183	Es	Fm	Md	No	Lr

说明：金属原子为金属半径；非金属原子为共价半径(单键)；稀有气体为范德华半径。

附录七　元素的第一电离能($kJ \cdot mol^{-1}$)

ⅠA																	0
H 1374.8	ⅡA											ⅢA	ⅣA	ⅤA	ⅥA	ⅦA	He 2485.7
Li 545.1	Be 942.6											B 838.9	C 1138.4	N 1469.4	O 1376.8	F 1751.5	Ne 2180.2
Na 519.6	Mg 773.0	ⅢB	ⅣB	ⅤB	ⅥB	ⅦB	Ⅷ			ⅠB	ⅡB	Al 605.2	Si 824.2	P 1060.2	S 1047.4	Cl 1311.1	Ar 1593.3
K 438.9	Ca 618.0	Sc 663.3	Ti 690.3	V 682.0	Cr 684.1	Mn 751.6	Fe 800.7	Co 796.8	Ni 772.4	Cu 781.1	Zn 949.7	Ga 606.5	Ge 798.6	As 989.7	Se 985.9	Br 1194.4	Kr 1415.4
Rb 422.3	Sr 575.8	Y 628.5	Zr 670.7	Nb 683.3	Mo 717.0	Tc 736.0	Ru 744.2	Rh 754.1	Pd 842.9	Ag 765.9	Cd 909.3	In 585.0	Sn 742.5	Sb 870.3	Te 910.9	I 1056.6	Xe 1226.3
Cs 393.7	Ba 526.9	La 563.8	Hf 690.0	Ta 763.3	W 795.0	Re 792.0	Os 853.1	Ir 906.6	Pt 905.8	Au 932.7	Hg 1055.3	Tl 617.5	Pb 749.8	Bi 736.6	Po 850.6	At —	Rn 1086.7
Fr 411.8	Ra 533.6	Ac 522.7															

Ce 560.0	Pr 533.3	Nd 558.6	Pm 564.3	Sm 570.6	Eu 573.2	Gd 621.8	Tb 592.8	Dy 600.4	Ho 608.7	Er 617.5	Tm 625.2	Yb 632.3	Lu 548.6
Th 637.6	Pa 595.5	U 626.2	Np 633.5	Pu 609.2	Am 604.0	Cm 605.7	Bk 626.6	Cf 635.1	Es 649.1	Fm 657.2	Md 665.2	No 672.3	Lr 495.4

本表数据摘自 David R Lide. CRC Handbook of Chemistry and Physics. 90th ed，2009—2010。

附录八　元素的电子亲和能（$kJ \cdot mol^{-1}$）

ⅠA																	0
H 76.2	ⅡA											ⅢA	ⅣA	ⅤA	ⅥA	ⅦA	He NS
Li 62.5	Be NS											B 28.3	C 127.6	N NS	O 147.7	F 343.8	Ne NS
Na 55.4	Mg NS	ⅢB	ⅣB	ⅤB	ⅥB	ⅦB	Ⅷ			ⅠB	ⅡB	Al 43.8	Si 138.5	P 75.5	S 210.0	Cl 365.3	Ar NS
K 50.7	Ca 2.5	Sc 19.0	Ti 8.0	V 53.1	Cr 67.3	Mn NS	Fe 15.3	Co 66.9	Ni 116.9	Cu 124.9	Zn NS	Ga 43.5	Ge 124.7	As 82.3	Se 204.3	Br 340.1	Kr NS
Rb 49.1	Sr 4.9	Y 31.0	Zr 43.1	Nb 90.3	Mo 75.6	Tc 55.6	Ru 106.2	Rh 115.0	Pd 56.8	Ag 133.5	Cd NS	In 30.3	Sn 112.4	Sb 105.8	Te 199.3	I 309.3	Xe NS
Cs 47.7	Ba 14.7	La 47.5	Hf ≫0	Ta 32.6	W 82.4	Re 15.2	Os 111.2	Ir 158.1	Pt 215.1	Au 233.4	Hg NS	Tl 20.2	Pb 36.8	Bi 95.2	Po 192.1	At 283.1	Rn NS
Fr 46.5	Ra 10.1	Ac 35.4															

Ce 96.5	Pr 97.3	Nd —	Pm —	Sm —	Eu 87.4	Gd —	Tb —	Dy —	Ho —	Er —	Tm 104.0	Yb −2.0	Lu 34.4
Th —	Pa —	U —	Np —	Pu —	Am —	Cm —	Bk —	Cf —	Es —	Fm —	Md —	No —	Lr —

说明：“NS”表示“不稳定”；“—”表示“未测得”。

本表数据摘自 David R Lide. CRC Handbook of Chemistry and Physics，90th ed，2009—2010。

附录九　元素的电负性

ⅠA	ⅡA	ⅢB	ⅣB	ⅤB	ⅥB	ⅦB	Ⅷ			ⅠB	ⅡB	ⅢA	ⅣA	ⅤA	ⅥA	ⅦA	0
H 2.2																	He —
Li 0.98	Be 1.57											B 2.04	C 2.55	N 3.04	O 3.44	F 3.98	Ne —
Na 0.93	Mg 1.31											Al 1.61	Si 1.90	P 2.19	S 2.58	Cl 3.16	Ar
K 0.82	Ca 1.00	Sc 1.36	Ti 1.54	V 1.63	Cr 1.66	Mn 1.55	Fe 1.83	Co 1.88	Ni 1.91	Cu 1.90	Zn 1.65	Ga 1.81	Ge 2.01	As 2.18	Se 2.55	Br 2.96	Kr —
Rb 0.79	Sr 0.95	Y 1.22	Zr 1.33	Nb 1.6	Mo 2.16	Tc 2.10	Ru 2.2	Rh 2.28	Pd 2.20	Ag 1.93	Cd 1.69	In 1.78	Sn 1.96	Sb 2.05	Te 2.1	I 2.66	Xe 2.60
Cs 0.79	Ba 0.89	La 1.10	Hf 1.3	Ta 1.5	W 1.7	Re 1.9	Os 2.2	Ir 2.2	Pt 2.4	Au 2.4	Hg 1.9	Tl 1.8	Pb 1.8	Bi 1.9	Po 2.0	At 2.2	Rn —
Fr 0.7	Ra 0.9	Ac 1.1															

Ce 1.12	Pr 1.13	Nd 1.14	Pm —	Sm 1.17	Eu —	Gd 1.20	Tb —	Dy 1.22	Ho 1.23	Er 1.24	Tm 1.25	Yb —	Lu 1.0
Th 1.3	Pa 1.5	U 1.7	Np 1.3	Pu 1.3	Am 1.3	Cm 1.3	Bk 1.3	Cf 1.3	Es 1.3	Fm 1.3	Md 1.3	No 1.3	Lr

本表数据摘自 James G Speight Lange's Handbook of Chemistry. 16th ed，2005。

附录十　一些化学键的键能($kJ \cdot mol^{-1}$，298.15K)

单键		H	C	N	O	F	Si	P	S	Cl	Ge	As	Se	Br	I
	H	436													
	C	415	331												
	N	389	293	159											
	O	465	343	201	138										
	F	565	486	272	184	155									
	Si	320	281		368	540	197								
	P	318	264	300	352	490	214	214							
	S	364	289	247		340	226	230	264						
	Cl	431	327	201	205	252	360	318	272	243					
	Ge	289	243			465				239	163				
	As	274				465				289		178			
	Se	314	247			306				251			193		
	Br	368	276	243		239	289	272	214	218	276	239	226	193	
	I	297	239	201	201		214	214		209	214	180		180	151

双键 C=C 620 C=N 615 C=O 708 N=N 419 O=O 498 S=O 420 S=S 423 S=C 578

三键 C≡C 812 C≡N 879 C≡O 1072 N≡N 945

注：数据摘自 R. Steudel. Chemistry of Non-metals. 1977。

附录十一　鲍林离子半径（pm）

H^-	208	Be^{2+}	31	Ga^{3+}	62
F^-	136	Mg^{2+}	65	In^{3+}	81
Cl^-	181	Ca^{2+}	99	Ti^{3+}	95
Br^-	195	Sr^{2+}	113	Fe^{3+}	64
I^-	216	Ba^{2+}	135	Cr^{3+}	63
		Ra^{2+}	140		
O^{2-}	140	Zn^{2+}	74	C^{4+}	15
S^{2-}	184	Cd^{2+}	97	Si^{4+}	41
Se^{2-}	198	Hg^{2+}	110	Ti^{4+}	68
Te^{2-}	221	Pb^{2+}	121	Zr^{4+}	80
		Mn^{2+}	80	Ce^{4+}	101
Li^+	60	Fe^{2+}	76	Ge^{4+}	53
Na^+	95	Co^{2+}	74	Sn^{4+}	71
K^+	133	Ni^{2+}	69	Pb^{2+}	84
Rb^+	148	Cu^{2+}	72		
Cs^+	169				
Cu^+	96	B^{3+}	20		
Ag^+	126	Al^{3+}	50		
Au^+	137	Sc^{3+}	81		
Ti^+	140	Y^{3+}	93		
$NH_4{}^+$	148	La^{3+}	115		

附录十二　配离子的标准稳定常数

配离子	$K_f^\ominus$	$\lg K_f^\ominus$	配离子	$K_f^\ominus$	$\lg K_f^\ominus$
$[AgCl_2]^-$	1.74×10^5	5.24	$[Co(NH_3)_6]^{3+}$	2.29×10^{34}	34.36
$[CdCl_4]^{2-}$	3.47×10^2	2.54	$[Cu(NH_3)_4]^{2+}$	2.10×10^{13}	13.32
$[CuCl_4]^{2-}$	4.17×10^5	5.60	$[Ni(NH_3)_6]^{2+}$	1.02×10^8	8.01
$[HgCl_4]^{2-}$	1.59×10^{16}	16.20	$[Zn(NH_3)_4]^{2+}$	5.00×10^8	8.70
$[PtCl_3]^-$	25	1.4	$[AlF_6]^{3-}$	6.9×10^{19}	19.84
$[SnCl_4]^{2-}$	30.2	1.48	$[FeF_5]^{2-}$	2.19×101^5	15.34
$[SnCl_6]^{2-}$	6.6	0.82	$[Zn(OH)_4]^{2-}$	1.4×10^{15}	15.15
$[Ag(CN)_2]^-$	1.3×10^{21}	21.1	$[CdI_4]^{2-}$	1.26×10^6	6.10
$[Cd(CN)_4]^{2-}$	1.1×10^{16}	16.04	$[HgI_4]^{2-}$	3.47×10^{30}	30.54
$[Cu(CN)_4]^{3-}$	5×10^{30}	30.7	$[Fe(SCN)_5]^{2-}$	1.20×10^6	6.08
$[Fe(CN)_6]^{4-}$	1.0×10^{24}	24.00	$[Hg(SCN)_4]^{2-}$	7.75×10^{21}	21.89
$[Fe(CN)_6]^{3-}$	1.0×10^{31}	31	$[Zn(SCN)_4]^{2-}$	20	1.3
$[Hg(CN)_4]^{2-}$	3.24×10^{41}	41.51	$[Ag(Ac)_2]^-$	4.37	0.64
$[Ni(CN)_4]^{2-}$	1.0×10^{22}	22.00	$[Pd(Ac)_4]^{2-}$	2.46×10^3	3.39
$[Zn(CN)_4]^{2-}$	5.75×10^{16}	16.76	$[Al(C_2O_4)_3]^{3-}$	2×10^{16}	16.3
$[Ag(NH_3)_2]^+$	1.62×10^7	7.21	$[Fe(C_2O_4)_3]^{4-}$	1.66×10^5	5.22
$[Cd(NH_3)_4]^{2+}$	3.63×10^6	6.56	$[Fe(C_2O_4)_3]^{3-}$	1.59×10^{20}	20.20
$[Co(NH_3)_6]^{2+}$	2.46×10^4	4.39	$[Zn(C_2O_4)_2]^{2-}$	1.4×10^8	8.15

注：主要选自 L. G. Sillen. Stability Constants of Metal-ion Complexes. 1964，Ac^- 代表醋酸根。

附录十三 软硬酸碱分类

硬酸	H^+、Li^+、Na^+、K^+、Be^{2+}、Mg^{2+}、Ca^{2+}、Sr^{2+}、Mn^{2+}、Al^{3+}、Sc^{3+}、Ga^{3+}、In^{3+}、La^{3+}、Cl^{3+}、Gd^{3+}、Lu^{3+}、Cr^{3+}、Co^{3+}、Fe^{3+}、As^{3+}、CH_3Sn^{3+}、Si^{4+}、Ti^{4+}、Zr^{4+}、Th^{4+}、U^{4+}、Pu^{4+}、Ce^{4+}、Hf^{4+}、WO^{4+}、Sn^{4+}、$UO_2{}^{2+}$、$(CH_3)_2Sn^{2+}$、$VO_2{}^{2+}$、MoO^{2+}、$Be(CH_3)_2$、BF_3、$B(OR)_3$、$Al(CH_3)_3$、$AlCl_3$、AlH_3、RPO_2^+、$ROPO_2{}^+$、RSO_2、$ROSO_2{}^+$、SO_3、RCO^+、CO_2、NC^+、I^{7+}、I^{5+}、Cl^{7+}、Cr^{6+}、HX(成氢键分子)
交界酸	Fe^{2+}、Co^{2+}、Ni^{2+}、Cu^{2+}、Zn^{2+}、Pb^{2+}、Sn^{2+}、Sb^{3+}、Bi^{3+}、Rh^{3+}、Ir^{3+}、$B(CH_3)_3$、SO_2、NO^+、Ru^{2+}、Os^{2+}、R_3C^+、C_6H^+、GaH_3、Cr^{2+}
软酸	Cu^+、Ag^+、Au^+、Tl^+、Hg^+、Pd^{2+}、Cd^{2+}、Pt^{2+}、Hg^{2+}、Tl^{3+}、$Tl(CH_3)_3$、CH_3Hg^+、$Co(CN)_5{}^{2-}$、Pt^{4+}、Te^{4+}、BH_3、$Ga(CH_3)_3$、$GaCl_3$、RS^+、RSe^+、RTe^+、I^+、Br^+、HO^+、RO^+、$InCl_3$、GaI_3、I_2、ICN、三硝基苯、氰乙烯等、醌类、O、Cl、Br、I、N、RO、RO_2、CH_2、M^0(金属原子),金属
硬碱	H_2O、OH^-、O^{2-}、F^-、$CH_3CO_2^-$、PO_4^{3-}、SO_4^{2-}、Cl^-、CO_3^{2-}、ClC_4^-、$NO_3{}^-$、ROH、RO^-、R_2O、NH_3、RNH_2、N_2H_4
交界碱	$C_6H_5NH_2$、C_5H_5N、N_3^-、Br^-、NO_2^-、SO_3^{2-}、N_2
软碱	R_2S、RSH、RS^-、I^-、SCN^-、$S_2O_3{}^{2-}$、S^{2-}、R_3P、R_3As、$(RO)_3P$、CN^-、RNC、CO、C_2H_4、C_6H_6、H^-、R^-

附录十四 标准电极电势(298.15K)

(一)在酸性溶液中

电 对	电极反应	$E^\ominus$/V
Li(Ⅰ)-(0)	$Li^+ + e^- \rightleftharpoons Li$	-3.045
K(Ⅰ)-(0)	$K^+ + e^- \rightleftharpoons K$	-2.925
Rb(Ⅰ)-(0)	$Rb^+ + e^- \rightleftharpoons Rb$	-2.925
Cs(Ⅰ)-(0)	$Cs^+ + e^- \rightleftharpoons Cs$	-2.923
Ba(Ⅱ)-(0)	$Ba^{2+} + 2e^- \rightleftharpoons Ba$	-2.90
Sr(Ⅱ)-(0)	$Sr^{2+} + 2e^- \rightleftharpoons Sr$	-2.89
Ca(Ⅱ)-(0)	$Ca^{2+} + 2e^- \rightleftharpoons Ca$	-2.87
Na(Ⅰ)-(0)	$Na^+ + e^- \rightleftharpoons Na$	-2.714
La(Ⅲ)-(0)	$La^{3+} + 3e^- \rightleftharpoons La$	-2.52
Ce(Ⅲ)-(0)	$Ce^{3+} + 3e^- \rightleftharpoons Ce$	-2.48
Mg(Ⅱ)-(0)	$Mg^{2+} + 2e^- \rightleftharpoons Mg$	-2.37
S(0)(Ⅲ)-(0)	$S(0)^{3+} + 3e^- \rightleftharpoons S(0)$	-2.08
Al(Ⅲ)-(0)	$[AlF_6]^{3-} + 3e^- \rightleftharpoons Al + 6F^-$	-2.07
Be(Ⅱ)-(0)	$Be^{2+} + 2e^- \rightleftharpoons Be$	-1.85
Al(Ⅲ)-(0)	$Al^{3+} + 3e^- \rightleftharpoons Al$	-1.66

续表

电　对	电极反应	$E^{\ominus}$/V
Ti(Ⅱ)-(0)	$Ti^{2+}+2e^{-}=Ti$	-1.63
Si(Ⅳ)-(0)	$[SiF_6]^{2-}+4e^{-}=Si+6F^{-}$	-1.2
Mn(Ⅱ)-(0)	$Mn^{2+}+2e^{-}=Mn$	-1.18
V(Ⅱ)-(0)	$V^{2+}+2e^{-}=V$	-1.18
Ti(Ⅳ)-(0)	$TiO^{2+}+2H^{+}+4e^{-}=Ti+H_2O$	-0.89
B(Ⅲ)-(0)	$H_3BO_3+3H^{+}+3e^{-}=B+3H_2O$	-0.87
Si(Ⅳ)-(0)	$SiO_2+4H^{+}+4e^{-}=Si+2H_2O$	-0.86
Zn(Ⅱ)-(0)	$Zn^{2+}+2e^{-}=Zn$	-0.763
Cr(Ⅲ)-(0)	$Cr^{3+}+3e^{-}=Cr$	-0.74
C(Ⅳ)-(Ⅲ)	$2CO_2+2H^{+}+2e^{-}=H_2C_2O_4$	-0.49
Fe(Ⅱ)-(0)	$Fe^{2+}+2e^{-}=Fe$	-0.440
Cr(Ⅲ)-(Ⅱ)	$Cr^{3+}+e^{-}=Cr^{2+}$	-0.41
Cd(Ⅱ)-(0)	$Cd^{2+}+2e^{-}=Cd$	-0.403
Ti(Ⅲ)-(Ⅱ)	$Ti^{3+}+e^{-}=Ti^{2+}$	-0.37
Pb(Ⅱ)-(0)	$PbI_2+2e^{-}=Pb+2I^{-}$	-0.365
Pb(Ⅱ)-(0)	$PbSO_4+2e^{-}=Pb+SO_4^{2-}$	-0.3553
Pb(Ⅱ)-(0)	$PbBr_2+2e^{-}=Pb+2Br^{-}$	-0.280
Co(Ⅱ)-(0)	$Co^{2+}+2e^{-}=Co$	-0.277
Pb(Ⅱ)-(0)	$PbCl_2+2e^{-}=Pb+2Cl^{-}$	-0.268
V(Ⅲ)-(Ⅱ)	$V^{3+}+e^{-}=V^{2+}$	-0.255
V(Ⅴ)-(0)	$VO_2^{+}+4H^{+}+5e^{-}=V+2H_2O$	-0.253
Sn(Ⅳ)-(0)	$[SnF_6]^{2-}+4e^{-}=Sn+6F^{-}$	-0.25
Ni(Ⅱ)-(0)	$Ni^{2+}+2e^{-}=Ni$	-0.246
Ag(Ⅰ)-(0)	$AgI+e^{-}=Ag+I^{-}$	-0.152
Sn(Ⅱ)-(0)	$Sn^{2+}+2e^{-}=Sn$	-0.136
Pb(Ⅱ)-(0)	$Pb^{2+}+2e^{-}=Pb$	-0.126
Hg(Ⅱ)-(0)	$[HgF_4]^{2-}+2e^{-}=Hg+4F^{-}$	-0.04
H(Ⅰ)-(0)	$2H^{+}+2e^{-}=H_2$	0.00
Ag(Ⅰ)-(0)	$[Ag(S_2O_3)_2]^{3-}+e^{-}=Ag+2S_2O_3^{2-}$	0.01
Ag(Ⅰ)-(0)	$AgBr+e^{-}=Ag+Br^{-}$	0.071
Ti(Ⅳ)-(Ⅲ)	$TiO^{2+}+2H^{+}+e^{-}=Ti^{3+}+H_2O$	0.10
S(2.5)-(Ⅱ)	$S_4O_6^{2-}+2e^{-}=2S_2O_3^{2-}$	0.08

续表

电　对	电极反应	$E^{\ominus}$/V
S(0)－(－II)	$S+2H^{+}+2e^{-} = H_2S$	0.141
Sn(Ⅳ)－(Ⅱ)	$Sn^{4+}+2e^{-} = Sn^{2+}$	0.154
Cu(Ⅱ)－(Ⅰ)	$Cu^{2+}+e^{-} = Cu^{+}$	0.159
S(VI)－(Ⅳ)	$SO_4^{2-}+4H^{+}+2e^{-} = H_2SO_3+H_2O$	0.17
Hg(Ⅱ)－(0)	$[HgBr_4]^{2-}+2e^{-} = Hg+4Br^{-}$	0.21
Ag(Ⅰ)－(0)	$AgCl+e^{-} = Ag+Cl^{-}$	0.2223
Hg(Ⅰ)－(0)	$Hg_2Cl_2+2e^{-} = 2Hg+2Cl^{-}$	0.268
Cu(Ⅱ)－(0)	$Cu^{2+}+2e^{-} = Cu$	0.337
V(Ⅳ)－(Ⅲ)	$VO^{2+}+2H^{+}+e^{-} = V^{3+}+H_2O$	0.337
Fe(Ⅲ)－(Ⅱ)	$[Fe(CN)_6]^{3-}+e^{-} = [Fe(CN)_6]^{4-}$	0.36
S(Ⅳ)－(Ⅱ)	$2H_2SO_3+2H^{+}+4e^{-} = S_2O_3^{2-}+3H_2O$	0.40
Ag(Ⅰ)－(0)	$Ag_2CrO_4+2e^{-} = 2Ag+CrO_4^{2-}$	0.447
S(Ⅳ)－(0)	$H_2SO_3+4H^{+}+4e^{-} = S+3H_2O$	0.45
Cu(Ⅰ)－(0)	$Cu^{+}+e^{-} = Cu$	0.52
I(0)－(－Ⅰ)	$I_2+2e^{-} = 2I^{-}$	0.5345
Mn(Ⅶ)－(Ⅵ)	$MnO_4^{-}+e^{-} = MnO_4^{2-}$	0.564
As(Ⅴ)－(Ⅲ)	$H_3AsO_4+2H^{+}+2e^{-} = H_3AsO_3+H_2O$	0.58
Hg(Ⅱ)－(Ⅰ)	$2HgCl_2+2e^{-} = Hg_2Cl_2+2Cl^{-}$	0.63
O(0)－(－Ⅰ)	$O_2+2H^{+}+2e^{-} = H_2O_2$	0.682
Pt(Ⅱ)－(0)	$[PtCl_4]^{2-}+2e^{-} = Pt+4Cl^{-}$	0.73
Fe(Ⅲ)－(Ⅱ)	$Fe^{3+}+e^{-} = Fe^{2+}$	0.771
Hg(Ⅰ)－(0)	$Hg_2{}^{2+}+2e^{-} = 2Hg$	0.793
Ag(Ⅰ)－(0)	$Ag+e^{-} = Ag^{-}$	0.799
N(Ⅴ)－(Ⅳ)	$NO_3^{-}+2H^{+}+e^{-} = NO_2+H_2O$	0.80
Hg(Ⅱ)－(Ⅰ)	$2Hg^{2+}+2e^{-} = Hg_2^{2+}$	0.920
N(V)－(Ⅲ)	$NO_3^{-}+3H^{+}+2e^{-} = HNO_2+H_2O$	0.94
N(Ⅴ)－(Ⅱ)	$NO_3^{-}+4H^{+}+3e^{-} = NO+2H_2O$	0.96
N(Ⅲ)－(Ⅱ)	$HNO_2+H^{+}+e^{-} = NO+2H_2O$	1.00
Au(Ⅲ)－(0)	$[AuCl_4]^{-}+3e^{-} = Au+4Cl^{-}$	1.00
V(Ⅴ)－(Ⅳ)	$VO_2^{+}+2H^{+}+e^{-} = VO^{2+}+H_2O$	1.00
Br(0)－(－Ⅰ)	$Br_2(l)+2e^{-} = 2Br^{-}$	1.065
Cu(Ⅱ)－(0)	$Cu^{2+}+2CN^{-}+e^{-} = Cu(CN)_2^{-}$	1.12

续表

电　对	电极反应	$E^\ominus$/V
Se(Ⅵ)-(Ⅳ)	$SeO_4^{2-}+4H^++2e^-=H_2SeO_3+H_2O$	1.15
Cl(Ⅶ)-(Ⅴ)	$ClO_4^-+2H^++2e^-=ClO_3^-+H_2O$	1.19
I(Ⅴ)-(0)	$2IO_3^-+12H^++10e^-=I_2+6H_2O$	1.20
Cl(Ⅴ)-(Ⅲ)	$ClO_3^-+3H^++2e^-=HClO_2+H_2O$	1.21
O(0)-(-Ⅱ)	$O_2+4H^++4e^-=2H_2O$	1.229
Mn(Ⅳ)-(Ⅱ)	$MnO_2+4H^++2e^-=Mn^{2+}+2H_2O$	1.23
Cr(Ⅵ)-(Ⅲ)	$Cr_2O_7^{2-}+14H^++6e^-=2Cr^{3+}+7H_2O$	1.33
Cl(0)-(-Ⅰ)	$Cl_2+2e^-=2Cl^-$	1.36
I(Ⅰ)-(0)	$2HIO+2H^++2e^-=I_2+2H_2O$	1.45
Pb(Ⅳ)-(Ⅱ)	$PbO_2+4H^++2e^-=Pb^{2+}+2H_2O$	1.455
Au(Ⅲ)-(0)	$Au^{3+}+3e^-=Au$	1.50
Mn(Ⅲ)-(Ⅱ)	$Mn^{3+}+e^-=Mn^{2+}$	1.51
Mn(Ⅶ)-(Ⅱ)	$MnO_4^-+8H^++5e^-=Mn^{2+}+4H_2O$	1.51
Br(Ⅴ)-(0)	$2BrO_3^-+12H^++10e^-=Br_2+6H_2O$	1.52
Br(Ⅰ)-(0)	$2HBrO+2H^++2e^-=Br_2+2H_2O$	1.59
Ce(Ⅳ)-(Ⅲ)	$Ce^{4+}+e^-=Ce^{3+}$ ($1mol\cdot L^{-1}$ HNO_3)	1.61
Cl(Ⅰ)-(0)	$2HClO+2H^++2e^-=Cl_2+2H_2O$	1.63
Cl(Ⅲ)-(Ⅰ)	$HClO_2+2H^++2e^-=HClO+H_2O$	1.64
Pb(Ⅳ)-(Ⅱ)	$PbO_2+SO_4^{2-}+4H^++2e^-=PbSO_4+2H_2O$	1.685
Mn(Ⅶ)-(Ⅳ)	$MnO_4^-+4H^++3e^-=MnO_2+2H_2O$	1.695
O(-Ⅰ)-(-Ⅱ)	$H_2O_2+2H^++2e^-=2H_2O$	1.77
Co(Ⅲ)-(Ⅱ)	$Co^{3+}+e^-=Co^{2+}$	1.84
S(Ⅶ)-(Ⅵ)	$S_2O_8^{2-}+2e^-=2SO_4^{2-}$	2.01
F(0)-(-Ⅰ)	$F_2+2e^-=2F^-$	2.87

(二)在碱性溶液中

电　对	电极反应	$E^\ominus$/V
Mg(Ⅱ)-(0)	$Mg(OH)_2+2e^-=Mg+2OH^-$	-2.69
Al(Ⅲ)-(0)	$H_2AlO_3^-+H_2O+3e^-=Al+4OH^-$	-2.35
P(Ⅰ)-(0)	$H_2PO_2^-+e^-=P+2OH^-$	-2.05
B(Ⅲ)-(0)	$H_2BO_3^-+H_2O+3e^-=B+4OH^-$	-1.97
Si(Ⅳ)-(0)	$SiO_3^{2-}+3H_2O+4e^-=Si+6OH^-$	-1.70

续表

电　对	电极反应	$E^{\ominus}$/V
Mn(Ⅱ)-(0)	$Mn(OH)_2+2e^- = Mn+2OH^-$	−1.55
Zn(Ⅱ)-(0)	$[Zn(CN)_4]^{2-}+2e^- = Zn+4CN^-$	−1.26
Zn(Ⅱ)-(0)	$ZnO_2^{2-}+2H_2O+2e^- = Zn+4OH^-$	−1.216
Cr(Ⅲ)-(0)	$CrO_2^-+2H_2O+3e^- = Cr+4OH^-$	−1.2
Zn(Ⅱ)-(0)	$[Zn(NH_3)_4]^{2+}+2e^- = Zn+4NH_3$	−1.04
S(Ⅵ)-(Ⅳ)	$SO_4^{2-}+H_2O+2e^- = SO_3^{2-}+2OH^-$	−0.93
Sn(Ⅱ)-(0)	$HSnO_2^-+H_2O+2e^- = Sn+3OH^-$	−0.91
Fe(Ⅱ)-(0)	$Fe(OH)_2+2e^- = Fe+2OH^-$	−8.77
H(Ⅰ)-(0)	$2H_2O+2e^- = H_2+2OH^-$	−0.828
Cd(Ⅱ)-(0)	$[Cd(NH_3)_4]^{2+}+2e^- = Cd+4NH_3$	−0.61
S(Ⅳ)-(Ⅱ)	$2SO_3^{2-}+3H_2O+4e^- = S_2O_3^{2-}+6OH^-$	−0.58
Fe(Ⅲ)-(Ⅱ)	$Fe(OH)_3+e^- = Fe(OH)_2+OH^-$	−0.56
S(0)-(−Ⅱ)	$S+2e^- = S^{2-}$	−0.48
Ni(Ⅱ)-(0)	$[Ni(NH_3)_6]^{2+}+2e^- = Ni+6NH_3(aq)$	−0.48
Gu(Ⅰ)-(0)	$[Cu(CN)_2]^-+e^- = Cu+2CN^-$	约−0.43
Hg(Ⅱ)-(0)	$[Hg(CN)_4]^{2-}+2e^- = Hg+4CN^-$	−0.37
Ag(Ⅰ)-(0)	$[Ag(CN)_2]^-+e^- = Ag+2CN^-$	−0.31
Cr(Ⅵ)-(Ⅲ)	$CrO_4^{2-}+2H_2O+3e^- = CrO_2^-+4OH^-$	−0.12
Cu(Ⅱ)-(0)	$[Cu(NH_3)_2]^++e^- = Cu+2NH_3$	−0.12
Mn(Ⅳ)-(Ⅱ)	$MnO_2+2H_2O+2e^- = Mn(OH)_2+2OH^-$	−0.05
Ag(Ⅰ)-(0)	$AgCN+e^- = Ag+CN^-$	−0.017
Mn(Ⅳ)-(Ⅱ)	$MnO_2+2H_2O+2e^- = Mn(OH)_2+2OH^-$	−0.05
N(Ⅴ)-(Ⅲ)	$NO_3^-+H_2O+2e^- = NO_2^-+2OH^-$	0.01
Hg(Ⅱ)-(0)	$HgO+H_2O+2e^- = Hg+2OH^-$	0.098
Co(Ⅲ)-(Ⅱ)	$Co(NH_3)_6^{3+}+e^- = Co(NH_3)_6^{2+}$	0.1
Co(Ⅲ)-(Ⅱ)	$Co(OH)_3+e^- = Co(OH)_2+OH^-$	0.17
I(Ⅴ)-(−Ⅰ)	$IO_3^-+3H_2O+6e^- = I^-+6OH^-$	0.26
Ag(Ⅰ)-(0)	$Ag(S_2O_3)_2^{3-}+e^- = Ag+2S_2O_3^{2-}$	0.30
Cl(Ⅴ)-(Ⅲ)	$ClO_3^-+H_2O+2e^- = ClO_2^-+2OH^-$	0.33
Cl(Ⅶ)-(Ⅴ)	$ClO_4^-+H_2O+2e^- = ClO_3^-+2OH^-$	0.36
Ag(Ⅰ)-(0)	$[Ag(NH_3)_2]^++e^- = Ag+2NH_3$	0.373
O(0)-(−Ⅱ)	$O_2+2H_2O+4e^- = 4OH^-$	0.401

续表

电　对	电极反应	$E^{\ominus}$/V
I(Ⅰ)－(－Ⅰ)	$IO^- + H_2O + 2e^- = I^- + 2OH^-$	0.49
Mn(Ⅵ)－(Ⅳ)	$MnO_4^{2-} + 2H_2O + 2e^- = MnO_2 + 4OH^-$	0.60
Br(Ⅴ)－(－Ⅰ)	$BrO_3^- + 3H_2O + 6e^- = Br^- + 6OH^-$	0.61
Cl(Ⅲ)－(Ⅰ)	$ClO_2^- + H_2O + 2e^- = ClO^- + 2OH^-$	0.66
Br(Ⅰ)－(－Ⅰ)	$BrO^- + H_2O + 2e^- = Br^- + 2OH^-$	0.76
Cl(Ⅰ)－(－Ⅰ)	$ClO^- + H_2O + 2e^- = Cl^- + 2OH^-$	0.89

说明：数据主要录自 J. A. Dean. Lange's Handbook of Chemisry. 11th ed. 1973。

附录十五　金属离子与氨羧配位剂形成的配合物稳定常数的对数值

金属离子	EDTA			EGTA		HEDTA	
	$\lg K_{MHL}^{H}$	$\lg K_{ML}$	$\lg K_{MOHL}^{OH}$	$\lg K_{MHL}$	$\lg K_{ML}$	$\lg K_{ML}$	$\lg K_{MOHL}^{OH}$
Ag^+	6.0	7.3					
Al^{3+}	2.5	16.1	8.1				
Ba^{2+}	4.6	7.8		5.4	8.4	6.2	
Bi^{3+}		27.9					
Ca^{2+}	3.1	10.7		3.8	11.0	8.0	
Ce^{3+}		16.0					
Cd^{2+}	2.9	16.5		3.5	15.6	13.0	
Co^{2+}	3.1	16.3			12.3	14.4	
Co^{3+}	1.3	36					
Cu^{3+}	2.3	23	6.6				
Cu^{2+}	3.0	18.8	2.5	4.4	17	17.4	
Fe^{2+}	2.8	14.3				12.2	5.0
Fe^{3+}	1.4	25.1	6.5			19.8	10.1
Hg^{2+}	3.1	21.8	4.9	3.0	23.2	20.1	
La^{3+}		15.4			15.6	13.2	
Mg^{2+}	3.9	8.7			5.2	5.2	
Mn^{2+}	3.1	14.0		5.0	11.5	10.7	
Ni^{2+}	3.2	18.6		6.0	12.0	17.0	
Pb^{2+}	2.8	18.0		5.3	13.0	15.5	
Sn^{2+}		22.1					
Sr^{2+}	3.9	8.6		5.4	8.5	6.8	
Th^{4+}		23.2					8.6
Ti^{3+}		21.3					
TiO^{2+}		17.3					
Zn^{2+}	3.0	16.5		5.2	12.8	14.5	

附录十六 一些配位滴定剂、掩蔽剂、缓冲剂阴离子的 $\lg\alpha_{L(H)}$ 值

pH	EDTA	HEDTA	NH_3	CN^-	F^-
0	24.0	17.9	9.4	9.2	3.05
1	18.3	15.0	8.4	8.2	2.05
2	13.8	12.0	7.4	7.2	1.1
3	10.8	9.4	6.4	6.2	0.3
4	8.6	7.2	5.4	5.2	0.05
5	6.6	5.3	4.4	4.2	
6	4.8	3.9	3.4	3.2	
7	3.4	2.8	2.4	2.2	
8	2.3	1.8	1.4	1.2	
9	1.4	0.9	0.5	0.4	
10	0.5	0.2	0.1	0.1	
11	0.1				
酸的形成常数					
$\lg K_1$	10.34	9.81	9.4	9.2	3.1
$\lg K_2$	6.24	5.41			
$\lg K_3$	2.75	2.72			
$\lg K_4$	2.07				
$\lg K_5$	1.6				
$\lg K_6$	0.9				

附录十七 金属羟基配合物的稳定常数($\lg\beta$)

金属离子	离子强度	羟基配合物	$\lg\beta$
Al^{3+}	2	$[Al(OH)_4]^-$	33.3
		$[Al_6(OH)_{15}]^{3+}$	163
Ba^{2+}	0	$[Ba(OH)]^+$	0.7
Bi^{3+}	3	$[Bi(OH)]^{2+}$	12.4
		$[Bi_6(OH)_{12}]^{6+}$	168.3
Ca^{2+}	0	$[Ca(OH)]^+$	1.3
Cd^{2+}	3	$[Cd(OH)]^+$	4.3
		$[Cd(OH)_2]$	7.7
		$[Cd(OH)_3]^-$	10.3
		$[Cd(OH)_4]^{2-}$	12.0
Cu^{2+}	0	$[Cu(OH)]^+$	6.0
Fe^{2+}	1	$[Fe(OH)]^+$	4.5
Fe^{3+}	3	$[Fe(OH)]^{2+}$	11.0
		$[Fe(OH)_2]^+$	21.7
		$[Fe_2(OH)_2]^{4+}$	25.1
Mg^{2+}	0	$[Mg(OH)]^+$	2.6
Mn^{2+}	0.1	$[Mn(OH)]^+$	3.4
Ni^{2+}	0.1	$[Ni(OH)]^+$	4.6
Pb^{2+}	0.3	$[Pb(OH)]^+$	6.2

续表

金属离子	离子强度	羟基配合物	lgβ
		$[Pb(OH)_2]$	10.3
		$[Pb(OH)_3]^-$	13.3
		$[Pb_2(OH)]^{3+}$	7.6
Zn^{2+}	0	$[Zn(OH)]^+$	4.4
		$[Zn(OH)_3]^-$	14.4
		$[Zn(OH)_4]^{3-}$	15.5

附录十八　一些金属离子的 lg$\alpha_{M(OH)}$

金属离子	离子强度	pH													
		1	2	3	4	5	6	7	8	9	10	11	12	13	14
Al^{3+}	2					0.4	1.3	5.3	9.3	13.3	17.3	21.3	25.3	29.3	33.3
Bi^{3+}	3	0.1	0.5	1.4	2.4	3.4	4.4	5.4							
Ca^{2+}	0.1													0.3	1.0
Cd^{2+}	3									0.1	0.5	2.0	4.5	8.1	12.0
Co^{2+}	0.1								0.1	0.4	1.1	2.2	4.2	7.2	10.2
Cu^{2+}	0.1								0.2	0.8	1.7	2.7	3.7	4.7	5.7
Fe^{2+}	1									0.9	0.6	1.5	2.5	3.5	4.5
Fe^{3+}	3			0.4	1.8	3.7	5.7	7.7	9.7	11.7	13.7	15.7	17.7	19.7	21.7
Hg^{2+}	0.1			0.5	1.9	3.9	5.9	7.9	9.9	11.9	13.9	15.9	17.9	19.9	21.9
La^{3+}	3										0.3	1.0	1.9	2.9	3.9
Mg^{2+}	0.1											0.1	0.5	1.3	2.3
Mn^{2+}	0.1										0.1	0.5	1.4	2.4	3.4
Ni^{2+}	0.1									0.1	0.7	1.6			
Pb^{2+}	0.1							0.1	0.5	1.4	2.7	4.7	7.4	10.4	13.4
Th^{4+}	1				0.2	0.8	1.7	2.7	3.7	4.7	5.7	6.7	7.7	8.7	9.7
Zn^{2+}	0.1									0.2	2.4	5.4	8.5	11.8	15.5

附录十九 条件电极电势 $E^{\ominus\prime}$ 值

半 反 应	$E^{\ominus\prime}$/V	介 质
Ag(Ⅱ)+e^- ⇌ Ag^+	1.972	4mol·L^{-1} HNO_3
Ce(Ⅳ)+e^- ⇌ Ce(Ⅲ)	1.70	1mol·L^{-1} $HClO_4$
	1.61	1mol·L^{-1} HNO_3
	1.44	0.5mol·L^{-1} H_2SO_4
	1.28	1mol·L^{-1} HCl
Co^{3+}+e^- ⇌ Co^{2+}	1.85	4mol·L^{-1} HNO_3
[Co(乙二胺)$_3$]$^{3+}$+e^- ⇌ [Co(乙二胺)$_3$]$^{2+}$	−0.2	0.1mol·L^{-1} KNO_3+0.1mol·L^{-1} 乙二胺
Cr(Ⅲ)+e^- ⇌ Cr(Ⅱ)	−0.40	5mol·L^{-1} HCl
$Cr_2O_7^{2-}$+14H^++6e^- ⇌ 2Cr^{3+}+7H_2O	1.00	1mol·L^{-1} HCl
	1.025	1mol·L^{-1} $HClO_4$
	1.08	3mol·L^{-1} HCl
	1.05	2mol·L^{-1} HCl
	1.15	4mol·L^{-1} H_2SO_4
CrO_4^{2-}+2H_2O+3e^- ⇌ CrO_2^-+4OH^-	−0.12	1mol·L^{-1} NaOH
Fe(Ⅲ)+e^- ⇌ Fe(Ⅱ)	0.73	1mol·L^{-1} $HClO_4$
	0.71	0.5mol·L^{-1} H_2Cl
	0.72	1mol·L^{-1} $HClO_4$
I_2(水)+2e^- ⇌ 2I^-	0.628	1mol·L^{-1} H^+
I_3^-+2e^- ⇌ 3I^-	0.545	1mol·L^{-1} H^+
MnO_4^-+8H^++5e^- ⇌ Mn^{2+}+4H_2O	1.45	1mol·L^{-1} $HClO_4$
	1.27	8mol·L^{-1} H_3PO_4
Os(Ⅷ)+4e^- ⇌ Os(Ⅳ)	0.79	5mol·L^{-1} HCl
$SnCl_6^{2-}$+2e^- ⇌ $SnCl_4^{2-}$+2Cl^-	0.14	1mol·L^{-1} HCl
Sn^{2+}+2e^- ⇌ Sn	−0.16	1mol·L^{-1} $HClO_4$
Sb(Ⅴ)+2e^- ⇌ Sb(Ⅲ)	0.75	3.5mol·L^{-1} HCl
$Sb(OH)_6$+2e^- ⇌ SbO_2+2OH^-+2H_2O	−0.428	3mol·L^{-1} HaOH
SbO_2^-+2H_2O+3e^- ⇌ Sb+4OH^-	−0.675	10mol·L^{-1} KOH
Ti(Ⅳ)+e^- ⇌ Ti(Ⅲ)	−0.01	0.2mol·L^{-1} H_2SO_4
	0.12	2mol·L^{-1} H_2SO_4
	−0.04	1mol·L^{-1} HCl
	−0.05	1mol·L^{-1} H_3PO_4
Pb(Ⅱ)+2e^- ⇌ Pb	−0.32	1mol·L^{-1} NaAc
	−0.14	1mol·L^{-1} $HClO_4$
UO_2^{2+}+4H^++2e^- ⇌ U(Ⅳ)+2H_2O	0.41	0.5mol·L^{-1} H_2SO_4

附录二十　一些化合物的摩尔质量

化合物	$M/(g \cdot mol^{-1})$	化合物	$M/(g \cdot mol^{-1})$
$AgBr$	187.78	CH_3COONa	82.03
$AgCl$	143.32	C_6H_5OH	94.11
$AgCN$	133.84	$(C_9H_7N)_3H_3(PO_4 \cdot 12MoO_3)$（磷钼酸喹啉）	2212.74
Ag_2CrO_4	331.73		
AgI	234.77	$COOHCH_2COOH$	104.06
$AgNO_3$	169.87	$COOHCH_2COONa$	126.04
$AgSCN$	165.95	CCl_4	153.81
Al_2O_3	101.96	CO_2	44.01
$Al_2(SO_4)_3$	342.15	Cr_2O_3	151.99
As_2O_3	197.84	$Cu(C_2H_3O_2)_2 \cdot 3Cu(AsO_3)_2$	1013.80
As_2O_5	229.84	CuO	79.54
		$CuSCN$	121.63
$BaCO_3$	197.34	$CuSO_4$	159.61
BaC_2O_4	225.35	$CuSO_4 \cdot 5H_2O$	249.69
$BaCl_2$	208.24		
$BaCl_2 \cdot 2H_2O$	244.27	$FeCl_3$	162.21
$BaCrO_4$	253.32	$FeCl_3 \cdot 6H_2O$	270.30
BaO	153.33	FeO	71.58
$Ba(OH)_2$	171.35	Fe_2O_3	159.69
$BaSO_4$	233.39	Fe_3O_4	231.54
		$FeSO_4 \cdot H_2O$	169.93
$CaCO_3$	100.09	$FeSO_4 \cdot 7H_2O$	278.02
CaC_2O_4	128.10	$Fe_2(SO_4)_3$	399.89
$CaCl_2$	110.99	$FeSO_4 \cdot (NH_4)_2SO_4 \cdot 6H_2O$	392.14
$CaCl_2 \cdot H_2O$	129.00		
CaF_2	78.08	H_3BO_3	61.83
$Ca(NO_3)_2$	164.09	HBr	80.91
CaO	56.08	$H_2C_4H_4O_6$（酒石酸）	150.09
$Ca(OH)_2$	74.09	HCN	27.03
$CaSO_4$	136.14	H_2CO_3	62.03
$Ca_3(PO_4)_2$	310.18	$H_2C_2O_4$	90.04
$Ce(SO_4)_2$	332.24	$H_2C_2O_4 \cdot 2H_2O$	126.07
$Ce(SO_4)_2 \cdot (NH_4)_2SO_4 \cdot 2H_2O$	632.54	$HCOOH$	46.03
CH_3COOH	60.05	HCl	36.46
CH_3OH	32.04	$HClO_4$	100.46
CH_3COCH_3	58.08	HF	20.01
C_6H_5COOH	122.12	HI	127.91
C_6H_5COONa	144.10	HNO_2	47.01

续表

化合物	$M/(g \cdot mol^{-1})$
$C_6H_4COOHCOOK$（苯二酸氢钾）	204.23
H_2O_2	34.02
H_3PO_4	98.00
H_2S	34.08
H_2SO_3	82.08
H_2SO_4	98.08
$HgCl_2$	271.50
Hg_2Cl_2	472.09
$KAl(SO_4)_2 \cdot 12H_2O$	474.39
$KB(C_6H_5)_4$	358.33
KBr	119.01
$KBrO_3$	167.01
KCN	65.12
K_2CO_3	138.21
KCl	74.56
$KClO_3$	122.55
$KClO_4$	138.55
K_2CrO_4	194.20
$K_2Cr_2O_7$	294.19
$KHC_2O_4\ H_2C_2O_4 \cdot 2H_2O$	254.19
$KHC_2O_4 \cdot H_2O$	146.14
KI	166.01
KIO_3	214.00
$KIO_3 \cdot HIO_3$	389.92
$KMnO_4$	158.04
KNO_2	85.10
K_2O	92.20
KOH	56.11
$KSCN$	97.18
K_2SO_4	174.26
$MgCO_3$	84.32
$MgCl_2$	95.21
$MgNH_4PO_4$	137.33
MgO	40.31
$Mg_2P_2O_7$	222.60

化合物	$M/(g \cdot mol^{-1})$
HNO_3	63.01
H_2O	18.02
$NaBiO_3$	279.97
$NaBr$	102.90
$NaCN$	49.01
Na_2CO_3	105.99
$Na_2C_2O_4$	134.00
$NaCl$	58.44
NaF	41.99
$NaHCO_3$	84.01
NaH_2PO_4	119.98
Na_2HPO_4	141.96
$Na_2H_2Y \cdot 2H_2O$（EDTA二钠盐）	372.26
NaI	149.89
$NaNO_2$	69.00
Na_2O	61.98
$NaOH$	40.01
Na_3PO_4	163.94
Na_2S	78.05
$Na_2S \cdot 9H_2O$	240.18
Na_2SO_3	126.04
Na_2SO_4	142.04
$Na_2SO_4 \cdot 10H_2O$	322.20
$Na_2S_2O_3$	158.11
$Na_2S_2O_3 \cdot 5H_2O$	248.19
Na_2SiF_6	188.06
NH_3	17.03
NH_4Cl	53.49
$(NH_4)_2C_2O_4 \cdot H_2O$	142.11
$NH_3 \cdot H_2O$	35.05
$NH_4Fe(SO_4)_2 \cdot 12H_2O$	482.20
$(NH_4)_2HPO_4$	132.05
$(NH_4)_3PO_4 \cdot 12MoO_3$	1876.53
NH_4SCN	76.12
$(NH_4)_2SO_4$	132.14
$NiC_6H_{14}O_4N_4$（丁二酮肟镍）	288.19

续表

化合物	$M/(g\cdot mol^{-1})$	化合物	$M/(g\cdot mol^{-1})$
MnO	70.94		
MnO_2	86.94	P_2O_5	141.95
		$PbCrO_4$	323.18
$Na_2B_4O_7$	201.22	PbO	223.19
$Na_2B_4O_7\cdot 10H_2O$	381.37	PbO_2	239.19
Pb_3O_4	685.57	$SnCl_2$	189.60
$PbSO_4$	303.26	SnO_2	150.71
		TiO_2	79.88
SO_2	64.06		
SO_3	80.06	WO_3	231.85
Sb_2O_3	291.50		
Sb_2S_3	339.70	$ZnCl_2$	136.30
SiF_4	104.08	ZnO	81.39
SiO_2	60.08	$Zn_2P_2O_7$	304.37
$SnCO_3$	178.82	$ZnSO_4$	161.45

附录二十一　指数加减法表

表一 指数加法表

A B A	0.00	0.01	0.02	0.03	0.04	0.05	0.06	0.07	0.08	0.09
0.0	0.301	0.296	0.291	0.286	0.281	0.277	0.272	0.267	0.262	0.258
0.1	0.254	0.249	0.245	0.241	0.237	0.232	0.228	0.224	0.220	0.216
0.2	0.212	0.209	0.205	0.201	0.197	0.194	0.190	0.187	0.183	0.180
0.3	0.176	0.173	0.170	0.167	0.163	0.160	0.157	0.154	0.151	0.148
0.4	0.146	0.143	0.140	0.137	0.135	0.132	0.129	0.127	0.124	0.122
0.5	0.119	0.117	0.115	0.112	0.110	0.108	0.106	0.104	0.101	0.099
0.6	0.097	0.095	0.093	0.091	0.090	0.088	0.086	0.084	0.082	0.081
0.7	0.079	0.077	0.076	0.074	0.073	0.071	0.070	0.068	0.067	0.065
0.8	0.064	0.063	0.061	0.060	0.059	0.057	0.056	0.055	0.054	0.053
0.9	0.051	0.050	0.049	0.048	0.047	0.046	0.045	0.044	0.043	0.042
1.0	0.041	0.040	0.040	0.039	0.038	0.037	0.036	0.035	0.035	0.034
1.1	0.033	0.032	0.032	0.031	0.030	0.030	0.029	0.028	0.028	0.027
1.2	0.027	0.026	0.025	0.025	0.024	0.024	0.023	0.023	0.022	0.022
1.3	0.021	0.021	0.020	0.020	0.019	0.019	0.019	0.018	0.018	0.017
1.4	0.017	0.017	0.016	0.016	0.015	0.015	0.015	0.014	0.014	0.014
1.5	0.014	0.013	0.013	0.013	0.012	0.012	0.012	0.012	0.011	0.011
1.6	0.011	0.011	0.010	0.010	0.010	0.010	0.009	0.009	0.009	0.009
1.7	0.009	0.008	0.008	0.008	0.008	0.008	0.007	0.007	0.007	0.007
1.8	0.007	0.007	0.007	0.006	0.006	0.006	0.006	0.006	0.006	0.006
1.9	0.005	0.005	0.005	0.005	0.005	0.005	0.005	0.005	0.005	0.005
2.0	0.004	0.004	0.004	0.004	0.004	0.004	0.004	0.004	0.004	0.004

注：$10^a+10^b=10^c(a>b)$，先算出 $a-b=A$，再查表得 B，则 $c=a+B$。

表二 指数减法表

B / A	0.00	0.01	0.02	0.03	0.04	0.05	0.06	0.07	0.08	0.09
0.0	—	1.643	1.347	1.176	1.056	0.964	0.889	0.827	0.774	0.728
0.1	0.687	0.650	0.617	0.587	0.560	0.535	0.511	0.490	0.469	0.451
0.2	0.433	0.416	0.401	0.386	0.372	0.359	0.346	0.334	0.323	0.312
0.3	0.302	0.292	0.283	0.274	0.265	0.257	0.249	0.242	0.234	0.227
0.4	0.220	0.214	0.208	0.202	0.196	0.190	0.185	0.180	0.175	0.170
0.5	0.165	0.160	0.152	0.156	0.148	0.144	0.140	0.136	0.133	0.129
0.6	0.126	0.122	0.119	0.119	0.113	0.110	0.107	0.104	0.102	0.099
0.7	0.097	0.094	0.092	0.089	0.087	0.085	0.083	0.081	0.079	0.077
0.8	0.075	0.073	0.071	0.070	0.063	0.066	0.065	0.063	0.061	0.060
0.9	0.058	0.057	0.056	0.054	0.053	0.052	0.050	0.049	0.048	0.047
1.0	0.046	0.045	0.044	0.043	0.042	0.041	0.040	0.039	0.038	0.037
1.1	0.036	0.035	0.034	0.033	0.033	0.032	0.031	0.030	0.030	0.029
1.2	0.028	0.028	0.027	0.026	0.026	0.025	0.025	0.024	0.023	0.023
1.3	0.022	0.022	0.021	0.021	0.020	0.020	0.019	0.019	0.018	0.018
1.4	0.018	0.017	0.017	0.016	0.016	0.016	0.015	0.015	0.015	0.014
1.5	0.014	0.014	0.013	0.013	0.013	0.012	0.012	0.012	0.012	0.011
1.6	0.011	0.011	0.011	0.010	0.010	0.010	0.010	0.009	0.009	0.009
1.7	0.009	0.009	0.008	0.008	0.008	0.008	0.008	0.007	0.007	0.007
1.8	0.007	0.007	0.007	0.007	0.006	0.006	0.006	0.006	0.006	0.006
1.9	0.006	0.005	0.005	0.005	0.005	0.005	0.005	0.005	0.005	0.004

2.00～2.08　0.004；　2.25～2.46　0.002

2.09～2.24　0.003；　2.47～2.94　0.001

注：$10^a-10^b=10^c(a>b)$，先算出 $a-b=A$，再查表得 B，则 $c=a-B$。

索 引

（名词后数字为页码）

E

F

G

K

L

M

N

Y

Z

元素周期表

原子序数 — 92 U — 元素符号，红色指放射性元素

元素名称注*的是人造元素 — 铀

$5f^{3}6d^{1}7s^{2}$ — 外围电子层排布，括号指可能的电子层排布

238.0 — 相对原子质量

非金属　金属　过渡元素

族/周期	IA	IIA	IIIB	IVB	VB	VIB	VIIB	VIII			IB	IIB	IIIA	IVA	VA	VIA	VIIA	0	电子层	0族电子数
1	1 H 氢 $1s^{1}$ 1.008																	2 He 氦 $1s^{2}$ 4.003	K	2
2	3 Li 锂 $2s^{1}$ 6.941	4 Be 铍 $2s^{2}$ 9.012											5 B 硼 $2s^{2}2p^{1}$ 10.81	6 C 碳 $2s^{2}2p^{2}$ 12.01	7 N 氮 $2s^{2}2p^{3}$ 14.01	8 O 氧 $2s^{2}2p^{4}$ 16.00	9 F 氟 $2s^{2}2p^{5}$ 19.00	10 Ne 氖 $2s^{2}2p^{6}$ 20.18	L K	8 2
3	11 Na 钠 $3s^{1}$ 22.99	12 Mg 镁 $3s^{2}$ 24.31											13 Al 铝 $3s^{2}3p$ 26.98	14 Si 硅 $3s^{2}3p^{2}$ 28.09	15 P 磷 $3s^{2}3p^{3}$ 30.97	16 S 硫 $3s^{2}3p^{4}$ 32.07	17 Cl 氯 $3s^{2}3p^{5}$ 35.45	18 Ar 氩 $3s^{2}3p^{6}$ 39.95	M L K	8 8 2
4	19 K 钾 $4s^{1}$ 39.10	20 Ca 钙 $4s^{2}$ 40.08	21 Sc 钪 $3d^{1}4s^{2}$ 44.96	22 Ti 钛 $3d^{2}4s^{2}$ 47.87	23 V 钒 $3d^{3}4s^{2}$ 50.94	24 Cr 铬 $3d^{5}4s^{1}$ 52.00	25 Mn 锰 $3d^{5}4s^{2}$ 54.94	26 Fe 铁 $3d^{6}4s^{2}$ 55.85	27 Co 钴 $3d^{7}4s^{2}$ 58.93	28 Ni 镍 $3d^{8}4s^{2}$ 58.69	29 Cu 铜 $3d^{10}4s^{1}$ 63.55	30 Zn 锌 $3d^{10}4s^{2}$ 65.39	31 Ga 镓 $4s^{2}4p^{1}$ 69.72	32 Ge 锗 $4s^{2}4p^{2}$ 72.61	33 As 砷 $4s^{2}4p^{3}$ 74.92	34 Se 硒 $4s^{2}4p^{4}$ 78.96	35 Br 溴 $4s^{2}4p^{5}$ 79.90	36 Kr 氪 $4s^{2}4p^{6}$ 83.80	N M L K	8 18 8 2
5	37 Rb 铷 $5s^{1}$ 85.47	38 Sr 锶 $5s^{2}$ 87.62	39 Y 钇 $4d^{1}5s^{2}$ 88.91	40 Zr 锆 $4d^{2}5s^{2}$ 91.22	41 Nb 铌 $4d\ 5s^{1}$ 92.91	42 Mo 钼 $4d^{5}5s^{1}$ 95.94	43 Tc 锝 $4d^{5}5s^{2}$ [99]	44 Ru 钌 $4d^{7}5s^{1}$ 101.1	45 Rh 铑 $4d^{8}5s^{1}$ 102.9	46 Pd 钯 $4d^{10}$ 106.4	47 Ag 银 $4d^{10}5s^{1}$ 107.9	48 Cd 镉 $4d^{10}5s^{2}$ 112.4	49 In 铟 $5s^{2}5p^{1}$ 114.8	50 Sn 锡 $5s^{2}5p^{2}$ 118.7	51 Sb 锑 $5s^{2}5p^{3}$ 121.8	52 Te 碲 $5s^{2}5p^{4}$ 127.6	53 I 碘 $5s^{2}5p^{5}$ 126.9	54 Xe 氙 $5s^{2}5p^{6}$ 131.3	O N M L K	8 18 18 8 2
6	55 Cs 铯 $6s^{1}$ 132.9	56 Ba 钡 $6s^{2}$ 137.3	57-71 La-Lu 镧系	72 Hf 铪 $5d^{2}6s^{2}$ 178.5	73 Ta 钽 $5d^{3}6s^{2}$ 180.9	74 W 钨 $5d^{4}6s^{2}$ 183.8	75 Re 铼 $5d^{5}6s^{2}$ 186.2	76 Os 锇 $5d^{6}6s^{2}$ 190.2	77 Ir 铱 $5d^{7}6s^{2}$ 192.2	78 Pt 铂 $5d^{9}6s^{1}$ 195.1	79 Au 金 $5d^{10}6s^{1}$ 197.0	80 Hg 汞 $5d^{10}6s^{2}$ 200.6	81 Tl 铊 $6s^{2}6p^{1}$ 204.4	82 Pb 铅 $6s^{2}6p^{2}$ 207.2	83 Bi 铋 $6s^{2}6p^{3}$ 209.0	84 Po 钋 $6s^{2}6p^{4}$ [209]	85 At 砹 $6s^{2}6p^{5}$ [210]	86 Rn 氡 $6s^{2}6p^{6}$ [222]	P O N M L K	8 18 32 18 8 2
7	87 Fr 钫 $7s^{1}$ [223]	88 Ra 镭 $7s^{2}$ 226.0	89-103 Ac-Lr 锕系	104 Rf 𬬻* $(6d^{2}7s^{2})$ [261]	105 Db 𬭊* $(6d^{3}7s^{2})$ [262]	106 Sg 𬭳* $(6d^{4}7s^{2})$ [263]	107 Bh 𬭛* $(6d^{5}7s^{2})$ [262]	108 Hs 𬭶* $(6d^{6}7s^{2})$ [265]	109 Mt 鿏* [266]	110 Ds 𫟼* [269]	111 Rg 𬬭* [272]	112 Cn 鿔* [285]	113 Uut * [284]	114 Fl 𫓧* [289]	115 Uup * [288]	116 Lv 𫟷* [293]	117 Uus *	118 Uuo * [294]		

镧系	57 La 镧 $5d^{1}6s^{2}$ 138.9	58 Ce 铈 $4f^{1}5d^{1}6s^{2}$ 140.1	59 Pr 镨 $4f^{3}6s^{2}$ 140.9	60 Nd 钕 $4f^{4}6s^{2}$ 144.2	61 Pm 钷 $4f^{5}6s^{2}$ [147]	62 Sm 钐 $4f^{6}6s^{2}$ 150.4	63 Eu 铕 $4f^{7}6s^{2}$ 152.0	64 Gd 钆 $4f^{7}5d^{1}6s^{2}$ 157.3	65 Tb 铽 $4f^{9}6s^{2}$ 158.9	66 Dy 镝 $4f^{10}6s^{2}$ 162.5	67 Ho 钬 $4f^{11}6s^{2}$ 164.9	68 Er 铒 $4f^{12}6s^{2}$ 167.3	69 Tm 铥 $4f^{13}6s^{2}$ 168.9	70 Yb 镱 $4f^{14}6s^{2}$ 173.0	71 Lu 镥 $4f^{14}5d^{1}6s^{2}$ 175.0
锕系	89 Ac 锕 $6d^{1}7s^{2}$ 227.0	90 Th 钍 $6d^{2}7s^{2}$ 232.0	91 Pa 镤 $5f^{2}6d^{1}7s^{2}$ 231.0	92 U 铀 $5f^{3}6d^{1}7s^{2}$ 238.0	93 Np 镎 $5f^{4}6d^{1}7s^{2}$ 237.0	94 Pu 钚 $5f^{6}7s^{2}$ [244]	95 Am 镅* $5f^{7}7s^{2}$ [243]	96 Cm 锔* $5f^{7}6d^{1}7s^{2}$ [247]	97 Bk 锫* $5f^{9}7s^{2}$ [247]	98 Cf 锎* $5f^{10}7s^{2}$ [251]	99 Es 锿* $5f^{11}7s^{2}$ [252]	100 Fm 镄* $5f^{12}7s^{2}$ [257]	101 Md 钔* $(5f^{13}7s^{2})$ [258]	102 No 锘* $(5f^{14}7s^{2})$ [259]	103 Lr 铹* $(5f^{14}6d^{1}7s^{2})$ [260]

注：

1. 相对原子质量录自1995年国际原子量表，并全部取4位有效数字。

2. 相对原子质量加括号的为放射性元素的半衰期最长的同位素的质量数。